电气控制工程师手册

向晓汉 主编

化学工业出版社

·北京·

内容简介

本书以工业控制三大技术——PLC、变频器和触摸屏为主线,采用双色图解和大量实例引导学习的方式,全面系统地介绍电气控制基础及控制系统集成综合应用。全书共分7篇进行讲解,第1篇为电气控制基础;第2篇为PLC编程及应用,介绍西门子S7-1200 PLC编程语言及编程方法与应用;第3篇为变频器技术及其应用;第4篇为步进驱动与伺服驱动系统;第5篇为电气控制系统的通信;第6篇为人机界面及其应用;第7篇为电气控制综合应用。本书配有大量的实用案例,并举一反三帮助读者理解和模仿学习电气控制工程应用。大部分实例都有详细的软硬件配置清单、接线图和程序,且程序已在PLC上运行通过,读者可以直接使用。

本书还配有100多个微课视频,帮助读者掌握书中所讲的重点知识,读者可扫描书中二维码进行观看学习。

本书可供电气控制工程技术人员学习使用,也可作为大中专院校机电控制类、电气控制类、信息类等专业的教材。

图书在版编目(CIP)数据

电气控制工程师手册/向晓汉主编.—北京:化学工业出版社,2020.11(2022.1重印)
ISBN 978-7-122-37286-4

Ⅰ.①电… Ⅱ.①向… Ⅲ.①电气控制-技术手册
Ⅳ.①TM921.5-62

中国版本图书馆CIP数据核字(2020)第113190号

责任编辑:李军亮　徐卿华　　　　文字编辑:宁宏宇　陈小滔
责任校对:宋　玮　　　　　　　　装帧设计:史利平

出版发行:化学工业出版社(北京市东城区青年湖南街13号　邮政编码100011)
印　　装:三河市航远印刷有限公司
787mm×1092mm　1/16　印张 $35\frac{1}{4}$　字数878千字　2022年1月北京第1版第2次印刷

购书咨询:010-64518888　　　　　售后服务:010-64518899
网　　址:http://www.cip.com.cn
凡购买本书,如有缺损质量问题,本社销售中心负责调换。

定　价:128.00元　　　　　　　　　　　　　　　　　版权所有　违者必究

前言

自动控制系统的集成最常用的器件是可编程控制器（PLC）、变频器和触摸屏（HMI），即"工控三大件"。"工控三大件"已经广泛应用于工业控制，通常应用于同一个控制系统，是一个有机的整体，不宜人为分割，故将电气控制技术与传感器、可编程控制器、变频器、步进驱动器、伺服驱动器、电气控制系统的通信和触摸屏合并写成一本书。这种做法更加切合工程实际，更加便于读者掌握自动控制的系统集成。

西门子 PLC、变频器和触摸屏具有卓越的性能，因此在工控市场占有非常大的份额，应用十分广泛。为了使读者能更好地掌握相关知识，我们在总结长期的教学经验和工程实践的基础上，联合相关企业人员共同编写了本书，使读者通过"看书"和观看微课视频就能掌握"工控三大件"的应用技术，进而掌握自动化系统的集成。本书采用较多的小例子引领读者入门，让读者学完入门部分后，能完成简单的工程。应用部分精选工程实际案例，供读者模仿学习，提高读者解决实际问题的能力。

我们在编写过程中，将一些生动的操作实例融入其中，以提高读者的学习兴趣。本书具有以下特点。

① 用实例引导读者学习。该书的大部分章节用精选的例子讲解，例如，用例子说明现场通信实现的全过程。实例容易进行工程移植，实用性强。

② 重点的例子都包含软硬件的配置方案图、原理图和程序，而且为确保程序的正确性，程序已经在 PLC 上运行通过。

③ 对于重点和复杂的例子，本书还配有 100 多个微课视频，扫描对应二维码即可观看，便于读者学习。

全书分为 7 篇 21 章，主要包括以下内容。

第 1 篇　电气控制基础，包括低压电器的工作原理、图形符号、文字符号、功能和选型；常用电气控制回路；电气控制回路的识读；传感器的接线。

第 2 篇　PLC 编程及应用，包括西门子 S7-1200 PLC 硬件、西门子 S7-1200 PLC 硬件接线、西门子 S7-1200 PLC 编译软件和西门子 S7-1200 PLC 指令系统、PLC 的编程方法与调试、PLC 在过程控制中的应用，章节中还有典型的工程应用实例讲解。

第 3 篇　变频器技术及其应用，包括变频器的工作原理、G120 变频器的接线与操作、G120 变频器的运行与功能、变频器的常用外围电路、G120 变频器的参数设置与调试，章节中还有典型的工程应用实例讲解。

第 4 篇　步进驱动与伺服驱动系统，包括步进驱动系统的结构和工作原理、步进驱动系统的应用（速度控制和位置控制）、伺服原理与系统、三菱伺服系统介绍、三菱 MR-J4 伺服系统工程应用（速度控制、转矩控制和位置控制）、西门子伺服系统介绍、西门子 V90 伺服系统工程应用（速度控制、转矩控制和位置控制）。这部分包括了 PLC 在工程应用中常见的重点和难点内容，是本书最具特色的部分之一。

第 5 篇　电气控制系统的通信，包括 PLC 在通信中的应用（详尽讲解自由口通信、Modbus 通信、PROFIBUS 通信、S7 通信、OUC 通信、PROFINET 通信、PLC 与变频器的通信和工业以太网通信）和 PLC 工程应用案例。这部分也包括了 PLC 在工程应用中常见的重点和难点内容，也是本书最具特色的部分之一。

第 6 篇　人机界面及其应用，包括 HMI 变量与系统函数、画面组态、用户管理、报警组态、创建一个简单的 HMI 项目。

第 7 篇　电气控制综合应用，包括三个实际工程项目。

这部手册由于编写内容多、工作量大，编写组邀请了具有实践经验且教学经验丰富的高校教师和具有丰富实践经验的企业专家参与讨论、提供案例和编写工作，具体如下：第 1、2、6~11 章由龙丽编写；第 3、4、5、16、19、20、21 章由无锡职业技术学院的向晓汉编写；第 12~15 章由无锡职业技术学院的于多编写；第 17、18 章由无锡雪浪环境科技股份有限公司的刘摇摇编写。本书由向晓汉任主编，龙丽、于多任副主编，无锡职业技术学院的奚茂龙（博士）教授任主审。

由于笔者水平有限，缺点和不足在所难免，敬请读者批评指正，笔者将万分感激！

编　者

目录

01 第1篇　电气控制基础

第 1 章 ▶ 常用低压电器 ·········· 2

- 1.1 低压开关电器　2
  - 1.1.1 刀开关　2
  - 1.1.2 低压断路器　3
  - 1.1.3 剩余电流保护电器　8
- 1.2 接触器　10
  - 1.2.1 接触器的功能　10
  - 1.2.2 接触器的结构及其工作原理　10
  - 1.2.3 常用的接触器　11
  - 1.2.4 接触器的技术参数　12
  - 1.2.5 接触器的选用　13
- 1.3 继电器　14
  - 1.3.1 电磁继电器　15
  - 1.3.2 时间继电器　18
- 1.3.3 计数继电器　22
- 1.3.4 电热继电器　23
- 1.3.5 其他继电器　25
- 1.4 熔断器　26
- 1.5 主令电器　29
  - 1.5.1 按钮　29
  - 1.5.2 行程开关　32
- 1.6 变压器和电源　33
  - 1.6.1 变压器　33
  - 1.6.2 直流稳压电源　35
- 1.7 其他电器　36
  - 1.7.1 浪涌保护器　36
  - 1.7.2 安全栅　36

第 2 章 ▶ 常用电气控制回路 ·········· 38

- 2.1 电气控制线路图　38
- 2.2 继电接触器控制电路基本控制规律　40
  - 2.2.1 点动运行控制线路　40
  - 2.2.2 连续运行控制线路　41
  - 2.2.3 正/反转运行控制线路　41
  - 2.2.4 多地联锁控制线路　42
  - 2.2.5 自动循环控制线路　42
- 2.3 三相异步电动机的启动控制电路　43
  - 2.3.1 直接启动　43
  - 2.3.2 星形-三角形减压启动　44
  - 2.3.3 自耦变压器减压启动　45
- 2.4 三相异步电动机的调速控制　45
  - 2.4.1 改变转差率的调速　45
  - 2.4.2 改变极对数的调速　46
  - 2.4.3 变频调速　46
- 2.5 三相异步电动机的制动控制　46

2.5.1	机械制动	46	2.6.1	电流保护	49
2.5.2	反接制动	47	2.6.2	电压保护	50
2.5.3	能耗制动	47	2.6.3	其他保护	51
2.6	电气控制系统常用的保护环节	49			

第 3 章 ▶ 常用传感器及其应用　52

3.1	开关式传感器	52	3.3	隔离器	58
3.2	传感器和变送器	57			

02 第 2 篇　PLC 编程及应用　59

第 4 章 ▶ 西门子 S7-1200 PLC 的硬件　60

4.1	西门子 S7-1200 PLC 概述	60	4.2.2	西门子 S7-1200 PLC 数字量扩展模块及接线	67
4.1.1	西门子 PLC 简介	60			
4.1.2	西门子 S7-1200 PLC 的性能特点	61	4.2.3	西门子 S7-1200 PLC 模拟量模块	70
4.2	西门子 S7-1200 PLC 常用模块及其接线	62	4.2.4	西门子 S7-1200 PLC 信号板及接线	76
			4.2.5	西门子 S7-1200 PLC 通信模块	78
4.2.1	西门子 S7-1200 PLC 的 CPU 模块及接线	62	4.2.6	其他模块	78

第 5 章 ▶ TIA 博途（Portal）软件使用入门　80

5.1	TIA 博途（Portal）软件简介	80	5.3.3	编辑项目	90
5.1.1	TIA 博途（Portal）软件	80	5.4	西门子 S7-1200 PLC 的 I/O 参数的配置	92
5.1.2	安装 TIA 博途软件的软硬件条件	81			
5.1.3	安装 TIA 博途软件的注意事项	82	5.4.1	数字量输入模块参数的配置	92
5.2	TIA Portal 视图与项目视图	83	5.4.2	数字量输出模块参数的配置	93
5.2.1	TIA Portal 视图结构	83	5.4.3	模拟量输入模块参数的配置	94
5.2.2	项目视图	84	5.4.4	模拟量输出模块参数的配置	94
5.2.3	项目树	86	5.4.5	在"设备概览"选项卡中进行模块参数的配置	95
5.3	创建和编辑项目	87			
5.3.1	创建项目	87	5.5	编译、下载、上传和检测	96
5.3.2	添加设备	88	5.5.1	编译	96

5.5.2 下载	98	5.6 用 TIA 博途软件创建一个完整的项目　106
5.5.3 上传	100	
5.5.4 硬件检测	104	

第 6 章 ▶ 西门子 S7-1200 PLC 的编程语言　　112

6.1	西门子 S7-1200 PLC 的编程基础知识	112	6.3 位逻辑运算指令	132
			6.4 定时器和计数器指令	138
6.1.1	数制	112	6.4.1 IEC 定时器	138
6.1.2	数据类型	113	6.4.2 IEC 计数器	148
6.1.3	西门子 S7-1200 PLC 的存储区	118	6.5 移动操作指令	151
			6.6 比较指令	154
6.1.4	全局变量与区域变量	123	6.7 转换指令	156
6.1.5	编程语言	124	6.8 数学函数指令	160
6.2	变量表、监控表和强制表的应用	124	6.9 实例	164
6.2.1	变量表	124	6.9.1 电动机的控制	164
6.2.2	监控表	128	6.9.2 定时器和计数器应用	167
6.2.3	强制表	131		

第 7 章 ▶ 西门子 S7-1200 PLC 的程序结构　　171

7.1	TIA 博途软件编程方法简介	171	7.3.2 启动组织块及其应用	185
7.2	函数、数据块和函数块	172	7.3.3 主程序块（OB1）	186
7.2.1	块的概述	172	7.3.4 循环中断组织块及其应用	186
7.2.2	函数（FC）及其应用	173	7.3.5 时间中断组织块及其应用	187
7.2.3	数据块（DB）及其应用	178	7.3.6 延时中断组织块及其应用	187
7.2.4	函数块（FB）及其应用	182	7.3.7 硬件中断组织块及其应用	188
7.3	组织块（OB）及其应用	184	7.3.8 错误处理组织块	188
7.3.1	中断的概述	184	7.4 实例	189

第 8 章 ▶ PLC 的编程方法　　192

8.1	功能图	192	8.2 逻辑控制的梯形图编程方法	199
8.1.1	功能图的画法	192	8.2.1 经验设计法	199
8.1.2	梯形图编程的原则	198	8.2.2 功能图设计法	201

第 9 章 ▶ PLC 的工艺功能及应用　　212

9.1	PID 控制简介	212	9.1.1 PID 控制原理简介	212

V

9.1.2　PID 控制器的参数整定　215
9.1.3　PID 指令简介　217
9.1.4　PID 控制应用　217
9.2　S7-1200 PLC 的高速计数器及其应用　227
9.2.1　S7-1200 PLC 高速计数器的简介　227
9.2.2　S7-1200 PLC 高速计数器的应用　231

第3篇　变频器技术及其应用　241

第 10 章　变频器基础知识　242

10.1　变频器概述　242
　10.1.1　变频器的发展　242
　10.1.2　变频器的分类　243
　10.1.3　变频器的应用　244
10.2　变频器的工作原理　245
　10.2.1　交-直-交变换技术　245
　10.2.2　变频变压的原理　245
　10.2.3　正弦脉宽调制波的实现方法　247
　10.2.4　交-直-交变频器的主电路　249

第 11 章　G120 变频器的接线与操作　252

11.1　G120 变频器配置　252
　11.1.1　西门子变频器概述　252
　11.1.2　G120 变频器的系统构成　253
11.2　G120 变频器的接线　255
　11.2.1　G120 变频器控制单元的接线　255
　11.2.2　G120 变频器功率模块的接线　259
　11.2.3　G120 变频器的接线实例　259
11.3　G120 变频器的基本操作　260
　11.3.1　G120 变频器常用参数简介　260
　11.3.2　用 BOP-2 基本操作面板设置 G120 变频器的参数　263
　11.3.3　BOP-2 基本操作面板的应用　265

第 12 章　G120 变频器的速度给定与功能　268

12.1　G120 变频器的 BICO 和宏　268
　12.1.1　G120 变频器的 BICO 功能　268
　12.1.2　预定义接口宏的概念　269
　12.1.3　G120C 的预定义接口宏　269
12.2　变频器正反转控制　271
　12.2.1　正反转控制方式　271
　12.2.2　二线制和三线制控制　273
　12.2.3　命令源和设定值源　274
12.3　G120 变频器多段速给定　275
　12.3.1　数字量输入　275
　12.3.2　数字量输出　276

12.3.3	直接选择模式给定 277	12.4.3	模拟量给定的应用 283
12.4	G120 变频器模拟量输入给定 281	12.5	V/f 控制功能 286
12.4.1	模拟量输入 281	12.5.1	V/f 控制方式 286
12.4.2	模拟量输出 282	12.5.2	转矩补偿功能 286

第 13 章 ▶ 变频器的常用外围电路　　289

13.1	变频器并联控制电路 289	13.2.3	制动控制 295
13.1.1	模拟电压输入端子控制的并联运行电路 289	13.2.4	抱闸功能控制电路 298
		13.3	保护功能及其电路 302
13.1.2	由升降速端子控制的同速运行电路 291	13.3.1	变频器的温度保护 302
		13.3.2	电动机的温度保护 303
13.2	停车方式与制动控制电路 293	13.3.3	电动机的过流保护 305
13.2.1	电动机四象限运行 293	13.3.4	报警及保护控制电路 305
13.2.2	停车方式 294	13.4	工频 – 变频切换控制电路 306

第 14 章 ▶ G120 变频器的参数设置与调试　　309

14.1	G120 变频器的参数设置与调试软件简介 309		设置参数和调试 309
		14.3	用软件设置 G120 变频器的 IP 地址 313
14.2	用 TIA Portal 软件对 G120 变频器		

第 4 篇　步进驱动与伺服驱动系统　　316

第 15 章 ▶ 步进驱动系统原理及工程应用　　317

15.1	步进驱动系统的结构和工作原理 317	15.2	步进驱动系统的应用 324
15.1.1	步进电动机简介 317	15.2.1	PLC 对步进驱动系统的速度控制 324
15.1.2	步进电动机的结构和工作原理 320	15.2.2	PLC 对步进驱动系统的位置控制 331
15.1.3	步进驱动器工作原理 322		

第 16 章 ▶ 伺服原理与系统　　344

16.1	伺服系统概述 344	16.2.1	伺服控制在机床行业的应用 345
16.1.1	伺服系统的概念 344	16.2.2	伺服控制在纺织行业的应用 345
16.1.2	主流伺服系统品牌 345	16.2.3	伺服控制在包装行业的应用 346
16.2	伺服系统行业应用 345	16.2.4	伺服控制在印刷行业的应用 346

16.2.5 伺服控制在机器人行业的应用 346
16.3 伺服技术的发展趋势 346
16.4 伺服电动机及其控制技术 347
　16.4.1 伺服电动机的特点 347
　16.4.2 直流伺服电动机 348
　16.4.3 交流伺服电动机 350
　16.4.4 直接驱动电动机 351
　16.4.5 伺服电动机的选型 352
16.5 伺服系统的检测元件 353
　16.5.1 编码器的分类 353
　16.5.2 光电编码器的结构和工作原理 354
　16.5.3 编码器的主要应用场合 355
　16.5.4 编码器的选型 355

第 17 章 ▶ 三菱 MR-J4 伺服系统工程应用 356

17.1 三菱伺服系统 356
　17.1.1 三菱伺服系统简介 356
　17.1.2 三菱 MR-J4 伺服系统接线 356
　17.1.3 三菱伺服系统常用参数介绍 363
　17.1.4 用操作单元设置三菱伺服系统参数 367
　17.1.5 用 MR Configurator2 软件设置三菱伺服系统参数 368
17.2 三菱 MR-J4 伺服系统工程应用 369
　17.2.1 伺服系统的工作模式 369
　17.2.2 PLC 对 MR-J4 伺服系统的位置控制 370
　17.2.3 PLC 对 MR-J4 伺服系统的速度控制 372
　17.2.4 PLC 对 MR-J4 伺服系统的转矩控制 374

第 18 章 ▶ 西门子 SINAMICS V90 伺服系统工程应用 378

18.1 西门子伺服系统 378
　18.1.1 西门子伺服系统简介 378
　18.1.2 V90 伺服系统的接线 378
　18.1.3 V90 伺服系统的参数介绍 385
　18.1.4 V90 伺服系统的参数设置与调试 385
18.2 V90 伺服系统工程应用 393
　18.2.1 PLC 对 V90 伺服系统的速度控制（基于 PROFINET）393
　18.2.2 PLC 对 V90 伺服系统的位置控制（基于高速脉冲） 401

第 5 篇　电气控制系统的通信　412

第 19 章 ▶ 电气控制系统的通信及其应用 414

19.1 通信基础知识 413
　19.1.1 通信的基本概念 413
　19.1.2 PLC 网络的术语解释 414
　19.1.3 RS-485 标准串行接口 416
　19.1.4 OSI 参考模型 417
19.2 现场总线概述 417
　19.2.1 现场总线的概念 417
　19.2.2 主流现场总线的简介 418
　19.2.3 现场总线的发展 419
19.3 PROFIBUS 通信及其应用 419

19.3.1	PROFIBUS 通信概述	419	19.5.1	PROFINET IO 通信基础 453
19.3.2	S7-1200 PLC 与西门子 S7-1200 PLC 间的 PROFIBUS-DP 通信	420	19.5.2	S7-1200 PLC 与分布式 IO 模块的 PROFINET IO 通信及其应用 454
19.4	以太网通信及其应用	428	19.5.3	S7-1200 PLC 之间的 PROFINET IO 通信及其应用 460
19.4.1	以太网通信基础	428	19.6	串行通信及其应用 464
19.4.2	S7-1200 PLC 的以太网通信方式	431	19.6.1	S7-1200 PLC 与 S7-1200 PLC 之间的 Modbus RTU 通信 464
19.4.3	S7-1200 PLC 之间的 OUC 通信及其应用	431	19.6.2	S7-1200 PLC 与 SINAMICS G120 变频器之间的 USS 通信 471
19.4.4	S7-1500 PLC 与 S7-1200 PLC 之间的 Modbus TCP 通信及其应用	439	19.6.3	S7-1200 PLC 之间的自由口通信 476
19.4.5	S7-1200 PLC 之间的 S7 通信及其应用	447		
19.5	PROFINET IO 通信及其应用	453		

第 6 篇　人机界面及其应用　482

第 20 章　西门子人机界面（HMI）应用　483

20.1	人机界面简介	483	20.3.6	符号 I/O 域组态 494
20.1.1	初识人机界面	483	20.3.7	图形 I/O 域组态 495
20.1.2	西门子常用触摸屏的产品简介	483	20.3.8	画面的切换 497
			20.4	用户管理 499
20.1.3	触摸屏的通信连接	484	20.4.1	用户管理的基本概念 499
20.2	使用变量与系统函数	485	20.4.2	用户管理的组态 500
20.2.1	变量分类与创建	485	20.5	报警组态 505
20.2.2	系统函数	486	20.5.1	报警组态简介 505
20.3	画面组态	488	20.5.2	离散量报警组态 506
20.3.1	按钮组态	488	20.6	创建一个简单的 HMI 项目 508
20.3.2	I/O 域组态	490	20.6.1	一个简单的 HMI 项目技术要求描述 508
20.3.3	开关组态	491		
20.3.4	图形输入输出对象组态	492	20.6.2	一个简单的 HMI 项目创建步骤 508
20.3.5	时钟和日期的组态	494		

IX

第7篇 电气控制综合应用 ···516

第21章 ▶ PLC、触摸屏、变频器和伺服系统工程应用 ··· 517

21.1 送料小车自动往复运动的 PLC 控制 ··· 517
21.2 刨床的 PLC 控制 ··· 521
21.3 剪切机的 PLC 控制 ··· 530
21.4 物料搅拌机的 PLC 控制 ··· 539

参考文献 ··· 549

微课视频目录

低压断路器的应用 / 3
接触器的应用 / 10
电磁继电器的应用 / 14
电热继电器的应用 / 23
控制按钮的应用 / 29
电动机启停控制 / 41
电动机正反转控制 / 41
自动循环控制线路讲解 / 42
电动机星三角启动控制 / 44
电动机反接制动控制 / 47
接近开关的接线 / 52
变送器/传感器的接线方法 / 57
CPU 模块的接线 / 65
数字量模块的接线 / 67
模拟量模块的接线 / 70
数字量信号板的接线 / 76
模拟量信号板的接线 / 76
创建新项目 / 87
打开已有项目 / 90
数字量模块的参数配置 / 92
模拟量模块的参数配置 / 94
在 "设备概览"选项卡中进行模块参数的配置 / 95
编译 / 96
下载 / 98
上传 / 100
硬件检测 / 104
用 TIA 博途软件创建一个完整的项目 / 106
PLC 工作原理介绍 / 112
数据类型的举例 / 118
PLC 的三个运行阶段 / 119
双字、字、字节和位的概念 / 122
变量表的使用 / 124
监控表的使用 / 130
强制表的使用 / 131
取代特殊寄存器的程序 / 133
用 Starter 软件设置 G120 变频器的 IP / 地址 / 313

单键启停控制讲解 / 136
3s 闪烁控制讲解 / 139
鼓风机控制程序讲解 / 143
MOVE 指令使用讲解 / 152
比较指令使用讲解 / 154
转换指令使用讲解 / 156
AD 转换和 DA 转换应用 / 160
计算指令使用讲解 / 162
电动机正反转控制 / 167
函数（FC）的应用举例 / 175
数据块（DB）的应用举例 / 179
函数块（FB）的应用举例 / 182
循环组织块（OB30）的应用举例 / 186
功能图转换成梯形图 / 193
功能图编程应用举例 / 201
PID 参数的整定介绍 / 215
电炉的温度控制 / 217
用光电编码器测量位移 / 237
用光电编码器测量转速 / 239
变频器的工作原理 / 249
G120 变频器的接线 / 255
用 BOP-2 基本操作面板设置 G120 变频器的参数 / 263
G120 变频器的正反转控制 / 271
G120 变频器多段速给定 / 275
G120 变频器模拟量速度给定（2 线式）/ 281
G120 变频器模拟量速度给定（3 线式）/ 283
G120 变频器模拟量输入端子控制的并联电路 / 289
G120 变频器升降速 MOP 输入端子控制的并联电路 / 291
G120 变频器电磁抱闸制动电路 / 298
G120 变频器报警及保护控制电路 / 305
G120 变频器的工频 - 变频切换控制电路 / 306
用 TIA Portal 软件设置 G120 变频器的参数 / 309
用 Starter 软件设置 G120 变频器的参数 / 311
用 TIA Portal 软件调试 G120 变频器 / 312
用 TIA Portal 软件设置 G120 变频器的 IP 地址 / 313
S7-1200 PLC 与 S7-1200 PLC 间的 PROFIBUS-DP 通信 / 420

用 Pronata 软件设置 G120 变频器的 IP 地址 / 315
步进电动机的工作原理 / 320
步进驱动器的工作原理 / 322
PLC 对步进驱动系统的速度控制 / 324
三菱 MR-J4 伺服系统接线 / 356
计算齿轮比的方法 / 365
用 MR Configurator2 软件设置三菱伺服系统参数 / 368
PLC 对 MR-J4 伺服系统的位置控制 / 370
PLC 对 MR-J4 伺服系统的速度控制 / 372
西门子 V90 伺服系统接线 / 378
西门子 V90 伺服系统的参数介绍 / 385
用基本操作面板（BOP）设置 V90 伺服系统的参数 / 385
用 V-ASSISTANT 软件设置 V90 伺服系统的参数与调试 / 389
PLC 对 V90 伺服系统的速度控制 / 393
PLC 对 V90 伺服系统的位置控制 / 401

S7-1200 PLC 与 S7-1200 PLC 间的 ISO-on-TCP 通信 / 432
S7-1200 PLC 与 S7-1200 PLC 之间的 MODBUSTCP 通信 / 440
S7-1200 PLC 与 S7-1200 PLC 间的 S7 通信 / 447
S7-1200 PLC 与 ET200SP 之间的 PROFINETIO 通信 / 454
S7-1200 PLC 之间的 PROFINET IO 通信 / 460
S7-1200 PLC 与 S7-1200 PLC 间的 Modbus RTU 通信 / 464
S7-1200 PLC 与 G120 变频器之间的 USS 通信 / 471
S7-1200 PLC 与 S7-1200 PLC 间的 PTP 通信 / 476
触摸屏的通信连接 / 484
HMI 的按钮组态 / 488
HMI 的 I/O 域组态 / 490
HMI 画面的切换 / 497
HMI 的用户管理 / 500
HMI 的离散量报警 / 506
创建第一个 HMI 项目 / 508

第1篇

电气控制基础

第01章

常用低压电器

低压电器通常是指用于交流50Hz（60Hz）、额定电压1200V或以下和直流额定电压1500V或以下的电路中，起通断、保护、控制或调节作用的电器。

学习本章主要要掌握开关电器、接触器、继电器、主令电器、传感器和变送器等低压电器的功能、符号和选型。了解开关电器、接触器和继电器等低压电器的工作原理。

1.1 低压开关电器

开关电器（switching device）是指用于接通或分断一个或几个电路中电流的电器。一个开关电器可以完成一个或者两个操作。它是最普通、使用最早的电器之一，常用的有刀开关、隔离开关、负荷开关、组合开关、断路器等。

1.1.1 刀开关

刀开关（knife switch）是带有刀形动触头，在闭合位置与底座上的静触头相契合的开关。它是最普通、使用最早的电器之一，俗称闸刀开关。

（1）刀开关的功能

低压刀开关的作用是不频繁地手动接通和分断容量较小的交、直流低压电路，或者起隔离作用。刀开关如图1-1所示，其图形及文字符号如图1-2所示。

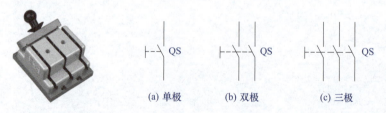

图1-1 刀开关　　　图1-2 刀开关的图形及文字符号

（2）刀开关的分类

刀开关结构简单，由手柄、刀片、触头、底板等组成。

刀开关的主要类型有大电流刀开关、负荷开关和熔断器式刀开关。常用的产品有HD11～HD14和HS11～HS13系列刀开关。按照极数分类，刀开关通常分为单极、双极和三极 3 种。

(3) 刀开关的选用原则

① 刀开关结构形式的选择　刀开关结构形式应根据刀开关的作用和装置的安装形式来选择，如果刀开关用于分断负载电流时，应选择带灭弧装置的刀开关。根据装置的安装形式可选择是否是正面、背面或侧面操作形式，是直接操作还是杠杆传动，是板前接线还是板后接线的结构形式。

② 刀开关额定电流的选择　刀开关的额定电流一般应等于或大于所分断电路中各个负载额定电流的总和。对于电动机负载，考虑其启动电流，应选用刀开关的额定电流不小于电动机额定电流的 3 倍。

③ 刀开关额定电压的选择　刀开关的额定电压一般应等于或大于电路中的额定电压。

④ 刀开关型号的选择　HD11、HS11 用于磁力站中，不切断带有负载的电路，仅起隔离电流的作用。

HD12、HS12 用于正面侧方操作前面维修的开关柜中，其中有灭弧装置的刀开关可以切断带有额定电流以下的负载电路。

HD13、HS13 用于正面后方操作前面维修的开关柜中，其中有灭弧装置的刀开关可以切断带有额定电流以下的负载电路。

HD14 用于配电柜中，其中有灭弧装置的刀开关可以带负载操作。

另外，在选用刀开关时，还应考虑所需极数、使用场合、电源种类等。

(4) 注意事项

① 在接线时，刀开关上面的接线端子应接电源线，下方的接线端子应接负荷线。

② 在安装刀开关时，处于合闸状态时手柄应向上，不得倒装或平装；如果倒装，拉闸后手柄可能因自重下落引起误合闸，造成人身和设备安全事故。

③ 分断负载时，要尽快拉闸，以减小电弧的影响。

④ 使用三相刀开关时，应保证合闸时三相触头同时合闸，若有一相没有合闸或接触不良，会造成电动机因缺相而烧毁。

⑤ 更换保险丝，应该在开关断电的情况下进行，不能用铁丝或者铜丝代替保险丝。

【例 1-1】　刀开关和隔离开关是否可以互相替换使用？

【解】　通常不可以。隔离开关是指在断开位置上，符合规定的隔离功能要求的一种机械开关电器，其作用是当电源切断后，保持有效的隔离距离，从而保证维修人员的安全，隔离开关通常不带载荷通断电路。刀开关一般不用做隔离器，因为它不具备隔离功能，但刀开关可以带小载荷通断电路。

当然，隔离开关也是一种特殊的刀开关，当满足隔离功能时，刀开关也可以用来隔离电源。

1.1.2　低压断路器

断路器（circuit-breaker）是指能接通、承载以及分断正常电路条件下的电流，也能在规定的非正常电路条件（例如短路条件）下接通、承载一定时间和分断电流的一种机械开关电器，过去叫做自动空气开关，为了和 IEC（国际电工委员会）标准一致，改名为断路器。低压断路器如图 1-3 所示。

低压断路器的应用

（1）低压断路器的功能

低压断路器是将控制电器和保护电器的功能合为一体的电器，其图形及文字符号如图1-4所示。在正常条件下，它常用于不频繁接通和断开的电路以及控制电动机的启动和停止。它常用做总电源开关或部分电路的电源开关。

图1-3　低压断路器　　　　　　图1-4　低压断路器的图形及文字符号

断路器的动作值可调，同时具备过载和保护两种功能。当电路发生过载、短路或欠压等故障时能自动切断电路，有效地保护串接在它后面的电气设备。其安装方便，分断能力强，特别在分断故障电流后一般不需要更换零部件，这是大多数熔断器不具备的优点。因此，低压断路器使用越来越广泛。低压断路器能同时起到热继电器和熔断器的作用。

（2）低压断路器的结构和工作原理

低压断路器的种类虽然很多，但结构基本相同，主要由触头系统和灭弧装置、各种脱扣器与操作机构、自由脱扣机构组成。各种脱扣器包括过流、欠压（失压）脱扣器，热脱扣器，等。灭弧装置因断路器的种类不同而不同，常采用狭缝式和去离子灭弧装置，塑料外壳式的灭弧装置采用硬钢纸板嵌上栅片制成。

当电路发生短路或过流故障时，过流脱扣器的电磁铁吸合衔铁，使自由脱扣机构的钩子脱开，自动开关触头在弹簧力的作用下分离，及时有效切除高达额定电流数十倍的故障电流，如图1-5所示。当电路过载时，热脱扣器的热元件发热，使双金属片上弯曲，推动自由脱扣机构动作，如图1-6所示。分励脱扣器则用于远距离控制，在正常工作时，其线圈是断电的，在需要距离控制时，按下启动按钮，使线圈通电，衔铁带动自由脱扣机构动作，使

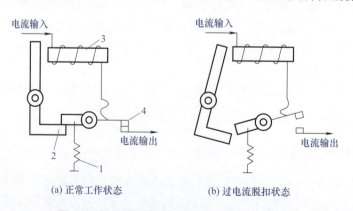

图1-5　低压断路器工作原理图（过电流保护）

1—弹簧；2—脱扣机构；3—电磁铁线圈；4—触头

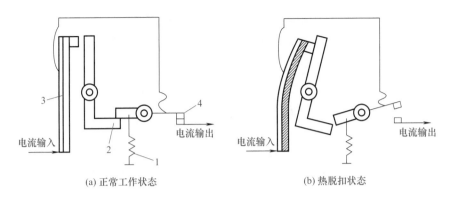

图 1-6 低压断路器工作原理图（过载保护）

1—弹簧；2—脱扣机构；3—双金属片；4—触头

主触头断开。开关的主触头靠操作机构手动或电动合闸，在正常工作状态下能接通和分断工作电流，若电网电压过低或为零时，电磁铁释放衔铁，自由脱扣机构动作，使断路器触头分离，从而在过流与零压、欠压时保证了电路及电路中设备的安全。

【例 1-2】 某质监局在监控本地区的低压塑壳式断路器的质量时发现：单极家用断路器的质量在 60g 以下的产品全部为不合格品。请从低压塑壳式断路器的结构和原理入手分析产生以上现象的原因。

【解】 家用断路器由触头系统和灭弧装置以及各种脱扣器与操作机构组成，而灭弧装置和脱扣器的质量较大，而且为核心部件，所以偷工减料是造成产品不合格的直接原因。检查发现，所有低于 60g 的断路器的灭弧栅片数量都较少，因而灭弧效果不达标，脱扣机构的铜质线圈线包很小或者没有，因而几乎起不到保护作用。通过称量判定重量过小的断路器为不合格品有一定的合理性，但这不能作为断路器产品检验的标准。

（3）低压断路器的典型产品

低压断路器主要分类方法是以结构形式分类，有开启式和装置式两种。开启式又称为框架式或万能式，装置式又称为塑料外壳式（简称塑壳式）。还有其他的分类方法，例如，按照用途分类，有配电用、电动机保护用、家用和类似场所用、漏电保护用和特殊用途；按照极数分类，有单极、两极、三极和四极；按照灭弧介质分类，有真空式和空气式。

① 装置式断路器。装置式断路器有绝缘塑料外壳，内装触头系统、灭弧室、脱扣器等，可手动或电动（对大容量断路器而言）合闸，有较高的分断能力和动稳定性，有较完善的选择性保护功能，广泛用于配电线路。

目前，常用的装置式断路器有 DZ15、DZ20、DZX19、DZ47、C45N（目前已升级为 C65N）等系列产品。T 系列为引进日本的产品，等同于国内的 DZ949，适用于船舶。H 系列为引进美国西屋公司的产品。3VE 系列为引进西门子公司的产品，等同于国内的 DZ108，适用于保护电动机。C45N（C65N）系列为引进法国梅兰日兰公司的产品，等同于国内的 DZ47 断路器，这种断路器具有体积小、分断能力强、限流性能好、操作轻便、型号规格齐全，可以方便地在单极结构基础上组合成二极、三极、四极断路器等优点，广泛使用在 60A 及以下的民用照明支干线及支路中（多用于住宅用户的进线开关及商场照明支路开关）或电动机动力配电系统和线路过载与短路保护。DZ47-63 系列断路器型号的含义如图 1-7 所示，DZ47-63 和 DZ15 系列低压断路器的主要技术参数见表 1-1 和表 1-2。

图 1-7 断路器型号的含义

表 1-1 DZ47-63 系列低压断路器的主要技术参数

额定电流 /A	极数	额定电压 /V	分断能力 /A	瞬时脱扣类型	瞬时保护电流范围
1、3、6、10、16、20、25、32	1、2、3、4	230、400	6000	B	$3I_n \sim 5I_n$
				C	$5I_n \sim 10I_n$
				D	$10I_n \sim 14I_n$
40、50、60			4500	B	$3I_n \sim 5I_n$
				C	$5I_n \sim 10I_n$
				D	$10I_n \sim 14I_n$

表 1-2 DZ15 系列低压断路器的主要技术参数

型号	壳架等级电流 /A	额定电压 /V	极数	额定电流 /A
DZ15-40	40	220	1	6、10、16、20、25、32、40
			2	
		380	3	
DZ15-100	100	380	3	10、16、20、25、32、40、50、63、80、100

② 万能式断路器。万能式断路器曾称框架式断路器，这种断路器一般有一个钢制框架（小容量的也有用塑料底板加金属支架构成的），主要部件都在框架内，而且一般都是裸露在外，万能式断路器一般容量较大，额定电流一般为 630～6300A，具有较高的短路分断能力和较高的动稳定性。适用于在交流为 50Hz 或 60Hz、额定电压为 380V 或 660V 的配电网络中作为配电干线的主保护。

万能式断路器主要由触头系统、操作机构、过流脱扣器、分励脱扣器及欠压脱扣器、附件及框架等部分组成，全部组件进行绝缘后装于框架结构底座中。

目前，我国常用的有 DW15、DW45、ME、AE、AH 等系列的万能式断路器。DW15 系列断路器是我国自行研制生产的，全系列具有 1000A、1500A、2500A、4000A 等几个型号。ME 系列（ME 系列开关电流等级范围为 630～5000A，共 13 个等级）技术生产的产品等同于国内的 DW17 系列。AE 系列为引进日本三菱公司技术生产的产品，等同于国内的 DW18 系列，主要用做配电保护。AH 系列为引进日本技术生产的产品，等同于国内的 DW914 系列，用于一般工业电力线路中。

③ 智能化断路器。智能化断路器是把微电子技术、传感技术、通信技术、电力电子技术等新技术引入断路器的新产品，智能化断路器的特征是采用了以微处理器或单片机为核心的智能控制器（智能脱扣器），它一方面具有断路器的功能，另一方面可以实现与中央控制计算机双向构成智能在线监视、自行调节、测量、试验、自诊断、可通信等功能，能够对各种保护功能的动作参数进行显示、设定和修改，保护电路动作时的故障参数能够存储在非易失存储器中以便查询。

目前，国内生产的智能化断路器有框架式和塑料外壳式两种。框架式智能化断路器主要用于智能化自动配电系统中的主断路器，塑料外壳式智能化断路器主要用于配电网络中分配电能和作为线路以及电源设备的控制与保护，亦可用于三相笼型异步电动机的控制。国内DW45、DW40、DW914（AH）、DWl8（AE-S）、DW48、DWl9（3WE）、DWl7（ME）等智能化框架式断路器和智能化塑料壳断路器都配有 ST 系列智能控制器及配套附件，ST 系列智能控制器采用积木式配套方案，可直接安装于断路器本体中，无需重复二次接线，并可多种方案任意组合。

（4）断路器的技术参数

断路器的主要技术参数有极数、电流种类、额定电压、额定电流、额定通断能力、线圈额定电压、允许操作频率、机械寿命、电气寿命、使用类别等。

① 额定工作电压。在规定的条件下，断路器长时间运行承受的工作电压，应大于或等于负载的额定电压。通常最大工作电压即为额定电压，一般指线电压。直流断路器常用的额定电压值为 110V、220V、440V 和 660V 等。交流断路器常用的额定电压值为 127V、220V、380V、500V 和 660V 等。

② 额定工作电流。在规定的条件下，断路器可长时间通过的电流值，又称为脱扣器额定电流。

③ 短路通断能力。在规定条件下，断路器可接通和分断的短路电流值。

④ 电气寿命和机械寿命。电气寿命是指在规定的正常工作条件下，断路器不需要修理或更换的有载操作次数。机械寿命是指断路器不需要修理或更换的机构所承受的无载操作次数。目前断路器的机械寿命已达 1000 万次以上，电气寿命约是机械寿命的 5%～20%。

（5）低压断路器的选用原则

① 应根据线路对保护的要求确定断路器的类型和保护形式，如对于万能式和塑壳式断路器，通常电流在 600A 以下时多选用塑壳式断路器，当然，现在也有塑壳式断路器的额定电流大于 600A 的。

② 断路器的额定电压应等于或大于被保护线路的额定电压。

③ 断路器欠压脱扣器额定电压应等于被保护线路的额定电压。

④ 断路器的额定电流及过流脱扣器的额定电流应大于或等于被保护线路的计算电流。

⑤ 断路器的极限分断能力应大于线路的最大短路电流的有效值。

⑥ 配电线路中的上、下级断路器的保护特性应协调配合，下级的保护特性应位于上级保护特性的下方，并且不相交。

⑦ 断路器的长延时脱扣电流应小于导线允许的持续电流。

⑧ 选用断路器时，要考虑断路器的用途，如要考虑断路器是用于保护电动机、配电还是照明生活。这点将在后面的例子中提到。

⑨ 在直流控制电路中，直流断路器的额定电压应大于直流线路电压。若有反接制动和逆变条件，则直流断路器的额定电压应大于直流线路电压的 2 倍。

（6）注意事项

① 在接线时，低压断路器上面的接线端子应接电源线，下方的接线端子应接负荷线。

② 照明电路的瞬时脱扣电流类型常选用 C 型。

【例 1-3】 有一个照明电路，总负荷为 1.5kW，选用一个合适的断路器作为其总电源开关。

【解】 由于照明电路额定电压为 220V，因此选择断路器的额定电压为 230V。照明电路的额定电流为：$I_N = \dfrac{P}{U} = \dfrac{1500}{220} \approx 6.8(A)$，可选择断路器的额定电流为10A。DZ47-63系列的断路器比较适合用于照明电路中瞬时动作整定值为6～20倍额定电流，查表1-1可知，C型合适，因此，最终选择的低压断路器的型号为DZ47-63/2、C10（C型10A额定电流）。

【例1-4】 CA6140A车床上配有3台三相异步电动机，主电动机功率为7.5kW，快速电动机功率为275W，冷却电动机功率为150W，控制电路的功率约为500W，请选用合适的电源开关。

【解】 由于电动机额定电压为380V，所以选择断路器的额定电压为380V。电路的额定电流为：$I_N = \dfrac{P}{U} = \dfrac{7500+275+150+500}{380} \approx 22.2(A)$，可选择断路器的额定电流为40A。DZ15-40系列的断路器比较适合用做电源开关，因此，最终选择的低压断路器的型号为DZ15-40/3092。

1.1.3 剩余电流保护电器

剩余电流保护电器（Residual Current Device，RCD）是在正常运行条件下，能接通承载和分断电流，以及在规定条件下，当剩余电流达到规定值时，能使触头断开的机械开关电器或者组合电器。也称剩余电流动作保护电器（residual current operated protective device）。

（1）剩余电流保护电器的功能

剩余电流保护电器的功能是：当电网发生人身（相与地之间）触电事故时，能迅速切断电源，可以使触电者脱离危险，或者使漏电设备停止运行，从而避免引起人身伤亡、设备损坏或火灾的发生，它是一种保护电器。剩余电流保护电器仅仅是防止发生触电事故的一种有效措施，不能过分夸大其作用，防止发生触电事故最根本的措施是防患于未然。

（2）剩余电流保护电器的分类

① 按照保护功能和结构特征分类，剩余电流保护电器可分为剩余电流继电器、剩余电流开关、剩余电流断路器和漏电保护插座。

② 按照工作原理分类，可分为电压动作型和电流动作型剩余电流保护电器，前者很少使用，而后者则有广泛应用。

③ 按照额定漏电动作电流值分类，可分为高灵敏剩余电流保护电器（额定漏电动作电流小于等于30mA）、中灵敏剩余电流保护电器（额定漏电动作电流介于30～1000mA之间）和低灵敏剩余电流保护电器（额定漏电动作电流大于1000mA）。家庭可选用高灵敏剩余电流保护电器。

④ 按照主开关的极数分类，可以分为单极二线剩余电流保护电器、二极剩余电流保护电器、二极三线剩余电流保护电器、三极剩余电流保护电器、三极四线剩余电流保护电器和四极剩余电流保护电器。

⑤ 按照动作时间分类，可分为瞬时型剩余电流保护电器、延时型剩余电流保护电器和反时限剩余电流保护电器。其中，瞬时型的动作时间不超过0.2s。

（3）剩余电流断路器的工作原理

在介绍剩余电流断路器的工作原理前，首先介绍剩余电流的概念。剩余电流（residual current）是指流过剩余电流保护电器主回路的电流瞬时值的矢量和（以有效值表示）。

① 三极剩余电流断路器的工作原理　图 1-8 所示的三极剩余电流断路器是在普通塑料外壳式断路器中增加一个零序电流互感器和一个剩余电流脱扣器（又称为漏电脱扣器）组成的电器。

根据基尔霍夫定律可知，三相电的矢量和为零，即

$$\dot{i}_{L1} + \dot{i}_{L2} + \dot{i}_{L3} = 0$$

所以在正常情况下，零序电流互感器的二次侧没有感应电动势产生，剩余电流断路器不动作，系统保持正常供电。当被保护电路中出现漏电事故时，三相交流电的电流矢量和不为零，零序电流互感器的二次侧有感应电流产生，当剩余电流脱扣器上的电流达到额定剩余动作电流时，剩余电流脱扣器动作，使剩余电流断路器切断电源，从而防止触电事故的发生。每隔一段时间（如一个月）应该按下剩余电流保护电器的试验按钮一次，人为模拟漏电，以测试剩余电流保护电器是否具备剩余电流保护功能。四极剩余电流保护电器的工作原理与三极剩余电流保护电器类似，只不过四极剩余电流保护电器多了中性线这一极。

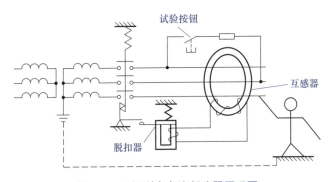

图 1-8　三极剩余电流断路器原理图

② 二极剩余电流断路器的工作原理　二极剩余电流断路器如图 1-9 所示，负载为单相电动机，I_{L1} 和 I_N 大小相等，方向相反，即

$$\dot{i}_{L1} + \dot{i}_N = 0$$

当有漏电 I_F 时，$\dot{i}_{L1} + \dot{i}_N = -\dot{i}_F$，互感器中产生磁通，互感器的副边线圈产生感应电动势，使断路器的脱扣线圈动作，从而使电源切断，起到保护作用。

③ 电子式剩余电流保护电器的工作原理　当发生电击事故时，电流继电器将漏电信号传送给电子放大器，电子放大器将信号放大，从而断路器的脱扣机构使主开关断开，切断故障电路。

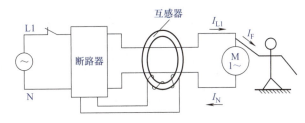

图 1-9　二极剩余电流断路器原理图

（4）剩余电流断路器的性能指标

① 剩余动作电流。指使剩余电流保护电器在规定的条件下动作的剩余电流值。

② 分断时间。从达到剩余动作电流瞬间起到所有极电弧熄灭为止所经过的时间间隔。

以上两个指标是剩余电流断路器的动作性能指标，此外还有额定电流、额定电压等指标。

（5）剩余电流断路器的选用

剩余电流断路器的选用需要考虑的因素较多，下面仅讲解其中几个因素。

① 根据保护对象选用。若保护的对象是人，即直接接触保护，应该选用剩余动作电流不高于 30mA、灵敏度高的漏电断路器；若防护电气设备，则其剩余动作电流可以高于 30mA。

② 根据使用环境选用。如家庭和办公室选用剩余动作电流不高于 30mA 的剩余电流断路器。具体请参考有关文献。

③ 额定电流、额定电压、极数的确定与前面介绍的低压断路器的选用是一样的。

通常家用剩余电流断路器的剩余动作电流小于 30mA，分断时间小于 0.1s。

1.2 接触器

接触器的应用

1.2.1 接触器的功能

（机械的）接触器（contactor）是指仅有一个起始位置，能接通、承载或分断正常条件（包括过载运行条件）下电流的非手动操作的机械开关电器。接触器不能切断短路电流，可以频繁地接通或分断交、直流电路，并可实现远距离控制。其主要控制对象是交、直流电动机，也可用于电热设备、电焊机、电容器组等其他负载。它具有低电压释放保护功能，还具有控制容量大、过载能力强、寿命长、结构简单、价格便宜等特点，在电力拖动、自动控制线路中得到了广泛的应用。交流接触器的外形如图 1-10 所示，其图形和文字符号如图 1-11 所示。接触器常与熔断器和热继电器配合使用。

图 1-10　交流接触器　　　图 1-11　接触器的图形和文字符号

1.2.2 接触器的结构及其工作原理

接触器主要由电磁机构和触头系统组成，另外，接触器还有灭弧装置、释放弹簧、触头弹簧、触头压力弹簧、支架、底座等部件。图 1-12 所示为 3 种结构形式的接触器结构简图。

接触器的工作原理是：当线圈通电后，在铁芯中产生磁通及电磁吸力，电磁吸力克服弹簧反力使得衔铁吸合，带动触头机构动作，使常闭触头分断，常开触头闭合，互锁或接通线路。线圈失电或线圈两端电压显著降低时，电磁吸力小于弹簧反力，使得衔铁释放，触头机构复位，使得常开触头断开，常闭触头闭合。

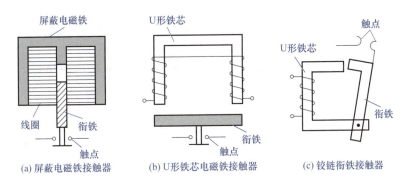

图 1-12　3 种结构形式的接触器结构简图

1.2.3　常用的接触器

（1）按照操作方式分类

接触器按操作方式分类，有电磁接触器（MC）、气动接触器和液压接触器。

（2）按照灭弧介质分类

接触器按灭弧介质分类，有空气接触器、油浸式接触器和真空接触器。在接触器中，空气电磁式交流接触器应用最为广泛，产品系列较多，其结构和工作原理基本相同。典型产品有 CJX1、CJ20、CJ21、CJ26、CJ29、CJ35、CJ40、NC、B、3TB、3TF 等系列，其中，部分型号是从国外引进技术生产的。CJX1 系列产品的性能等同于西门子公司的 3TB 和 3TF 系列产品，CDC1 系列产品的性能等同于 ABB 公司的 B 系列产品。此外，CJ12、CJ15、CJ24 等系列为大功率重负荷交流接触器。交流接触器型号的含义如图 1-13 所示。

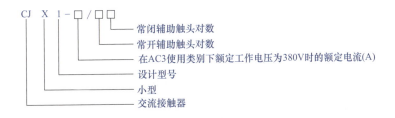

图 1-13　交流接触器型号的含义

真空交流接触器以真空为灭弧介质，其触头密封在真空开关管内，特别适用于恶劣的环境，常用的有 CKJ 和 EVS 等系列。

（3）按照接触器主触头控制电流种类分类

接触器按照主触头控制电流种类分类，有直流接触器和交流接触器。直流接触器应用于直流电力线路中，主要供远距离接通与断开直流电力线路之用，并适宜于直流电动机的频繁启动、停止、换向及反接制动，常用的直流接触器有 CZ0、CZ18、CZ21 等系列。对于同样的主触头额定电流的接触器，直流接触器线圈的阻值较大，而交流接触器线圈的阻值较小。

（4）按照接触器有无触头分类

接触器按照有无触头分类，有触头接触器和无触头接触器。

（5）按照主触头的极数分类

接触器按照主触头的极数分类，有单极、双极、三极、四极和五极接触器。

【例1-5】 交流接触器能否作为直流接触器使用？为什么？

【解】 不能。对于同样的主触头额定电流的接触器，直流接触器线圈的阻值较大，而交流接触器的阻值较小。当交流接触器的线圈接入交流回路时，产生一个很大的感抗，此数值远大于接触器线圈的阻值，因此线圈电流的大小取决于感抗的大小。如果将交流接触器的线圈接入直流回路，通电时，线圈就是纯电阻，此时流过线圈的电流很大，使线圈发热，甚至烧坏。所以通常交流接触器不作为直流接触器使用。

1.2.4 接触器的技术参数

接触器的主要技术参数有极数、电流种类、额定电压、额定电流、额定通断能力、线圈额定电压、允许操作频率、机械寿命、电气寿命、使用类别等。

① 额定工作电压。接触器主触头的额定工作电压应大于或等于负载的额定电压。通常最大工作电压即为额定电压。直流接触器的常用额定电压值为110V、220V、440V、660V等。交流接触器的常用额定电压值为127V、220V、380V、500V、660V等。

② 额定工作电流。额定工作电流是指接触器主触头在额定工作条件下的电流值。在380V三相电动机控制电路中，额定工作电流可近似等于控制功率的2倍。常用的额定电流等级为5A、10A、20A、40A、60A、100A、150A、250A、400A、600A；直流接触器的额定电流值有40A、80A、100A、150A、250A、400A、600A。

③ 约定发热电流。约定发热电流是指在规定的条件下试验时，电流在8小时工作制下，各部分温升不超过极限值时所承受的最大电流。对于老产品，只有额定电流，而对于新产品（如CJX1系列），则有约定发热电流和额定电流。约定发热电流比额定电流要大。

④ 额定通断能力。额定通断能力是指接触器主触头在规定条件下，可靠接通和分断的最大预期电流数值。在此电流下触头闭合时不会造成触头熔焊，触头断开时不能长时间燃弧。一般通断能力是额定电流的5～10倍。当然，这一数值与开断电路的电压等级有关，电压越高，通断能力越小。电路中超出此电流值的分断任务由熔断器、断路器等保护电器承担。

⑤ 接触器的极数和电流种类。接触器的极数和电流种类是指主触头的个数和接通或分断主回路的电流种类。按电流种类分类，有直流接触器和交流接触器；按极数分类，有两极、三极和四极接触器。

⑥ 线圈额定工作电压。线圈额定工作电压是指接触器正常工作时吸引线圈上所加的电压值。一般该电压值以及线圈的匝数、线径等数据均标于线包上，而不是标于接触器外壳的铭牌上，在使用时应加以注意。直流接触器常用的线圈额定电压值为24V、48V、110V、220V、440V等。交流接触器常用的线圈额定电压值为36V、110V、127V、220V、380V。

⑦ 允许操作频率。接触器在吸合瞬间，吸引线圈需消耗比额定电流大5～7倍的电流，如果操作频率过高，则会使线圈严重发热，直接影响接触器的正常使用。为此，人们规定了接触器的允许操作频率，一般为每小时允许操作次数的最大值。交流接触器一般为600次/时，直流接触器一般为1200次/时。

⑧ 电气寿命和机械寿命。电气寿命是指在规定的正常工作条件下，接触器不需要修理或更换的有载操作次数。机械寿命是指接触器不需要修理或更换的机构所承受的无载操作次数。目前接触器的机械寿命已达 1000 万次以上，电气寿命约是机械寿命的 5%～20%。

⑨ 使用类别。接触器用于不同的负载时，其对主触头的接通和分断能力要求不同，按不同的使用条件来选用相应的使用类别的接触器便能满足其要求。在电力拖动系统中，接触器的使用类别及其典型的用途见表 1-3，它们的主触头达到的接通和分断能力为：AC-1 和 DC-1 类型允许接通和分断额定电流；AC-2、DC-3 和 DC-5 类型允许接通和分断 4 倍额定电流；AC-3 类型允许接通 6 倍额定电流和分断额定电流；AC-4 类型允许接通和分断 6 倍额定电流。

表 1-3 接触器的使用类别及其典型的用途

电流类型	使用类别	典型用途
AC（交流）	AC-1	无感或微感负载、电阻炉
	AC-2	绕线式感应电动机的启动、分断
	AC-3	笼型电动机的启动和制动
	AC-4	笼型感应电动机的启动、分断
	AC-5a	放电灯的通断
	AC-5b	白炽灯的通断
	AC-6a	变压器的通断
	AC-6b	电容器组的通断
	AC-7a	家用电器和类似用途的低感负载
	AC-7b	家用的电动机负载
DC（直流）	DC-1T	无感或微感负载、电阻炉
	DC-3	并励电动机的启动、反接制动或反向运转、点动、分断
	DC-5	串励电动机的启动、反接制动或反向的启动、点动、分断
	DC-6	白炽灯的通断

CJX1 系列交流接触器的主要技术参数见表 1-4。

表 1-4 CJX1 系列交流接触器的主要技术参数

型号	约定发热电流 /A	额定工作电流 /A		可控电动机功率 /kW		操作频次 /（次/时）	寿命/万次
		380V	660V	380V	660V		
CJX1-9	22	9	7.2	4	5.5	1200	电气寿命：120 机械寿命：1000
CJX1-12	22	12	9.5	5.5	7.5		
CJX1-16	35	16	13.5	7.5	11		
CJX1-22	35	22	13.5	11	11		
CJX1-32	55	32	18	15	15	600	
CJX1-45	70	45	45	22	39		

1.2.5 接触器的选用

交流接触器的选择需要考虑主触头的额定电压、额定电流、辅助触头的数量与种类、吸引线圈的电压等级以及操作频率。

① 根据接触器所控制负载的工作任务（轻任务、一般任务或重任务）来选择相应使用类别的接触器。

如果负载为一般任务（控制中小功率笼型电动机等），应选用 AC3 类接触器。

如果负载属于重任务（电动机功率大，且动作较频繁），则应选用 AC4 类接触器。

如果负载为一般任务与重任务混合的情况，则应根据实际情况选用 AC3 类或 AC4 类接触器。若确定选用 AC3 类接触器，它的容量应降低一级使用，即使这样，其寿命仍将有不同程度的降低。

适用于 AC2 类的接触器，一般也不宜用来控制 AC3 及 AC4 类的负载，因为它的接通能力较低，在频繁接通这类负载时容易发生触头熔焊现象。

② 交流接触器的额定电压（指触头的额定电压）一般为 500V 或 380V 两种，应大于或等于负载回路的电压。

③ 根据电动机（或其他负载）的功率和操作情况来确定接触器主触头的电流等级。

接触器的额定电流（指主触头的额定电流）有 5A、10A、20A、40A、60A、100A、150A 等几种，应大于或等于被控回路的额定电流。

对于电动机负载，可按下列公式计算：

$$I_N = \frac{P_N}{KU_N}$$

式中，I_N 为接触器主触头电流，A；P_N 为电动机的额定功率，kW；U_N 为电动机的额定电压，V；K 为经验系数，一般取 1～1.4。

如果接触器控制电容器或白炽灯时，由于接通时的冲击电流可达额定值的几十倍，因此从接通方面来考虑，宜选用 AC4 类的接触器；若选用 AC3 类的接触器，则应降低到额定功率的 70%～80% 来使用。

④ 接触器线圈的电流种类（交流和直流两种）和电压等级应与控制电路相同。

⑤ 触头数量和种类应满足电路和控制线路的要求。

【例 1-6】 CA6140A 车床的主电动机的功率为 7.5kW，控制电路电压为交流 24V，选用其控制用接触器。

【解】 电路中的电流 $I_N = \dfrac{P_N}{KU_N} = \dfrac{7500}{1.3 \times 380} \approx 15.2(A)$，因为电动机不频繁启动，而且无反转和反接制动，所以接触器的使用类别为 AC-3，选用的接触器额定工作电流应大于或等于 15.2A。又因为使用的是三相交流电动机，所以选用交流接触器。选择 CJX1-16 交流接触器，接触器额定工作电压为 380V；线圈额定工作电压和控制电路一致，为 24V；接触器额定工作电流为 16A，大于 15.2A，辅助触头为两个常开、两个常闭，可见选用 CJX1-16/22 是合适的。

这里若有反接制动，则应该选用大一个级别的接触器，即 CJX1-32/22。

1.3 继电器

电气继电器（electrical relay）是指当控制该元器件的输入电路中达到规定的条件时，在其一个或多个输出电路中，会产生预定的跃变的元器件。

它一般通过接触器或其他电器对主电路进行控制，因此继电器触头的额定电流较小

电磁继电器的应用

（5～10A），无灭弧装置，但动作的准确性较高。它是自动和远距离操纵用电器，广泛应用于自动控制系统、遥控系统、测控系统、电力保护系统和通信系统中，起控制、检测、保护和调节作用，是电气装置中最基本的器件之一。继电器的输入信号可以是电流、电压等电量，也可以是温度、速度、压力等非电量，输出为相应的触头动作。继电器的图形和文字符号如图1-14所示。

图1-14 继电器的图形和文字符号

继电器按使用范围的不同可分为3类：保护继电器、控制继电器和通信继电器。保护继电器主要用于电力系统，作为发电机、变压器及输电线路的保护；控制继电器主要用于电力拖动系统，以实现控制过程的自动化；通信继电器主要用于遥控系统。若按输入信号的性质不同，可分为中间继电器、热继电器、时间继电器、速度继电器和压力继电器等。继电器的作用如下。

① 输入与输出电路之间的隔离。
② 信号切换（从接通到断开）。
③ 增加输出电路（切换几个负载或者切换不同的电源负载）。
④ 切换不同的电压或者电流负载。
⑤ 闭锁电路。
⑥ 提供遥控功能。
⑦ 重复信号。
⑧ 保留输出信号。

1.3.1 电磁继电器

电磁继电器（electromagnetic relay）是由电磁力产生预定响应的机电继电器。它的结构和工作原理与电磁接触器相似，也是由电磁机构、触头系统和释放电触头弹簧、触头压力弹簧、支架及底座等组成。电磁继电器根据外来信号（电流或者电压）使衔铁产生闭合动作，从而带动触头系统动作，使控制电路接通或断开，实现控制电路状态改变。电磁继电器的外形如图1-15所示。

图1-15 电磁继电器

（1）电流继电器

电流继电器（current relay）是反映输入量为电流的继电器。电流继电器的线圈串联在被测量电路中，用来检测电路的电流。电流继电器的线圈匝数少，导线粗，线圈的阻抗小。

电流继电器有欠电流型和过电流型两类。欠电流继电器的吸引电流为线圈额定电流的30%～65%，释放电流为线圈额定电流的10%～20%，因此，在电路正常工作时，衔铁是吸合的。只有当电流低于某一整定值时，欠电流继电器才释放，输出信号。过电流继电器在电路正常工作时不动作，当电流超过某一整定值时才动作，整定范围通常为额定电流的1.1～1.3倍。

① 电流继电器的功能　欠电流继电器常用于直流电动机和电磁吸盘的失磁保护。而瞬动型过电流继电器常用于电动机的短路保护，延时型继电器常用于过载兼短路保护。过电流

继电器分为手动复位和自动复位两种。

② 电流继电器的结构和工作原理　常见的电流继电器有 JL14、JL15、JL18 等系列产品。电流继电器的电磁机构、原理与接触器相似，由于其触头通过控制电路的电流容量较小，所以无需加装灭弧装置，触头形式多为双断点桥式触头。

（2）电压继电器

电压继电器（voltage relay）是指反映输入量为电压的继电器。它的结构与电流继电器相似，不同的是电压继电器的线圈是并联在被测量的电路两端，以监控电路电压的变化。电压继电器的线圈匝数多，导线细，线圈的阻抗大。

电压继电器按照动作数值的不同，分为过电压、欠电压和零电压 3 种。过电压继电器在电压为额定电压的 110%～115% 以上时动作，欠电压继电器在电压为额定电压的 40%～70% 时动作，零电压继电器在电压为额定电压的 5%～25% 时动作。过电压继电器在电路正常工作条件下（未出现过压），动铁芯不产生吸合动作，而欠电压继电器在电路正常工作条件下（未出现欠压），衔铁处于吸合状态。

常见的电压继电器有 JT3、JT4 等系列产品。

（3）中间继电器

中间继电器（auxiliary relay）是指用来增加控制电路中的信号数量或将信号放大的继电器。它实际上是电压继电器的一种，它的触头多，有的甚至多于 6 对，触头的容量大（额定电流为 5～10A），动作灵敏（动作时间不大于 0.05s）。

① 中间继电器的功能　中间继电器主要起中间转换（传递、放大、翻转分路和记忆）作用，其输入为线圈的通电和断电，输出信号是触头的断开和闭合，它可将输出信号同时传给几个控制元件或回路。中间继电器的触头额定电流要比线圈额定电流大得多，因此具有放大信号的作用，一般控制线路的中间控制环节基本由中间继电器组成。

② 中间继电器的结构和工作原理　常见的中间继电器有 HH、JZ7、JZ14、JDZ1、JZ17 和 JZ18 等系列产品。中间继电器主要分成直流与交流两种，也有交、直流电路中均可应用的交直流中间继电器，如 JZ8 和 JZ14 系列产品。中间继电器由电磁机构和触头系统等组成。电磁机构与接触器相似，由于其触头通过控制电路的电流容量较小，所以无需加装灭弧装置，触头形式多为双断点桥式触头。

在图 1-16 中，13 和 14 是线圈的接线端子，1 和 2 是常闭触头的接线端子，1 和 4 是常开触头的接线端子。当中间继电器的线圈通电时，铁芯产生电磁力，吸引衔铁，使得常闭触头分断，常开触头吸合在一起。当中间继电器的线圈不通电时，没有电磁力，在弹簧力的作用下衔铁使常闭触头闭合，常开触头分断。图 1-16 中的状态是继电器线圈不通电时的状态。

在图 1-16 中，只有一对常开与常闭触头，用 SPDT 表示，其含义是"单刀双掷"，若有两对常开与常闭触头，则用 DPDT 表示，详见表 1-5。

③ 中间继电器的选型　选用中间继电器时，主要应注意线圈额定电压、触头额定电压和触头额定电流。

a. 线圈额定电压必须与所控电路的电压相符，触头额定电压可为中间继电器的最高额定电压（即中间继电器的额定绝缘电压）。中间继电器的最高工作电流一般小于约定发热电流。

b. 根据使用环境选择中间继电器，主要考虑中间继电器的防护和使用区域，如对于含尘、腐蚀性气体和易燃易爆的环境，应选用带罩的全封闭式中间继电器；对于高原及湿热带等特殊区域，应选用适合其使用条件的产品。

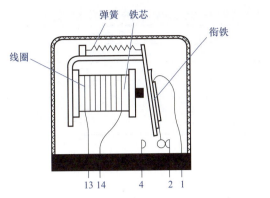
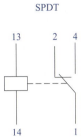

图 1-16　小型继电器结构图

表 1-5　对照表

序号	含义	英文解释及缩写	符号
1	单刀单掷，常开	Single Pole Single Throw SPST（NO）	
2	单刀单掷，常闭	Single Pole Single Throw SPST（NC）	
3	双刀单掷，常开	Double Pole Single Throw DPST（NO）	
4	单刀双掷	Single Pole Double Throw SPDT	
5	双刀双掷	Double Pole Double Throw DPDT	

c. 按控制电路的要求选择触头的类型，是常开还是常闭，以及触头的数量。

（4）注意问题

① 在安装接线时，应检查接线是否正确、接线螺钉是否拧紧。对于很细的导线芯应对折一次，以增加线芯截面积，以免造成虚连。对于电磁式控制继电器，应在触头不带电的情况下，使吸引线圈带电操作几次，观察其动作。对电流继电器的整定值应作最后的校验和整定，以免造成其控制及保护失灵。

② 中间继电器的线圈额定电压不能同中间继电器的触头额定电压混淆，两者可以相同，也可以不同。

③ 接触器中有灭弧装置，而继电器中通常没有，但电磁继电器同样会产生电弧。由于电弧可使继电器的触头氧化或者熔化，从而造成触头损坏，此外，电弧会产生高频干扰信号，因此，直流回路中的继电器最好要进行灭弧处理。灭弧的方法有两种：一种是在按钮上并联一个电阻和电容进行灭弧，如图 1-17（a）所示；另一种是在继电器的线圈上并联一只二极管进行灭弧，如图 1-17（b）所示。对于交流继电器，不需要灭弧。

HH 系列小型继电器的主要技术参数见表 1-6，其型号的含义如图 1-18 所示。

表 1-6 HH 系列小型继电器的主要技术参数

型号	触头额定电流 /A	触头数量 常开	触头数量 常闭	额定电压 /V
HH52P、HH52B、HH52S	5	2	2	AC: 6、12、24、48、110、220 DC: 6、12、24、48、110
HH53P、HH53B、HH53S	5	3	3	
HH54P、HH54B、HH54S	3	4	4	
HH62P、HH62B、HH62S	10	2	2	

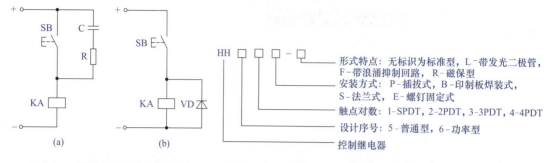

图 1-17 直流继电器的灭弧方法

图 1-18 小型继电器型号的含义

【例 1-7】 想用一个小型继电器控制一个交流接触器 CJX1-32（额定电压为 380V，额定电流为 32A），采用 HH52P 小型继电器是否可行？

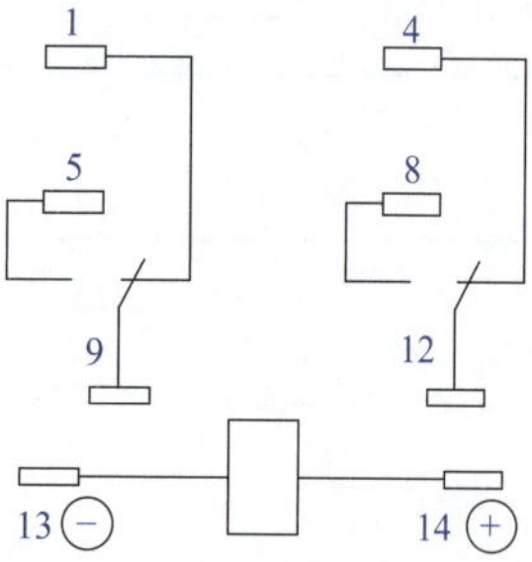

【解】 选用的 HH52P 小型继电器触头的额定电压为 220V，额定电流为 5A，容量足够，此小型继电器有 2 对常开触头和 2 对常闭触头，而控制接触器只需要一对，触头数量足够。此外，这类继电器目前很常用，因此可行。（注意：本题中的小型继电器的 220V 电压是小型继电器的控制电压，不能同小型继电器的触头额定电压混淆。）小型继电器在此起信号放大的作用，在 PLC 控制系统中这种用法比较常见。

图 1-19 小型继电器的接线图

【例 1-8】 指出图 1-19 中小型继电器接线图的含义。

【解】 小型继电器的接线端子一般较多，用肉眼和万用表往往很难判断。通常，小型继电器的外壳上印有接线图。图 1-19 中的 13 号和 14 号端子是由线圈引出的，其中 13 号端子应该和电源的负极相连，而 14 号端子应该和电源的正极相连；1 号端子和 9 号端子及 4 号端子和 12 号端子是由一对常闭触头引出的；5 号端子和 9 号端子及 8 号端子和 12 号端子是由一对常开触头头引出的。

1.3.2 时间继电器

时间继电器（time relay）是指自得到动作信号起至触头动作或输出电路产生跳跃式改变有一定延时，该延时又符合其准确度要求的继电器。简言之，它是一种触头的接通和断开要经过一定延时的继电器，而且延时符合其准确度的要求。时间继电器广泛应用于电动机的启动和停止控制及其他自动控制系统中。时间继电器的图形和文字符号如图 1-20 所示。

时间继电器的种类很多，按照工作原理可分为电磁式、空气阻尼式、晶体管式和电动式。按照延时方式可分为通电延时型和断电延时型：通电延时型时间继电器在其感测部分接收信号后开始延时，一旦延时完毕，立即通过执行部分输出信号以操纵控制电路，当输入信号消失，继电器立即恢复到动作前的状态（复位）；断电延时型时间继电器与通电延时型时间继电器不同，在其感测部分接收输入信号后，执行部分立即动作，但当输入信号消失后，继电器必须经过一定的延时才能恢复到动作前的状态（复位），并且有信号输出。

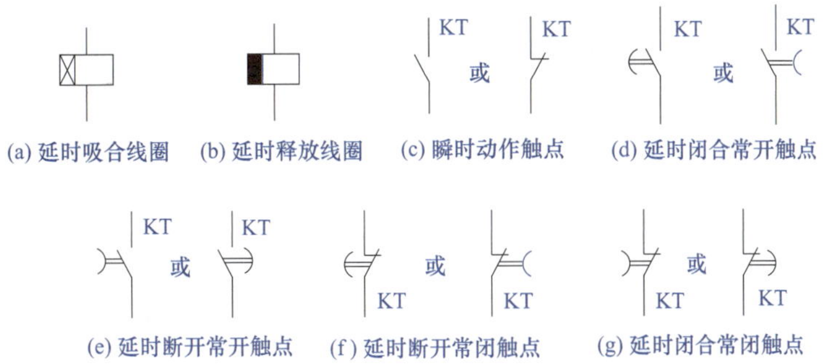

(a) 延时吸合线圈　(b) 延时释放线圈　(c) 瞬时动作触点　(d) 延时闭合常开触点

(e) 延时断开常开触点　(f) 延时断开常闭触点　(g) 延时闭合常闭触点

图 1-20　时间继电器的图形和文字符号

（1）时间继电器的功能

时间继电器是一种利用电磁原理、机械动作原理、电子技术或计算机技术实现触头延时接通或断开的自动控制电器。当它的感测部分接收输入信号后，必须经过一定的延时，它的执行部分才会动作并输出信号以操纵控制电路。

（2）时间继电器的结构和工作原理

① 空气阻尼式时间继电器　空气阻尼式时间继电器也称为气囊式时间继电器，是利用空气阻尼原理获得延时的。它由电磁系统、延时机构和触头 3 部分组成，电磁系统为直动式双 E 型，触头系统借用 LX5 型微动开关，延时机构采用气囊式阻尼器。

空气阻尼式时间继电器既具有由空气室中的气动机构带动的延时触头，也具有由电磁机构直接带动的瞬动触头，可以做成通电延时型，也可做成断电延时型。电磁系统可以是直流的，也可以是交流的。

空气阻尼式时间继电器具有结构简单、延时范围大（0.4～180s）、价格便宜等优点，但其延时精度较低、体积大、没有调节指示，一般只用于要求不高的场合，目前已经很少使用。其典型产品有 JS7、JS23、JSK 等系列，JS7-A 系列时间继电器输出触头的形式及组合见表 1-7。

表 1-7　JS7-A 系列时间继电器输出触头的形式及组合

型号	延时触头数量				不延时触头数量	
	线圈通电延时		线圈断电延时			
	常开触头	常闭触头	常开触头	常闭触头	常开触头	常闭触头
JS7-1A	1	1	—	—	—	—
JS7-2A	1	1	—	—	1	1
JS7-3A	—	—	1	1	—	—
JS7-4A	—	—	1	1	1	1

② 晶体管式时间继电器（transistor timer）　晶体管式时间继电器又称为电子式时间继电器，它是利用延时电路来进行延时的。除了执行继电器外，均由电子元件组成，没有机械机构，具有寿命长、体积小、延时范围大和调节范围宽等优点，因而得到了广泛的应用，已经成为时间继电器的主流产品。晶体管式时间继电器如图 1-21 所示。它在电路中的作用、图

形和文字符号都与普通时间继电器相同。

晶体管式时间继电器的输出形式有两种：有触头式和无触头式。前者是用晶体管驱动小型电磁式继电器，后者是采用晶体管或晶闸管输出。

③ 数字时间继电器（digital timer） 近年来随着微电子技术的发展，采用集成电路、功率电路和单片机等电子元件构成的新型时间继电器大量面市。例如，DHC6 多制式时间继电器，J5S17、J3320、JSZl3 等系列大规模集成电路数字时间继电器，J5145 等系列电子式数显时间继电器，J5G1 等系列固态时间继电器，等。数显时间继电器如图 1-22 所示。

图 1-21　晶体管式时间继电器

图 1-22　数显时间继电器

DHC6 多制式时间继电器是为了适应工业自动化控制水平越来越高的要求而生产的。多制式时间继电器可使用户根据需要选择最合适的制式，使用简便方法便可达到以往需要经过较复杂的接线才能达到的控制功能，这样既节省了中间控制环节，又大大提高了电气控制的可靠性。

数显循环定时器是典型的数字时间继电器，一般由芯片控制，其功能比一般的定时器要强大，通过面板按钮分别设定输出继电器开（on）、关（off）定时时间，在开（on）计时段内，输出继电器动作，在关（off）计时段内，输出继电器不动作，按 on—off—on 循环，循环周期为开、关时间之和，具体应用见后续例题。

随着电子行业的进步，电子产品的价格越来越低，数字时间继电器不再是高端时间继电器的象征，其价格和普通时间继电器的差距已经缩小了很多，其应用已经越来越多。

（3）时间继电器的选用

时间继电器种类繁多，选择时应综合考虑适用性、功能特点、额定工作电压、额定工作电流、使用环境等因素，做到选择恰当、使用合理。

① 经济技术指标。在选择时间继电器时，应考虑控制系统对延时时间和精度的要求。若对时间精度的要求不高，且延时时间较短，宜选用价格低、维修方便的电磁式时间继电器；若控制简单且操作频率很低，如 Y-△启动，可选用热双金属片时间继电器；若对时间控制要求精度高，应选用晶体管式时间继电器。

② 控制方式。被控制对象如需要周期性的重复动作或要求多功能、高精度时，可选用晶体管式时间继电器或数字时间继电器。

目前，常用的晶体管式时间继电器有 JS20、JSB、JSF、JSS1、JSM8、JS14 等系列产品，其中部分产品为引进国外技术生产的。JS14 系列时间继电器的主要技术参数见表 1-8，时间继电器型号的含义如图 1-23 所示。

DHC6 多制式时间继电器采用单片机控制，LCD 显示，具有 9 种工作制式，正计时、倒计时任意设定，具有 8 种延时时段，延时范围从 0.01s～999.9h 任意设定（键盘设定，设定完成之后可以锁定按键，防止误操作），可按要求任意选择控制模式，使控制线路简单、可靠。

表1-8 JS14系列时间继电器的主要技术参数

型号	结构形式	延时范围/s	工作电压/V	触头对数 常开触头	触头对数 常闭触头	误差 常开触头	误差 常闭触头	复位时间/s	消耗功率/W
JS14-□/□	交流装置式	1、5、10、30、60、120、180	AC：110、220、380 DC：24	2	2	≤±3%	≤±10%	1	1
JS14-□/□M	交流面板式			2	2				
JS14-□/□Y	交流外接式			1	1				
JS14-□/□Z	直流装置式			2	2				
JS14-□/□ZM	直流面板式			2	2				
JS14-□/□ZY	直流外接式			1	1				

图1-23 时间继电器型号的含义

另外，数显时间继电器还有DH11S、DH14S、DH48S等系列产品，DH□S系列时间继电器的主要技术参数见表1-9。

表1-9 DH□S系列时间继电器的主要技术参数

型号	DH11S	DH14S	DH48S1，DH48S-2Z
延时范围	0.01～99.99s		
	1s～9min59s		
	1min～99h59min		
工作方式	断电延时、间隔定时、累计延时		
触头数量	1组瞬时转换	2组延时转换	1组瞬时转换
	2组延时转换		2组延时转换
触头容量	AC：220V，3A		
机械寿命	10^6次		
电气寿命	10^5次		
工作电压	AC：50/60Hz，380V、220V、127V、36V DC：12V、24V		
安装方式	面板式		面板式/装置式

另外，还有电动时间继电器，这种时间继电器的精度高、延时范围大（可达几十个小时），是电磁式、空气阻尼式和晶体管式时间继电器所不及的。

（4）注意事项

① 在使用时间继电器时，不能经常调整气囊式时间继电器的时间调整螺钉，调整时也不能用力过猛，否则会失去延时作用；电磁式时间继电器的调整应在线圈工作温度下进行，防止冷态和热态下对动作值产生影响。

② 使用晶体管式时间继电器时，要注意量程的选择。

【例1-9】有一个晶体管式时间继电器，型号是JSZ3，其外壳上有图1-24所示的示意图，指出其含义，并说明如何实现延时30s后闭合的功能。

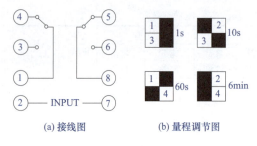

(a) 接线图　　　　(b) 量程调节图

图 1-24　时间继电器的接线图

【解】 图 1-24（a）的含义是：接线端子 2 和 7 是由线圈引出的；接线端子 1、3 和 4 是"单刀双掷"触头，其中 1 和 4 是常闭触头端子，1 和 3 是常开触头端子；同理，接线端子 5、6 和 8 是"单刀双掷"触头，其中 5 和 8 是常闭触头端子，6 和 8 是常开触头端子。图 1-24（b）的含义是：当时间继电器上的开关指向 2 和 4 时，量程为 1s；当时间继电器上的开关指向 1 和 4 时，量程为 10s；当时间继电器上的开关指向 2 和 3 时，量程为 60s；当时间继电器上的开关指向 1 和 3 时，量程为 6min。图中的黑色表示被开关选中。

显然，触头的接线端子可以选择 1 和 3 或者 6 和 8，线圈接线端子只能选择 2 和 7，拨指开关最好选择指向 2 和 3。

1.3.3　计数继电器

计数继电器（counting relay），简称计数器，适用于在交流 50Hz，额定工作电压 380V 及以下或直流工作电压 24V 的控制电路中作计数元件，按预置的数字接通和分断电路。计数器采用单片机电路和高性能的计数芯片，具有计数范围宽，正 / 倒计数，多种计数方式和计数信号输入，计数性能稳定、可靠等优点，广泛应用于工业自动化控制中。

计数继电器的功能：当计数继电器每收到一个计数信号时，其当前值增加 1（对于减计数继电器为减少 1），当当前值等于设定值时，计数继电器的常闭触头断开，常开触头闭合，而且计数继电器显示当前计数值。

计数继电器的种类较多，但最为常见的是机械式计数继电器和电子式计数继电器。电子式数显式计数继电器如图 1-25 所示。

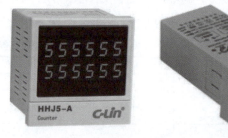

图 1-25　电子式数显式计数继电器

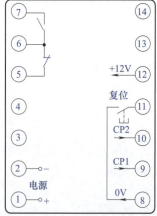

图 1-26　电子式数显式计数继电器接线图

【例 1-10】 有一个七段码电子式数显式计数继电器，型号是 JDM9-6，其接线如图 1-26 所示，指出其含义，并说明如何实现计数 30 次后闭合常开触头的功能。

【解】 1 号端子接 +24V，2 号端子接 0V；6 号是公共端子，5 和 6 号组成常闭触头，6 和 7 号组成常开触头；8 号是 0V，当其与 11 号端子接通时，计数继电器复位（当前值变成初始值，一般为 0），12 号是 +12V，当其和 10 号端子接通一次，当前值增加 1（计数一次）。

显然，要实现计数 30 次后，闭合常开触头的功能。先要把 1 和 2 号端子接上电源，再把 9 和 12 号接到计数信号端子上，当计数继电器接收到 30 次信号后，6 和 7 号组成的常开触头闭合。任何时候当 8 与 11 号端子接通时，计数继电器复位。

1.3.4 电热继电器

在介绍电热继电器前,先介绍量度继电器,量度继电器是在规定准确度下,当其特性量达到其动作值时进行动作的电气继电器。电热继电器(thermal electrical relay),通过测量出现在被保护设备的电流,使该设备免受电热危害的它定时限量度继电器。电热继电器是一种用电流热效应来切断电路的保护电器,常与接触器配合使用,具有结构简单、体积小、价格低、保护性能好等优点。

电热继电器的应用

(1) 电热继电器的功能

为了充分发挥电动机的潜力,电动机短时过载是允许的,但无论过载量的大小如何,时间长了总会使绕组的温升超过允许值,从而加剧绕组绝缘的老化,缩短电动机的寿命,严重过载会很快烧毁电动机。为了防止电动机长期过载运行,可在线路中串入按照预定发热程度进行动作的电热继电器,以有效监视电动机是否长期过载或短时严重过载,并在超额过载预定值时有效切断控制回路中相应接触器的电源,进而切断电动机的电源,确保电动机的安全。总之,电热继电器具有过载保护、断相保护及电流不平衡运行保护和控制其他电气设备发热状态的特点。电热继电器的外形如图 1-27 所示,其图形和文字符号如图 1-28 所示。

图 1-27 电热继电器

(a) 热元件　(b) 常闭触点

图 1-28 电热继电器的图形和文字符号

(2) 双金属片式电热继电器的结构和工作原理

按照动作方式分类,电热继电器可分为双金属片式、热敏电阻式和易融合金属式,其中双金属片式电热继电器最为常见。按照极数分类,电热继电器可分为单极、双极和三极,其中三极最为常见。按照复位方式分类,电热继电器可分为自动复位式和手动复位式。按照受热方式分类,电热继电器可分为直接加热式、复合加热式、间接加热式和电流电感加热式(主要是大容量以及重载启动的电热继电器)4 种。

电力拖动系统中应用最为广泛的是双金属片式电热继电器,其主要由热元件、双金属片、导板和触头系统组成,如图 1-29 所示,其热元件由发热电阻丝构成(这种电热继电器是间接加热方式),双金属片由两种热膨胀系数不同的金属碾压而成,当双金属片受热时,会出现弯曲变形,推动导板,进而使常闭触头断开,起到保护作用。在使用时,把热元件串接于电动机的主电路中,而常闭触头串接于电动机启停接触器线圈的回路中。

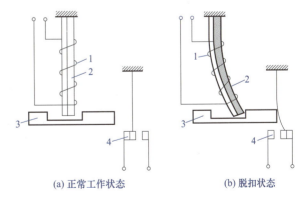

(a) 正常工作状态　(b) 脱扣状态

图 1-29 双金属片式电热继电器原理示意图

1—热元件;2—双金属片;3—导板;4—触头系统

我国目前生产的电热继电器主要有 T、JR0、JR1、JR2、JR9、JR10、JR15、JR16、

JR20、JRS1、JRS2、JRS3 等系列产品。其中，JRS2 和 JRS3 系列可与西门子的 3UA 系列互换使用。T 系列电热继电器是引进瑞典 ABB 公司的产品。JR1 和 JR2 系列电热继电器采用间接受热方式，其主要缺点是双金属片靠发热元件间接加热，热耦合较差；双金属片的弯曲程度受环境温度影响较大，不能正确地反映负载的过流情况。JR15、JR16 等系列电热继电器采用复合加热方式并采用了温度补偿元件，因此能较正确地反映负载的工作情况。JRS2（3UA）系列电热继电器的主要技术参数见表 1-10。电热继电器型号的含义如图 1-30 所示。

表 1-10 JRS2（3UA）系列电热继电器的主要技术参数

型号	JRS2-12.5/Z				JRS2-12.5/F	
额定电流	12.5A		25A		63A	
热元件整定电流调整范围 /A	0.1～0.16	0.16～0.25	0.1～0.16	0.16～0.25	0.1～0.16	0.16～0.25
	0.25～0.4	0.32～0.5	0.25～0.4		0.25～0.4	
	0.4～0.63	0.63～1	0.4～0.63	0.63～1	0.4～0.63	0.63～1
	0.8～1.25	1～1.6	0.8～1.25	1～1.6	0.8～1.25	1～1.6
	1.25～2	1.6～2.5	1.25～2	1.6～2.5	1.25～2	1.6～2.5
	2～3.2	2.5～4	2～3.2	2.5～4	2～3.2	2.5～4
	3.2～5	4～6.3	3.2～5	4～6.3	3.2～5	4～6.3
	5～8	6.3～10	5～8	6.3～10	5～8	6.3～10
	8～12.5	10～14.5	8～12.5	10～16	8～12.5	10～16
			12.5～20	16～25	12.5～20	16～25
					20～32	25～40
					32～45	40～57
					50～63	

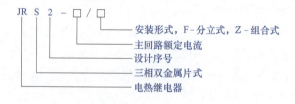

图 1-30 电热继电器型号的含义

（3）电热继电器的选用

电热继电器选用是否得当，直接影响着对电动机进行过载保护的可靠性。选用时通常应按电动机形式、工作环境、启动情况及负荷情况等几方面综合考虑。

① 原则上，电热继电器的额定电流应按电动机的额定电流选择。对于过载能力较差的电动机，其配用的电热继电器（主要是发热元件）的额定电流可适当小些。通常，选取电热继电器的额定电流（实际上是选取发热元件的额定电流）为电动机额定电流的 60%～80%。当负载的启动时间较长，或者负载是冲击负载，如机床电动机的保护，电热继电器的整定电流数值应该略大于电动机的额定电流。对于三角形连接的电动机，三相电热继电器同时具备过载保护和断相保护的功能。

② 在不频繁启动场合，要保证电热继电器在电动机的启动过程中不产生误动作。通常，当电动机启动电流为其额定电流的 6 倍，以及启动时间不超过 6s 时，若很少连续启动，就可按电动机的额定电流选取电热继电器。

③ 当电动机用于重复的短时工作时，首先注意确定电热继电器的允许操作频率。因为电热继电器的操作频率是有限的，如果用它保护操作频率较高的电动机，效果会很不理想，有时甚至不能使用。对于可逆运行和频繁通断的电动机，不宜采用电热继电器保护，必要时可采用装入电动机内部的温度继电器。

④ 对于工作时间很短、间歇时间较长的电动机（如摇臂的钻床电动机、某些机床的快速移动电动机）和虽然长时间工作，但过载可能性很小的电动机（如排风扇的电动机）可以不设计过载保护。

⑤ 双金属片式电热继电器一般用于轻载、不频繁启动电动机的过载保护。对于重载、频繁启动的电动机，可以采用过电流继电器（延时动作型）作它的过载和短路保护。

（4）注意事项

① 电热继电器只对长期过载或短时严重过载起保护作用，对瞬时过载和短路不起保护作用。

② JR1、JR2、JR0 和 JR15 系列的电热继电器均为两相结构，是双热元件的电热继电器，可以用做三相异步电动机的均衡过载保护和星形连接定子绕组的三相异步电动机的断相保护，但不能用做定子绕组为三角形连接的三相异步电动机的断相保护。

③ 电热继电器在出厂时，其触头一般为手动复位，若需自动复位，可将复位调整螺钉顺时针方向转动，用手拨动几次，若动触头没有处在断开位置，可将螺钉紧固。

④ 为了使电热继电器的整定电流和负载工作电流相符，可旋转调节旋钮，将其对准刻度定位标识，若整定值在两者之间，可按照比例在实际使用时适当调整。

图 1-31 电热继电器控制回路接线图

【例 1-11】 有一个型号为 JR36-20 的电热继电器，共有 5 对接线端子：1/L1 和 2/T1，3/L2 和 4/T2，5/L3 和 6/T3，这 3 对接线端子比较粗大；95 和 96，97 和 98，这两对接线端子比较细小。有如图 1-31 所示的控制回路接线图，应该如何接线？

【解】 1/L1 和 2/T1，3/L2 和 4/T2，5/L3 和 6/T3 接线端子都比较粗大，说明用在主回路中，其中 1/L1、3/L2、5/L3 是输入端，2/T1、4/T2、6/T3 是输出端。95 和 96，97 和 98，这两对比较细小，说明是辅助触头，用在控制回路中，97 和 98 是常开触头的接线端子，95 和 96 是常闭触头的接线端子。注意：继电器、接触器控制的系统多用常闭触头，而 PLC 控制的系统多用常开触头。

【例 1-12】 CA6140A 车床的主电动机的额定电压为 380V，额定功率为 7.5kW，请选用合适的电热继电器。

【解】 电路中的额定电流为 $I_N = \dfrac{P}{U} = \dfrac{7500}{380} \approx 19.7(\text{A})$。可选 JRS2（3UA）-12.5/Z12.5-20A 电热继电器，再将电热继电器的热元件的整定电流值整定到 15.4A 即可。

1.3.5 其他继电器

继电器的种类繁多，除了上述介绍的继电器外，还有些继电器在控制系统中有着特殊的功能，如干簧继电器、压力继电器、温度继电器、速度继电器和固态继电器等。限于篇幅在此不作介绍。

1.4 熔断器

熔断器（fuse）的定义为：当电流超过规定值足够长时间后，通过熔断一个或几个特殊设计的相应部件，断开其所接入的电路，并分断电流的电器。熔断器包括组成完整电器的所有部件。

熔断器是一种保护类电器，其熔体为保险丝（或片）。熔断器的外形图如图 1-32 所示，其图形和文字符号如图 1-33 所示。在使用中，熔断器串联在被保护的电路中，当该电路发生严重过载或短路故障时，如果通过熔体的电流达到或超过了某一定值，而且时间足够长，在熔体上产生的热量会使其温度升高到熔体金属的熔点，导致熔体自行熔断，并切断故障电流，以达到保护的目的。这样，利用熔体的局部损坏可保护整个线路中的电气设备，防止它们因遭受过多的热量或过大的电动力而损坏。从这一点来看，相对被保护的电路，熔断器的熔体是一个"薄弱环节"，以人为的"薄弱环节"来限制乃至消灭事故。

图 1-32　R T23 熔断器 　　　　图 1-33　熔断器的图形和文字符号

熔断器结构简单、使用方便、价格低廉，广泛用于低压配电系统中，主要用于短路保护，也常作为电气设备的过载保护元件。

（1）熔断器的种类、结构和工作原理

① 瓷插式熔断器　瓷插式熔断器指熔体靠导电插件插入底座的熔断器。这种熔断器由瓷盖、瓷底座、动触头、静触头及熔丝组成，如图 1-34 所示。熔断器的电源线和负载线分别接在瓷底座两端静触头的接线桩上，熔体接在瓷盖两端的动触头上，中间经过凸起的部分，如果熔体熔断，产生的电弧被凸出部分隔开，使其迅速熄灭。较大容量熔断器的灭弧室中还垫有熄灭电弧用的石棉织物。这种熔断器结构简单、使用方便、价格低廉，广泛用于照明电路和小功率电动机的短路保护。常用型号为 RC1A 系列。

② 螺旋式熔断器　螺旋式熔断器是指带熔断体的载熔件借助螺纹旋入底座而固定于底座的熔断器，其外形如图 1-35 所示。熔体的上端盖有一个熔断指示器，一旦熔体熔断，指示器会马上弹出，可透过瓷帽上的玻璃孔观察到。它常用于机床电气控制设备中。螺旋式熔断器分断电流较大，可用于电压等级 500V 及以下、电流等级 200A 以下的电路中，起短路保护或者过载保护作用。常见的螺旋式熔断器有 RL1、RL5、RL6 和 RS0 等系列产品。

③ 封闭式熔断器　封闭式熔断器是指熔体封闭在熔管中的熔断器，如图 1-36 所示。封闭式熔断器分为有填料封闭式熔断器和无填料封闭式熔断器两种。有填料封闭式熔断器一般用瓷管制成，内装石英砂及熔体，分断能力强，用于电压等级 500V 以下、电流等级 1kA 以下的电路中。无填料封闭式熔断器将熔体装入封闭式筒中，如图 1-37 所示，分断能力稍小，

用于 500V 以下、600A 以下的电力网或配电设备中。常见的无填料封闭式熔断器有 RM10 系列产品。常见的有填料封闭式熔断器有 RT10、RS0 等系列产品。

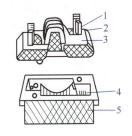

图 1-34　瓷插式熔断器

1—动触头；2—熔丝；3—瓷盖；
4—静触头；5—瓷底座

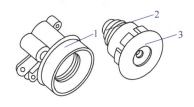

图 1-35　螺旋式熔断器

1—瓷底；2—熔芯；3—瓷帽

图 1-36　封闭式熔断器

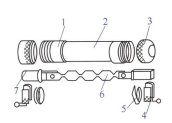

图 1-37　无填料封闭式熔断器

1—黄铜管；2—绝缘管；
3—黄铜帽；4—夹座；5—瓷盖；
6—熔体；7—触刀

④ 快速熔断器　快速熔断器主要用于半导体整流元件或整流装置的短路保护。由于半导体元件的过载能力很低，只能在极短时间内承受较大的过载电流，因此要求短路保护具有快速熔断的能力。快速熔断器的结构和有填料封闭式熔断器基本相同，但熔体材料和形状不同，它是以银片冲制的有 V 形深槽的变截面熔体。常见的有 RS0 系列产品。

⑤ 自复熔断器　自复熔断器采用金属钠作熔体，在常温下具有高电导率。当电路发生短路故障时，短路电流产生高温使钠迅速汽化，气态钠呈现高阻态，从而限制了短路电流；当短路电流消失后，温度下降，金属钠恢复原来的良好导电性能。自复熔断器只能限制短路电流，不能真正分断电路。其优点是不必更换熔体，能重复使用。常见的有 RZ 系列产品。

国内常用的熔断器型号有 RL1、RL6、RT0、RT14、RT15、RT16、RT18、RT19、RT23、RW 等系列。

（2）熔断器的技术参数

① 额定电压　额定电压是指熔断器长期工作时和分断后能够承受的电压，其数值一般等于或大于电气设备的额定电压。

② 额定电流　额定电流是指熔断器长期工作时，设备部件温升不超过规定值时所能承受的电流。厂家为了减少熔断器管额定电流的规格，熔断器管的额定电流等级比较少，而熔体的额定电流等级比较多，即在一个额定电流等级的熔断器管内可以分装几个额定电流等级

的熔体，但熔体的额定电流最大不能超过熔断器管的额定电流。

③ 极限分断能力　极限分断能力是指熔断器在规定的额定电压和功率因数（或时间常数）的条件下能分断的最大电流值，在电路中出现的最大电流值一般是指短路电流值。所以，极限分断能力也是反映了熔断器分断短路电流的能力。RT23 系列熔断器的主要技术参数见表 1-11。熔断器型号的含义如图 1-38 所示。

表 1-11　RT23 系列熔断器的主要技术参数

型　号	熔断器额定电流 /A	熔体额定电流 /A
RT23-16	16	2、4、6、8、10、16
RT23-63	63	10、16、20、25、32、40、50、63
RT23-100	100	32、40、50、63、80、100

图 1-38　熔断器型号的含义

（3）熔断器的选用

选择熔断器主要是选择熔断器的类型、额定电压、额定电流及熔体的额定电流。熔断器的额定电压应大于或等于线路的工作电压。熔断器的额定电流应大于或等于熔体的额定电流。

下面详细介绍一下熔体的额定电流的选择。

① 用于保护照明或电热设备的熔断器。因为负载电流比较稳定，所以熔体的额定电流应等于或稍大于负载的额定电流，即 $I_{re} \geq I_e$。式中，I_{re} 为熔体的额定电流；I_e 为负载的额定电流。

② 用于保护单台长期工作电动机（即供电支线）的熔断器，考虑电动机启动时不应熔断，熔体的额定电流应满足 $I_{re} \geq (1.5 \sim 2.5)I_e$。式中，$I_{re}$ 为熔体的额定电流，I_e 为电动机的额定电流，轻载启动或启动时间比较短时，系数可以取 1.5，当带重载或启动时间比较长时，系数可以取 2.5。

③ 用于保护频繁启动电动机（即供电支线）的熔断器，考虑频繁启动时发热，熔断器也不应熔断，熔体的额定电流应满足 $I_{re} \geq (3 \sim 3.5)I_e$。式中，$I_{re}$ 为熔体的额定电流，I_e 为电动机的额定电流。

④ 用于保护多台电动机（即供电干线）的熔断器，在出现尖峰电流时也不应熔断。通常，将其中功率最大的一台电动机启动，而其余电动机运行时出现的电流作为其尖峰电流，为此，熔体的额定电流应满足 $I_{re} \geq (1.5 \sim 2.5)I_{emax} + \sum I_e$。式中，$I_{re}$ 为熔体的额定电流；I_{emax} 为多台电动机中功率最大的一台电动机额定电流；$\sum I_e$ 为其余电动机额定电流之和。

⑤ 为防止发生越级熔断，上、下级（即供电干、支线）熔断器间应有良好的协调配合，为此，应使上一级（供电干线）熔断器的熔断额定电流比下一级（供电支线）大 1～2 个级差。

【例 1-13】 一个电路上有一台不频繁启动的三相异步电动机,无反转和反接制动,轻载启动,此电动机的额定功率为 2.2kW,额定电压为 380V,请选用合适的熔断器(不考虑熔断器的外形)。

【解】 电路中的额定电流为:$I_N = \dfrac{P}{U} = \dfrac{2200}{380} \approx 5.8(A)$,因为电动机轻载启动,而且无反转和反接制动,所以熔体额定电流为:$I_{re} = 1.6 \times I_N = 1.6 \times 5.8 = 9.28(A)$,取熔体的额定电流为 10A。

又因为熔断器的额定电流必须大于或等于熔体的额定电流,可选取熔断器的额定电流为 32A,确定熔断器的型号为 RT18-32/10。

【例 1-14】 CA6140A 车床的快速电动机的功率为 275W,请选用合适的熔断器。

【解】 电路中的额定电流为:$I_N = \dfrac{P}{U} = \dfrac{275}{380} \approx 0.72(A)$,因为电动机经常启动,而且无反转和反接制动,熔体额定电流为:$I_{re} = 3.5 \times I_N = 3.5 \times 0.72 = 2.52(A)$,取熔体的额定电流为 4A。

又因为熔断器的额定电流必须大于或等于熔体的额定电流,可选取熔断器的额定电流为 16A,确定熔断器的型号为 RT23-16/4。

1.5 主令电器

在控制系统中,主令电器(master switch)用做闭合或断开控制电路,以发出指令或作为程序控制的开关电器。它一般用于控制接触器、继电器或其他电气线路,从而使电路接通或者分断,来实现对电力传输系统或者生产过程的自动控制。

主令电器应用广泛,种类繁多,按照其作用分类,常用的主令电器有控制按钮、行程开关、接近开关、万能转换开关、主令控制器及其他主令电器(如脚踏开关、倒顺开关、紧急开关、钮子开关等)。本节只介绍控制按钮和行程开关。

1.5.1 按钮

按钮(push-button)又称控制按钮,是具有用人体某一部分(通常为手指或手掌)施加力而操作的操动器,并具有储能(弹簧)复位的控制开关。它是一种短时间接通或者断开小电流电路的手动控制器。

(1)按钮的功能

按钮是一种结构简单、应用广泛的手动主令电器,一般用于发出启动或停止指令,它可以与接触器或继电器配合,对电动机等实现远距离的自动控制,用于实现控制线路的电气联锁。按钮的图形及文字符号如图 1-39 所示。

控制按钮的应用

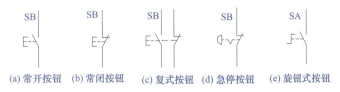

图 1-39 按钮的图形及文字符号

在电气控制线路中,常开按钮常用来启动电动机,也称启动按钮,常闭按钮常用于控制电动机停车,也称停车按钮,复合按钮用于联锁控制电路中。

(2) 按钮的结构和工作原理

如图 1-40 所示,控制按钮由按钮帽、复位弹簧、桥式触头、外壳等组成,通常做成复合式,即具有常闭触头和常开触头,原来就接通的触头称为常闭触头(也称为动断触头),原来就断开的触头称为常开触头(也称为动合触头)。当按下按钮时,先断开常闭触头,后接通常开触头;当按钮释放后,在复位弹簧的作用下,按钮触头自动复位的先后顺序相反。通常,在无特殊说明的情况下,有触头电器的触头动作顺序均为"先断后合"。按钮的外形如图 1-41 所示。

图 1-40 按钮原理图　　　　　　图 1-41 按钮

1—按钮帽;2—复位弹簧;3—动触头;
4—常开触头的静触头;5—常闭触头的静触头

(3) 按钮的典型产品

常用的控制按钮有 LA2、LAY3、LA18、LA19、LA20、LA25、LA39、LA81、COB、LAY1 和 SFAN-1 系列产品。其中,SFAN-1 系列为消防打碎玻璃按钮;LA2 系列为仍在使用的老产品,新产品有 LA18、LA19、LA20 和 LA39 等系列。LA18 系列采用积木式结构,触头可按需要拼装成 6 个常开、6 个常闭,而在一般情况下装成两个常开、两个常闭。LA19、LA20 系列有带指示灯和不带指示灯两种,前者的按钮帽用透明塑料制成,兼作指示灯罩。COB 系列按钮具有防雨功能。LAY3 系列按钮的主要技术参数见表 1-12。按钮型号含义如图 1-42 所示。

表 1-12 LAY3 系列按钮的主要技术参数

型号	额定电压 /V		约定发热电流 /A	额定工作电流		触头对数		结构形式
	交流	直流		交流	直流	常开触头	常闭触头	
LAY3-22	380	220	5	380V, 0.79A; 220V, 2.26A	220V, 0.27A; 110V, 0.55A	2	2	一般形式
LAY3-44	380	220	5			4	4	
LAY3-22M	380	220	5			2	2	蘑菇钮
LAY3-44M	380	220	5			4	4	
LAY3-22X2	380	220	5			2	2	二位旋钮
LAY3-22X3	380	220	5			2	22	三位旋钮
LAY3-22Y	380	220	5			2	2	钥匙钮
LAY3-44Y	380	220	5			4	4	

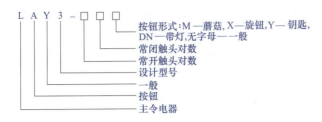

图 1-42 按钮型号的含义

（4）按钮的选用

选择按钮的主要依据是使用场所、所需要的触头数量、种类及颜色。控制按钮在结构上有按钮式、紧急式、钥匙式、旋钮式和保护式 5 种。急停按钮装有蘑菇形的钮帽，便于紧急操作；旋钮式按钮常用于"手动/自动模式"转换；指示灯按钮则将按钮和指示灯组合在一起，用于同时需要按钮和指示灯的情况，可节约安装空间；钥匙式按钮用于重要的不常动作的场合。若将按钮的触头封闭于防爆装置中，还可构成防爆型按钮，适用于有爆炸危险、轻微腐蚀性气体或蒸汽的环境中，以及雨、雪和滴水的场合。因此，矿山及化工部门广泛使用防爆型控制按钮。

急停和应急断开操作件应使用红色。启动/接通操作件应为白、灰或黑色，优先用白色，也允许用绿色，但不允许用红色。停止/断开操作件应使用黑、灰或白色，优先用黑色，不允许用绿色，也允许选用红色，但若靠近紧急操作器件建议不使用红色。作为启动/接通与停止/断开交替操作的按钮操作件的首选颜色为白、灰或黑色，不允许使用红、黄或绿色。对于按动它们即引起运转而松开它们则停止运转（如保持-运转）的按钮操作件，其首选颜色为白、灰或黑色，不允许用红、黄或绿色。复位按钮应为蓝、白、灰或黑色。如果它们还用作停止/断开按钮，最好使用白、灰或黑色，优先选用黑色，但不允许用绿色。

由于用颜色区分按钮的功能致使控制柜上的按钮颜色过于繁复，因此近年来流行趋于不用颜色来区分按钮的功能，而是直接在按钮下用标牌标注按钮的功能，不过"急停"按钮必须选用红色。按钮的颜色代码及其含义见表 1-13。

表 1-13 按钮的颜色代码及其含义

颜色	含义	说明	应用示例
红	紧急	危险或紧急情况时操作	急停
黄	异常	异常情况时操作	干预制止异常情况，干预重新启动中断了的自动循环
绿	正常	启动正常时操作	
蓝	强制性	要求强制动作的情况下操作	复位
白	未赋予含义	除急停以外的一般功能的启动	启动/接通（优先），停止/断开
灰			启动/接通，停止/断开
黑			启动/接通，停止/断开（优先）

按钮的尺寸有 $\phi 12mm$、$\phi 16mm$、$\phi 22mm$、$\phi 25mm$ 和 $\phi 30mm$ 等，其中 $\phi 22mm$ 尺寸较常用。

（5）应用注意事项

① 注意按钮颜色的含义。

② 在接线时，注意分辨常开触头和常闭触头。常开触头和常闭触头的区分可以采用肉眼观看方法，若不能确定，可用万用表欧姆挡测量。

【例 1-15】 CA6140A 车床上有主轴启动、急停按钮，请选择合适的按钮型号。

【解】 主轴急停按钮可选择红色的急停按钮，并且只需要一对常闭触头，因此按钮型号选用 LAY3-01M。主轴启动按钮可选用绿色的按钮，需要一对常开触头，因此按钮型号选用 LAY3-10。

1.5.2 行程开关

在生产机械中，常需要控制某些运动部件的行程，或运动一定的行程停止，或者在一定的行程内自动往复返回，这种控制机械行程的方式称为"行程控制"。

行程开关（travel switch）又称限位开关（limit switch），用以反映工作机械的行程，发出命令以控制其运动方向或行程大小的开关。它是实现行程控制的小电流（5A 以下）的主令电器。常见的行程开关有 LX1、LX2、LX3、LX4、LX5、LX6、LX7、LX8、LX10、LX19、LX25、LX44 等系列产品，行程开关外形如图 1-43 所示。LXK3 系列行程开关的主要技术参数见表 1-14。微动式行程开关的结构和原理与行程开关类似，其特点是体积小，其外形如图 1-44 所示。行程开关的图形及文字符号如图 1-45 所示，行程开关型号的含义如图 1-46 所示。

表 1-14 LXK3 系列行程开关的主要技术参数

型号	额定电流/V		额定控制功率/W		约定发热电流/A	触头对数		额定操作频率/(次/h)
	交流	直流	交流	直流		常开	常闭	
LXK3-11K	380	220	300	60	5	1	1	300
LXK3-11H	380	220	300	60	5	1	1	300

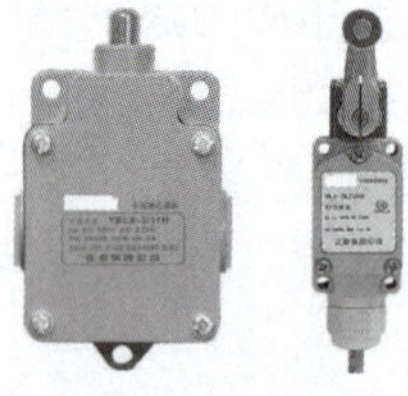

图 1-43 行程开关 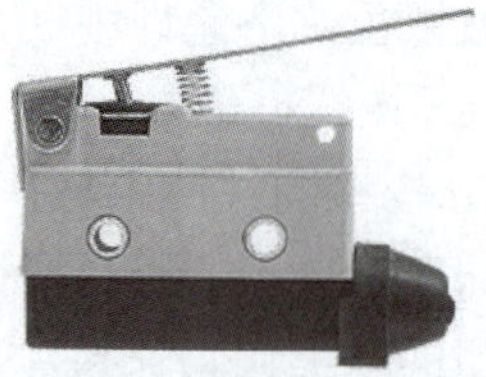　　　　图 1-44 微动式行程开关

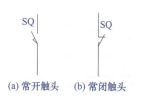

(a) 常开触头　(b) 常闭触头

图 1-45 行程开关的图形及文字符号

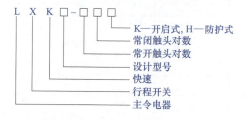

图 1-46 行程开关型号的含义

（1）行程开关的功能

行程开关用于控制机械设备的运动部件行程及限位保护。在实际生产中，将行程开关安装在预先安排的位置，当安装在生产机械运动部件上的挡块撞击行程开关时，行程开关的触头动作，实现电路的切换。因此，行程开关是一种根据运动部件的行程位置而切换电路的电器，它的作用原理与按钮类似。行程开关广泛用于各类机床和起重机械中，用以控制其行程，进行终端限位保护。在电梯的控制电路中，还利用行程开关来控制开关轿门的速度、自

动开关门的限位和轿厢的上、下限位保护。

（2）行程开关的结构和工作原理

行程开关按其结构可分为直动式、滚轮式、微动式和组合式。

直动式行程开关的动作原理与按钮开关相同，但其触头的分合速度取决于生产机械的运行速度，不宜用于速度低于 0.4m/min 的场所。当行程开关没有受压时，如图 1-47（a）所示，常闭触头的接线端子 2 和共接线端子 1 之间接通，而常开触头的接线端子 4 和共接线端子 1 之间处于断开状态；当行程开关受压时，如图 1-47（b）所示，在拉杆和弹簧的作用下，常闭触头分断，常闭触头的接线端子 2 和共接线端子 1 之间断开，而常开触头接通，常开触头的接线端子 4 和共接线端子 1 接通。行程开关的结构和外形多种多样，但工作原理基本相同。

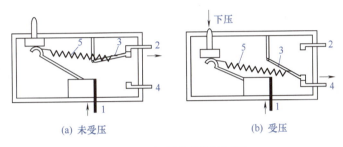

图 1-47　行程开关的原理图

1—共接线端子；2—常闭触头的接线端子；3—拉杆；

4—常开触头的接线端子；5—弹簧

（3）应用注意事项

在接线时，注意分辨常开触头和常闭触头。

【例 1-16】 CA6140A 车床上有一个皮带罩，当皮带罩取下时，车床的控制系统断电，起保护作用，请选择一个行程开关。

【解】 可供选择的行程开关很多，由于起限位作用，通常只需要一对常闭触头，因此选择 LXK3-11K 行程开关。

1.6　变压器和电源

1.6.1　变压器

变压器（transformer）是一种将某一数值的交流电压变换成频率相同但数值不同的交流电压的静止电器。

（1）控制变压器

常用的控制变压器有 JBK、BKC、R、BK、JBK5 等系列产品，其中，JBK 系列是机床控制变压器，适用于交流 50～60Hz，输入电压不超过 660V 的电路；BK 系列控制变压器适用于交流 50～60Hz 的电路中，作为机床和机械设备中一般电器的控制电源、局部照明及指示电源；JBK5 系列是引进德国西门子公司的产品。

在现在普遍采用的三相交流系统中，三相电压的变换可用 3 台单相变压器，也可用一台三相变压器，从经济性和缩小安装体积等方面考虑，可优先选择三相变压器。图 1-48 所示为三相变压器图形及文字符号（星形 - 三角形连接），其外形如图 1-49 所示。

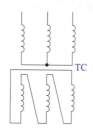

图 1-48　三相变压器图形及文字符号

图 1-49　三相变压器

（2）控制变压器的选用

选择变压器的主要依据是变压器的额定值，根据设备的需要，变压器有标准和非标准两类。下面只介绍标准变压器的选择方法。

① 根据实际情况选择一次侧额定电压 U_1（380V，220V），再选择二次侧额定电压 U_2、U_3，二次侧额定值是指一次侧加额定电压时，二次侧的空载输出，二次侧带有额定负载时输出电压下降 5%，因此选择输出额定电压时应略高于负载额定电压。

② 根据实际负载情况，确定次级绕组额定电流 I_1、I_2、I_3⋯，一般绕组的额定输出电流应大于或等于额定负载电流。

③ 二次侧额定功率由总功率确定。总功率的算法如下：

$$P_2 = U_2I_2 + U_3I_3 + U_4I_4 + \cdots$$

根据二次侧电压、电流（或总功率）可选择变压器，三相变压器也是按以上方法进行选择的。控制变压器型号的含义如图 1-50 所示，JBK 变压器的主要技术参数见表 1-15。

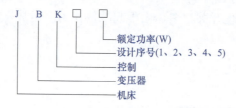

图 1-50　控制变压器型号的含义

表 1-15　JBK 变压器的主要技术参数

额定功率 /W	各绕组功率分配 /W		
	控 制 电 路	照 明 电 路	指 示 电 路
160	160		
	90	60	10
	100	60	
	150		10
250	250		
	240		10
	170	80	
	160	80	10

【例1-17】 CA6140A车床上有额定电压为24V、额定功率为40W的照明灯一盏，以及额定电压为24V的控制电路，据估算控制电路的功率不大于60W，请选用一个合适的变压器（可以不考虑尺寸）。

【解】 二次侧额定功率由总功率确定，总功率为：$P_2 = U_2I_2 + U_3I_3 = 100W$，一次侧线圈电压为380V，二次侧线圈电压为24V和24V。具体型号为JBK2-160，其中，照明电路分配功率60W，控制电路分配功率100W。

1.6.2 直流稳压电源

直流稳压电源（power source）的功能是将非稳定交流电源变成稳定直流电源，其图形和文字符号如图1-51所示。在自动控制系统中，特别是数控机床系统中，需要稳压电源给步进驱动器、伺服驱动器、控制单元（如PLC或CNC等）、小型直流继电器、信号指示灯等提供直流电源，而且直流稳压电源的好坏在一定的程度上决定控制系统的稳定性。

（1）开关电源

开关电源被称作高效节能电源，因为内部电路工作在高频开关状态，所以自身消耗的能量很低，电源效率可达80%左右，比普通线性稳压电源提高近一倍，其外形如图1-52所示。目前生产的无工频变压器式和小功率开关电源中，仍普遍采用脉冲宽度调制器（简称脉宽调制器，PWM）或脉冲频率调制器（简称脉频调制器，PFM）专用集成电路。它们是利用体积很小的高频变压器来实现电压变化及电网隔离，因此能省掉体积笨重且损耗较大的工频变压器。

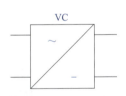

图1-51 直流稳压电源的图形和文字符号

图1-52 开关电源

开关电源具有效率高、允许输入电压宽、输出电压纹波小、输出电压小幅度可调（一般调整范围为±10%）和具备过流保护功能等优点，因而得到了广泛的应用。

（2）电源的选择

在选择电源时需要考虑的问题主要有输入电压范围、电源的尺寸、电源的安装方式和安装孔位、电源的冷却方式、电源在系统中的位置及走线、环境温度、绝缘强度、电磁兼容、环境条件和纹波噪声。

① 电源的输出功率和输出路数。为了提高系统的可靠性，一般选用的电源工作在50%～80%负载范围内为佳。由于所需电源的输出电压路数越多，挑选标准电源的机会就越小，同时增加输出电压路数会带来成本的增加，因此目前多电路输出的电源以三路、四路输出较为常见。所以，在选择电源时应该尽量选用多路输出共地的电源。

② 应选用厂家的标准电源，包括标准的尺寸和输出电压。标准的产品价格相对便宜、质量稳定，而且供货期短。

③ 输入电压范围。以交流输入为例，常用的输入电压规格有 110V、220V 和通用输入电压（85～264V AC）3 种规格。在选择输入电压规格时，应明确系统将会用到的地区，如果要出口美国、日本等市电为 110V 交流的国家，可以选择 110V 交流输入的电源，而只在国内使用时，可以选择 220V 交流输入的电源。

④ 散热。电源在工作时会消耗一部分功率，并且产生热量释放出来，所以用户在进行系统设计时（尤其是封闭的系统）应考虑电源的散热问题。如果系统能形成良好的自然对流风道，且电源位于风道上时，可以考虑选择自然冷却的电源；如果系统的通风比较差，或者系统内部温度比较高，则应选择风冷式电源。另外，选择电源时还应考虑电源的尺寸、工作环境、安装形式和电磁兼容等因素。

【例 1-18】 某一电路有 10 只电压为 +12V 功率为 1.8W 的直流继电器和 5 只电压为 5V 功率为 0.8W 的直流继电器，请选用合适的电源（不考虑尺寸和工作环境等）。

【解】 选择输入电压为 220V，输出电压为 +5V、+12V 和 -12V 三路输出。

$P_总 = P_1 + P_2 = 18 + 4 = 22(W)$，因为一般选用的电源工作在 50%～80% 负载范围内，所以电源功率应该不小于 1.15 倍的 $P_总$，即不小于 25.3W，最后选择 T-30B 开关电源，功率为 30W。

1.7 其他电器

1.7.1 浪涌保护器

浪涌保护器（SPD）又称电涌保护器、防雷器，适用于交流 50/60Hz，额定电压 220V 至 380V 的供电系统（或通信系统）中，对间接雷电和直接雷电影响或其他瞬时过压的电涌进行保护。是一种保护电器。其外形如图 1-53 所示。

主要有信号浪涌保护器、直流电源浪涌保护器和交流电源浪涌保护器，主要用于防雷。

浪涌保护器的一个应用实例如图 1-54 所示。

图 1-53 浪涌保护器外形

1.7.2 安全栅

安全栅（safety barrier），接在本质安全电路和非本质安全电路之间。将供给本质安全电路的电压电流限制在一定安全范围内的装置。安全栅又称安全限能器。

本安型安全栅应用在本安防爆系统的设计中，它是安装于安全场所并含有本安电路和非本安电路的装置，电路中通过限流和限压电路，限制了送往现场本安回路的能量，从而防止非本安电路的危险能量串入本安电路，它在本安防爆系统中称为关联设备，是本安系统的重要组成部分。安全栅的外形如图 1-55 所示。

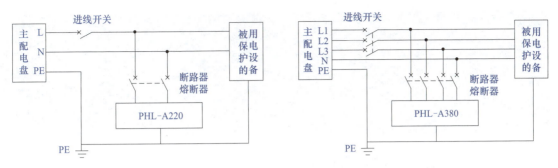

图 1-54 浪涌保护器应用实例

图 1-55 安全栅外形

安全栅的一个应用实例如图 1-56 所示。

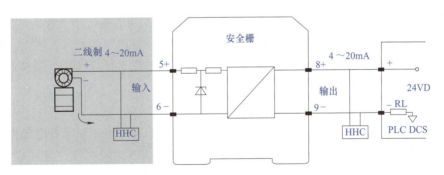

危险区，本安端子：5、6 安全区，非本安端子：8、9

图 1-56 安全栅的应用实例

第02章

常用电气控制回路

学习本章主要要掌握电气原理图的识读方法,继电接触器控制电路的基本控制规律,三相异步电动机的启动、正/反转、制动与调速和电气控制系统常用的保护环节。本章的内容是 PLC 控制回路识图的基础,十分重要。

2.1 电气控制线路图

继电接触器控制系统是应用最早的控制系统。它具有结构简单、易于掌握、维护和调整简便、价格低廉等优点,获得了广泛的应用。不同的电气控制系统具有不同的电气控制线路,但是任何复杂的电气控制线路都是由基本的控制环节组合而成的,在进行控制线路的原理分析和故障判断时,一般都是从这些基本的控制环节入手。因此,掌握这些基本的控制原则和控制环节对学习电气控制线路的工作原理和维修是至关重要的,以下着重介绍交流电动机的启动、正/反转、制动和调速控制。

常用的电气控制线路图有电气原理图、电气布置图与安装接线图,下面简单介绍其中的电气原理图。

(1) 电气原理图的用途

电气原理图是表示系统、分系统、成套装置、设备等实际电路以及各电气元器件中导线的连接关系和工作原理的图。绘制电气原理图时不必考虑其组成项目的实体尺寸、形状或位置。电气原理图为了解电路的作用、编制接线文件、测试、查找故障、安装和维修提供了必要的信息。

(2) 电气原理图的内容

电气原理图应包含代表电路中元器件的图形符号、元器件或功能件之间的连接关系、参照代号、端子代号、电路寻迹(信号代号、位置索引标记)和了解功能件必需的补充信息。通常主回路或其中一部分采用单线表示法。

电气原理图结构简单、层次分明、关系明确,适用于分析研究电路的工作原理,并且作为其他电气图的依据,在设计部门和生产现场获得了广泛的应用。

(3) 绘制电气原理图的原则

现以图 2-1 所示的电动机启/停控制电气原理图为例来阐明绘制电气原理图的原则。

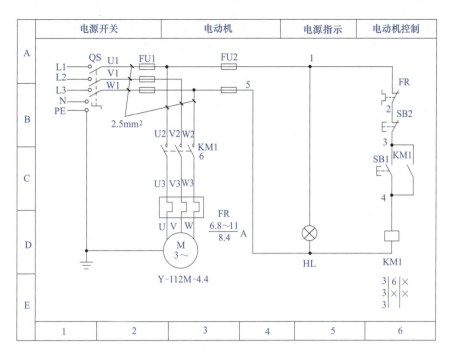

图 2-1 电动机启/停控制电气原理图

① 电气原理图的绘制标准　电气原理图中所有的元器件都应采用国家统一规定的图形符号和文字符号。

② 电气原理图的组成　电气原理图由主电路和辅助电路组成。主电路是从电源到电动机的电路，其中有转换开关、熔断器、接触器主触头、热继电器发热元器件与电动机等。主电路用粗线绘制在电气原理图的左侧或上方。辅助电路包括控制电路、照明电路、信号电路及保护电路等。它们由继电器、接触器的电磁线圈，继电器、接触器的辅助触头，控制按钮，其他控制元器件触头、熔断器、信号灯及控制开关等组成，用细实线绘制在电气原理图的右侧或下方。

③ 电源线的画法　电气原理图中直流电源用水平线画出，一般直流电源的正极画在电气原理图的上方，负极画在电气原理图的下方。三相交流电源线集中水平画在电气原理图的上方，相序自上而下按照 L1、L2、L3 排列，中性线（N 线）和保护接地线（PE 线）排在相线之下。主电路垂直于电源线画出，控制电路与信号电路垂直在两条水平电源线之间画出。耗电元器件（如接触器、继电器的线圈、电磁铁线圈、照明灯、信号灯等）直接与下方的水平电源线相接，控制触头接在上方的水平电源线与耗电元器件之间。

④ 电气原理图中电气元器件的画法　电气原理图中的各电气元器件均不画实际的外形图，只是画出其带电部件，同一电气元器件上的不同带电部件是按电路中的连接关系画出的，但必须按国家标准规定的图形符号画出，并且用同一文字符号标明。对于几个同类电器，在表示名称的文字符号之后加上数字序号，以示区别。

⑤ 电气原理图中电气触头的画法　电气原理图中各元器件触头状态均按没有外力作用时或未通电时触头的自然状态画出。对于接触器、电磁式继电器按电磁线圈未通电时的触头状态画出；对于控制按钮、行程开关的触头按不受外力作用时的状态画出；对于断路器和开关电器触头按断开状态画出。当电气触头的图形符号垂直放置时，以"左开右闭"的原则

绘制,即垂线左侧的触头为常开触头,垂线右侧的触头为常闭触头;当符号为水平放置时,以"上闭下开"的原则绘制,即在水平线上方的触头为常闭触头,水平线下方的触头为常开触头。

⑥ 电气原理图的布局　电气原理图按功能布置,即同一功能的电气元器件集中在一起,尽可能按动作顺序从上到下或从左到右的原则绘制。

⑦ 线路连接点、交叉点的绘制　在电路图中,对于需要测试和拆接的外部引线的端子,采用"空心圆"表示;有直接电联系的导线连接点,用"实心圆"表示;无直接电联系的导线交叉点不画黑圆点。在电气原理图中要尽量避免线条的交叉。

⑧ 电气原理图的绘制要求　电气原理图的绘制要层次分明,各电气元器件及触头的安排要合理,既要做到所用元器件、触头最少,耗能最少,又要保证电路运行可靠,节省连接导线及安装、维修方便。

（4）关于电气原理图图面区域的划分

为了便于确定电气原理图的内容和组成部分在图中的位置,有利于检索电气线路,因此常在各种幅面的图纸上分区。每个分区内竖边用大写的拉丁字母编号,横边用阿拉伯数字编号。编号的顺序应从与标题栏相对应的图幅的左上角开始,分区代号用该区的拉丁字母或阿拉伯数字表示,有时为了分析方便,也把数字区放在图的下面。为了方便理解电路工作原理,还常在图面区域对应的原理图上方标明该区域的元器件或电路的功能,以方便阅读分析。

（5）继电器、接触器触头位置的索引

在电气原理图中,继电器、接触器线圈的下方注有其触头在图中位置的索引代号,索引代号用图面区域号表示。其中,左栏为常开触头所在的图区号,右栏为常闭触头所在的图区号。

（6）电气原理图中技术数据的标注

在电气原理图中各电气元器件的相关数据和型号常在电气元器件文字符号下方标注。图 2-1 中热继电器文字符号 FR 下方标注的 6.8 ～ 11 为该热继电器的动作电流值范围,标注的 8.4 为该继电器的整定电流值。

2.2　继电接触器控制电路基本控制规律

2.2.1　点动运行控制线路

在生产实践中,机械设备有时需要长时间运行,有时需要间断工作,因而控制电路要有连续工作和点动工作两种状态。

电动机点动运行控制线路如图 2-2 所示。当电源开关 QS 合上时,按下按钮 SB1,接触器线圈获电吸合,KM 的主触头吸合,电动机 M1 启动运行。当松开按钮 SB1,接触器 KM 的线圈断电释放,KM 的主触头断开,电动机 M1 断电停止转动。这个电路不能实现连续运转。

2.2.2 连续运行控制线路

电动机启停控制

连续运行控制也称为长动。在介绍连续运行控制前,首先介绍自锁的概念。所谓自锁就是利用继电器或接触器自身的辅助触头使其线圈保持通电的现象,也称作自保。自锁在电气控制中应用十分广泛。

图 2-3 所示是电动机的单向连续运转控制线路。这是典型的利用接触器的自锁来实现连续运转的电气控制线路。当合上电源开关 QS,按下启动按钮 SB1,控制线路中接触器的线圈 KM 上电,接触器的衔铁吸合,使接触器的常开触头闭合,电动机的绕组通电,电动机全压启动,此时虽然 SB1 按钮松开,但接触器的线圈仍然通电,电动机正常运转。电动机停止时,只需要按下按钮 SB2,线圈回路断开,衔铁复位,主电路及自锁电路均断开,电动机失电停止。这个电路也称为"启—保—停"电路。

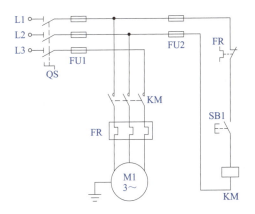

图 2-2 电动机点动运行控制线路

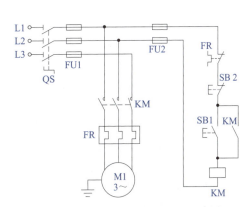

图 2-3 电动机单向连续运转控制线路

2.2.3 正 / 反转运行控制线路

电动机正反转控制

图 2-4 所示是带互锁的三相异步电动机的正 / 反转运行控制线路。在生产实践中,有很多情况需要电动机正 / 反转运行,如夹具的夹紧与松开、升降机的提升与下降等。要改变电动机的转向,只需要改变三相电动机的相序,也就是说,将三相电动机的绕组任意两相换相即可。在图 2-4 中,KM1 是正转接触器,KM2 是反转接触器。当按下 SB1 按钮时,SB1 的常开触头接通,KM1 线圈得电,KM1 的常开触头闭合自锁,KM1 的常闭触头使 KM2 的线圈不能上电,电动机通电正向运行。当按下 SB3 按钮使电动机停机后,再按下 SB2 按钮时,SB2 的常开触头接通,KM2 的线圈得电,KM2 的常开触头闭合自锁,电动机通电反向运行,KM2 的常闭触头使 KM1 的线圈不能上电。如果不使用 KM1 和 KM2 的常闭触头,那么当 SB1 和 SB2 同时按下时,电动机的绕组会发生短路,因此任何时候都只允许一个接触器工作。为了适应这一要求,当按下正转按钮时,KM1 通电,KM1 使 KM2 不通电。同理,KM2 通电,KM2 使 KM1 不通电,构成的这种制约关系称为互锁。利用接触器、继电器等电器的常闭触头的互锁称为电器互锁。自锁和互锁统称为电器的联锁控制。

将按下 SB1 按钮就正转,按下 SB3 按钮使电动机停机后再按 SB2 按钮才反转的控制电路称为"正—停—反"电路,这种电路很有代表性。

2.2.4 多地联锁控制线路

多地联锁控制线路如图 2-5 所示。

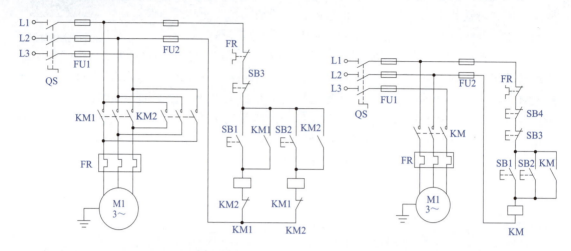

图 2-4 按钮联锁正 / 反转运行控制线路　　图 2-5 多地联锁控制线路

在一些大型生产机械设备上,要求操作人员在不同的方位进行操作与控制,即实现多地控制。多地控制是用多组启动按钮、停止按钮来进行的,这些按钮连接的原则是:启动按钮的常开触头要并联,即逻辑或的关系;停止按钮的常闭触头要串联,即逻辑与的关系。当要使电动机停机时,按下 SB3 或者 SB4 按钮均可,SB3 或者 SB4 按钮分别安装在不同的方位;要启动电动机时,按下 SB1 或者 SB2 按钮均可,SB1 或者 SB2 按钮分别安装在不同的方位。

2.2.5 自动循环控制线路

在生产中,某些设备的工作台需要进行自动往复运动(如平面磨床),而自动往复运动通常是利用行程开关来控制自动往复运动的行程,并由此来控制电动机的正 / 反转或电磁阀的通、断电,从而实现生产机械的自动往复运动。在图 2-6 中,在床身两端固定有行程开关 SQ1、SQ2,用来表明加工的起点与终点。在工作台上安有撞块,撞块随运动部件工作台一起移动,分别压下 SQ1、SQ2,以改变控制电路状态,实现电动机的正反向运转,拖动工作台实现工作台的自动往复运动。图 2-6 中的 SQ1 为反向转正向行程开关;SQ2 为正向转反向行程开关;SQ3 为正向限位开关,当 SQ1 失灵时起保护作用;SQ4 为反向限位开关,当 SQ2 失灵时起保护作用。

自动循环控制线路讲解

图 2-6 中的往复运动过程:合上主电路的电源开关 QS,按下正转启动按钮 SB1,KM1 的线圈通电并自锁,电动机 M1 正转启动旋转,拖动工作台前进向右移动。当移动到位时,撞块压下 SQ2,其常闭触头断开,常开触头闭合,前者使 KM1 的线圈断电,后者使 KM2 的线圈通电并自锁,电动机 M1 正转变为反转,拖动工作台由前进变为后退,工作台向左移动。当后退到位时,撞块压下 SQ1,使 KM2 断电,KM1 通电,电动机 M1 由反转变为正转,拖动工作台变后退为前进,如此周而复始地实现自动往返工作。当按下停止按钮 SB3 时,电动机停止,工作台停下。

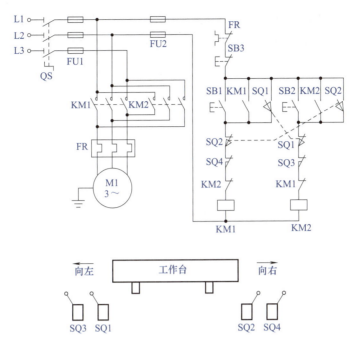

图 2-6 自动往复循环控制线路

2.3 三相异步电动机的启动控制电路

三相异步电动机具有结构简单、运行可靠、价格便宜、坚固耐用和维修方便等一系列优点,因此,在工矿企业中三相异步电动机得到了广泛的应用。三相异步电动机的控制线路大多数由接触器、继电器、电源开关、按钮等有触头的电器组合而成。通常三相异步电动机的启动有直接启动(全压启动)和减压启动两种方式。

2.3.1 直接启动

所谓直接启动,就是将电动机的定子绕组通过电源开关或接触器直接接入电源,在额定电压下进行启动,也称为全压启动。由于直接启动的启动电流很大,因此,在什么情况下才允许采用直接启动,有关的供电、动力部门都有规定,其主要取决于电动机的功率与供电变压器的功率的比值。一般在有独立变压器供电(即变压器供动力用电)的情况下,若电动机启动频繁,则电动机功率小于变压器功率的20%时允许直接启动;若电动机不经常启动,电动机功率小于变压器功率的30%时才允许直接启动。

直接启动因为无需附加启动设备,并且操作控制简单、可靠,所以在条件允许的情况下应尽量采用。考虑到目前在大中型厂矿企业中,变压器功率已足够大,因此绝大多数中、小型笼式异步电动机都采用直接启动。

由于笼式异步电动机的全压启动电流很大,空载启动时的启动电流为额定电流的 4～8 倍,带载启动时的电流会更大。特别是大型电动机,若采用全压启动,会引起电网电压的降低，使电动机的转矩降低，甚至启动困难，而且还会影响其他电网中设备的正常工作，所以大型笼式异步电动机不允许采用全压启动。一般而言，电动机启动时，供电母线上的电压降落不得超过 10%～15%，电动机的最大功率不得超过变压器的 20%～30%。下面将介绍两种常用的减压启动方法。

2.3.2 星形-三角形减压启动

所谓三角形连接（△）就是绕组首尾相连，如图 2-7 所示，当接触器 KM2 的主触头闭合和 KM3 的主触头断开时，电动机的三相绕组首尾相连组成三角形连接；所谓星形连接（Y）就是绕组只有一个公共连接点，当 KM3 的主触头闭合和 KM2 的主触头断开时，三相绕组只有一个公共连接点，即 KM3 的主触头处。

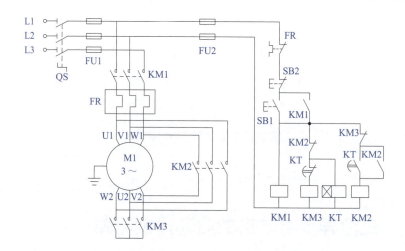

图 2-7　星形-三角形减压启动的线路

（1）星形-三角形减压启动的原理

星形连接用"Y"表示，三角形连接用"△"表示，星形-三角形连接用"Y-△"表示，同一台电动机以星形连接启动时，启动电压只有三角形连接的 $1/\sqrt{3}$，启动电流只有三角形连接启动时电流的 1/3，因此 Y-△启动能有效地减少启动电流。

Y-△启动的过程很简单，首先接触器 KM3 的主触头闭合，电动机以星形连接启动，电动机启动后，KM3 的主触头断开，接着接触器 KM2 的主触头闭合，以三角形连接运行。

（2）星形-三角形减压启动的线路图

图 2-7 是星形-三角形减压启动的线路图。星形-三角形减压启动的过程：合上主电路的电源开关 QS，启动时按下 SB1 按钮，接触器 KM1 和 KM3 的线圈得电，定子的三相绕组交汇于一点，也就是 KM3 接触器的主触头处，以星形连接，电动机减压启动。同时时间继电器 KT 的线圈得电，延时一段时间后 KT 的常闭触头断开，KM3 的线圈断电，使 KM3 的常闭触头闭合、常开触头断开，接着 KM2 的线圈得电，KM2 的常开触头闭合自锁，三相异步电动机的三相绕组首尾相连，电动机以三角形连接运行，KM2 的常闭触头断开，时间继电器的线圈断电。

星形-三角形减压启动除了可用接触器控制外，还有一种专用的手操式 Y-△启动器，其特点是体积小、重量轻、价格便宜、不易损坏、维修方便、可以直接外购。

这种启动方法的优点是设备简单、经济，启动电流小；其缺点是启动转矩小，且启动电压不能按实际需要调节，故只适用于空载或轻载启动的场合，并且只适用于正常运行时定子绕组按三角形连接的异步电动机。由于这种方法应用广泛，我国规定 4kW 及以上的三相异步电动机的定子额定电压为 380V，连接方法为三角形连接。当电源线电压为 380V 时，它们就能采用 Y-△换接启动。

2.3.3 自耦变压器减压启动

自耦变压器减压启动的原理如图 2-8 所示。启动时 KM1、KM2 闭合，KM3 断开，三相自耦变压器 TM 的 3 个绕组连成星形接于三相电源，使接于自耦变压器二次侧的电动机减压启动，当转速上升到一定值后，KM1 和 KM2 断开，自耦变压器 TM 被切除，同时 KM3 闭合，电动机接上全电压运行。

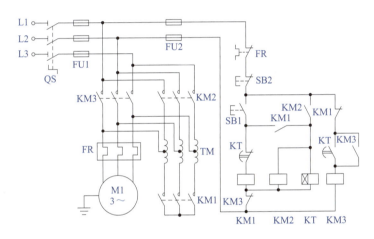

图 2-8 自耦变压器减压启动的原理

还有其他降压启动方式，在此不作介绍。

2.4 三相异步电动机的调速控制

三相异步电动机的调速公式为

$$n = n_0(1-s) = \frac{60f}{p}(1-s) \tag{2-1}$$

式中，s 为转差率；n_0 为理想转速；f 为定子电源频率；p 为极对数。通过这个公式可以得出相应的如下 3 种调速方法。

2.4.1 改变转差率的调速

改变转差率的调速方法又分为调压调速、串电阻调速、串极调速（不是串励电动机调速）和电磁离合器调速 4 种，下面仅介绍前两种调速方法。

① 调压调速方法能够实现无级调速，但当降低电压时，转矩也按电压的平方比例减小，所以调速范围不大。在定子电路中，串电阻（或电抗）和用晶闸管调压调速都是属于这种调速方法。

② 串电阻调速方法只适用于绕线式异步电动机，其启动电阻可兼作调速电阻用，不过此时要考虑稳定运行时的发热，应适当增大电阻的容量。

转子电路中串电阻调速简单可靠，但它是有级调速，随着转速的降低，特性逐渐变软。转子电路电阻损耗与转差率成正比，低速时损耗大。所以，这种调速方法大多用在重复短期运转的生产机械中，如起重运输设备。

2.4.2 改变极对数的调速

在生产中有大量的生产机械并不需要连续平滑调速，只需要几种特定的转速即可，而且对启动性能没有高的要求，一般只在空载或轻载下启动，在这种情况下，用改变极对数调速多数笼型异步电动机是合理的。

三相异步电动机的转速为

$$n_0 = 60f/p \tag{2-2}$$

由上式可知，同步转速 n_0 与极对数 p 成反比，故改变极对数 p 即可改变电动机的转速。多速电动机启动时最好先接成低速，然后再换接为高速，这样可获得较大的启动转矩。多速电动机虽然体积稍大、价格稍高、只能有级调速，但因结构简单、效率高、特性好，且调速时所需附加设备少，广泛用于机电联合调速的场合，特别是中小型机床上用得极多，如镗床上就采用了多速电动机。

2.4.3 变频调速

异步电动机的转速正比于定子电源频率 f，若连续地调节定子电源频率 f，即可实现连续地改变电动机的转速。具体内容将在后续章节详细讲解。

2.5 三相异步电动机的制动控制

三相异步电动机的制动方法有机械制动和电气制动。其中电气制动又有 3 种制动方式：反接制动、能耗制动和再生发电制动。

2.5.1 机械制动

机械制动就是利用机械装置使电动机在断电后迅速停转的一种方法，较常用的就是电磁抱闸。

图 2-9 所示是机械制动线路图。其制动过程是合上电源开关 QS，当 SB1 按钮按下时，接触器 KM1 带电，电磁抱闸线圈 YA 带电，闸瓦松开，接着接触器 KM2 带电，电动机开始运转。当按下 SB2 按钮时，KM1 和 KM2 都断电，电磁抱闸的闸瓦在弹力的作用下抱紧闸轮，实施机械制动。

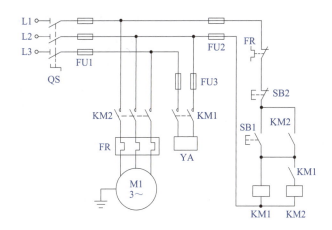

图 2-9 机械制动线路图

电动机反接制动控制

2.5.2 反接制动

（1）电源反接

① 电源反接制动的原理　如果正常运行时异步电动机三相电源的相序突然改变，即电源反接，这就改变了旋转磁场的方向，产生一个反向的电磁转矩使电动机迅速停止。电源反接的制动方式又分为单向反接制动和双向反接制动，本节只介绍单向反接制动。

② 单向反接制动线路图　单向反接制动线路如图 2-10 所示，速度继电器 KS 和电动机同轴安装，电动机的速度在 120r/min 时，其触头动作，当电动机的速度在 100r/min 时，其触头复原。具体制动过程是：合上电源开关 QS，当按下按钮 SB1 时，接触器 KM1 的线圈得电，KM1 的常开触头自锁，电动机正转，速度继电器 KS 的常开触头闭合，为制动作准备；当按下 SB2 按钮时，接触器 KM1 的线圈断电，同时接触器 KM2 的线圈得电，反向磁场产生一个制动转矩，电动机的速度迅速降低，当转速低于 100r/min 时，速度继电器的常开触头断开，接触器 KM2 的线圈断电，反接制动完成，电动机自行停车。

由于反接制动时电流很大，因此笼型电动机常在定子电路中串接电阻；线绕式电动机则在转子电路中串接电阻。反接制动的控制可以不用速度继电器，而改用时间继电器。

（2）倒拉反接制动

倒拉反接制动出现在位能负载转矩超过电磁转矩的时候。例如，起重机下放重物，为了使下降速度不致太快，就常用这种工作状态。在倒拉反接制动状态下，转子轴上输入的机械功率转变成电功率后，连同从定子输送来的电磁功率一起消耗在转子电路的电阻上。

2.5.3 能耗制动

异步电动机的反接制动用于准确停车有一定的困难，因为它容易造成反转，而且电能损耗也比较大。反接制动虽是比较经济的制动方法，但它只能在高于同步转速下使用。能耗制动是比较常用的准确停车方法。

（1）能耗制动的原理

当电动机脱离三相交流电源后，向定子绕组内通入直流电，建立静止磁场，转子以惯性旋转,转子的导体切割定子磁场的磁力线,产生转子感应电动势和感应电流。转子的感应电流和静止磁场的作用产生制动电磁转矩,达到制动的目的。

(2)能耗制动的分类

根据电源的整流方式,能耗制动分为半波整流能耗制动和全波整流能耗制动。根据能耗制动的时间原则,有的能耗控制回路使用时间继电器,有的则用速度继电器。

(3)速度继电器控制单向全波整流能耗制动线路

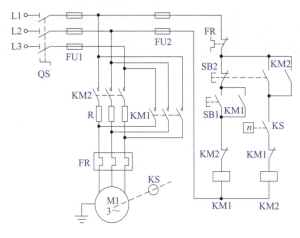

图 2-10 单向反接制动线路

图 2-11 所示是速度继电器控制单向全波整流能耗制动线路,其工作过程是,在启动时,先合上电源开关 QS,然后按下按钮 SB1,接触器 KM1 的线圈获电吸合,KM1 的主触头闭合,电动机转动,当电动机的转速高于 120r/min 时,速度继电器 KS 的常开触头闭合,为能耗制动作准备。当按下按钮 SB2 时,KM1 的线圈断电释放,KM1 的主触头断开,电动机在惯性作用下继续转动,接触器 KM2 的线圈得电吸合,KM2 的主触头闭合,整流器向电动机的定子绕组提供直流电,建立静止磁场,电动机进行全波能耗制动,电动机的速度急剧下降。当电动机的速度低于 100r/min 时,速度继电器的常开触头断开,KM2 的线圈断电,切断能耗制动的电源。

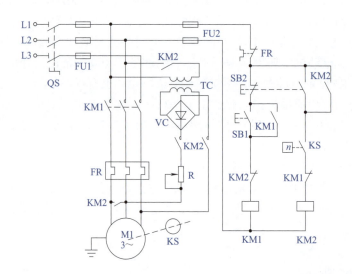

图 2-11 速度继电器控制单向全波整流能耗制动线路

(4)能耗制动的优缺点

能耗制动电源的优点是制动准确,能耗的制动平稳;其缺点是需要加装附加电源,制动力矩小,低速时制动力矩更小。

2.6 电气控制系统常用的保护环节

为了保证电力拖动控制系统中的电动机及各种电气和控制电路能正常运行，消除可能出现的有害因素，并在出现电气故障时，尽可能使故障缩小到最小范围，以保障人身和设备的安全，因此必须对电气控制系统设置必要的保护环节。常用的保护环节有过电流保护、过载保护、短路保护、过电压保护、失电压保护、断相保护、弱磁保护与超速保护等。本节主要介绍低压电动机常用的保护环节。

2.6.1 电流保护

电气元件在正常工作中，通过的电流一般在额定电流以内。短时间内，只要温升允许，超过额定电流也是可以的，这就是各种电气设备或元件根据其绝缘情况条件的不同，具有不同过载能力的原因。电流保护的基本原理是将保护电器检测的信号经过变换或者放大后去控制被保护对象，当达到整定值时，保护电器动作。电流型保护主要包括过流保护、过载保护、短路保护和断相保护。

(1) 短路保护

当电动机绕组和导线的绝缘损坏，或者控制电器及线路损坏发生故障时，线路将出现短路现象，产生很大的短路电流，可达额定电流的几十倍，使电动机、电器、导线等电气设备严重损坏，因此在发生短路故障时，保护电器必须立即动作，迅速将电源切断。

常用的短路保护电器是熔断器和断路器。熔断器的熔体与被保护的电路串联，当电路正常工作时，熔断器的熔体不起作用；当电路短路时，很大的短路电流流过熔体，使熔体立即熔断，切断电动机电源。同样，若在电路中接入自动空气断路器，当出现短路时，断路器会立即动作，切断电源使电动机停转。图 2-12 中就使用了熔断器作短路保护电器，若将电源开关 QS 换成断路器，同样可以起到短路保护的作用。

(2) 过载保护

当电动机负载过大，启动操作频繁或缺相运行时，会使电动机的工作电流长时间超过其额定电流，电动机绕组过热，温升超过其允许值，导致电动机的绝缘材料变脆，寿命缩短，严重时会使电动机损坏。因此当电动机过载时，保护电器应动作，切断电源使电动机停转，避免电动机在过载下运行。

常用的过载保护电器是热继电器。当电动机的工作电流等于额定电流时，热继电器不动作，电动机正常工作；当电动机短时过载或过载电流较小时，热继电器不动作，或经过较长时间才动作；当电动机过载电流较大时，热继电器动作，先后切断控制电路和主电路的电源，使电动机停转。图 2-4 中就使用了热继电器作过载保护。

对于电动机进行缺相保护，可选用带断相保护的热继电器来实现过载保护。对于三相异步电动机，一般要进行短路保护和过载保护。

(3) 断相保护

在故障发生时，三相异步电动机的电源有时出现断相，如果有两相电断开，电动机处于断电状态，只要注意防止触电事故，通常是没有危险的。但是如果只有一相电断开时，电动机是可以运行的，但电动机的输出扭矩很小，运行时容易产生烧毁电动机的事故，因此要进行断相保护。

图 2-12 所示是简单星形零序电压断相保护原理图，通常星形连接电动机的中性点对地电压为零，当发生断相时，会造成零电位点存在电位差，从而使继电器 KA 吸合，使控制回路的接触器线圈断电，从而切断主回路，进而使电动机停止转动。

图 2-13 所示是欠电流继电器断相保护原理图。图中使用 3 只继电器，当没有发生断相事故，欠电流继电器的线圈带电，其常开触头闭合，电动机可以正常运行；而当有一相断路时，欠电流继电器的线圈断电，从而使接触器的线圈断电，使主电路断电，进而使电动机停止运行，起到断相保护作用。

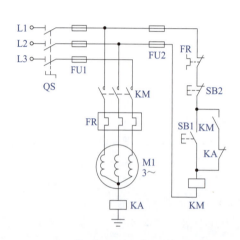

图 2-12 简单星形零序电压断相保护原理图

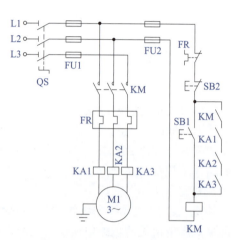

图 2-13 欠电流继电器断相保护原理图

（4）过电流、欠电流保护

过电流保护是区别于短路保护的一种电流型保护。所谓过电流，是指电动机或电器元件超过其额定电流的运行状态，它一般比短路电流小，不超过额定电流的 6 倍。在过电流的情况下，电器元件并不会马上损坏，只要在达到最大允许温升之前电流值能恢复正常，还是允许的。但过大的冲击负载会使电动机经受过大的冲击电流，以致损坏电动机。同时，过大的电动机电磁转矩也会使机械的传动部件受到损坏，因此要瞬时切断电源。电动机在运行中产生过电流的可能性要比发生短路时要大，特别是在频繁启动和正 / 反转、重复短时工作电动机中。

过电流保护常用过电流继电器来实现，通常过电流继电器与接触器配合使用，即将过电流继电器线圈串接在被保护电路中，当电路电流达到其整定值时，过电流继电器动作，而过电流继电器的常闭触头串接在接触器的线圈电路中，使接触器的线圈断电释放，接触器的主触头断开来切断电动机电源。这种过电流保护环节常用于直流电动机和三相绕线转子电动机的控制电路中。若过电流继电器动作电流为 1.2 倍电动机启动电流，则过电流继电器亦可实现短路保护作用。

2.6.2 电压保护

电动机或者电气元件是在一定的额定电压下工作，电压过高、过低或者工作过程中人为因素的突然断电，都可能造成生产设备的损坏或者人员的伤亡，因此在电气控制线路设计中，应根据实际要求设置失电压保护、过电压保护及欠电压保护。

（1）零电压、欠电压保护

生产机械在工作时若发生电网突然停电，则电动机将停转，生产机械运动部件也随之停止运转。一般情况下操作人员不可能及时拉开电源开关，如果不采取措施，当电源电压恢复正常时，电动机便会自行启动，很可能造成人身和设备事故，并引起电网过电流和瞬间网络电压下降。因此必须采取零电压保护措施。

在电气控制线路中，用接触器和中间继电器进行零电压保护。当电网停电时，接触器和中间继电器电流消失，触头复位，切断主电路和控制电路电源。当电源电压恢复正常时，若不重新按下启动按钮，则电动机不会自行启动，实现了零电压保护。

当电网电压降低时，电动机便在欠电压下运行，电动机转速下降，定子绕组电流增加。因为电流增加的幅度尚不足以使熔断器和热继电器动作，所以这两种电器起不到保护作用，如果不采取保护措施，随着时间延长会使电动机过热损坏。另一方面，欠电压将引起一些电器释放，使电路不能正常工作，也可能导致人身、设备事故。因此应避免电动机在欠电压下运行。

实际欠电压保护的电器是接触器和电磁式电压继电器。在机床电气控制线路中，只有少数线路专门装设了电磁式电压继电器以起欠电压保护作用，而大多数控制线路由于接触器已兼存欠电压保护功能，所以不必再加设欠电压保护电器。一般当电网电压降低到额定电压的 85% 以下时，接触器或电压继电器动作，切断主电路和控制电路电源，使电动机停转。

（2）过电压保护

电磁铁、电磁吸盘等大电感负载及直流电磁机构、直流继电器等在通、断电时会产生较高的感应电动势，将使电磁线圈绝缘击穿而损坏。因此必须采用过电压保护措施。通常对于交流回路，在线圈两端并联一个电阻和电容，而对于直流回路，则在线圈两端并联一个二极管，以形成一个放电回路，实现过电压的保护，如图 2-14 所示。

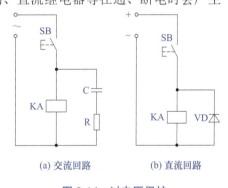

图 2-14 过电压保护

2.6.3 其他保护

除上述保护外，还有速度保护、漏电保护、超速保护、行程保护、油压（水压）保护等，这些都是在控制电路中串接一个受这些参量控制的常开触头或常闭触头来实现对控制电路的电源控制。这些装置有离心开关、测速发电机、行程开关和压力继电器等。

第03章

常用传感器及其应用

传感器在电气控制系统中很常用,使用时有一定的难度。本章主要讲解传感器的接线和应用。

3.1 开关式传感器

接近开关的接线

接近开关(proximity switch)是与运动部件无机械接触而能动作的位置开关,是一种当运动的物体靠近开关到一定位置时,开关发出信号,达到行程控制及计数自动控制的开关。也就是说,它是一种非接触式无触头的位置开关,是一种开关型的传感器,简称接近开关,又称接近传感器(proximity sensor)。接近开关既有行程开关、微动开关的特性,又有传感性能,而且具有动作可靠、性能稳定、频率响应快、使用寿命长、抗干扰能力强等特点。它由感应头、高频振荡器、放大器和外壳组成。常见的接近开关有LJ、CJ和SJ等系列产品。接近开关的外形如图3-1所示,其图形符号如图3-2(a)所示,图3-2(b)所示为接近开关文字符号,表明为电容式接近开关,在画图时更加适用。

图3-1 接近开关

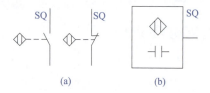

图3-2 接近开关的图形及文字符号

(1)接近开关的功能

当运动部件与接近开关的感应头接近时,接近开关输出一个电信号。接近开关在电路中的作用与行程开关相同,都是位置开关,起限位作用,但两者是有区别的:行程开关有触头,是接触式的位置开关;而接近开关是无触头的,是非接触式的位置开关。

(2)接近开关的分类和工作原理

按照工作原理区分,接近开关分为电感式、电容式、光电式和磁感式等。另外,根据应用电路电流的类型分为交流型和直流型。

① 电感式接近开关的感应头是一个具有铁氧体磁芯的电感线圈,只能用于检测金属体,在工业中应用非常广泛。振荡器在感应头表面产生一个交变磁场,当金属快接近感应头时,金属中产生的涡流吸收了振荡的能量,使振荡减弱以至停振,因而产生振荡和停振两种信号,经整形放大器转换成二进制的开关信号,从而起到"开""关"的控制作用。通常把接近开关刚好动作时感应头与检测物体之间的距离称为动作距离。

② 电容式接近开关的感应头是一个圆形平板电极,与振荡电路的地线形成一个分布电容,当有导体或其他介质接近感应头时,电容量增大而使振荡器停振,经整形放大器输出电信号。电容式接近开关既能检测金属,又能检测非金属及液体。电容式传感器体积较大,而且价格要贵一些。

③ 磁感式接近开关主要指霍尔接近开关,霍尔接近开关的工作原理是霍尔效应,当磁性物体靠近霍尔接近开关时,霍尔接近开关的状态翻转(如由"ON"变为"OFF")。有的资料上将干簧继电器也归类为磁感应接近开关。

④ 光电式传感器是根据投光器发出的光在检测体上发生光量增减,用光电变换元件组成的受光器检测物体有无、大小的非接触式控制器件。光电式传感器的种类很多,按照其输出信号的形式,可以分为模拟式、数字式、开关量输出式。

利用光电效应制成的传感器称为光电式传感器。光电式传感器的种类很多,其中输出形式为开关量的传感器为光电式接近开关。

光电式接近开关主要由光发射器和光接收器组成。光发射器用于发射红外光或可见光。光接收器用于接收发射器发射的光,并将光信号转换成电信号,以开关量形式输出。

按照接收器接收光的方式不同,光电式接近开关可以分为对射式、反射式和漫射式 3 种。光发射器和光接收器有一体式和分体式两种形式。

⑤ 此外,还有特殊种类的接近开关,如光纤接近开关和气动接近开关。特别是光纤接近开关在工业上使用越来越多,它非常适合在狭小的空间、恶劣的工作环境(高温、潮湿和干扰大)、易爆环境、精度要求高等条件下使用。光纤接近开关的缺点是价格相对较高。

(3)接近开关的选型

常用的电感式接近开关有 LJ 系列产品,电容式接近开关有 CJ 系列产品,磁感式接近开关有 HJ 系列产品,光电式接近开关有 OJ 系列产品。当然,还有很多厂家都有自己的产品系列,一般接近开关型号的含义如图 3-3 所示。

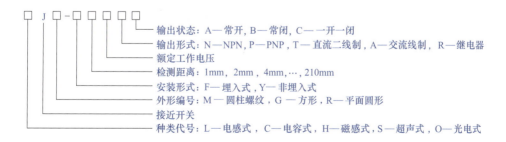

图 3-3 接近开关型号的含义

接近开关的选择要遵循以下原则。

① 接近开关类型的选择。检测金属时选用感应式接近开关,检测非金属时选用电容式

接近开关，检测磁信号时选用磁感式接近开关。

② 外观的选择。根据实际情况选用，但圆柱螺纹形状的最为常见。

③ 检测距离的选择。根据需要选用，但注意同一接近开关检测距离并非恒定，接近开关的检测距离与被检测物体的材料、尺寸以及物体的移动方向有关。表 3-1 列出了目标物体材料对于检测距离的影响。不难发现，感应式接近开关对于有色金属的检测明显不如对钢和铸铁的检测。常用的金属材料不影响电容式接近开关的检测距离。

表 3-1 目标物体材料对检测距离的影响

序号	目标物体材料	影响系数	
		感应式	电容式
1	碳素钢	1	1
2	铸铁	1.1	1
3	铝箔	0.9	1
4	不锈钢	0.7	1
5	黄铜	0.4	1
6	铝	0.35	1
7	紫铜	0.3	1
8	水	0	0.9
9	PVC（聚氯乙烯）	0	0.5
10	玻璃	0	0.5

目标的尺寸同样对检测距离有影响。满足以下任意一个条件时，检测距离不受影响。

a. 当检测距离的 3 倍大于接近开关感应头的直径，而且目标物体的尺寸大于或等于 3 倍的检测距离 ×3 倍的检测距离（长 × 宽）。

b. 当检测距离的 3 倍小于接近开关感应头的直径，而且目标物体的尺寸大于或等于检测距离 × 检测距离（长 × 宽）。

如果目标物体的面积达不到推荐数值时，接近开关的有效检测距离将按照表 3-2 推荐的数值减少。

表 3-2 目标物体的面积对检测距离的影响

占推荐目标面积的比例 /%	影响系数	占推荐目标面积的比例 /%	影响系数
75	0.95	25	0.85
50	0.90		

④ 信号的输出选择。交流接近开关输出交流信号，直流接近开关输出直流信号。注意，负载的电流一定要小于接近开关的输出电流，否则应添加转换电路。接近开关的信号输出能力见表 3-3。

表 3-3 接近开关的信号输出能力

接近开关种类	输出电流 /mA	接近开关种类	输出电流 /mA
直流二线制	50～100	直流三线制	150～200
交流二线制	200～350		

⑤ 触头数量的选择。接近开关有常开触头和常闭触头。可根据具体情况选用。

⑥ 开关频率的确定。开关频率是指接近开关每秒从"开"到"关"的转换次数。直流接近开关可达 200Hz；而交流接近开关要小一些，只能达到 25Hz。

⑦ 额定电压的选择。对于交流型的接近开关，优先选用 220V AC 和 36V AC，而对于

直流型的接近开关,优先选用 12V DC 和 24V DC。

(4) 应用接近开关的注意事项

① 单个 NPN 型和 PNP 型接近开关的接线 在直流电路中使用的接近开关有二线式(2根导线)、三线式(3根导线)和四线式(4根导线)等多种,二线、三线、四线式接近开关都有 NPN 型和 PNP 型两种,通常日本和美国多使用 NPN 型接近开关,欧洲多使用 PNP 型接近开关,而我国则二者都有应用。NPN 型和 PNP 型接近开关的接线方法不同,正确使用接近开关的关键就是正确接线,这一点至关重要。

接近开关的导线有多种颜色,一般 BN 表示棕色的导线,BU 表示蓝色的导线,BK 表示黑色的导线,WH 表示白色的导线。GR 表示灰色的导线。根据国家标准,各颜色导线的作用按照表 3-4 定义。对于二线式 NPN 型接近开关,棕色线与负载相连,蓝色线与零电位点相连;对于二线式 PNP 型接近开关,棕色线与高电位相连,负载的一端与接近开关的蓝色线相连,而负载的另一端与零电位点相连。图 3-4 和图 3-5 所示分别为二线式 NPN 型接近开关的接线和二线式 PNP 型接近开关的接线。

表 3-4 接近开关的导线颜色定义

种类	功能	接线颜色	端子号
交流二线式和直流二线式(不分极性)	NO(接通)	不分正负极,颜色任选,但不能为黄色、绿色或者黄绿双色	3、4
	NC(分断)		1、2
直流二线式(分极性)	NO(接通)	正极棕色,负极蓝色	1、4
	NC(分断)	正极棕色,负极蓝色	1、2
直流三线式(分极性)	NO(接通)	正极棕色,负极蓝色,输出黑色	1、3、4
	NC(分断)	正极棕色,负极蓝色,输出黑色	1、3、2
直流四线式(分极性)	正极	棕色	1
	负极	蓝色	3
	NO 输出	黑色	4
	NC 输出	白色	2

表 3-4 中的"NO"表示常开、输出,而"NC"表示常闭、输出。

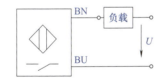 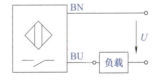

图 3-4 二线式 NPN 型接近开关的接线   图 3-5 二线式 PNP 型接近开关的接线

对于三线式 NPN 型接近开关,棕色的导线与负载的一端及电源正极相连;黑色的导线是信号线,与负载的另一端相连;蓝色的导线与电源负极相连。对于三线式 PNP 型接近开关,棕色的导线与电源正极相连;黑色的导线是信号线,与负载的一端相连;蓝色的导线与负载的另一端及电源负极相连。三线式 NPN 型接近开关接线图和三线式 PNP 型接近开关接线图分别如图 3-6 和图 3-7 所示。

四线式接近开关的接线方法与三线式接近开关类似,只不过四线式接近开关多了一对触头而已,其接线图如图 3-8 和图 3-9 所示。

② 单个 NPN 型和 PNP 型接近开关的接线常识 初学者经常不能正确区分 NPN 型和 PNP 型的接近开关,其实只要记住一点:PNP 型接近开关是正极开关,也就是信号从接近开

关流向负载；而 NPN 型接近开关是负极开关，也就是信号从负载流向接近开关。

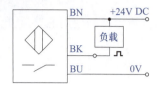 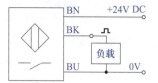

图 3-6　三线式 NPN 型接近开关的接线　　图 3-7　三线式 PNP 型接近开关的接线

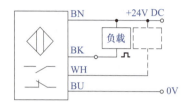 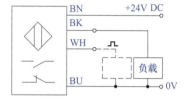

图 3-8　四线式 NPN 型接近开关的接线　　图 3-9　四线式 PNP 型接近开关的接线

【例 3-1】　在图 3-10 中，有一只 NPN 型接近开关与指示灯相连，当一个铁块靠近接近开关时，回路中的电流会怎样变化？

【解】　指示灯就是负载，当铁块到达接近开关的感应区时，回路突然接通，指示灯由暗变亮，电流从很小变化到 100% 的幅度，电流曲线如图 3-11 所示（理想状况）。

 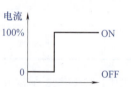

图 3-10　接近开关与指示灯相连的示意图　　图 3-11　回路电流变化曲线

【例 3-2】　某设备用于检测 PVC 物块，当检测物块时，设备上的 24V DC 功率为 12W 的报警灯亮，请选用合适的接近开关，并画出原理图。

【解】　因为检测物体的材料是 PVC，所以不能选用感应式接近开关，但可选用电容式接近开关。报警灯的额定电流为：$I_N = \dfrac{P}{U} = \dfrac{12}{24} = 0.5A$，查表 3-3 可知，直流接近开关承受的最大电流为 0.2A，所以采用图 3-7 的方案不可行，信号必须进行转换，原理图如图 3-12 所示，当物块靠近接近开关时，黑色的信号线上产生高电平，其负载继电器 KA 的线圈得电，继电器 KA 的常开触头闭合，所以报警灯 EL 亮。

由于没有特殊规定，所以 PNP 或 NPN 型接近开关以及二线或三线式接近开关都可以选用。本例选用三线式 PNP 型接近开关。

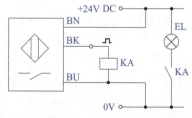

图 3-12　原理图

3.2 传感器和变送器

变送器/传感器的接线方法

传感器（transducer/sensor）是一种检测装置，能感受到被测量的信息，并能将感受到的信息，按一定规律变换成为电信号或其他所需形式的信息输出，以满足信息的传输、处理、存储、显示、记录和控制等要求。

（1）传感器的分类

传感器的分类方法较多，常见的分类如下。

① 按用途 压力和力传感器、位置传感器、液位传感器、能耗传感器、速度传感器、加速度传感器、射线辐射传感器和热敏传感器等。

② 按原理 振动传感器、湿敏传感器、磁敏传感器、气敏传感器、真空度传感器和生物传感器等。

③ 按输出信号 模拟传感器、数字传感器、开关传感器。

模拟传感器：将被测量的非电学量转换成模拟电信号。

数字传感器：将被测量的非电学量转换成数字输出信号（包括直接和间接转换）。

开关传感器：当一个被测量的信号达到某个特定的阈值时，传感器相应地输出一个设定的低电平或高电平信号。

（2）变送器简介

变送器（transmitter）是把传感器的输出信号转变为可被控制器识别的信号（或将传感器输入的非电量转换成电信号同时放大以便供远方测量和控制的信号源）的转换器。传感器和变送器一同构成自动控制的监测信号源。不同的物理量需要不同的传感器和相应的变送器。变送器的种类很多，用在工控仪表上面的变送器主要有温度变送器、压力变送器、流量变送器、电流变送器、电压变送器等。变送器常与传感器做成一体，也可独立于传感器单独作为商品出售，如压力变送器和温度变送器等。图3-13所示为一种变送器的外形。

图3-13 变送器

（3）传感器和变送器的应用

变送器按照接线分有三种：两线式、三线式和四线式。

两线式的变送器，两根线既是电源线又是信号线；三线式的变送器，两根线是信号线（其中一根共地GND），一根线是电源线；四线式的变送器，两根线是电源线，两根线是信号线（其中一根共地GND）。

两线式的变送器具有不易受寄生热电偶和沿电线电阻压降及温漂的影响，可用非常便宜的更细的导线，可节省大量电缆线和安装费用等优点。三线式和四线式变送器均不具上述优点，即将被两线式变送器所取代。

① S7-1200 PLC 的模拟量模块 SM1231 与四线式变送器接法 四线式电压/电流变送器接法相对容易，两根线为电源线，两根线为信号线，接线如图3-14所示。

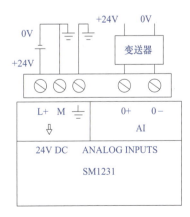

图3-14 四线式电压/电流变送器接线

② S7-1200 PLC 的模拟量模块 SM1231 与三线式变送器接法　三线式电压/电流变送器，两根线为电源线，一根线为变送器线，其中变送器负和电源负在变送器内部短接，实际上为同一根线，接线如图 3-15 所示。

③ S7-1200 PLC 的模拟量模块 SM1231 与二线式电流变送器接法　二线式电流变送器接线容易出错，其两根线既是电源线，同时也为信号线，接线图如图 3-16 所示，电源、变送器和模拟量模块串联连接。

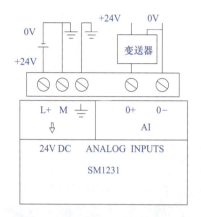
图 3-15　三线式电压/电流变送器接线

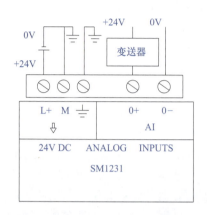
图 3-16　二线式电流变送器接线

3.3 ▶ 隔离器

隔离器是一种采用线性光耦隔离原理，将输入信号进行转换输出的器件。输入、输出和工作电源三者相互隔离，特别适合与需要电隔离的设备以及仪表等配合使用。隔离器又名信号隔离器，是工业控制系统中重要组成部分。某品牌的隔离器如图 3-17 所示。

在 PLC 控制系统中，隔离器最常用于传感器与 PLC 的模拟量输入模块之间，以及执行器与 PLC 的模拟量输出模块之间，起抗干扰和保护模拟量模块的作用。隔离器的一个应用实例如图 3-18 所示。

图 3-17　隔离器外形

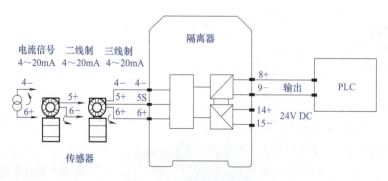
图 3-18　隔离器应用实例

第 2 篇

PLC 编程及应用

第04章

西门子 S7-1200 PLC 的硬件

本章介绍常用西门子 S7-1200 PLC 的 CPU 模块、数字量输入/输出模块、模拟量输入/输出模块、通信模块和电源模块的功能、接线与安装，该内容是后续程序设计和控制系统设计的前导知识。

4.1 西门子 S7-1200 PLC 概述

4.1.1 西门子 PLC 简介

德国西门子（Siemens）公司是欧洲最大的电子和电气设备制造商之一，其生产的 SIMATIC（"Siemens Automation"即西门子自动化）可编程控制器在欧洲处于领先地位。

西门子公司的第一代 PLC 是 1975 年投放市场的 SIMATIC S3 系列的控制系统。之后在 1979 年，西门子公司将微处理器技术应用到 PLC 中，研制出了 SIMATIC S5 系列，取代了 S3 系列，目前 S5 系列产品仍然有小部分在工业现场使用，20 世纪末，又在 S5 系列的基础上推出了 S7 系列产品。

SIMATIC S7 系列产品分为：S7-200、S7-200CN、S7-200 SMART、S7-1200、S7-300、S7-400 和 S7-1500 共七个产品系列。S7-200 PLC 是在西门子公司收购的小型 PLC 的基础上发展而来，因此其指令系统、程序结构和编程软件和 S7-300/400 PLC 有较大的区别，在西门子 PLC 产品系列中是一个特殊的产品。S7-200 SMART PLC 是 S7-200 PLC 的升级版本，于 2012 年 7 月发布，其绝大多数的指令和使用方法与 S7-200 PLC 类似，其编程软件也和 S7-200 PLC 的类似，而且可以在 S7-200 PLC 中运行的程序，大部分也可以在 S7-200 SMART PLC 中运行。S7-1200 PLC 是在 2009 年推出的新型小型 PLC，定位于 S7-200 PLC 和 S7-300 PLC 产品之间。S7-300/400 PLC 是由西门子 S5 系列发展而来，是西门子公司最具竞争力的 PLC 产品。2013 年西门子公司又推出了新品 S7-1500 PLC。

SIMATIC 产品除了 SIMATIC S7 系列外，还有 M7、C7 和 WinAC 系列。

SIMATIC C7 系列是基于 S7-300 系列 PLC 的性能，同时集成了 HMI，具有节省空间的特点。

SIMATIC M7-300/400 采用了与 S7-300/400 相同的结构，又具有兼容计算机的功能，可以用 C、C++ 等高级语言编程，SIMATIC M7-300/400 适用于需要处理的数据量大和实时性要求高的场合。

WinAC 是在个人计算机上实现 PLC 功能，突破了传统 PLC 开放性差、硬件昂贵等缺点，WinAC 具有良好的开放性和灵活性，可以很方便地集成第三方的软件和硬件。

4.1.2 西门子 S7-1200 PLC 的性能特点

S7-1200 PLC 具有集成 PROFINET 接口、强大的集成工艺功能和灵活的可扩展性等特点，为各种工艺任务提供了简单的通信和有效的解决方案。S7-1200 PLC 新的性能特点具体描述如下。

（1）集成了 PROFINET 接口

集成的 PROFINET 接口用于编程、HMI 通信和 PLC 间的通信。此外，它还通过开放的以太网协议支持与第三方设备的通信。该接口带有一个具有自动交叉网线功能的 RJ-45 连接器，提供 10/100 Mbit/s 的数据传输速率，支持协议：TCP/IP native、ISO-on-TCP 和 S7 通信。其最大的连接数为 23 个。

（2）集成了工艺功能

高速输入。S7-1200 控制器带有多达 6 个高速计数器。其中 3 个输入为 100 kHz，3 个输入为 30 kHz，用于计数和测量。

高速输出。S7-1200 控制器集成了 4 个 100 kHz 的高速脉冲输出，用于步进电动机或伺服驱动器的速度和位置控制（使用 PLCopen 运动控制指令）。这 4 个输出都可以输出脉宽调制信号来控制电机速度、阀位置或加热元件的占空比。

PID 控制。S7-1200 控制器中提供了多达 16 个带自动调节功能的 PID 控制回路，用于简单的闭环过程控制。

（3）存储器

为用户指令和数据提供高达 150 KB 的共用工作内存，同时还提供了高达 4 MB 的集成装载内存和 10 KB 的掉电保持内存。

SIMATIC 存储卡是可选件，通过不同的设置可用作编程卡、传送卡和固件更新卡。

（4）智能设备

通过简单的组态，S7-1200 控制器通过对 I/O 映射区的读写操作，实现主从架构的分布式 I/O 应用。

（5）通信

S7-1200 PLC 提供各种各样的通信选项以满足网络通信要求，其可支持的通信协议如下。

① I-Device。

② PROFINET。

③ PROFIBUS。

④ 远距离控制通信。

⑤ 点对点（PtP）通信。

⑥ USS 通信。

⑦ Modbus RTU。

⑧ AS-I。

⑨ I/O Link MASTER。

4.2 西门子 S7-1200 PLC 常用模块及其接线

S7-1200 PLC 的硬件主要包括电源模块、CPU 模块、信号模块（SM）、通信模块（CM）和信号板（SB）。S7-1200 PLC 最多可以扩展 8 个信号模块和 3 个通信模块，最大本地数字 I/O 点数为 284 个，最大本地模拟 I/O 点数为 69 个。S7-1200 PLC 外形如图 4-1 所示，通信模块安装在 CPU 模块的左侧，信号模块安装在 CPU 模块的右侧，西门子早期的 PLC 产品，扩展模块只能安装在 CPU 模块的右侧。

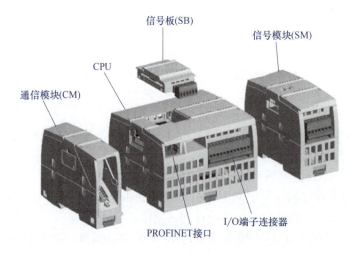

图 4-1　S7-1200 PLC 外形

4.2.1　西门子 S7-1200 PLC 的 CPU 模块及接线

S7-1200 PLC 的 CPU 模块是 S7-1200 PLC 系统中最核心的成员。目前，S7-1200 PLC 的 CPU 有 5 类：CPU 1211C、CPU 1212C、CPU 1214C、CPU 1215C 和 CPU 1217C。每类 CPU 模块又细分出三种规格：DC/DC/DC、DC/DC/RLY 和 AC/DC/RLY，印刷在 CPU 模块的外壳上。其含义如图 4-2 所示。

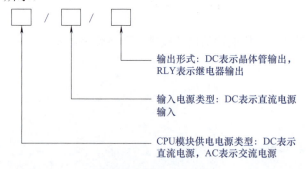

图 4-2　细分规格含义

AC/DC/RLY 的含义是：CPU 模块的供电电压是交流电，范围为 120～240V AC；输入电源是直流电源，范围为 20.4～28.8V DC；输出形式是继电器输出。

(1) CPU 模块的外部介绍

S7-1200 PLC 的 CPU 模块将微处理器、集成电源、模拟量 I/O 点和多个数字量 I/O 点集成在一个紧凑的盒子中，形成功能比较强大的 S7-1200 系列微型 PLC，如图 4-3 所示。以下按照图中序号的顺序介绍其外部的各部分功能。

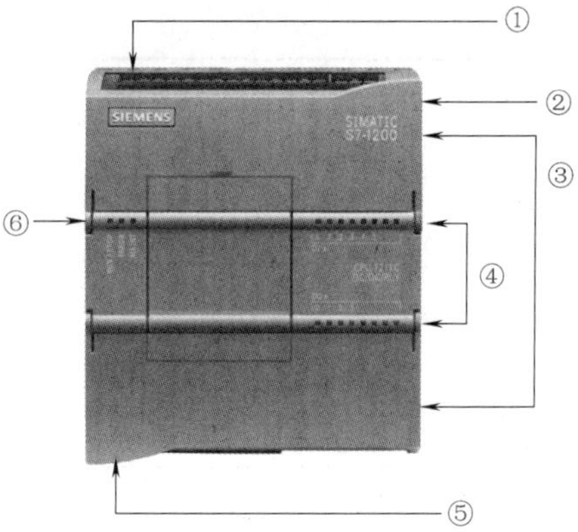

① 电源接口。用于向 CPU 模块供电的接口，有交流和直流两种供电方式。

② 存储卡插槽。位于上部保护盖下面，用于安装 SIMATIC 存储卡。

③ 接线连接器。也称为接线端子，位于保护盖下面，具有可拆卸的优点，便于 CPU 模块的安装和维护。

图 4-3 S7-1200 PLC 的 CPU 外形

④ 板载 I/O 的状态 LED 指示灯。通过板载 I/O 的状态 LED 指示灯（绿色）的点亮或熄灭，指示各输入或输出的状态。

⑤ 集成以太网口（PROFINET 连接器）。位于 CPU 的底部，用于程序下载、设备组网。这使得程序下载更加方便快捷，节省了购买专用通信电缆的费用。

⑥ 运行状态 LED 指示灯。用于显示 CPU 的工作状态，如运行状态、停止状态和强制状态等，详见下文介绍。

(2) CPU 模块的常规规范

要掌握 S7-1200 PLC 的 CPU 具体的技术性能，必须要查看其常规规范，见表 4-1。

表 4-1 S7-1200 PLC 的 CPU 常规规范

特征		CPU 1211C	CPU 1212C	CPU 1214C	CPU 1215C	CPU 1217C
物理尺寸 /mm		90×100×75	90×100×75	110×100×75	130×100×75	150×100×75
用户存储器	工作 /KB	50	75	100	125	150
	负载 /MB	1	1	4	4	4
	保持性 /KB	10	10	10	10	10
本地板载 I/O	数字量	6 点输入 /4 点输出	8 点输入 /6 点输出	14 点输入 /10 点输出	14 点输入 /10 点输出	14 点输入 /10 点输出
	模拟量	2 路输入	2 路输入	2 路输入	2 点输入 /2 点输出	2 点输入 /2 点输出
过程映像大小	输入（I）	1024 个字节				
	输出（Q）	1024 个字节				
位存储器（M）		4096 个字节	4096 个字节	8192 个字节	8192 个字节	8192 个字节
信号模块（SM）扩展		无	2	8	8	8
信号板（SB）、电池板（BB）或通信板（CB）		1				
通信模块（CM），左侧扩展		3				
高速计数器	总计	最多可组态 6 个，使用任意内置或 SB 输入的高速计数器				
	1MHz	—	—	—	—	Ib.2～Ib.5
	100/80kHz	Ia.0～Ia.5	Ia.0～Ia.5	Ia.0～Ia.5	Ia.0～Ia.5	Ia.0～Ia.5
	30/20kHz	—	Ia.6～Ia.7	Ia.6～Ib.5	Ia.6～Ib.5	Ia.6～Ib.1

续表

特征		CPU 1211C	CPU 1212C	CPU 1214C	CPU 1215C	CPU 1217C
脉冲输出	总计	最多可组态 4 个，使用任意内置或 SB 输出的脉冲输出				
	1MHz	—				Qa.0～Qa.3
	100kHz	Qa.0～Qa.3				Qa.4～Qb.1
	20kHz	—	Qa.4～Qa.5	Qa.4～Qb.1		—
存储卡		SIMATIC 存储卡（选件）				
实时时钟保持时间		通常为 20 天，40℃ 时最少为 12 天（免维护超级电容）				
PROFINET 以太网通信端口		1			2	
实数数学运算执行速度		2.3μs/ 指令				
布尔运算执行速度		0.08μs/ 指令				

(3) S7-1200 PLC 的指示灯

① S7-1200 PLC 的 CPU 状态 LED 指示灯　S7-1200 PLC 的 CPU 上有三盏状态 LED 指示灯，分别是 STOP/RUN、ERROR 和 MAINT，用于指示 CPU 的工作状态，其亮灭状态代表一定的含义，具体见表 4-2。

表 4-2　S7-1200 PLC 的 CPU 状态 LED 指示灯含义

说明	STOP/RUN（黄色/绿色）	ERROR（红色）	MAINT（黄色）
断电	灭	灭	灭
启动、自检或固件更新	闪烁（黄色和绿色交替）	—	灭
停止模式	亮（黄色）	—	—
运行模式	亮（绿色）	—	—
取出存储卡	亮（黄色）	—	闪烁
错误	亮（黄色或绿色）	闪烁	—
请求维护： 强制 I/O 需要更换电池（如果安装了电池板）	亮（黄色或绿色）	—	亮
硬件出现故障	亮（黄色）	亮	灭
LED 测试或 CPU 固件出现故障	闪烁（黄色和绿色交替）	闪烁	闪烁
CPU 组态版本未知或不兼容	亮（黄色）	闪烁	闪烁

② 通信状态的 LED 指示灯　S7-1200 PLC 的 CPU 还配备了两个可指示 PROFINET 通信状态的 LED 指示灯。打开底部端子块的盖子可以看到这两个 LED 指示灯，分别是 Link 和 Rx/Tx，其点亮的含义如下。

a. Link（绿色）点亮，表示通信连接成功。

b. Rx/Tx（黄色）点亮，表示通信传输正在进行。

③ 通道 LED 指示灯　S7-1200 PLC 的 CPU 和各数字量信号模块（SM）为每个数字量输入和输出配备了 I/O 通道 LED 指示灯。通过 I/O 通道 LED 指示灯（绿色）的点亮或熄灭，指示各输入或输出的状态。例如 Q0.0 通道 LED 指示灯点亮，表示 Q0.0 线圈得电。

(4) CPU 的工作模式

CPU 有以下三种工作模式：STOP 模式、STARTUP 模式和 RUN 模式。CPU 前面的状态 LED 指示灯指示当前工作模式。

① 在 STOP 模式下，CPU 不执行程序，但可以下载项目。

② 在 STARTUP 模式下，执行一次启动 OB（如果存在）。在启动模式下，CPU 不会处理中断事件。

③ 在 RUN 模式下，程序循环 OB 重复执行。可能发生中断事件，并在 RUN 模式中的任意点执行相应的中断事件 OB。可在 RUN 模式下下载项目的某些部分。

CPU 支持通过暖启动进入 RUN 模式。暖启动不包括储存器复位。执行暖启动时，CPU 会初始化所有的非保持性系统和用户数据，并保留所有保持性用户数据值。

存储器复位将清除所有工作存储器、保持性及非保持性存储区，将装载存储器复制到工作存储器并将输出设置为组态的"对 CPU STOP 的响应"（Reaction to CPU STOP）。

存储器复位不会清除诊断缓冲区，也不会清除永久保存的 IP 地址值。

注意：目前 S7-1200/1500 PLC 的 CPU 仅有暖启动模式，而部分 S7-400 PLC 的 CPU 有热启动和冷启动模式。

（5）CPU 模块的接线

S7-1200 PLC 的 CPU 规格虽然较多，但接线方式类似，因此本书仅以 CPU 1215C 为例进行介绍，其余规格产品请读者参考相关手册。

CPU 模块的接线

① CPU 1215C（AC/DC/RLY）的数字量输入端子的接线　S7-1200 PLC 的 CPU 数字量输入端子的接线与三菱的 FX 系列的 PLC 的数字量输入端子的接线不同，后者不必接入直流电源，其电源可以由系统内部提供，而 S7-1200 PLC 的 CPU 输入端则必须接入直流电源。

下面以 CPU 1215C（AC/DC/RLY）为例介绍数字量输入端子的接线。"1M"是输入端的公共端子，与 24V DC 电源相连，电源有两种连接方法对应 PLC 的 NPN 型和 PNP 型接法。当电源的负极与公共端子相连时，为 PNP 型接法，如图 4-4 所示，"N"和"L1"端子为交流电的电源接入端子，输入电压范围为 120 ~ 240V AC，为 PLC 提供电源。"M"和"L+"端子为 24V DC 的电源输出端子，可向外围传感器提供电源。

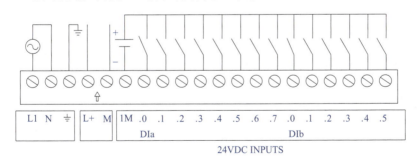

图 4-4　CPU 1215C 输入端子的接线（PNP）

② CPU 1215C（DC/DC/RLY）的数字量输入端子的接线　当电源的正极与公共端子 1M 相连时，为 NPN 型接法，其输入端子的接线如图 4-5 所示。

注意：在图 4-5 中，有两个"L+"和两个"M"端子，有箭头向 CPU 模块内部指向的"L+"和"M"端子是向 CPU 供电电源的接线端子，有箭头向 CPU 模块外部指向的"L+"和"M"端子是 CPU 向外部供电的接线端子，切记两个"L+"不要短接，否则容易烧毁 CPU 模块内部的电源。

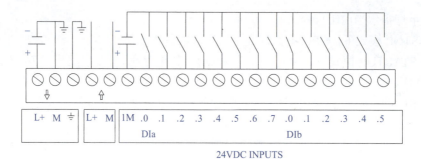

图 4-5　CPU 1215C 输入端子的接线（NPN）

初学者往往不容易区分 PNP 型和 NPN 型的接法，经常混淆，若读者掌握以下的方法，就不会出错。把 PLC 作为负载，以输入开关（通常为接近开关）为对象，若信号从开关流出（信号从开关流出，向 PLC 流入），则 PLC 的输入为 PNP 型接法；把 PLC 作为负载，以输入开关（通常为接近开关）为对象，若信号从开关流入（信号从 PLC 流出，向开关流入），则 PLC 的输入为 NPN 型接法。三菱的 FX2 系列 PLC 只支持 NPN 型接法。

【例 4-1】　有一台 CPU 1215C（AC/DC/RLY），其输入端有一只三线 PNP 接近开关和一只二线 PNP 接近开关，应如何接线？

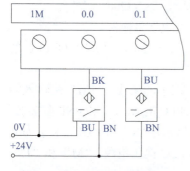

图 4-6　例 4-1 输入端子的接线

【解】　对于 CPU 1215C（AC/DC/RLY），公共端接电源的负极。而对于三线 PNP 接近开关，只要将其正、负极分别与电源的正、负极相连，将信号线与 PLC 的"I0.0"相连即可；而对于二线 PNP 接近开关，只要将电源的正极分别与其正极相连，将信号线与 PLC 的"I0.1"相连即可，如图 4-6 所示。

③ CPU 1215C（DC/DC/RLY）的数字量输出端子的接线　CPU 1215C 的数字量输出有两种形式，一种是 24V 直流输出（即晶体管输出），另一种是继电器输出。标注为"CPU 1215C（DC/DC/DC）"的含义是：第一个 DC 表示供电电源电压为 24V DC，第二个 DC 表示输入端的电源电压为 24V DC，第三个 DC 表示输出为 24V DC，在 CPU 的输出点接线端子旁边印刷有"24V DC OUTPUTS"字样，含义是晶体管输出。标注为"CPU 1215C（AC/DC/RLY）"的含义是：AC 表示供电电源电压为 120～240V AC，通常用 220V AC，DC 表示输入端的电源电压为 24V DC，RLY 表示输出为继电器输出，在 CPU 的输出点接线端子旁边印刷有"RELAY OUTPUTS"字样，含义是继电器输出。

CPU 1215C 输出端子的接线（继电器输出）如图 4-7 所示。可以看出，输出是分组安排的，每组既可以是直流电源，也可以是交流电源，而且每组电源的电压大小可以不同。接直流电源时，CPU 模块没有方向性要求。

在给 CPU 进行供电接线时，一定要特别小心，分清是哪一种供电方式，如果把

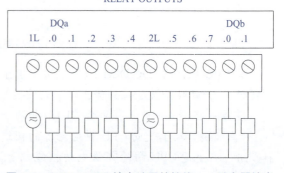

图 4-7　CPU 1215C 输出端子的接线——继电器输出

220V AC 接到 24V DC 供电的 CPU 上，或者不小心接到 24V DC 传感器的输出电源上，都会造成 CPU 的损坏。

④ CPU 1215C（DC/DC/DC）的数字量输出端子的接线　目前 24V 直流输出只有一种形式，即 PNP 型输出，也就是常说的高电平输出，这点与三菱 FX 系列 PLC 不同，三菱 FX 系列 PLC（FX3U 除外，FX3U 有 PNP 型和 NPN 型两种可选择的输出形式）为 NPN 型输出，也就是低电平输出，理解这一点十分重要，特别是利用 PLC 进行运动控制（如控制步进电动机）时，必须考虑这一点。

CPU 1215C 输出端子的接线（晶体管输出）如图 4-8 所示，负载电源只能是直流电源，且输出高电平信号有效，因此是 PNP 输出。

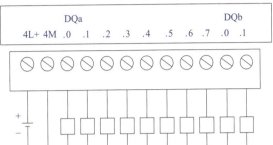

图 4-8　CPU 1215C 输出端子的接线——晶体管输出（PNP）

⑤ CPU 1215C 的模拟量输入/输出端子的接线　CPU 1215C 模块集成了两个模拟量输入通道和两个模拟量输出通道。模拟量输入通道的量程范围是 0～10V，模拟量输出通道的量程范围是 0～20mA。

CPU 1215C 的模拟量输入/输出端子的接线，如图 4-9 所示。左侧的方框□代表模拟量输出的负载，常见的负载是变频器或者各种阀门。右侧的圆框⊕代表模拟量输入，一般与各类模拟量的传感器或者变送器相连接，圆框中的"+"和"-"代表传感器的正信号端子和负信号端子。

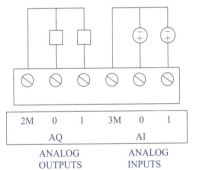

图 4-9　模拟量输入/输出端子的接线

注意：应将未使用的模拟量输入通道短路。

4.2.2　西门子 S7-1200 PLC 数字量扩展模块及接线

S7-1200 PLC 的数字量扩展模块比较丰富，包括数字量输入模块（SM1221）、数字量输出模块（SM1222）、数字量输入/直流输出模块（SM1223）和数字量输入/交流输出模块（SM1223）。以下将介绍几个典型的扩展模块。

数字量模块的接线

（1）数字量输入模块（SM1221）

① 数字量输入模块（SM1221）的技术规范　目前 S7-1200 PLC 的数字量输入模块有多个规格，其部分典型模块的技术规范见表 4-3。

② 数字量输入模块（SM1221）的接线　数字量输入模块有专用的插针与 CPU 通信，并通过此插针由 CPU 向扩展输入模块提供 5V DC 的电源。数字量输入模块（SM1221）的接线如图 4-10 所示，可以为 PNP 输入，也可以为 NPN 输入。

表 4-3 数字量输入模块（SM1221）的技术规范

型号	SM 1221 DI 8×24V DC	SM 1221 DI 16×24V DC
订货号（MLFB）	6ES7 221-1BF32-0XB0	6ES7 221-1BH32-0XB0
常规		
尺寸（W×H×D）/mm×mm×mm	45×100×75	
质量 /g	170	210
功耗 /W	1.5	2.5
电流消耗（SM 总线）/ mA	105	130
所用的每点输入电流消耗（24V DC）/mA	4	4
数字输入		
输入点数	8	16
类型	漏型 / 源型	
额定电压	4mA 时，24V DC	

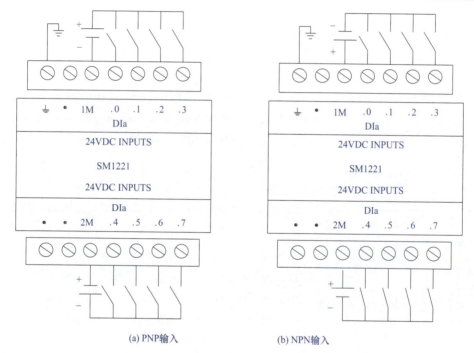

(a) PNP输入　　　　　(b) NPN输入

图 4-10 数字量输入模块（SM1221）的接线

（2）数字量输出模块（SM1222）

① 数字量输出模块（SM1222）的技术规范　目前 S7-1200 PLC 的数字量输出模块有 10 多个规格，其典型模块的技术规范见表 4-4。

表 4-4 数字量输出模块（SM1222）的技术规范

型号	SM1222 DQ×RLY	SM1222 DQ 8×RLY（双态）	SM1222 DQ 16×RLY	SM1222 DQ 8×24V DC	SM1222 DQ 16×24V DC
订货号（MLFB）	6ES7 222-1HF32-0XB0	6ES7 222-1XF32-0XB0	6ES7 222-1HH32-0XB0	6ES7 222-1BF32-0XB0	6ES7 222-1BH32-0XB0

续表

常规					
尺寸（W×H×D）/mm×mm×mm	45×100×75	70×100×75	45×100×75	45×100×75	45×100×75
质量 /g	190	310	260	180	220
功耗 /W	4.5	5	8.5	1.5	2.5
电流消耗（SM 总线）/ mA	120	140	135	120	140
每个继电器线圈电流消耗（24V DC）/mA	11	16.7	11	—	—
数字输出					
输出点数	8	8	16	8	16
类型	继电器，干触点	继电器切换触点	继电器，干触点	固态 - MOSFET	
电压范围	5～30V DC 或 5～250V AC			20.4～28.8V DC	

② 数字量输出模块（SM1222）的接线　SM1222 数字量继电器输出模块的接线如图 4-11（a）所示，L+ 和 M 端子是模块的 24V DC 供电接入端子，而 1L 和 2L 可以接入直流和交流电源，是给负载供电，这点要特别注意。可以发现，数字量输入输出扩展模块的接线与 CPU 的数字量输入输出端子的接线是类似的。

SM1222 数字量晶体管输出模块的接线如图 4-11（b）所示，只能为 PNP 输出。

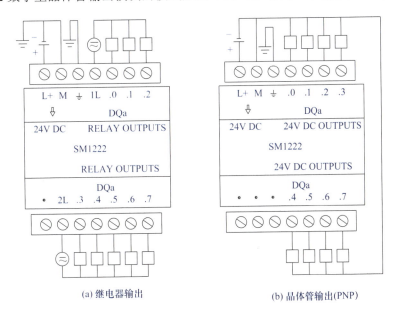

图 4-11　数字量输出模块（SM1222）的接线

（3）数字量输入 / 直流输出模块（SM1223）

① 数字量输入 / 直流输出模块（SM1223）的技术规范　目前 S7-1200 PLC 的数字量输入 / 直流输出模块有 10 多个规格，其典型模块的技术规范见表 4-5。

② 数字量输入 / 直流输出模块（SM1223）的接线　有的资料将数字量输入 / 直流输出模块（SM1223）称为混合模块。数字量输入 / 直流输出模块既可以是 PNP 输入，也可以是

NPN 输入，根据现场实际情况决定。根据不同的工况，可以选择继电器输出或者晶体管输出。在图 4-12（a）中，输入为 PNP 输入（也可以改换成 NPN 输入），但输出只能是 PNP 输出，不能改换成 NPN 输出。

表 4-5　数字量输入/直流输出模块（SM1223）的技术规范

型号	SM 1223 DI 8×24V DC, DQ 8×RLY	SM 1223 DI 16×24V DC, DQ 16×RLY	SM 1223 DI 8×24V DC, DQ 8×24V DC	SM 1223 DI 16×24V DC, DQ16×24V DC
订货号（MLFB）	6ES7 223-1PH32-0XB0	6ES7 223-1PL32-0XB0	6ES7 223-1BH32-0XB0	6ES7 223-1BL32-0XB0
尺寸（W×H×D）/mm×mm×mm	45×100×75	70×100×75	45×100×75	70×100×75
质量 /g	230	350	210	310
功耗 /W	5.5	10	2.5	4.5
电流消耗（SM 总线）/mA	145	180	145	185
电流消耗（24V DC）	所用的每点输入 4mA 所用的每个继电器线圈 11mA		所用的每点输入 4mA	
数字输入				
输入点数	8	16	8	16
类型	漏型/源型			
额定电压	4mA 时，24V DC			
允许的连续电压	最大 30V DC			
数字输出				
输出点数	8	16	8	16
类型	继电器，干触点		固态 -MOSFET	
电压范围	5～30V DC 或 5～250V AC		20.4～28.8V DC	
每个公共端的电流 /A	10	8	4	8
机械寿命（无负载）	10000000 个断开/闭合周期		—	
额定负载下的触点寿命	100000 个断开/闭合周期		—	
同时接通的输出数	8	16	8	16

在图 4-12（b）中，输入为 NPN 输入（也可以改换成 PNP 输入），输出只能是继电器输出，输出的负载电源可以是直流或者交流电源。

4.2.3　西门子 S7-1200 PLC 模拟量模块

S7-1200 PLC 模拟量模块包括模拟量输入模块（SM1231）、模拟量输出模块（SM1232）、热电偶和热电阻模拟量输入模块（SM1231）和模拟量输入/输出模块（SM1234）。

模拟量模块的接线

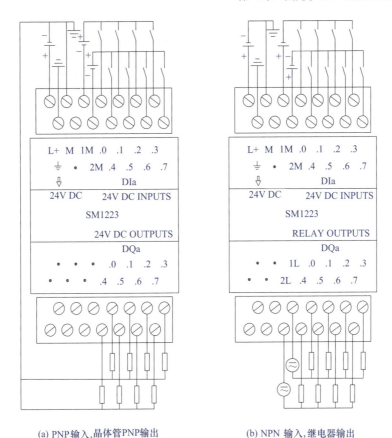

(a) PNP 输入,晶体管 PNP 输出　　(b) NPN 输入,继电器输出

图 4-12　数字量输入 / 直流输出模块（SM1223）的接线

（1）模拟量输入模块（SM1231）

① 模拟量输入模块（SM1231）的技术规范　目前 S7-1200 PLC 的模拟量输入模块（SM1231）有多个规格，其典型模块的技术规范见表 4-6。

表 4-6　模拟量输入模块（SM1231）的技术规范

型号	SM 1231 AI 4×13 位	SM 1231 AI 8×13 位	SM 1231 AI 4×16 位
订货号（MLFB）	6ES7 231-4HD32-0XB0	6ES7 231-4HF32-0XB0	6ES7 231-5ND32-0XB0
常规			
尺寸（W×H×D）/mm×mm×mm	45×100×75	45×100×75	45×100×75
质量 /g	180	180	180
功耗 /W	2.2	2.3	2.0
电流消耗（SM 总线）/mA	80	90	80
电流消耗（24V DC）/mA	45	45	65
模拟输入			
输入路数	4	8	4
类型	电压或电流（差动）：可 2 个选为一组		电压或电流（差动）
范围	±10V、±5V、±2.5V 或 0～20mA		±10V、±5V、±2.5V、±1.25V、0～20mA 或 4～20mA

续表

满量程范围（数据字）	-27648 ~ 27648	
过冲/下冲范围（数据字）	电压：32511 ~ 27649/-27649 ~ -32512 电流：32511 ~ 27649/0 ~ -4864	电压：32511 ~ 27649/-27649 ~ -32512 电流 0 ~ 20mA：32511 ~ 27649/0 ~ -4864 电流 4 ~ 20mA：32511 ~ 27649/-1 ~ -4864
上溢/下溢（数据字）	电压：32767 ~ 32512/-32513 ~ -32768 电流：32767 ~ 32512/-4865 ~ -32768	电压：32767 ~ 32512/-32513 ~ -32768 电流 0 ~ 20mA：32767 ~ 32512/-4865 ~ -32768 电流 4 ~ 20mA：32767 ~ 32512/-4865 ~ -32768
精度	12 位 + 符号位	15 位 + 符号位
精度（25ºC/0 ~ 55ºC）	满量程的 ±0.1%/±0.2%	满量程的 ±0.1%/±0.3%
工作信号范围	信号加共模电压必须小于 +12V 且大于 -12V	
诊断		
上溢/下溢	电压：32767 ~ 32512/-32513 ~ -32768 电流 0 ~ 20 mA：32767 ~ 32512/-4865 ~ -32768 电流 4 ~ 20mA：32767 ~ 32512（值小于 -4864 时表示开路）	
对地短路（仅限电压模式）	不适用	不适用	不适用
断路（仅限电流模式）	不适用	不适用	仅限 4 ~ 20mA 范围（如果输入低于 -4164；1.0mA）
24V DC 低压	√	√	√

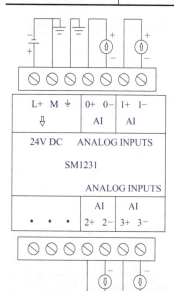

图 4-13 模拟量输入模块（SM1231）的接线

② 模拟量输入模块（SM1231）的接线　S7-1200 PLC 的模拟量输入模块主要用于处理电流或者电压信号。模拟量输入模块（SM1231）的接线如图 4-13 所示，通道 0 和 1 不能同时测量电流和电压信号，只能二选其一；通道 2 和 3 也是如此。信号范围：±10 V、±5 V、±2.5 V 和 0 ~ 20 mA。满量程数据字格式：-27648 ~ +27648，这点与 S7-300/400 PLC 相同，但不同于 S7-200 PLC。

模拟量输入模块有两个参数容易混淆，即模拟量转换的分辨率和模拟量转换的精度（误差）。分辨率是 AD 模拟量转换芯片的转换精度，即用多少位的数值来表示模拟量。若模拟量模块的转换分辨率是 12 位，能够反映模拟量变化的最小单位是满量程的 1/4096。模拟量转换的精度除了取决于 AD 转换的分辨率，还受到转换芯片的外围电路的影响。在实际应用中，输入模拟量信号会有波动、噪声和干扰，内部模拟电路也会产生噪声、漂移，这些都会对转换的最后精度造成影响。这些因素造成的误差要大于 AD 芯片的转换误差。

当模拟量的扩展模块为正常状态时，LED 指示灯为绿色显示，而当为供电时，为红色闪烁。使用模拟量模块时，要注意以下问题。

a. 模拟量模块有专用的插针接头与 CPU 通信，并通过此电缆由 CPU 向模拟量模块提供 5V DC 的电源。此外，模拟量模块必须外接 24V DC 电源。

b. 每个模块能同时输入/输出电流或者电压信号，对于模拟量输入的电压或者电流信号的选择和量程的选择都是通过软件组态，如图 4-14 所示，模块 SM1231 的通道 0 设定为电压信号，量程为 ±2.5 V。而 S7-200 PLC 的信号类型和量程是由 DIP 开关设定。

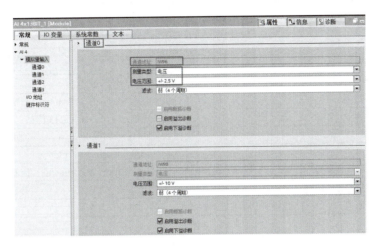

图 4-14　SM1231 信号类型和量程选择

双极性就是信号在变化的过程中要经过"零"，单极性不过零。由于模拟量转换为数字量是有符号整数，所以双极性信号对应的数值会有负数。在 S7-1200 PLC 中，单极性模拟量输入/输出信号的数值范围是 0～27648；双极性模拟量信号的数值范围是 −27648～27648。

c. 对于模拟量输入模块，传感器电缆线应尽可能短，而且应使用屏蔽双绞线，导线应避免弯成锐角。靠近信号源屏蔽线的屏蔽层应单端接地。

d. 一般电压信号比电流信号容易受干扰，应优先选用电流信号。电压型的模拟量信号由于输入端的内阻很高，极易引入干扰。一般电压信号是用在控制设备柜内电位器设置，或者距离非常近、电磁环境好的场合。电流型信号不容易受到传输线沿途的电磁干扰，因而在工业现场获得广泛的应用。电流信号可以传输比电压信号远得多的距离。

e. 前述的 CPU 和扩展模块的数字量的输入点和输出点都有隔离保护，但模拟量的输入和输出则没有隔离。如果用户的系统中需要隔离，需另行购买信号隔离器件。

f. 模拟量输入模块的电源地和传感器的信号地必须连接（工作接地），否则将会产生一个很高的上下振动的共模电压，影响模拟量输入值，测量结果可能是一个变动很大的不稳定的值。

g. 西门子的模拟量模块的端子排是上下两排分布，容易混淆。在接线时要特别注意，先接下面端子的线，再接上面端子的线，而且不要弄错端子号。

（2）模拟量输出模块（SM1232）

① 模拟量输出模块（SM1232）的技术规范

目前 S7-1200 PLC 的模拟量输出模块（SM1232）有多个规格，其典型模块的技术规范见表 4-7。

表 4-7 模拟量输出模块（SM1232）的技术规范

型号	SM 1232 AQ 2×14 位	SM 1232 AQ 4×14 位
订货号（MLFB）	6ES7 232-4HB32-0XB0	6ES7 232-4HD32-0XB0
常规		
尺寸（W×H×D）/mm×mm×mm	45×100×75	45×100×75
质量 /g	180	180
功耗 /W	1.5	1.5
电流消耗（SM 总线）/ mA	80	80
电流消耗（24V DC，无负载 /mA	45	45
模拟输出		
输出路数	2	4
类型	电压或电流	
范围	±10 V 或 0～20mA	
精度	电压：14 位；电流：13 位	
满量程范围（数据字）	电压：−27648～27648；电流：0～27648	
精度（25℃/0～55 ℃）	满量程的 ±0.3 %/±0.6 %	
稳定时间（新值的 95%）	电压：300μs（R）、750μs（1μF）；电流：600μs（1mH）、2ms（10mH）	
隔离（现场侧与逻辑侧）	无	
电缆长度	100m（屏蔽双绞线）	
诊断		
上溢 / 下溢	√	√
对地短路（仅限电压模式）	√	√
断路（仅限电流模式）	√	√
24V DC 低压	√	√

② 模拟量输出模块（SM1232）的接线 模拟量输出模块（SM1232）的接线如图 4-15 所示，两个通道的模拟输出电流或电压信号可以按需要选择。信号范围：±10 V、0～20mA 和 4～20mA；满量程数据字格式：−27648～+27648，这点与 S7-300/400 PLC 相同，但不同于 S7-200 PLC。

（3）热电偶和热电阻模拟量输入模块（SM1231）

① 热电偶和热电阻模拟量输入模块（SM1231）的技术规范 如果没有热电偶和热电阻模拟量输入模块，那么也可以使用前述介绍的模拟量输入模块测量温度，工程上通常需要在模拟量输入模块和热电阻或者热电偶之间加专用变送器。目前 S7-1200 PLC 的热电偶和热电阻模拟量输入模块有多个规格，其典型模块的技术规范见表 4-8。

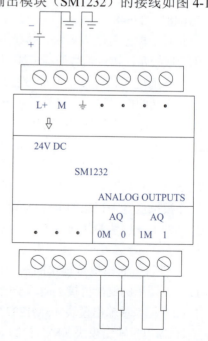

图 4-15 模拟量输出模块 (SM1232) 的接线

表 4-8 热电偶和热电阻模拟量输入模块的技术规范

型号	SM 1231 AI4×16 位热电偶	SM 1231 AI8×16 位热电偶	SM 1231 AI4×16 位热电阻	SM 1231 AI8×16 位热电阻
订货号（MLFB）	6ES7 231-5QD32-0XB0	6ES7 231-5QF32-0XB0	6ES7 231-5PD32-0XB0	6ES7 231-5PF32-0XB0
常规				
尺寸（W×H×D）/mm×mm×mm	45×100×75	45×100×75	45×100×75	70×100×75
质量 /g	180	190	220	270
功耗 /W	1.5	1.5	1.5	1.5
电流消耗（SM 总线）/mA	80	80	80	90
电流消耗（24V DC）/mA	40	40	40	40
模拟输入				
输入路数	4	8	4	8
类型	热电偶	热电偶	模块参考接地的热电阻	模块参考接地的热电阻
范围	J、K、T、E、R、S、N、C 和 TXK/XK（L），电压范围：+/-80 mV	J、K、T、E、R、S、N、C 和 TXK/XK（L），电压范围：+/-80 mV	铂（Pt）、铜（Cu）、镍（Ni）、LG-Ni 或电阻	铂（Pt）、铜（Cu）、镍（Ni）、LG-Ni 或电阻
精度 温度 电阻	0.1℃/0.1℉ 15 位 + 符号位	0.1℃/0.1℉ 15 位 + 符号位	0.1℃/0.1℉ 15 位 + 符号位	0.1℃/0.1℉ 15 位 + 符号位
最大耐压	±35 V	±35 V	±35 V	±35 V
噪声抑制（10Hz/50Hz/60Hz/400Hz 时）/dB	85	85	85	85
隔离 /V AC 现场侧与逻辑侧 现场侧与 24V DC 侧 24V DC 侧与逻辑侧	500 500 500	500 500 500	500 500 500	500 500 500
通道间隔离 /V AC	120	120	无	无
重复性	±0.05% FS	±0.05% FS	±0.05% FS	±0.0 % FS
测量原理	积分	积分	积分	积分
冷端误差	±1.5℃	±1.5℃	—	—
电缆长度	到传感器的最大长度为 100m	到传感器的最大长度为 100m	到传感器的最大长度为 100m	到传感器的最大长度为 100m
电缆电阻	最大 100Ω	最大 100Ω	20Ω，最大 2.7Ω（对于 10Ω RTD）	20Ω，最大 2.7Ω（对于 10Ω RTD）
诊断				
上溢 / 下溢	√	√	√	√
断路（仅电流模式）	√	√	√	√
24V DC 低压	√	√	√	√

② 热电偶模拟量输入模块（SM1231）的接线　限于篇幅，本书只介绍热电偶模拟量输入模块的接线，如图 4-16 所示。

4.2.4 西门子 S7-1200 PLC 信号板及接线

S7-1200 PLC 的 CPU 上可安装信号板，S7-200/300/400 PLC 没有信号板。目前有模拟量输入板、模拟量输出板、数字量输入板、数字量输出板、数字量输入/输出板和通信板，以下分别介绍。

数字量信号板的接线

（1）数字量输入板（SB 1221）

数字量输入板安装在 CPU 模块面板的上方，节省了安装空间，其接线如图 4-17 所示，目前只能采用 NPN 输入接线，其电源可以是 24V DC 或者 5V DC。HSC 时钟输入最大频率，单相为 200kHz，正交相位为 160kHz。

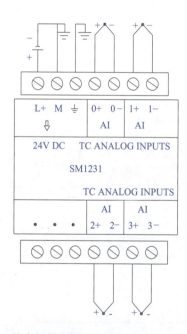

图 4-16 热电偶模拟量输入模块（SM1231）的接线

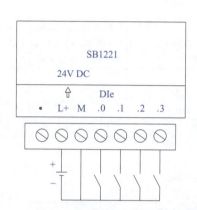

图 4-17 数字量输入板（SB 1221）的接线

（2）数字量输出板（SB1222）

数字量输出板安装在 CPU 模块面板的上方，节省了安装空间，其接线如图 4-18 所示，目前只能采用 PNP 输出方式，其电源可以是 24V DC 或者 5V DC。脉冲串输出频率：最大 200kHz，最小 2Hz。

（3）数字量输入/输出板（SB1223）

数字量输入/输出板（SB1223）有 2 个数字量输入点和 2 个数字量输出点，输入点只能是 NPN 输入，输出点是 PNP 输出，其电源可以是 24V DC 或者 5V DC。数字量输入/输出板的接线如图 4-19 所示。

模拟量信号板的接线

（4）模拟量输入板（SB1231）

模拟量输入板（SB1231）的量程范围为 ±10V、±5V、±2.5V 和 0～20mA。模拟量输入板的接线如图 4-20 所示。

（5）模拟量输出板（SB1232）

模拟量输出板（SB1232）只有一个输出点，由 CPU 供电，不需要外接电源。其输出电压或者电流，电流范围是 0～20mA，对应满量程为 0～27648，电压范围是 ±10V，对应满量程为－27648～27648。模拟量输出板（SB1232）的接线如图 4-21 所示。

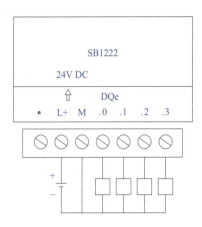
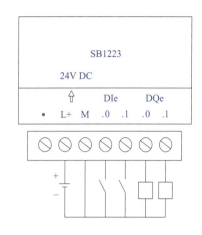

图 4-18　数字量输出板（SB1222）的接线　　图 4-19　数字量输入/输出板（SB1223）的接线

（6）通信板（CB1241）

通信板（CB1241）可以作为 RS-485 模块使用，它集成的协议有：自由端口、ASCII、Modbus 和 USS。通信板（CB1241）接线如图 4-22 所示。自由口通信一般与第三方设备通信时采用，而 USS 通信则是西门子 PLC 与西门子变频器专用的通信协议。

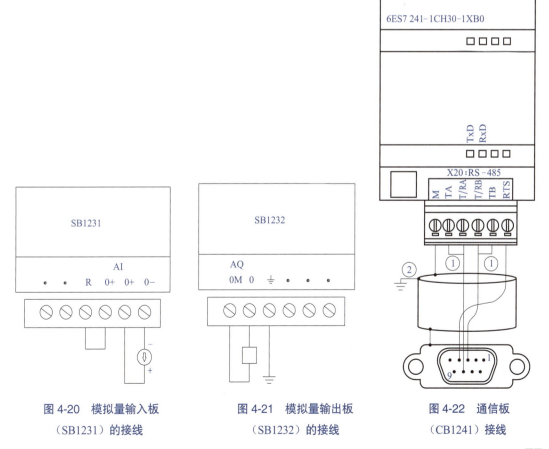

图 4-20　模拟量输入板（SB1231）的接线　　图 4-21　模拟量输出板（SB1232）的接线　　图 4-22　通信板（CB1241）接线

4.2.5 西门子 S7-1200 PLC 通信模块

S7-1200 PLC 通信模块安装在 CPU 模块的左侧，而一般扩展模块安装在 CPU 模块的右侧。

S7-1200 PLC 通信模块规格较为齐全，主要有串行通信模块 CM1241、紧凑型交换机模块 CSM1277、PROFIBUS-DP 主站模块 CM1243-5、PROFIBUS-DP 从站模块 CM1242-5、GPRS 模块 CP1242-7 和 I/O 主站模块 CM1278。S7-1200 PLC 通信模块的基本功能见表 4-9。

表 4-9 S7-1200 PLC 通信模块的基本功能

序号	名称	功能描述
1	串行通信模块 CM1241	用于执行强大的点对点高速串行通信，支持 RS-485/422 执行协议：ASCII、USS drive protocol 和 Modbus RTU 可装载其他协议 通过 STEP 7 Basic V15.1 可简化参数设定
2	紧凑型交换机模块 CSM1277	能够以线型、树型或星型拓扑结构，将 S7-1200 PLC 连接到工业以太网 增加了 3 个用于连接的节点 节省空间，可便捷安装到 S7-1200 PLC 导轨上 低成本的解决方案，实现小的、本地以太网连接 集成了坚固耐用、工业标准的 RJ45 连接器 通过设备上 LED 灯实现简单、快速的状态显示 集成的 auto-cross-over 功能，允许使用交叉连接电缆和直通电缆 无风扇的设计，维护方便 应用自检测（autosensing）和交叉自适应（auto-cross-over）功能实现数据传输速率的自动检测 是一个非托管交换机，不需要进行组态配置
3	PROFIBUS-DP 主站模块 CM1243-5	通过使用 PROFIBUS-DP 主站通信模块，S7-1200 PLC 可以和下列设备通信： 其他 CPU 编程设备 人机界面 PROFIBUS DP 从站设备（例如 ET 200 和 SINAMICS）
4	PROFIBUS-DP 从站模块 CM1242-5	通过使用 PROFIBUS-DP 从站通信模块 CM 1242-5，S7-1200 可以作为一个智能 DP 从站设备与任何 PROFIBUS-DP 主站设备通信
5	GPRS 模块 CP1242-7	通过使用 GPRS 通信处理器 CP1242-7，S7-1200 PLC 可以与下列设备远程通信： 中央控制站 其他的远程站 移动设备（SMS 短消息） 编程设备（远程服务） 使用开放用户通信（UDP）的其他通信设备
6	I/O 主站模块 CM1278	可作为 PROFINET IO 设备的主站

注：本节讲解的通信模块不包含上节的通信板。

4.2.6 其他模块

（1）电源模块（PM1207）

电源模块是 S7-1200 PLC 系统中的一员。为 S7-1200 PLC 提供稳定电源，其输入为 120/230V AC（自动调整输入电压范围），输出为 24V DC/2.5A。

（2）存储卡

存储卡可以组态为多种形式。

① 程序卡。将存储卡作为 CPU 的外部装载存储器，可以提供一个更大的装载存储区。

② 传送卡。复制一个程序到一个或多个 CPU 的内部装载存储区而不必使用 STEP 7 Basic 编程软件。

③ 固件更新卡。更新 S7-1200 PLC 的 CPU 固件版本（对 V3.0 及之后的版本不适用）。

此外，还有 TS 模块和仿真模块，限于篇幅，在此不再赘述。

TIA 博途（Portal）软件使用入门

本章介绍 TIA 博途（Portal）软件的使用方法，并介绍使用 TIA 博途软件编译一个简单程序完整过程的例子，这是学习本书后续内容必要的准备。本书将以 TIA Portal V15.1 版本软件为例进行介绍。

5.1 TIA 博途（Portal）软件简介

5.1.1 TIA 博途（Portal）软件

TIA 博途（Portal）软件是西门子新推出的，面向工业自动化领域的新一代工程软件平台，主要包括三个部分：SIMATIC STEP 7、SIMATIC WinCC 和 SINAMICS StartDrive。TIA 博途软件的体系结构如图 5-1 所示。

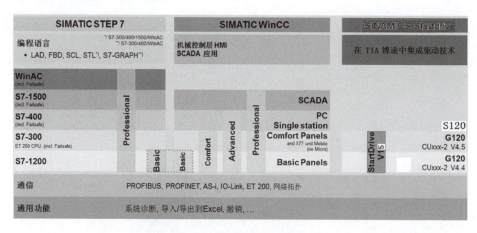

图 5-1 TIA 博途软件的体系结构

（1）SIMATIC STEP 7（TIA Portal）

STEP7（TIA Portal）是用于组态 SIMATIC S7-1200、S7-1500、S7-300/400 和 WinAC 控制器系列的工程组态软件。STEP 7（TIA Portal）有两种版本，具体使用取决于可组态的控制器系列，分别介绍如下。

① STEP 7 Basic 主要用于组态 S7-1200，并且自带 WinCC Basic，用于 Basic 面板的组态。

② STEP 7 Professional 用于组态 S7-1200、S7-1500、S7-300/400 和 WinAC，且自带 WinCC Basic，用于 Basic 面板的组态。

（2）SIMATIC WinCC（TIA Portal）

WinCC（TIA Portal）是使用 WinCC Runtime Advanced 或 SCADA 系统 WinCC Runtime Professional 可视化软件，组态 SIMATIC 面板、SIMATIC 工业 PC 以及标准 PC 的工程组态软件。

WinCC（TIA Portal）有四种版本，具体使用取决于可组态的操作员控制系统，分别介绍如下。

① WinCC Basic（基本版）用于组态精简系列面板，WinCC Basic 包含在每款 STEP 7 Basic 和 STEP 7 Professional 产品中。

② WinCC Comfort（精致版）用于组态包括精智面板和移动面板的所有面板。

③ WinCC Advanced（高级版）用于通过 WinCC Runtime Advanced 可视化软件，组态所有面板和 PC。WinCC Runtime Advanced 是基于 PC 单站系统的可视化软件。WinCC Runtime Advanced 外部变量许可根据个数购买，有 128、512、2k、4k 以及 8k 个外部变量许可出售。

④ WinCC Professional（专业版）用于组态所有的面板以及运行 WinCC Runtime Advanced 或 SCADA 系统 WinCC Runtime Professional 的 PC。

WinCC Runtime Professional 是一种用于构建组态范围从单站系统到多站系统（包括标准客户端或 Web 客户端）的 SCADA 系统，可以购买带有 128、512、2k、4k、8k 和 64k 个外部变量许可的 WinCC Runtime Professional。

通过 WinCC（TIA Portal）还可以使用 WinCC Runtime Advanced 或 WinCC Runtime Professional 组态 SINUMERIK PC 以及使用 SINUMERIK HMI Pro sl RT 或 SINUMERIK Operate WinCC RT Basic 组态 HMI 设备。

（3）SINAMICS StartDrive（TIA Portal）

SINAMICS StartDrive 软件能够直观地将 SINAMICS 变频器集成到自动化环境中。由于具有相同操作概念，消除了接口瓶颈，并且具有较高的用户友好性，因此可将 SINAMICS 变频器快速集成到自动化环境中，并使用 TIA 博途软件对它们进行调试。

① SINAMICS StartDrive 的用户友好性

a. 直观的参数设置：可借助于用户友好的向导和屏幕画面进行最佳设置。

b. 可根据具体任务，实现结构化变频器组态。

c. 可对配套 SIMOTICS 电机进行简便组态。

② SINAMICS StartDrive 具有出色的特点

a. 所有强大的 TIA 博途软件功能都可支持变频器的工程组态。

b. 无需附加工具即可实现高性能跟踪。

c. 可通过变频器消息进行集成系统诊断。

③ 支持的 SINAMICS 变频器　支持 G110M、G120、G130、G150、S210 和 S120 等变频器。

5.1.2　安装 TIA 博途软件的软硬件条件

（1）硬件要求

TIA 博途软件对计算机系统的硬件要求比较高，计算机最好配置固态硬盘（SSD）。安装"SIMATIC STEP 7 Professional"软件包对硬件的最低要求和推荐要求见表 5-1。

表 5-1　安装"SIMATIC STEP 7 Professional"软件包对硬件的要求

项目	最低配置要求	推荐配置
RAM	8GB	16GB 或更大
硬盘	S-ATA，至少配备 20GB 可用空间	SSD，配备至少 50GB 的存储空间
CPU	Intel® Core™i3-6100U，2.30GHz	Intel® Core™i5-6440EQ（最高 3.4GHz）
屏幕分辨率	1024×768	15.6in[①]宽屏显示器（1920×1080）

① 1in=25.4mm。

（2）操作系统要求

西门子 TIA 博途软件对计算机操作系统的要求比较高。专业版、企业版或者旗舰版的操作系统是必备的条件，不支持家庭版操作系统，应安装 64 位的操作系统。安装"SIMATIC STEP 7 Professional"软件包对操作系统的要求如下。

① Windows 7（64 位）：

a. Windows 7 Professional SP1；

b. Windows 7 Enterprise SP1；

c. Windows 7 Ultimate SP1。

② Windows 10（64 位）：

a. Windows 10 Professional Version 1703；

b. Windows 10 Enterprise Version 1703；

c. Windows 10 Enterprise 2016 LTSB；

d. Windows 10 IoT Enterprise 2015 LTSB；

e. Windows 10 IoT Enterprise 2016 LTSB。

③ Windows Server（64 位）：

a. Windows Server 2012 R2 StdE（完全安装）；

b. Windows Server 2016 Standard（完全安装）。

可在虚拟机上安装"SIMATIC STEP 7 Professional"软件包。推荐选择使用下面指定版本或较新版本的虚拟平台：

① VMware vSphere Hypervisor（ESXi）5.5；

② VMware Workstation 10；

③ VMware Player 6.0；

④ Microsoft Windows Server 2012 R2 Hyper-V。

5.1.3　安装 TIA 博途软件的注意事项

① 无论是 Windows 7 还是 Windows 10 系统的家庭版都仅支持基本版 TIA 博途软件，不支持安装西门子的 TIA 博途软件专业版。Windows XP 系统的专业版也不支持安装 TIA 博途 V15.1 软件。

② 安装 TIA 博途软件时，最好关闭监控和杀毒软件。

③ 安装软件时，软件的存放目录中不能有汉字，若安装时弹出错误信息，表明目录中有不能识别的字符。例如将软件存放在"C:/软件/STEP 7"目录中就不能安装。

④ 在安装 TIA 博途软件的过程中若出现提示 "You must restart your computer before you can run setup.Do you want reboot your computer now？" 的字样，重启电脑有时是可行的方案，但有时计算机会重复提示重启电脑，在这种情况下解决方案如下。

在 Windows 的菜单命令下，单击"开始"按钮，在"搜索程序和文件"对话框中输入"regedit"，打开注册表编辑器。选中注册表中的"HKEY_LOCAL_MACHINE\System\CurrentControlset\Control"中的"Session manager"，删除右侧窗口的"PendingFileRenameOperations"选项。重新安装，就不会出现重启计算机的提示了。

⑤ 允许在同一台计算机的同一个操作系统中安装 STEP 7 V5.6、STEP 7 V16 和 STEP 7 V17，早期的 STEP 7 V5.5 和 STEP 7 V5.6 不能安装在同一个操作系统中。

⑥ 浏览器的版本不能过低，否则 TIA 博途软件的帮助显示乱码，推荐安装新版的浏览器。

5.2　TIA Portal 视图与项目视图

5.2.1　TIA Portal 视图结构

TIA Portal 视图的结构如图 5-2 所示，以下分别对各个主要部分进行说明。

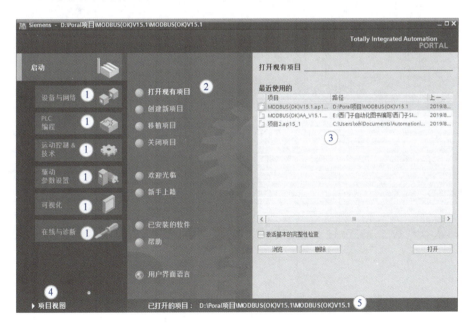

图 5-2　TIA Portal 视图的结构

（1）登录选项

如图 5-2 所示的序号"①"处，登录选项为各个任务区提供了基本功能。在 Portal 视图中提供的登录选项取决于所安装的产品。

(2) 所选登录选项对应的操作

如图 5-2 所示的序号"②"处，此处提供了在所选登录选项中可使用的操作。可在每个登录选项中调用上下文相关的帮助功能。

(3) 所选操作的选择面板

如图 5-2 所示的序号"③"处，所有登录选项中都提供了选择面板。该面板的内容取决于操作者的当前选择。

(4) 切换到项目视图

如图 5-2 所示的序号"④"处，可以使用"项目视图"链接切换到项目视图。

(5) 当前打开的项目的显示区域

如图 5-2 所示的序号"⑤"处，在此处可了解当前打开的是哪个项目。

5.2.2 项目视图

项目视图是项目所有组件的结构化视图，如图 5-3 所示，项目视图是项目组态和编程的界面。

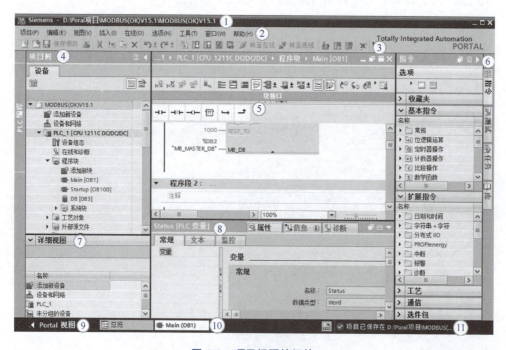

图 5-3 项目视图的组件

单击如图 5-2 所示 TIA Portal 视图界面的"项目视图"按钮，可以打开项目视图界面，界面中包含如下区域。

(1) 标题栏

项目名称显示在标题栏中，如图 5-3 中"①"处所示的"MODBUS（OK）V15.1"。

(2) 菜单栏

菜单栏如图 5-3 中"②"处所示，包含工作所需的全部命令。

(3) 工具栏

工具栏如图 5-3 中"③"处所示，工具栏提供了常用命令的按钮，可以更快地访问"复制""粘贴""上传"和"下载"等命令。

（4）项目树

项目树如图 5-3 中"④"处所示，使用项目树功能，可以访问所有组件和项目数据。可在项目树中执行以下任务：

① 添加新组件；

② 编辑现有组件；

③ 扫描和修改现有组件的属性。

（5）工作区

工作区如图 5-3 中"⑤"处所示，在工作区内显示打开的对象。例如，这些对象包括编辑器、视图和表格。

在工作区可以打开若干个对象，但通常每次在工作区中只能看到其中一个对象。在编辑器栏中，所有其他对象均显示为选项卡。如果在执行某些任务时要同时查看两个对象，则可以水平或垂直方式平铺工作区，或浮动停靠工作区的元素。如果没有打开任何对象，则工作区是空的。

（6）任务卡

任务卡如图 5-3 中"⑥"处所示，根据所编辑对象或所选对象，提供了用于执行附加操作的任务卡。这些操作包括：

① 从库中或者从硬件目录中选择对象。

② 在项目中搜索和替换对象。

③ 将预定义的对象拖拽到工作区。

在屏幕右侧的条形栏中可以找到可用的任务卡，可以随时折叠和重新打开这些任务卡。哪些任务卡可用取决于所安装的产品。比较复杂的任务卡会划分为多个窗格，这些窗格也可以折叠和重新打开。

（7）详细视图

详细视图如图 5-3 中"⑦"处所示，详细视图中显示总览窗口或项目树中所选对象的特定内容，其中可以包含文本列表或变量，但不显示文件夹的内容。要显示文件夹的内容，可使用项目树或巡视窗口。

（8）巡视窗口

巡视窗口如图 5-3 中"⑧"处所示，对象或所执行操作的附加信息均显示在巡视窗口中。巡视窗口有三个选项卡：属性、信息和诊断。

①"属性"选项卡　此选项卡显示所选对象的属性，可以在此处更改可编辑的属性。属性的内容非常丰富，读者应重点掌握。

②"信息"选项卡　此选项卡显示有关所选对象的附加信息以及执行操作（例如编译）时发出的报警。

③"诊断"选项卡　此选项卡中将提供有关系统诊断事件、已组态消息事件以及连接诊断的信息。

（9）切换到 Portal 视图

点击如图 5-3 中"⑨"处所示的"Portal 视图"按钮，可从项目视图切换到 Portal 视图。

（10）编辑器栏

编辑器栏如图 5-3 中"⑩"处所示，编辑器栏显示打开的编辑器。如果已打开多个编辑器，它们将组合在一起显示。可以使用编辑器栏在打开的元素之间进行快速切换。

（11）带有进度显示的状态栏

状态栏如图 5-3 中"⑪"处所示，在状态栏中，显示当前正在后台运行的过程的进度条，其中还包括一个图形方式显示的进度条。将鼠标指针放置在进度条上，系统将显示一个工具提示，描述正在后台运行的过程的其他信息。单击进度条边上的按钮，可以取消后台正在运行的过程。

如果当前没有任何过程在后台运行，则状态栏中显示最新生成的报警。

5.2.3 项目树

在项目视图左侧项目树界面中主要包括的区域如图 5-4 所示。下面按照图中序号的顺序进行介绍。

（1）标题栏

项目树的标题栏有两个按钮，可以自动 ▥ 和手动 ◀ 折叠项目树。手动折叠项目树时，此按钮将"缩小"到左边界。它此时会从指向左侧的箭头变为指向右侧的箭头，并可用于重新打开项目树。在不需要时，可以使用"自动折叠" ▥ 按钮自动折叠到项目树。

（2）工具栏

可以在项目树的工具栏中执行以下任务。

① 用 按钮，创建新的用户文件夹，例如，为了组合"程序块"文件夹中的块。

② 用 按钮向前浏览到链接的源，用 按钮，往回浏览到链接本身。

③ 用 按钮，在工作区中显示所选对象的总览。显示总览时，将隐藏项目树中元素的更低级别的对象和操作。

（3）项目

在"项目"文件夹中，可以找到与项目相关的所有对象和操作，例如：

① 设备；

② 语言和资源；

图 5-4 项目树

③ 在线访问。

（4）设备

项目中的每个设备都有一个单独的文件夹，该文件夹具有内部的项目名称。属于该设备的对象和操作都排列在此文件夹中。

（5）公共数据

此文件夹包含可跨多个设备使用的数据，例如公用消息类、日志、脚本和文本列表。

（6）文档设置

在此文件夹中，可以指定要在以后打印的项目文档的布局。

（7）语言和资源

可在此文件夹中确定项目语言和文本。

（8）在线访问

该文件夹包含了 PG/PC 的所有接口，即使未用于与模块通信的接口也包括在其中。

（9）读卡器 /USB 存储器

该文件夹用于管理连接到 PG/PC 的所有读卡器和其他 USB 存储介质。

5.3 创建和编辑项目

创建新项目

5.3.1 创建项目

新建博途项目的方法如下。

① 方法 1：打开 TIA 博途软件，如图 5-5 所示，选中"启动"（标记"①"处）→"创建新项目"（标记"②"处），在"项目名称"（标记"③"处）中输入新建的项目名称（本例为 LAMP），单击"创建"（标记"④"处）按钮，完成新建项目。

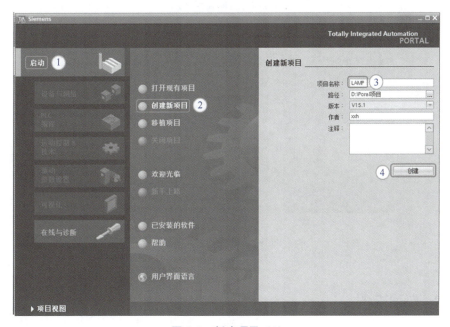

图 5-5　新建项目（1）

② 方法 2：如果 TIA 博途软件处于打开状态，在项目视图中，选中菜单栏中"项目"，单击"新建"命令，如图 5-6 所示，弹出如图 5-7 所示的界面，在"项目名称"中输入新建的项目名称（本例为项目 2），单击"创建"按钮，完成新建项目。

③ 方法 3：如果 TIA 博途软件处于打开状态，而且在项目视图中，单击工具栏中"新

建"按钮 ，弹出如图 5-7 所示的界面，在"项目名称"中输入新建的项目名称，单击"创建"按钮，完成新建项目。

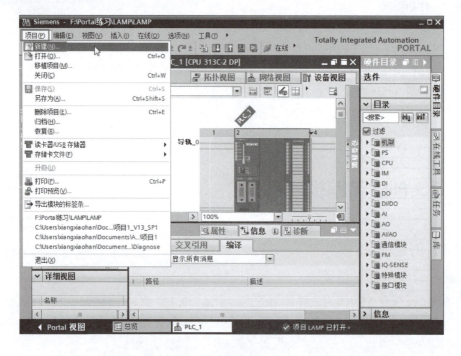

图 5-6　新建项目（2）

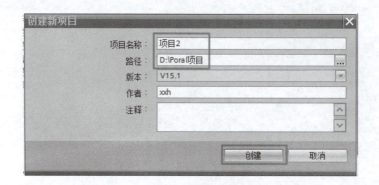

图 5-7　新建项目（3）

5.3.2　添加设备

项目视图是 TIA 博途软件的硬件组态和编程的主窗口，在项目树的设备栏中，双击"添加新设备"选项卡栏，然后弹出"添加新设备"对话框，如图 5-8 所示。可以修改设备名称，也可保持系统默认名称。选择需要的设备，本例为 6ES7 511-1AK00-0AB0，勾选"打开设备视图"，单击"确定"按钮，完成新设备添加，并打开设备视图，如图 5-9 所示。

第 5 章　TIA 博途（Portal）软件使用入门 ▶▶▶

图 5-8　添加新设备（1）

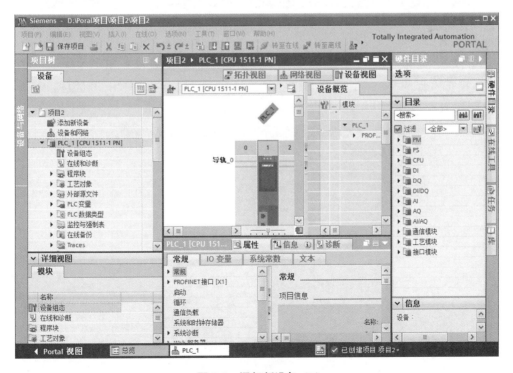

图 5-9　添加新设备（2）

5.3.3 编辑项目

（1）打开项目

打开已有的项目有如下方法。

① 方法 1：打开 TIA 博途软件，如图 5-10 所示，选中"启动"→"打开现有项目"，再选中要打开的项目，本例为"LAMP"，单击"打开"按钮，选中的项目即可打开。

打开已有项目

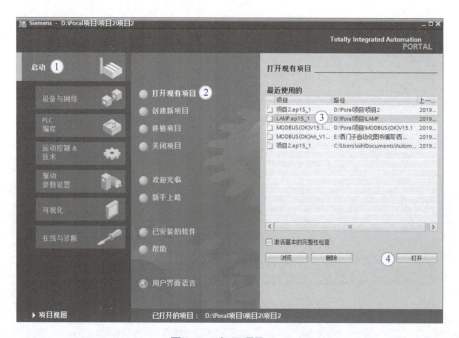

图 5-10　打开项目（1）

② 方法 2：如果 TIA 博途软件处于打开状态，而且在项目视图中，选中菜单栏中"项目"，单击"打开"命令，弹出如图 5-11 所示的界面，再选中要打开的项目，本例为"LAMP"，单击"打开"按钮，现有的项目即可打开。

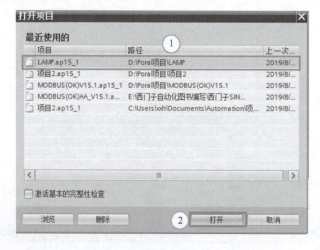

图 5-11　打开项目（2）

③ 方法 3：打开博途项目程序的存放目录，如图 5-12 所示，双击"LAMP"，现有的项目即可打开。

图 5-12　打开项目（3）

（2）保存项目

保存项目的方法如下。

① 方法 1：在项目视图中，选中菜单栏中"项目"，单击"保存"命令，现有的项目即可保存。

② 方法 2：在项目视图中，选中工具栏中"保存"按钮，现有的项目即可保存。

（3）另存为项目

另存为项目的方法：在项目视图中，选中菜单栏中"项目"，单击"另存为（A）…"命令，弹出如图 5-13 所示，在"文件名"（标记"①"处）中输入新的文件名（本例为 LAMP2），单击"保存"（标记"②"处）按钮，另存为项目完成。

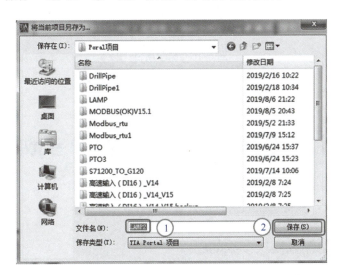

图 5-13　另存为项目

（4）关闭项目

关闭项目的方法如下。

① 方法 1：在项目视图中，选中菜单栏中"项目"，单击"退出"命令，现有的项目即可退出。

② 方法 2：在项目视图中，单击如图 5-9 所示的"退出"按钮，即可退出项目。

（5）删除项目

删除项目的方法如下。

① 方法 1：在项目视图中，选中菜单栏中"项目"，单击"删除项目"命令，弹出如图 5-14 所示的界面，选中要删除的项目，单击"删除"按钮，现有的项目即可删除。

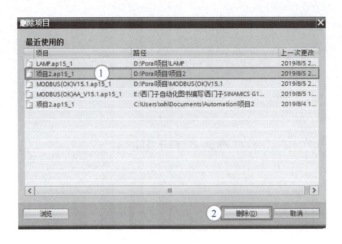

图 5-14　删除项目（1）

② 方法 2：打开博途项目程序的存放目录，如图 5-15 所示，选中并删除"LAMP2"文件夹。

图 5-15　删除项目（2）

5.4 ▶ 西门子 S7-1200 PLC 的 I/O 参数的配置

西门子 S7-1200 PLC 模块的一些重要的参数是可以修改的，如数字量 I/O 模块和模拟量 I/O 模块地址的修改、诊断功能的激活和取消激活等。

5.4.1　数字量输入模块参数的配置

数字量输入模块的参数有两个选项卡：常规和 DI 16（或者 DI 8）。常规选项卡中的选项与 CPU 的常规中选项类似，后续章节将不做介绍。

数字量模块的参数配置

DI 16 有三个选项，分别是数字量输入、I/O 地址和硬件标识符，如图 5-16 所示。

（1）数字量输入

数字量输入的输入滤波器的滤波时间可以修改，默认为 6.4ms。

（2）I/O 地址

在机架上插入数字量 I/O 模块时，系统自动为每个模块分配逻辑地址，删除和添加模块不会造成逻辑地址冲突。在工程实践中，修改模块地址是比较常见的现象，如编写程序时，程序的地址和模块地址不匹配，既可修改程序地址，也可以修改模块地址。修改数字量输入模块地址方法为：选中要修改数字量输入模块，再选中"I/O 地址"选项卡，如图 5-17 所示，在起始地址中输入希望修改的地址（如输入 8），单击键盘"回车"键即可，结束地址

(9.7)是系统自动计算生成的。

如果输入的起始地址和系统有冲突，系统会弹出提示信息。

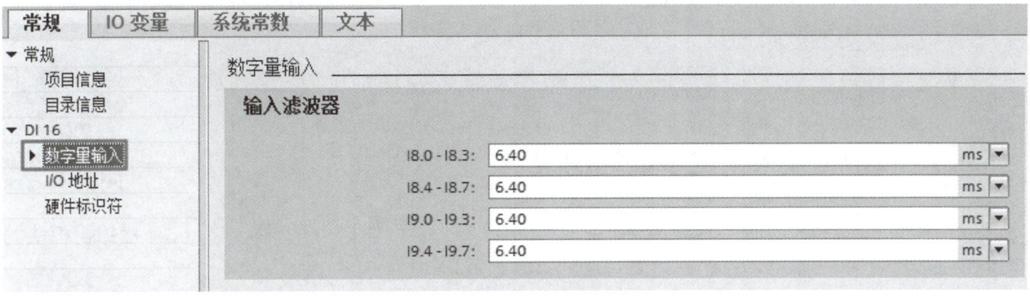

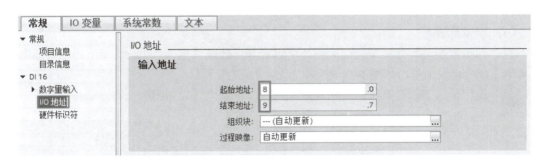

图 5-16　数字量输入参数

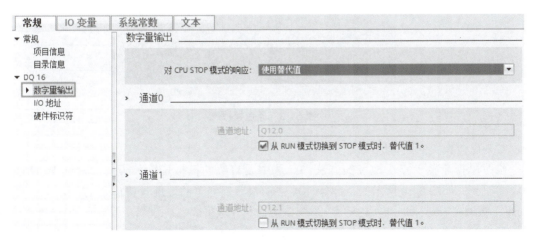

图 5-17　修改数字量输入模块地址

5.4.2　数字量输出模块参数的配置

数字量输出模块的参数有两个选项卡：常规和 DQ 16（或者 DQ 8）。

DQ 16 有三个选项，分别是数字量输出、I/O 地址和硬件标识符，如图 5-18 所示。

图 5-18　新增块

（1）数字量输出

在"输出参数"选项中，可选择"对 CPU STOP 模式的响应"为"关断"，含义是当

CPU 处于 STOP 模式时，这个模块输出点关断；"保持上一个值"的含义是 CPU 处于 STOP 模式时，这个模块输出点输出不变，保持以前的状态；"输出替换为 1"的含义是 CPU 处于 STOP 模式时，这个模块输出点状态为"1"。

（2）更改模块的逻辑地址

修改数字量输出模块地址方法与修改数字量输入模块地址方法类似。

5.4.3 模拟量输入模块参数的配置

模拟量模块的参数配置

模拟量输入模块用于连接模拟量的传感器，在工程中非常常用，由于传感器的种类较多，除了接线不同外，在参数配置时也有所不同。

模拟量输入模块的参数有两个选项卡：常规和 AI 4（或者 AI 8）。常规选项卡中的选项与 CPU 的常规中选项类似以后将不做介绍。

AI 4 选项卡包含模拟量输入、I/O 地址和硬件标识符三个选项。

（1）模拟量输入

每个模拟量通道都有测量类型选项，可以选择电压或者电流，0 通道和 1 通道只能同时采集电流或者电压信号，如图 5-19 所示。

每个模拟量通道都有电压范围或者电流范围，根据信号的强弱选择测量量程。

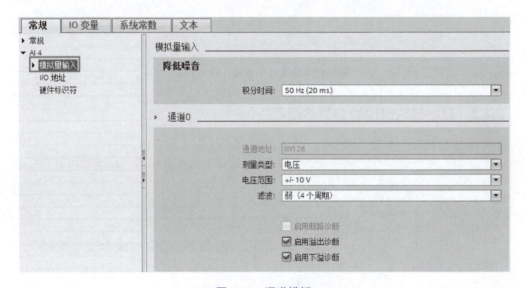

图 5-19 通道模板

（2）更改模块的逻辑地址

修改模拟量输入模块地址的方法为：选中要修改的模拟量输入模块，再选中"I/O 地址"选项卡，如图 5-20 所示，在起始地址中输入希望修改的地址（如输入 128），单击键盘"回车"键即可，结束地址（135）是系统自动计算生成的。

如果输入的起始地址和系统有冲突，系统会弹出提示信息。

5.4.4 模拟量输出模块参数的配置

模拟量输出模块常用于对变频器频率给定和调节阀门的开度，在工程中较为常用。

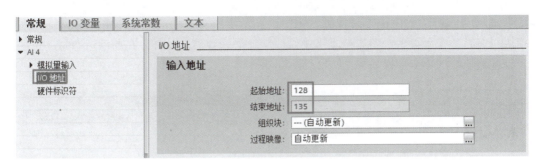

图 5-20　I/O 地址

模拟量输出模块的参数有两个选项卡：常规和 AQ 2（或者 AQ 4）。

AQ 4 选项卡包含模拟量输出、I/O 地址和硬件标识符三个选项。

（1）模拟量输出

"模拟量输出"选项卡如图 5-21 所示，模拟量输出的类型选项卡中包含：电流和电压选项。输出类型由模块所连接负载的类型决定，如果负载是电流控制信号调节的阀门，那么输出类型选定为"电流"。输出范围也是根据负载接受信号的范围而选择。

在"模拟量输出"选项中，可选择"对 CPU STOP 模式的响应"为"保持上一个值"和"使用替代值"两个选项中的一个。

在"模拟量输出"选项中，可选择"启用短路诊断"，当有短路发生时，可调用中断程序。

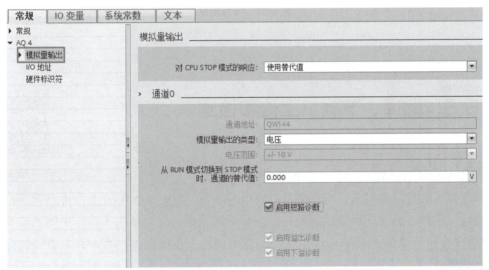

图 5-21　"模拟量输出"选项卡

在"设备概览"选项卡中进行模块参数的配置

（2）更改模块的逻辑地址

修改模拟量输出模块地址方法与修改模拟量输入模块地址方法类似。

5.4.5　在"设备概览"选项卡中进行模块参数的配置

在设备视图中，如图 5-22 所示，单击标记"③"处的三角号，可以显示和隐藏"设备概览"选项卡，初学者往往不易找到。图中，显示了所有模块的地址，由此可见：如系统的模块较多时，在"设备概览"选项卡中修改地址最为容易。此外，在通信组态时，也经常在"设备概览"选项卡中操作。

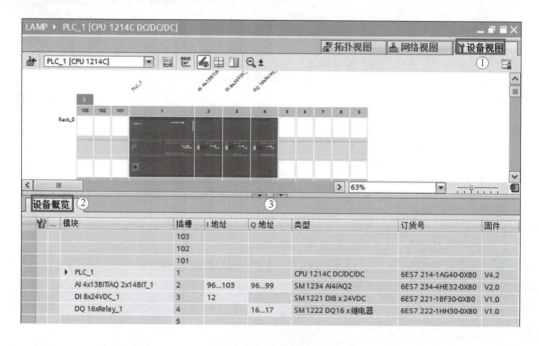

图 5-22　设备概览

5.5 ▶编译、下载、上传和检测

编译

5.5.1　编译

硬件组态和程序编写后，编译是不可缺少的步骤，从而确保所创建的 PLC 程序可在自动化系统中执行，编译还可以检查硬件组态和编程错误。只要单击工具栏中的"编译"按钮 就可以进行编译，如图 5-23 所示，编译完成后，在信息选项卡中显示编译状态，本例显示为"编译完成（错误：0；警告：1）"。这种编译方法，只能编译修改过的软件和硬件。

在图 5-24 中，选中"PLC_1"，单击鼠标右键，弹出快捷菜单，单击"编译"菜单，再选择"硬件（完全重建）"或者"软件（完全重建）"等选项，就可以进行硬件或者软件重新编译，不管以前是否已经编译。

数据块的及时编译很重要，在图 5-25 中，最后进行编译时，显示数据块 DB1 未编译，且有两个报错，说明数据块 DB1 创建完成后要及时编译。在图 5-26 中，数据块 DB3 后面显示了三个问号，这是数据块没有及时编译造成的，并没有语法错误。

第 5 章　TIA 博途（Portal）软件使用入门

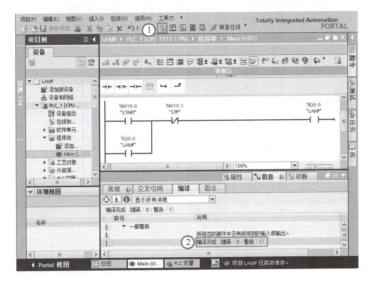

图 5-23　编译（1）

图 5-24　编译（2）

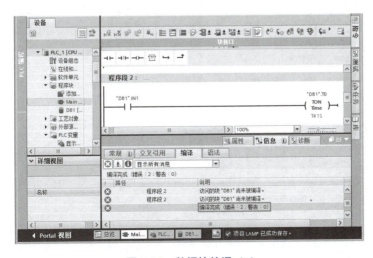

图 5-25　数据块编译（1）

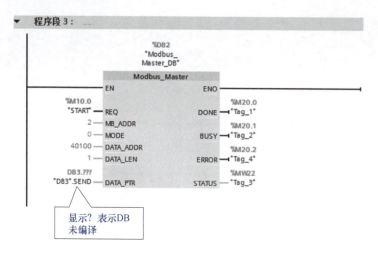

图 5-26 数据块编译（2）

下载

5.5.2 下载

用户把硬件配置和程序编写完成后，即可将硬件配置和程序下载到 CPU 中，下载的步骤如下。

（1）修改安装了 TIA 博途软件的计算机 IP 地址

一般新购买的 S7-1200 的 IP 地址默认为"0.0.0.0"，这个 IP 可以修改为"192.168.0.1"，必须保证安装了 TIA 博途软件的计算机 IP 地址与 S7-1200 的 IP 地址在同一网段。选择并打开"控制面板"→"网络和 Internet"→"网络连接"，如图 5-27 所示，选中"本地连接"，单击鼠标右键，再单击弹出快捷菜单中的"属性"命令，弹出如图 5-28 所示的界面，选中"Internet 协议版本 4（TCP/IP v4）"选项，单击"属性"按钮，弹出如图 5-29 所示的界面，把 IP 地址设为"192.168.0.98"，子网掩码设置为"255.255.255.0"。

注意：本例中，以上 IP 末尾的"98"可以被 2 ~ 255 中的任意一个整数替换。

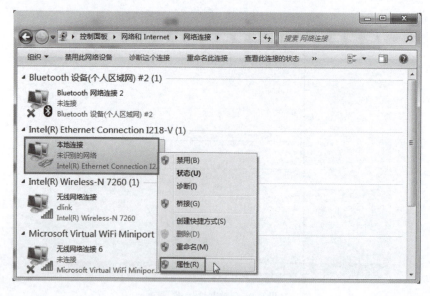

图 5-27 打开网络本地连接

图 5-28　本地连接的属性

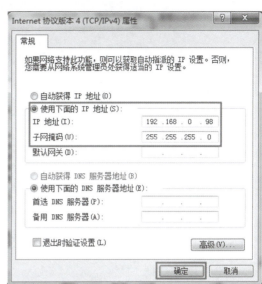

图 5-29　Internet 协议版本 4（TCP/IP v4）的属性

（2）下载

下载之前，要确保 S7-1200 PLC 与计算机之间已经用网线（正线和反线均可）连接在一起，而且 S7-1200 PLC 已经通电。

在博途软件的项目视图中，如图 5-30 所示，单击"下载到设备"按钮，弹出如图 5-31 所示的界面，选择"PG/PC 接口的类型"为"PN/IE"，选择"PG/PC 接口"为"Intel (R) Ethernet…"，"PG/PC 接口"是网卡的型号，不同的计算机可能不同，此外，初学者容易选择成无线网卡，容易造成通信失败，单击"开始搜索"按钮，TIA 博途软件开始搜索可以连接的设备，搜索到设备显示如图 5-32 所示的界面，单击"下载"按钮，弹出如图 5-33 所示的界面。

图 5-30　下载（1）

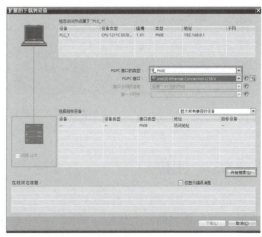

图 5-31　下载（2）

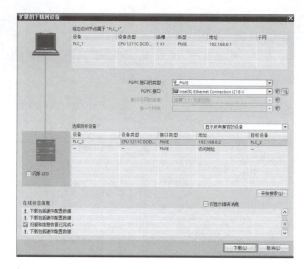

图 5-32　下载（3）

在图 5-33 中，把"复位"选项修改为"全部删除"，单击"装载"按钮，弹出如图 5-34 所示的界面，勾选"全部启动"选项，单击"完成"按钮，装载完成。

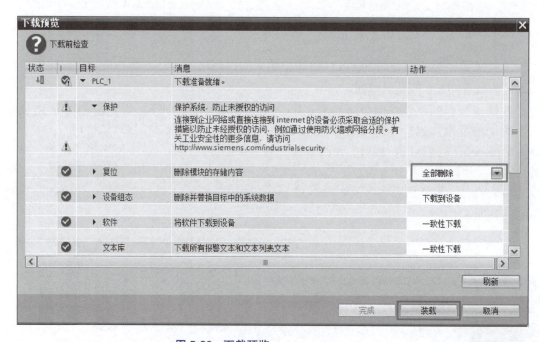

图 5-33　下载预览

5.5.3　上传

上传

把 CPU 中的程序上传到计算机中是很有工程应用价值的操作，上传的前提是用户必须拥有上传程序的权限，上传也被称为上载或者读，上传程序的步骤如下。

① 新建项目。新建项目，如图 5-35 所示，本例的项目名称为"UPLOAD1"，单击"创建"按钮，再单击"项目视图"按钮，切换到项目视图。

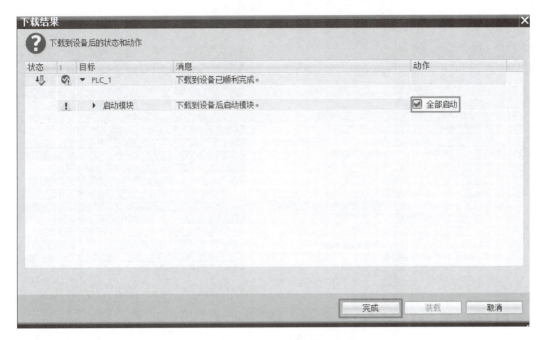

图 5-34　下载结果

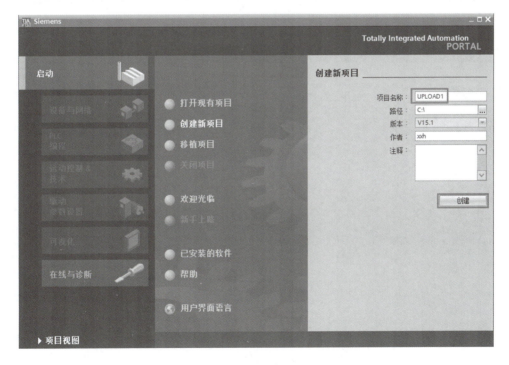

图 5-35　新建项目

② 搜索可连接的设备。在项目视图中，如图 5-36 所示，单击菜单栏中的"在线"→"将设备作为新站上传（硬件和软件）"，弹出如图 5-37 所示的界面，选择"PG/PC 接口的类型"为"PN/IE"，选择"PG/PC 接口"为"Intel（R）Ethernet…"，"PG/PC 接口"是网卡的型号，不同的计算机可能不同，单击"开始搜索"按钮，弹出如图 5-38 所示的界面。

图 5-36 上传（1）

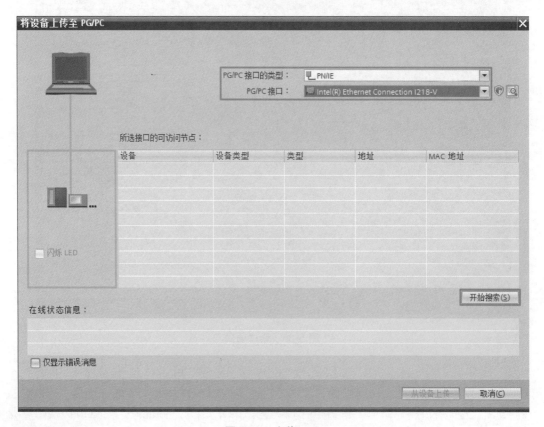

图 5-37 上传（2）

如图 5-38 所示，搜索到可连接的设备"plc_1"，其 IP 地址是"192.168.0.1"。

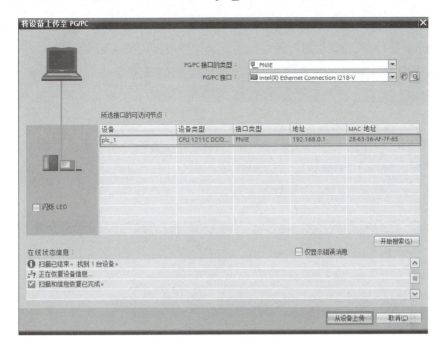

图 5-38　上传（3）

③ 修改安装了 TIA 博途软件的计算机 IP 地址，计算机的 IP 地址与 CPU 的 IP 地址应在同一网段（本例为 192.168.0.98），在上一节已经讲解了。

④ 单击如图 5-38 所示界面中的"从设备上传"按钮，当上传完成时，弹出如图 5-39 所示的界面，界面下部的"信息"选项卡中显示"从设备上传完成（错误：0；警告：0）"。

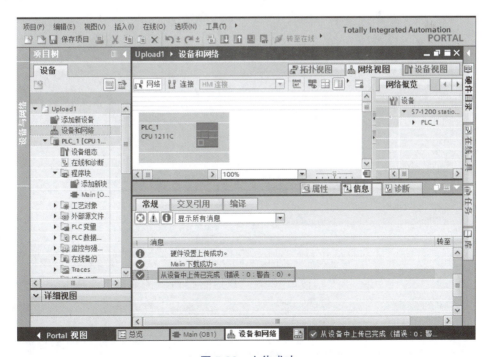

图 5-39　上传成功

5.5.4 硬件检测

硬件检测

S7-1200/1500 PLC 可以通过"硬件检测"上传 PLC 模块的硬件配置信息到 TIA Portal 软件。"硬件检测"的好处是,操作者不需要知道 PLC 模块的订货号和固件版本就可以很方便地把 PLC 模块的硬件配置信息上 传到 TIA Portal 软件,而且不会产生人为的错误,是特别值得推荐的硬件配置方法。"硬件检测"的步骤如下。

① 如图 5-40 所示,在项目树中,双击"添加新设备"选项,弹出"添加新设备"界面,选中"控制器"→"SIMATIC S7-1200"→"CPU"→"非特定的 CPU 1200"→"6ES7 ××××××××××",单击"确定"按钮。

图 5-40 检测硬件(1)

② 如图 5-41 所示,单击"获取",弹出如图 5-42 所示的界面,在"PG/PC 接口的类型"选项框中选择"PN/IE"(即以太网接口),在"PG/PC 接口"选项框中选择本计算机的有线网卡(不选无线网卡),单击"开始搜索"按钮,当搜索到所有网络设备后,选中要检测的设备,本例为"PLC_1",单击"检测"按钮。

③ 当检测硬件完成时,弹出如图 5-43 所示的界面。

第 5 章 TIA 博途（Portal）软件使用入门 ▶▶▶

图 5-41　检测硬件（2）

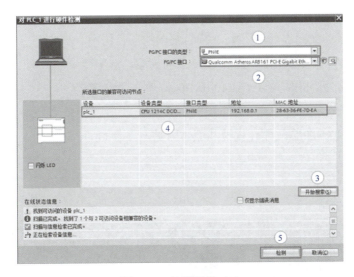

图 5-42　检测硬件（3）

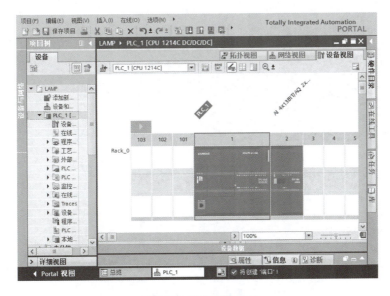

图 5-43　检测硬件完成

105

5.6 用 TIA 博途软件创建一个完整的项目

用 TIA 博途软件创建一个完整的项目

电气原理图如图 5-44 所示，根据此原理图，用 TIA 博途软件创建一个新项目，实现启停控制功能。

（1）新建项目和硬件配置

① 新建项目　打开 TIA 博途软件，新建项目，命名为"MyFirstProject"，单击"创建"按钮，如图 5-45 所示，即可创建一个新项目。在弹出的视图中，单击"项目视图"按钮，即可切换到项目视图，如图 5-46 所示。

② 添加新设备　如图 5-46 所示，在项目视图的项目树中，双击"添加新设备"选项，弹出如图 5-47 所示的界面，选中要添加的 CPU，本例为"6ES7 211-1AE40-0XB0"，单击"确定"按钮，CPU 添加完成。

【关键点】注意添加的硬件订货号和版本号要与实际硬件完全一致。

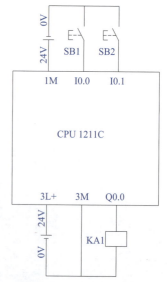

图 5-44　电气原理图

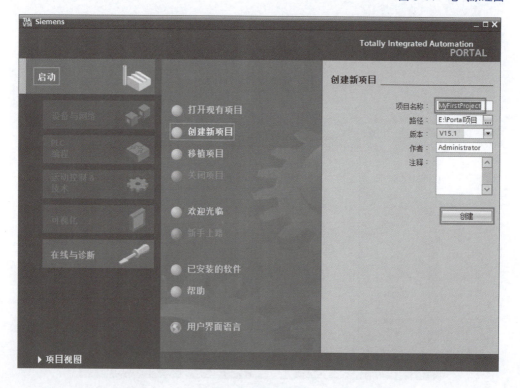

图 5-45　新建项目

第 5 章　TIA 博途（Portal）软件使用入门

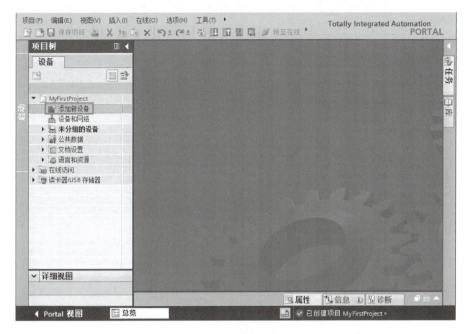

图 5-46　添加新设备

图 5-47　添加 CPU 模块

（2）输入程序

① 将符号名称与地址变量关联。在项目视图中，选定项目树中的"显示所有变量"，如图 5-48 所示，在项目视图的右上方有一个表格，单击"添加"按钮，在表格的"名称"栏中输入"Start"，在"地址"栏中输入"I0.0"，这样符号"Start"在寻址时，就代表"I0.0"。用同样的方法将"Stop1"和"I0.1"关联，将"Motor"和"Q0.0"关联。

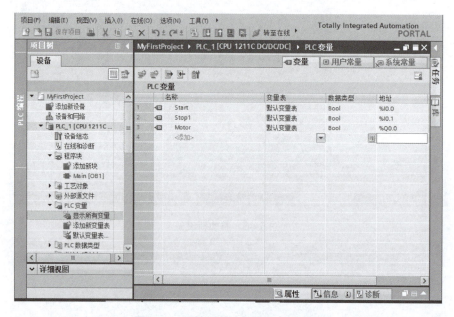

图 5-48　将符号名称与地址变量关联

② 打开主程序。如图 5-48 所示，双击项目树中"Main[OB1]"，打开主程序，如图 5-49 所示。

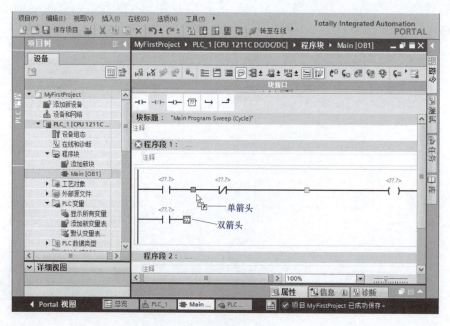

图 5-49　输入梯形图（1）

③ 输入触点和线圈。先把常用"工具栏"中的常开触点和线圈拖放到如图 5-50 所示的位置。用鼠标选中"双箭头",按住鼠标左键不放,向上拖动鼠标,直到出现单箭头为止,松开鼠标。

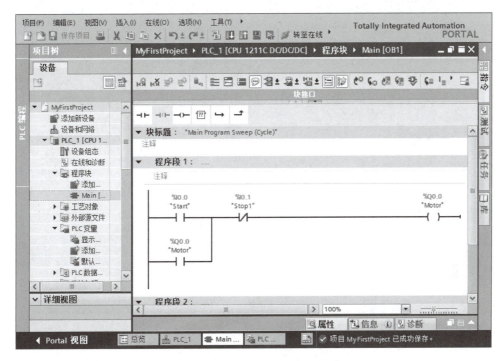

图 5-50　输入梯形图(2)

④ 输入地址。在如图 5-49 所示的红色问号处,输入对应的地址,梯形图的第一行分别输入:I0.0、I0.1 和 Q0.0。梯形图的第二行输入 Q0.0,输入完成后,如图 5-50 所示。

⑤ 保存项目。在项目视图中,单击"保存项目"按钮 保存项目,保存整个项目。

(3) 下载项目

在项目视图中,单击"下载到设备"按钮,弹出如图 5-51 所示的界面,选择"PG/PC 接口的类型"为"PN/IE",选择"PG/PC 接口"为"Intel(R)Ethernet…","PG/PC 接口"是网卡的型号,不同的计算机可能不同,单击"开始搜索"按钮,TIA 博途开始搜索可以连接的设备,搜索到设备显示如图 5-52 所示的界面,单击"下载"按钮,弹出如图 5-53 所示的界面。

如图 5-53 所示,把"复位"选项修改为"全部删除",单击"装载"按钮,弹出如图 5-54 所示的界面,勾选"全部启动"选项,单击"完成"按钮,装载完成。

(4) 程序监视

在项目视图中,单击"在线"按钮 在线,图 5-55 所示的标记处由灰色变为黄色,表明 TIA 博途软件与 PLC 或者仿真器处于在线状态。再单击工具栏中的"启用/禁用监视"按钮,可见梯形图中连通的部分是绿色实线,而没有连通的部分是蓝色虚线。

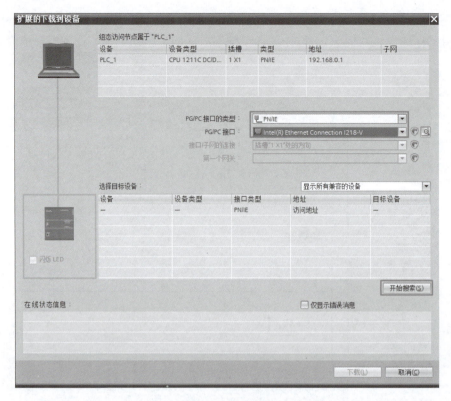

图 5-51 下载(1)

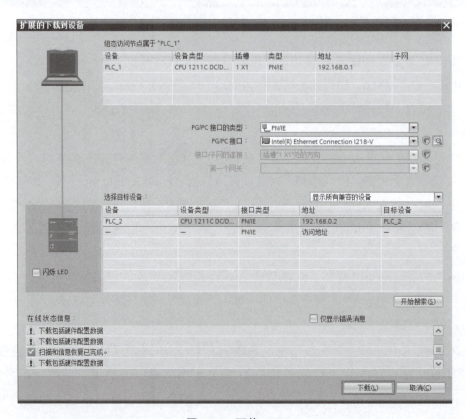

图 5-52 下载(2)

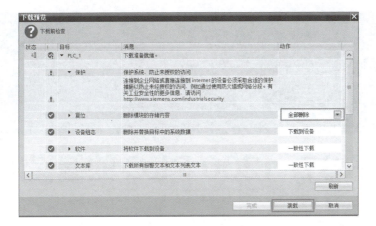

图 5-53　下载预览

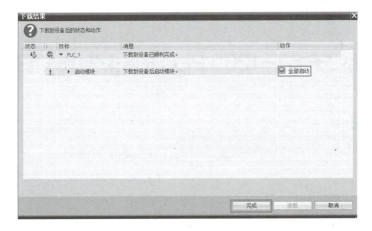

图 5-54　下载结果

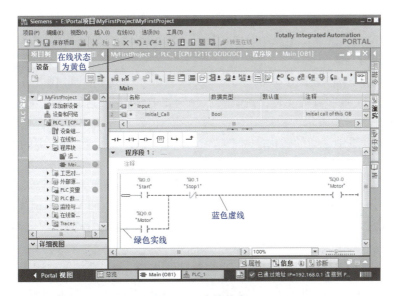

图 5-55　在线状态

第06章

西门子 S7-1200 PLC 的编程语言

本章介绍西门子 S7-1200 PLC 的编程基础知识（数制、数据类型和数据存储区）、指令系统及其应用。本章内容多，是 PLC 编程入门的关键。

6.1 西门子 S7-1200 PLC 的编程基础知识

PLC 工作原理介绍

6.1.1 数制

PLC 是一种特殊的工业控制计算机，学习计算机必须掌握数制，对于 PLC 更是如此。

（1）二进制

二进制数的 1 位（bit）只能取 0 和 1 两个不同的值，可以用来表示开关量的两种不同的状态，例如触点的断开和接通、线圈的通电和断电以及灯的亮和灭等。在梯形图中，如果该位是 1 可以表示常开触点的闭合和线圈的得电，反之，该位是 0 可以表示常闭触点的断开和线圈的断电。西门子的二进制表示方法是在数值前加前缀 2#，例如 2#1001 1101 1001 1101 就是 16 位二进制常数。十进制的运算规则是逢 10 进 1，二进制的运算规则是逢 2 进 1。

（2）十六进制

十六进制的十六个数字是 0 ~ 9 和 A ~ F（对应于十进制中的 10 ~ 15，不区分大小写），每个十六进制数字可用 4 位二进制表示，例如 16#A 用二进制表示为 2#1010。B#16#、W#16# 和 DW#16# 分别表示十六进制的字节、字和双字。十六进制的运算规则是逢 16 进 1。掌握二进制和十六进制之间的转化，对于学习西门子 PLC 来说是十分重要的。

（3）BCD 码

BCD 码用 4 位二进制数（或者 1 位十六进制数）表示一位十进制数，例如一位十进制数 9 的 BCD 码是 1001。4 位二进制有 16 种组合，但 BCD 码只用到前十个，而后六个（1010 ~ 1111）没有在 BCD 码中使用。十进制的数字转换成 BCD 码是很容易的，例如十进制数 366 转换成十六进制 BCD 码则是 W#16#0366。

【关键点】十进制数 366 转换成十六进制数是 W#16#16E，这是要特别注意的。

BCD 码的最高 4 位二进制数用来表示符号，16 位 BCD 码字的范围是 -999 ~ +999。32 位 BCD 码双字的范围是 -9999999 ~ +9999999。不同数制的数的表示方法见表 6-1。

表 6-1　不同数制的数的表示方法

十进制	十六进制	二进制	BCD 码	十进制	十六进制	二进制	BCD 码
0	0	0000	00000000	8	8	1000	00001000
1	1	0001	00000001	9	9	1001	00001001
2	2	0010	00000010	10	A	1010	00010000
3	3	0011	00000011	11	B	1011	00010001
4	4	0100	00000100	12	C	1100	00010010
5	5	0101	00000101	13	D	1101	00010011
6	6	0110	00000110	14	E	1110	00010100
7	7	0111	00000111	15	F	1111	00010101

6.1.2　数据类型

数据是程序处理和控制的对象，在程序运行过程中，数据是通过变量来存储和传递的。变量有两个要素：名称和数据类型。对程序块或者数据块的变量声明时，都要包括这两个要素。

数据的类型决定了数据的属性，例如数据长度和取值范围等。TIA 博途软件中的数据类型分为 3 大类：基本数据类型、复合数据类型和其他数据类型。

6.1.2.1　基本数据类型

基本数据类型是根据 IEC 61131-3（国际电工委员会指定的 PLC 编程语言标准）来定义的，每个基本数据类型具有固定的长度且不超过 64 位。

基本数据类型最为常用，细分为位数据类型、整数数据类型、字符数据类型、定时器数据类型及日期和时间数据类型。每一种数据类型都具备关键字、数据长度、取值范围和常数表等格式属性。以下分别介绍。

（1）位数据类型

位数据类型包括布尔型（Bool）、字节型（Byte）、字型（Word）、双字型（DWord）。TIA 博途软件的位数据类型见表 6-2。

表 6-2　位数据类型

关键字	长度 / 位	取值范围 / 格式示例	说明
Bool	1	True 或 False（1 或 0）	布尔变量
Byte	8	B#16#0 ～ B#16#FF	字节
Word	16	十六进制：W#16#0 ～ W#16#FFFF	字（双字节）
DWord	32	十六进制：（DW#16#0 ～ DW#16#FFFF_FFFF）	双字（四字节）

注：在 TIA 博途软件中，关键字不区分大小写，如 Bool 和 BOOL 都是合法的，不必严格区分。

（2）整数和浮点数数据类型

整数数据类型包括有符号整数和无符号整数。有符号整数包括：短整数型（SInt）、整数型（Int）、双整数型（DInt）。无符号整数包括：无符号短整数型（USInt）、无符号整数型（UInt）和无符号双整数型（UDInt）。整数没有小数点。S7-300/400 PLC 仅支持整数型（Int）

和双整数型（DInt）。

实数数据类型包括实数（Real）和长实数（LReal），实数也称为浮点数。S7-1200/300/400 PLC 仅支持实数（Real）。浮点数有正负且带小数点。TIA 博途软件的整数和浮点数数据类型见表 6-3。

表 6-3 整数和浮点数数据类型

关键字	长度/位	取值范围/格式示例	说明
SInt	8	−128 ~ 127	8 位有符号整数
Int	16	−32768 ~ 32767	16 位有符号整数
DInt	32	−L#2147483648 ~ L#2147483647	32 位有符号整数
USInt	8	0 ~ 255	8 位无符号整数
UInt	16	0 ~ 65535	16 位无符号整数
UDInt	32	0 ~ 4294967295	32 位无符号整数
Real	32	−3.402823E38 ~ −1.175495E-38 +1.175495E-38 ~ +3.402823E38	32 位 IEEE754 标准浮点数

（3）字符数据类型

字符数据类型有 Char 和 WChar，数据类型 Char 的操作数长度为 8 位，在存储器中占用 1 个 Byte。Char 数据类型以 ASCII 格式存储单个字符。

数据类型 WChar（宽字符）的操作数长度为 16 位，在存储器中占用 2 个 Byte。WChar 数据类型存储以 Unicode 格式存储的扩展字符集中的单个字符，但只涉及到整个 Unicode 范围的一部分。控制字符在输入时，以美元符号表示。TIA 博途软件的字符数据类型见表 6-4。

表 6-4 字符数据类型

关键字	长度（位）	取值范围/格式示例	说明
Char	8	16#00 ~ 16#FF/'A','t','@','a','∑'	字符
WChar	16	16#0000 ~ 16#FFFF/'A','t','@','a','∑'，亚洲字符、西里尔字符以及其他字符	宽字符

（4）定时器数据类型

定时器数据类型主要包括时间（Time）、S5 时间（S5Time）和长时间（LTime）数据类型。S7-300/400 PLC 仅支持前 2 种数据类型。

S5 时间数据类型（S5Time）以 BCD 格式保存持续时间，用于数据长度为 16 位 S5 定时器。持续时间由 0 ~ 999（2H_46M_30S）范围内的时间值和时间基线决定。时间基线指示定时器时间值按步长 1 减少直至为"0"的时间间隔。时间的分辨率可以通过时间基线来控制。

时间数据类型（Time）的操作数内容以毫秒表示，用于数据长度为 32 位的 IEC 定时器。表示信息包括天（d）、小时（h）、分钟（m）、秒（s）和毫秒（ms）。

TIA 博途软件的定时器数据类型见表 6-5。

表 6-5 定时器数据类型

关键字	长度/位	取值范围/格式示例	说明
S5Time	16	S5T#0MS ～ S5T#2H_46M_30S_0MS	S5 时间
Time	32	T#-24d20h31m23s648ms ～ T#+24d20h31m23s647ms	时间

（5）日期和时间数据类型

日期和时间数据类型包括：日期（Date）、日时间（TOD）、长日时间（LTOD）、日期时间（Date_And_Time）、日期长时间（Date_And_LTime）和长日期时间（DTL），分别介绍如下。

① 日期（Date） Date 数据类型将日期作为无符号整数保存。表示法中包括年、月和日。数据类型 Date 的操作数为十六进制形式，对应于自 1990 年 1 月 1 日以后的日期值。

② 日时间（TOD） TOD（Time_Of_Day）数据类型占用一个双字，存储从当天 00：00 开始的毫秒数，为无符号整数。

③ 长日时间（LTOD） LTOD（LTime_Of_Day）数据类型占用 2 个双字，存储从当天 00：00 开始的纳秒数，为无符号整数。

④ 日期时间（Date_And_Time） 数据类型 DT（Date_And_Time）存储日期和时间信息，格式为 BCD。

⑤ 日期长时间（Date_And_LTime） 数据类型 LDT（Date_And_LTime）可存储自 1970 年 1 月 1 日 00：00 以来的日期和时间信息（单位为 ns）。

⑥ 长日期时间（DTL） 数据类型 DTL 的操作数长度为 12 个字节，以预定义结构存储日期和时间信息。TIA 博途软件的日期和时间数据类型见表 6-6。

表 6-6 日期和时间数据类型

关键字	长度/字节	取值范围/格式示例	说明
Date	2	D#1990-01-01 ～ D#2168-12-31	日期
Time_Of_Day	4	TOD#00：00：00.000 ～ TOD#23：59：59.999	日时间
Date_And_Time	8	最小值：DT#1990-01-01-00：00：00.000 最大值：DT#2089-12-31-23：59：59.999	日期时间
Date_And_LTime	8	最小值：LDT#1970-01-01-00：00：00.000000000 最大值：LDT#2200-12-31-23：59：59.999999999	日期长时间
DTL	12	最小值：DTL#1970-01-01-00：00：00.000000000 最大值：DTL#2200-12-31-23：59：59.999999999	长日期时间

6.1.2.2 复合数据类型

复合数据类型是一种由其他数据类型组合而成的，或者长度超过 32 位的数据类型。TIA 博途软件中的复合数据类型包含：String（字符串）、WString（宽字符串）、Array（数组类型）、Struct（结构类型）和 UDT（PLC 数据类型），复合数据类型相对较难理解和掌握，以下分别介绍。

(1) 字符串和宽字符串

① String（字符串） 其长度最多有 254 个字符的组（数据类型 Char）。为字符串保留的标准区域是 256 个字节长。这是保存 254 个字符和 2 个字节的标题所需要的空间。可以通过定义即将存储在字符串中的字符数目来减少字符串所需要的存储空间（例如：String[10]）'Siemens'）。

② WString（宽字符串） 数据类型为 WString（宽字符串）的操作数存储一个字符串中多个数据类型为 WChar 的 Unicode 字符。如果不指定长度，则字符串的长度为预置的 254 个字符。在字符串中，可使用所有 Unicode 格式的字符，这意味着也可在字符串中使用中文字符。

(2) Array（数组类型）

Array（数组类型）表示一个由固定数目的同一种数据类型元素组成的数据结构。允许使用除了 Array 之外的所有数据类型。

数组元素通过下标进行寻址。在数组声明中，下标限值定义在 Array 关键字之后的方括号中。下限值必须小于或等于上限值。一个数组最多可以包含 6 维，并使用逗号隔开维度限值。

例如：数组 Array[1..20] of Real 的含义是包含 20 个元素的一维数组，元素数据类型为 Real；数组 Array[1..2, 3..4] of Char 的含义是包含 4 个元素的二维数组，元素数据类型为 Char。

图 6-1 创建数组

创建数组的方法。在项目视图的项目树中，双击"添加新块"选项，弹出新建块界面，新建"数据块_1"，在"名称"栏中输入"A1"，在"数据类型"栏中输入"Array[1..20] of Real"，如图 6-1 所示，数组创建完成。单击 A1 前面的三角符号▶，可以查看到数组的所有元素，还可以修改每个元素的"启动值"（初始值），如图 6-2 所示。

(3) Struct（结构类型）

该类型是由不同数据类型组成的复合型数据，通常用来定义一组相关数据。例如电动机的一组数据可以按照如图 6-3 所示的方式定义，在"数据块_1"的"名称"栏中输入"Motor"，在"数据类型"栏中输入"Struct"（也可以点击下拉三角选取），之后可创建结构的其他元素，如本例的"Speed"。

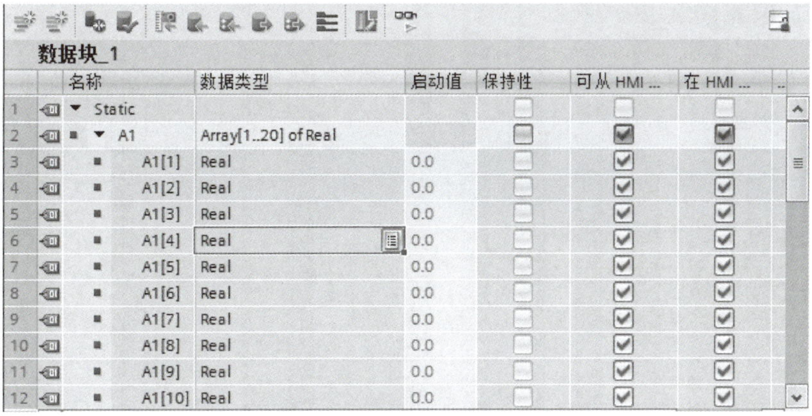

图 6-2 查看数组元素

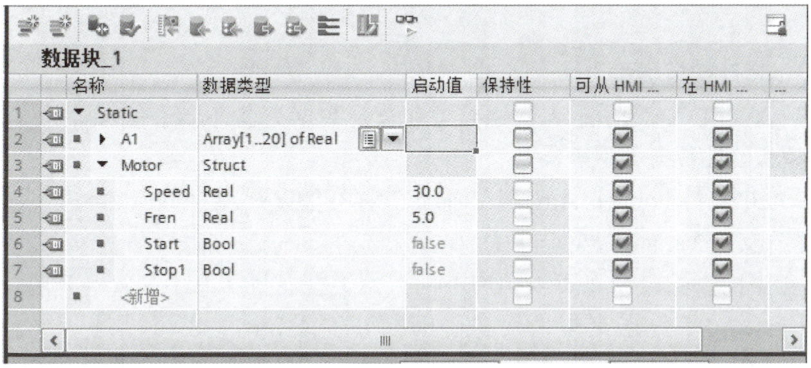

图 6-3 创建结构

（4）UDT（PLC 数据类型）

UDT 是由不同数据类型组成的复合型数据，与 Struct 不同的是，UDT 是一个模版，可以用来定义其他的变量，UDT 在经典 STEP 7 中称为自定义数据类型。PLC 数据类型的创建方法如下。

① 在项目视图的项目树中，双击"添加新数据类型"选项，弹出如图 6-4 所示界面，创建一个名称为"MotorA"的结构，并将新建的 PLC 数据类型名称重命名为"MotorA"。

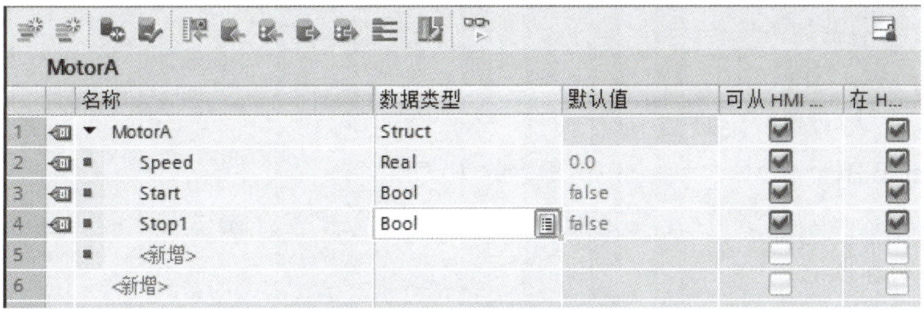

图 6-4 创建 PLC 数据类型（1）

② 在"数据块_1"的"名称"栏中输入"MotorA1"和"MotorA2"，在"数据类型"栏中输入"MotorA"，这样操作后，"MotorA1"和"MotorA2"的数据类型变成了

117

"MotorA"，如图 6-5 所示。

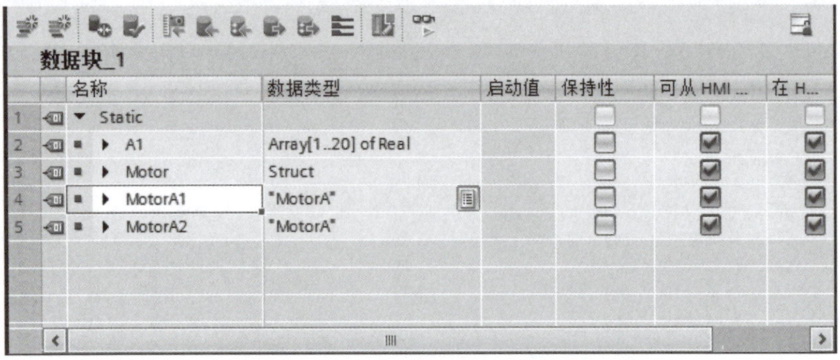

图 6-5　创建 PLC 数据类型（2）

使用 PLC 数据类型给编程带来了较大的便利性，较为重要，相关内容在后续章节还要介绍。

6.1.2.3　其他数据类型

对于 S7-1200 PLC，除了基本数据类型和复合数据类型外，还有包括指针、参数类型、系统数据类型和硬件数据类型等。

S7-1500 PLC 支持 Pointer、Any 和 Variant 三种类型指针，S7-300/400 PLC 只支持前两种，S7-1200 PLC 只支持 Variant 类型。

Variant 类型的参数是一个可以指向不同数据类型变量（而不是实例）的指针。Variant 指针可以是一个元素数据类型的对象，例如 INT 或 Real。也可以是一个 String、DTL、Struct 数组、UDT 或 UDT 数组。Variant 指针可以识别结构，并指向各个结构元素。Variant 数据类型的操作数在背景 DB 或 L 堆栈中不占用任何空间，但是将占用 CPU 上的存储空间。

Variant 类型的变量不是一个对象，而是对另一个对象的引用。Variant 类型的各元素只能在函数的块接口中声明，因此，不能在数据块或函数块的块接口静态部分中声明。例如，因为各元素的大小未知，所引用对象的大小可以更改。Variant 数据类型只能在块接口的形参中定义。

【例 6-1】 请指出以下数据的含义：DINT#58、58、C#58、t#58s 和 P#M0.0 Byte 10。

【解】

① DINT#58：表示双整数 58。

② 58：表示整数 58。

③ BCD#58：表示 BCD 码 58。

④ t#58s：表示 IEC 定时器中定时时间 58s。

⑤ P#M0.0 Byte 10：表示从 MB0 开始的 10 个字节。

数据类型的举例

【关键点】 理解【例 6-1】中的数据表示方法至关重要，无论对于编写程序还是阅读程序都是必须要掌握的。

6.1.3　西门子 S7-1200 PLC 的存储区

西门子 S7-1200 PLC 的存储区由装载存储器、工作存储器和系统存储器组成。工作存储器类似于计算机的内存条，装载存储器类似于计算机的硬盘。以下分别介绍这三种存储器。

6.1.3.1 装载存储器

装载存储器用于保存逻辑块、数据块和系统数据。下载程序时,用户程序下载到装载存储器。在 PLC 上电时,CPU 把装载存储器中的可执行的部分复制到工作存储器。而 PLC 断电时,需要保存的数据自动保存在装载存储器中。

对于 S7-300/400PLC,符号表、注释不能下载,仍然保存在编程设备中。而对于 S7-1200 PLC,符号表、注释可以下载到装载存储器。

6.1.3.2 工作存储器

工作存储器是集成在 CPU 中的高速存取的 RAM 存储器,用于存储 CPU 运行时的用户程序和数据,如组织块、功能块等。用模式选择开关复位 CPU 的存储器时,RAM 中的程序被清除,但 FEPROM 中的程序不会被清除。

PLC 的三个运行阶段

6.1.3.3 系统存储器

系统存储器是 CPU 为用户提供的存储组件,用于存储用户程序的操作数据,例如过程映像输入、过程映像输出、位存储、定时器、计数器、块堆栈和诊断缓冲区等。

(1) 过程映像输入区(I)

过程映像输入区与输入端相连,它是专门用来接受 PLC 外部开关信号的元件。在每次扫描周期的开始,CPU 对物理输入点进行采样,并将采样值写入过程映像输入区中。可以按位、字节、字或双字来存取过程映像输入区中的数据,输入寄存器等效电路如图 6-6 所示,真实的回路中当按钮闭合,线圈 I0.0 得电,经过 PLC 内部电路的转化,使得梯形图中常开触点 I0.0 闭合,理解这一点很重要。

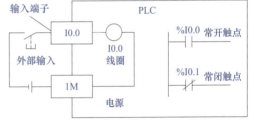

图 6-6 过程映像输入区 I0.0 的等效电路

位格式:I[字节地址].[位地址],如 I0.0。

字节、字或双字格式:I[长度][起始字节地址],如 IB0、IW0、ID0。

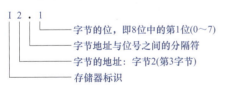

图 6-7 位表示方法

若要存取存储区的某一位,则必须指定地址,包括存储器标识符、字节地址和位号。图 6-7 是一个位表示法的例子。其中,存储器区、字节地址(I 代表输入,2 代表字节 2)和位地址之间用点号(.)隔开。

(2) 过程映像输出区(Q)

过程映像输出区是用来将 PLC 内部信号输出传送给外部负载(用户输出设备)。过程映像输出区线圈是由 PLC 内部程序的指令驱动,其线圈状态传送给输出单元,再由输出单元对应的硬触点来驱动外部负载,输出寄存器等效电路如图 6-8 所示。当梯形图中的线圈 Q0.0 得电,经过 PLC 内部电路的转化,使得真实回路中的常开触点 Q0.0 闭合,从而使得外部设备线圈得电,理解这一点很重要。

在每次扫描周期的结尾,CPU 将过程映像输出区中的数值复制到物理输出点上。可以按位、字节、字或双字来存取过程映像输出区。

位格式:Q[字节地址].[位地址],如 Q1.1。

字节、字或双字格式:Q[长度][起始字节地址],如 QB5、QW5 和 QD5。

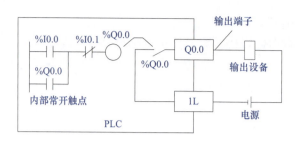

图 6-8 过程映像输出区 Q0.0 的等效电路

（3）标识位存储区（M）

标识位存储区是 PLC 中数量较多的一种继电器，一般的标识位存储区与继电器控制系统中的中间继电器相似。标识位存储区不能直接驱动外部负载，负载只能由过程映像输出区的外部触点驱动。标识位存储区的常开与常闭触点在 PLC 内部编程时，可无限次使用。M 的数量根据不同型号而不同。可以用位存储区作为控制继电器来存储中间操作状态和控制信息，并且可以按位、字节、字或双字来存取位存储区。

位格式：M［字节地址］.［位地址］，如 M2.7。

字节、字或双字格式：M［长度］［起始字节地址］，如 MB10、MW10、MD10。

（4）数据块存储区（OB）

DB 存储器用于存储各种类型的数据，其中包括操作的中间状态或 FB 的其他控制信息参数，以及许多指令（如定时器和计数器）所需的数据结构。可以按位、字节、字或双字访问数据块存储器。读/写数据块允许读访问和写访问。只读数据块只允许读访问。

（5）本地数据区（L）

本地数据区位于 CPU 的系统存储器中，其地址标识符为"L"。包括函数、函数块的临时变量、组织块中的开始信息、参数传递信息以及梯形图的内部结果。在程序中访问本地数据区的表示法与输入相同。本地数据区的数量与 CPU 的型号有关。

本地数据区和标识位存储区很相似，但只有一个区别：标识位存储区是全局有效的，而本地数据区只在局部有效。全局是指同一个存储区可以被任何程序存取（包括主程序、子程序和中断服务程序），局部是指存储器区和特定的程序相关联。

位格式：L［字节地址］.［位地址］，如 L0.0。

字节、字或双字格式：L［长度］［起始字节地址］，如 LB3。

（6）物理输入区

物理输入区位于 CPU 的系统存储器中，其地址标识符为"：P"，加在过程映像区地址的后面。与过程映像区功能相反，不经过过程映像区的扫描，程序访问物理区时，直接将输入模块的信息读入，并作为逻辑运算的条件。

位格式：I［字节地址］.［位地址］，如 I2.7：P。

字或双字格式：I［长度］［起始字节地址］：P，如 IW8：P。

（7）物理输出区

物理输出区位于 CPU 的系统存储器中，其地址标识符为"：P"，加在过程映像区地址的后面。与过程映像区功能相反，不经过过程映像区的扫描，程序访问物理区时，直接将逻辑运算的结果（写出信息）写出到输出模块。

位格式：Q［字节地址］.［位地址］，如 Q2.7：P。
字或双字格式：Q［长度］［起始字节地址］：P，如 QW8：P。
以上各存储器的存储区及功能见表 6-7。

表 6-7 存储器的存储区及功能

地址存储区	范围	S7 符号	举例	功能描述
过程映像输入区	输入（位）	I	I0.0	扫描周期期间，CPU 从模块读取输入，并记录该区域中的值
	输入（字节）	IB	IB0	
	输入（字）	IW	IW0	
	输入（双字）	ID	ID0	
过程映像输出区	输出（位）	Q	Q 0.0	扫描周期期间，程序计算输出值并将它放入此区域，扫描结束时，CPU 发送计算输出值到输出模块
	输出（字节）	QB	QB0	
	输出（字）	QW	Q W0	
	输出（双字）	QD	QD0	
标识位存储区	标识位存储区（位）	M	M0.0	用于存储程序的中间计算结果
	标识位存储区（字节）	M B	MB0	
	标识位存储区（字）	MW	MW0	
	标识位存储区（双字）	MD	M D0	
数据块	数据（位）	DBX	DBX 0.0	用于存储各种类型的数据和作为背景数据块
	数据（字节）	DBB	DBB0	
	数据（字）	DBW	DBW0	
	数据（双字）	DBD	DBD0	
本地数据区	本地数据（位）	L	L0.0	当块被执行时，此区域包含块的临时数据
	本地数据（字节）	LB	LB0	
	本地数据（字）	LW	LW0	
	本地数据（双字）	LD	LD0	
物理输入区	物理输入位	I：P	I0.0：P	外围设备输入区允许直接访问中央和分布式的输入模块
	物理输入字节	IB：P	IB0：P	
	物理输入字	IW：P	IW0：P	
	物理输入双字	ID：P	ID0：P	
物理输出区	物理输出位	Q：P	Q0.0：P	外围设备输出区允许直接访问中央和分布式的输入模块
	物理输出字节	QB：P	QB0：P	
	物理输出字	QW：P	QW0：P	
	物理输出双字	QD：P	QD0：P	

【例 6-2】 如果 MD0=16#1F，那么，MB0、MB1、MB2、MB3、M0.0 和 M3.0 的数值是多少？

【解】 根据图 6-9，MB0=0；MB1=0；MB2=0；MB3=16#1F；M0.0=0；M3.0=1。这点不同于三菱 PLC，读者要注意区分。如不理解此知识点，在编写通信程序时，如 DCS 与 S7-1200 PLC 交换数据时，容易出错。

【关键点】 在 MD0 中，由 MB0、MB1、MB2 和 MB3 四个字节组成，MB0 是高字节，而 MB3 是低字节，字节、字和双字的起始地址如图 6-9 所示。

双字、字、字节和位的概念

图 6-9 字节、字和双字的起始地址

【例 6-3】 图 6-10 所示的原理图所对应的梯形图如图 6-11 所示，是某初学者编写的，请查看有无错误。

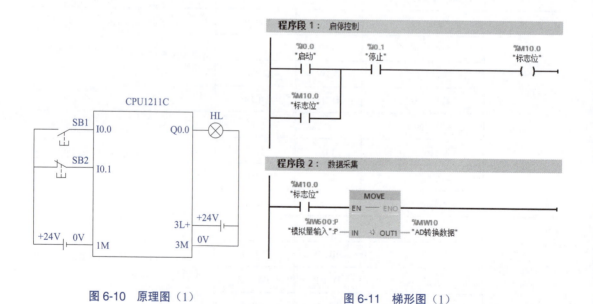

图 6-10 原理图（1）　　　　图 6-11 梯形图（1）

【解】 这个程序的逻辑是正确的，但这个程序在实际运行时，并不能采集数据。程序段 1 是启停控制，当 M10.0 常开触点闭合后开始采集数据，而且 AD 转换的结果存放在 MW10 中，MW10 包含 2 个字节 MB10 和 MB11，而 MB10 包含 8 个位，即 M10.0～M10.7。只要采集的数据经过 AD 转换，造成 M10.0 位为 0，整个数据采集过程自动停止。初学者很容易犯类似的错误。读者可将 M10.0 改为 M12.0，只要避开 MW10 中包含的 16 个位（M10.0～M10.7 和 M11.0～M11.7）都可行。

特别说明：由于原理图中 SB2 按钮接的是常闭触点，因此不压下 SB2 按钮时，梯形图中的 I0.1 的常开触点是导通的，当压下 SB1 按钮时，I0.0 的常开触点导通，线圈 M10.0 得电自锁。说明梯形图和原理图是匹配的。而且在工程实践中，设计规范的原理图中的停止和急停按钮都应该接常闭触点。这样设计的好处是当 SB2 按钮意外断线时，会使得设备不能非正常启动，确保了设备的安全。

有初学者认为图 6-10 原理图应修改为图 6-12，图 6-11 梯形图应修改为图 6-13，其实图 6-12 原理图和图 6-13 梯形图是匹配的，将 M10.0 改为 M12.0 后，可以实现功能。但这个设计的问题在于当 SB2 按钮意外断线时，设备仍然能非正常启动，但压下 SB2 按钮时，设备不能停机，存在很大的安全隐患。这种设计显然是不符合工程规范的。

在后续章节中，如不作特别说明，本书的停止和急停按钮将接常闭触点。

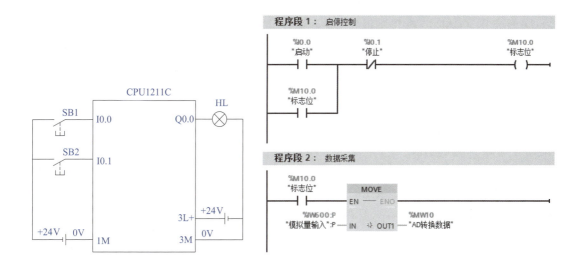

图 6-12　原理图（2）　　　　　　　　图 6-13　梯形图（2）

6.1.4　全局变量与区域变量

（1）全局变量

全局变量可以在 CPU 的整个范围内被所有的程序块调用，例如在 OB（组织块）、FC（函数）、FB（函数块）中使用，在某一个程序块中赋值后，在其他的程序块中可以读出，没有使用限制。全局变量包括 I、Q、M、T、C、DB、I：P 和 Q：P 等数据区。

（2）区域变量

区域变量也称为局部变量。区域变量只能在所属块（OB、FC 和 FB）范围内调用，在程序块调用时有效，程序块调用完成后被释放，所以不能被其他程序块调用，本地数据区（L）中的变量为区域变量，例如每个程序块中的临时变量都属于区域变量。

6.1.5 编程语言

（1）PLC 编程语言的国际标准

IEC 61131 是 PLC 的国际标准，1992～1995 年发布了 IEC 61131 标准中的 1～4 部分，我国在 1995 年 11 月发布了 GB/T 15969-1/2/3/4（等同于 IEC 61131-1/2/3/4）。

IEC 61131-3 广泛地应用于 PLC、DCS 和工控机、"软件 PLC"、数控系统、RTU 等产品。其定义了 5 种编程语言，分别是指令表（Instruction List，IL）、结构文本（Structured Text，ST）、梯形图（Ladder Diagram，LD）、功能块图（Function Block Diagram，FBD）和顺序功能图（Sequential Function Chart，SFC）。

（2）TIA 博途软件中的编程语言

TIA 博途软件中有梯形图、语句表、功能块图、SCL 和 Graph，共 5 种基本编程语言。以下简要介绍。

① 顺序功能图（SFC） 在 TIA 博途软件中为 S7-Graph，S7-Graph 是针对顺序控制系统进行编程的图形编程语言，特别适合顺序控制程序编写。

② 梯形图（LAD） 梯形图直观易懂，适合于数字量逻辑控制。梯形图适合于熟悉继电器电路的人员使用。设计复杂的触点电路时适合用梯形图，其应用广泛。

③ 语句表（STL） 语句表的功能比梯形图或功能块图的功能强。语句表可供擅长用汇编语言编程的用户使用。语句表输入快，可以在每条语句后面加上注释。语句表有被淘汰的趋势。在 S7-1200 PLC 中不能使用。

④ 功能块图（FBD） "LOGO！"系列微型 PLC 使用功能块图编程。功能块图适合于熟悉数字电路的人员使用。

⑤ 结构文本（ST） 在 TIA 博途软件中称为 S7-SCL（结构化控制语言），它符合 EN 61131-3 标准。S7-SCL 适合于复杂的公式计算、复杂的计算任务和最优化算法或管理大量的数据等。S7-SCL 编程语言适合于熟悉高级编程语言（例如 PASCAL 或 C 语言）的人员使用。S7-SCL 编程语言的使用将越来越广泛。

在 TIA 博途软件中，如果程序块没有错误，并且被正确地划分为网络，在梯形图和功能块图之间可以相互转换，但梯形图和指令表不可相互转换。注意：在经典 STEP 7 中梯形图、功能块和语句表之间可以相互转换。

6.2 变量表、监控表和强制表的应用

变量表的使用

6.2.1 变量表

（1）变量表（Tag Table）简介

TIA 博途软件中可定义两类符号：全局符号和局部符号。全局符号利用变量表来定义，可以在用户项目的所有程序块中使用。局部符号是在程序块的变量声明表中定义的，只能在该程序块中使用。

PLC 的变量表包含整个 CPU 范围有效的变量和符号常量的定义。系统会为项目中使

用的每个 CPU 创建一个变量表，用户也可以创建其他的变量表用于常量和变量进行归类和分组。

在 TIA 博途软件中添加了 CPU 设备后，会在项目树中 CPU 设备下出现一个"PLC 变量"文件夹，在此文件夹中有三个选项：显示所有变量、添加新变量表和默认变量表，如图 6-14 所示。

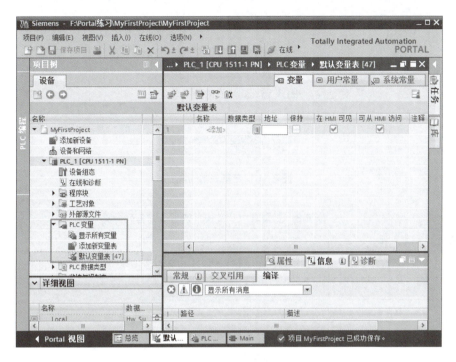

图 6-14　变量表

"显示所有变量"概括包含有全部的 PLC 变量、用户常量和 CPU 系统常量。该表不能删除或移动。

"默认变量表"是系统创建，项目的每个 CPU 均有一个标准变量表。该表不能删除、重命名或移动。默认变量表包含 PLC 变量、用户常量和系统常量。可以在默认变量表中声明所有的 PLC 变量，或根据需要创建其他的用户定义变量表。

双击"添加新变量表"，可以创建用户定义变量表，可以根据要求为每个 CPU 创建多个针对组变量的用户定义变量表。可以对用户定义的变量表重命名、整理合并为组或删除。用户定义变量表包含 PLC 变量和用户常量。

TIA Portal 软件有一个方便的功能就是拖拽，灵活应用拖拽功能可以提高工程效率，变量表的拖拽功能如图 6-15 所示，选中变量"Start1"，当出现"+"后，向下拖拽就可以自动生成变量"Start2"和"Start3"等，类似于 Excel 中的表格功能。

① 变量表的工具栏　变量表的工具栏如图 6-16 所示，从左到右含义分别为：插入行、新建行、导出、全部监视和保持性。

② 变量的结构　每个 PLC 变量表包含变量选项卡和用户常量选项卡。默认变量表和"所有变量"表还均包括"系统常量"选项卡。表 6-8 列出了"常量"选项卡的各列含义，所显示的列编号可能有所不同，可以根据需要显示或隐藏列。

125

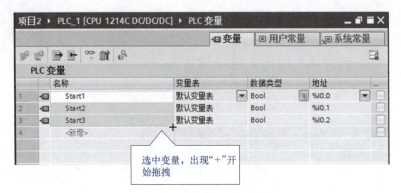

图 6-15 变量表的拖拽功能

图 6-16 变量表的工具栏

表 6-8 变量表中"常量"选项卡的各列含义

序号	列	说明
1		通过单击符号并将变量拖动到程序中作为操作数
2	名称	常量在 CPU 范围内的唯一名称
3	数据类型	变量的数据类型
4	地址	变量地址
5	保持性	将变量标记为具有保持性 保持性变量的值将保留,即使在电源关闭后也是如此
6	可从 HMI 访问	显示运行期间 HMI 是否可访问此变量
7	HMI 中可见	显示默认情况下,在选择 HMI 的操作数时变量是否显示
8	监视值	CPU 中的当前数据值 只有建立了在线连接并选择"监视所有"按钮时,才会显示该列
9	变量表	显示包含有变量声明的变量表 该列仅存在于"所有变量"表中
10	注释	用于说明变量的注释信息

(2)定义全局符号

在 TIA 博途软件项目视图的项目树中,双击"添加新变量表",即可生成新的变量表"变量表_1 [0]",选中新生成的变量表,单击鼠标的右键弹出快捷菜单,选中"重命名"命令,将此变量表重命名为"MyTable [0]"。单击变量表中的"添加行"按钮 2 次,即添加 2 行,如图 6-17 所示。

在变量表的"名称"栏中,分别输入"Start"、"Stop1"、"Motor"。在"地址"栏中输入"M0.0"、"M0.1"、"Q0.0"。三个符号的数据类型均选为"Bool",如图 6-18 所示。至此,全局符号定义完成,因为这些符号关联的变量是全局变量,所以这些符号在所有的程序中均可使用。

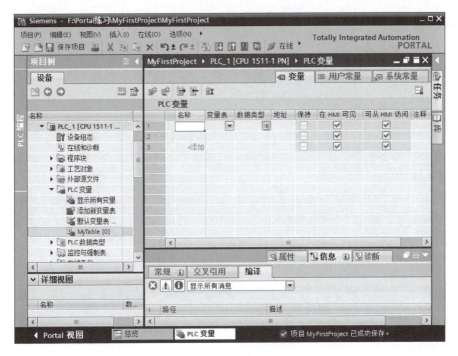

图 6-17　添加新变量表

PLC 变量

		名称	变量表	数据类型	地址	保持	在 HMI 可见	可从 HMI 访问	注释
1		Start	默认...	Bool	%M0.0	☐	☑	☑	
2		Stop1	默认...	Bool	%M0.1	☐	☑	☑	
3		Motor	默认...	Bool	%Q0.0	☐	☑	☑	
4		<添加>				☐	☑	☑	

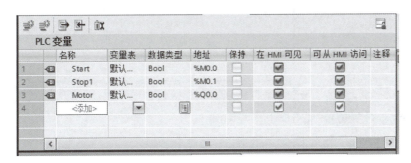

图 6-18　在变量表中定义全局符号

打开程序块 OB1，可以看到梯形图中的符号和地址关联在一起，且一一对应，如图 6-19 所示。

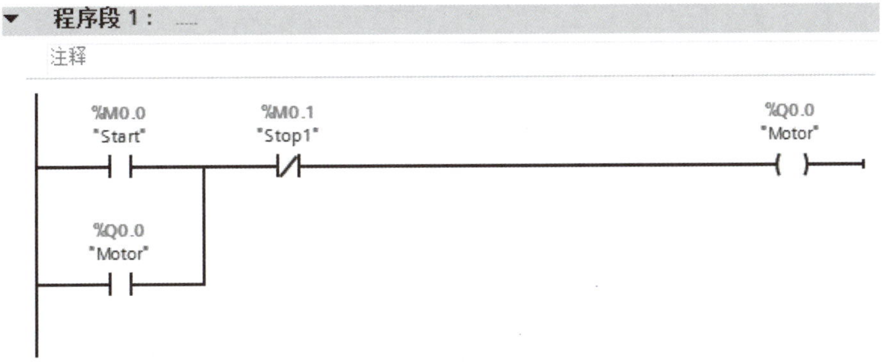

图 6-19　梯形图

6.2.2 监控表

（1）监控表（Watch Table）简介

接线完成后需要对所接线和输出设备进行测试，即 I/O 设备测试。I/O 设备的测试可以使用 TIA 博途软件提供的监控表实现，TIA 博途软件的监控表相当于经典 STEP 7 软件中的变量表的功能。

监控表也称监视表，可以显示用户程序的所有变量的当前值，也可以将特定的值分配给用户程序中的各个变量。使用这两项功能可以检查 I/O 设备的接线情况。

（2）创建监控表

当 TIA 博途软件的项目中添加了 PLC 设备后，系统会自动为该 PLC 的 CPU 生成一个"监控与强制表"文件夹。在项目视图的项目树中，打开此文件夹，双击"添加新监控表"选项，即可创建新的监控表，默认名称为"监控表_1"，如图 6-20 所示。

在监控表中输入要监控的变量，创建监控表完成，如图 6-21 所示。

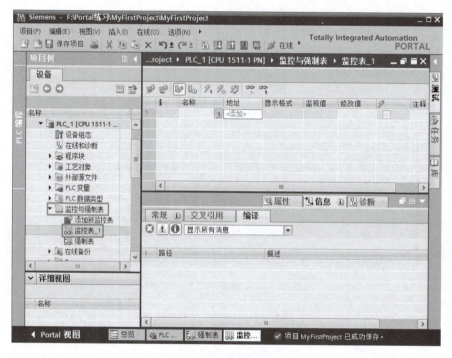

图 6-20 创建监控表

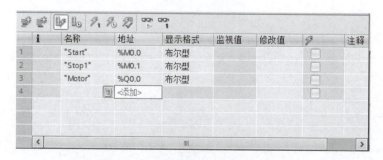

图 6-21 在监控表中定义要监控的变量

(3) 监控表的布局

监视表中显示的列与所用的模式有关，即基本模式或扩展模式。扩展模式比基本模式的列数多，扩展模式下会显示两个附加列：使用触发器监视和使用触发器修改。

监控表中的工具条中各个按钮的含义见表 6-9。

表 6-9 监控表中的工具条中各个按钮的含义

序号	按钮	说　明
1		在所选行之前插入一行
2		在所选行之后插入一行
3		立即修改所有选定变量的地址一次。该命令将立即执行一次，而不参考用户程序中已定义的触发点
4		参考用户程序中定义的触发点，修改所有选定变量的地址
5		禁用外设输出的输出禁用命令。用户因此可以在 CPU 处于 STOP 模式时修改外设输出
6		显示扩展模式的所有列。如果再次单击该图标，将隐藏扩展模式的列
7		显示所有修改列。如果再次单击该图标，将隐藏修改列
8		开始对激活监控表中的可见变量进行监视。在基本模式下，监视模式的默认设置是"永久"。在扩展模式下，可以为变量监视设置定义的触发点
9		开始对激活监控表中的可见变量进行监视。该命令将立即执行并监视变量一次

监控表中各列的含义见表 6-10。

表 6-10 监控表中各列的含义

模式	列	含义
基本模式		标识符列
	名称	插入变量的名称
	地址	插入变量的地址
	显示格式	所选的显示格式
	监视值	变量值，取决于所选的显示格式
	修改数值	修改变量时所用的值
		单击相应的复选框可选择要修改的变量
	注释	描述变量的注释
扩展模式显示附加列	使用触发器监视	显示所选的监视模式
	使用触发器修改	显示所选的修改模式

此外，在监控表中还会出现的一些其他图标的含义见表 6-11。

表 6-11 监控表中还会出现的一些其他图标的含义

序号	图标	含　义
1	■	表示所选变量的值已被修改为"1"
2	■	表示所选变量的值已被修改为"0"
3	=	表示将多次使用该地址

续表

序号	图标	含 义
4		表示将使用该替代值。替代值是在信号输出模块故障时输出到过程的值，或在信号输入模块故障时用来替换用户程序中过程值的值。用户可以分配替代值（例如，保留旧值）
5		表示地址因已修改而被阻止
6		表示无法修改该地址
7		表示无法监视该地址
8		表示该地址正在被强制
9		表示该地址正在被部分强制
10		表示相关的 I/O 地址正在被完全/部分强制
11		表示该地址不能被完全强制。示例：只能强制地址 QW0：P，但不能强制地址 QD0：P。这是由于该地址区域始终不在 CPU 上
12		表示发生语法错误
13		表示选择了该地址但该地址尚未更改

（4）监控表的 I/O 测试

监控表的编辑与编辑 Excel 类似，因此，监控表的输入可以使用复制、粘贴和拖拽等功能，变量可以从其他项目复制和拖拽到本项目。

如图 6-22 所示，单击监控表中工具条的"监视变量"按钮，可以看到三个变量的监视值。

监控表的使用

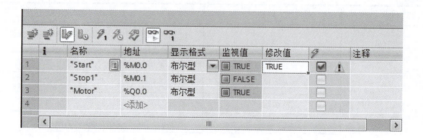

图 6-22 监控表的监控

如图 6-23 所示，选中"M0.1"后面的"修改值"栏的"FALSE"，单击鼠标右键，弹出快捷菜单，选中"修改"→"修改为 1"命令，变量"M0.1"变成"TRUE"，如图 6-24 所示。

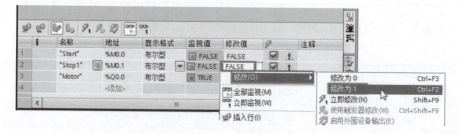

图 6-23 修改监控表中的值（1）

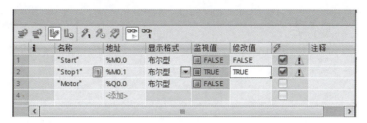

图 6-24　修改监控表中的值（2）

6.2.3　强制表

强制表的使用

（1）强制表简介

使用强制表给用户程序中的各个变量分配固定值的操作称为"强制"。强制表功能如下。

① 监视变量　通过该功能可以在 PG/PC 上显示用户程序或 CPU 中各变量的当前值。可以使用或不使用触发条件来监视变量。

强制表可监视的变量有：输入、输出和标识位存储器，数据块的内容，外设输入。

② 强制变量　通过该功能可以为用户程序的各个 I/O 变量分配固定值。

强制表可强制的变量有：外设输入和外设输出。

（2）打开强制表

当 TIA 博途软件的项目中添加了 PLC 设备后，系统会自动为该 PLC 的 CPU 生成一个"监控和强制表"文件夹。在项目视图的项目树中打开此文件夹，双击"强制表"选项即可打开，不需要创建，输入要强制的变量，如图 6-25 所示。

图 6-25　强制表

如图 6-26 所示，选中"强制值"栏中的"TRUE"，单击鼠标的右键，弹出快捷菜单，单击"强制"→"强制为 1"命令，强制表如图 6-27 所示，在第一列出现 F 标识，模块的 Q0.1 指示灯点亮，且 CPU 模块的"MAINT"指示灯变为黄色。

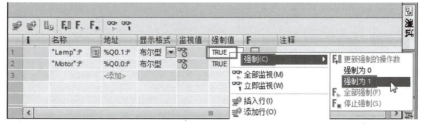

图 6-26　强制表的强制操作（1）

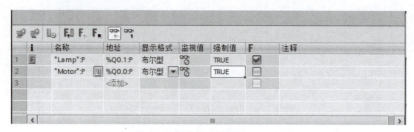

图 6-27　强制表的强制操作（2）

单击工具栏中的“停止强制”按钮 F■，停止所有的强制输出，“MAINT”指示灯变为绿色。

6.3 ▸ 位逻辑运算指令

位逻辑指令用于二进制数的逻辑运算。位逻辑运算的结果简称为 RLO。

位逻辑指令是最常用的指令之一，主要有与运算指令、与非运算指令、或运算指令、或非运算指令、置位运算指令、复位运算指令、嵌套指令和线圈指令等。

（1）触点与线圈相关指令

与、与运算取反及赋值指令示例如图 6-28 所示，图中左侧是梯形图，右侧是与梯形图对应的 SCL 指令。当常开触点 I0.0 和常闭触点 I0.2 都接通时，输出线圈 Q0.0 得电（Q0.0=1），Q0.0=1 实际上就是运算结果 RLO 的数值，I0.0 和 I0.2 是串联关系。

```
IF "IN" AND NOT "IN1" THEN
    "OUT":=TRUE;
ELSE
    "OUT" := FALSE;
END_IF;
```

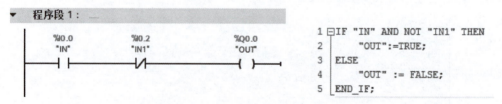

图 6-28　与、与运算取反及赋值指令示例

或、或运算取反及赋值指令示例如图 6-29 所示，当常开触点 I0.0、常开触点 Q0.0 和常闭触点 I0.2 有一个或多个接通时，输出线圈 Q0.0 得电（Q0.0=1），I0.0、Q0.0 和 I0.2 是并联关系。

```
IF "IN" OR NOT "IN1" OR "OUT" THEN
    "OUT" := true;
ELSE
    "OUT" := false;
END_IF;
```

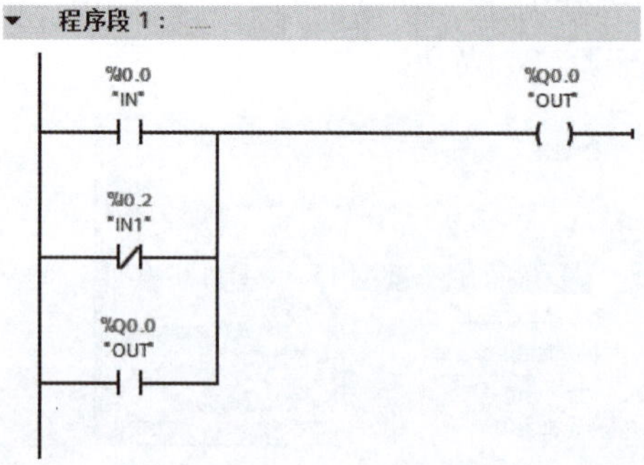

图 6-29　或、或运算取反及赋值指令示例

注：在 SCL 程序中，关键字"TRUE"大写和小写都是合法的。"TRUE"可以与"1"相互替换，"FALSE"可以与"0"相互替换。

触点和赋值指令的 LAD 和 SCL 指令对应关系见表 6-12。

表 6-12 触点和赋值指令的 LAD 和 SCL 指令对应关系

LAD	SCL 指令	功能说明	说 明

"IN"
─┤ ├─
	IF IN THEN
	   Statement;
	ELSE
	   Statement;
	END_IF;
		常开触点	可将触点相互连接并创建用户自己的组合逻辑

"IN"
─┤/├─
	IF NOT (IN) THEN
	   Statement;
	ELSE
	   Statement;
	END_IF;
		常闭触点	

"OUT" ─( )─	OUT : =< 布尔表达式 >;	赋值	将 CPU 中保存的逻辑运算结果的信号状态，分配给指定操作数
"OUT" ─(/)─	OUT : = NOT < 布尔表达式 >;	赋值取反	将 CPU 中保存的逻辑运算结果的信号状态取反后，分配给指定操作数

【例 6-4】 CPU 上电运行后，对 MB0～MB3 清零复位，请设计此程序。

【解】 S7-1200 PLC 虽然可以设置上电闭合一个扫描周期的特殊寄存器（FirstScan），但可以用如图 6-30 所示程序取代此特殊寄存器。当首次扫描时常闭触点 FirstScan（不是系统存储器）接通，MD0 清零，而第二次及以后扫描时，FirstScan 得电自锁，常闭触点 FirstScan 断开，实现清零功能。另一种解法要用到启动组织块 OB100，将在后续章节讲解。

取代特殊寄存器的程序

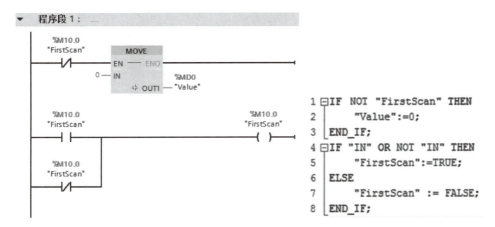

图 6-30 梯形图和 SCL 程序

【例 6-5】 CPU 上电运行后，对 M10.2 一直置位，请设计此程序。

133

【解】 S7-1200 PLC 虽然可以设置上电闭合一个扫描周期的特殊寄存器（Always TRUE），但可以用如图 6-31 所示程序取代此特殊寄存器。图 6-31（a）中由于线圈一直得电，所以 M10.0 常开触点一直闭合。图 6-31（b）中，M10.0 线圈得电自锁，所以 M10.0 常开触点一直闭合。图 6-31（c）中，M10.0 线圈永远不得电，所以 M10.0 的常闭触点一直闭合。

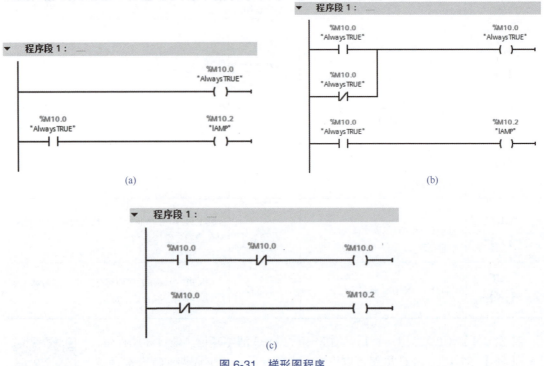

图 6-31　梯形图程序

（2）对 RLO 的直接操作指令

这类指令可直接对逻辑操作结果 RLO 进行操作，改变状态字中 RLO 的状态。对 RLO 的直接操作指令见表 6-13。

表 6-13　对 RLO 的直接操作指令

梯形图指令	SCL 指令	功能说明	说明
—|NOT|—	NOT	取反 RLO	在逻辑串中，对当前 RLO 取反

取反 RLO 指令示例如图 6-32 所示，当 I0.0 为 1 时 Q0.0 为 0，反之当 I0.0 为 0 时 Q0.0 为 1。

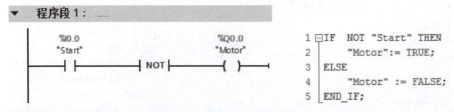

图 6-32　取反 RLO 指令示例

【例 6-6】 某设备上有"就地/远程"转换开关，当其设为"就地"挡时，就地灯亮，设为"远程"挡时，远程灯亮，请设计此程序。

【解】 梯形图如图 6-33 所示。

（3）SET_BF 位域 /RESET_BF 位域

① SET_BF："置位位域"指令，对从某个特定地址开始的多个位进行置位。

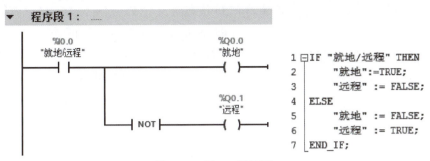

图 6-33 例 6-6 梯形图

② RESET_BF："复位位域"指令，可对从某个特定地址开始的多个位进行复位。

置位位域和复位位域应用如图 6-34 所示，当常开触点 I0.0 接通时，从 Q0.0 开始的 3 个位置位，而当常开触点 I0.1 接通时，从 Q0.1 开始的 3 个位复位。这两条指令很有用，在 S7-300/400 PLC 中没有此指令。

STEP 7 中没有与 SET_BF 和 RESET_BF 对应的 SCL 指令。

（4）RS /SR 触发器

① RS：复位 / 置位触发器（置位优先）。如果 R 输入端的信号状态为"1"，S1 输入端的信号状态为"0"，则复位。如果 R 输入端的信号状态为"0"，S1 输入端的信号状态为"1"，则置位触发器。如果两个输入端的 RLO 状态均为"1"，则置位触发器。如果两个输入端的 RLO 状态均为"0"，保持触发器以前的状态。RS /SR 双稳态触发器示例如图 6-35 所示，这个例子的输入与输出的对应关系见表 6-14。

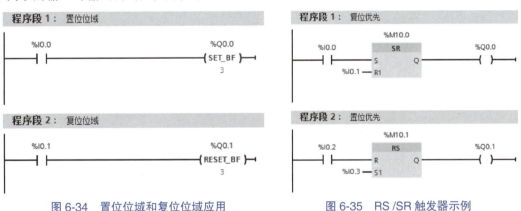

图 6-34 置位位域和复位位域应用　　　　图 6-35 RS /SR 触发器示例

表 6-14 RS /SR 触发器输入与输出的对应关系

复位 / 置位触发器 RS（置位优先）				置位 / 复位触发器 SR（复位优先）			
输入状态		输出状态	说明	输入状态		输出状态	说明
S1 (I0.3)	R (I0.2)	Q (Q0.1)		R1 (I0.1)	S (I0.0)	Q (Q0.0)	
1	0	1	当各个状态断开后，输出状态保持	1	0	0	当各个状态断开后，输出状态保持
0	1	0		0	1	1	
1	1	1		1	1	0	

② SR：置位/复位触发器（复位优先）。如果 S 输入端的信号状态为"1"，R1 输入端的信号状态为"0"，则置位。如果 S 输入端的信号状态为"0"，R1 输入端的信号状态为"1"，则复位触发器。如果两个输入端的 RLO 状态均为"1"，则复位触发器。如果两个输入端的 RLO 状态均为"0"，保持触发器以前的状态。

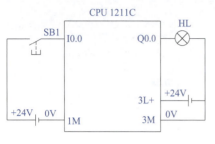

STEP 7 中没有与 RS 和 SR 对应的 SCL 指令。

【例 6-7】 设计一个单键启停控制（乒乓控制）的程序，实现用一个单按钮控制一盏灯的亮和灭，即奇数次压下按钮灯亮，偶数次压下按钮灯灭。

单键启停控制讲解

图 6-36　原理图

【解】 先设计原理图，如图 6-36 所示。

梯形图如图 6-37 所示，可见使用 SR 触发器指令后，不需要用自锁，程序变得更加简洁。当第一次压下按钮时，Q0.0 线圈得电（灯亮），Q0.0 常开触点闭合，当第二次压下按钮时，S 和 R1 端子同时高电平，由于复位优先，所以 Q0.0 线圈断电（灯灭）。

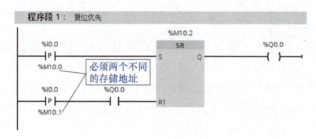

图 6-37　梯形图（1）

这个题目还有另一种解法，就是用 RS 指令，梯形图如图 6-38 所示，当第一次压下按钮时，Q0.0 线圈得电（灯亮），Q0.0 常闭触点断开，当第二次压下按钮时，R 端子高电平，所以 Q0.0 线圈断电（灯灭）。

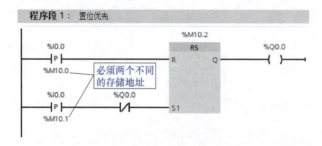

图 6-38　梯形图（2）

（5）上升沿和下降沿指令

上升沿和下降沿指令有扫描操作数的信号下降沿指令和扫描操作数的信号上升沿指令。STEP 7 中没有与 FP 和 FN 对应的 SCL 指令。

① 下降沿指令　操作数 1 的信号状态如从"1"变为"0"，则 RLO=1 保持一个扫描周期。具体为：该指令比较操作数 1 的当前信号状态与上一次扫描的信号状态（保存在操作

数 2 中），如果该指令检测到状态从"1"变为"0"，则 RLO=1 保持一个扫描周期，说明出现了一个下降沿。

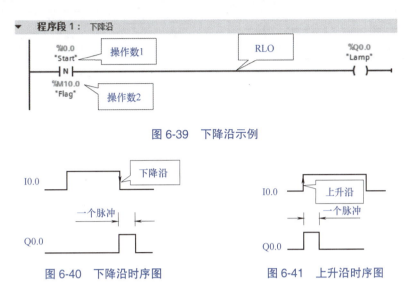

图 6-39 下降沿示例

图 6-40 下降沿时序图　　图 6-41 上升沿时序图

下降沿示例的梯形图和时序图如图 6-39 和图 6-40 所示，当与 I0.0 关联的按钮按下后弹起时，产生一个下降沿，输出 O0.0 得电一个扫描周期，这个时间是很短的。在后面的章节中多处用到时序图，请读者务必掌握这种表达方式。

② 上升沿指令　操作数 1 的信号状态如从"0"变为"1"，则 RLO=1 保持一个扫描周期。具体为：该指令比较操作数 1 的当前信号状态与上一次扫描的信号状态（保存在操作数 2 中），如果该指令检测到状态从"0"变为"1"，则 RLO=1 保持一个扫描周期，说明出现了一个上升沿。

上升沿示例的梯形图和时序图如图 6-41 和图 6-42 所示，当与 I0.0 关联的按钮压下时，产生一个上升沿，输出 O0.0 得电一个扫描周期，无论按钮闭合多长的时间，输出 O0.0 只得电一个扫描周期。

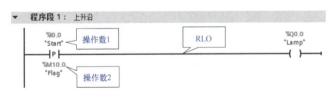

图 6-42 上升沿示例

【例 6-8】 梯形图如图 6-43 所示，如果 I0.0 常开触点闭合，闭合 1s 后断开，请分析程序运行结果。

【解】 时序图如图 6-44 所示，当 I0.0 常开触点闭合时，产生上升沿，触点产生一个扫描周期的时钟脉冲，驱动输出线圈 Q0.1 通电一个扫描周期，Q0.0 也通电，使输出线圈 Q0.0 置位并保持。

当 I0.0 常开触点断开时，产生下降沿，触点产生一个扫描周期的时钟脉冲，驱动输出线圈 Q0.2 通电一个扫描周期，使输出线圈 Q0.0 复位并保持，Q0.0 得电共 1s。

137

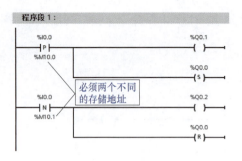
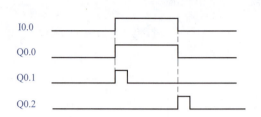

图 6-43 边沿检测指令示例　　　　图 6-44 边沿检测指令示例时序图

【例 6-9】 设计一个程序，实现用一个单按钮控制一盏灯的亮和灭，即奇数次压下按钮灯亮，偶数次压下按钮灯灭。

【解】 当 I0.0 第一次合上时，M10.0 接通一个扫描周期，使得 Q0.0 线圈得电一个扫描周期，当下一次扫描周期到达，Q0.0 常开触点闭合自锁，灯亮。

当 I0.0 第二次合上时，M10.0 线圈得电一个扫描周期，使得 M10.0 常闭触点断开，灯灭。梯形图如图 6-45 所示。

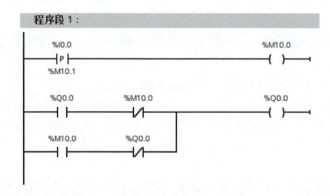

图 6-45 梯形图

上面的上升沿指令和下降沿指令没有对应的 SCL 指令。

6.4 定时器和计数器指令

6.4.1 IEC 定时器

TIA 博途软件的定时器指令相当于继电器接触器控制系统的时间继电器的功能。定时器的数量根据 CPU 的类型不同而不同，一般而言足够用户使用。SIMATIC 定时器适用于 S7-300/400/1500 PLC，不适用于 S7-1200 PLC。IEC 定时器适用于 S7-1200 PLC。

S7-1200 PLC 不支持 S7 定时器，只支持 IEC 定时器。IEC 定时器集成在 CPU 的操作系统中，在相应的 CPU 中有以下定时器：脉冲定时器（TP）、通电延时定时器（TON）、时间累加器定时器（TONR）和断电延时定时器（TOF）。

6.4.1.1 通电延时定时器

通电延时定时器（TON）有线框指令和线圈指令，以下分别讲解。

（1）通电延时定时器（TON）线框指令

通电延时定时器（TON）的参数见表 6-15。

表 6-15 通电延时定时器指令和参数

LAD	SCL	参数	数据类型	说明
TON Time —IN Q— —PT ET—	"IEC_Timer_0_DB".TON (IN: =_bool_in_, PT: =_time_in_, Q=>_bool_out_, ET=>_time_out_);	IN	BOOL	启动定时器
		Q	BOOL	超过时间 PT 后，置位的输出
		PT	Time	定时时间
		ET	Time/LTime	当前时间值

以下用一个例子介绍通电延时定时器的应用。

【例 6-10】 当 I0.0 常开触点闭合，3s 后电动机启动，请设计控制程序。

【解】 先插入 IEC 定时器 TON，弹出如图 6-46 所示界面，单击"确定"按钮，分配数据块，再编写程序如图 6-47 所示。当 I0.0 闭合时，启动定时器，T#3s 是定时时间，3s 后 Q0.0 为 1，MD10 中是定时器定时的当前时间。

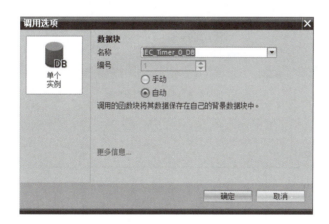

图 6-46 插入数据块

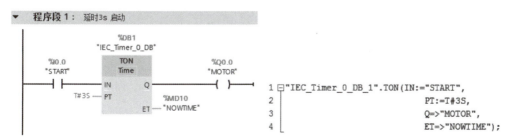

图 6-47 梯形图和 SCL 程序

【例 6-11】 设计一段程序，实现一盏灯亮 3s，灭 3s，不断循环，且能实现启停控制。

【解】 PLC 采用 CPU1211C，原理图如图 6-48 所示，先新建全局数据块 DB_Timer，再建变量 T0 和 T1，注意其数据类型为"IEC_TIMER"，最后编

3s 闪烁控制讲解

写如图 6-49 所示的程序。

控制过程是：当 SB1 合上，灯亮，定时器 T0 定时 3s 后 Q0.0 控制的灯灭，与此同时定时器 T1 启动定时，3s 后"DB_Timer".T1.Q 的常闭触点断开，造成 T0 和 T1 的线圈断电，此时"DB_Timer".T1.Q 的常闭触点闭合，T0 又开始定时，Q0.0 灯亮，如此周而复始，Q0.0 控制灯闪烁。

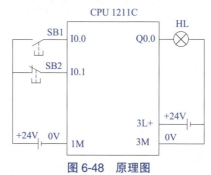

图 6-48　原理图

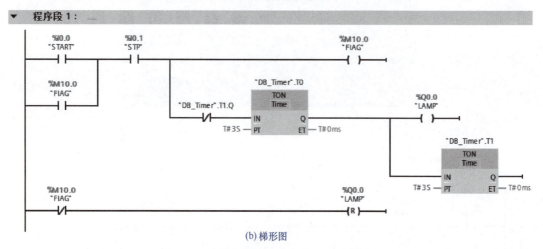

(a) 全局数据块 DB_Timer

(b) 梯形图

图 6-49　全局数据块 DB_Timer 和梯形图

（2）通电延时定时器（TON）线圈指令

通电延时定时器（TON）线圈指令与线框指令类似，但没有 SCL 指令，以下仅用例 6-11 介绍其用法。

【解】

① 先添加数据块 DB1，数据块的类型选定为"IEC_TIMER"，单击"确定"按钮，如图 6-50 所示。

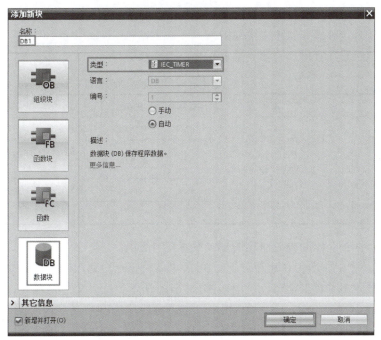

图 6-50　新建数据块 DB1

数据块的参数如图 6-51 所示，各参数的含义与表 6-15 相同，在此不作赘述。

DB1

	名称	数据类型	起始值	保持	可从 HMI/...	从 H...	在 HMI ...	设定值	...
1	▼ Static			☐	☐	☐	☐	☐	
2	PT	Time	T#0ms	☐	☑	☑	☑	☐	
3	ET	Time	T#0ms	☐	☑	☐	☑	☐	
4	IN	Bool	false	☐	☑	☑	☑	☐	
5	Q	Bool	false	☐	☑	☐	☑	☐	

图 6-51　数据块 DB1 参数

② 编写程序，如图 6-52 所示。

图 6-52　梯形图

6.4.1.2 断电延时定时器

（1）断电延时定时器（TOF）线框指令

断电延时定时器（TOF）的参数见表 6-16。

表 6-16 断电延时定时器指令和参数

LAD	SCL	参数	数据类型	说明
TOF Time — IN Q— — PT ET—	"IEC_Timer_0_DB".TOF (IN:=_bool_in_, PT:=_time_in_, Q=>_bool_out_, ET=>_time_out_);	IN	BOOL	启动定时器
		Q	BOOL	定时器 PT 计时结束后要复位的输出
		PT	Time	关断延时的持续时间
		ET	Time/LTime	当前时间值

以下用一个例子介绍断电延时定时器（TOF）的应用。

【例 6-12】 常开触点 I0.0 断开，延时 3s 后电动机停止转动，设计控制程序。

【解】 先插入 IEC 定时器 TOF，弹出如图 6-50 所示界面，分配数据块，再编写程序如图 6-53 所示，常开触点 I0.0 闭合 Q0.0 得电，电动机启动。T#3s 是定时时间，断开 I0.0，启动定时器，3s 后 Q0.0 为 0，电动机停转，MD10 中是定时器定时的当前时间。

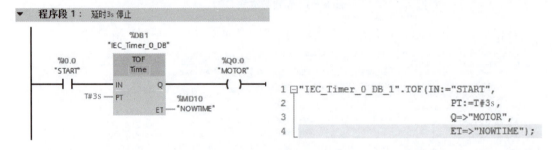

图 6-53 梯形图和 SCL 程序

（2）断电延时定时器（TOF）线圈指令

断电延时定时器线圈指令与线框指令类似，但没有 SCL 指令，以下仅用一个例子介绍其用法。

【例 6-13】 某车库中有一盏灯，当人离开车库后，按下停止按钮，5s 后灯熄灭，原理图如图 6-54 所示，要求编写程序。

【解】

① 先添加数据块 DB1，数据块的类型选定为"IEC_TIMER"，单击"确定"按钮，如图 6-55 所示。

数据块的参数如图 6-56 所示，各参数的含义与表 6-16 相同，在此不作赘述。

② 编写程序，如图 6-57 所示。当接通 SB1 按钮，灯 HL1 亮；按下 SB2 按钮 5s 后，灯 HL1 灭。注意原理图中的 SB2 接常闭触点，对应梯形图中的 I0.1 为常开触点，这点不能弄错。

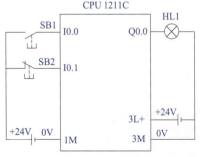

图 6-54 原理图

第 6 章　西门子 S7-1200 PLC 的编程语言 ▶▶▶

图 6-55　新建数据块 DB1

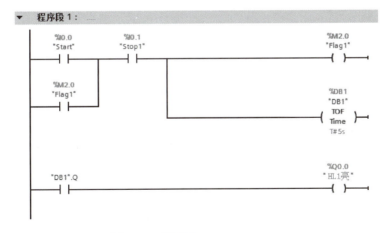

图 6-56　数据块 DB1 参数

图 6-57　梯形图

【例 6-14】　鼓风机系统一般有引风机和鼓风机两级构成。当按下启动按钮之后，引风机先工作，工作 5s 后，鼓风机工作。按下停止按钮之后，鼓风机先停止工作，5s 之后，引风机才停止工作。根据上述要求编写控制程序。

【解】

① PLC 的 I/O 分配见表 6-17。

鼓风机控制
程序讲解

143

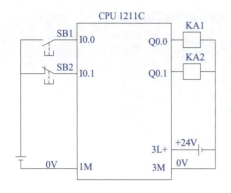

表 6-17　PLC 的 I/O 分配表

输入			输出		
名称	符号	输入点	名称	符号	输出点
开始按钮	SB1	I0.0	鼓风机	KA1	Q0.0
停止按钮	SB2	I0.1	引风机	KA2	Q0.1

② 控制系统的接线。鼓风机控制系统按照如图 6-58 所示原理图接线。

③ 编写程序。引风机在按下停止按钮后还要运行 5s，容易想到要使用 TOF 定时器；鼓风机在引风机工作 5s 后才开始工作，因而用 TON 定时器。先新建全局数据块 DB_Timer，再建变量 T0 和 T1，注意其数据类型为"IEC_TIMER"，如图 6-59 所示，这样建数据块，和系统自动生成数据块相比，减少了数据块数量，尤其在较大的项目中应用较多。最后编写如图 6-60 所示的程序。

图 6-58　原理图

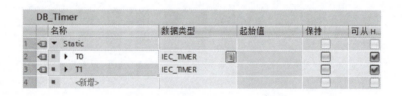

图 6-59　全局数据块 DB_Timer

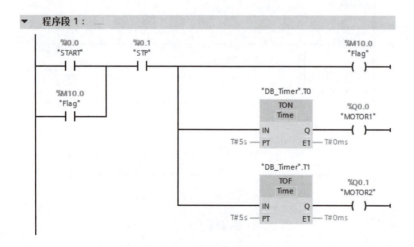

图 6-60　鼓风机控制梯形图程序

6.4.1.3　时间累加器定时器（TONR）

时间累加器定时器（TONR）的参数见表 6-18。

表 6-18 时间累加器定时器指令和参数

LAD	SCL	参数	数据类型	说明
TONR Time —IN Q— —R ET— —PT	"IEC_Timer_0_DB".TONR（IN: =_bool_in_, R: =_bool_in_, PT: =_in_, Q=>_bool_out_, ET=>_out_);	IN	BOOL	启动定时器
		Q	BOOL	超过时间 PT 后，置位的输出
		R	BOOL	复位输入
		PT	Time	时间记录的最长持续时间
		ET	Time/LTime	当前时间值

以下用一个例子介绍时间累加器定时器（TONR）的应用。如图 6-61 所示，当 I0.0 闭合的时间累加和大于等于 10 s（即 I0.0 闭合一次或者闭合数次的时间累加和大于等于 10s），Q0.0 线圈得电，如需要 Q0.0 线圈断电，则要 I0.1 闭合。

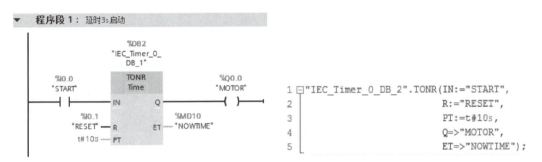

图 6-61 梯形图和 SCL 程序

【例 6-15】 现有一套三级输送机用于实现货料的传输，每一级输送机由一台交流电机进行控制，电机为 Ml、M2 和 M3，分别由接触器 KM1、KM2、KM3、KM4、KM5 和 KM6 控制电机的正反转运行。

系统的结构示意图如图 6-62 所示。

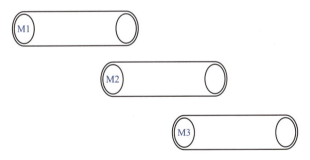

图 6-62 系统的结构示意图

（1）控制任务描述

① 当装置上电时，系统进行复位，所有电机停止运行。

② 当手 / 自动转换开关 SA1 打到左边时，系统进入自动状态。按下系统启动按钮 SB1 时，电机 M3 首先正转启动，运转 10s 以后，电机 M2 正转启动，当电机 M2 运转 10s 以后，电机 Ml 正转启动，此时系统完成启动过程，进入正常运转状态。

145

③ 当按下系统停止按钮 SB2 时，电机 M1 首先停止，当电机 M1 停止 10 s 以后，电机 M2 停止，当 M2 停止 10s 以后，电机 M3 停止。系统在启动过程中按下停止按钮 SB2，电机按启动的顺序反向停止运行。

④ 当系统按下急停按钮 SB9 时三台电机要求停止工作，直到急停按钮取消时，系统恢复到之前状态。

⑤ 当手 / 自动转换开关 SA1 打到右边时系统进入手动状态，系统只能由手动开关控制电机的运行。通过手动开关（SB3～SB8），操作者能控制三台电机的正反转运行，实现货物的手动运行。

（2）编写程序

根据系统的功能要求，编写控制程序。

【解】 电气原理图如图 6-63 所示，先新建全局数据块 DB_Timer，再建变量 T0～T4，注意其数据类型为"IEC_TIMER"，最后编写如图 6-64 所示的程序。创建 DB_Timer 的方法参见例 6-11。

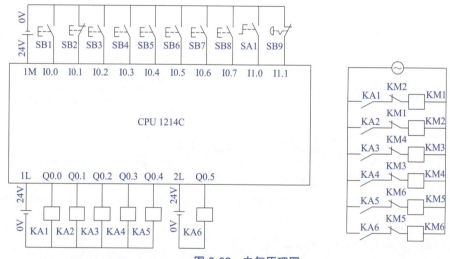

图 6-63　电气原理图

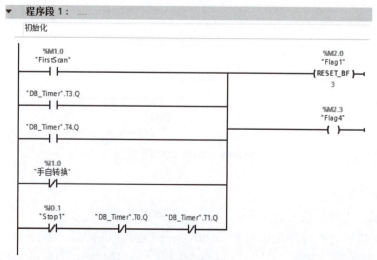

图 6-64　梯形图

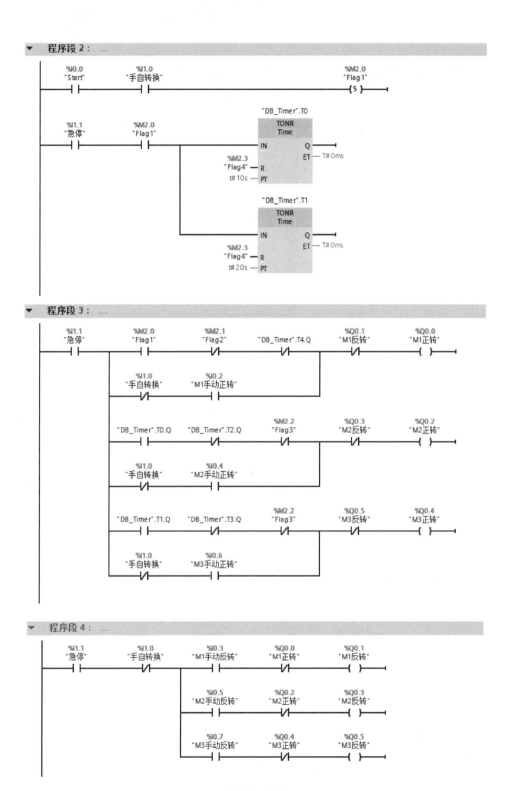

图 6-64（续）

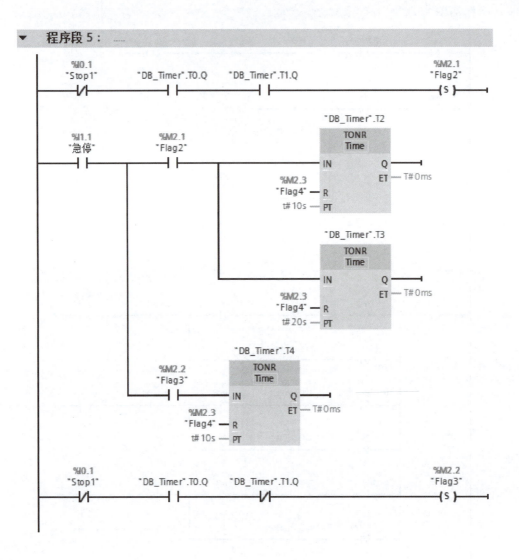

图 6-64（续）

6.4.2 IEC 计数器

S7-1200 PLC 不支持 S7 计数器，只支持 IEC 计数器。IEC 计数器集成在 CPU 的操作系统中。在 CPU 中有以下计数器：加计数器（CTU）、减计数器（CTD）和加减计数器（CTUD）。

（1）加计数器（CTU）

加计数器（CTU）的参数见表 6-19。

从指令框的"???"下拉列表中选择该指令的数据类型。

以下以加计数器（CTU）为例介绍 IEC 计数器的应用。

表 6-19　加计数器（CTU）指令和参数

LAD	SCL	参数	数据类型	说明
CTU ??? — CU Q — — R CV — — PV	"IEC_COUNTER_DB".CTU（CU：="Tag_Start"，R：="Tag_Reset"，PV：="Tag_PresetValue"，Q=>"Tag_Status"，CV=>"Tag_CounterValue"）；	CU	BOOL	计数器输入
		R	BOOL	复位，优先于 CU 端
		PV	Int	预设值
		Q	BOOL	计数器的状态，CV ≥ PV，Q 输出 1，CV <PV，Q 输出 0
		CV	整数、Char、WChar、Date	当前计数值

【例 6-16】 压启动按钮使 I0.0 常开触点闭合 3 次后，电动机启动，压停止按钮使 I0.1 常开触点闭合，电动机停止，请设计控制程序。

【解】 将 CTU 计数器拖拽到程序编辑器中，弹出如图 6-65 所示界面，单击"确定"按钮，输入梯形图和 SCL 程序如图 6-66 所示。当 I0.0 常开触点闭合 3 次，MW10 中存储的当前计数值（CV）为 3，等于预设值（PV），所以 Q0.0 状态变为 1，电动机启动；当 I0.1 常开触点闭合，MW10 中存储的当前计数值变为 0，小于预设值（PV），所以 Q0.0 状态变为 0，电动机停止。

图 6-65　调用选项

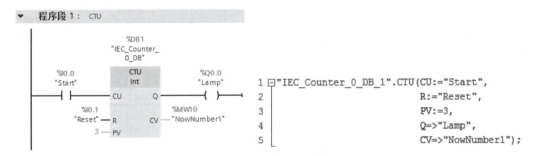

图 6-66　梯形图和 SCL 程序

【例 6-17】 设计一个程序，实现用一个单按钮控制一盏灯的亮和灭，即奇数次压下按钮时灯亮，偶数次压下按钮时灯灭。

【解】 当 I0.0 第一次合上时，M2.0 接通一个扫描周期，使得 Q0.0 线圈得电一个扫描周期，当下一次扫描周期到达，Q0.0 常开触点闭合自锁，灯亮。

当 I0.0 第二次合上时，M2.0 接通一个扫描周期，当计数器计数为 2 时 M2.1 线圈得电，从而 M2.1 常闭触点断开，Q0.0 线圈断电，使得灯灭，同时计数器复位。梯形图如图 6-67 所示。

（2）减计数器（CTD）

减计数器（CTD）的参数见表 6-20。

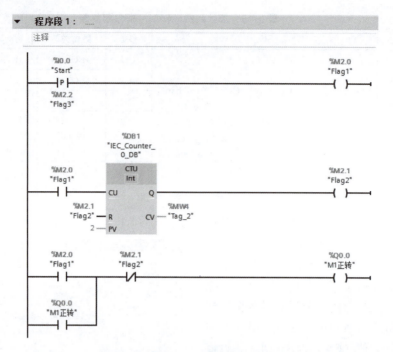

图 6-67 梯形图

表 6-20 减计数器（CTD）指令和参数

LAD	SCL	参数	数据类型	说明
		CD	BOOL	计数器输入
	"IEC_Counter_0_DB_1".CTD（CD: =_bool_in_, LD: =_bool_in_, PV: =_in_, Q=>_bool_out_, CV=>_out_）;	LD	BOOL	装载输入
		PV	Int	预设值
		Q	BOOL	使用 LD=1 置位输出 CV 的目标值
		CV	整数、Char、WChar、Date	当前计数值

从指令框的"???"下拉列表中选择该指令的数据类型。

以下用一个例子说明减计数器（CTD）的用法。

梯形图和 SCL 程序如图 6-68 所示。当 I0.1 1 常开触点闭合一次，PV 值装载到当前计数值（CV），且为 3。当 I0.0 常开触点闭合一次，CV 减 1，当 I0.0 常开触点闭合 3 次，CV 值变为 0，所以 Q0.0 状态变为 1。

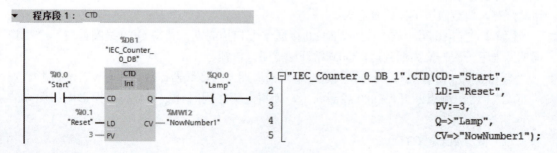

图 6-68 梯形图和 SCL 程序

（3）加减计数器（CTUD）

加减计数器指令（CTUD）的参数见表 6-21。

表 6-21　加减计数器指令（CTUD）和参数

LAD	SCL	参数	数据类型	说明
CTUD ???　CU　QU　CD　QD　R　CV　LD　PV	"IEC_Counter_0_DB_1".CTUD (CU: =_bool_in_, CD: =_bool_in_, R: =_bool_in_, LD: =_bool_in_, PV: =_in_, QU=>_bool_out_, QD=>_bool_out_, CV=>_out_);	CU	BOOL	加计数器输入
		CD	BOOL	减计数器输入
		R	BOOL	复位输入
		LD	BOOL	装载输入
		PV	Int	预设值
		QU	BOOL	加计数器的状态
		QD	BOOL	减计数器的状态
		CV	整数、Char、WChar、Date	当前计数值

从指令框的"???"下拉列表中选择该指令的数据类型。

以下用一个例子说明加减计数器指令（CTUD）的用法。

梯形图和 SCL 程序如图 6-69 所示。如果当前值 PV 为 0，I0.0 常开触点闭合 3 次，CV 为 3，QU 的输出 Q0.0 为 1，当 I0.1 常开触点闭合，复位，Q0.0 为 0。

当 I0.3 常开触点闭合 1 次，PV 值装载到当前计数值（CV），且为 3。当 I0.2 常开触点闭合 1 次，CV 减 1，I0.2 常开触点闭合 3 次，CV 值变为 0，所以 Q0.1 状态变为 1。

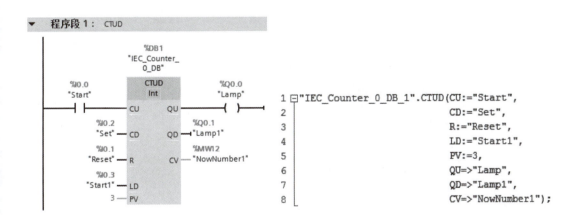

图 6-69　梯形图和 SCL 程序

6.5　移动操作指令

移动值指令（MOVE）：当允许输入端的状态为"1"时，启动此指令，将 IN 端的数值输送到 OUT 端的目的地址中，IN 和 OUTx（x 为 1、2、3）有相同的信号状态。移动值指令（MOVE）及参数见表 6-22。

表 6-22 移动值指令（MOVE）及参数

LAD	SCL	参数	数据类型	说明
MOVE —EN — ENO— —IN ✻ OUT1—	OUT1: =IN;	EN	BOOL	允许输入
		ENO	BOOL	允许输出
		OUT1	位字符串、整数、浮点数、定时器、日期 时 间、Char、WChar、Struct、Array、Timer、Counter、IEC 数据类型、PLC 数据类型（UDT）	目的地址
		IN		源数据

每点击"MOVE"指令中的 ✻ 一次，就增加一个输出端。

用一个例子来说明移动值指令（MOVE）的使用，梯形图和 SCL 程序如图 6-70 所示，当 I0.0 闭合，MW20 中的数值（假设为 8），传送到目的地址 MW22 和 MW30 中，结果是 MW20、MW22 和 MW30 中的数值都是 8。Q0.0 的状态与 I0.0 相同，也就是说，I0.0 闭合时，Q0.0 为"1"；I0.0 断开时，Q0.0 为"0"。

MOVE 指令
使用讲解

图 6-70 移动值梯形图和 SCL 指令示例

【例 6-18】 根据图 6-71 和图 6-72 所示电动机 Y-△启动的电气原理图，编写控制程序。

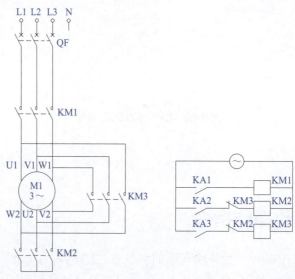

图 6-71 原理图——主回路

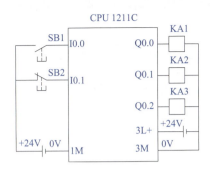

图 6-72　原理图——控制回路

【解】　本例 PLC 可采用 CPU1211C。前 10s Q0.0 和 Q0.1 线圈得电，星形启动，从第 10～11s 只有 Q0.0 得电，从 11s 开始，Q0.0 和 Q0.2 线圈得电，电动机为三角形运行。梯形图程序如图 6-73 所示。用这种方法编写程序很简单，但浪费了宝贵的输出点资源。

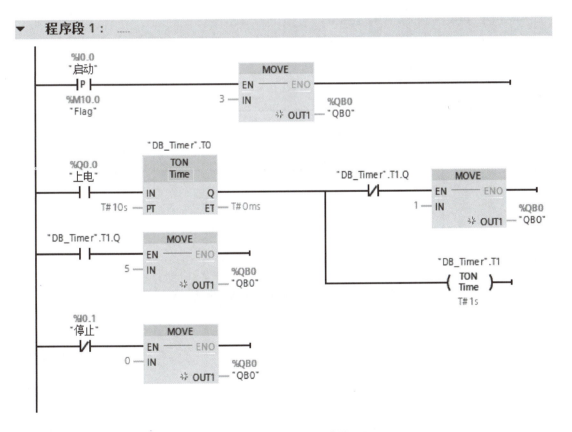

图 6-73　电动机 Y-△启动梯形图

以上梯形图是正确的，但需占用 8 个输出点，而真实使用的输出点却只有 3 个，浪费了 5 个宝贵的输出点，因此从工程的角度考虑，不是一个实用程序。改进的梯形图程序如图 6-74 所示，仍然采用以上方案，但只需要使用 3 个输出点，因此是一个实用程序。

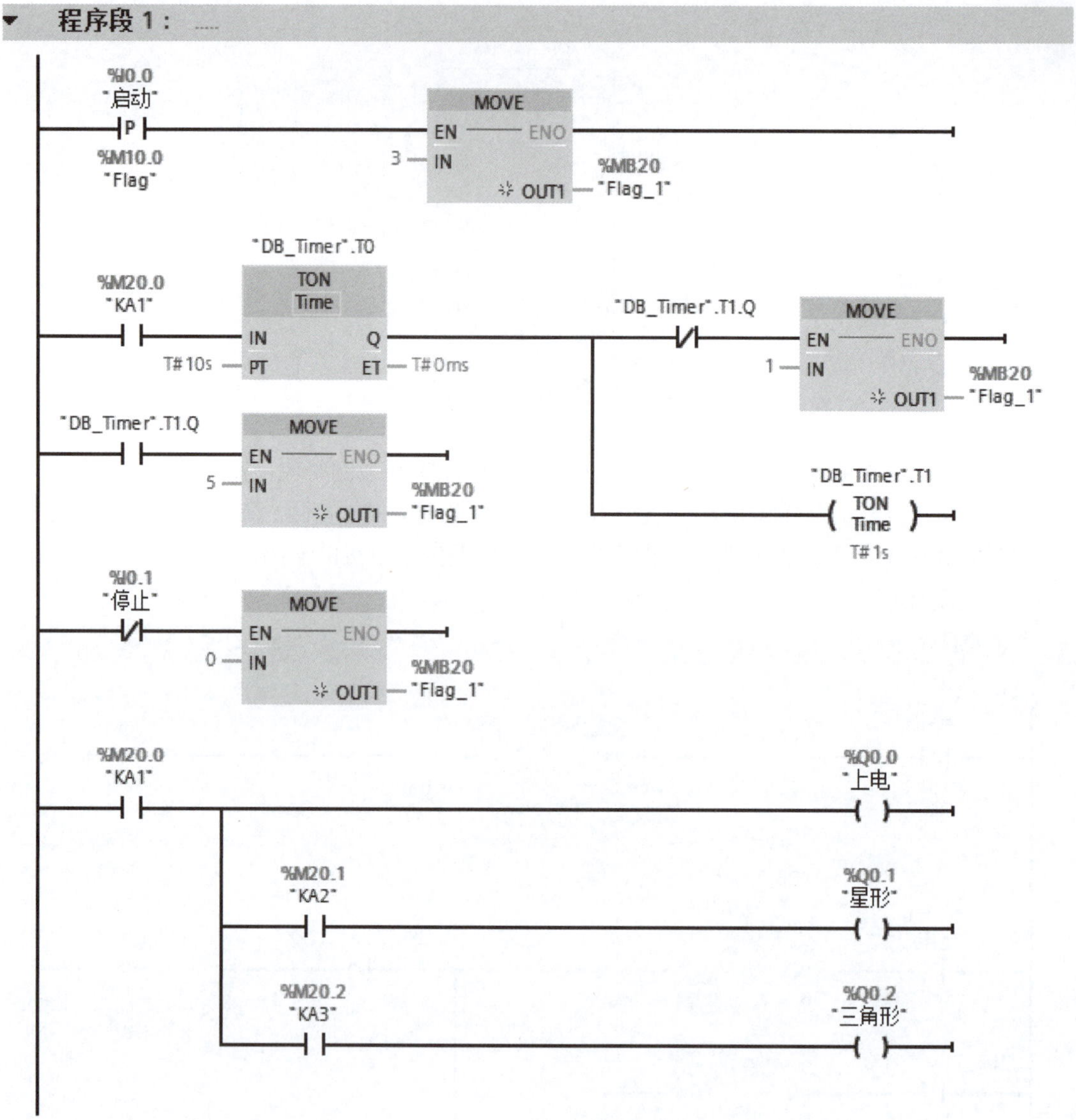

程序段 1： ……

[梯形图]

图 6-74　电动机 Y- △启动梯形图和 SCL 程序（改进后）

6.6 ▶ 比较指令

比较指令
使用讲解

TIA 博途软件提供了丰富的比较指令，可以满足用户的各种需要。TIA 博途软件中的比较指令可以对如整数、双整数、实数等数据类型的数值进行比较。

【关键点】一个整数和一个双整数是不能直接进行比较的，因为它们之间的数据类型不同。一般先将整数转换成双整数，再对两个双整数进行比较。

比较指令有等于（CMP==）、不等于（CMP<>）、大于（CMP>）、小于（CMP<）、大于或等于（CMP>=）和小于或等于（CMP<=）。比较指令对输入操作数1和操作数2进行比较，如果比较结果为真，则逻辑运算结果RLO为"1"，反之则为"0"。

以下仅以等于比较指令的应用来说明比较指令的使用，其他比较指令此处不再详述。

（1）等于比较指令的选择示意

等于比较指令的选择示意如图6-75所示，单击标记"①"处，弹出标记"③"处的比较符（等于、大于等），选择所需的比较符。单击"②"处，弹出标记"④"处的数据类型，选择所需的数据类型，最后得到标记"⑤"处的"整数等于比较指令"。

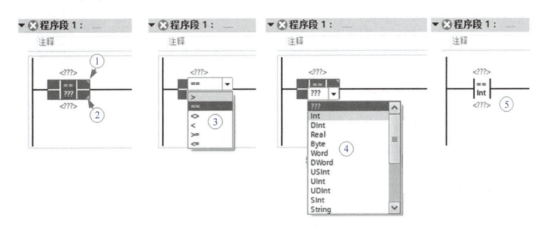

图 6-75　等于比较指令的选择示意

（2）等于比较指令的使用举例

等于比较指令有整数等于比较指令、双整数等于比较指令和实数等于比较指令等。等于比较指令和参数见表6-23。

表 6-23　等于比较指令和参数

LAD	SCL	参数	数据类型	说明

==
???
	OUT : = IN1 = IN2;
	or
	IF IN1 = IN2 THEN
	　OUT : = 1;
	ELSE
	　out : = 0;
	END_IF;
		操作数1	位字符串、整数、浮点数、字符串、Time、LTime、Date、TOD、LTOD、DTL、DT、LDT	比较的第一个数值

		操作数2		比较的第二个数值

从指令框的"???"下拉列表中选择该指令的数据类型。

用一个例子来说明等于比较指令，梯形图和SCL程序如图6-76所示。当I0.0闭合时，激活比较指令，MW10中的整数和MW12中的整数比较，若两者相等，则Q0.0输出为"1"，若两者不相等，则Q0.0输出为"0"。在I0.0不闭合时，Q0.0的输出为"0"。操作数1和操作数2可以为常数。

双整数等于比较指令和实数等于比较指令的使用方法与整数等于比较指令类似，只不过操作数1和操作数2的参数类型分别为双整数和实数。

```
程序段 1：CMP==
```

```
  %I0.0        %MW10              %Q0.0
 "Start"      "Number1"           "Lamp"
   | |           ==                ( )
                 Int
              %MW12
             "Number2"
```

```
1  IF "Start" AND "Number1"= "Number2" THEN
2      "Lamp" := TRUE;
3  ELSE
4      "Lamp" := FALSE;
5  END_IF;
```

图 6-76　整数等于比较指令示例

转换指令
使用讲解

6.7　转换指令

转换指令是将一种数据格式转换成另外一种格式进行存储。例如，要让一个整型数据和双整型数据进行算术运算，一般要将整型数据转换成双整型数据。

以下仅以 BCD 码转换成整数指令的应用来说明转换值指令（CONV）的使用，其他转换值指令不再讲述。

（1）转换值指令（CONV）

① 转换值指令（CONV）的选择示意　BCD 码转换成整数指令的选择示意如图 6-77 所示，单击标记"①"处，弹出标记"③"处的要转换值的数据类型，选择所需的数据类型。单击"②"处，弹出标记"④"处的转换结果的数据类型，选择所需的数据类型，最后得到标记"⑤"处的"BCD 码转换成整数指令"。

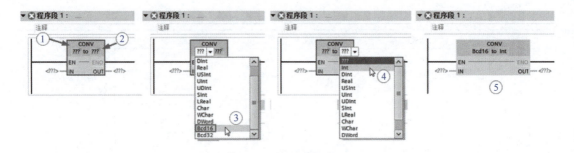

图 6-77　BCD 码转换成整数指令的选择示意

② 转换值指令（CONV）的应用举例　"转换值"指令将读取参数 IN 的内容，并根据指令框中选择的数据类型对其进行转换。转换值存储在输出 OUT 中，转换值指令应用十分灵活。转换值指令（CONV）和参数见表 6-24。

从指令框的"???"下拉列表中选择该指令的数据类型。

BCD 转换成整数指令是将 IN 指定的内容以 BCD 码二～十进制格式读出，并将其转换为整数格式，输出到 OUT 端。如果 IN 端指定的内容超出 BCD 码的范围（例如 4 位二进制数出现 1010～1111 的几种组合），则执行指令时将会发生错误，使 CPU 进入 STOP 模式。

表 6-24 转换值指令（CONV）和参数

LAD	SCL	参数	数据类型	说明
CONV ??? to ??? —EN—ENO— —IN—OUT—	OUT : = <data type in>_TO_<data type out>（IN）;	EN	BOOL	使能输入
		ENO	BOOL	使能输出
		IN	位字符串、整数、浮点数、Char、WChar、BCD16、BCD32	要转换的值
		OUT	位字符串、整数、浮点数、Char、WChar、BCD16、BCD32	转换结果

用一个例子来说明 BCD 码转换成整数指令，梯形图和 SCL 程序如图 6-78 所示。当 I0.0 闭合时，激活 BCD 码转换成整数指令，IN 中的 BCD 码用十六进制表示为 16#22（就是十进制的 22），转换完成后 OUT 端的 MW10 中的整数的十六进制是 16#16。

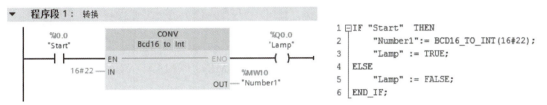

图 6-78 BCD 码转换成整数指令示例

（2）取整指令（ROUND）

"取整"指令将输入 IN 的值四舍五入取整为其最接近的整数。该指令将输入 IN 的值（为浮点数）转换为一个 DINT 数据类型的整数。取整指令（ROUND）和参数见表 6-25。

表 6-25 取整指令（ROUND）和参数

LAD	SCL	参数	数据类型	说明
ROUND ??? to ??? —EN—ENO— —IN—OUT—	OUT: =ROUND（IN）;	EN	BOOL	允许输入
		ENO	BOOL	允许输出
		IN	浮点数	要取整的输入值
		OUT	整数、浮点数	取整的结果

注：可以从指令框的"???"下拉列表中选择该指令的数据类型。

用一个例子来说明取整指令，梯形图和 SCL 程序如图 6-79 所示。当 I0.0 闭合时，激活取整指令，IN 中的实数存储在 MD16 中，假设这个实数为 3.14，进行取整运算后 OUT 端的 MD16 中的双整数是 DINT#3，假设这个实数为 3.88，进行取整运算后 OUT 端的 MD10 中的双整数是 DINT#4。ROUND 指令可以用 CONV 替换。

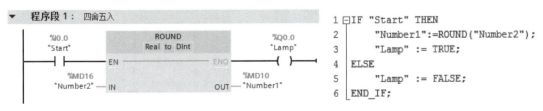

图 6-79 取整指令示例

(3) 标准化指令（NORM_X）

使用"标准化"指令，可将输入 VALUE 中变量的值映射到线性标尺对其进行标准化。使用参数 MIN 和 MAX 定义输入 VALUE 值范围的限值。标准化指令（NORM_X）和参数见表 6-26。

表 6-26 标准化指令（NORM_X）和参数

LAD	SCL	参数	数据类型	说明
NORM_X ??? to ??? EN — ENO MIN OUT VALUE MAX	out : =NORM_X（min: =_in_, value: =_in_, max: =_in_）;	EN	BOOL	允许输入
		ENO	BOOL	允许输出
		MIN	整数、浮点数	取值范围的下限
		VALUE	整数、浮点数	要标准化的值
		MAX	整数、浮点数	取值范围的上限
		OUT	浮点数	标准化结果

注：可以从指令框的"???"下拉列表中选择该指令的数据类型。

"标准化"指令的计算公式是：OUT =（VALUE – MIN）/（MAX – MIN），此公式对应的计算原理图如图 6-80 所示。

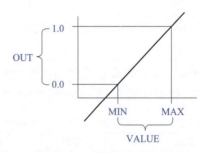

图 6-80 计算原理图（1）

用一个例子来说明标准化指令（NORM_X），梯形图和 SCL 程序如图 6-81 所示。当 I0.0 闭合时，激活标准化指令，要标准化的 VALUE 存储在 MV10 中，VALUE 的范围是 0～27648，将 VALUE 标准化的输出范围是 0～1.0。假设 MW10 中是 13824，那么 MD16 中的标准化结果为 0.5。

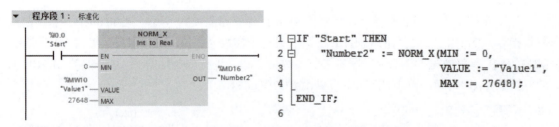

图 6-81 标准化指令示例

(4) 缩放指令（SCALE_X）

使用"缩放"指令，通过将输入 VALUE 的值映射到指定的值范围来对其进行缩放。当执行"缩放"指令时，输入 VALUE 的浮点值会缩放到由参数 MIN 和 MAX 定义的值范围。

缩放结果为整数，存储在 OUT 输出中。缩放指令（SCALE_X）和参数见表 6-27。

表 6-27 缩放指令（SCALE_X）和参数

LAD	SCL	参数	数据类型	说明
SCALE_X ??? to ??? EN ENO MIN OUT VALUE MAX	out := SCALE_X（min: =_in_, value: =_in_, max: =_in_）;	EN	BOOL	允许输入
		ENO	BOOL	允许输出
		MIN	整数、浮点数	取值范围的下限
		VALUE	浮点数	要缩放的值
		MAX	整数、浮点数	取值范围的上限
		OUT	整数、浮点数	缩放结果

注：可以从指令框的"???"下拉列表中选择该指令的数据类型。

"缩放"指令的计算公式是：OUT =［VALUE *（MAX – MIN）］+ MIN，此公式对应的计算原理图如图 6-82。

用一个例子来说明缩放指令（SCALE_X），梯形图和 SCL 程序如图 6-83 所示。当 I0.0 闭合时，激活缩放指令，要标缩放的 VALUE 存储在 MD10 中，VALUE 的范围是 0 ~ 1.0，将 VALUE 缩放的输出范围是 0 ~ 27648。假设 MD10 中是 0.5，那么 MW16 中的缩放结果为 13824。

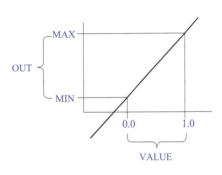

图 6-82 计算原理图（2）

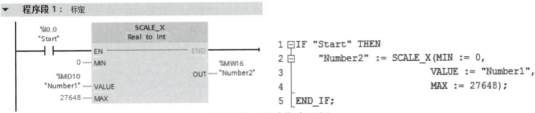

图 6-83 缩放指令示例

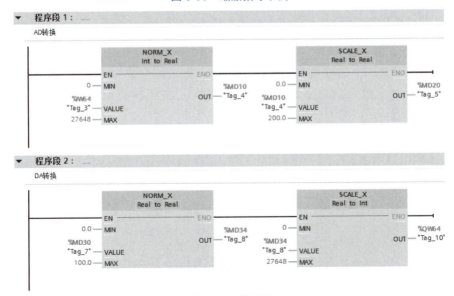

图 6-84 梯形图

【例 6-19】 有一个系统，模拟量输入通道地址为 IW64，其测量温度范围是 0～200℃，要求将实时温度值存入 MD20 中。有一个阀门由模拟量输出通道 QW64 控制，其开度范围是 0～100，开度在 MD30 中设定，编写程序实现以上功能。

AD 转换和
DA 转换应用

【解】 梯形图如图 6-84 所示。输入通道 IW64 和输出通道 QW64 应与 PLC 的硬件组态一致。由于单极性 AD 转换后的数字量的范围是 0～27648，所以 NORM_X 的 MIN 是 0，MAX 是 27648。而温度转换的范围是 0～200.0，所以 SCALE_X 的 MIN 是 0.0，MAX 是 200.0。

6.8 数学函数指令

数学函数指令非常重要，在模拟量的处理、PID 控制等很多场合都要用到数学函数指令。

（1）加指令（ADD）

当允许输入端 EN 为高电平"1"时，输入端 IN1 和 IN2 中的整数相加，结果送入 OUT 中。加的表达式是：IN1 + IN2=OUT。加指令（ADD）和参数见表 6-28。

表 6-28 加指令（ADD）和参数

LAD	SCL	参数	数据类型	说明
ADD Auto (???) EN — ENO IN1 — OUT IN2	OUT：=IN1+IN2+…INn；	EN	BOOL	允许输入
		ENO	BOOL	允许输出
		IN1	整数、浮点数	相加的第 1 个值
		IN2	整数、浮点数	相加的第 2 个值
		INn	整数、浮点数	要相加的可选输入值
		OUT	整数、浮点数	相加的结果

注：可以从指令框的"???"下拉列表中选择该指令的数据类型。单击指令中的 ✳ 图标可以添加可选输入项。

用一个例子来说明加指令（ADD），梯形图和 SCL 程序如图 6-85 所示。当 I0.0 闭合时，激活加指令，IN1 中的整数存储在 MW10 中，假设这个数为 11，IN2 中的整数存储在 MW12 中，假设这个数为 21，整数相加的结果存储在 OUT 端的 MW16 中的数是 42。由于没有超出计算范围，所以 Q0.0 输出为"1"。

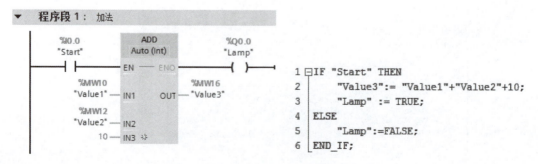

图 6-85 加指令（ADD）示例

【例6-20】 有一个电炉,加热功率有1000W、2000W和3000W三个挡,电炉有1000W和2000W两种电加热丝。要求用一个按钮选择三个加热挡,当按一次按钮时,1000W电阻丝加热,即第一挡;当按两次按钮时,2000W电阻丝加热,即第二挡;当按三次按钮时,1000W和2000W电阻丝同时加热,即第三挡;当按四次按钮时停止加热,请编写程序。

【解】 梯形图如图6-86所示。当I0.0闭合1次时,QW0=2#0000_0000_0000_0001,所以Q1.0=1即第一挡;当I0.0闭合2次时,QW0=2#0000_0000_0000_0010,所以Q1.1=1即第二挡;当I0.0闭合3次时,QW0=2#0000_0000_0000_0011,所以Q1.0和Q1.1=1即第三挡;当I0.0闭合4次时,QW0=2#0000_0000_0000_0100=4,停止加热。

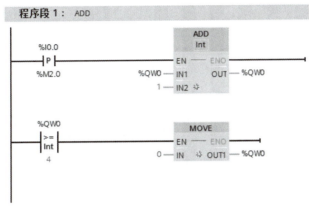

图6-86 梯形图

如图6-86所示的梯形图程序,没有逻辑错误,但实际上有两处缺陷,一是上电时没有对Q0.0～Q0.2复位,二是浪费了多达14个输出点,这在实际工程应用中是不允许的。对以上程序进行改进,如图6-87所示。

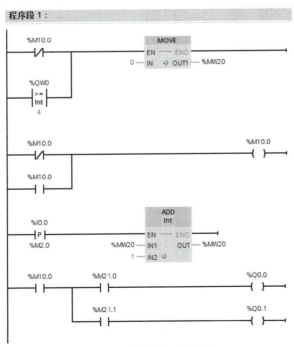

图6-87 梯形图(改进后)

（2）乘指令（MUL）

当允许输入端 EN 为高电平"1"时，输入端 IN1 和 IN2 中的数相乘，结果送入 OUT 中。IN1 和 IN2 中的数可以是常数。乘的表达式是：IN1×IN2=OUT。

乘指令（MUL）和参数见表 6-29。

表 6-29 乘指令（MUL）和参数

LAD	SCL	参数	数据类型	说明
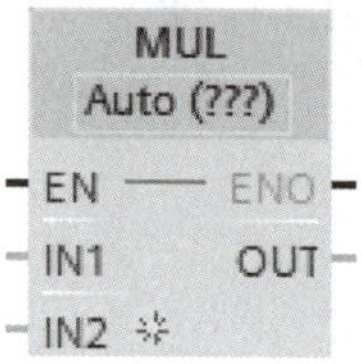 MUL Auto (???) EN ENO IN1 OUT IN2	OUT: =IN1*IN2*…INn;	EN	BOOL	允许输入
		ENO	BOOL	允许输出
		IN1	整数、浮点数	相乘的第 1 个值
		IN2	整数、浮点数	相乘的第 2 个值
		INn	整数、浮点数	要相乘的可选输入值
		OUT	整数、浮点数	相乘的结果（积）

注：可以从指令框的"???"下拉列表中选择该指令的数据类型。单击指令中的 ✳ 图标可以添加可选输入项。

用一个例子来说明乘指令（MUL），梯形图和 SCL 程序如图 6-88 所示。当 I0.0 闭合时，激活整数乘指令，IN1 中的整数存储在 MW10 中，假设这个数为 11，IN2 中的整数存储在 MW12 中，假设这个数为 11，整数相乘的结果存储在 OUT 端的 MW16 中的数是 242。由于没有超出计算范围，所以 Q0.0 输出为"1"。

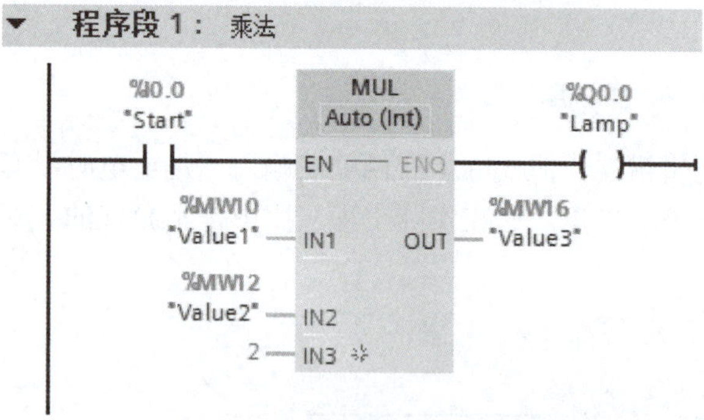

图 6-88 乘指令（MUL）示例

（3）计算指令（CALCULATE）

使用"计算"指令定义并执行表达式，根据所选数据类型计算数学运算或复杂逻辑运算。计算指令和参数见表 6-30。

表 6-30 计算指令（CALCULATE）和参数

LAD	SCL	参数	数据类型	说明
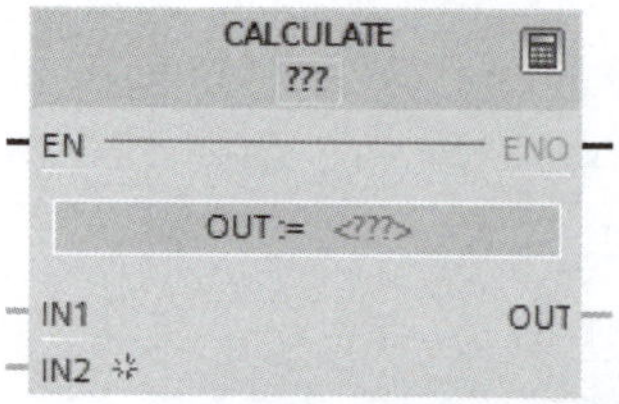 CALCULATE ??? EN ENO OUT:= <???> IN1 OUT IN2	使用标准 SCL 数学表达式创建等式	EN	BOOL	允许输入
		ENO	BOOL	允许输出
		IN1	位字符串、整数、浮点数	第 1 输入
		IN2	位字符串、整数、浮点数	第 2 输入
		INn	位字符串、整数、浮点数	其他插入的值
		OUT	位字符串、整数、浮点数	计算的结果

注：1. 可以从指令框的"???"下拉列表中选择该指令的数据类型。
2. 上方的"计算器"图标可打开该对话框。表达式可以包含输入参数的名称和指令的语法。

用一个例子来说明计算指令，在梯形图中点击"计算器"图标，弹出如图 6-89 所示界

计算指令
使用讲解

面，输入表达式，本例为：OUT=（IN1+IN2-IN3）/IN4。再输入梯形图和 SCL 程序如图 6-90 所示。当 I0.0 闭合时，激活计算指令，IN1 中的实数存储在 MD10 中，假设这个数为 12.0，IN2 中的实数存储在 MD14 中，假设这个数为 3.0，结果存储在 OUT 端的 MD18 中的数是 6.0。由于没有超出计算范围，所以 Q0.0 输出为"1"。

图 6-89　编辑计算指令

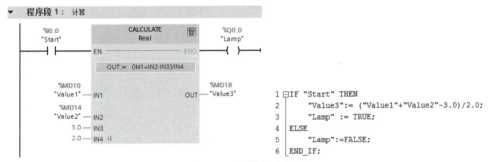

图 6-90　计算指令示例

【例 6-21】 将 53 英寸（in）转换成以毫米（mm）为单位的整数，请设计控制程序。

【解】 1in=25.4mm，涉及到实数乘法，先要将整数转换成实数，用实数乘法指令将 in 为单位的长度变为以 mm 为单位的实数，最后四舍五入即可，梯形图和 SCL 程序如图 6-91 所示。

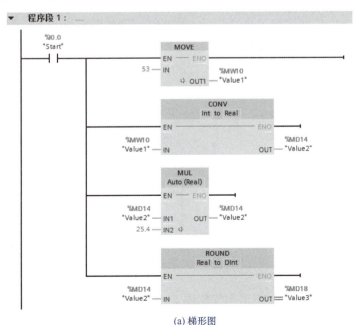

(a) 梯形图

图 6-91　梯形图和 SCL 程序

```
1  IF "Start" THEN
2      "Value1":= 53;
3      "Value2" := INT_TO_REAL("Value1");
4      "Value2" :=  "Value2"*25.4;
5      "Value3" := ROUND("Value2");
6  END_IF;
```

(b) SCL程序

图 6-91（续）

数学函数中还有减法、除法、计算余弦、计算正切、计算反正弦、计算反余弦、取幂、求平方、求平方根、计算自然对数、计算指数值和提取小数等，由于都比较容易掌握，在此不再赘述。

6.9 ▶ 实例

至此，读者已经对 S7-1200 PLC 的软硬件有了一定的了解，本节内容将列举一些简单的例子，供读者模仿学习。

6.9.1 电动机的控制

【例 6-22】 设计电动机点动控制的原理图和程序。

【解】

（1）方法 1

常规设计方案的原理图如图 6-92 所示，梯形图程序如图 6-93 所示。但如果程序用到置位指令（S Q0.0），则不能采用这种解法。

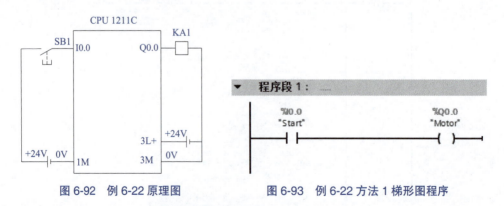

图 6-92　例 6-22 原理图　　　图 6-93　例 6-22 方法 1 梯形图程序

（2）方法 2

梯形图如图 6-94 所示，无 SCL 对应程序。

（3）方法 3

梯形图程序如图 6-95 所示，有 SCL 对应程序。

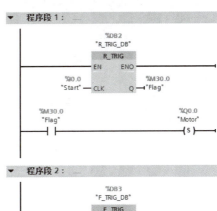

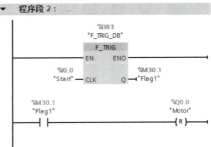

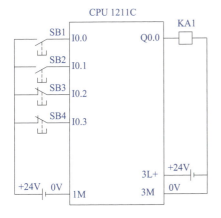

图 6-94 例 6-22 方法 2 梯形图　　　　图 6-95 例 6-22 方法 3 梯形图程序

【例 6-23】 设计两地控制电动机的启停的程序和原理图。

【解】

（1）方法 1

常规设计方案的原理图、梯形图程序如图 6-96 和图 6-97 所示，这种解法是正确的，但不是最优方案，因为这种解法占用了 PLC 较多的 I/O 点。注意：原理图中停止按钮 SB3 和 SB4 接常闭触点，这是符合工程规范的，对应的梯形图中的 I0.2 和 I0.3 为常开触点。

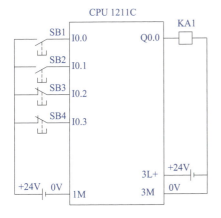

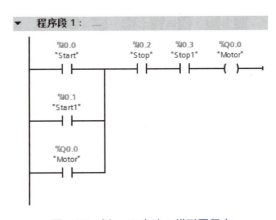

图 6-96 例 6-23 原理图　　　　图 6-97 例 6-23 方法 1 梯形图程序

（2）方法 2

梯形图程序见图 6-98。

（3）方法 3

优化后的方案原理图如图 6-99 所示，梯形图程序如图 6-100 所示。可见节省了 2 个输入点,但功能完全相同。

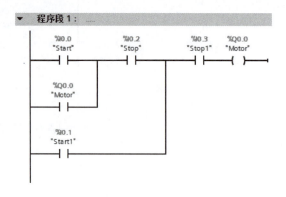

图 6-98 例 6-23 方法 2 梯形图程序

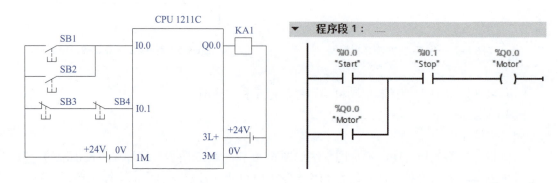

图 6-99 例 6-23 方法 3 原理图　　　　图 6-100 例 6-23 方法 3 梯形图程序

【例 6-24】 编写电动机启动优先的控制程序。

【解】 I0.0 对应启动按钮接常开触点,I0.1 对应停止按钮接常闭触点。启动优先于停止的程序如图 6-101 所示。优化后的程序如图 6-102 所示。

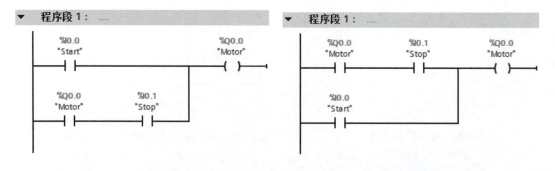

图 6-101 梯形图程序　　　　　　　　图 6-102 梯形图程序(优化后)

【例 6-25】 编写程序,实现电动机启停控制和点动控制,要求设计梯形图和原理图。

【解】 输入点:启动—I0.0,停止—I0.2,点动—I0.1。

输出点：正转—Q0.0。

原理图如图 6-103，梯形图如图 6-104 所示，这种编程方法在工程实践中经常使用。

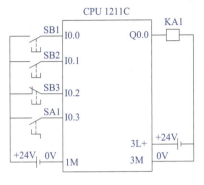

图 6-103 例 6-25 原理图　　　　图 6-104 例 6-25 梯形图

【例 6-26】 设计电动机的"正转—停—反转"的程序，其中 SB1 是正转按钮、SB2 是反转按钮、SB3 是停止按钮、KA1 是正转输出继电器、KA2 是反转输出继电器。

【解】 先设计 PLC 的原理图，如图 6-105 所示。

借鉴继电器接触器系统中的设计方法，不难设计"正转—停—反转"程序，如图 6-106 所示。常开触点 Q0.0 和常开触点 Q0.1 起自保（自锁）作用，而常闭触点 Q0.0 和常闭触点 Q0.1 起互锁作用。

电动机正反转控制

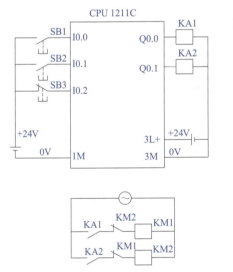

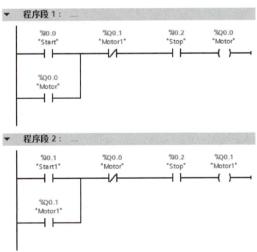

图 6-105 例 6-26 原理图　　　　图 6-106 "正转—停—反转"梯形图程序

6.9.2 定时器和计数器应用

【例 6-27】 抢答器外形如图 6-107 所示，根据控制要求编写程序，其控制要求如下。

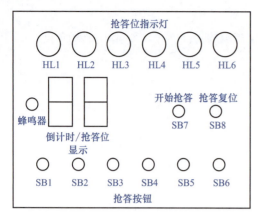

图 6-107 抢答器外形

① 主持人按下"开始抢答"按钮后开始抢答,倒计时数码管倒计时 15s,超过时间抢答按钮按下无效。

② 某一抢答按钮抢按下后,蜂鸣器随按钮动作发出"滴"的声音,相应抢答位指示灯亮,倒计时显示器切换显示抢答位,其余按钮无效。

③ 一轮抢答完毕,主持人按下"抢答复位"按钮后,倒计时显示器复位(熄灭),各抢答按钮有效,可以再次抢答。

④ 在主持人按下"开始抢答"按钮前抢答属于"违规"抢答,相应抢答位的指示灯闪烁,闪烁周期 1s,倒计时显示器显示违规抢答位,其余按钮无效。主持人按下"抢答复位"按钮清除当前状态后可以开始新一轮抢答。

【解】 电气原理图如图 6-108 所示,因为本项目数码管模块自带译码器,所以四个输出点即可显示一个十进制位,如数码管不带译码器,则需要八个输出点显示一个十进制位。

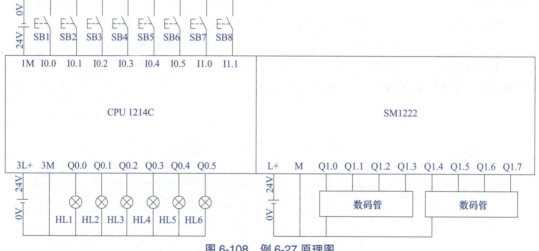

图 6-108 例 6-27 原理图

梯形图如图 6-109 所示。

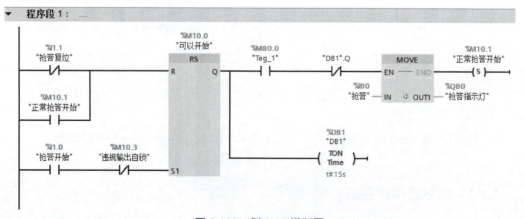

图 6-109 例 6-27 梯形图

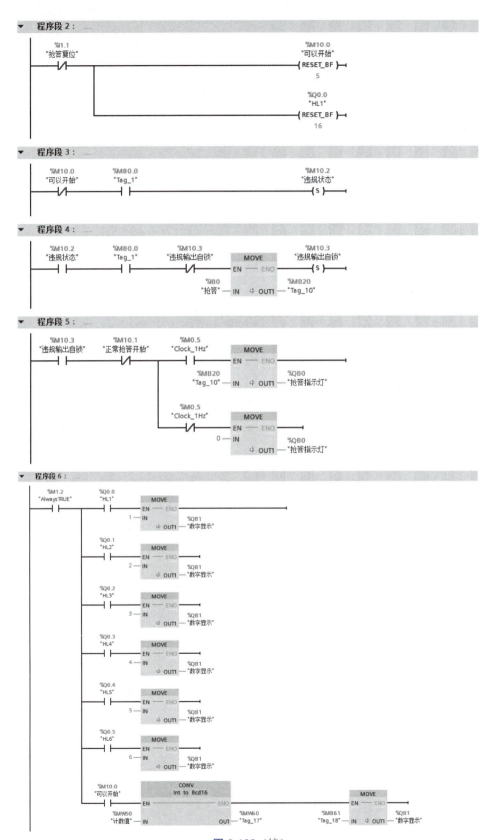

图 6-109（续）

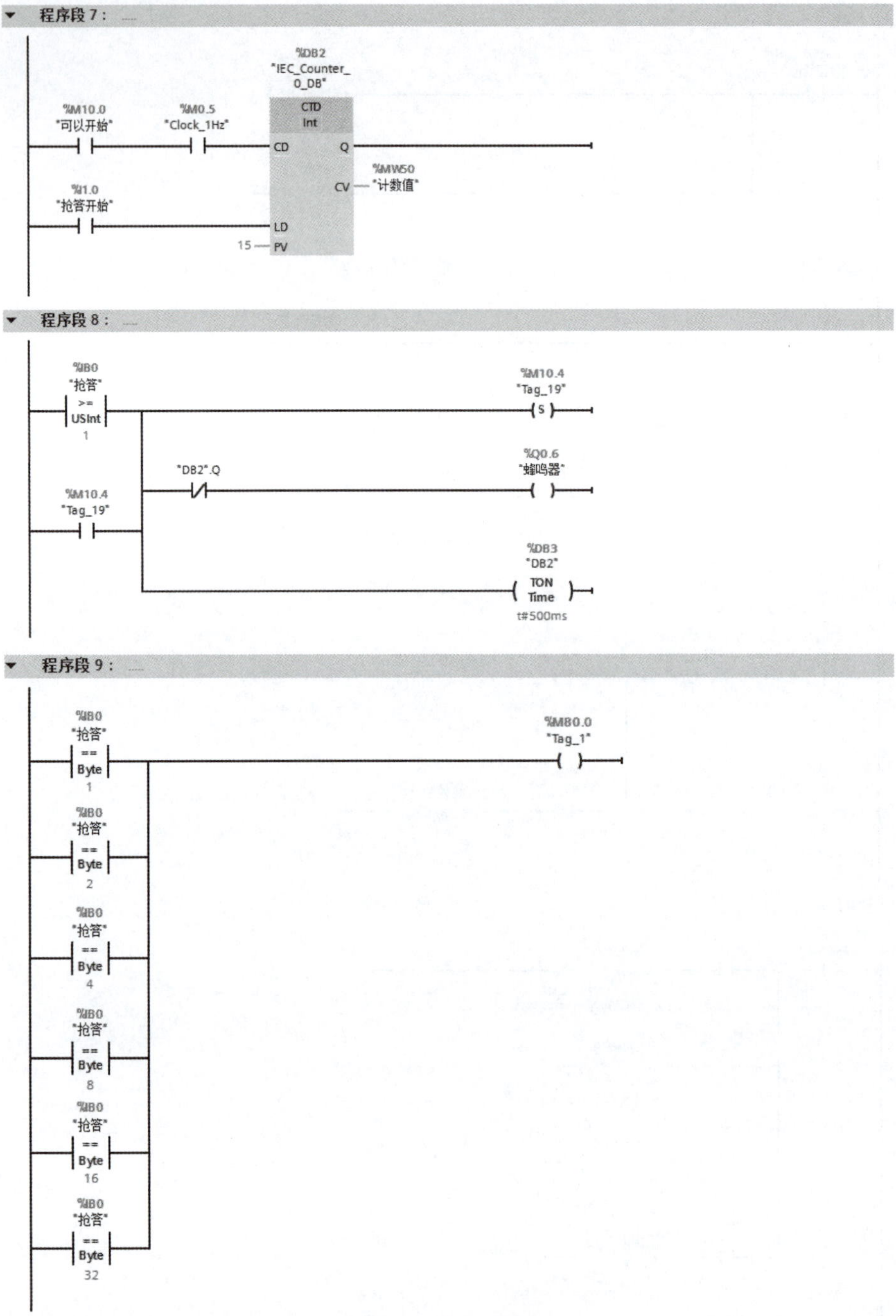
程序段 7：
%DB2
"IEC_Counter_
0_DB"
CTD
Int
%M10.0
"可以开始"
%M0.5
"Clock_1Hz"
CD
Q
CV
%MW50
"计数值"
%I1.0
"抢答开始"
LD
15
PV
程序段 8：
%IB0
"抢答"
>=
USInt
1
%M10.4
"Tag_19"
S
"DB2".Q
%Q0.6
"蜂鸣器"
%M10.4
"Tag_19"
%DB3
"DB2"
TON
Time
t#500ms
程序段 9：
%IB0
"抢答"
==
Byte
1
%MB0.0
"Tag_1"
2
4
8
16
32

图 6-109（续）

第 07 章

西门子 S7-1200 PLC 的程序结构

本章主要介绍函数、函数块、数据块、中断和组织块等。本章内容对编写程序至关重要，本章内容是阅读他人程序和编写实用工程程序所必备的。

7.1 ▶ TIA 博途软件编程方法简介

TIA 博途软件编程方法有三种：线性化编程、模块化编程和结构化编程。以下对这三种方法分别进行介绍。

（1）线性化编程

线性化编程就是将整个程序放在循环控制组织块 OB1 中，CPU 循环扫描执行 OB1 中的全部指令。其特点是结构简单、概念简单，但由于所有指令都在一个块中，程序的某些部分可能不需要多次执行，而扫描时，重复扫描所有的指令，会造成资源浪费、执行效率低。对于大型的程序要避免线性化编程。

（2）模块化编程

模块化编程就是将程序根据功能分为不同的逻辑块，每个逻辑块完成不同的功能。在 OB1 中可以根据条件调用不同的功能或者函数块。其特点是易于分工合作、调试方便。由于逻辑块有条件调用，所以提高了 CPU 的效率。

（3）结构化编程

结构化编程就是将过程要求中类似或者相关的任务归类，在功能或者函数块中编程，形成通用的解决方案。通过不同的参数调用相同的功能或者通过不同的背景数据块调用相同的函数块。一般而言，工程上用 S7-1200/1500 PLC 编写的程序通常采用结构化编程方法。

结构化编程具有如下一些优点。

① 各单个任务块的创建和测试可以相互独立地进行。

② 通过使用参数，可将块设计得十分灵活。比如，可以创建一钻孔循环，其坐标和钻孔深度可以通过参数传递进来。

③ 块可以根据需要在不同的地方以不同的参数数据记录进行调用，也就是说这些块能够被再利用。

④ 在预先设计的库中，能够提供用于特殊任务的"可重用"块。

7.2 函数、数据块和函数块

7.2.1 块的概述

(1) 块的简介

在操作系统中包含了用户程序和系统程序，操作系统已经固化在 CPU 中，它提供 CPU 运行和调试的机制。CPU 的操作系统是按照事件驱动扫描用户程序的。用户程序写在不同的块中，CPU 按照执行的条件成立与否执行相应的程序块或者访问对应的数据块。用户程序则是为了完成特定的控制任务，是由用户编写的程序。用户程序通常包括组织块（OB）、函数块（FB）、函数（FC）和数据块（DB）。用户程序中块的说明见表 7-1。

表 7-1 用户程序中块的说明

块的类型	属 性
组织块（OB）	用户程序接口 优先级（0～27） 在局部数据堆栈中指定开始信息
函数（FC）	参数可分配（必须在调用时分配参数） 没有存储空间（只有临时变量）
函数块（FB）	参数可分配（可以在调用时分配参数） 具有（收回）存储空间（静态变量）
数据块（DB）	结构化的局部数据存储（背景数据块 DB） 结构化的全局数据存储（在整个程序中有效）

(2) 块的结构

块由变量声明表和程序组成。每个逻辑块都有变量声明表，变量声明表是用来说明块的局部数据。而局部数据包括参数和局部变量两大类。在不同的块中可以重复声明和使用同一局部变量，因为它们在每个块中仅有效一次。

局部变量包括两种：静态变量和临时变量。

参数是在调用块与被调用块之间传递的数据，包括输入、输出和输入/输出变量。表 7-2 为局部数据声明类型。

表 7-2 局部数据声明类型

变量名称	变量类型	说 明
输入	Input	为调用模块提供数据，输入给逻辑模块
输出	Output	从逻辑模块输出数据结果
输入/输出	In_Out	参数值既可以输入，也可以输出
静态变量	Static	静态变量存储在背景数据块中，块调用结束后，变量被保留
临时变量	Temp	临时变量存储 L 堆栈中，块执行结束后，变量消失

如图 7-1 所示为块调用的分层结构的一个例子，组织块 OB1（主程序）调用函数块 FB1，FB1 调用函数块 FB10，组织块 OB1（主程序）调用函数块 FB2，函数块 FB2 调用函

数 FC5，函数 FC5 调用函数 FC10。

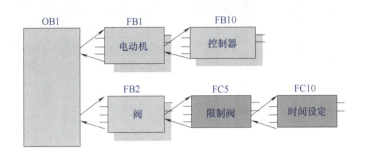

图 7-1　块调用的分层结构

7.2.2　函数（FC）及其应用

（1）函数（FC）简介

① 函数（FC）是用户编写的程序块。是不带存储器的代码块。由于没有可以存储块参数值的数据存储器。因此，调用函数时，必须给所有形参分配实参。

② FC 里有一个局域变量表和块参数。局域变量表里有：Input（输入参数）、Output（输出参数）、In_Out（输入/输出参数）、Temp（临时变量）、RETURN（返回值 RET_VAL）。Input（输入参数）是将数据传递到被调用的块中进行处理。Output（输出参数）是将结果传递到调用的块中。In_Out（输入/输出参数）是将数据传递到被调用的块中，在被调用的块中处理数据后，再将被调用的块中发送的结果存储在相同的变量中。Temp（临时变量）是函数内部的中间变量，并且在处理块时将其存储在本地数据堆栈。关闭并完成处理后，临时变量就变得不再可访问。RETURN 包含返回值 RET_VAL。

（2）函数（FC）的应用

函数（FC）类似于 VB 语言中的子程序，用户可以将具有相同控制过程的程序编写在 FC 中，然后在主程序 Main［OB1］中调用。创建函数的过程步骤是：先建立一个项目，再在 TIA 博途软件项目视图的项目树中，选中"已经添加的设备"（如 PLC_1）→"程序块"→"添加新块"，即可弹出要插入函数的界面。以下用 3 个例题讲解函数（FC）的应用。

【例 7-1】　用函数（FC）实现电动机的启停控制。

【解】

① 新建一个项目，本例为"启停控制"。在 TIA 博途软件项目视图的项目树中，选中并单击已经添加的设备"PLC_1"→"程序块"→"添加新块"，如图 7-2 所示，弹出添加块界面。

② 如图 7-3 所示，在"添加新块"界面中，选择创建块的类型为"函数"，再输入函数的名称（本例为启停控制），之后选择编程语言（本例为 LAD），最后单击"确定"按钮，弹出函数的程序编辑器界面。

③ 在"程序编辑器"中，输入如图 7-4 所示的程序，此程序能实现启停控制，再保存程序。

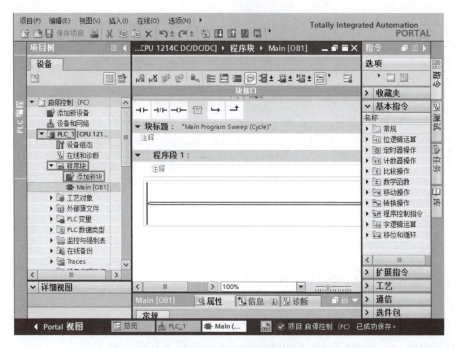

图 7-2 打开"添加新块"

图 7-3 添加新块

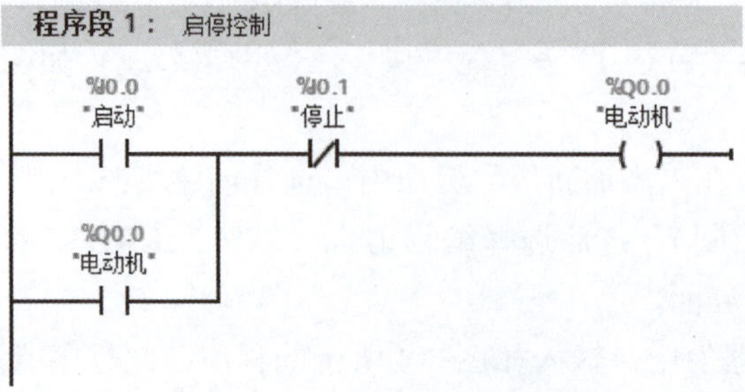

图 7-4 函数 FC1 中的程序

④ 在 TIA 博途软件项目视图的项目树中，双击"Main［OB1］"，打开主程序块"Main［OB1］"，选中新创建的函数"启停控制［FC1］"，并将其拖拽到程序编辑器中，如图 7-5 所示。至此，项目创建完成。

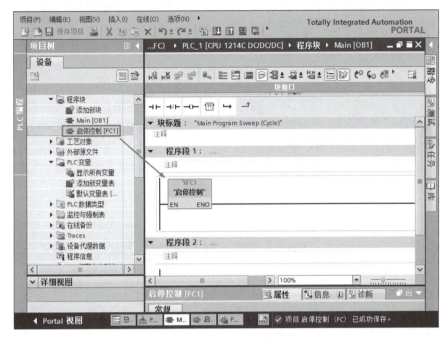

图 7-5　在主程序中调用功能

在例 7-1 中，只能用 I0.0 实现启动，用 I0.1 实现停止，这种函数调用方式是绝对调用，显然灵活性不够，例 7-2 将使用参数调用。

【例 7-2】　用函数实现电动机的启停控制。（函数调用方式：参数调用）

【解】　本例的①、②步与例 7-1 相同，在此不再重复讲解。

③ 在 TIA 博途软件项目视图的项目树中，双击函数块"启停控制"，打开函数，弹出"程序编辑器"界面，先选中 Input（输入参数），新建参数"Start"和"Stop1"，数据类型为"Bool"。再选中 InOut（输入/输出参数），新建参数"Motor"，数据类型为"Bool"，如图 7-6 所示。最后在程序段 1 中输入程序，如图 7-7 所示，注意参数前都要加"#"。

函数 (FC) 的
应用举例

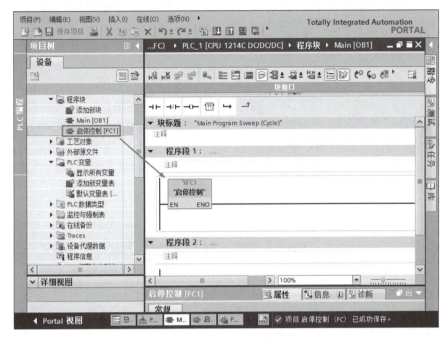

图 7-6　新建输入/输出参数

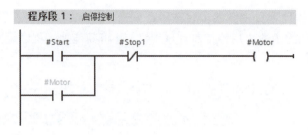

图 7-7 函数 FC1

④ 在 TIA 博途软件项目视图的项目树中,双击"Main [OB1]",打开主程序块"Main [OB1]",选中新创建的函数"启停控制 [FC1]",并将其拖拽到程序编辑器中,如图 7-8 所示。如果将整个项目下载到 PLC 中,就可以实现"启停控制"。这个程序的函数"FC1"的调用比较灵活,与例 7-1 不同,启动不只限于 I0.0,停止不只限于 I0.1,在编写程序时,可以灵活分配应用。

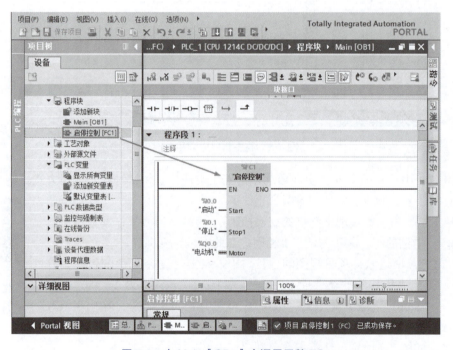

图 7-8 在 Main [OB1] 中调用函数 FC1

【例 7-3】 某系统采集一路模拟量(温度),温度的范围是 0 ~ 200℃,要求对温度值进行数字滤波,算法是:把最新的三次采样数值相加,取平均值,即是最终温度值。

【解】

① 数字滤波的程序是函数 FC1,先创建一个空的函数,打开函数,并创建输入参数 "GatherV",就是采样输入值;创建输出参数"ResultV",就是数字滤波的结果;创建输入 / 输出参数"LastV"(上一个数值)、"LastestV"(上上一个数值)和"EarlyV"(当前数值),输入 / 输出参数既可以在方框的输入端,也可以在方框的输出端,应用比较灵活;创建临时变量参数"Temp1",临时变量参数既可以在方框的输入端,也可以在方框的输出端,应用也比较灵活。新建参数如图 7-9 所示。

第 7 章 西门子 S7-1200 PLC 的程序结构

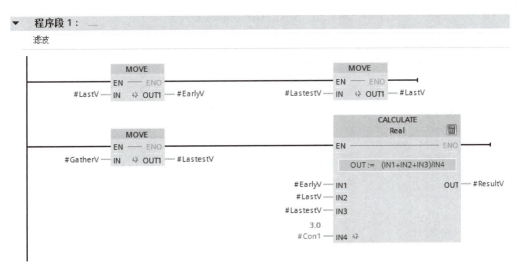

图 7-9　新建参数

② 在 FC1 中，编写滤波梯形图程序，如图 7-10 所示，也可以编写 SCL 程序，如图 7-11 所示。

图 7-10　FC1 中的梯形图

```
1  #EarlyV:= #LastV;
2  #LastV:= #LastestV;
3  #LastestV:= #GatherV;
4  #ResultV := (#EarlyV + #LastV + #LastestV) / 3.0;
```

图 7-11　FC1 中的 SCL 程序

③ 在 Main［OB1］中，编写梯形图程序，如图 7-12 所示，也可以编写 SCL 程序，如图 7-13 所示。

177

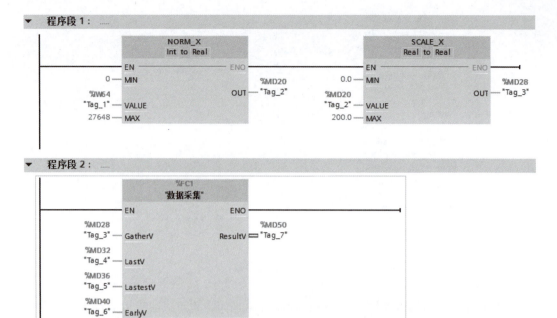

图 7-12　Main [OB1] 中的梯形图

```
1  "Tag_2":=NORM_X(MIN:="Tag_1", VALUE:=0, MAX:=27648);
2  "Tag_3" := SCALE_X(MIN := 0.0, VALUE := "Tag_2", MAX := 200.0);
3  "数据采集"(GatherV:="Tag_3",
4            ResultV=>"Tag_7",
5            LastV:="Tag_4",
6            LastestV:="Tag_5",
7            EarlyV:="Tag_6");
8
```

▶	"Tag_2"	%MD20
▶	"Tag_3"	%MD28
▶	"数据采集"	%FC1
	"Tag_7"	%MD50
	"Tag_4"	%MD32
	"Tag_5"	%MD36
	"Tag_6"	%MD40

图 7-13　Main [OB1] 中的 SCL 程序

7.2.3　数据块（DB）及其应用

（1）数据块（DB）简介

数据块用于存储用户数据及程序中间变量。新建数据块时，默认状态是优化的存储方式，且数据块中存储的变量是非保持的。数据块占用 CPU 的装载存储区和工作存储区，与标识存储器的功能类似，都是全局变量，不同的是，M 数据区的大小在 CPU 技术规范中已经定义，且不可扩展，而数据块存储区由用户定义，最大不能超过工作存储区或装载存储区。S7-1200 PLC 的非优化数据最大数据空间为 64KB。而优化的数据块的存储空间要大得多，但其存储空间与 CPU 的类型有关。

有的程序中（如有的通信程序），只能使用非优化数据块，多数的情形可以使用优化和非优化数据块，但应优先使用优化数据块。

按照功能分，数据块 DB 可以分为：全局数据块、背景数据块和基于数据类型（用户定义数据类型、系统数据类型和数组类型）的数据块。

（2）全局数据块（DB）及其应用

全局数据块用于存储程序数据，因此，数据块包含用户程序使用的变量数据。一个程序中可以创建多个数据块。全局数据块必须在创建后才可以在程序中使用。

完成数据块的创建或者修改后，应及时编译数据块，否则容易产生错误。

以下用一个例题来说明数据块的应用。

【例 7-4】 用数据块实现电动机的启停控制。

【解】

① 新建一个项目，本例为"块应用"，如图 7-14 所示，在项目视图的项目树中，选中并单击"新添加的设备"（本例为 PLC_1）→"程序块"→"添加新块"，弹出界面"添加新块"。

数据块（DB）的应用举例

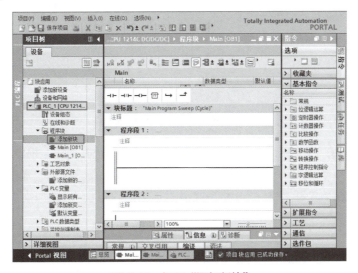

图 7-14 打开"添加新块"

② 如图 7-15 所示，在"添加新块"界面中，选中"添加新块"的类型为 DB，输入数据块的名称，再单击"确定"按钮，即可添加一个新的数据块，但此数据块中没有数据。

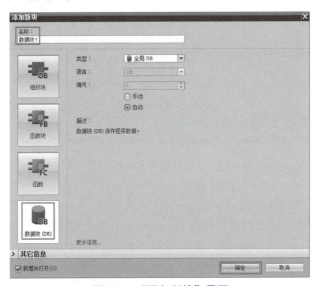

图 7-15 "添加新块"界面

179

③ 打开"数据块 1",如图 7-16 所示,在"数据块 1"中,新建一个变量 A,其地址实际就是 DB1.DBX0.0。

图 7-16　新建变量

④ 在"程序编辑器"中,输入如图 7-17 所示的程序,此程序能实现启停控制,最后保存程序。

图 7-17　Main [OB1] 中的梯形图

在数据块创建后,在全局数据块的属性中可以切换存储方式。在项目视图的项目树中,选中并单击"数据块 1",单击鼠标右键,在弹出的快捷菜单中,单击"属性"选项,弹出如图 7-18 所示的界面,选中"属性",如果取消"优化的块访问",则切换到"非优化存储方式",这种存储方式与 S7-300/400PLC 兼容。

如果是"非优化存储方式",可以使用绝对方式访问该数据块(如 DB1.DBX0.0),如果是"优化存储方式"则只能采用符号方式访问该数据块(如"数据块 1".A)。

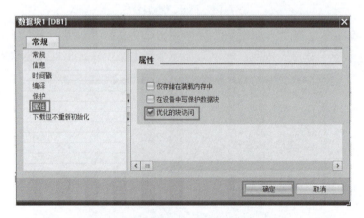

图 7-18　全局数据块存储方式的切换

(3) 数组 DB 及其应用

数组 DB 是一种特殊类型的全局数据块,它包含一个任意数据类型的数组。其数据类型可以为基本数据类型,也可以是 PLC 数据类型的数组。创建数组 DB 时,需要输入数组的数据类型和数组上限,创建完数组 DB 后,可以修改其数组上限,但不能修改数据类型。数组 DB 始终启用"优化块访问"属性,不能进行标准访问,并且为非保持型属性,不能修改为保持属性。

数组 DB 在 S7-1200 PLC 中较为常用，以下的例子是用数据块创建数组。

【例 7-5】 用数据块创建一个数组 Array [0..5]，数组中包含 6 个整数，并编写程序把模拟量通道 IW72：P 采集的数据保存到数组的第 3 个整数中。

【解】

① 新建项目"块应用（数组）"，进行硬件组态，并创建共享数组块"数据块 1"，如图 7-19 所示，双击打开"数据块 1"。

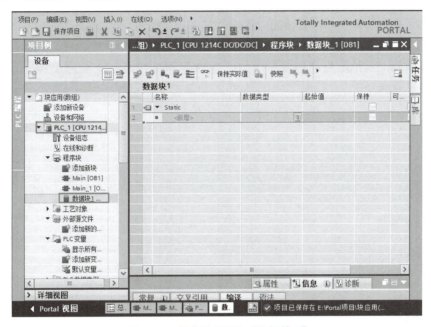

图 7-19　创建新项目和"数据块 1"

② 在"数据块 1"中创建数组。数组名称为 ary，数组为 Array [0..5] 表示为数组中有 6 个元素，Int 表示数组的数据为整数，如图 7-20 所示，保存创建的数组。

图 7-20　创建数组

③ 在 Main [OB1] 中编写梯形图程序，如图 7-21 所示。

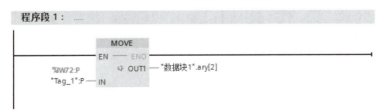

图 7-21　Main [OB1] 中的梯形图

7.2.4 函数块（FB）及其应用

(1) 函数块（FB）的简介

函数块（FB）属于编程者自己编程的块。函数块是一种"带内存"的块。分配数据块作为其内存（背景数据块）。传送到 FB 的参数和静态变量保存在实例 DB 中。临时变量则保存在本地数据堆栈中。执行完 FB 时，不会丢失 DB 中保存的数据。但执行完 FB 时，会丢失保存在本地数据堆栈中的数据。

(2) 函数块（FB）的应用

以下用一个例题来说明函数块的应用。

【例 7-6】 用函数块实现对一台电动机的星形 - 三角形启动控制。

【解】 星形 - 三角形启动电气原理如图 7-22 和图 7-23 所示。注意：停止按钮接常闭触点。

函数块（FB）的应用举例

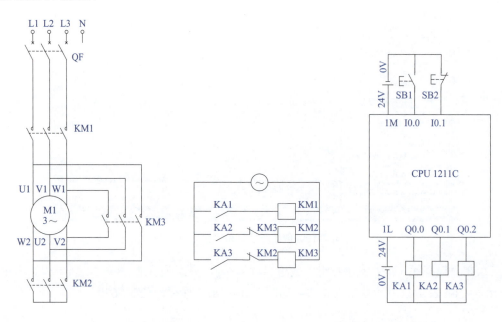

图 7-22　原理图——主回路　　　　图 7-23　原理图——控制回路

星形 - 三角形启动的项目创建如下。

① 新建一个项目，本例为"星三角启动"，如图 7-24 所示，在项目视图的项目树中，选中并单击"新添加的设备"（本例为 PLC_1）→"程序块"→"添加新块"，弹出界面"添加新块"。

② 在接口"Input"中，新建 2 个变量，如图 7-25 所示，注意变量的类型。注释内容可以空缺，注释的内容支持汉字字符。

在接口"Output"中，新建 2 个变量，如图 7-25 所示。

在接口"InOut"中，新建 1 个变量，如图 7-25 所示。

在接口"Static"中，新建 4 个静态变量，如图 7-25 所示，注意变量的类型，同时注意初始值不能为 0，否则没有星形 - 三角形启动效果。

第 7 章 西门子 S7-1200 PLC 的程序结构

图 7-24 创建"FB1"

图 7-25 在接口中新建变量

③ 在 FB1 的程序编辑区编写程序，梯形图如图 7-26 所示。

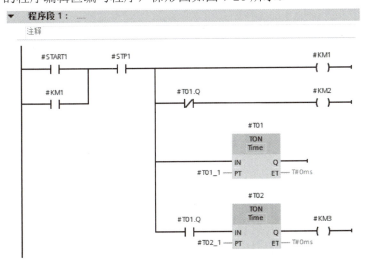

图 7-26 FB1 中的梯形图

183

④ 在项目视图的项目树中，双击"Main［OB1］"，打开主程序块"Main［OB1］"，将函数块"FB1"拖拽到程序段 1，使用默认的背景数据块 DB2，梯形图如图 7-27 所示。将整个项目下载到 PLC 中，即可实现"电动机星形 - 三角形启动控制"。

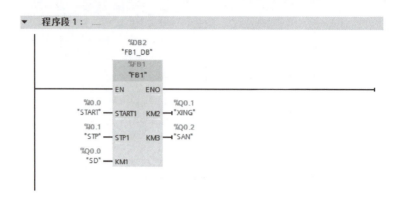

图 7-27　主程序块中的梯形图

7.3　组织块（OB）及其应用

组织块（OB）是操作系统与用户程序之间的接口。组织块由操作系统调用，控制循环中断驱动的程序执行、PLC 启动特性和错误处理。可以对组织块进行编程来确定 CPU 特性。

7.3.1　中断的概述

（1）中断过程

中断处理用来实现对特殊内部事件或外部事件的快速响应。CPU 检测到中断请求时，立即响应中断，调用中断源对应的中断程序，即组织块（OB）。执行完中断程序后，返回被中断的程序处继续执行程序。例如在执行主程序块 OB1 时，时间中断块 OB10 可以中断主程序块 OB1 正在执行的程序，转而执行中断程序块 OB10 中的程序，当中断程序块中的程序执行完成后，再转到主程序块 OB1 中，从断点处执行主程序。

事件源就是能向 PLC 发出中断请求的中断事件，例如日期时间中断、延时中断、循环中断和编程错误引起的中断等。

（2）OB 的优先级

执行一个 OB 的调用可以中断另一个 OB 的执行。一个 OB 是否允许另一个 OB 中断取决于其优先级。S7-1500 PLC 支持优先级共有 26 个，1 最低，26 最高。高优先级的 OB 可以中断低优先级的 OB。例如 OB10 的优先级是 2，而 OB1 的优先级是 1，所以 OB10 可以中断 OB1。S7-300/400 PLC 的 CPU 支持优先级有 29 个。

组织块的类型和优先级见表 7-3。

表 7-3 组织块的类型和优先级

事件源的类型	优先级（默认优先级）	可能的 OB 编号	默认的系统响应	支持的 OB 数量
启动	1	100，≥123	忽略	100
循环程序	1	1，≥123	忽略	100
时间中断	2～24（2）	10～17，≥123	不适用	20
状态中断	2～24（4）	55	忽略	1
更新中断	2～24（4）	56	忽略	1
制造商或配置文件特定的中断	2～24（4）	57	忽略	1
延时中断	2～24（3）	20～23，≥123	不适用	20
循环中断	2～24（8～17，取决于循环时间）	30～38，≥123	不适用	20
硬件中断	2～26（16）	40～47，≥123	忽略	50
等时同步模式中断	16～26（21）	61～64，≥123	忽略	20（每个等时同步接口一个）
MC 伺服中断	17～31（25）	91	不适用	1
MC 插补器中断	16～30（24）	92	不适用	1
时间错误	22	80	忽略	1
超出循环监视时间一次	22	80	STOP	1
诊断中断	2～26（5）	82	忽略	1
移除/插入模块	2～26（6）	83	忽略	1
机架错误	2～26（6）	86	忽略	1
编程错误（仅限全局错误处理）	2～26（7）	121	STOP	1
I/O 访问错误（仅限全局错误处理）	2～26（7）	122	忽略	1

说明：

① 在 S7-300/400 PLC 的 CPU 中只支持一个主程序块 OB1，而 S7-1500 PLC 最多支持 100 个主程序，但第二个主程序的编号从 123 起，由组态设定，如 OB123 可以组态成主程序。

② 循环中断可以是 OB30～OB38，如不够用还可以通过组态使用 OB123 及以上的组织块。

③ S7-300/400 PLC 的 CPU 的启动组织块有 OB100、OB101 和 OB102，但 S7-1500 PLC 不支持 OB101 和 OB102。

7.3.2 启动组织块及其应用

启动（Startup）组织块在 PLC 的工作模式从 STOP 切换到 RUN 时执行一次。完成启动组织块扫描后，将执行主程序循环组织块（如 OB1）。以下用一个例子说明启动组织块的应用。

【例 7-7】 编写一段初始化程序，将 CPU 1511C-1PN 的 MB20～MB23 单元清零。

【解】 一般初始化程序在 CPU 一启动后就运行，所以可以使用 OB100 组织块。在 TIA 博途软件项目视图的项目树中，双击"添加新块"，弹出如图 7-28 所示的界面，选中"组织块"和"Startup"选项，再单击"确定"按钮，即可添加启动组织块。

MB20～MB23 实际上就是 MD20，其程序如图 7-29 所示。

图 7-28 添加启动组织块 OB100

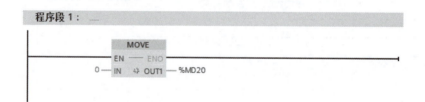

图 7-29 OB100 中的程序

7.3.3 主程序块（OB1）

CPU 的操作系统循环执行 OB1。当操作系统完成启动后，将启动执行 OB1。在 OB1 中可以调用函数（FC）和函数块（FB）。

执行 OB1 后，操作系统发送全局数据。重新启动 OB1 之前，操作系统将过程映像输出表写入输出模块中，更新过程映像输入表以及接受 CPU 的任何全局数据。

7.3.4 循环中断组织块及其应用

循环组织块（OB30）的应用举例

所谓循环中断就是经过一段固定的时间间隔中断用户程序，循环中断很常用。下面用一个例子介绍其应用。

【例 7-8】 每隔 100ms 时间，CPU 1214C 采集一次通道 0 上的模拟量数据。

【解】 很显然要使用循环组织块，解法如下。

在 TIA 博途软件项目视图的项目树中，双击"添加新块"，弹出如图 7-30 所示的界面，选中"组织块"和"Cyclic interrupt"，循环时间定为"100ms"，单击"确定"按钮。这个步骤的含义是：设置组织块 OB30 的循环中断时间是 100ms，再将配置完成的硬件下载到 CPU 中。

图 7-30　添加组织块 OB30

打开 OB30，在程序编辑器中，输入程序如图 7-31 所示，运行的结果是每 100ms 将通道 0 采集到模拟量转化成数字量送到 MW20 中。

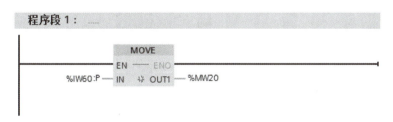

图 7-31　OB30 中的程序

7.3.5　时间中断组织块及其应用

时间中断组织块（如 OB10）可以由用户指定日期时间及特定的周期产生中断。例如，每天 18：00 保存数据。

时间中断最多可以使用 20 个，默认范围是 OB10 ～ OB17，其余可组态 OB 编号 123 以上组织块。

7.3.6　延时中断组织块及其应用

延时中断组织块（如 OB20）可实现延时执行某些操作，调用"SRT_DINT"指令时开始计时延时时间（此时开始调用相关延时中断）。其作用类似于定时器，但 PLC 中普通定时器的定时精度要受到不断变化的扫描周期的影响，使用延时中断可以达到以 ms 为单位的高精度延时。

延时中断最多可以使用 20 个,默认范围是 OB20～OB23,其余可组态 OB 编号 123 以上组织块。

7.3.7 硬件中断组织块及其应用

硬件中断组织块(如 OB40)用于快速响应信号模块(SM)、通信处理器(CP)和功能模块(FM)的信号变化。

硬件中断被模块触发后,操作系统将自动识别是哪一个槽的模块和模块中哪一个通道产生的硬件中断。硬件中断 OB 执行完成后,将发送通道确认信号。

如果正在处理某一中断事件,又出现了同一模块同一通道产生的完全相同的中断事件,新的中断事件将丢失。

如果正在处理某一中断信号时,同一模块中其他通道或其他模块产生了中断事件,当前已激活的硬件中断执行完成后,再处理暂存的中断。

7.3.8 错误处理组织块

(1)错误处理概述

S7-1200 PLC 具有很强的错误(或称故障)检测和处理能力,错误是指 PLC 内部的功能性错误或编程错误,而不是外部设备的故障。CPU 检测到错误后,操作系统调用对应的组织块,用户可以在组织块中编程,对发生的错误采取相应的措施。对于大多数错误,如果没有给组织块编程,出现错误时 CPU 将进入 STOP 模式。

(2)错误的分类

被 S7 CPU 检测到并且用户可以通过组织块对其进行处理的错误分为两个基本类型。

① 异步错误。是与 PLC 的硬件或操作系统密切相关的错误,与程序执行无关,后果严重。异步错误 OB 具有最高等级的优先级,其他 OB 不能中断它们。同时有多个相同优先级的异步错误 OB 出现,将按出现的顺序处理。

系统程序可以检测下列错误:不正确的 CPU 功能、系统程序执行中的错误、用户程序中的错误和 I/O 中的错误。根据错误类型的不同,CPU 设置为进入 STOP 模式或调用一个错误处理组织块(OB)。

当 CPU 检测到错误时,会调用适当的组织块,见表 7-4。如果没有相应的错误处理 OB,CPU 将进入 STOP 模式。用户可以在错误处理 OB 中编写如何处理这种错误的程序,以减小或消除错误的影响。

表 7-4 错误处理组织块

OB 号	错误类型	优先级
OB80	时间错误	2～26
OB82	诊断中断	
OB83	插入/取出模块中断	
OB86	机架故障或分布式 I/O 的站故障	
OB121	编程错误	引起错误的 OB 的优先级
OB122	I/O 访问错误	

为避免发生某种错误时 CPU 进入停机,可以在 CPU 中建立一个对应的空的组织块。用户可以利用 OB 中的变量声明表提供的信息来判别错误的类型。

② 同步错误（OB121 和 OB122）。是与程序执行有关的错误，其 OB 的优先级与出现错误时被中断的块的优先级相同，即同步错误 OB 中的程序可以访问块被中断时累加器和状态寄存器中的内容。对错误进行处理后，可以将处理结果返回被中断的块。

7.4 实例

至此，读者已经对 S7-1200 PLC 的软硬件有了一定的了解，本节内容将列举一个简单的例子，供读者模仿学习。

【例 7-9】 有一个控制系统，控制器是 CPU 1211C，压力传感器测量油压力，油压力的范围是 0 ～ 10MPa，当油压力高于 8MPa 时报警，设计此系统。

【解】 CPU 1211C 集成了模拟量输入和数字量输入 / 输出，其接线如图 7-32 所示，模拟量输入的端子 0 和 2M 分别与传感器的电压信号 + 和电压信号 - 相连。

图 7-32　接线图

① 新建项目。新建一个项目“报警”，在 TIA 博途软件项目视图的项目树中，单击“添加新块”，新建程序块，块名称为“压力采集”，把编程语言，选中为“LAD”，块的类型是“函数 FC”，再单击“确定”按钮，如图 7-33 所示，即可生成函数 FC1。

② 定义函数块的变量。打开新建的函数“FC1”，定义函数 FC1 的输入变量（Input）、输出变量（Output）和临时变量（Temp），如图 7-34 所示。注意：这些变量是局部变量，只在本函数内有效。

③ 插入指令“SCALE_X”和“NORM_X”。单击的“指令”→“基本指令”→“转换操作”，插入“SCALE_X”和“NORM_X”指令。

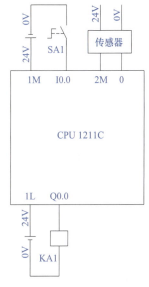

图 7-33　添加新块 - 选择编程语言为 LAD

数据采集

	名称	数据类型	默认值	注释
2	PV_IN	Int		
3	HI_LIM	Real		
4	HI_LOW	Real		
5	Output			
6	RVlave	Real		
7	InOut			
8	Temp			
9	Temp1	Int		
10	Temp2	Real		
11	Constant			
12	<新增>			
13	Return			
14	数据采集	Void		

图 7-34　定义函数块的变量

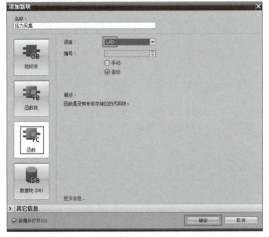

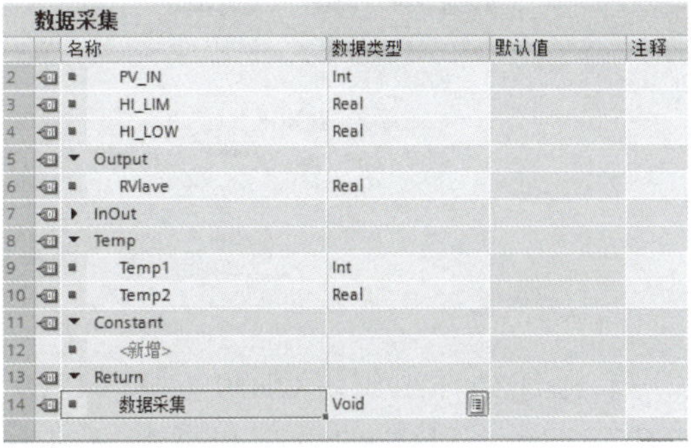

④ 编写函数 FC1 的 LAD 程序，如图 7-35 所示，也可以是 SCL 程序，如图 7-36 所示。

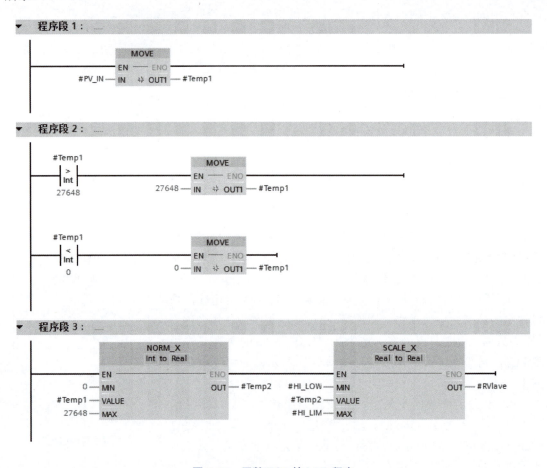

图 7-35　函数 FC1 的 LAD 程序

```
1   #Temp1 := WORD_TO_INT(#PV_IN);
2   IF #Temp1>27648 THEN
3       #Temp1:=27648;
4   END_IF;
5   IF #Temp1 < 0 THEN
6       #Temp1 := 0;
7   END_IF;
8   #Temp2:=NORM_X(MIN:=0, VALUE:=#Temp1, MAX:=27648);
9   #RValue := SCALE_X(MIN := 0.0, VALUE := #Temp2, MAX := 10.0);
```

图 7-36　函数 FC1 的 SCL 程序

⑤ 添加循环组织块 OB30，编写 LAD 程序，如图 7-37 所示，也可以是 SCL 程序，如图 7-38 所示。FC1 的引脚与指令中的 SCALE 很类似，而且采集的压力变量范围为 0～10MPa。

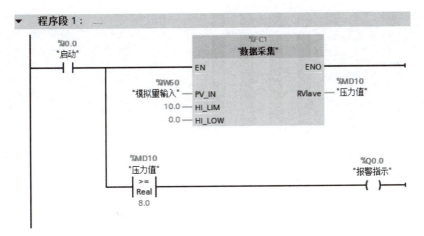

图 7-37　OB30 中的 LAD 程序

```
 1  IF "启动" THEN
 2      "数据采集"(PV_IN:= "模拟量输入",
 3              HI_LIM := 10.0,
 4              HI_LOW := 0.0,
 5              RValue => "压力值");
 6      IF "压力值">8.0 THEN
 7          "报警指示" := true;
 8      ELSE
 9          "报警指示" := FALSE;
10      END_IF;
11  ELSE
12      "报警指示" := FALSE;
13      "压力值" := 0.0;
14  END_IF;
```

图 7-38　OB30 中的 SCL 程序

第08章

PLC 的编程方法

本章介绍功能图的画法、梯形图的编程方法以及如何根据功能图用基本指令、功能指令和复位、置位指令编写顺序控制梯形图程序。

8.1 功能图

8.1.1 功能图的画法

功能图是描述控制系统的控制过程、功能和特征的一种图解表示方法。它具有简单、直观等特点,不涉及控制功能的具体技术,是一种通用的语言,是 IEC(国际电工委员会)首选的编程语言,近年来在 PLC 的编程中已经得到了普及与推广。在 IEC 60848 中称顺序功能图(SFC),在我国国家标准 GB/T 6988.1—2008 中称功能表图。西门子称为图形编程语言 S7-Graph。

顺序功能图是设计 PLC 顺序控制程序的一种工具,适合于系统规模较大,程序关系较复杂的场合,特别适合于对顺序操作的控制。在编写复杂的顺序控制程序时,采用 S7-Graph 比梯形图更加直观。

功能图的基本思想是:设计者按照生产要求,将被控设备的一个工作周期划分成若干个工作阶段(简称"步"),并明确表示每一步要执行的输出,"步"与"步"之间通过制定的条件进行转换,在程序中,只要通过正确连接进行"步"与"步"之间的转换,就可以完成被控设备的全部动作。

PLC 执行功能图程序的基本过程是:根据转换条件选择工作"步",进行"步"的逻辑处理。组成功能图程序的基本要素是步、转换条件和有向连线,如图 8-1 所示。

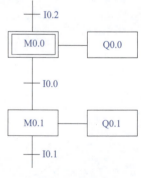

图 8-1 功能图

(1)步

一个顺序控制过程可分为若干个阶段,也称为步或状态。系统初始状态对应的步称为初始步,初始步一般用双线框表示。在每一步中施控系统要发出某些"命令",而被控系统要完成某些"动作","命令"和"动作"都称为动作。当系统处于某一工作阶段时,则该步处于激活状态,称为活动步。

(2) 转换条件

使系统由当前步进入下一步的信号称为转换条件。顺序控制设计法用转换条件控制代表各步的编程元件,让它们的状态按一定的顺序变化,然后用代表各步的编程元件去控制输出。不同状态的"转换条件"可以不同,也可以相同。当"转换条件"各不相同时,在功能图程序中每次只能选择其中一种工作状态(称为"选择分支");当"转换条件"都相同时,在功能图程序中每次可以选择多个工作状态(称为"选择并行分支")。只有满足条件状态,才能进行逻辑处理与输出。因此,"转换条件"是功能图程序选择工作状态(步)的"开关"。

(3) 有向连线

步与步之间的连接线称为"有向连线","有向连线"决定了状态的转换方向与转换途径。在有向连线上有短线,表示转换条件。当条件满足时,转换得以实现,即上一步的动作结束而下一步的动作开始,因而不会出现动作重叠。步与步之间必须要有转换条件。

图 8-1 中的双框为初始步,M0.0 和 M0.1 是步名,I0.0、I0.1 为转换条件,Q0.0、Q0.1 为动作。当 M0.0 有效时,输出指令驱动 Q0.0。步与步之间的连线称为有向连线,它的箭头省略未画。

功能图转换
成梯形图

(4) 功能图的结构分类

根据步与步之间的进展情况,功能图分为以下几种结构。

① 单一顺序 单一顺序动作是一个接一个地完成,完成每步只连接一个转移,每个转移只连接一个步,如图 8-3 和图 8-4 所示的功能图和梯形图是一一对应的。以下用"启保停电路"来讲解功能图和梯形图的对应关系。

为了便于将顺序功能图转换为梯形图,采用代表各步的编程元件的地址(比如 M0.2)作为步的代号,并用编程元件的地址来标注转换条件和各步的动作和命令,当某步对应的编程元件置 1,代表该步处于活动状态。

a. 启保停电路对应的布尔代数式。标准的启保停梯形图如图 8-2 所示,图中 I0.0 为 M0.2 的启动条件,当 I0.0 置 1 时,M0.2 得电;I0.1 为 M0.2 的停止条件,当 I0.1 置 1 时,M0.2 断电;M0.2 的辅助触点为 M0.2 的保持条件。该梯形图对应的布尔代数式为:

$$M0.2=(I0.0+M0.2) \cdot \overline{I0.1}$$

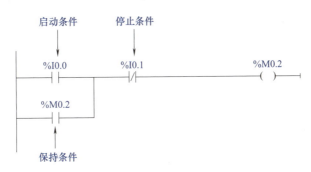

图 8-2 标准的启保停梯形图

b. 顺序控制梯形图储存位对应的布尔代数式。如图 8-3(a)所示的功能图,M0.1 转换为活动步的条件是 M0.1 步的前一步是活动步,相应的转换条件(I0.0)得到满足,即 M0.1 的启动条件为 M0.0 · I0.0。当 M0.2 转换为活动步后,M0.1 转换为不活动步,因此,M0.2 可以看成 M0.1 的停止条件。由于大部分转换条件都是瞬时信号,即信号持续的时间比他激活的后续步的时间短，因此应当使用有记忆功能的电路控制代表步的储存位。在这种情况下，启动条件、停止条件和保持条件全部具备，就可以采用"启保停"方法设计顺序功能图的布尔代数式和梯形图。顺序控制功能图中储存位对应的布尔代数式如图 8-3（b）所示，参照图 8-2 所示的标准启保停梯形图，就可以轻松地将图 8-3 所示的顺序功能图转换为图 8-4 所示的梯形图。

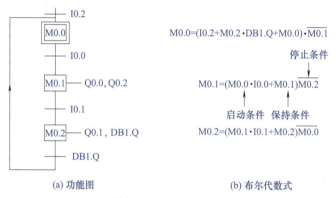

(a) 功能图　　　　　　　　　(b) 布尔代数式

图 8-3　顺序功能图和对应的布尔代数式

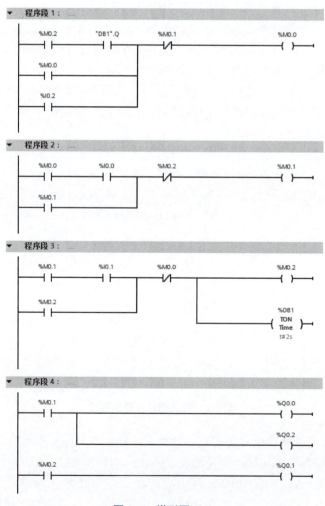

图 8-4　梯形图（1）

② 选择顺序　选择顺序是指某一步后有若干个单一顺序等待选择，称为分支，一般只允许选择进入一个顺序，转换条件只能标在水平线之下。选择顺序的结束称为合并，用一条水平线表示，水平线以下不允许有转换条件，如图 8-5 所示。

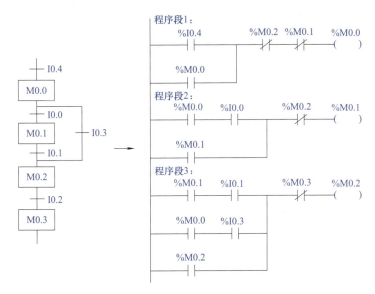

图 8-5　选择顺序

③ 并行顺序　并行顺序是指在某一转换条件下同时启动若干个顺序，也就是说转换条件实现导致几个分支同时激活。并行顺序的开始和结束都用双水平线表示，如图 8-6 所示。

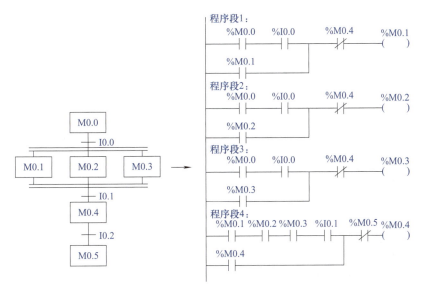

图 8-6　并行顺序

④ 选择序列和并行序列的综合　如图 8-7 所示，步 M0.0 之后有一个选择序列的分支，设 M0.0 为活动步，当它的后续步 M0.1 或 M0.2 变为活动步时，M0.0 变为不活动步，即 M0.0 为 0 状态，所以应将 M0.1 和 M0.2 的常闭触点与 M0.0 的线圈串联。

195

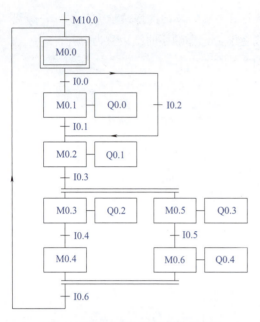

图 8-7 选择序列和并行序列功能图

步 M0.2 之前有一个选择序列合并，当步 M0.1 为活动步（即 M0.1 为 1 状态），并且转换条件 I0.1 得到满足，或者步 M0.0 为活动步，并且转换条件 I0.2 得到满足，步 M0.2 变为活动步，所以该步的存储器 M0.2 的启保停电路的启动条件为 M0.1·I0.1+M0.0·I0.2，对应的启动电路由两条并联支路组成。

步 M0.2 之后有一个并行序列分支，当步 M0.2 是活动步并且转换条件 I0.3 得到满足时，步 M0.3 和步 M0.5 同时变成活动步，这时用 M0.2 和 I0.3 常开触点组成的串联电路，分别作为 M0.3 和 M0.5 的启动电路来实现，与此同时，步 M0.2 变为不活动步。

步 M0.0 之前有一个并行序列的合并，该转换实现的条件是所有的前级步（即 M0.4 和 M0.6）都是活动步和转换条件 I0.6 得到满足。由此可知，应将 M0.4、M0.6 和 I0.6 的常开触点串联，作为控制 M0.0 的启保停电路的启动电路。图 8-7 所示的功能图对应的梯形图如图 8-8 所示。

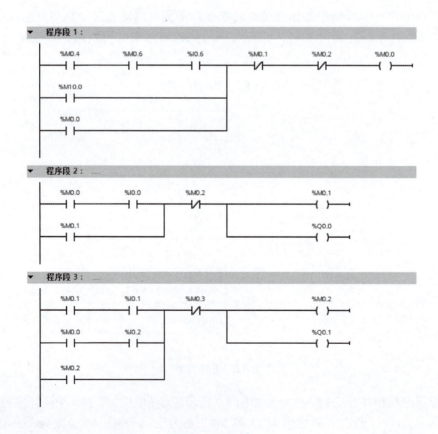

图 8-8 梯形图（2）

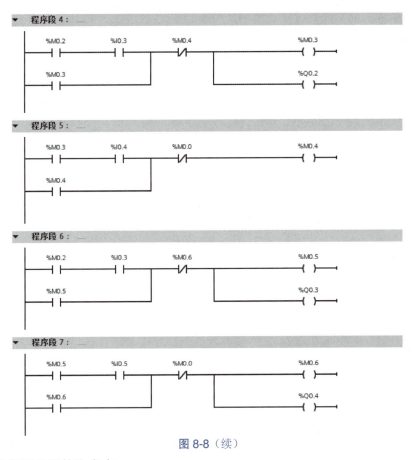

图 8-8（续）

（5）功能图设计的注意点

① 状态之间要有转换条件。如图 8-9 所示，状态之间缺少"转换条件"是不正确的，应改成如图 8-10 所示的功能图。必要时转换条件可以简化，如将图 8-11 简化成图 8-12。

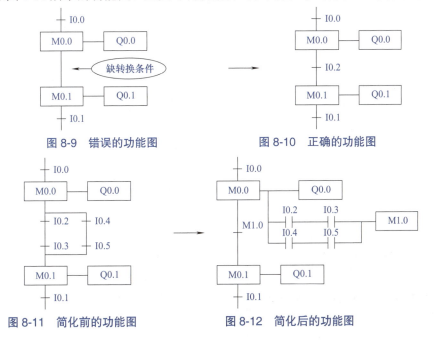

图 8-9　错误的功能图　　　　　　图 8-10　正确的功能图

图 8-11　简化前的功能图　　　　　图 8-12　简化后的功能图

② 转换条件之间不能有分支。例如，图 8-13 应该改成图 8-14 所示的合并后的功能图，合并转换条件。

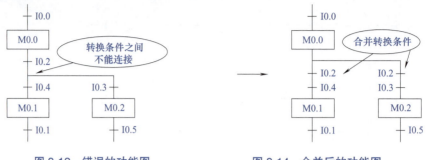

图 8-13　错误的功能图　　　　　图 8-14　合并后的功能图

③ 顺序功能图中的初始步对应于系统等待启动的初始状态，初始步是必不可少的。
④ 顺序功能图中一般应有由步和有向连线组成的闭环。

8.1.2　梯形图编程的原则

尽管梯形图与继电器电路图在结构形式、元件符号及逻辑控制功能等方面类似，但它们又有许多不同之处，梯形图有自己的编程原则。

① 每一逻辑行总是起于左母线，最后终止于线圈或右母线（右母线可以不画出），如图 8-15 所示。

② 无论选用哪种机型的 PLC，所用元件的编号必须在该机型的有效范围内。例如 CPU1511-1PN 最大 I/O 范围是 32KB。

(a) 错误　　　　　　　　　　　　(b) 正确

图 8-15　梯形图（1）

③ 触点的使用次数不受限制。例如，辅助继电器 M0.0 可以在梯形图中出现无限制的次数，而实物继电器的触点一般少于 8 对，只能用有限次。

④ 在梯形图中同一线圈只能出现一次。如果在程序中，同一线圈使用了两次或多次，称为"双线圈输出"。对于"双线圈输出"，有些 PLC 将其视为语法错误，绝对不允许；有些 PLC 则将前面的输出视为无效，只有最后一次输出有效（如西门子 PLC）；而有些 PLC 在含有跳转指令或步进指令的梯形图中允许双线圈输出。

⑤ 对于不可编程的梯形图必须经过等效变换，变成可编程梯形图，如图 8-16 所示。

⑥ 在有几个串联电路相并联时，应将串联触点多的回路放在上方，归纳为"上多下少"的原则，如图 8-17 所示。在有几个并联电路相串联时，应将并联触点多的回路放在左方，归纳为"左多右少"原则，如图 8-18 所示。因为这样所编制的程序简洁明了，语句较少。但要注意图 8-17（a）和图 8-18（a）的梯形图逻辑上是正确的。

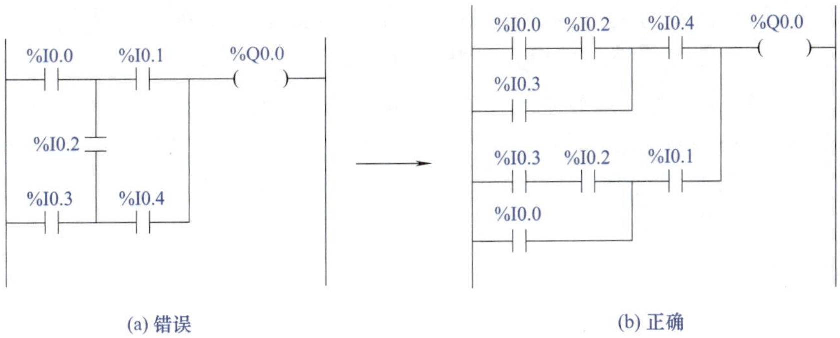

(a) 错误　　　　　　　　　　　　　　　(b) 正确

图 8-16　梯形图（2）

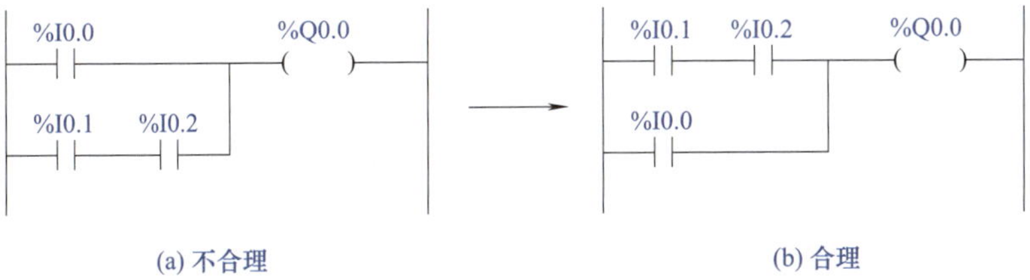

(a) 不合理　　　　　　　　　　　　　　(b) 合理

图 8-17　梯形图（3）

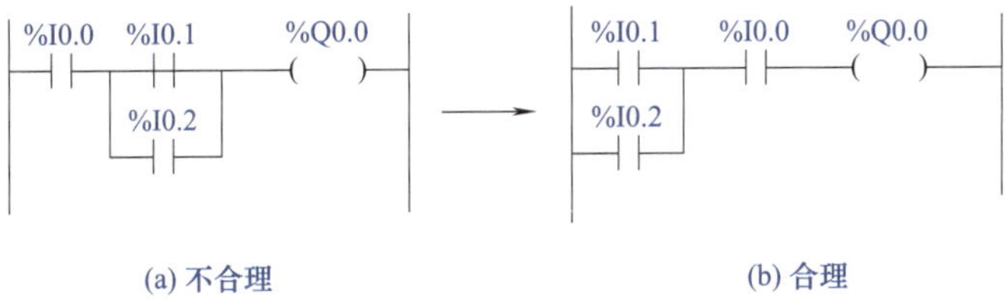

(a) 不合理　　　　　　　　　　　　　　(b) 合理

图 8-18　梯形图（4）

⑦ 为了安全考虑，PLC 输入端子上接入的停止按钮和急停按钮，应使用常闭触点，而不应使用常开触点。

8.2　逻辑控制的梯形图编程方法

相同的硬件系统，由不同的人设计，可能设计出不同的程序，有的人设计的程序简洁而且可靠，而有的人设计的程序虽然能完成任务，但较复杂。PLC 程序设计是有规律可遵循的，下面将介绍两种方法：经验设计法和功能图设计法。

8.2.1　经验设计法

经验设计法就是在一些典型的梯形图的基础上，根据具体的对象对控制系统的具体要求，对原有的梯形图进行修改和完善。这种方法适合有一定工作经验的人，这些人有现成的资料，特别在产品更新换代时，使用这种方法比较节省时间。下面举例说明这种方法的思路。

【例 8-1】 图 8-19 为小车运输系统的示意图,图 8-20 为原理图,SQ1、SQ2、SQ3 和 SQ4 是限位开关,小车先左行,在 SQ1 处装料,10s 后右行,到 SQ2 后停止卸料 10s 后左行,碰到 SQ1 后停下装料,就这样不停循环工作,限位开关 SQ3 和 SQ4 的作用是当 SQ2 或者 SQ1 失效时,SQ3 和 SQ4 起保护作用,SB1 和 SB2 是启动按钮,SB3 是停止按钮。

【解】 小车左行和右行是不能同时进行的,因此有联锁关系,与电动机的正、反转的梯形图类似,因此先设计出电动机正、反转控制的梯形图,如图 8-21 所示,再在这个梯形图的基础上进行修改,增加 4 个限位开关的输入,增加 2 个定时器,就变成了图 8-22 所示的梯形图。

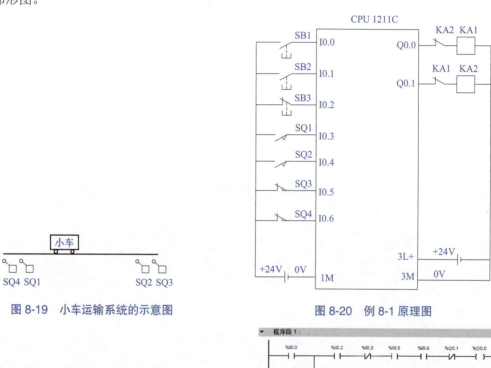

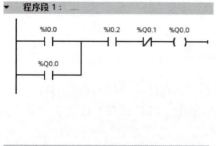

图 8-19 小车运输系统的示意图

图 8-20 例 8-1 原理图

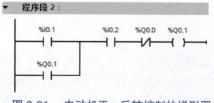

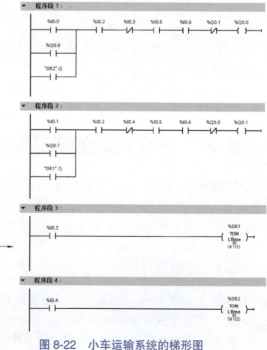

图 8-21 电动机正、反转控制的梯形图

图 8-22 小车运输系统的梯形图

8.2.2 功能图设计法

也称为"启保停"设计法。对于比较复杂的逻辑控制，用经验设计法就不合适，而适合用功能图设计法。功能图设计法无疑是应用最为广泛的设计方法。功能图就是顺序功能图，功能图设计法就是先根据系统的控制要求画出功能图，再根据功能图画梯形图，梯形图可以是基本指令梯形图，也可以是顺控指令梯形图和功能指令梯形图。因此，设计功能图是整个设计过程的关键，也是难点。

（1）启保停设计方法的基本步骤

① 绘制出顺序功能图　要使用"启保停"设计方法设计梯形图时，先要根据控制要求绘制出顺序功能图，其中顺序功能图的绘制在前面章节中已经详细讲解，在此不再重复。

② 写出储存器位的布尔代数式　对应于顺序功能图中的每一个储存器位都可以写出如下所示的布尔代数式：

$$M_i = (X_i \cdot M_{i-1} + M_i) \cdot \overline{M_{i+1}}$$

式中，等号左边的 M_i 为第 i 个储存器位的状态，等号右边的 M_i 为第 i 个储存器位的常开触点，X_i 为第 i 个工步所对应的转换信号，M_{i-1} 为第 $i-1$ 个储存器位的常开触点，M_{i+1} 为第 $i+1$ 个储存器位的常闭触点。

③ 写出执行元件的逻辑函数式　执行元件为顺序功能图中的储存器位所对应的动作。一个步通常对应一个动作，输出和对应步的储存器位的线圈并联或者在输出线圈前串接一个对应步的储存器位的常开触点。当功能图中有多个步对应同一动作时，其输出可用这几个步对应的储存器位的"或"来表示，如图8-23所示。

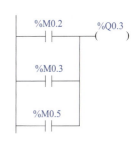

图8-23　多个步对应同一动作时的梯形图

④ 设计梯形图　在完成前三个步骤的基础上，可以顺利设计出梯形图。

（2）利用基本指令编写梯形图程序

用基本指令编写梯形图程序是最常规的设计方法，不必掌握过多的指令。采用这种方法编写程序的过程是：先根据控制要求设计正确的功能图，再根据功能图写出正确的布尔表达式，最后根据布尔表达式编写基本指令梯形图。以下用一个例子讲解利用基本指令编写梯形图程序的方法。

功能图编程应用举例

【例8-2】步进电动机是一种将电脉冲信号转换为电动机旋转角度的执行机构。当步进驱动器接收到一个脉冲，驱动步进电动机按照设定的方向旋转一个固定的角度（称为步距角）。步进电动机是按照固定的角度一步一步转动的。因此可以通过脉冲数量控制步进电动机的运行角度，并通过相应的装置，控制运动的过程。对于四相八拍步进电动机。其控制要求如下。

① 按下启动按钮，定子磁极 A 通电，1s 后 A、B 同时通电；再过 1s，B 通电，同时 A 失电；再过 1s，B、C 同时通电……，以此类推，其通电过程如图8-24所示。

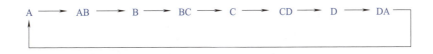

图8-24　通电过程图

② 有两种工作模式。工作模式 1 时，按下"停止"按钮，完成一个工作循环后，停止工作；工作模式 2 时，具有锁相功能，当压下"停止"按钮后，停止在通电的绕组上，下次压下"启动"按钮时，从上次停止的线圈开始通断电工作。

③ 无论何种工作模式，只要压下"急停"按钮，系统所有线圈立即断电。

【解】 原理图如图 8-25 所示，CPU 可采用 CPU1211C，根据题意很容易设计出功能图，如图 8-26 所示。图 8-27 为初始化程序，根据功能图编写梯形图程序如图 8-28 所示（编写程序之前，要创建数据块 DB，并创建 T0～T7 定时器，数据类型为 IEC-TIMER）。

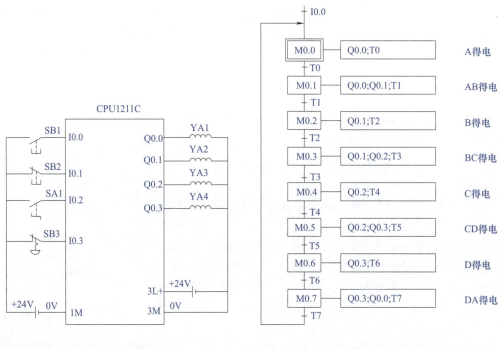

图 8-25　例 8-2 原理图　　　　　　　图 8-26　例 8-2 功能图

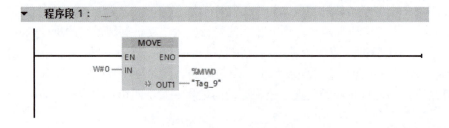

图 8-27　例 8-2 OB100 中的程序

（3）利用功能指令编写逻辑控制程序

西门子的功能指令有许多特殊功能，其中移位指令和循环指令非常适合用于顺序控制，用这些指令编写程序简洁而且可读性强。以下用一个例子讲解利用功能指令编写逻辑控制程序。

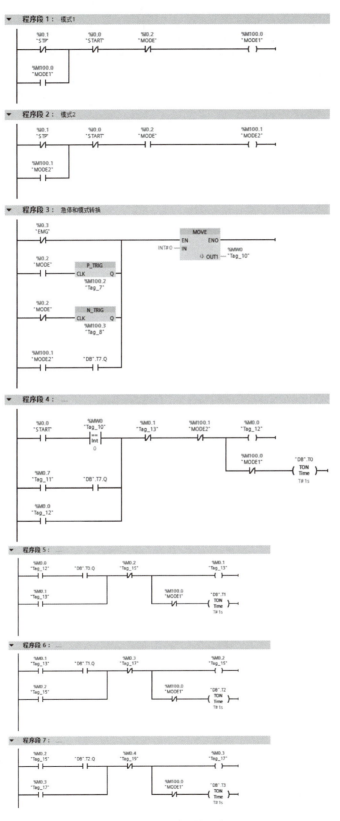

图 8-28 OB1 中的程序

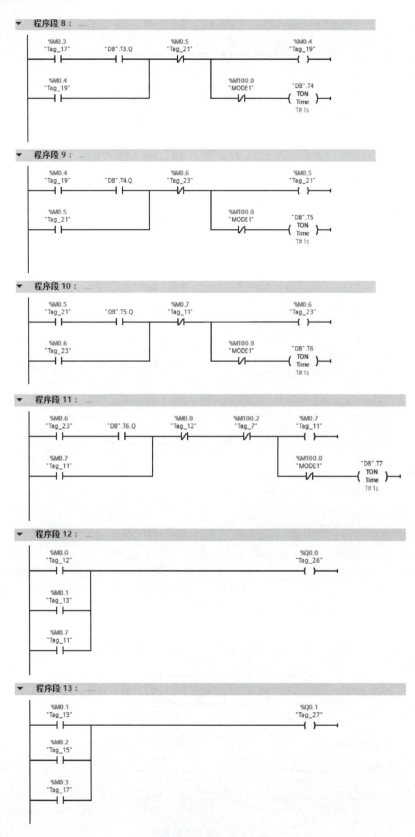

图 8-28（续）

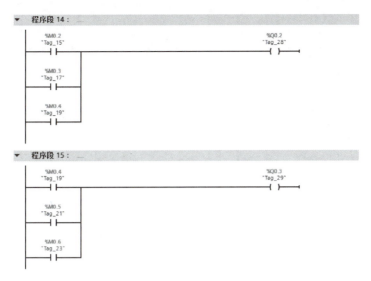

图 8-28（续）

【例 8-3】 用功能指令编写例 8-2 的程序。

【解】 梯形图如图 8-29 和图 8-30 所示（编写程序之前，要创建数据块 DB，并创建 T0～T7 定时器，数据类型为 IEC-TIMER）。

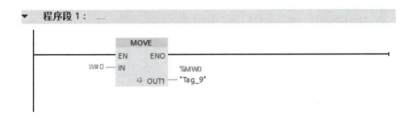

图 8-29 例 8-3 OB100 中的程序

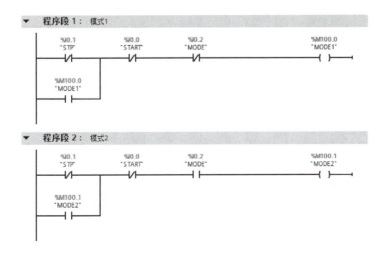

图 8-30 例 8-3 OB1 中的程序

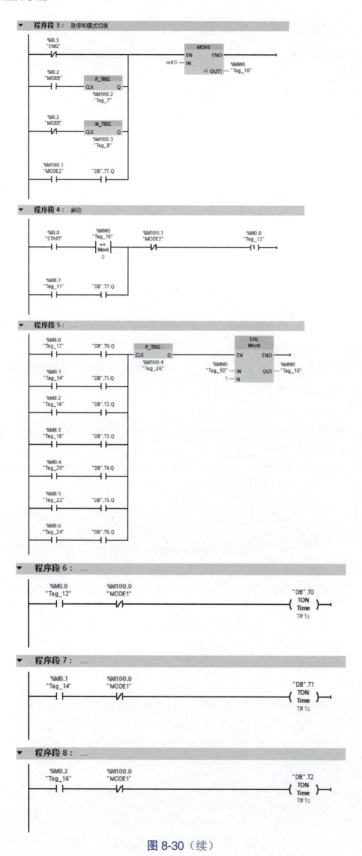

图 8-30（续）

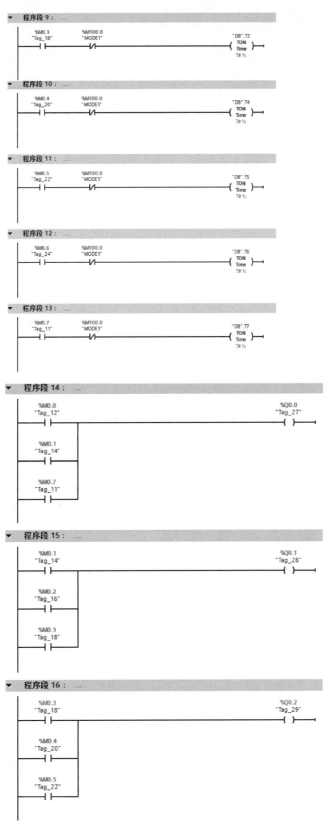

图 8-30（续）

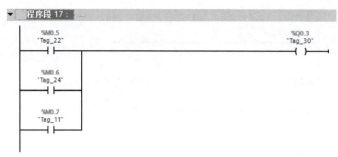

图 8-30（续）

(4) 利用复位和置位指令编写逻辑控制程序

复位和置位指令是常用指令，用复位和置位指令编写程序简洁而且可读性强。以下用一个例子讲解利用复位和置位指令编写逻辑控制程序。

【例 8-4】 用复位和置位指令编写例 8-2 的程序。

【解】 梯形图如图 8-31 和图 8-32 所示（编写程序之前，要创建数据块 DB，并创建 T0 ～ T7 定时器，数据类型为 IEC-TIMER）。

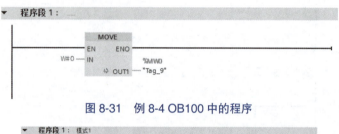

图 8-31　例 8-4 OB100 中的程序

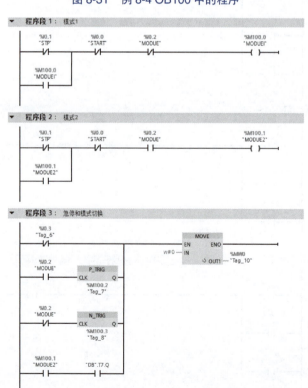

图 8-32　例 8-4 OB1 中的程序

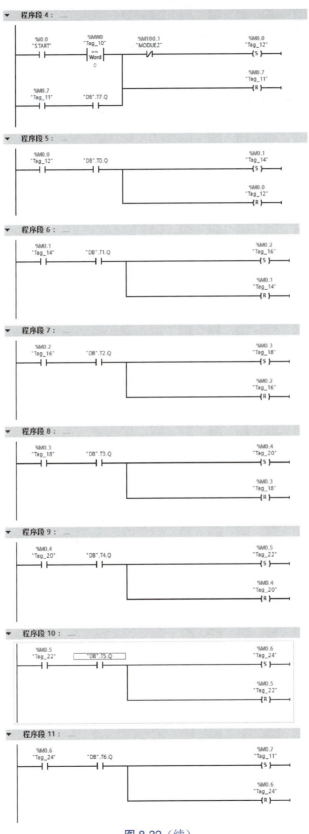

图 8-32（续）

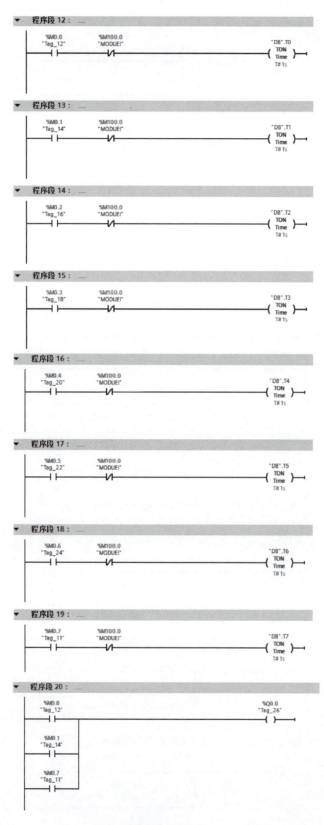

图 8-32（续）

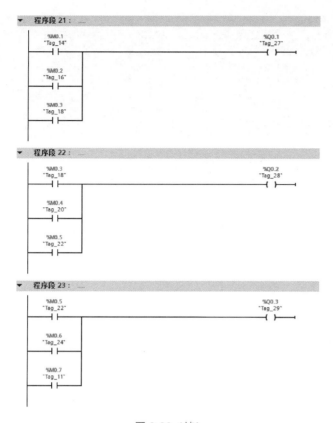

图 8-32（续）

至此，同一个顺序控制的问题使用了基本指令、复位和置位指令和功能指令，共三种解决方案编写程序。三种解决方案的编程都有各自几乎固定的步骤，但有一步是相同的，那就是首先都要画功能图。三种解决方案没有优劣之分，读者可以根据自己的实际情况选用。

第09章

PLC 的工艺功能及应用

本章介绍 PLC 的 PID 控制及其在工程中的应用，还介绍 PLC 的高速计数功能，主要包括西门子 S7-1200 PLC 高速计数器的应用。高速计数器最常用的应用是测量距离和转速。本章的内容难度较大，学习时应多投入时间。

9.1 PID 控制简介

9.1.1 PID 控制原理简介

在过程控制中，按偏差的比例（P）、积分（I）和微分（D）进行控制的 PID 控制器（也称 PID 调节器）是应用最广泛的一种自动控制器。它具有原理简单、易于实现、适用面广、控制参数相互独立、参数选定比较简单、调整方便等优点；而且在理论上可以证明，对于过程控制的典型对象——"一阶滞后＋纯滞后"与"二阶滞后＋纯滞后"的控制对象，PID 控制器是一种最优控制。PID 调节规律是连续系统动态品质校正的一种有效方法，它的参数整定方式简便，结构改变灵活（如可为 PI 调节、PD 调节等）。长期以来，PID 控制器被广大科技人员及现场操作人员所采用，并积累了大量的经验。

PID 控制器就是根据系统的误差，利用比例、积分、微分计算出控制量来进行控制。当被控对象的结构和参数不能完全掌握或得不到精确的数学模型、控制理论的其他技术难以采用时，系统控制器的结构和参数必须依靠经验和现场调试来确定，这时应用 PID 控制技术最为方便。即当我们不完全了解一个系统和被控对象，或不能通过有效的测量手段来获得系统参数时，最适合采用 PID 控制技术。

（1）比例（P）控制

比例控制是一种最简单、最常用的控制方式，如放大器、减速器和弹簧等。比例控制器能立即成比例地响应输入的变化量。但仅有比例控制时，系统输出存在稳态误差（steady-state error）。

（2）积分（I）控制

在积分控制中，控制器的输出量是输入量对时间积累。一个自动控制系统，如果在进入稳态后存在稳态误差，则称这个控制系统是有稳态误差的或简称有差系统（system with steady-state error）。为了消除稳态误差，在控制器中必须引入"积分项"。积分项对误差的运算取决于时间的积分，随着时间的增加，积分项会增大。所以即便误差很小，积分项也会随着时间的增加而加大，它推动控制器的输出增大，使稳态误差进一步减小，直到等于零。因此，采用比例+积分（PI）控制器，可以使系统在进入稳态后无稳态误差。

（3）微分（D）控制

在微分控制中，控制器的输出与输入误差信号的微分（即误差的变化率）成正比关系。自动控制系统在克服误差的调节过程中可能会出现振荡甚至失稳。其原因是存在有较大的惯性组件（环节）或有滞后（delay）组件，具有抑制误差的作用，其变化总是落后于误差的变化。解决的办法是使抑制误差的作用的变化"超前"，即在误差接近零时，抑制误差的作用就应该是零。这就是说，在控制器中仅引入"比例"项往往是不够的，比例项的作用仅是放大误差的幅值，因而需要增加的是"微分项"，它能预测误差变化的趋势，这样，具有比例+微分的控制器就能够提前使抑制误差的控制作用等于零，甚至为负值，从而避免被控量的严重超调。所以对有较大惯性或滞后的被控对象，比例+微分（PD）控制器能改善系统在调节过程中的动态特性。

（4）闭环控制系统特点

控制系统一般包括开环控制系统和闭环控制系统。开环控制系统（open-loop control system）是指被控对象的输出（被控制量）对控制器（controller）的输出没有影响，在这种控制系统中，不依赖将被控制量反送回来以形成任何闭环回路。闭环控制系统（closed-loop control system）的特点是系统被控对象的输出（被控制量）会反送回来影响控制器的输出，形成一个或多个闭环。闭环控制系统有正反馈和负反馈，若反馈信号与系统给定值信号相反，则称为负反馈（Negative Feedback）；若极性相同，则称为正反馈。一般闭环控制系统均采用负反馈，又称负反馈控制系统。可见，闭环控制系统性能远优于开环控制系统。

（5）PID 控制器的主要优点

PID 控制器能够成为应用最广泛的控制器，它具有以下优点。

① PID 算法蕴涵了动态控制过程中过去、现在、将来的主要信息，而且其配置几乎最优。其中，比例（P）代表了当前的信息，起纠正偏差的作用，使过程反应迅速。微分（D）在信号变化时有超前控制作用，代表将来的信息。在过程开始时强迫过程进行，过程结束时减小超调，克服振荡，提高系统的稳定性，加快系统的过渡过程。积分（I）代表了过去积累的信息，它能消除静差，改善系统的静态特性。此三种作用配合得当，可使动态过程快速、平稳、准确，收到良好的效果。

② PID 控制适应性好，有较强的鲁棒性，对各种工业应用场合，都可在不同的程度上应用。特别适用于"一阶惯性环节+纯滞后"和"二阶惯性环节+纯滞后"的过程控制对象。

③ PID 算法简单明了，各个控制参数相对较为独立，参数的选定较为简单，形成了完整的设计和参数调整方法，很容易被工程技术人员所掌握。

④ PID 控制根据不同的要求，针对自身的缺陷进行了不少改进，形成了一系列改进的 PID 算法。例如，为了克服微分带来的高频干扰的滤波 PID 控制，为克服大偏差时出现饱和超调的 PID 积分分离控制，为补偿控制对象非线性因素的可变增益 PID 控制，等。这些改进算法在一些应用场合取得了很好的效果。同时当今智能控制理论的发展，又形成了许多智能 PID 控制方法。

（6）PID 的算法

① PID 控制系统原理框　PID 控制系统原理框如图 9-1 所示。

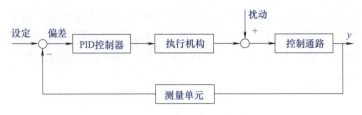

图 9-1　PID 控制系统原理框

② PID 算法　S7-1200/1500 PLC 内置了三种 PID 指令，分别是 PID_Compact、PID_3Step 和 PID_Temp。

PID_Compact 是一种具有抗积分饱和功能并且能够对比例作用和微分作用进行加权的 PIDT1 控制器。PID 算法根据以下等式工作：

$$y = K_\mathrm{p}\left[(bw-x)+\frac{1}{T_\mathrm{I}s}(w-x)+\frac{T_\mathrm{D}s}{aT_\mathrm{D}s+1}(cw-x)\right] \quad (9\text{-}1)$$

式中，y 为 PID 算法的输出值；K_p 为比例增益；s 为拉普拉斯运算符；b 为比例作用权重；w 为设定值；x 为过程值；T_I 为积分作用时间；T_D 为微分作用时间；a 为微分延迟系数（微分延迟 $T_1=aT_\mathrm{D}$）；c 为微分作用权重。

【关键点】公式（9-1）是非常重要的，根据这个公式，读者必须建立一个概念：增益 K_p 增加可以直接导致输出值 y 的快速增加，T_I 的减小可以直接导致积分项数值的增加，微分项数值的大小随着微分时间 T_D 的增加而增加，从而直接导致 y 增加。理解了这一点，对于正确调节 P、I、D 三个参数是至关重要的。

PID_Compact 指令控制系统方框图如图 9-2 所示。

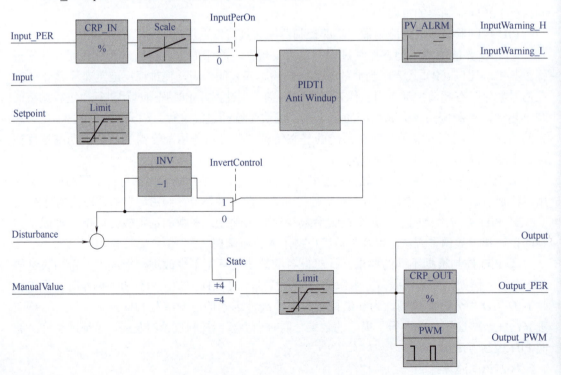

图 9-2　PID_Compact 指令控制系统方框图

使用 PID_3Step 指令可对具有阀门自调节的 PID 控制器或具有积分行为的执行器进行组态。与 PID_Compact 指令的最大区别在于前者有两路输出，而后者只有一路输出。

PID_Temp 指令提供了一种可对温度过程进行集成调节的 PID 控制器。

9.1.2 PID 控制器的参数整定

PID 控制器的参数整定是控制系统设计的核心内容。它是根据被控过程的特性，确定 PID 控制器的比例系数、积分时间和微分时间的大小。PID 控制器参数整定的方法很多，概括起来有如下两大类。

一是理论计算整定法。它主要依据系统的数学模型，经过理论计算确定控制器参数。这种方法所得到的计算数据未必可以直接使用，还必须根据工程实际进行调整和修改。

二是工程整定法。它主要依赖于工程经验，直接在控制系统的试验中进行，且方法简单、易于掌握，在工程实际中被广泛采用。PID 控制器参数的工程整定方法，主要有临界比例法、反应曲线法和衰减法。这三种方法各有其特点，其共同点都是通过试验，然后按照工程经验公式对控制器参数进行整定。但无论采用哪一种方法所得到的控制器参数，都需要在实际运行中进行最后的调整与完善。

(1) 整定的方法和步骤

现在一般采用的是临界比例法。利用该方法进行 PID 控制器参数的整定步骤如下：

① 首先预选择一个足够短的采样周期让系统工作；

② 仅加入比例控制环节，直到系统对输入的阶跃响应出现临界振荡，记下这时的比例放大系数和临界振荡周期；

③ 在一定的控制度下通过公式计算得到 PID 控制器的参数。

(2) PID 参数的经验值

在实际调试中，只能先大致设定一个经验值，然后根据调节效果修改，常见系统的经验值如下。

① 对于温度系统：P（%）20～60，I（min）3～10，D（min）0.5～3。

② 对于流量系统：P（%）40～100，I（min）0.1～1。

③ 对于压力系统：P（%）30～70，I（min）0.4～3。

④ 对于液位系统：P（%）20～80，I（min）1～5。

(3) PID 参数的整定实例

PID 参数的整定对于初学者来说并不容易，不少初学者看到 PID 的曲线往往不知道是什么含义，当然也就不知道如何下手调节了，以下用几个简单的例子进行介绍。

PID 参数的整定介绍

【例 9-1】 某系统的电炉在进行 PID 参数整定，其输出曲线如图 9-3 所示，设定值和测量值重合（55℃），所以有人认为 PID 参数整定成功，请读者分析，并给出自己的见解。

【解】 在 PID 参数整定时，分析曲线图是必不可少的，测量值和设定值基本重合这是基本要求，并非说明 PID 参数整定就一定合理。

分析 PID 运算结果的曲线是至关重要的，如图 9-3 所示，PID 结算结果的曲线虽然很平滑，但过于平坦，这样电炉在运行过程中，其抗干扰能力弱，也就是说，当负载对热量需要稳定时，温度能保持稳定，但当负载热量变化大时，测量值和设定值就未必处于重合状态了。这种 PID 结算结果的曲线过于平坦，说明 P 过小。

将 P 的数值设定为 30.0，如图 9-4 所示，整定就比较合理了。

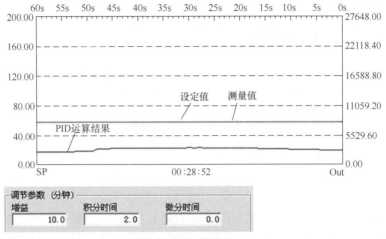

图 9-3　PID 曲线图（1）

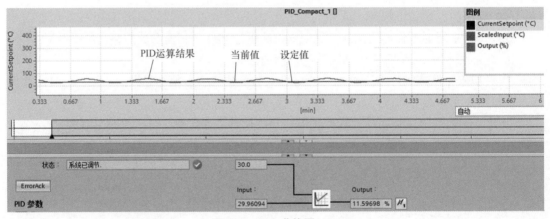

图 9-4　PID 曲线图（2）

【例 9-2】　某系统的电炉在进行 PID 参数整定，其输出曲线如图 9-5 所示，设定值和测

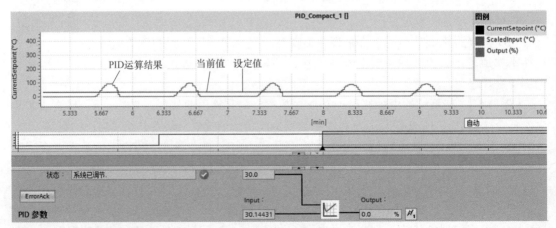

图 9-5　PID 曲线图（3）

量值重合（55℃），所以有人认为 PID 参数整定成功，请读者分析，并给出自己的见解。

【解】 如图 9-5 所示，虽然测量值和设定值基本重合，但 PID 参数整定不合理。

这是因为 PID 运算结果的曲线已经超出了设定的范围，实际就是超调，说明比例环节 P 过大。

9.1.3 PID 指令简介

PID_Compact 指令块的参数分为输入参数和输出参数，指令块的视图分为扩展视图和集成视图，不同的视图中看到的参数不一样：扩展视图中看到的参数多，表 9-1 中的 PID_Compact 指令是扩展视图，可以看到亮色和灰色字迹的所有参数，而集成视图中可见的参数少，只能看到含亮色字迹的参数，不能看到灰色字迹的参数。扩展视图和集成视图可以通过指令块下边框处的"三角"符号相互切换。

PID_Compact 指令块的参数含义见表 9-1。

表 9-1 PID_Compact 指令块的参数

LAD	SCL	输入/输出	含义
		Setpoint	自动模式下的给定值
	"PID_Compact_1"（	Input	实数类型反馈
	Setpoint: =_real_in_,	Input_PER	整数类型反馈
	Input: =_real_in_, Input_PER: =_word_in_, Disturbance: =_real_in_, ManualEnable: =_bool_in_,	ManualEnable	0 到 1，上升沿，手动模式 1 到 0，下降模式，自动模式
	ManualValue: =_real_in_, ErrorAck: =_bool_in_,	ManualValve	手动模式下的输出
	Reset: =_bool_in_,	Reset	重新启动控制器
	ModeActivate: =_bool_in_,	ScaledInput	当前输入值
	Mode: =_int_in_,	Output	实数类型输出
	ScaledInput=>_real_out_,	Output_PER	整数类型输出
	Output=>_real_out_, Output_PER=>_word_out_,	Output_PWM	PWM 输出
	Output_PWM=>_bool_out_,	SetpointLimit_H	当反馈值高于高限时设置
	SetpointLimit_H=>_bool_out_, SetpointLimit_L=>_bool_out_,	SetpointLimit_L	当反馈值低于低限时设置
	InputWarning_H=>_bool_out_, InputWarning_L=>_bool_out_,	InputWarning_H	当反馈值高于高限报警时设置
	State=>_int_out_, Error=>_bool_out_, ErrorBits=>_dword_out_);	InputWarning_L	当反馈值低于低限报警时设置
		State	控制器状态

9.1.4 PID 控制应用

电炉的温度控制

以下用一个例子介绍 PID 控制应用。

【例 9-3】 有一台电炉，要求炉温控制在一定的范围。电炉的工作原理如下：

当设定电炉温度后，CPU 1211C 经过 PID 运算后由 Q0.0 输出一个脉冲串送到固态继电器，固态继电器根据信号（弱电信号）的大小控制电热丝的加热电压（强电）的大小（甚至断开），温度传感器测量电炉的温度，温度信号经过变送器的处理后输入到模拟量输入端子，再送到 CPU 1211C 进行 PID 运算，如此循环。请编写控制程序。

【解】

（1）主要软硬件配置

① 1 套 TIA Portal V15.1。

② 1 台 CPU 1211C。

③ 1 根网线。

④ 1 台电炉。

设计原理图，如图 9-6 所示。

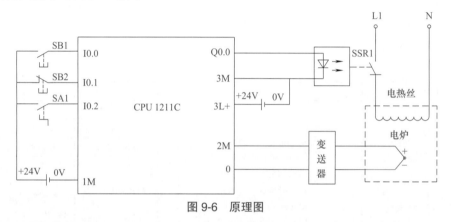

图 9-6　原理图

（2）硬件组态

① 新建项目，添加 CPU。打开 TIA 博途软件，新建项目"PID1"，在项目树中，单击"添加新设备"选项，添加"CPU 1211C"，如图 9-7 所示。

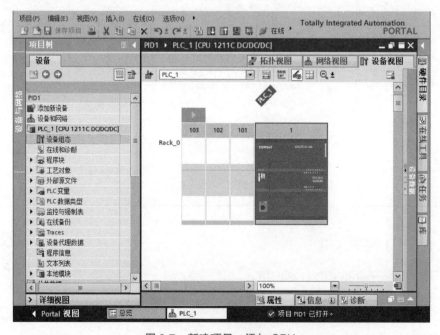

图 9-7　新建项目，添加 CPU

② 新建变量表。新建变量和数据类型，如图 9-8 所示。

PLC 变量

	名称	表	数据类型	地址
1	设定温度	变量表	Real	%MD20
2	测量温度	变量表	Int	%IW64
3	PWM输出	变量表	Bool	%Q0.0
4	Eroor	变量表	DWord	%MD10
5	PID_Sate	变量表	Word	%MW16
6	<添加>			

图 9-8　新建变量表

（3）参数配置

① 添加循环组织块。在 TIA 博途软件的项目树中，选择“PD1”→“PLC_1”→“程序块”→“添加程序块”选项，双击“添加程序块”，弹出如图 9-9 所示的界面，选择“组织块”→“Cyclic interrupt”选项，单击“确定”按钮。

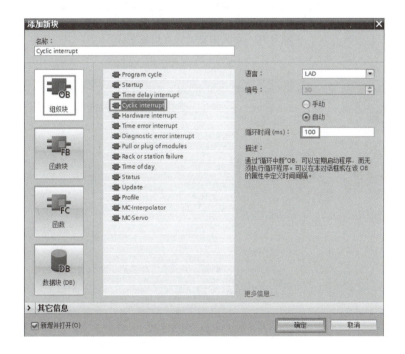

图 9-9　添加循环组织块

② 插入 PID_Compact 指令块。添加完循环中断组织块后，选择“指令树”→“工艺”→“PID 控制”→“PID_Compact”选项，将“PID_Compact”指令块拖拽到循环中断组织中。添加完“PID_Compact”指令块后，会弹出如图 9-10 所示的界面，单击“确定”按钮，完成对“PID_Compact”指令块的背景数据块的定义。

③ 基本参数配置。先选中已经插入的指令块，再选择“属性”→“组态”→“基本设

置",做如图 9-11 所示的设置。当 CPU 重启后,PID 运算变为自动模式,需要注意的是"PID_Compact"指令块输入参数 MODE,最好不要赋值。

"设定温度""测量温度"和"PWM 输出"三个参数,通过其右侧的 按钮选择。

图 9-10 定义指令块的背景数据块

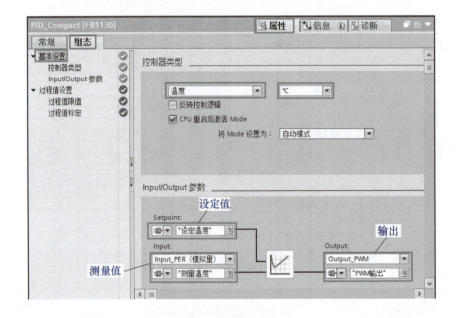

图 9-11 基本设置

④ 过程值设置。先选中已经插入的指令块,再选择"属性"→"组态"→"过程值设置",做如图 9-12 所示的设置。把过程值的下限设置为 0.0,把过程值的上限设置为传感器的上限值 200.0。这就是温度传感器的量程。

⑤ 高级设置。选择"项目树"→"PID1"→"PLC_1"→"工艺对象"→"PID_Compact_1"→"组态"选项,如图 9-13 所示,双击"组态",打开"组态"界面。

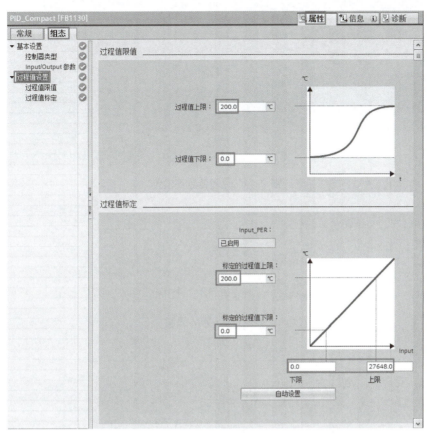

图 9-12 过程值设置

a. 过程值监视。选择"功能视野"→"高级设置"→"过程值监视"选项,设置如图 9-14 所示。当测量值高于此数值会报警,但不会改变工作模式。

b. PWM 限制。选择"功能视野"→"高级设置"→"PWM 限制"选项,设置如图 9-15 所示。代表输出接通和断开的最短时间,如固态继电器的导通和断开切换时间。

c. PID 参数。选择"功能视野"→"高级设置"→"PID 参数"选项,设置如图 9-16 所示,不启用"启用手动输入",使用系统自整定参数;调节规则使用"PID"控制器。

d. 输出限制值。选择"功能视野"→"高级设置"→"输出限制值"选项,设置如图 9-17 所示。"输出值限制"一般使用默认值,不修改。

而"将 Output 设置为:"有三个选项,当选择"错误未决时的替代输出值"时,PID 运算出错,以替代值输出,当错误消失后,PID 运算重新开始;当选择"错误待定时的当前值"时,PID 运算出错,以当前值输出,当错误消失后,PID 运算重新开始;当选择"非活动"时,PID 运算出错,当错误消失后,PID 运算不会重新开始,在这种模式下,如希望重启,则需要用编程的方法实现。这个项目的设置至关重要。

图 9-13 打开工艺对象组态

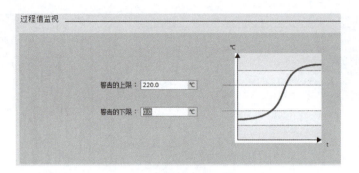

图 9-14　过程值监视设置

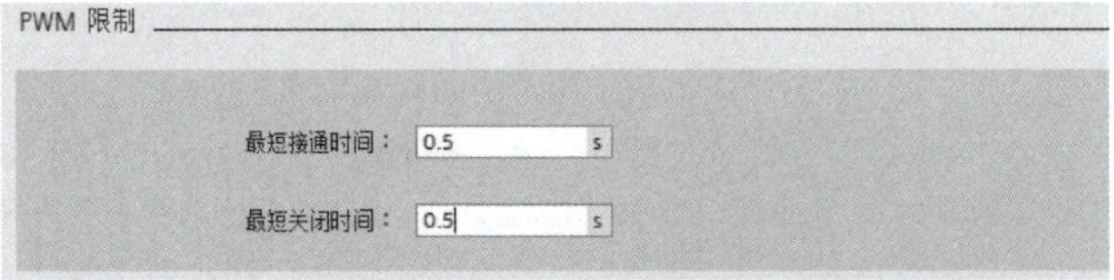

图 9-15　PWM 限制

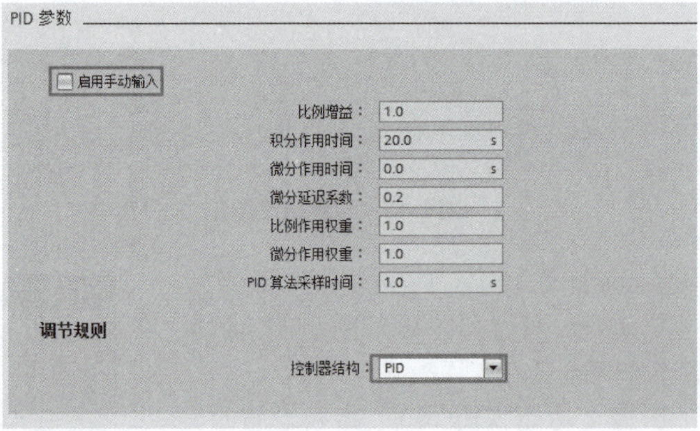

图 9-16　PID 参数

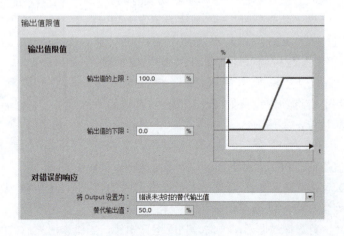

图 9-17　输出限制值

（4）程序编写

编写 LAD 程序，如图 9-18 所示。

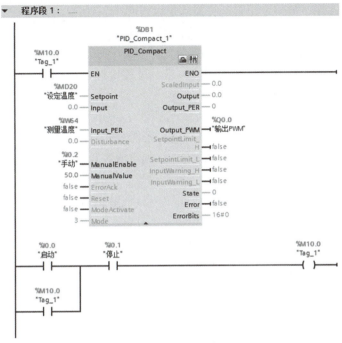

图 9-18　LAD 程序

（5）自整定

很多品牌的 PLC 都有自整定功能。S7-1200/1500 PLC 有较强的自整定功能，这大大减少了 PID 参数整定的时间，对初学者更是如此，可借助 TIA 博途软件的调试面板进行 PID 参数的自整定。

① 打开调试面板　打开 S7-1200/1500 PLC 调试面板有两种方法。

方法 1，选择"项目树"→"PID1"→"PLC_1"→"工艺对象"→"PID_Compact_1"→"调试"选项，如图 9-19 所示，双击"调试"，打开"调试面板"界面。

图 9-19　打开调试面板方法 1

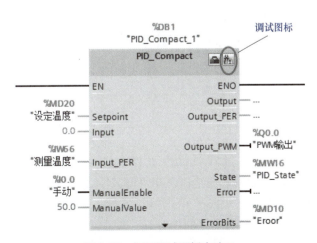

图 9-20　打开调试面板方法 2

方法 2，单击指令块 PID_Compact 上的 图标，如图 9-20 所示，即可打开"调试面板"。

② 自整定的条件　自整定正常运算需满足以下两个条件：

a. |设定值-反馈值|＞0.3×|输入高限-输入低限|；

b. |设定值-反馈值|＞0.5×|设定值|。

当自整定时，有时弹出"启动预调节出错。过程值过于接近设定值"信息，通常问题在于不符合以上两条整定条件。

③ 调试面板　调试面板如图 9-21 所示，包括四个部分，按图中标号顺序分别介绍如下。

a. 调试面板控制区：启动和停止测量功能、采样时间以及调试模式选择。

b. 趋势显示区：以曲线的形式显示设定值、测量值和输出值。这个区域非常重要。

c. 调节状态区：包括显示 PID 调节的进度、错误、上传 PID 参数到项目和转到 PID 参数。

d. 控制器的在线状态区：用户可以在此区域监视给定值、反馈值和输出值，并可以手动强制输出值，勾选"手动模式"前方的方框，用户在"Output"栏内输入百分比形式的输出值，并单击"修改"按钮 即可。

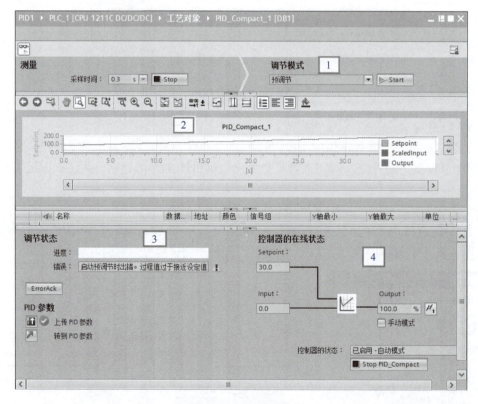

图 9-21　调试面板

④ 自整定过程　单击如图 9-22 所示界面中"1"处的"Start"按钮（按钮变为"Stop"），开始测量在线值，在"调节模式"下面选择"预调节"，再单击"2"处的"Start"按钮（按钮变为"Stop"），预调节开始。当预调节完成后，在"调节模式"下面选择"精确调节"，再单击"2"处的"Start"按钮（按钮变为"Stop"），精确调节开始。预调节和精确调节都需要消耗一定的运算时间，需要用户等待。

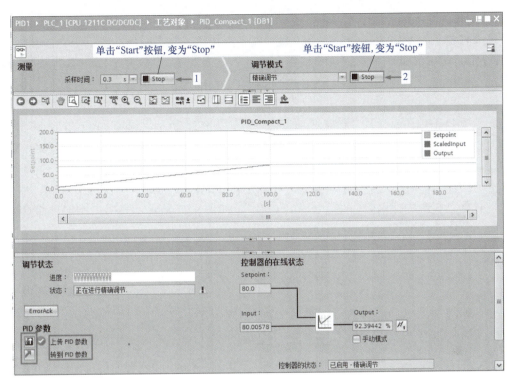

图 9-22 自整定

（6）上传参数和下载参数

当 PID 自整定完成后，单击如图 9-22 所示左下角的"上传 PID 参数"按钮 ，参数从 CPU 上传到在线项目中。

单击"转到 PID 参数"按钮 ，弹出如图 9-23 所示界面，单击"监控所有" ，勾选

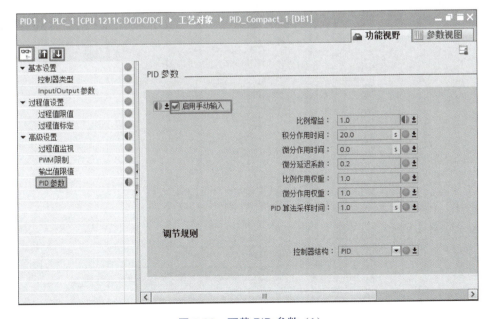

图 9-23 下载 PID 参数（1）

225

"启用手动输入"选项，单击"下载"按钮，修正后的 PID 参数可以下载到 CPU 中去。

需要注意的是单击工具栏上的"下载到设备"按钮，并不能将更新后的 PID 参数下载到 CPU 中，正确的做法是：在菜单栏中，选择"在线"→"下载并复位 PLC 程序"，如图 9-24 所示，单击"下载并复位 PLC 程序"选项，之后的操作与正常下载程序相同，在此不再赘述。

下载 PID 参数还有一种方法。在项目树中，如图 9-25 所示，选择"PLC_1"，单击鼠标右键，弹出快捷菜单，单击"比较"→"离线在线"选项，弹出如图 9-26 所示的界面。选择"有蓝色和橙色标识的选项"，单击下拉按钮，在弹出的菜单中，选中并单击"下载到设备"选项，最后单击工具栏中的"执行"按钮，PID 参数即可下载到 CPU 中去。下载完成后"有蓝色和橙色标识的选项"变为"绿色"，如图 9-27 所示，表明在线项目和 CPU 中的程序、硬件组态和参数都是完全相同的。

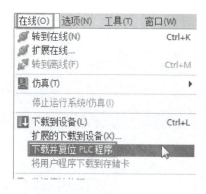

图 9-24 下载 PID 参数（2）

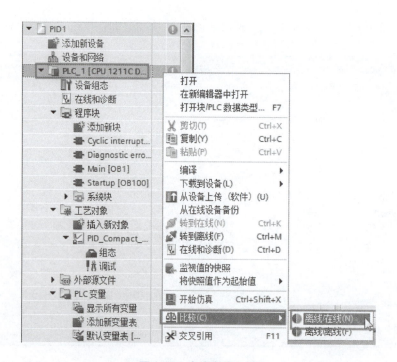

图 9-25 在线离线比较

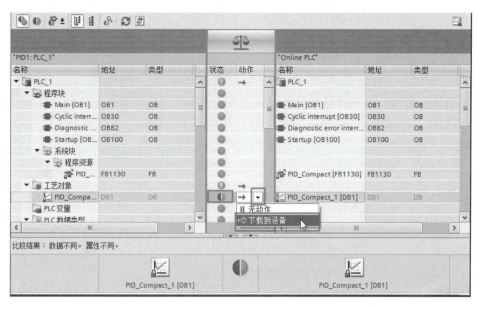

图 9-26 下载 PID 参数（3）

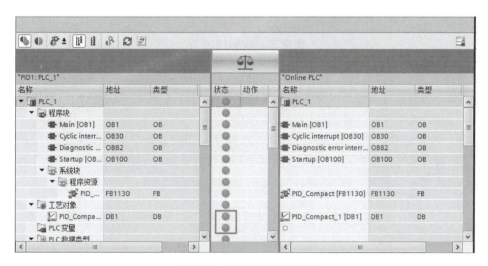

图 9-27 PID 参数下载完成

9.2 ▶ S7-1200 PLC 的高速计数器及其应用

9.2.1 S7-1200 PLC 高速计数器的简介

高速计数器能对超出 CPU 普通计数器能力的脉冲信号进行测量。S7-1200 PLC 的 CPU 提供了多个高速计数器（HSC1～HSC6）以响应快速脉冲输入信号。高速计数器的计数速度比 PLC 的扫描速度要快得多，因此高速计数器可独立于用户程序工作，不受扫描时间的

227

限制。用户通过相关指令和硬件组态控制计数器的工作。高速计数器的典型应用是利用光电编码器测量转速和位移。

（1）高速计数器的工作模式

高速计数器有 5 种工作模式，每个计数器都有时钟、方向控制、复位启动等特定输入。对于双向计数器，两个时钟都可以运行在最高频率，高速计数器的最高计数频率取决于 CPU 的类型和信号板的类型。在正交模式下，可选择 1 倍速、双倍速或者 4 倍速输入脉冲频率的内部计数频率。高速计数器的 5 种工作模式介绍如下。

① 单相计数，内部方向控制 单相计数的原理如图 9-28 所示，计数器采集并记录时钟信号的个数，当内部方向信号为高电平时，计数的当前数值增加；当内部方向信号为低电平时，计数的当前数值减小。

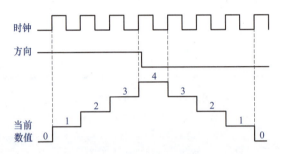

图 9-28　单相计数原理

② 单相计数，外部方向控制 单相计数的原理如图 9-28 所示，计数器采集并记录时钟信号的个数，当外部方向信号（例如外部按钮信号）为高电平时，计数的当前数值增加；当外部方向信号为低电平时，计数的当前数值减小。

③ 两个相位计数，两路时钟脉冲输入 加减两个相位计数原理如图 9-29 所示，计数器采集并记录时钟信号的个数，加计数信号端子和减信号计数端子分开。当加计数有效时，计数的当前数值增加；当减计数有效时，计数的当前数值减少。

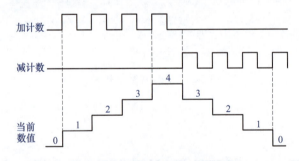

图 9-29　加减两个相位计数原理

④ A/B 相正交计数 A/B 相正交计数原理如图 9-30 所示，计数器采集并记录时钟信号的个数。A 相计数信号端子和 B 相信号计数端子分开，当 A 相计数信号超前时，计数的当前数值增加；当 B 相计数信号超前时，计数的当前数值减少。利用光电编码器（或者光栅尺）测量位移和速度时，通常采用这种模式。

S7-1200 PLC 支持 1 倍速、双倍速或者 4 倍速输入脉冲频率。

⑤ 监控 PTO 输出 HSC1 和 HSC2 支持此工作模式。在此工作模式，不需要外部接线，

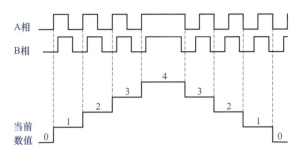

图 9-30 A/B 相正交计数原理

用于检测 PTO 功能发出的脉冲。如用 PTO 功能控制步进驱动系统或者伺服驱动系统，可利用此模式监控步进电动机或者伺服电动机的位置和速度。

（2）高速计数器的硬件输入

并非所有的 S7-1200 PLC 都有 6 个高速计数器，不同型号略有差别，例如 CPU1211C 最多只支持 4 个。S7-1200 PLC 高速计数器的性能见表 9-2。

表 9-2 高速计数器的性能

CPU/信号板	CPU 输入通道	1 相或者 2 相位模式	A/B 相正交相位模式
CPU1211C	Ia.0～Ia.5	100kHz	80kHz
CPU1212C	Ia.0～Ia.5	100kHz	80kHz
	Ia.6～Ia.7	30kHz	20kHz
CPU1214C	Ia.0～Ia.5	100kHz	80kHz
CPU1215C	Ia.6～Ib.1	30kHz	20kHz
CPU1217C	Ia.0～Ia.5	100kHz	80kHz
	Ia.6～Ib.1	30kHz	20kHz
	Ib.2～Ib.5	1MHz	1MHz
SB1221，200kHz	Ie.0～Ie.3	200kHz	160kHz
SB1223，200kHz	Ie.0～Ie.1	200kHz	160kHz
SB1223	Ie.0～Ie.1	30kHz	20kHz

注意： CPU1217C 的高速计数功能最为强大，因为这款 PLC 主要针对运动控制设计。

高速计数器的硬件输入接口与普通数字量接口使用相同的地址。已经定义用于高速计数器的输入点不能再用于其他功能。但某些模式下，没有用到的输入点还可以用作开关量输入点。S7-1200 PLC 模式和输入分配见表 9-3。

表 9-3 S7-1200 PLC 模式和输入分配

项目		描述	输入点			功能
HSC	HSC1	使用 CPU 上集成 I/O 或信号板或 PTO 0	I0.0 I4.0 PTO 0	I0.1 I4.1 PTO 0 方向	I0.3	
	HSC2	使用 CPU 上集成 I/O 或信号板或 PTO 1	I0.2 PTO 1	I0.3 PTO 1 方向	I0.1	
	HSC3	使用 CPU 上集成 I/O	I0.4	I0.5	I0.7	
	HSC4	使用 CPU 上集成 I/O	I0.6	I0.7	I0.5	
	HSC5	使用 CPU 上集成 I/O 或信号板或 PTO 0	I1.0 I4.0	I1.1 I4.1	I1.2	
	HSC6	使用 CPU 上集成 I/O	I1.3	I1.4	I1.5	

续表

项目	描述	输入点			功能
模式	单相计数，内部方向控制	时钟			
				复位	
	单相计数，外部方向控制	时钟	方向		计数或频率
				复位	计数
	双向计数，两路时钟脉冲输入	加时钟	减时钟		计数或频率
				复位	计数
	A/B 相正交计数	A 相	B 相		计数或频率
				Z 相	计数
	监控 PTO 输出	时钟	方向		计数

注意：

① 在不同的工作模式下，同一物理输入点可能有不同的定义，使用时需要查看表 9-2；

② 用于高速计数的物理点，只能使用 CPU 上集成 I/O 或信号板，不能使用扩展模块，如 SM1221 数字量输入模块。

（3）高速计数器的输入滤波器时间

高速计数器的输入滤波器时间和可检测到的最大输入频率有一定的关系，见表 9-4。

表 9-4　高速计数器的输入滤波器时间和可检测到的最大输入频率的关系

序号	输入滤波器时间 /μs	可检测到的最大输入频率	序号	输入滤波器时间 /ms	可检测到的最大输入频率
1	0.1	1MHz	11	0.05	10kHz
2	0.2	1MHz	12	0.1	5kHz
3	0.4	1MHz	13	0.2	2.5kHz
4	0.8	625kHz	14	0.4	1.25kHz
5	1.6	312kHz	15	0.8	625Hz
6	3.2	156kHz	16	1.6	312Hz
7	6.4	78Hz	17	3.2	156Hz
8	10	50kHz	18	6.4	78Hz
9	12.8	39kHz	19	12.8	39Hz
10	20	25kHz	20	20	25Hz

（4）高速计数器的寻址

S7-1200 PLC 的 CPU 将每个高速计数器的测量值存储在输入过程映像区内。数据类型是双整数型（DINT），用户可以在组态时修改这些存储地址，在程序中可以直接访问这些地址。但由于过程映像区受扫描周期的影响，在一个扫描周期内不会发生变化，但高速计数器中的实际值可能在一个周期内变化，因此用户可以通过读取物理地址的方式读取当前时刻的实际值，例如 ID1000: P。

高速计数器默认的寻址见表 9-5。

表 9-5　高速计数器默认的寻址

高速计数器编号	默认地址	高速计数器编号	默认地址
HSC1	ID1000	HSC4	ID1012
HSC2	ID1004	HSC5	ID1016
HSC3	ID1008	HSC6	ID1020

(5) 指令介绍

高速计数器（HSC）指令共有 2 条，高速计数时，不是一定要使用，以下仅介绍 CTRL_HSC 指令。高速计数指令 CTRL_HSC 的格式见表 9-6。

表 9-6　高速计数指令 CTRL_HSC 格式

LAD	SCL	输入/输出	参数说明
CTRL_HSC EN　ENO HSC　BUSY DIR　STATUS CV RV PERIOD NEW_DIR NEW_CV NEW_RV NEW_PERIOD	"CTRL_HSC_1_DB"（hsc: =W#16#0, 　dir: =False, 　cv: =False, 　rv: =False, 　period: =False, 　new_dir: =0, 　new_cv: =L#0, 　new_rv: =L#0, 　new_period: =0, 　busy=＞_bool_out_);	HSC	HSC 标识符
		DIR	1：请求新方向
		CV	1：请求设置新的计数器值
		RV	1：请求设置新的参考值
		PERIOD	1：请求设置新的周期值 （仅限频率测量模式）
		NEW_DIR	新方向，1：向上；-1：向下
		NEW_CV	新计数器值
		NEW_RV	新参考值
		NEW_PERIOD	以秒为单位的新周期值（仅限频率测量模式）： 1000: 1s 100: 0.1s 10: 0.01s
		BUSY	功能忙
		STATUS	状态代码

注：状态代码（STATUS）为 0 时，表示没有错误，为其他数值表示有错误，具体可以查看手册。

9.2.2　S7-1200 PLC 高速计数器的应用

与其他小型 PLC 不同，使用 S7-1200 PLC 的高速计数器完成高速计数功能，主要的工作在组态上，而不在程序编写上，简单的高速计数甚至不需要编写程序，只要进行硬件组态即可。以下用三个例子说明高速计数器的应用。

【例 9-4】　用高速计数器 HSC1 计数，当计数值达到 500～1000 之间时报警，报警灯 Q0.0 亮。原理图如图 9-31 所示。

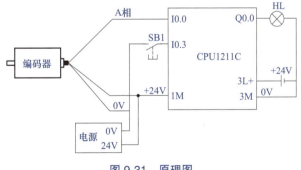

图 9-31　原理图

【解】

(1) 硬件组态

① 新建项目，添加 CPU。打开 TIA 博途软件，新建项目"HSC1"，单击项目树中的

"添加新设备"选项,添加"CPU1211C",如图9-32所示,再添加硬件中断程序块"OB40"。

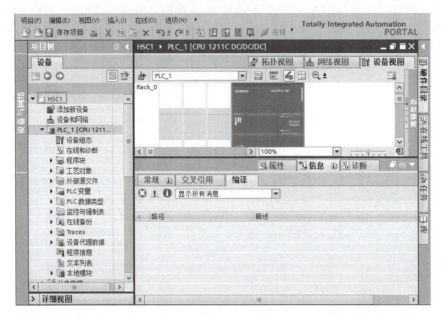

图 9-32 新建项目,添加 CPU

② 启用高速计数器。在设备视图中,选中"属性"→"常规"→"高速计数器(HSC)",勾选"启用该高速计数器"选项,如图9-33所示。

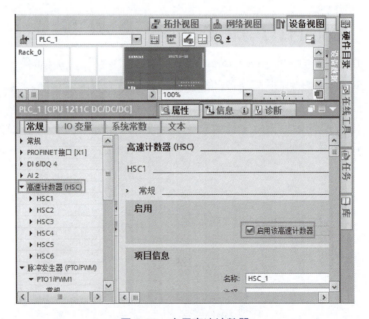

图 9-33 启用高速计数器

③ 组态高速计数器的功能。在设备视图中,选中"属性"→"常规"→"高速计数器(HSC)"→"HSC1"→"功能",组态选项如图9-34所示。

a. 计数类型分为计数、时间段、频率和运动控制四个选项。

b. 工作模式分为单相、双相、A/B 相和 A/B 相四倍分频，此内容在前面已经介绍了。

c. 计数方向的选项与工作模式相关。当选择单相计数模式时，计数方向取决于内部程序控制和外部物理输入点控制。当选择 A/B 相或双相模式时，没有此选项。

d. 初始计数方向分为增计数和减计数。

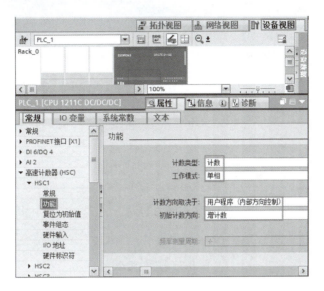

图 9-34　组态高速计数器的功能

④ 组态高速计数器的参考值和初始值。在设备视图中，选中"属性"→"常规"→"高速计数器（HSC）"→"HSC1"→"复位为初始值"，组态选项如图 9-35 所示。

a. 初始计数器值是指当复位后，计数器重新计数的起始数值，本例为 0。

b. 初始参考值是指当计数值达到此值时，可以激发一个硬件中断。

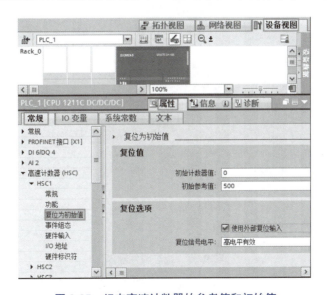

图 9-35　组态高速计数器的参考值和初始值

⑤ 事件组态。在设备视图中，选中"属性"→"常规"→"高速计数器（HSC）"→

"HSC1"→"事件组态",单击 按钮,选择硬件中断事件"Hardware interrupt"选项,组态选项如图 9-36 所示。

图 9-36　事件组态

⑥ 组态硬件输入。在设备视图中,选中"属性"→"常规"→"高速计数器（HSC）"→"HSC1"→"硬件输入",组态选项如图 9-37 所示,硬件输入地址可不更改。硬件输入定义了高速输入和复位接线的输入点的地址。

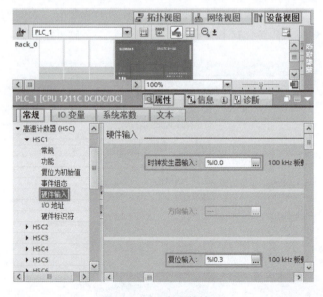

图 9-37　组态硬件输入

⑦ 组态 I/O 地址。在设备视图中,选中"属性"→"常规"→"高速计数器（HSC）"→"HSC1"→"I/O 地址",组态选项如图 9-38 所示,I/O 地址可不更改。本例占用 IB1000～IB1003,共 4 个字节,实际就是 ID1000。

第 9 章　PLC 的工艺功能及应用

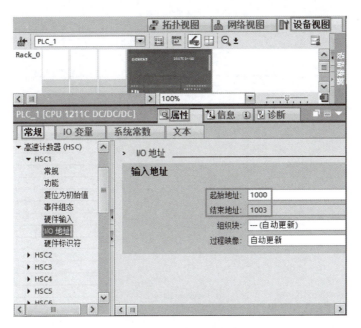

图 9-38　组态 I/O 地址

⑧ 查看硬件标识符。在设备视图中，选中"属性"→"常规"→"高速计数器（HSC）"→"HSC1"→"硬件标识符"，如图 9-39 所示，硬件标识符不能更改，此数值（257）在编写程序时要用到。

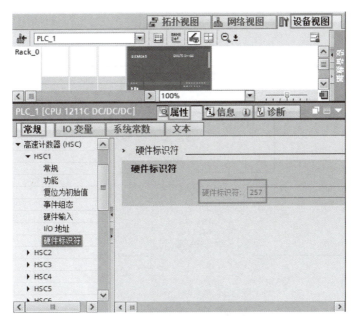

图 9-39　查看硬件标识符

⑨ 修改输入滤波时间。在设备视图中，选中"属性"→"常规"→"DI 6/DQ 4"→"数字量输入"→"通道 0"，如图 9-40 所示，将输入滤波时间从原来的 6.4ms 修改到 3.2μs，这个步骤极为关键。此外要注意，在此处的上升沿和下降沿不能启用。

235

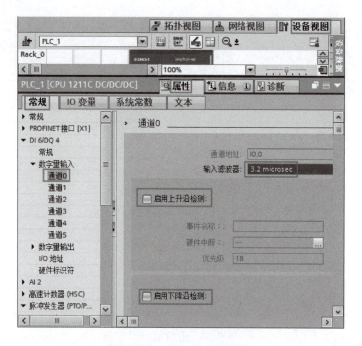

图 9-40　修改输入滤波时间

（2）编写程序

打开硬件中断程序块 OB40，编写 LAD 程序如图 9-41 所示。

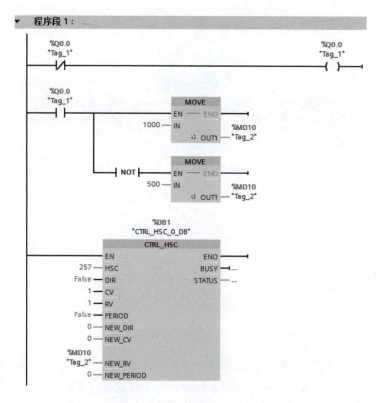

图 9-41　OB40 中的 LAD 程序

【例 9-5】 用光电编码器测量长度，光电编码器为 500 线，电动机与编码器同轴相连，电动机每转一圈，滑台移动 10mm，要求在 HMI 上实时显示位移数值，断电后可以保持此数据。原理图如图 9-42 所示。

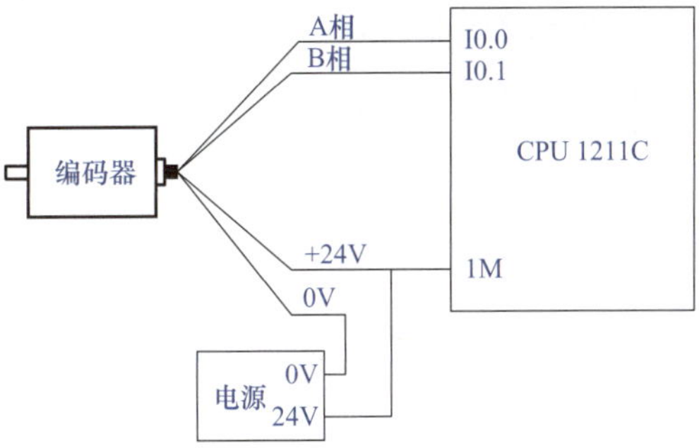

图 9-42 原理图

【解】
（1）硬件组态

① 新建项目，添加 CPU。打开 TIA 博途软件，新建项目"HSC1"，单击项目树中的"添加新设备"选项，添加"CPU1211C"，如图 9-32 所示。

② 启用高速计数器。在设备视图中，选中"属性"→"常规"→"高速计数器（HSC）"，勾选"启用该高速计数器"选项，如图 9-33 所示。

③ 组态高速计数器的功能。在设备视图中，选中"属性"→"常规"→"高速计数器（HSC）"→"HSC1"→"功能"，组态选项如图 9-43 所示。

图 9-43 组态高速计数器的功能

④ 组态 I/O 地址。在设备视图中，选中"属性"→"常规"→"高速计数器（HSC）"→"HSC1"→"I/O 地址"，组态选项如图 9-38 所示，I/O 地址可不更改。本例占用 IB1000～IB1003，共 4 个字节，实际就是 ID1000。

⑤ 修改输入滤波时间。在设备视图中，选中"属性"→"常规"→"DI 6/DQ 4"→"数字量输入"→"通道 0"，如图 9-40 所示，将输入滤波时间从原来的 6.4ms 修改到 3.2μs，这个步骤极为关键。此外要注意，在此处的上升沿和下降沿不能启用。

（2）编写程序

由于光电编码器与电动机同轴安装，所以光电编码器的旋转圈数就是电动机的圈数，所以每个脉冲对应的距离为：

$$\frac{10 \times \text{ID}1000}{500} = \frac{\text{ID}1000}{50} (\text{mm})$$

上电时，把停电前保存的数据传送到新值中，梯形图如图 9-44 所示。

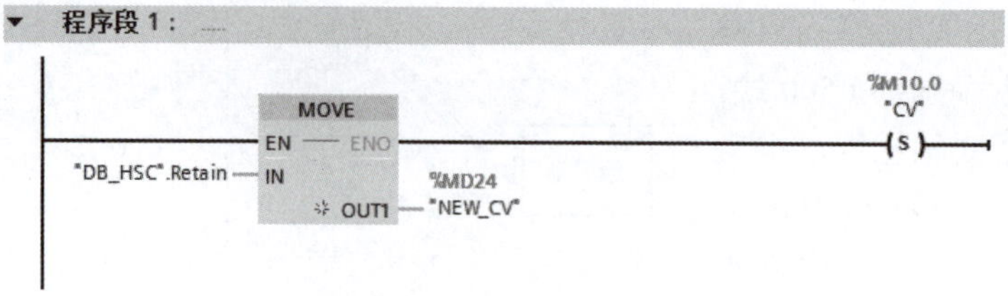

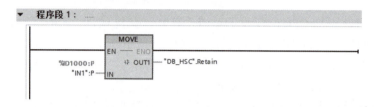

图 9-44 OB100 中的程序

每 100ms 把计数值传送到数据块保存，程序如图 9-45 所示。

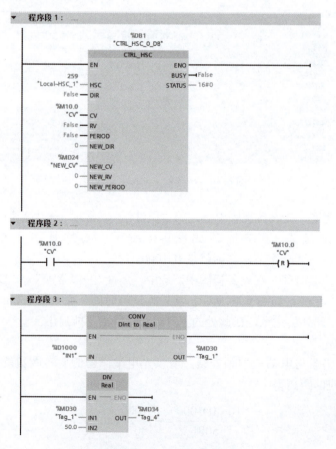

图 9-45 OB30 中的程序

先把数据块中保存的数据取出，作为新值，即计数的起始值，计数值经计算得到当前位移，程序如图 9-46 所示。

图 9-46 OB1 中的程序

【例 9-6】 用光电编码器测量电动机的转速,光电编码器为 500 线,电动机与编码器同轴相连,要求在 HMI 上实时显示电动机的转速。原理图如图 9-42 所示。

用光电编码器测量转速

【解】
(1) 硬件组态

硬件组态与例 9-5 类似,先添加 CPU 模块。在设备视图中,选中"属性"→"常规"→"高速计数器(HSC)",勾选"启用该高速计数器"选项。

组态高速计数器的功能。在设备视图中,选中"属性"→"常规"→"高速计数器(HSC)"→"HSC1"→"功能",组态选项如图 9-47 所示。

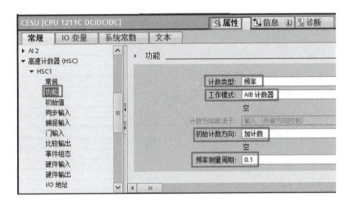

图 9-47 组态高速计数器的功能

修改输入滤波时间。在设备视图中,选中"属性"→"常规"→"DI 6/DQ 4"→"数字量输入"→"通道 0",如图 9-48 所示,将输入滤波时间从原来的 6.4ms 修改到 3.2μs,这个步骤极为关键。此外要注意,在此处的上升沿和下降沿不能启用。

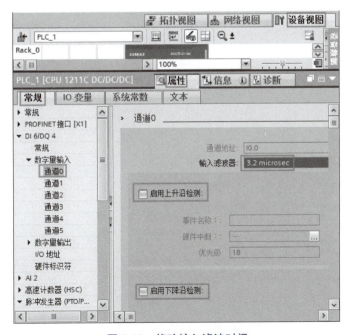

图 9-48 修改输入滤波时间

（2）编写程序

由于光电编码器与电动机同轴安装，所以光电编码器的旋转圈数就是电动机的圈数，所以得转速为：

$$\frac{60 \times \text{ID1000}}{500} = \frac{3 \times \text{ID1000}}{25} \text{ (r/min)}$$

打开硬件主程序块 OB1，编写 LAD 程序，如图 9-49 所示。

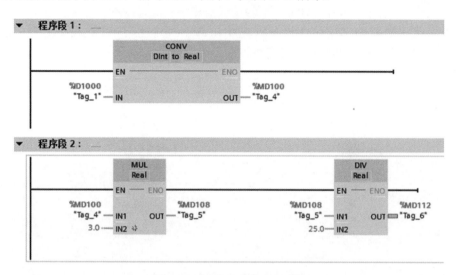

图 9-49　OB1 中的 LAD 程序

第 3 篇

变频器技术及其应用

第10章

变频器基础知识

变频器（frequency converter）是将固定频率的交流电变换成频率、电压连续可调的交流电，供给电动机运转的电源装置。本章介绍变频器的历史发展、分类、应用范围和工作原理等知识，使读者初步了解变频器。

10.1 变频器概述

10.1.1 变频器的发展

（1）变频器技术的发展阶段

芬兰瓦萨控制系统有限公司，其前身是瑞典的 STRONGB，于 20 世纪 60 年代成立，并于 1967 年开发出世界上第一台变频器，被称为变频器的鼻祖，开创了世界商用变频器市场先河。之后变频器技术不断发展，如按照变频器的控制方式，可划分为以下几个阶段。

① 第一阶段：恒压频比 V/f 技术　V/f 控制就是保证输出电压跟频率成正比的控制，这样可以使电动机的磁通保持一定，避免弱磁和磁饱和现象的产生，多用于风机、泵类节能型变频器用压控振荡器实现。20 世纪 80 年代，日本开发出电压空间矢量控制技术，后引入频率补偿控制。电压空间矢量的频率补偿方法，不仅能消除速度控制的误差，而且可以通过反馈估算磁链幅值，消除低速时定子电阻的影响，将输出电压、电流闭环，以提高动态的精度和稳定度。

② 第二阶段：矢量控制　20 世纪 70 年代，德国人 F.Blaschke 首先提出了矢量控制模型。矢量控制实现的基本原理是通过测量和控制异步电动机定子电流矢量，根据磁场定向原理分别对异步电动机的励磁电流和转矩电流进行控制，从而达到控制异步电动机转矩的目的。

③ 第三阶段：直接转矩控制　直接转矩控制（Direct Torque Control，DTC）系统是在 20 世纪 80 年代中期继矢量控制技术之后发展起来的一种高性能异步电动机变频调速系统。

不同于矢量控制，直接转矩控制具有鲁棒性强、转矩动态响应速度快、控制结构简单等优点，它在很大程度上解决了矢量控制中结构复杂、计算量大、对参数变化敏感等问题。直接转矩控制技术的主要问题是低速时转矩脉动大，其低速性能还是不能达到矢量控制的水平。

（2）我国变频器技术发展现状

目前，国内有超过 200 多家生产厂家，以森兰、汇川、英威腾为代表，技术水平接近世界先进水平，但总市场份额只有10%左右。我国国产变频器的生产，主要是交流380V的中小型变频器，且大部分产品为低压，高压大功率则很少，能够研制、生产并提供服务的高压变频器厂商更少。并且在技术方面，更是仅仅少数普遍采用V/f控制方式，对中、高压电动机进行变频调速改造。我国高压变频器的品种和性能，还处于初步的发展阶段，仍需大量从国外进口。

（3）变频器的发展趋势

随着节约环保型社会发展模式的提出，人们开始更多地关注起生活的环境品质。节能型、低噪声变频器，是今后一段时间发展的一个总趋势。我国变频器的生产商家虽然不少，但是缺少统一的、具体的规范标准，使得产品差异性较大。且大部分采用了V/f控制和电压矢量控制，其精度较低、动态性能不高、稳定性能较差，这些方面与国外同等产品相比有一定的差距。就变频器设备来说，其发展趋势主要表现在以下方面。

① 变频器将朝着高压大功率和低压小功率、小型化、轻型化的方向发展。

② 工业高压大功率变频器，民用低压中小功率变频器潜力巨大。

③ 目前，IGBT、IGCT和SGCT仍将扮演着主要的角色，SCR、GTO将会退出变频器市场。

④ 无速度传感器的矢量控制、磁通控制和直接转矩控制等技术的应用，将趋于成熟。

⑤ 全面实现数字化和自动化，如参数自设定技术、过程自优化技术、故障自诊断技术。

⑥ 高性能单片机的应用，优化了变频器的性能，实现了变频器的高精度和多功能。

⑦ 相关配套行业正朝着专业化、规模化发展，社会分工逐渐明显。

⑧ 伴随着节约型社会的发展，变频器在民用领域的使用会逐步得到推广和应用。

10.1.2 变频器的分类

变频器发展到今天，已经研制了多种适合不同用途的变频器，种类比较多，以下详细介绍其分类。

（1）按变换的环节分类

① 交-直-交变频器，是先把工频交流通过整流器变成直流，然后再把直流逆变成频率电压可调的交流，又称间接式变频器，是目前广泛应用的通用型变频器。

② 交-交变频器，即将工频交流直接变换成频率、电压可调的交流，又称直接式变频器。主要用于大功率（500kW以上）低速交流传动系统中，目前已经在轧机、鼓风机、破碎机、球磨机和卷扬机等设备中应用。这种变频器既可用于异步电动机，也可以用于同步电动机的调速控制。

（2）按直流电源性质分类

① 电压型变频器　电压型变频器特点是中间直流环节的储能元件采用大电容，负载的无功功率将由它来缓冲，直流电压比较平稳，直流电源内阻较小，相当于电压源，故称电压型变频器，常用于负载电压变化较大的场合。这种变压器应用广泛。

② 电流型变频器　电流型变频器特点是中间直流环节采用大电感作为储能环节，缓冲无功功率，即扼制电流的变化，使电压接近正弦波，由于该直流内阻较大，故称电流源型变频器（电流型）。电流型变频器的特点（优点）是能扼制负载电流频繁而急剧的变化。常用于负载电流变化较大的场合。

(3) 按照用途分类

可以分为通用变频器、高性能专用变频器、高频变频器、单相变频器和三相变频器等。此外，变频器还可以按输出电压调节方式分类，按控制方式分类，按主开关元器件分类，按输入电压高低分类。

(4) 按变频器调压方法

① PAM 变频器是一种通过改变电压源 U_d 或电流源 I_d 的幅值进行输出控制的变频器。这种变频器已很少使用了。

② PWM 变频器方式是逆变电路中同时对电压（电流）幅值和频率进行控制的方式，其等值电压为正弦波，波形较平滑。

(5) 按控制方式分

① V/f 控制变频器（VVVF 控制）。V/f 控制就是保证输出电压跟频率成正比的控制。低端变频器都采用这种控制原理。

② SF 控制变频器（转差频率控制）。转差频率控制就是通过控制转差频率来控制转矩和电流。是高精度的闭环控制，但通用性差，一般用于车辆控制。与 V/f 控制相比，其加减速特性和限制过电流的能力得到提高。另外，它有速度调节器，利用速度反馈构成闭环控制，速度的静态误差小。然而要达到自动控制系统稳态控制，还达不到良好的动态性能。

③ VC 控制变频器（Vectory Control 矢量控制）。矢量控制实现的基本原理是通过测量和控制异步电动机定子电流矢量，根据磁场定向原理分别对异步电动机的励磁电流和转矩电流进行控制，从而达到控制异步电动机转矩的目的。一般用在高精度要求的场合。

④ 直接转矩控制。简单地说就是将交流电动机等效为直流电动机进行控制。

(6) 按电压等级分类

① 高压变频器：3kV、6kV、10kV。

② 中压变频器：660V、1140V。

③ 低压变频器：220V、380V。

10.1.3 变频器的应用

(1) 主要应用行业

如今变频器已经在各行各业得到了广泛的应用，但主要的应用行业是纺织、冶金、石化、电梯、电力、油田、市政、印刷、建材、起重和造纸。

(2) 变频器在节能方面的应用

变频器的产生主要是实现对交流电动机的无级调速，但由于全球能源供求矛盾日益突出，其节能效果越来越受到重视。变频器在风机和水泵的应用中，节能效果尤其明显，因此多数变频器的厂家都生产专门的风机、水泵用变频器。

① 风机、泵类的 123 定律。

a. 风机、水泵的流量与电动机转速的一次方成正比。

b. 风机、水泵的扬程（压头）与电动机转速的二次方成正比。

c. 风机、水泵的轴功率与转速的三次方成正比。扬程是指水泵能够扬水的高度，也是单位重量液体通过泵所获得的能量，通常用 H 表示，单位是 m。

② 节能效果 据有关资料，风机、泵类负载使用变频调速后节能率可达 20% ~ 60%。

这类负载应用场合是恒压供水、风机、中央空调、液压泵变频调速等。

（3）变频器在精确自控系统中的应用

算术运算和智能控制功能是变频器另一特色，输出精度可达 0.1% ~ 0.01%。这类负载应用场合是印刷、电梯、纺织、机床等行业的速度控制。

（4）变频器在提高工艺方面的应用

可以改善工艺和提高产品质量，减少设备冲击和噪声，延长设备使用寿命，使机械设备简化，操作和控制更具人性化，从而提高整个设备功能。

10.2 变频器的工作原理

10.2.1 交 - 直 - 交变换技术

电网的电压和频率是固定的。在我国低压电网的电压和频率为 380V、50Hz，是不能变的。要想得到电压和频率都能调节的电源，只能从另一种能源变过来，即直流电。因此，交 - 直 - 交变频器的工作可分为以下两个基本过程。

（1）交 - 直变换过程

就是先把不可调的电网的三相（或单相）交流电经整流桥整流成直流电。

（2）直 - 交变换过程

就是反过来又把直流电"逆变"成电压和频率都任意可调的三相交流电。交 - 直 - 交变频器框图如图 10-1 所示。

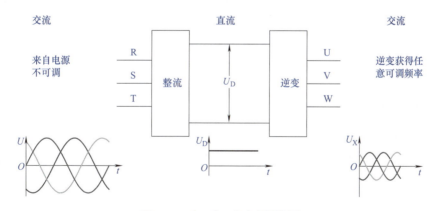

图 10-1　交 - 直 - 交变频器框图

10.2.2 变频变压的原理

（1）变频变压的原因

电动机的转速公式为：

$$n = \frac{60f(1-s)}{p}$$

式中　n ——电动机的转速；
　　　f ——电源的频率；
　　　s ——转差率；
　　　p ——电动机的磁极对数。

很显然，改变电动机的频率 f 就可以改变电动机的转速。但为什么还要改变电压呢？这是因为电动机的磁通量满足如下公式：

$$\Phi_m = \frac{E_g}{4.44 f N_s k_{ns}} \approx \frac{U_s}{4.44 f N_s k_{ns}}$$

式中　Φ_m ——电动机的每极气隙的磁通量；
　　　f ——定子的频率；
　　　N_s ——定子绕组的匝数；
　　　k_{ns} ——定子基波绕组系数；
　　　U_s ——定子相电压；
　　　E_g ——气隙磁通在定子每相中感应电动势的有效值。

由于实际测量 E_g 比较困难，而 U_s 和 E_g 大小近似，所以用 U_s 代替 E_g。又因为在设计电动机时，电动机的每极气隙的磁通量 Φ_m 接近饱和值，因此如果降低电动机频率时 U_s 不降低，那么势必使得 Φ_m 增加，而 Φ_m 接近饱和值，不能增加，所以导致绕组线圈的电流急剧上升，从而造成烧毁电动机的绕组。所以变频器在改变频率的同时，要改变 U_s，通常保持磁通为一个恒定的数值，也就是电压和频率成以一个固定的比例，满足如下公式：

$$\frac{U_s}{f} = \text{const}$$

（2）变频变压的实现方法

变频变压的实现方法有脉幅调制（PAM）、脉宽调制（PWM）和正弦脉宽调制（SPWM）。以下分别进行介绍。

① 脉幅调制（PAM）　就是在频率下降的同时，使直流电压下降。因为晶闸管的可控整流技术已经成熟，所以可以在整流的同时使直流电的电压和频率同步下降。PAM 调制如图 10-2 所示，图 10-2（a）中频率高，整流后的直流电压也高，图 10-2（b）中频率低，整流后的直流电压也低。

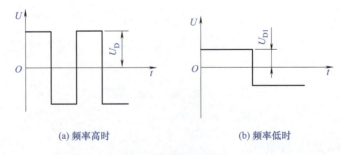

(a) 频率高时　　　　　(b) 频率低时

图 10-2　PAM 调制

脉幅调制比较复杂，因为要同时控制整流和逆变两个部分，现在使用并不多。

② 脉宽调制（PWM）　脉冲宽度调制（Pulse Width Modulation，PWM），简称脉宽调制，是利用微处理器的数字输出来对模拟电路进行控制的一种非常有效的技术，广泛应用在从测

量、通信到功率控制与变换的许多领域中。最早用于无线电领域。由于PWM控制技术具有控制简单、灵活和动态响应好的优点，所以成为电力电子技术最广泛应用的控制方式，也是人们研究的热点。用于直流电动机调速和阀门控制，比如现在的电动车电动机调速就是使用这种方式。

占空比（duty ratio）就是在一串脉冲周期序列中（如方波），脉冲的持续时间与脉冲总周期的比值。脉冲波形图如图10-3所示。占空比公式如下：

$$i = \frac{t}{T}$$

对于变频器的输出电压而言，PWM实际就是将每半个周期分割成许多个脉冲，通过调节脉冲宽度和脉冲周期的"占空比"来调节平均电压，占空比越大，平均电压越大。

PWM的优点是只需要在逆变侧控制脉冲的上升沿和下降沿的时刻（即脉冲的时间宽度），而不必控制直流侧，因而大大简化了电路。

③ 正弦脉宽调制（SPWM） 所谓正弦脉宽调制（Sinusoidal Pulse Width Modulation，SPWM），就是在PWM的基础上改变了调制脉冲方式，脉冲宽度时间占空比按正弦规律排列，这样输出波形经过适当的滤波可以做到正弦波输出。

正弦脉宽调制的波形图如图10-4所示，图形上部是正弦波，图形的下部就是正弦脉宽调制波，在图中正弦波与时间轴围成的面积分成7块，每一块的面积与下面矩形的面积相等，也就是说正弦脉宽调制波等效于正弦波。

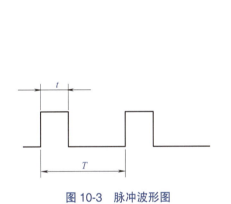

图10-3 脉冲波形图　　　　图10-4 正弦脉宽调制波形图

SPWM的优点：由于电动机绕组具有电感性，因此尽管电压是由一系列的脉冲波构成，但通入电动机的电流（电动机绕组相当于电感，可对电流进行了滤波）十分接近于正弦波。

载波频率，所谓载波频率是指变频器输出的PWM信号的频率。一般0.5～12kHz之间，可通过功能参数设定。载波频率提高，电磁噪声减少，电动机获得较理想的正弦电流曲线。开关频率高，电磁辐射增大，输出电压下降，开关元件耗损大。

10.2.3 正弦脉宽调制波的实现方法

正弦脉宽调制有两种方法，即单极性正弦脉宽调制和双极性正弦脉宽调制。双极性正弦脉宽调制使用较多，而单极性正弦脉宽调制很少使用，但其简单容易说明问题，故首先加以介绍。

(1) 单极性 SPWM 法

单极性正弦脉宽调制波形图如图 10-5 所示，正弦波是调制波，其周期决定于需要的给定频率 f_X，其振幅 U_X 按比例 U_X/f_X，随给定频率 f_X 变化。等腰三角波是载波，其周期决定于载波频率，原则上随着载波频率而改变，但也不全是如此，取决于变频器的品牌，载波的振幅不变，每半周期内所有三角波的极性均相同（即单极性）。

如图 10-5 所示，调制波和载波的交点，决定了 SPWM 脉冲系列的宽度和脉冲的间隔宽度，每半周期内的脉冲系列也是单极性的。

单极性调制的工作特点：每半个周期内，逆变桥同一桥臂的两个逆变器件中，只有一个器件按脉冲系列的规律时通时断地工作，另一个完全截止；而在另半个周期内，两个器件的工况正好相反，流经负载的便是正、负交替的交变电流。

值得注意的是变频器中并无三角波发生器和正弦波发生器，图 10-5 所示的交点，都是变频器中的计算机计算得来，这些交点是十分关键的，实际决定了脉冲的上升时刻。

(2) 双极性 SPWM 法

双极性 SPWM 法是采用最为广泛的方法。单相桥式 SPWM 逆变电路如图 10-6 所示。

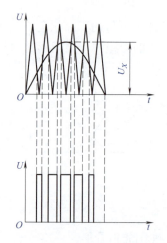

图 10-5 单极性正弦脉宽调制波形图

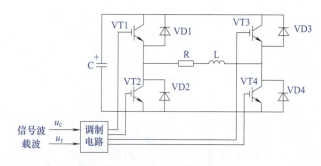

图 10-6 SPWM 逆变电路

双极性正弦脉宽调制波形图如图 10-7 所示，正弦波是调制波，其周期决定于需要的给定频率 f_X，其振幅 U_X 按比例 U_X/f_X，随给定频率 f_X 变化。等腰三角波是载波，其周期决定于载波频率，原则上随着载波频率而改变，但也不全是如此，取决于变频器的品牌，载波的振幅不变。调制波与载波的交点决定了逆变桥输出相电压的脉冲系列，此脉冲系列也是双极性的。

但是，由相电压合成为线电压（$U_{UV}=U_U-U_V$，$U_{VW}=U_V-U_W$，$U_{WU}=U_W-U_U$）时，所得到的线电压脉冲系列却是单极性的。

双极性调制的工作特点：逆变桥在工作时，同一桥臂的两个逆变器件总是按相电压脉冲系列的规律交替地导通和关断。如图 10-8 所示，当 VT1 导通时，VT4 关断，而 VT4 导通时，VT1 关断。图中，正脉冲时，驱动 VT1 导通；而负脉冲时，脉冲经过反相，驱动 VT4 导通。开关器件 VT1 和 VT4 交替导通，并不是毫不停息，必须先关断，停顿一小段时间（死区时间），确保开关器件完全关断，再导通另一个开关器件。而流过负载的是按线电压规律变化的交变电流。

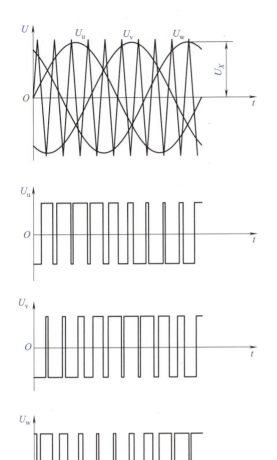

图 10-7 双极性正弦脉宽调制波形图

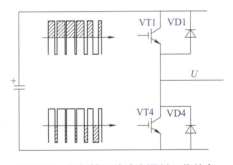

图 10-8 双极性正弦脉宽调制工作特点

10.2.4 交-直-交变频器的主电路

(1) 整流与滤波电路

① 整流电路　整流和滤波回路如图 10-9 所示。整流电路比较简单，由 6 个二极管组成全桥整流（如果进线单相变频器，则需要 4 个二极管），交流电经过整流后就变成了直流电。

② 滤波电路　市电经过左侧的全桥整流后，转换成直流电，但此时的直流电有很多交流成分，因此需要经过滤波，电解电容器 C1 和 C2 就起滤波作用。实际使用的变频器的 C1 和 C2 电容上还会并联小电容量的电容，主要是为了吸收短时间的干扰电压。

由于经过全桥滤波后直流 U_D 的峰值

变频器的工作原理

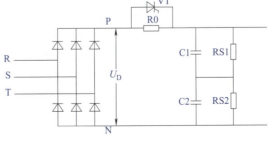

图 10-9 整流和滤波回路图

为 $380\times\sqrt{2}\approx537V$（有负载时为 $380\times1.2=456V$），又因我国的电压许可范围是 $\pm10\%$，所以 U_D 的峰值实际可达 591V，一般取 U_D 的峰值范围为 650～700V，而电解电容的耐压通常不超过 500V，所以在滤波电路中要将两个电容器串联起来，但又由于电容器的电容量有误差，所以每个电容器并联一个电阻（RS1 和 RS2），这两个电阻就是均压电阻，由于 RS1=RS2，所以能保证两个电容的电压基本相等。

由于变频器都要采用滤波器件，滤波器件都有储能作用，以电容滤波为例，当主电路断电后，电容器上还存储有电能，因此即使主电路断电，人体也不能立即触碰变频器的导体部分，以免触电。一般变频器上设置了指示灯，这个指示灯就是指示电荷是否释放完成的标志，如果指示灯亮，表示电荷没有释放完成。这个指示灯并不是用于指示变频器是否通电的。

③ 限流　在合上电源前，电容器上是没有电荷的，电压为 0V，而电容器两端的电压又是不能突变的。就是说，在合闸瞬间，整流桥两端（P、N 之间）相当于短路。因此，在合上电源瞬间，是有很大的冲击电流，这有可能损坏整流管。因此为了保护整流桥，在回路上接入一个限流电阻 R0。限流电阻一直接入回路中有两个坏处：一是电阻要耗费电能，特别是大型变频器更是如此；二是 R0 的分压作用使得逆变后的电压将减少，这是非常不利的。举例说，假设 R0 一直接入，那么当变频器的输出频率与输入的市电一样大时（50Hz），变频器的输出电压小于 380V。因此，变频器启动后，晶闸管 VT（也可以是接触器的触头）导通，短接 R0，使变频器在正常工作时，R0 不接入电路。

通常变频器使用电容滤波，而不采用 π 型滤波，因为 π 型滤波要在回路中接入电感器，电感器的分压作用也类似于图 10-9 中 R0 的分压，使得逆变后的电压减少。

（2）逆变电路

① 逆变电路的工作原理　交 - 直 - 交变压变频器中的逆变器一般是三相桥式电路，以便输出三相交流变频电源。如图 10-10 所示，6 个电力电子开关器件 VT1～VT6 组成三相逆变器主电路，图中的 VT 符号代表任意一种电力电子开关器件。控制各开关器件轮流导通和关闭，可使输出端得到三相交流电压。在某一瞬间，控制一个开关器件关断，控制另一个开关器件导通，就实现两个器件之间的换流。在三相桥式逆变器中有 180°导通型和 120°导通型两种换流方式，以下仅介绍 180°导通型换流方式。

当 VT1 关断后，使 VT4 导通，而 VT4 断开后，使 VT1 导通。实际上，每个开关器件，在一个周期里导通的区间是 180°，其他各相也是如此。每一时刻都有 3 个开关器件导通。但必须防止同一桥臂上、下两个开关器件（如 VT1 和 VT4）同时导通，因为这样会造成直流电源短路，即直通。为此在换流时，必须采取"先关后通"的方法，即先给要关断的开关器件发送关断信号，待其关断后留一定的时间裕量，叫做"死区时间"，再给要导通开关器件发送导通信号。死区时间的长短，要根据开关器件的开关速度确定，例如 MOSFET 的死区时间就可以很短，设置死区时间是非常必要的，在安全的前提下，死区时间越短越好，因为死区时间会造成输出电压畸变。

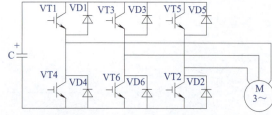

图 10-10　三相桥式逆变器电路

② 反向二极管的作用　如图 10-11 所示，逆变桥的每个逆变器件旁边都反向并联一个二极管，以一个桥臂的为例

说明，其他的桥臂也是类似的。

a. 在 $0 \sim t1$ 时间段，电流 i 和电压 u 的方向是相反的，是绕组的自感电动势（反电动势）克服电源电压做功，这时的电流通过二极管 VD1 流向直流回路，向滤波电容器充电。如果没有反向并联的二极管，电流的波形将发生畸变。

b. 在 $t1 \sim t2$ 时间段，电流 i 和电压 u 的方向是相同的，电源电压克服绕组自感电动势做功，这时滤波电容向电动机放电。

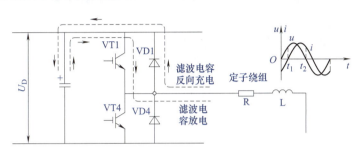

图 10-11 逆变桥反向并联二极管的作用

第11章

G120 变频器的接线与操作

本章主要介绍 G120 变频器控制单元和功率模块的分类、接线和基本操作,是后续章节的预备内容。

11.1 G120 变频器配置

11.1.1 西门子变频器概述

西门子公司生产的变频器品种较多,以下仅简介西门子低压变频器的产品系列。

(1) MM4 系列变频器

MM4 系列变频器分为四个子系列,有一定的市场占有率,部分产品已经停产,将被 SINAMICS G120 系列取代。

(2) SIMOVERT MasterDrives,6SE70 工程型变频器

SIMOVERT MasterDrives,6SE70 工程型变频器控制面板采用 CUVC,可实现变频调速、力矩控制和四象限工作,但有被 SINAMICS S120 系列取代的趋势。

(3) SINAMICS 系列变频器

SINAMICS 系列变频器分为三大系列,分别是 SINAMICS V、SINAMICS G 和 SINAMICS S,SINAMICS V 的性能最弱,而 SINAMICS S 性能最强,具体简介如下。

① SINAMICS V。此系列变频器只涵盖关键硬件以及功能,因而实现了高耐用性。同时投入成本很低,操作可直接在变频器上完成。

a. SINAMICS V20:是一款高性价比,具有基本功能的变频器。

b. SINAMICS V60 和 V80:是针对步进电动机而推出的两款产品,同时也可以驱动伺服电动机。只能接收脉冲信号。有人称其为简易型的伺服驱动器。

c. SINAMICS V90:有两大类产品,第一类主要针对步进电动机而推出的产品,同时也可以驱动伺服电动机。能接收脉冲信号,也支持 USS 和 Modbus 总线。第二类支持 PROFINET 总线,不能接收脉冲信号,也不支持 USS 和 Modbus 总线。运动控制时配合西门子的 S7-200 SMART PLC 使用,性价比较高。

② SINAMICS G。SINAMICS G 系列变频器有较为强大的工艺功能,维护成本低,性价比高,是通用功能的变频器。总体性能优于 SINAMICS V 系列。

a. SINAMICS G120C、G120、G120P、G120P 和 G120P Cabinet：多数变频器含 CU（控制单元）和 PM（功率模块）两部分，可四象限工作，功能强大。主要用于泵、风机和输送系统等，G120 还有基本定位功能。

b. SINAMICS G110D、G120D 和 G110M：提高了 SINAMICS G120 系列变频器的防护等级，可以达到 IP65，但功率范围有限。主要用于输送和基本定位。

c. SINAMICS G150、G150：V50 系列变频器的升级版，功率范围大，主要用于泵、风机和混料机等。

d. SINAMICS G180：功率范围大，专门用于泵、风机和混料机等。

③ SINAMICS S。SINAMICS S 系列变频器是高性能变频器，功能强大，价格较高。

a. SINAMICS S110：主要用于机床设备中的基本定位。

b. SINAMICS S120：6SE70 系列变频器的升级版，控制面板是 CU320（早期 CU310），功能强大。可以驱动交流异步电动机、交流同步电动机和交流伺服电动机。主要用于包装机、纺织机械、印刷机械和机床设备中的定位。

c. SINAMICS S150：主要用于试验台、横切机和离心机等大功率设备。

11.1.2　G120 变频器的系统构成

（1）初识 G120 变频器

西门子 G120 变频器的设计目标是为交流电动机提供经济的、高精度的速度/转矩控制。其功率范围覆盖 0.37～250kW，广泛应用于变频驱动的应用场合。

G120 变频器采用模块化设计方案，其构成的必要部分为控制单元 CU 和功率单元 PM，控制单元 CU 和功率单元 PM 有各自的订货号，分开出售，BOP-2 基本操作面板是可选件。G120C 是一体机，其控制单元 CU 和功率单元 PM 集成于一体。

（2）控制单元

G120 控制单元型号的含义如图 11-1 所示。

图 11-1　变频器控制单元型号含义

G120 变频器有三大类可选控制单元，以下分别介绍。

① CU230 控制单元　CU230 控制单元专门针对风机、水泵和压缩机类负载进行控制，除此之外还可以根据需要进行相应参数化，其具体参数见表 11-1。

② CU240 控制单元　CU240 控制单元为变频器提供开环和闭环功能，除此之外还可以根据需要进行相应参数化，其具体参数见表 11-2。

表 11-1　CU230 控制单元参数设置

型号	通信类型	集成安全功能	IO 接口种类和数量
CU230P-2 HVAC	USS，MODBUS RTU BACnet，MS/TCP	无	6DI（数字量输入）、3DO（数字量输出）、4AI（模拟量输入）、2AO（模拟量输出）
CU230P-2 DP	PROFIBUS-DP	无	
CU230P-2 PN	PROFINET	无	
CU230P-2 CAN	CANopen	无	

表 11-2　CU240 控制单元参数设置

型号	通信类型	集成安全功能	IO 接口种类和数量
CU240B-2	USS MODBUS RTU	无	4DI（数字量输入）、1DO（数字量输出）、1AI（模拟量输入）、1AO（模拟量输出）
CU240B-2 DP	PROFIBUS-DP	无	
CU240E-2	USS MODBUS RTU	STO	6DI（数字量输入）、3DO（数字量输出）、2AI（模拟量输入）、2AO（模拟量输出）
CU240E-2 DP	PROFIBUS-DP	STO	
CU240E-2 PN	PROFINET	无	
CU240E-2F	USS，MODBUS RTU PROFIsafe	STO、SS1、SLS、SSM、SDI	
CU240E-2 DP-F	PROFIsafe		
CU240E-2 PN-F	PROFIsafe		

说明：
STO—Safe Torque Off—安全转矩关闭
SS1—Safe Stop 1—安全停止 1
SLS—Safely-Limited Speed—安全限制转速
SSM—Safe Speed Monitor—安全转速监控
SDI—Safe Direction—安全运行方向

③ CU250 控制单元　CU250 控制单元为变频器提供开环和闭环功能，除此之外还可以根据需要进行相应参数化，其具体参数见表 11-3。

表 11-3　CU250 控制单元参数设置

型号	通信类型	集成安全功能	IO 接口种类和数量
CU250S-2	USS MODBUS RTU	STO、SS1、SLS、SSM、SDI	11DI（数字量输入）、3DO（数字量输出）、4DI/4DO（数字量输入/输出）、2AI（模拟量输入）、2AO（模拟量输出）
CU250S-2 DP	PROFIBUS-DP		
CU250S-2 PN	PROFINET		
CU250S-2CAN	CANopen		

说明：
STO—Safe Torque Off—安全转矩关闭
SS1—Safe Stop 1—安全停止 1
SLS—Safely-Limited Speed—安全限制转速
SSM—Safe Speed Monitor—安全转速监控
SDI—Safe Direction—安全运行方向

（3）功率模块

G120 变频器有四大类可选功率模块，以下分别介绍。

① PM230 功率模块　PM230 功率模块是风机、泵类和压缩机专用模块，其功率因数高、

谐波小。这类模块不能进行再生能量回馈,其制动产生的再生能量通过外接制动电阻转换成热量消耗。

② PM240 功率模块　PM240 功率模块不能进行再生能量回馈,其制动产生的再生能量通过外接制动电阻转换成热量消耗。

③ PM240-2 功率模块　PM240-2 功率模块不能进行再生能量回馈,其制动产生的再生能量通过外接制动电阻转换成热量消耗。PM240-2 功率模块允许穿墙式安装。

④ PM250 功率模块　PM250 功率模块能进行再生能量回馈,其制动产生的再生能量通过外接制动电阻转换成热量消耗,也可以回馈电网,达到节能的目的。

(4) 控制单元和功率模块兼容性

在变频器选型时,控制单元和功率模块兼容性是必须要考虑的因素,控制单元和功率模块兼容性列表见表 11-4。

表 11-4　控制单元和功率模块兼容性列表

	PM230	PM240	PM240-2	PM250
CU230P-2	√	√	√	√
CU240B-2	√	√	√	√
CU240E-2	√	√	√	√
CU250S-2	×	√	√	√

注:兼容—√,不兼容—×。

11.2　G120 变频器的接线

G120 变频器的接线

11.2.1　G120 变频器控制单元的接线

(1) G120 变频器控制单元的端子排定义

在接线之前,必须熟悉变频器的端子排,这是非常关键的。控制端子排定义见表 11-5。

表 11-5　G120 控制端子排定义

端子序号	端子名称	功　能	端子序号	端子名称	功　能
1	+10V OUT	输出 +10V	18	DO0 NC	数字输出 0/ 常闭触点
2	GND	输出 0V/GND	19	DO0 NO	数字输出 0/ 常开触点
3	AI0+	模拟输入 0 (+)	20	DO0 COM	数字输出 0/ 公共点
4	AI0−	模拟输入 0 (−)	21	DO1 POS	数字输出 1+
5	DI0	数字输入 0	22	DO1 NEG	数字输出 1−
6	DI1	数字输入 1	23	DO2 NC	数字输出 2/ 常闭触点
7	DI2	数字输入 2	24	DO2 NO	数字输出 2/ 常开触点
8	DI3	数字输入 3	25	DO2 COM	数字输出 2/ 公共点
9	+24V OUT	隔离输出 +24 V OUT	26	AI1+	模拟输入 1 (+)
12	AO0+	模拟输出 0 (+)	27	AI1−	模拟输入 1 (−)
13	AO0−	GND/ 模拟输出 0 (−)	28	GND	GND/max.100mA
14	T1 MOTOR	连接 PTC/KTY84	31	+24V IN	外部电源
15	T1 MOTOR	连接 PTC/KTY84	32	GND IN	外部电源
16	DI4	数字输入 4	34	DI COM2	公共端子 2
17	DI5	数字输入 5	69	DI COM1	公共端子 1

注意：不同型号的 G120 变频器控制单元，其端子数量不一样，例如 CU240B-2 中无 16、17 端子，但 CU240E-2 则有此端子。

G120 变频器的核心部件是 CPU 单元，根据设定的参数，经过运算输出控制正弦波信号，再经过 SPWM 调制，放大输出正弦交流电驱动三相异步电动机运转。

（2）CU240E-2 控制单元的接线

不同型号的 G120 变频器的接线有所不同，CU240E-2 和 CU240B-2 控制单元的框图如图 11-2 和图 11-3 所示，图中明示各个端子的接线方法。

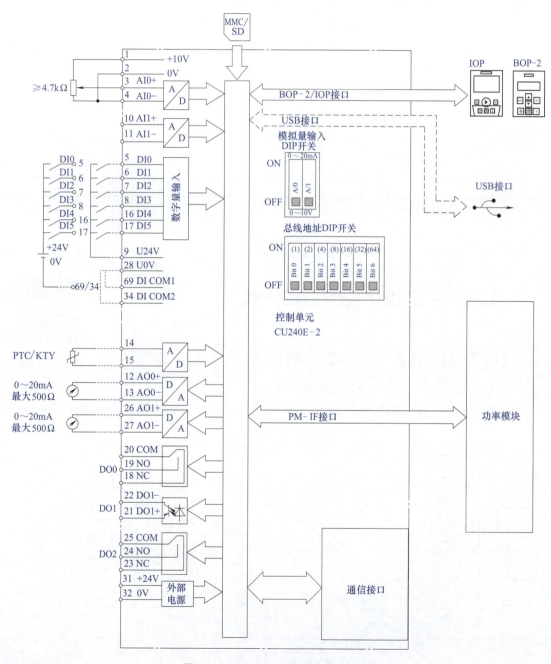

图 11-2　CU240E-2 控制单元的框图

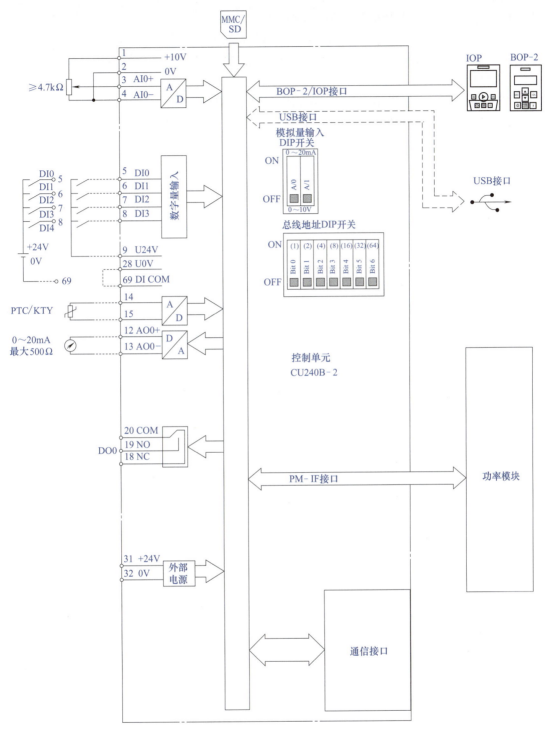

图 11-3 CU240B-2 控制单元的框图

① 数字量输入 DI 的接线　CU240E-2 控制单元的数字量输入 DI 的接线有两种方案。第一种使用控制单元的内部 24V 电源，必须使用 9 号端子（U24V），此外，公共端子 34 和 69 要与 28 号端子（0V）短接。第二种使用外部 24V 电源，不使用 9 号端子（U24V），但公共

端子 34 和 69 要与外部 24V 电源的 0V 短接。

② 数字量输出 DO 的接线　CU240E-2 控制单元的数字量输出 DO 有继电器型输出和晶体管输出两种类型。数字量输出 DO 的信号与相应的参数设置有关，如可将 DO0 设置为故障或者报警信号输出。

当数字量输出 DO 是继电器类型时，输出 2 对常开和常闭触点，例如当参数 p0730=52.3，代表变频器故障时 DO0 输出，此时 19 号和 20 号接线端子短接，而 18 号端子和 20 号端子断开。

当数字量输出 DO 是晶体管类型时，输出高电平，例如当参数 p0731=52.3，代表变频器故障时 DO1 输出，此时 21 号和 22 号接线端子输出 24V 高电平。

③ 模拟量输入 AI 的接线　模拟量输入主要用于对变频器给定频率。

CU240E-2 控制单元的模拟量输入 AI 的接线有两种方案。第一种使用控制单元的内部 10V 电源，电位器的电阻大于等于 4.7kΩ，1 号端子（+10V）和 2 号端子（0V）连接在电位器固定值电阻端子上，4 号端子和 0V 短接，3 号端子与电位器的活动端子连接。第二种接线方法，3 号端子与外部信号正连接，4 号端子与外部信号负短接。

④ 模拟量输出 AO 的接线　模拟量输出主要是输出变频器的实时频率、电压和电流等参数，具体取决于参数的设定。

以 AO0 为例说明模拟量输出 AO 的接线，AO0+ 与负载的信号 + 相连，AO0- 与负载的信号 - 相连。

（3）通信接口端子定义

控制单元 CU240B-2、CU240E-2 和 CU240E-2 F 的基于 RS-485 的 USS/Modbus RTU 通信接口定义如图 11-4 所示。如果此变频器位于网络的最末端，则 DIP 开关拨到"ON"上，表示已经接入终端电阻，否则 DIP 开关拨到"OFF"上，表示未接入终端电阻。

RS-485 接口的 2 号端子是通信的信号 +，3 号端子是通信的信号 -，4 号端子接屏蔽线。

CU240B-2 DP、CU240E-2 DP 和 CU240E-2 DP F 的 PROFIBUS-DP 通信接口定义如图 11-5 所示。如果此变频器位于网络的最末端，则 DIP 开关拨到"ON"上，表示已经接入终端电阻，否则 DIP 开关拨到"OFF"上，表示未接入终端电阻。

PROFIBUS-DP 接口的 3 号端子是通信的信号 B，8 号端子是通信的信号 A，1 号端子接屏蔽线。

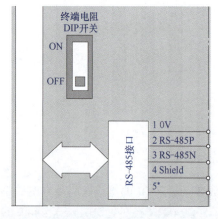

图 11-4　基于 RS-485 的 USS/Modbus RTU 通信接口定义

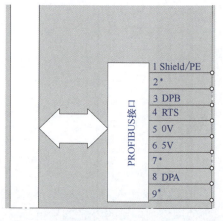

图 11-5　基于 RS-485 的 PROFIBUS-DP 通信接口定义

11.2.2 G120 变频器功率模块的接线

功率模块主要与强电部分连接，PM240 功率模块接线如图 11-6 所示。L1、L2 和 L3 是交流电接入端子。U2、V2 和 W2 是交流电输出端子，一般与电动机连接。R1 和 R2 是连接外部制动电阻的端子，没有制动要求时，此端子空置不用。A 和 B 是连接抱闸继电器的端子，用于抱闸电动机的制动，非抱闸电动机此端子不用。

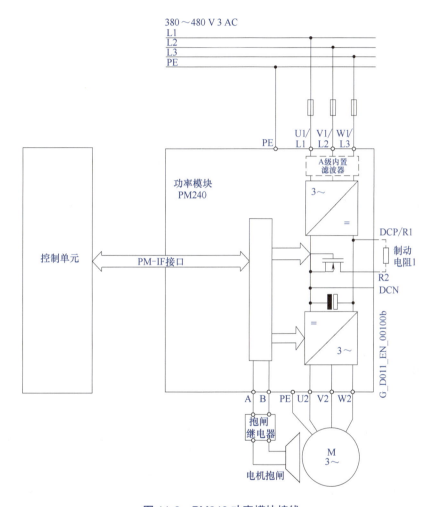

图 11-6 PM240 功率模块接线

11.2.3 G120 变频器的接线实例

以下用一个例子介绍 G120 变频器的接线的具体应用。

【例 11-1】 某自动化设备选用的 G120 变频器是 CU240-2 控制单元和 PM240-2 功率模块，用数字量输入作为启停控制，用数字量输出作为报警信号，报警时点亮一盏灯，模拟量输入作为频率给定，模拟量输出作为转速监控信号，采用制动电阻制动，要求绘制变频器的控制原理图。

【解】 控制原理图如图 11-7 所示。

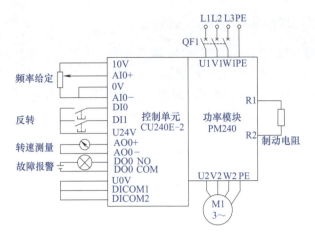

图 11-7　控制原理图

11.3　G120 变频器的基本操作

设置最基本的参数，并用基本操作面板（BOP-2）实现变频器的一些基本操作，如手动点动、手动正反转和恢复出厂值等，对初步掌握一款变频器来说是十分必要的，以下介绍几个入门知识。

11.3.1　G120 变频器常用参数简介

在使用变频器之前，必须对变频器设置必要的参数，否则变频器是不能正常工作的。

G120 变频器的参数较多，限于篇幅，本书只介绍常用的几十个参数的部分功能，完整版本的参数表可参考 G120 变频器的参数手册。G120 变频器常用参数见表 11-6。

表 11-6　G120 变频器常用参数

序号	参数	说	明
1	p0003	存取权限级别	3：专家 4：维修
2	p0010	驱动调试参数筛选	0：就绪 1：快速调试 2：功率单元调试 3：电动机调试
3	p0015	驱动设备宏指令 通过宏指令设置输入/输出端子排	
4	r0018	控制单元固件版本	
5	p0100	电动机标准 IEC/NEMA	0：欧洲 50Hz 1：NEMA 电动机（60Hz，US 单位） 2：NEMA 电动机（60Hz，SI 单位）
6	p0304	电动机额定电压（V）	
7	p0305	电动机额定电流（A）	

续表

序号	参数	说明			
8	p0307	电动机额定功率（kW 或 hp）			
9	p0310	电动机额定频率（Hz）			
10	p0311	电动机额定转速（r/min）			
11	p0601	电动机温度传感器类型			
		端子 14	T1 电动机（+）	0：无传感器（出厂设置）	
		端子 15	T1 电动机（-）	1：PTC（→ P0604） 2：KTY84（→ P0604） 4：双金属	
12	p0625	调试期间的电动机环境温度（℃）			
13	p0640	电流限值（A）			
14	r0722	数字量输入的状态			
		.0	端子 5	DI0	选择允许的设置： p0840 ON/OFF（OFF1）
		.1	端子 6、64	DI1	p0844 无惯性停车（OFF2）
		.2	端子 7	DI2	p0848 无快速停机（OFF3）
		.3	端子 8、65	DI3	p0855 强制打开抱闸
		.4	端子 16	DI4	p1020 转速固定设定值选择，位 0
		.5	端子 17、66	DI5	p1021 转速固定设定值选择，位 1
		.6	端子 67	DI6	p1022 转速固定设定值选择，位 2
		.7	端子 3、4	AI0	p1023 转速固定设定值选择，位 3 p1035 电动电位器设定值升高 p1036 电动电位器设定值降低 p2103 应答故障 p1055 JOG，位 0 p1056 JOG，位 1 p1110 禁止负向 p1111 禁止正向 p1113 设定值取反
		.8	端子 10、11	AI1	p1122 跨接斜坡函数发生器 p1140 使能/禁用斜坡函数发生器 p1141 激活/冻结斜坡函数发生器 p1142 使能/禁用设定值 p1230 激活直流制动 p2103 应答故障 p2106 外部故障 1 p2112 外部报警 1 p2200 使能工艺控制器
15	p730	端子 DO0 的信号源			选择允许的设置： 52.0 接通就绪 52.1 运行就绪
		端子 19、20（常开触点）			
		端子 18、20（常闭触点）			
16	p0731	端子 DO1 的信号源			
		端子 21、22（常开触点）			
17	p0732	端子 DO2 的信号源			
		端子 24、25（常开触点）端子 23、25（常闭触点）			
18	p0755	模拟量输入，当前值（%）			
		[0]	AI0		
		[1]	AI1		

续表

序号	参数			说	明
19	p0756		模拟量输入类型		0：单极电压输入（0～10V） 1：单极电压输入，受监控（2～10V） 2：单极电流输入（0～20mA） 3：单极电流输入，受监控（4～20mA） 4：双极电压输入（-10～10V）
		[0]	端子 3、4	AI0	
		[1]	端子 10、11	AI1	
20	p0771		模拟量输入类型		选择允许的设置： 0：模拟量输出被封锁 21：转速实际值 24：经过滤波的输出频率 25：经过滤波的输出电压 26：经过滤波的直流母线电压 27：经过滤波的电流实际值绝对值
		[0]	端子 12、13	AO0	
		[1]	端子 26、27	AO1	
21	p776		模拟量输出类型		0：电流输出（0～20mA） 1：电压输出（0～10V） 2：电流输出（4～20mA）
		[0]	端子 12、13	AO0	
		[1]	端子 26、27	AO1	
22	P840	设置指令"ON/OFF"的信号源			如设为 r722.0，表示将 DI0 作为启动信号
23	p1000	转速设定值选择			0：无主设定值 1：电动电位计 2：模拟设定值 3：转速固定 6：现场总线
24	p1001	转速固定设定值 1			
25	p1002	转速固定设定值 2			
26	p1003	转速固定设定值 3			
27	p1004	转速固定设定值 4			
28	p1058	JOG 1 转速设定值			
29	p1020	BI：转速固定设定值选择位 0。如设为 r722.2，表示将 DI2 作为固定值 1 的选择信号			
30	p1021	BI：转速固定设定值选择位 1。如设为 r722.3，表示将 DI3 作为固定值 2 的选择信号			
31	p1022	BI：转速固定设定值选择位 2。如设为 r722.4，表示将 DI4 作为固定值 3 的选择信号			
32	p1059	JOG 2 转速设定值			
33	p1070	主设定值			选择允许的设置： 0：主设定值 =0 755 [0]：AI 0 值 1024：固定设定值 1050：电动电位器 2050 [1]：现场总线的 PZD 2
34	p1080	最小转速 [r/min]			
35	p1082	最大转速 [r/min]			
36	p1120	斜坡函数发生器的斜坡上升时间（s）			
	p1121	斜坡函数发生器的斜坡下降时间（s）			
37	p1300	开环 / 闭环运行方式			选择允许的设置： 0：采用线性特性曲线的 V/f 控制 1：采用线性特性曲线和 FCC 的 V/f 控制 2：采用抛物线特性曲线的 V/f 控制 20：无编码器转速控制 21：带编码器的转速控制 22：无编码器转矩控制 23：带编码器的转矩控制

续表

序号	参数	说明	
38	p1310	恒定启动电流（针对 V/f 控制需升高电压）	
39	p1800	脉冲频率设定值	
40	p1900	电动机数据检测及旋转检测 / 电动机检测和转速测量	设置值： 0：禁用 1：静止电动机数据检测，旋转电动机数据检测 2：静止电动机数据检测 3：旋转电动机数据检测
41	p2030	现场总线接口的协议选择	选择允许的设置： 0：无协议 3：PROFIBUS 7：PROFINET

注：1hp ≈ 0.746kW。

11.3.2 用 BOP-2 基本操作面板设置 G120 变频器的参数

（1）BOP-2 基本操作面板按键和图标

BOP-2 基本操作面板的外形如图 11-8 所示，利用基本操作面板可以改变变频器的参数。BOP-2 可显示 5 位数字，可以显示参数的序号和数值，报警和故障信息，以及设定值和实际值。参数的信息不能用 BOP-2 存储。BOP-2 基本操作面板上按钮的功能见表 11-7。

用 BOP-2 基本操作面板设置 G120 变频器的参数

图 11-8 BOP-2 基本操作面板的外形

表 11-7 BOP-2 基本操作面板上按钮的功能

按钮	功能说明
OK	菜单选择时，表示确认所选的菜单项 当参数选择时，表示确认所选的参数和参数值设置，并返回上一级画面 在故障诊断画面，使用该按钮可以清除故障信息
▲	在菜单选择时，表示返回上一级的画面 当参数修改时，表示改变参数号或参数值 在 "HAND" 模式下，点动运行方式下，长时间同时按 ▲ 和 ▼ 可以实现以下功能： 若在正向运行状态下，则将切换到反向状态 若在停止状态下，则将切换到运行状态
▼	在菜单选择时，表示进入下一级的画面 当参数修改时，表示改变参数号或参数值
ESC	若按该按钮 2s 以下，表示返回上一级菜单，或表示不保存所修改的参数值 若按该按钮 3s 以上，将返回监控画面 注意，在参数修改模式下，按此按钮不能保存所修改的参数值，除非之前已经按确认键
I	在 "AUTO" 模式下，该按钮不起作用 在 "HAND" 模式下，表示启动命令
O	在 "AUTO" 模式下，该按钮不起作用 在 "HAND" 模式下，若连续按二次，将按照 "OFF2" 自由停车 在 "HAND" 模式下若按一次，将按照 "OFF1" 停车，即按 p1121 的下降时间停车

续表

按钮	功能说明
(HAND/AUTO)	BOP（HAND）与总线或端子（AUTO）的切换按钮 在"HAND"模式下，按下该键，切换到"AUTO"模式。Ⅰ 和 O 按键不起作用。若自动模式的启动命令在，变频器自动切换到"AUTO"模式下的速度给定值 在"AUTO"模式下，按下该键，切换到"HAND"模式。Ⅰ 和 O 按键将起作用。切换到"HAND"模式时，速度设定值保持不变 在电动机运行期间可以实现"HAND"和"AUTO"模式的切换

BOP-2 基本操作面板上图标的描述见表 11-8。

表 11-8　BOP-2 基本操作面板上图标的描述

图标	功能	状态	描述
（手形）	控制源	手动模式	"HAND"模式下会显示，"AUTO"模式下没有
（圆形）	变频器状态	运行状态	表示变频器处于运行状态，该图标是静止的
JOG	"JOG"功能	点动功能激活	
✕	故障和报警	静止表示报警 闪烁表示故障	故障状态下，会闪烁，变频器会自动停止。静止图标表示处于报警状态

（2）BOP-2 基本操作面板的菜单结构

基本操作面板的菜单结构如图 11-9 所示。

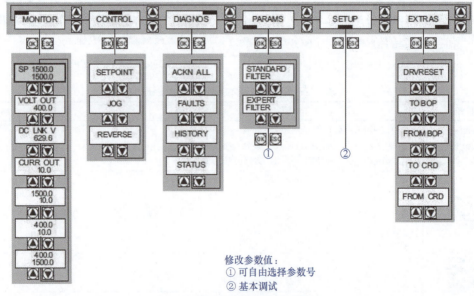

修改参数值：
① 可自由选择参数号
② 基本调试

图 11-9　基本操作面板的菜单结构

菜单的功能描述见表 11-9。

表 11-9　基本操作面板的菜单功能描述

菜单	功能描述
MONITOR	监视菜单：运行速度、电压和电流值显示
CONTROL	控制菜单：使用 BOP-2 面板控制变频器

续表

菜单	功能描述
DIAGNOS	诊断菜单：故障报警和控制字、状态字的显示
PARAMS	参数菜单：查看或修改参数
SETUP	调试向导：快速调试
EXTRAS	附加菜单：设备的工厂复位和数据备份

（3）用 BOP-2 修改参数

用 BOP-2 修改参数的方法是选择参数号，如 p1000；再修改参数值，例如将 p1000 的数值修改成 1。

以下通过将参数 p1000 的第 0 组参数，即设置 p1000［0］=1 的过程为例，讲解一个参数的设置方法。参数的设定方法见表 11-10。

表 11-10　参数的设定方法

序号	操作步骤	BOP-2 显示
1	按 ▲ 或者 ▼ 键将光标移到"PARAMS"	PARAMS
2	按 OK 键进入"PARAMS"菜单	STANDARD FILtEr
3	按 ▲ 或者 ▼ 键将光标移到"EXPERT FILTER"	EXPERT FILtEr
4	按 OK 键，面板显示 p 或者 r 参数，并且参数号不断闪烁，按 ▲ 或者 ▼ 键选择所需要的参数 p1000	P1000 [00] 6
5	按 OK 键，焦点移到下标［00］，［00］不断闪烁，按 ▲ 或者 ▼ 键选择所需要的下标，本例下标为［00］	P1000 [00] 6
6	按 OK 键，焦点移到参数值，参数值不断闪烁，按 ▲ 或者 ▼ 调整参数值的大小	P1000 [00] 6
7	按 OK 键，保存设置的参数值	P1000 [00] 1

11.3.3　BOP-2 基本操作面板的应用

（1）BOP-2 调速的过程

以下是完整的设置过程。

BOP-2 面板上的手动/自动切换键 ![HAND AUTO] 可以切换变频器的手动/自动模式。在手动模式下，面板上会显示手动符号 ![手]。手动模式有两种操作方式，即启停操作方式和点动操作方式。

① 启停操作：按一下启动键 ![I] 启动变频器，并以"SETPOINT"（设置值）功能中设定的速度运行，按停止键 ![O] 停止变频器。

② 点动操作：长按启动键 I 变频器按照点动速度运行，释放启动键 I 变频器停止运行，点动速度在参数 p1058 中设置。

在 BOP-2 面板"CONTROL"菜单下提供了 3 个功能。

① SETPOINT：设置变频器启停操作的运行速度。

② JOG：使能点动控制。

③ REVERSE：设定值反向。

以上三个功能具体设定方法如下。

① SETPOINT 功能。

在"CONTROL"菜单下，按 ▲ 或 ▼ 键选择"SETPOINT"功能，按 OK 键进入"SETPOINT"功能，按 ▲ 或 ▼ 键可以修改"SP 0.0"设定值，修改值立即生效，如图 11-10 所示。

② 激活点动（JOG）功能。

a. 在"CONTROL"菜单下，按 ▲ 或 ▼ 键，选择"JOG"功能。

b. 按 OK 键进入"JOG"功能。

c. 按 ▲ 或 ▼ 键选择 ON。

d. 按 OK 键使能点动操作，面板上会显示 JOG 符号，电动功能被激活，如图 11-11 所示。

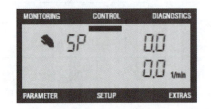

图 11-10　SETPOINT 功能

图 11-11　激活 JOG 功能

③ 激活反转（REVERSE）功能。

a. 在"CONTROL"菜单下，按 ▲ 或 ▼ 键，选择"REVERSE"功能。

b. 按 OK 键进入"REVERSE"功能。

c. 按 ▲ 或 ▼ 键选择 ON。

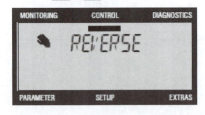

d. 按 OK 键使能设定值反向。激活设定值反向后，变频器会把启停操作方式或点动操作方式的速度设定值反向。激活 REVERSE 功能后的界面如图 11-12 所示。

注意：如变频器的功率与电动机功率相差较大时，电动机可能不运行，将 p1900（电动机识别）设置为 0，含义为禁用电动机识别。这个设置初学者容易忽略。

图 11-12　激活 REVERSE 功能

（2）恢复参数到出厂设置

初学者在设置参数时，有时进行了错误的设置，但又不知道在什么参数的设置上出错，一般这种情况可以对变频器进行复位，一般的变频器都有这个功能，复位后变频器的所有的参数变成出厂的设定值，但工程中正在使用的变频器要谨慎使用此功能。西门子 G120 的复位步骤如下。

① 按 ▲ 或 ▼ 键将光标移动到"EXTRAS"菜单。

② 按 OK 键进入"EXTRAS"菜单，按 ▲ 或 ▼ 键找到"DRVRESET"功能。

③ 按 OK 激活复位出厂设置，按 ESC 取消复位出厂设置。

④ 按 OK 后开始恢复参数，BOP-2 上会显示 BUSY，参数复位完成后，屏幕上显示"DONE"如图 11-13 所示。

⑤ 按 OK 或 ESC 返回到"EXTRAS"菜单。

（3）从变频器上传参数到 BOP-2

① 按 ▲ 或 ▼ 键将光标移动到"EXTRAS"菜单。

② 按 OK 键进入"EXTRAS"菜单。

③ 按 ▲ 或 ▼ 键选择"TO BOP"功能。

④ 按 OK 键进入"TO BOP"功能。

⑤ 按 OK 键开始上传参数，BOP-2 显示上传状态。

⑥ BOP-2 将创建一个所有参数的 zip 压缩文件。

⑦ 在 BOP-2 上会显示备份过程，显示"CLONING"。

⑧ 备份完成后，会有"Done"提示，如图 11-14 所示，按 OK 或 ESC 返回到"EXTRAS"菜单。

图 11-13　完成恢复参数到出厂设置

图 11-14　备份参数完成

（4）从 BOP-2 下载参数到变频器

① 按 ▲ 或 ▼ 键将光标移动到"EXTRAS"菜单。

② 按 OK 键进入"EXTRAS"菜单。

③ 按 ▲ 或 ▼ 键选择"FROM BOP"功能。

④ 按 OK 键进入"FROM BOP"功能。

⑤ 按 OK 键开始下载参数，BOP-2 显示下载状态，显示"CLONING"。

⑥ BOP-2 解压数据文件。

⑦ 下载完成后，会有"Done"提示，如图 11-15 所示，按 OK 或 ESC 返回到"EXTRAS"菜单。

在工程实践中，"从 BOP-2 下载参数到变频器"和"从变频器上传参数到 BOP-2"是很有用的，当一个项目有几台变频器参数设置都相同时，先设置一台变频器的参数，再"从变频器上传参数到 BOP-2"，接着再"从 BOP-2 下载参数到变频器"，明显可以提高工作效率。

图 11-15　下载参数完成

第12章 G120 变频器的速度给定与功能

改变变频器的输出频率就可以改变电动机的转速。要调节变频器的输出频率，变频器必须要提供改变频率的信号，这个信号就称之为频率给定信号，所谓频率给定方式就是供给变频器给定信号的方式。

变频器频率给定方式主要有：面板操作给定、外部端子给定（MOP 功能、多段速给定、模拟量信号给定）和通信方式给定等。这些给定方式各有优缺点，必须根据实际情况进行选择。给定方式的选择由信号端口和变频器参数设置完成。

12.1 G120 变频器的 BICO 和宏

12.1.1 G120 变频器的 BICO 功能

（1）BICO 功能概念

BICO 功能即二进制/模拟量互联，就是一种把变频器输入和输出功能联系在一起的设置方法，是西门子变频器的特有功能，可以根据实际工艺要求灵活定义端口。MM4 系列和 SINAMICS 系列变频器均有此功能。

（2）BICO 参数

在 CU240E/B-2 的参数中有些参数名称的前面有字符"BI："""BO：""CI："和"CO："，这都是 BICO 参数。可以通过 BICO 参数确定功能块输入信号的来源，确定功能块是从哪个模拟量接口或二进制接口读取或者输入信号的，这样可以按照要求互联各种功能块。BICO 功能示意如图 12-1 所示。

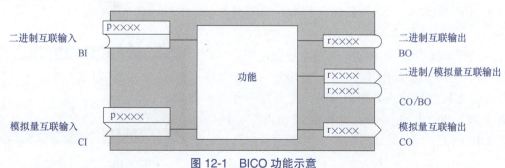

图 12-1 BICO 功能示意

BICO 参数的含义见表 12-1。

表 12-1 BICO 参数的含义

序号	参数	含 义
1	BI:	二进制互联输入，即参数作为某个功能的二进制输入接口，通常与参数"P"对应
2	BO:	二进制互联输出，即参数作为某个功能的二进制输出接口，通常与参数"r"对应
3	CI:	模拟量互联输入，即参数作为某个功能的模拟量输入接口，通常与参数"P"对应
4	CO:	模拟量互联输出，即参数作为某个功能的模拟量输出接口，通常与参数"r"对应
5	CO/BI:	模拟量/二进制互联输出，即多个二进制合并成一个"字"参数，该字中的每一位表示一个二进制互联输出信号，16 位合并在一起表示一个模拟量互联输出信号

（3）BICO 功能实例

BICO 功能实例见表 12-2。

表 12-2 BICO 功能实例

序号	参数号	参数值	功 能	说 明
1	p0840	722.0	数字量输入 DI0 作为启动信号	p0840: BI 参数，ON/OFF 命令 r722.0: CO/BO 参数，数字量输入 DI0 的状态
2	p1070	755.0	模拟量输入 AI0 作为主设定值	p1070: CI 参数，主设定值 r755.0: CO 参数，模拟量输入 AI0 的输入值

12.1.2 预定义接口宏的概念

G120 变频器为满足不同的接口定义，提供了多种预定义的接口宏，利用预定义的接口宏可以方便地设置变频器的命令源和设定值源。可以通过参数 p0015 修改宏。所谓宏就是预定义接口端子（如 DI0 定义为启动），完成特定功能（如多段调速），宏的编号设置在参数 p0015 中，如参数 p0015=12，表示模拟量速度给定。

在工程实践中，如果预定义的其中一种接口宏完全符合现场应用，那么按照宏的接线方式设计原理图，在调试时，选择相应的宏功能，应用非常方便。

如果所有预定义的宏定义的接口方式都不完全符合现场应用，那么选择与实际布线比较接近的接口宏，然后根据需要调整输入/输出配置。

注意：修改参数 p0015 之前，必须将参数 p0010 修改为 1，然后再修改参数 p0015，变频器运行时，必须设置参数 p0010=0。

12.1.3 G120C 的预定义接口宏

不同类型的控制单元有相应数量的宏，如 CU240B-2 有 8 种宏，CU240E-2 有 18 种宏，而 G120C PN 也有 18 种宏，见表 12-3。

表 12-3 G120C PN 预定义接口宏

宏编号	宏功能描述	主要端子定义	主要参数设置值
1	二线制控制，两个固定转速	DI0: ON/OFF1 正转 DI1: ON/OFF1 反转 DI2: 应答 DI4: 固定转速 3 DI5: 固定转速 4	p1003: 固定转速 3，如 150 p1004: 固定转速 4，如 300

续表

宏编号	宏功能描述	主要端子定义	主要参数设置值
2	单方向两个固定转速，带安全功能	DI0：ON/OFF1+ 固定转速 1 DI1：固定转速 2 DI2：应答 DI4：预留安全功能 DI5：预留安全功能	p1001：固定转速 1 p1002：固定转速 2
3	单方向四个固定转速	DI0：ON/OFF1+ 固定转速 1 DI1：固定转速 2 DI2：应答 DI4：固定转速 3 DI5：固定转速 4	p1001：固定转速 1 p1002：固定转速 2 p1003：固定转速 3 p1004：固定转速 4
4	现场总线 PROFINET		p0922：352（352 报文）
5	现场总线 PROFINET，带安全功能	DI4：预留安全功能 DI5：预留安全功能	p0922：352（352 报文）
7	现场总线 PROFINET 和点动之间的切换	现场总线模式时 DI2：应答 DI3：低电平 点动模式时 DI0：JOG1 DI1：JOG 2 DI2：应答 DI3：高电平	p0922：1（1 报文）
8	电动电位器（MOP），带安全功能	DI0：ON/OFF1 DI1：MOP 升高 DI2：MOP 降低 DI3：应答 DI4：预留安全功能 DI5：预留安全功能	
9	电动电位器（MOP）	DI0：ON/OFF1 DI1：MOP 升高 DI2：MOP 降低 DI3：应答	
12	二线制控制 1，模拟量调速	DI0：ON/OFF1 正转 DI1：反转 DI2：应答 AI0+ 和 AI0-：转速设定	
13	端子启动，模拟量给定，带安全功能	DI0：ON/OFF1 正转 DI1：反转 DI2：应答 AI0+ 和 AI0-：转速设定 DI4：预留安全功能 DI5：预留安全功能	
14	现场总线 PROFINET 和电动电位器（MOP）切换	现场总线模式时 DI1：外部故障 DI2：应答 电动电位器模式时 DI0：ON/OFF1 DI1：外部故障 DI2：应答 DI4：MOP 升高 DI5：MOP 降低	p0922：20（20 报文） PROFINET 控制字 1 的第 15 位为 0 时处于 PROFINET 通信模式，PROFINET 控制字 1 的第 15 位为 0 时处于电动电位器（MOP）模式

续表

宏编号	宏功能描述	主要端子定义	主要参数设置值
15	模拟量给定和电动电位器（MOP）切换	模拟量设定模式 DI0：ON/OFF1 DI1：外部故障 DI2：应答 DI3：低电平 AI0+ 和 AI0-：转速设定 电动电位器设定模式时 DI0：ON/OFF1 DI1：外部故障 DI2：应答 DI3：高电平 DI4：MOP 升高 DI5：MOP 降低	
17	二线制控制2，模拟量调速	DI0：ON/OFF1 正转 DI1：ON/OFF1 反转 DI2：应答 AI0+ 和 AI0-：转速设定	
18	二线制控制3，模拟量调速	DI0：ON/OFF1 正转 DI1：ON/OFF1 反转 DI2：应答 AI0+ 和 AI0-：转速设定	
19	三线制控制1，模拟量调速	DI0：Enable/OFF1 DI1：脉冲正转启动 DI2：脉冲反转启动 DI4：应答 AI0+ 和 AI0-：转速设定	
20	三线制控制2，模拟量调速	DI0：Enable/OFF1 DI1：脉冲正转启动 DI2：反转 DI4：应答 AI0+ 和 AI0-：转速设定	
21	现场总线 USS	DI2：应答	p2020：波特率，如 6 p2021：USS 站地址 p2022：PZD 数量 p2023：PKW 数量
22	现场总线 CAN	DI2：应答	

12.2 变频器正反转控制

12.2.1 正反转控制方式

G120 变频器的正反转控制

（1）操作面板控制

通过操作键盘上的运行键（正、反转）、停止键直接控制变频器的运转。其特点是简单方便，一般在简单机械及小功率变频器上应用较多。

操作面板控制最大的特点是方便使用，不需要增加任何硬件就能实现对电动机的正转、反转、点动、停止和复位的控制。同时还能显示变频器的运转参数（电压、电流、频率和转速等）和故障警告等。变频器的操作面板可以通过延长线放置在容易操作的地方。距离较远时，还可用远程操作器操作。

一般来说，如果单台设备且仅限于正、反转调速时，用操作面板控制是经济实用的控制方法。

（2）输入端口控制

输入端口控制是指在变频器的数字量输入端口上接上按钮或开关，用其通断来控制电动机的正、反转及停止。

输入端口控制的优点是可以进行远距离和自动控制。端口控制根据不同的变频器有三种具体表现形式。

① 专用的端口：每个端口固定一种功能，不需要参数设置，在运转时不会造成误会，专用端口在较早期的变频器中较为普遍。

② 多功能端口：用参数定义来进行设置，灵活性好。在端口较少的小型经济型变频器中采用较多。例如东芝 VF-S9、日立 SJ100 等。

③ 专用端口和多功能端口并用：正转、反转用专用的端口，其余的如点动、复位等用多功能端口参数定义来设置。例如三菱 STF（正转），STR（反转）为专用端口，其余要设置。大部分变频器均采用这种混合型端口设置。

下面以 G120C 变频器为例来介绍通过输入端口来控制电动机正反转的具体操作。

【例 12-1】 有一台 G120C 变频器，接线如图 12-2 所示，当接通按钮 SA1 和 SA3 时，三相异步电动机以 180r/min 正转，当接通按钮 SA2 和 SA3 时，三相异步电动机以 180r/min 反转，已知电动机的功率为 0.75kW，额定转速为 1440r/min，额定电压为 380V，额定电流为 2.05A，额定频率为 50Hz。请按上述设计方案。

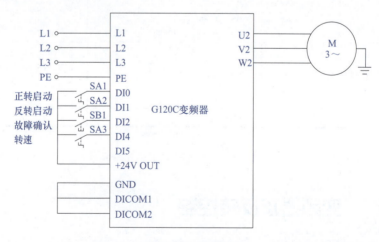

图 12-2 原理图

【解】 当接通按钮 SA1 和 SA3 时，DI0 端子与变频器的 +24V OUT（端子 9）连接，DI4 端子对应一个转速，转速值设定在 p1003 中；当接通按钮 SA2 和 SA3 时，DI1 和 DI4 端子与变频器的 +24V OUT（端子 9）连接时再对应一个转速，速度值设定在 p1003 中。变频器参数见表 12-4。

表 12-4 变频器参数

序号	变频器参数	设定值	单位	功能说明
1	p0003	3	—	权限级别
2	p0010	1/0	—	驱动调试参数筛选。先设置为 1，当把 p0015 和电动机相关参数修改完成后，再设置为 0
3	p0015	1	—	驱动设备宏指令
4	p0304	380	V	电动机的额定电压
5	p0305	2.05	A	电动机的额定电流
6	p0307	0.75	kW	电动机的额定功率
7	p0310	50.00	Hz	电动机的额定频率
8	p0311	1440	r/min	电动机的额定转速
9	p1003	180	r/min	固定转速 3
10	p1004	180	r/min	固定转速 4
11	p1070	1024	—	固定设定值作为主设定值

12.2.2 二线制和三线制控制

所谓的二线制、三线制实质是指用开关还是用按钮来进行正、反转控制。二线控制是一种开关触点，闭合/断开的启停方式。而三线控制是一种脉冲上升沿触发的启停方式。

如果选择了通过数字量输入来控制变频器启停，需要在基本调试中通过参数 p0015 定义数字量输入确定如何启动停止电动机、如何在正转和反转之间进行切换。有五种方法可用于控制电动机，其中三种方法是通过两个控制指令进行控制（二线制控制），另外两种方法需要三个控制指令（三线制控制）。基于宏的接线方法请参考预定义接口宏中相关内容。G120C 变频器的二线制和三线制控制见表 12-5。

表 12-5 二线制和三线制控制

图示	控制指令	对应的宏
电动机ON/OFF，换向波形图（正转/停止/反转/停止）	二线制控制，方法 1 1. 正转启动（ON/OFF1） 2. 切换电动机旋转方向（反向）	宏 12
电动机ON/OFF 正转，电动机ON/OFF 反转波形图	二线制控制，方法 2、3 1. 正转启动（ON/OFF1） 2. 反转启动（ON/OFF1）	宏 17 宏 18

续表

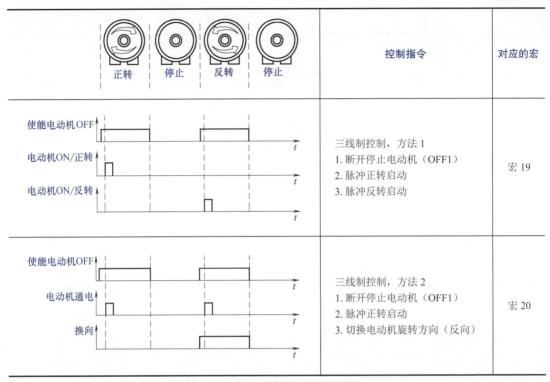

控制指令	对应的宏
三线制控制，方法1 1. 断开停止电动机（OFF1） 2. 脉冲正转启动 3. 脉冲反转启动	宏19
三线制控制，方法2 1. 断开停止电动机（OFF1） 2. 脉冲正转启动 3. 切换电动机旋转方向（反向）	宏20

12.2.3 命令源和设定值源

通过预定的接口宏定义变频器用什么信号控制启动，用什么信号控制输出频率，通常是可以满足工程需求的，但在预定义接口宏不能完全满足要求时，必须根据 BICO 功能来调整命令源和设定值源。

（1）命令源

命令源是指变频器接收到控制命令的接口。在设置预定义的宏 p0015 时，变频器对命令源进行了定义。命令源举例见表 12-6。

表 12-6 命令源举例

参数号	参数值	含 义
p0840	722.0	将数字输入端子 DI0 定义为启动命令
	2090.0	将总线控制字 1 的第 0 位定义为启动命令
p0844	722.1	将数字输入端子 DI1 定义为 OFF2 命令
	2090.1	将总线控制字 1 的第 1 位定义为 OFF2 命令
p2013	722.2	将数字输入端子 DI2 定义为故障应答命令
p2016	722.3	将数字输入端子 DI3 定义为故障命令

（2）设定值源

设定值源是指变频器接收到设定值的接口。在设置预定义的宏 p0015 时，变频器对设定值源进行了定义。设定值源举例见表 12-7。

表 12-7 设定值源举例

参数号	参数值	含 义
p1070	1050	将电动电位器作为主设定值
	755.0	将模拟量 AI0 作为主设定值
	755.1	将拟量 AI1 作为主设定值
	1024	将固定转速作为主设定值
	2050.1	将现场总线过程数据作为主设定值

12.3 G120 变频器多段速给定

G120 变频器多段速给定

在基本操作面板进行手动频率给定方法简单,对资源消耗少,但这种频率给定方法对于操作者来说比较麻烦,而且不容易实现自动控制,而通过 PLC 控制的多段频率给定和通信频率给定,就容易实现自动控制。

12.3.1 数字量输入

CU240B-2 提供了 4 路数字量输入端子(DI),CU240E-2 和 G120C 提供了 6 路数字量输入端子。在必要时,模拟量输入 AI 也可以作为数字量输入使用。数字量输入 DI 对应的状态见表 12-8。

表 12-8 数字量输入 DI 对应的状态

数字输入编号	端子号	数字输入状态位	数字输入编号	端子号	数字输入状态位
数字输入 0,DI0	5	r722.0	数字输入 3,DI3	8	r722.3
数字输入 1,DI1	6	r722.1	数字输入 4,DI4	16	r722.4
数字输入 2,DI2	7	r722.2	数字输入 5,DI5	17	r722.5

(1) 在 STARTER 中查看数字量输入状态

打开一个 STARTER 项目,双击项目树中的"Expert list"(专家列表),展开参数 r722,如图 12-3 所示,可以看到数字量输入端子和数字输入状态为对应关系。当然也可以用 BOP-2 查看,相比较而言,用 BOP-2 查看要麻烦多了。

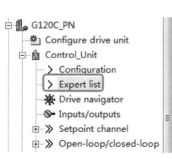

图 12-3 数字量输入 DI 对应的状态

(2) 模拟量输入作数字量输入

当数字量输入端子不够用时,可以将模拟量输入端子当作数字量输入端子使用。将模

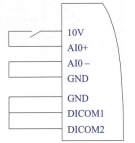

图 12-4 模拟量输入作数字量输入接线

拟量输入参数 p0756[0] 设置成 0,即 AI0 为电压输入类型;将模拟量输入参数 p0756[1] 设置成 0,即 AI1 为电压输入类型。模拟量输入作数字量输入接线如图 12-4 所示。

12.3.2 数字量输出

CU240B-2 提供了 1 路继电器数字量输出 (DO),G120C 提供了 1 路继电器数字量输出和 1 路晶体管数字量输出,CU240E-2 提供了 2 路继电器数字量输出和 1 路晶体管数字量输出。

(1) 数字量输出功能设置

G120 变频器数字量输出功能的参数设置见表 12-9。

表 12-9 数字量输出功能的参数设置

数字输出编号	端子号	对应参数号
数字输出 0,DO0	18、19、20	p0730
数字输出 1,DO1	21、22	p0731
数字输出 2,DO2	23、24、25	p0732

数字量输出常用功能设置见表 12-10。

表 12-10 数字量输出常用功能设置

参数号	参数值	说明
p0730	0	禁用数字量输出
	52.2	变频器运行
	52.3	变频器故障
	52.7	变频器报警
	52.14	变频器正向运行

注:p0731 和 p0732 参数值的含义与表 12-10 相同。

在发生故障时,变频器的继电器输出端子的常闭触点,通常用于切断变频器控制回路的电源,从而达到保护变频器的作用,此应用将在后续章节讲解。

【例 12-2】 当变频器 G120C 故障报警时,报警灯亮,要求设置参数,并绘制报警部分接线图。

【解】 原理图如图 12-5 所示。设置 p0730=52.7。DO0 时继电器输出,当变频器报警时,内部继电器常开触点闭合,指示灯的 24V 电源接通,即报警灯亮。

(2) 数字量输出信号取反

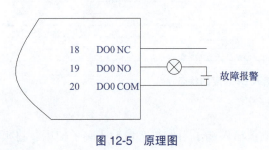

图 12-5 原理图

将参数 p0748 的状态(0 和 1)翻转,则对应的输出会取反。p0748[0] 对应数字输出 0(DO0),p0748[1] 对应数字输出 1(DO1),比较简单的做法是在 STARTER 软件中修改,如图 12-6 所示,已经将 p0748[1] 设置成 1,下载到变频器中即可实现数字输出 1 的信号取反。

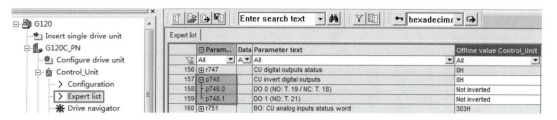

图 12-6　数字输出 1 的信号取反

12.3.3　直接选择模式给定

一个数字量输入选择一个固定设定值。多个数字输入量同时激活时，选定的设定值是对应固定设定值的叠加。最多可以设置 4 个数字输入信号。采用直接选择模式需要设置 p1016=1。直接选择模式时的相关参数设置见表 12-11。

表 12-11　直接选择模式时的相关参数设置

参数号	含义	参数号	含义
p1020	固定设定值 1 的选择信号	p1001	固定设定值 1
p1021	固定设定值 2 的选择信号	p1002	固定设定值 2
p1022	固定设定值 3 的选择信号	p1003	固定设定值 3
p1023	固定设定值 4 的选择信号	p1004	固定设定值 4

如果预定义的接口宏能满足要求，则直接使用预定义的接口宏，如其不能满足要求，则可以修改预定义的接口宏。以下将用几个例题来介绍 G120C 变频器的多段频率给定。

【例 12-3】 有一台 G120C 变频器，接线如图 12-7 所示，当接通按钮 SA1 时，三相异步电动机以 180r/min 正转，当接通按钮 SA1 和 SA2 时，三相异步电动机以 360r/min 正转，已知电动机的功率为 0.75kW，额定转速为 1440r/min，额定电压为 380V，额定电流为 2.05A，额定频率为 50Hz。请按上述设计方案。

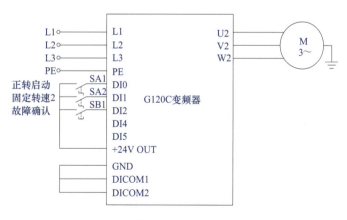

图 12-7　原理图

【解】 多段频率给定时，当接通按钮 SA1 时，DI0 端子与变频器的 +24V OUT（端子 9）连接，对应一个速度，速度值设定在 p1001 中；当接通按钮 SA1 和 SA2 时，DI0 和 DI1 端子与变频器的 +24V OUT（端子 9）连接，再对应一个速度，速度值设定是 p1001 和 p1002

中转速的和。变频器参数见表12-12。

表12-12 例12-3变频器参数

序号	变频器参数	设定值	单位	功 能 说 明
1	p0003	3	—	权限级别
2	p0010	1/0	—	驱动调试参数筛选。先设置为1,当把p0015和电动机相关参数修改完成后,再设置为0
3	p0015	2	—	驱动设备宏指令
4	p0304	380	V	电动机的额定电压
5	p0305	2.05	A	电动机的额定电流
6	p0307	0.75	kW	电动机的额定功率
7	p0310	50.00	Hz	电动机的额定频率
8	p0311	1440	r/min	电动机的额定转速
9	p1001	180	r/min	固定转速1
10	p1002	180	r/min	固定转速2
11	p1070	1024	—	固定设定值作为主设定值

【例12-4】 用一台继电器输出CPU 1211C（AC/DC/继电器）,控制一台G120C变频器,当按下按钮SB1时,三相异步电动机以180r/min正转,当按下按钮SB2时,三相异步电动机以360r/min正转,当按下按钮SB3时,三相异步电动机以540r/min反转,已知电动机的功率为0.75kW,额定转速为1440r/min,额定电压为380V,额定电流为2.05A,额定频率为50Hz。请按上述设计方案并编写程序。

【解】

（1）主要软硬件配置

① 1套TIA Portal V15.1。

② 1台G120C变频器。

③ 1台CPU 1211C。

④ 1台电动机。

⑤ 1根网线。

硬件接线如图12-8所示。

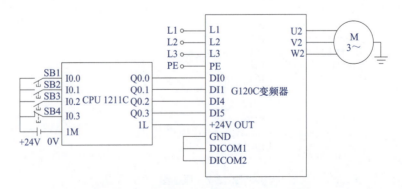

图12-8 原理图（PLC为继电器输出）(1)

（2）参数的设置

多段频率给定时,当DI0和DI4端子与变频器的+24V OUT（端子9）连接,对应一个转速，当 DI0 和 DI5 端子同时与变频器的 +24V OUT（端子 9）连接时再对应一个转速，DI1、DI4 和 DI5 端子与变频器的 +24V OUT 接通时为反转。变频器参数见表 12-13。

表 12-13 例 12-4 变频器参数

序号	变频器参数	设定值	单位	功 能 说 明
1	p0003	3	—	权限级别
2	p0010	1/0	—	驱动调试参数筛选。先设置为 1，当把 p0015 和电动机相关参数修改完成后，再设置为 0
3	p0015	1	—	驱动设备宏指令
4	p0304	380	V	电动机的额定电压
5	p0305	2.05	A	电动机的额定电流
6	p0307	0.75	kW	电动机的额定功率
7	p0310	50.00	Hz	电动机的额定频率
8	p0311	1440	r/min	电动机的额定转速
9	p1003	180	r/min	固定转速 1
10	p1004	360	r/min	固定转速 2
11	p1070	1024	—	固定设定值作为主设定值

当 Q0.0 和 Q0.2 为 1 时，变频器的 9 号端子与 DI0 和 DI4 端子连通，电动机以 180r/min（固定转速 3）的转速运行，固定转速 3 设定在参数 p1003 中。当 Q0.0 和 Q0.3 同时为 1 时，DI0 和 DI5 端子同时与变频器的 +24V OUT（端子 9）连接，电动机以 360r/min（固定转速 4）的转速正转运行，固定频率 4 设定在参数 p1004 中。当 Q0.1、Q0.2 和 Q0.3 同时为 1 时，DI1、DI4 和 DI5 端子同时与变频器的 +24V OUT（端子 9）连接，电动机以 540r/min（固定转速 3 ＋固定转速 4）的转速反转运行。

【关键点】 不管是什么类型 PLC，只要是继电器输出，其原理图都可以参考图 12-8，若增加三个中间继电器则更加可靠，如图 12-9 所示。

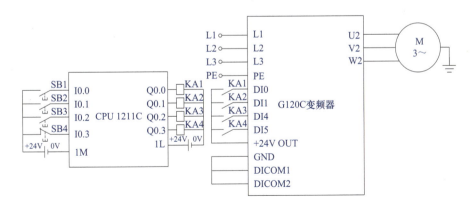

图 12-9 原理图（PLC 为继电器输出）（2）

（3）编写程序

梯形图程序如图 12-10 所示。

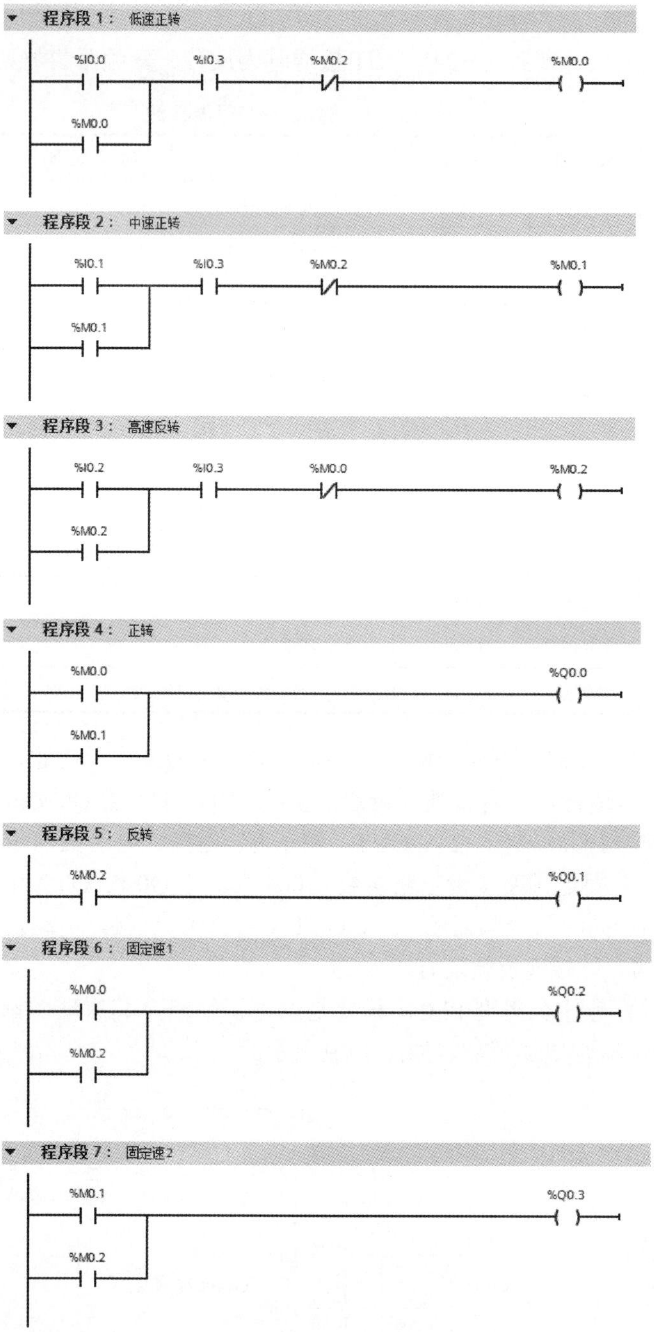

```
▼ 程序段1：低速正转
    %I0.0        %I0.3        %M0.2                    %M0.0
  ──┤├──┬──┤├────────┤/├─────────────────( )──
    %M0.0 │
  ──┤├──┘

▼ 程序段2：中速正转
    %I0.1        %I0.3        %M0.2                    %M0.1
  ──┤├──┬──┤├────────┤/├─────────────────( )──
    %M0.1 │
  ──┤├──┘

▼ 程序段3：高速反转
    %I0.2        %I0.3        %M0.0                    %M0.2
  ──┤├──┬──┤├────────┤/├─────────────────( )──
    %M0.2 │
  ──┤├──┘

▼ 程序段4：正转
    %M0.0                                               %Q0.0
  ──┤├──┬─────────────────────────────────( )──
    %M0.1 │
  ──┤├──┘

▼ 程序段5：反转
    %M0.2                                               %Q0.1
  ──┤├─────────────────────────────────────( )──

▼ 程序段6：固定速1
    %M0.0                                               %Q0.2
  ──┤├──┬─────────────────────────────────( )──
    %M0.2 │
  ──┤├──┘

▼ 程序段7：固定速2
    %M0.1                                               %Q0.3
  ──┤├──┬─────────────────────────────────( )──
    %M0.2 │
  ──┤├──┘
```

图 12-10　程序

（4）PLC 为晶体管输出（PNP 型输出）时的控制方案

西门子的 S7-1200 PLC 为 PNP 型输出，G120C 变频器的默认为 PNP 型输入，因此电平是可以兼容的。由于 Q0.0（或者其他输出点输出时）输出 24V DC 信号，又因为 PLC 与变频器有共同的 0V，所以当 Q0.0（或者其他输出点输出时）输出时，就等同于 DI0（或者其他数字输入）与变频器的 9 号端子（+24V OUT）连通，硬件接线如图 12-11 所示，控制程序与图 12-10 中的相同。

第 12 章　G120 变频器的速度给定与功能

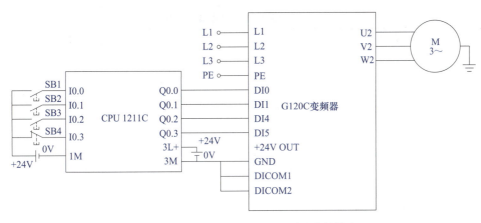

图 12-11　原理图（PLC 为 PNP 型晶体管输出）

【关键点】　PLC 为晶体管输出时，其 3M（0V）必须与变频器的 GND（数字地）短接，否则，PLC 的输出不能形成回路。

12.4　G120 变频器模拟量输入给定

G120 变频器模拟量速度给定（2 线式）

12.4.1　模拟量输入

CU240B-2 和 G120C 提供了 1 路模拟量输入（AI0），CU240E-2 提供了 2 路模拟量输入（AI0 和 AI1），AI0 和 AI1 在下标中设置。

变频器提供了多种模拟量输入模式，使用参数 p0756 进行选择，见表 12-14。

表 12-14　参数 p0756 功能

参数	CU 上端子号	模拟量	设定值的含义说明
p0756 [0]	3、4	AI0	0：单极电压输入（0 ~ 10V） 1：单极电压输入，带监控（2 ~ 10V） 2：单极电流输入（0 ~ 20mA） 3：单极电流输入，受监控（4 ~ 20mA） 4：双极电压输入（-10 ~ 10V） 8：未连接传感器
p0756 [1]	10、11	AI1	

当模拟量输入信号是电压信号时，需要把 DIP 拨码开关拨到电压一侧，出厂时在电压一侧，当模拟量输入信号是电流信号时，需要把 DIP 拨码开关拨到电流一侧。如图 12-12 所示，两个模拟量输入通道的信号在电压侧，也就是接电压信号。

CU240B-2 和 G120C 只有一个模拟量输入，AI1 拨码开关无效。

当修改了 p0756 的数值就意味着修改了模拟量的类型，变频器会自动调整模拟量输入标定。线性标定曲线由两个点（p0757, p0758）和（p0759, p0760）确定，也可以根据实际标定。标定举例见表 12-15。

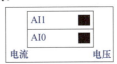

图 12-12　模拟量输入信号设定

表 12-15 模拟量输入标定

参数号	设定值	说明
p0757 [0]	-10	-10V 对应 -100% 的标定，即 -50Hz
p0758 [0]	-100	-100%
p0759 [0]	10	10V 对应 100% 的标定，即 50Hz
p0760 [0]	100	100%
p0761 [0]	0	死区宽度

12.4.2 模拟量输出

CU240B-2 和 G120C 提供了 1 路模拟量输出（AO0），CU240E-2 提供了 2 路模拟量输出（AO0 和 AO1），AO0 和 AO1 在下标中设置。

（1）模拟量输出类型选择

变频器提供了多种模拟量输出模式，使用参数 p0776 进行选择。参数 p0776 功能见表 12-16。

表 12-16 参数 p0776 功能

参数	CU 上端子号	模拟量	设定值的含义说明
p0776 [0]	12、13	AO0	0：电流输出（0～20mA）
p0776 [1]	26、27	AO1	1：电压输出（0～10V） 2：电流输出（4～20mA）

用 p0776 修改了模拟量输出类型后，变频器会自动调整模拟量输出的标定。线性标定曲线由两个点（p0777，p0778）和（p0779，p0780）确定，也可以根据实际标定。标定举例见表 12-17。

表 12-17 模拟量输出标定

参数号	设定值	说明
p0777 [0]	0	
p0778 [0]	4	0% 对应输出 4mA
p0779 [0]	100	100% 对应输出 20mA
p0780 [0]	20	

（2）模拟量输出功能设置

变频器的模拟量的输出大小对应电动机的转速、变频器的频率、变频器的电压或变频器的电流等，通过改变 p0771 实现，具体设置见表 12-18。

表 12-18 参数 p0771 功能

参数	CU 上端子号	模拟量	设定值的含义说明
p0771 [0]	12、13	AO0	0：模拟量输出被封锁 21：电动机转速实际值 24：经过滤波的输出频率
p0771 [1]	26、27	AO1	25：经过滤波的输出电压 26：经过滤波的直流母线电压 27：经过滤波的电流实际值绝对值

【例 12-5】 要求设计一个电路,用 CPU 1211C 上的模拟量通道测量变频器 G120C 实时频率,并设置相关参数。

【解】
(1) 设计原理图如图 12-13 所示。
(2) 设置相关的参数

由于 CPU 1211C 上的模拟量通道仅能采集 0~10V 的电压信号,且 G120C 仅有一个模拟量输出通道,所以设置 G120C 的模拟量输出类型为电压,即 p0776［0］=1。

又要求测量变频器的实时频率,所以设置 p0771［0］=24。

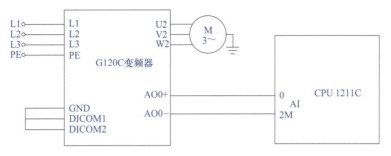

图 12-13 原理图

12.4.3 模拟量给定的应用

数字量多段频率给定可以设定速度段数量是有限的,不能做到无级调速,而外部模拟量输入可以做到无级调速,也容易实现自动控制,而且模拟量可以是电压信号或者电流信号,使用比较灵活,因此应用较广。以下用两个例子介绍模拟量信号频率给定。

G120 变频器模拟量速度给定(3 线式)

【例 12-6】 要对一台变频器进行电压信号模拟量频率给定,已知电动机的功率为 0.75kW,额定转速为 1440r/min,额定电压为 380V,额定电流为 2.05A,额定频率为 50Hz。请设计电气控制系统,并设定参数。

【解】 电气控制系统接线如图 12-14 所示,只要调节电位器就可以实现对电动机进行无级调速,参数设定见表 12-19。

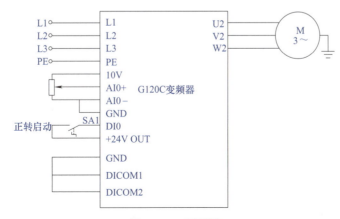

图 12-14 原理图

表 12-19　例 12-6 变频器参数

序号	变频器参数	设定值	单位	功　能　说　明
1	p0003	3	—	权限级别
2	p0010	1/0	—	驱动调试参数筛选。先设置为 1，当把 p0015 和电动机相关参数修改完成后，再设置为 0
3	p0015	12	—	驱动设备宏指令
4	p0304	380	V	电动机的额定电压
5	p0305	2.05	A	电动机的额定电流
6	p0307	0.75	kW	电动机的额定功率
7	p0310	50.00	Hz	电动机的额定频率
8	p0311	1440	r/min	电动机的额定转速
9	p756	0	—	模拟量输入类型，0 表示电压范围 0～10V

【例 12-7】 用一台触摸屏、CPU 1212C 对变频器进行模拟量速度给定，同时触摸屏显示实时转速，已知电动机的技术参数，功率为 0.75kW，额定转速为 1440r/min，额定电压为 380V，额定电流为 2.05A，额定频率为 50Hz。请按上述设计方案并编写程序。

【解】

(1) 软硬件配置

① 1 套 TIA Portal V15.1。

② 1 台 G120C 变频器。

③ 1 台 CPU 1212C。

④ 1 台电动机。

⑤ 1 根网线。

⑥ 1 台 SM 1234。

⑦ 1 台 HMI。

将 CPU 1212C、变频器、模拟量输出模块 SM1234 和电动机按照如图 12-15 所示接线。

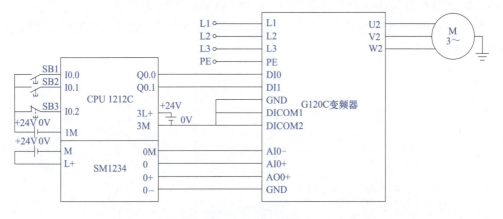

图 12-15　原理图

(2) 设定变频器的参数

先查询 G120C 变频器的说明书，再依次在变频器中设定表 12-20 中的参数。

表 12-20　变频器参数表

序号	变频器参数	设定值	单位	功 能 说 明
1	p0003	3	—	权限级别
2	p0010	1/0	—	驱动调试参数筛选。先设置为 1，当把 p0015 和电动机相关参数修改完成后，再设置为 0
3	p0015	17	—	驱动设备宏指令
4	p0304	380	V	电动机的额定电压
5	p0305	2.05	A	电动机的额定电流
6	p0307	0.75	kW	电动机的额定功率
7	p0310	50.00	Hz	电动机的额定频率
8	p0311	1440	r/min	电动机的额定转速
9	p0756	0	—	模拟量输入类型，0 表示电压范围 0～10V
10	p0771	21	—	输出的实际转速
11	p0776	1	—	输出电压信号

【关键点】 p0756 设定成 0 表示电压信号对变频器给定，这是容易忽略的；此外还要将 I/O 控制板上的 DIP 开关设定为"ON"。

（3）编写程序，并将程序下载到 PLC 中

梯形图如图 12-16 所示。

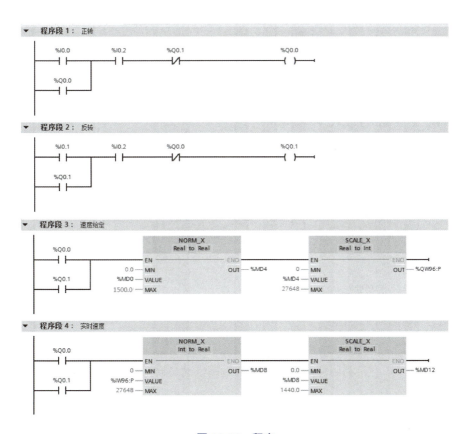

图 12-16　程序

12.5 V/f 控制功能

变频器调速系统的控制方式通常有两种，一是 V/f 控制，是基本方式，一般的变频器都有这项功能；二是矢量控制，为高级方式，有些经济型的变频器没有这项功能，如西门子的 MM420 就没有矢量控制功能，而西门子 G120 有矢量控制功能。

G120 变频器的控制方式是通过设置参数 p1300 来实现的。参数 p1300 控制的开环/闭环运行方式见表 12-21。

表 12-21 参数 p1300 控制的开环/闭环运行方式

序号	设定值	含 义
1	0	采用线性特性曲线的 V/f 控制
2	1	具有线性特性和 FCC 的 V/f 控制（FCC：磁通电流控制）
3	2	采用抛物线特性曲线的 V/f 控制
4	3	采用可编程特性曲线的 V/f 控制
5	4	采用线性曲线和 ECO 的 V/f 控制
6	5	用于要求精确频率的驱动的 V/f 控制（纺织行业）
7	6	用于要求精确频率的驱动和 FCC 的 V/f 控制
8	7	采用抛物线特性曲线和 ECO 的 V/f 控制
9	19	采用独立电压设定值的 V/f 控制
10	20	转速控制（无编码器）
11	21	转速控制（带编码器）
12	22	转矩控制（无编码器）
13	23	转矩控制（带编码器）

12.5.1 V/f 控制方式

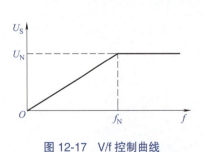

图 12-17 V/f 控制曲线

由于电动机的磁通为 $\Phi_m = \dfrac{E_g}{4.44 f N_S k_{ns}} = \dfrac{U_S}{4.44 f N_S k_{ns}}$，在变频调速过程中为了保持主磁通的恒定，所以使 V/f=常数，这是变频器的基本控制方式。V/f 控制曲线如图 12-17 所示，真实的曲线与这条曲线有区别。

参数 p1300 默认值为 0，即为线性特性曲线的 V/f 控制。

12.5.2 转矩补偿功能

（1）转矩补偿

在 V/f 控制方式下，利用增加输出电压来提高电动机转矩的方法称为转矩补偿或者转矩提升。

（2）转矩补偿的原因

在基频以下调速时，需保持 E/f 恒定，即保持主磁通 Φ_m 恒定。频率 f 较高时，保持 V/f

恒定，即可近似地保持主磁通 Φ_m 恒定。f 较低时，E/f 会下降，导致输出转矩下降。所以提高变频器的输出电压即可补偿转矩不足，变频器的这个功能叫做"转矩提升"。以下用一个例子进一步解释转矩补偿的原理。

【例 12-8】有一台三相异步电动机，其主要参数是额定电压 45kW，额定频率 50Hz，额定电压 380V，额定转速 1480r/min，相电流为 85A。满载时阻抗压降是 30V。采用 V/f 模式变频调速，试计算 10Hz 时，其磁通的相对值。

【解】
① 电动机 50Hz 工作时，满载时，定子绕组每相的反电动势：

$$E = U_1 - \Delta U = 380V - 30V = 350V$$

$$\frac{E}{f} = \frac{350}{50} = 7.0$$

显然，此时的磁通等于额定磁通，由于计算准确的磁通的数值比较麻烦，这里的磁通用相对值表示，额定磁通为 100%，即：

$$\Phi_m^* = 100\%$$

② 电动机的工作频率为 10Hz 时，每相绕组的电压为：

$$U_{1X} = K_U U_1 = \frac{f_1}{f} \times U_1 = 0.2 \times 380V = 76V$$

$$E_1 = U_{1X} - \Delta U = 76V - 30V = 46V$$

$$\frac{E_1}{f_1} = \frac{46}{10} = 4.6$$

所以相对磁通为：

$$\Phi_X^* = \Phi_m^* \times \frac{4.6}{7.0} \approx 65.7\%$$

显而易见，此时的磁通只相当于额定磁通的 65.7%，电动机的带负载能力势必减少。而且是随着频率的减小，带负载能力不断减小，所以低频率时，不能保持磁通量不变，因此某些情况下转矩补偿就十分必要了。

如图 12-18 所示，V/f= 恒定值条件下的机械特性，可以明显看出当电动机的频率 f_X 小于额定频率 f_N 时，其输出转矩小于额定转矩，特别是在低频段输出转矩快速降低，由此可见，转矩补偿是非常必要的。

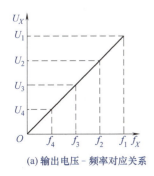
(a) 输出电压-频率对应关系

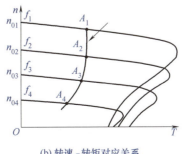
(b) 转速-转矩对应关系

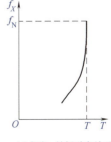
(c) 频率-转矩对应关系

图 12-18　V/f= 恒定值条件下的机械特性

（3）常用的补偿方法

① 线性补偿　在低频时，变频器的启动电压从 0 提升到某一数值，V/f 仍保持线性关系。线性补偿如图 12-19 所示。适当增加 V/f 比后，实际就是增加了反向电动势与频率的比值。

那么增加到多少合适呢？以例 12-8 为例说明，假设要求低频时相对磁通为 100%，则：

$$\frac{E_1'}{f_1} = 7.0，即 E_1' = 7.0 \times f_1 = 7.0 \times 10 = 70（V）$$

所以补偿电压为：

$$\Delta U = E' - E_1 = 70V - 46V = 24V$$

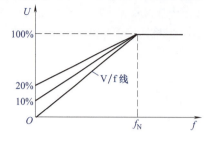

图 12-19　线性补偿

② 可编程特性曲线的 V/f 控制　也称为分段补偿，启动过程中分段补偿，有正补偿、负补偿两种。可编程特性曲线的 V/f 控制如图 12-20 所示。西门子公司称这种补偿为可编程 V/f 特性补偿。西门子 G120 变频器，设置 p1300=3 是可编程特性曲线的 V/f 控制。

正补偿：补偿曲线在标准 V/f 曲线的上方，适用于高转矩启动运行的场合。

负补偿：补偿曲线在标准 V/f 曲线的下方，适用于低转矩启动运行的场合。

③ 抛物线特性曲线的 V/f 控制　也称为平方律补偿，补偿曲线为抛物线。低频时斜率小（V/f 比值小），高频时斜率大（V/f 比值大）。多用于风机和泵类负载的补偿，可以达到节能目的，因为风机和水泵是二次方负载，低速时负载转矩小，所以要负补偿，而随着速度的升高，其转矩成二次方升高，所以要进行二次方补偿，已达到节能的目的。抛物线特性曲线的 V/f 控制如图 12-21 所示。西门子 G120 变频器，设置 p1300=2 是抛物线特性曲线的 V/f 控制。

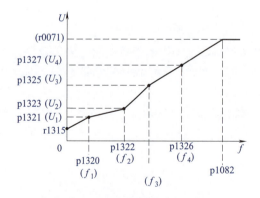

图 12-20　可编程特性曲线的 V/f 控制

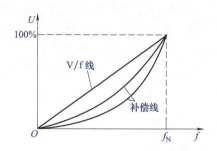

图 12-21　抛物线特性曲线的 V/f 控制

第13章

变频器的常用外围电路

本章介绍变频器的常用电路，如变频器控制电动机的同步控制、停车方式、制动控制电路和保护电路等，本章所介绍的设计变频器电路十分常用，是读者要重点掌握的内容。

13.1 变频器并联控制电路

变频器的并联运行、比例运行多用于传送带、流水线的控制场合。以下主要介绍由模拟电压输入端子控制的并联运行电路和由升降速端子控制的同速运行电路。

13.1.1 模拟电压输入端子控制的并联运行电路

（1）运行要求
① 变频器的电源通过接触器由控制电路控制。
② 通电按钮能保证变频器持续通电。
③ 运行按钮能保证变频器连续运行，且运行过程中变频器不能断电。
④ 停止按钮只用于停止变频器的运行，而不能切断变频器的电源。
⑤ 任何一个变频器故障报警时都要切断控制电路，从而切断变频器的电源。

G120 变频器模拟量输入端子控制的并联电路

（2）主电路的设计过程
控制系统的电路图如图 13-1 所示。
① 低压断路器 QF 控制电路总电源，KM 控制两台变频器的通、断电。
② 两台变频器的电源输入端并联。
③ 两台变频器的 AI0+、AI0- 端并联，这能保证两台变频器的模拟量的输入数值相等，从而保证电动机运行速度相同，而达到同步。
④ 两台变频器的运行端子由同一个继电器的两个常开触头控制，保证了电动机的启停同步。

（3）控制电路的运行过程说明
① SB1 是上电按钮，当压下 SB1 按钮时，接触器 KM 线圈得电自锁，2 台变频器同时上电，但此时电动机并不转动。
② 只有当 KM 线圈得电自锁后，当压下 SB3 按钮时，继电器 KA 线圈才能得电自锁，

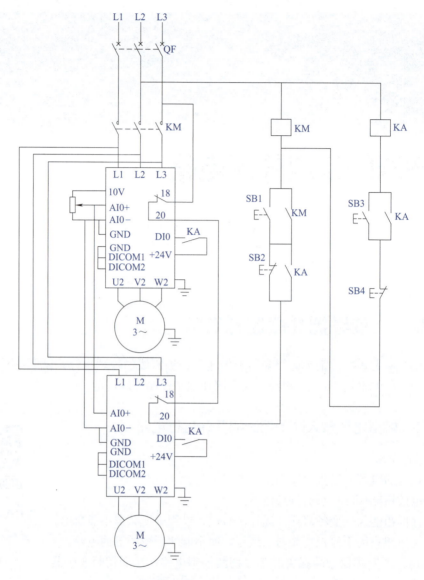

图 13-1 模拟电压输入端子控制的并联运行电路

使得变频器的 DI0 和 +24V 短接,从而控制 2 台电动机同时启动。当压下 SB4 按钮时,继电器 KA 线圈断电,从而控制 2 台电动机同时停止。电动机启动的前提是变频器的输入端要先通电。

③ 当继电器 KA 线圈得电自锁时,即使压下 SB2 按钮,也不能断开 KM 线圈,必须先使 KA 线圈断电,才能使 KM 线圈断电。

④ 运行按钮与运行继电器 KA 的常开触头并联,使 KA 能够自锁,保持变频器连续运行。

⑤ 停止按钮与 KA 线圈串联,但不影响 KM 的状态。

(4)变频器功能参数码设定

两台变频器的速度给定用同一电位器。若同速运行,可将两台变频器的频率增益等参数设置相同。若比例运行,根据不同比例分别设置各自的频率增益。每台变频器的输出频率由各自的多功能输出端子接频率表指示。变频器参数见表 13-1。

表 13-1　变频器参数

序号	变频器参数	设定值	单位	功能说明
1	p0003	3	—	权限级别
2	p0010	1/0	—	驱动调试参数筛选。先设置为 1，当把 p0015 和电动机相关参数修改完成后，再设置为 0
3	p0015	12	—	驱动设备宏指令
4	p0304	380	V	电动机的额定电压
5	p0305	2.05	A	电动机的额定电流
6	p0307	0.75	kW	电动机的额定功率
7	p0310	50.00	Hz	电动机的额定频率
8	p0311	1440	r/min	电动机的额定转速
9	p0756	0	—	模拟量输入类型，0 表示电压范围 0～10V
10	p0730	52.3	—	将继电器输出 DO0 功能定义为变频器故障

13.1.2　由升降速端子控制的同速运行电路

G120 变频器升降速 MOP 输入端子控制的并联电路

（1）控制要求

① 两台变频器要同时运行，运行速度一致。

② 调速通过各自的升速、降速端子实现，变频器的升、降速频率是由点动开关的闭合时间控制的。利用升速和降速端子进行升降速度，西门子的变频器称之为电动电位器功能，简称"MOP"。

③ 两台变频器的升速、降速端子要由同一个器件控制，且能通过各自的升速、降速端子微调输出频率。

④ 两台变频器要用同一型号产品，以便有相同的调速功能。

⑤ 两台变频器的加、减速时间的设置必须相同，参考频率也必须相同，以保证各变频器在相同的加、减速时间内有相同的速度升和速度降。

⑥ 任何一个变频器故障报警时均能切断控制电路，使变频器主电路由 KM 断电。

⑦ 各台变频器的输出频率要由面板上的显示屏进行指示。

⑧ 此控制电路多应用于控制精度不是很高的场合，如纺织、印染、造纸等多个控制单元的联动传动中。

（2）主电路的设计过程

控制系统的电路图如图 13-2 所示。

① 低压断路器 QF 控制电路总电源，KM 控制两台变频器的通、断电。

② 两台变频器的电源输入端并联。

③ 两台变频器的启动端子（DI0）、升速端子（DI1）、降速端子（DI2）分别由同一继电器的动合触点控制。

④ 两台变频器的升速端子（DI1）、降速端子（DI2）接入按钮可进行频率微调。

（3）控制电路的设计过程

① 两台变频器的故障输出接点串联在控制电路中，可在发生故障报警时切断变频器电源。

② 通电按钮与 KM 的动合触点并联，使 KM 能够自锁。

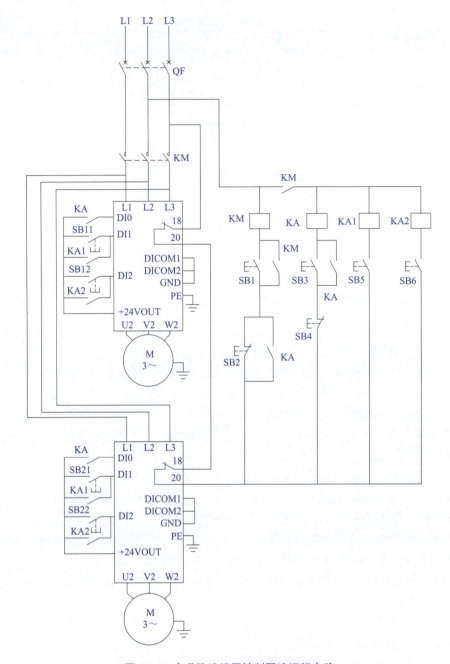

图 13-2 由升降速端子控制同速运行电路

③ 断电按钮与 KM 线圈串联，同时与控制运行的继电器动合触点并联，受运行继电器的封锁。

④ 运行按钮与运行继电器 KA 的动合触点并联，使 KA 能够自锁。

⑤ 停止按钮与 KA 线圈串联，但不影响 KM 的状态。

⑥ 主电路断电时变频器运行控制无效，可将 KM 辅助动合触点串联在运行控制电路中。

（4）变频器功能参数码设定

① 分别设定两台变频器的多功能输入端子为升速端子（DI1）、降速端子（DI2）。

② 变频器由外端子控制运行。
③ 设定输出频率显示在面板上的显示屏上。
G120C 变频器的参数设置见表 13-2。

表 13-2 变频器参数

序号	变频器参数	设定值	单位	功能说明
1	p0003	3	—	权限级别
2	p0010	1/0	—	驱动调试参数筛选。先设置为 1，当把 p0015 和电动机相关参数修改完成后，设置为 0
3	p0015	9	—	驱动设备宏指令
4	p0304	380	V	电动机的额定电压
5	p0305	2.05	A	电动机的额定电流
6	p0307	0.75	kW	电动机的额定功率
7	p0310	50.00	Hz	电动机的额定频率
8	p0311	1440	r/min	电动机的额定转速
9	p1070	1050	—	电动电位器作为主设定值
10	p0730	52.3	—	将继电器输出 DO0 功能定义为变频器故障

13.2 停车方式与制动控制电路

13.2.1 电动机四象限运行

如图 13-3 所示，电动机在第一象限运行时，转速为正，输出转矩也为正，电动机处于正向电动运行状态，电能从变频器传递至电动机。第二象限运行时，转速还是为正，但转矩为负，电动机处于正向制动状态。因此能量从电动机侧传递到变频器。第三、第四象限运行与第一、第二象限相似，不过是电动机的转速方向相反。在四象限运行中，第二、第四象限电动机转子运动机械能要传递到变频器侧，因此讨论在这一过程中对变频器的影响就非常有必要。

电梯传动电动机是比较典型的四象限运行情况。假设轿厢向上运动时电动机正转，则轿厢向下运行电动机反转。电梯向上运行电动机启动及正常运行，电动机运行在第一象限，是正向电动运行，向上运行停止过程电动机运行在第二象限，是正向制动状态，这时电能从电动机传递到变频器；电梯向下运行启动及正常运行时，电动机是反向电动运行，对应于第三象限，向下运行的停止过程是反向制动状态，电动机运行在第四象限（重负载反向运行全过程有可能均是反向制动状态。变频器在电动机第二、第四象限运行时处于制动状态，有时又称再生制动状态。

图 13-4 所示为电梯传动示意图。
图 13-5 所示为变频器的两种工作状态。

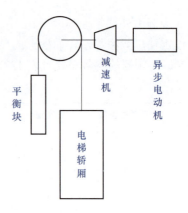

图 13-3　电动机四象限运行　　　　图 13-4　异步电动机电梯传动示意图

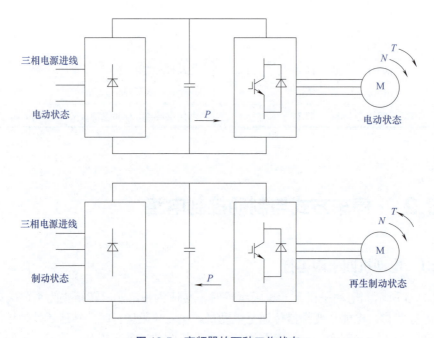

图 13-5　变频器的两种工作状态

13.2.2　停车方式

停车指的是将电动机的转速降到零速的操作，G120 支持的停车方式，即 OFF1、OFF2 和 OFF3，详细描述见表 13-3。

表 13-3　G120 停车方式描述

停车方式	功能描述	对应参数	参数描述
OFF1	斜坡停车，变频器将按照 p1121 所设定的斜坡下降时间减速	p0840	OFF1 停车信号源
OFF2	自由停车，变频器封锁脉冲输出，电动机靠惯性自由旋转停车 如果使用抱闸功能，变频器立即关闭抱闸	p0844	OFF2 停车信号源 1
		p0845	OFF2 停车信号源 2
OFF3	急停车，变频器将按照 p1135 所设定的斜坡下降时间减速	p0848	OFF3 停车信号源 1
		p0849	OFF3 停车信号源 2

停车方式优先级：OFF2＞OFF3＞OFF1。

通过 BICO 功能在 OFFx 停车信号源中定义停车命令，在该命令为低电平时执行相应的停车命令。如果同时使用了多种停车方式，变频器按照优先级最高的停车方式停车。

注意：如果 OFF2、OFF3 命令已经激活，必须首先取消 OFF2、OFF3 命令，重新发出启动命令，变频器才能启动。

13.2.3 制动控制

SINAMICS G120 有四种制动方式：直流制动、复合制动、能耗制动和回馈制动。以下分别介绍这些制动方式。

13.2.3.1 直流制动

（1）直流制动工作原理

当异步电动机的定子绕组中通入直流电流时，所产生的磁场是空间位置不变的恒定磁场，而转子因为惯性继续以原来的速度旋转，转子的转动切割静止磁场而产生制动转矩。系统因旋转动能转换成电能消耗在电动机的转子回路，进而达到电动机快速制动的效果。

直流制动不适用于向电网回馈能量，如 G120 的 PM250 和 PM260 功率单元。

直流制动的典型应用有：离心机、锯床、磨床和输送机等。

（2）G120 变频器直流制动的主要参数介绍

G120 变频器的直流制动需要设置一系列的参数，具体见表 13-4。

表 13-4　G120 变频器直流制动的相关参数

参数	含义	设定值	说明
p1230	激活直流制动（出厂值：0）	0	失效
		1	生效
p1231	配置直流制动（出厂值：0）	0	无直流制动
		4	直流制动的常规使能
		5	OFF1/OFF3 上的直流制动
		14	低于转速时的直流制动
p1232	直流制动的电流（出厂值：0A）		
p1233	直流制动的持续时间（出厂值：1s）		
p1234	直流制动的初始转速（出厂值：210000r/min）。完成设置 p1232 和 p1233 后，一旦转速低于此阈值，即可进入直流制动		
p0347	电动机的去磁时间由 p0347=1，3 计算得出，一般在快速调试时计算得到		
p2100	设置触发直流制动的故障号（出厂值：0）		
p2101	故障响应设置（出厂值：0）		

（3）G120 变频器的直流制动的方式

① 低于预先设置的转速时触发直流制动　设置的参数为 p1230=1，p1231=14，p1234（直流制动时的触发速度，如 1000r/min）。当电动机的转速低于 p1234 设定的转速开始直流制动。如制动结束，电动机的运行信号还在，继续按照设定的转速运行。

② 故障时触发直流制动　故障号和故障响应通过 p2100 和 p2101 设置，p1231=4。当响应"直流制动"故障时，电动机通过斜坡减速下降，直到直流制动的起始速度（可以理解为

触发速度）后激活直流制动。

③ 通过控制指令激活直流制动　设置 p1231=4，p1230 设置成控制指令对应的端子（如设置成 722.0 则对应 DI0 启动直流制动），如直流制动期间撤销直流制动，则变频器中断直流制动。

④ 关闭电动机时激活直流制动　设置的参数为 p1231=5 或 p1230=1 和 p1231=14，当变频器执行 OFF1 或 OFF3 关闭电动机时，电动机通过斜坡减速下降，直到直流制动的起始速度（可以理解为触发速度）后激活直流制动。

13.2.3.2　复合制动

（1）复合制动介绍

在常规的制动过程中，只有交流转矩或者直流转矩，复合制动直流母线电压有过流趋势的时候（超出母线电压阈值 r1282），变频器在原来的电动机交流电上叠加一个直流电，将能量消耗掉，防止直流母线电压上升过高。

复合制动不适用于向电网回馈能量，如 G120 的 PM250 和 PM260 功率单元。

复合制动的典型应用是一些要求电动机有恒速工作，并且需要长时间才能达到静态的场合，例如离心机、锯床、磨床和输送机等。

复合制动不适合应用的场合如下。

① 捕捉起重。

② 直流制动。

③ 矢量控制。

（2）G120 变频器的复合制动

G120 变频器复合制动的相关参数见表 13-5。

表 13-5　G120 变频器复合制动的相关参数

参数	含义	具体说明
p3856	复合制动的制动电流（%）	在 V/f 控制中，为加强效果而另外产生的直流电的大小 p3856=0 禁用复合制动 p3856=1～250，复合制动的制动电流，为电动机额定电流 p0305 的百分比值 推荐：p3856<100%×（r0209−r0331）/p0305/2
p3859.0	复合制动状态字	p3859.0=1 表示复合制动已经启用

13.2.3.3　电阻制动

（1）电阻制动介绍

电阻制动是最常见的一种制动方式。当直流回路电压有过高趋势时，制动电阻开始工作，使得电能转化成电阻的热能，防止电压过高。

电阻制动不适用于向电网回馈能量，如 G120 的 PM250 和 PM260 功率单元。

复合制动的典型应用是一些要求电动机按照不同的转速工作，而且不断转换方向的场合，例如起重机和输送机等。

电阻制动除了需要制动电阻外，还需要制动单元，制动单元类似于一个开关，决定制动电阻是否工作。当变频器的直流母线电压升高时，制动单元接通制动电阻，将再生功率转化为制动电阻的内热，达到制动的效果。

（2）G120 变频器的电阻制动

G120 变频器电阻制动的相关参数见表 13-6。

第 13 章 变频器的常用外围电路

表 13-6 G120 变频器电阻制动的相关参数

参数	含义	具 体 说 明
p0219	制动电阻功率 （出厂设置：0kW）	设置应用中，制动电阻消耗的最大功率 在制动功率较低的情况下，会延长电动机的减速时间 在应用中，电动机每 10s 停车一次，此时制动电阻必须每 2s 消耗 1kW 的功率。因此需要持续功率为 1kW×2s/10s=0.2kW，需要消耗的最大功率为 p0219=1kW
p0844	无惯性停车/惯性停车 （OFF2）信号源 1	p0844=722.x，通过变频器的某个数字量端子（如 722.1 代表 DI1）来监控电阻是否过热

（3）G120 变频器制动电阻的接线

制动电阻连接到功率模块的 R1 和 R2 接线端子上。制动电阻的接地直接连接到控制柜的接地母排上即可。

如制动电阻上采用温度监控，则有两种接线方式。温度控制方式 1 的接线如图 13-6 所示，一旦温度监控响应，接触器 KM 的线圈断电，从而切断变频器功率模块的供电电源。温度控制方式 2 的接线如图 13-7 所示，电阻的温控监控触点和变频器的一个数字输入连接到一起，将此端子设置为 OFF2 或者外部故障。

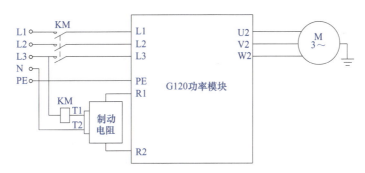

图 13-6 温度控制方式 1

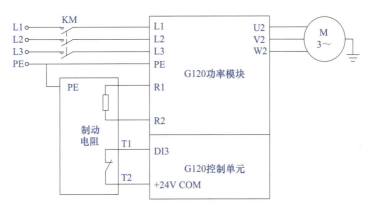

图 13-7 温度控制方式 2

（4）制动电阻的选用

外形尺寸 FSA 至 FSF 的 PM240 功率模块内置制动单元，连接制动电阻即可实现能耗制动。根据现场工艺要求选择制动电阻。采用制动电阻进行能耗制动时，需要禁止最大直流电压控制器：

V/f 控制时 p1280=0；

矢量控制时 p1240=0。

推荐制动电阻的功率是以 5% 的工作停止周期选配。如果实际工作周期大于 5%，需要将功率加大，电阻阻值不变，确保制动电阻和制动单元不被烧毁。制动电阻的推荐选型见表 13-7（部分）。

表 13-7 制动电阻的推荐选型（部分）

变频器功率		G120 PM240 功率单元		制动电阻订货号	阻值 /Ω
kW	hp	订货号 6SL3224-…	尺寸		
0.37	0.5	0BE13-7UA0	FSA	6SE6400-4BD11-0AA0	3900
0.55	0.75	0BE15-5UA0	FSA		
0.75	1.0	0BE17-5UA0	FSA		
1.1	1.5	0BE21-1UA0	FSA		
1.5	2	0BE21-5UA0	FSA		
2.2	3	0BE22-2.A0	FSB	6SL3201-0BE12-0AA0	1600
3.0	4	0BE23-0.A0	FSB		
4.0	5	0BE24-0.A0	FSB		
7.5	10	0BE25-5.A0	FSC	6SE6400-4BD16-5CA0	560
11.0	15	0BE27-5.A0	FSC		

注：1hp=0.746kW。

13.2.3.4 再生反馈制动

前面讲述的三种制动方式，电动机的能量实际是消耗在电动机上或者制动电阻上，实际上是能耗制动，对于大功率的电动机采用能耗制动，将会造成比较大的浪费。而再生反馈制动可以将这部分能量反馈到电网，变频器最多能将 100% 的功率反馈给电网，其好处是提高了能源的利用效率，节约了成本，也节约了控制柜的空间。再生反馈制动适用于有回馈功能的功率单元，如 G120 的 PM250 和 PM260 功率单元。

再生反馈制动适用于电动机需要频繁制动、长时间制动或者长时间发电的场合，如提升机、离心机和卷曲机等。

影响再生反馈制动效果参数见表 13-8。

表 13-8 G120 变频器再生反馈制动的相关参数

参数	具体说明	备注
p0640	电动机电流限幅 在 V/f 控制中，只能通过限制电动机电流，间接限制再生功率 一旦超出限值长达 10s，变频器关闭电动机，输出故障信息 F07806	在 V/f 控制中的再生反馈限制（p1300<20）
p1531	再生功率限制	在矢量控制中的再生反馈限制（p1300≥20）

13.2.4 抱闸功能控制电路

电动机抱闸可以防止电动机静止时意外旋转，也可以在位能性负载中起到提升转矩的作用。变频器内有一个内部逻辑用于控制抱闸。

G120 变频器电磁抱闸制动电路

（1）变频器在 OFF1 和 OFF3 停车时的抱闸逻辑

常用的抱闸逻辑为变频器执行 OFF1/OFF3 停车指令时抱闸，抱闸控制时序如图 13-8 所示。控制过程如下。

① 变频器发出 ON 指令（接通电动机）后，变频器开始对电动机进行励磁。励磁时间（p0346）结束后，变频器发出打开抱闸的指令。

② 此时电动机保持静止，直到延迟 p1216 时间后，抱闸才会实际打开。

③ 抱闸打开延迟时间结束后，电动机开始加速到目标速度。

④ 变频器发出 OFF 指令（OFF1 或 OFF3）后，电动机减速，如果发出 OFF2 指令，抱闸立刻闭合。

⑤ 当前转速低于阈值 p1226，监控时间 p1227 或 p1228 开始计时。

⑥ 一旦其中一个监控时间（p1227 或 p1228）结束，变频器控制抱闸闭合。电动机静止，但仍保持通电状态。

⑦ 在 p1217 时间内抱闸闭合。

⑧ 在 p1217 时间后变频器停止输出。

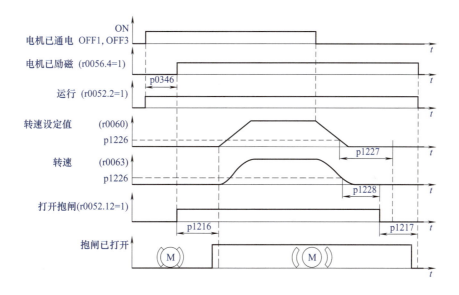

图 13-8 抱闸控制时序图

电动机抱闸相关参数的含义见表 13-9。

表 13-9 G120 变频器电动机抱闸相关参数的含义

序号	参数号	说　明
1	p1215	抱闸功能模式 0：禁止抱闸功能 1：使用西门子抱闸继电器控制 2：抱闸一直打开 3：由 BICO 连接控制（使用控制单元数字量输出控制中间继电器）
2	p1216	电动机抱闸打开时间（该时间应配合抱闸机构打开时间）
3	p1217	电动机抱闸闭合时间（该时间应配合抱闸机构闭合时间）
4	p1351	电动机启动频率

续表

序号	参数号	说　　明
5	p1352	V/f 控制方式时电动机抱闸启动频率的信号源
6	p1475	矢量控制方式时电动机抱闸启动转矩的信号源
7	r0052.12	电动机抱闸打开状态

(2) 抱闸应用实例

【例 13-1】 某 G120 变频器，使用控制单元数字量输出控制中间继电器，在 V/f 控制方式下，使用继电器输出 DO0 作为抱闸控制信号，要求绘制与抱闸相关的接线图、设置重要的参数。

【解】 ① 接线如图 13-9 所示。

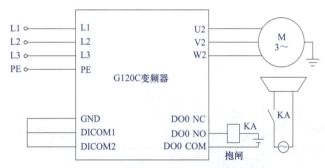

图 13-9　继电器输出 DO0 输出抱闸接线

② 设置抱闸相关的参数，见表 13-10。

表 13-10　G120 变频器电动机抱闸相关参数的设置

序号	参数号	设置值	说　　明
1	p1215	3	抱闸功能模式定义为：由 BICO 连接控制
2	p1216	100	电动机抱闸打开时间（具体时间根据抱闸特性而定）
3	p1217	100	电动机抱闸闭合时间（具体时间根据抱闸特性而定）
4	p1352	1315	将 p1351 作为 V/f 控制方式时电动机抱闸启动频率的信号源
5	p1351	50	电动机启动频率定义为滑差频率的 50%（具体数值根据负载特性而定）
6	p0730	52.12	将继电器输出 DO0 功能定义为抱闸控制信号输出

【例 13-2】 某 G120 变频器，使用西门子抱闸继电器。该抱闸继电器由预制电缆连接到功率模块，提供一个最大容量 440V/3.5A AC、24V/12A DC 的常开触点。要求绘制与抱闸相关的接线图、设置重要的参数。

【解】 ① 接线如图 13-10 所示。

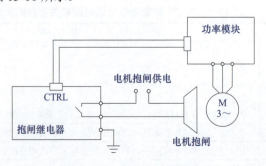

图 13-10　抱闸继电器接线

② 设置抱闸相关的参数，见表 13-11。

表 13-11　G120 变频器电动机抱闸相关参数的设置

序号	参数号	设置值	说　　明
1	p1215	1	抱闸功能模式定义为：使用西门子抱闸继电器控制
2	p1216	100	电动机抱闸打开时间（具体时间根据抱闸特性而定）
3	p1217	100	电动机抱闸闭合时间（具体时间根据抱闸特性而定）
4	p1352	1315	将 p1351 作为 V/f 控制方式时电动机抱闸启动频率的信号源
5	p1351	50	电动机启动频率定义为滑差频率的 50%（具体数值根据负载特性而定）
6	p0730	52.12	将继电器输出 DO0 功能定义为抱闸控制信号输出

（3）电磁抱闸制动实例

【例 13-3】　电磁抱闸制动的电路图如图 13-11 所示，VD1 是整流二极管，为了获得直流电；VD2 是续流二极管，起保护线圈的作用；L 是抱闸线圈；KA2 是抱闸继电器。

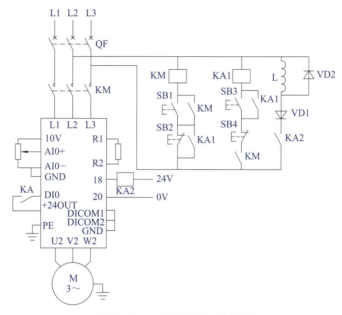

图 13-11　电磁抱闸制动电路图

工作过程分析如下。

① 抱闸控制。制动过程中，当 $f < 0.5\text{Hz}$ 时，输出端子 18 与 20 断开→抱闸继电器线圈失电→机械弹簧将闸片压紧转轴→转子不转动，电动机静止。

② 松闸控制。启动过程中，当 $f > 0.5\text{Hz}$ 时，输出端子 18 与 20 闭合→抱闸继电器线圈得电→电磁力将闸片吸开→转轴自由转动→电动机启动运行。

G120C 变频器参数设置表见表 13-12。

表 13-12　变频器参数

序号	变频器参数	设定值	单位	功能说明
1	p0003	3	—	权限级别
2	p0010	1/0	—	驱动调试参数筛选。先设置为 1，当把 p0015 和电动机相关参数修改完成后，再设置为 0

续表

序号	变频器参数	设定值	单位	功能说明
3	p0015	12	—	驱动设备宏指令
4	p0304	380	V	电动机的额定电压
5	p0305	2.05	A	电动机的额定电流
6	p0307	0.75	kW	电动机的额定功率
7	p0310	50.00	Hz	电动机的额定频率
8	p0311	1440	r/min	电动机的额定转速
9	P756	0	—	模拟量输入类型，0表示电压范围 0～10V
10	p1215	3	—	抱闸功能模式定义为：由 BICO 连接控制
11	p1216	100	ms	电动机抱闸打开时间（具体时间根据抱闸特性而定）
12	p1217	100	ms	电动机抱闸闭合时间（具体时间根据抱闸特性而定）
13	p1352	1315	—	将 p1351 作为 V/F 控制方式时电动机抱闸启动频率的信号源
14	p1351	50	—	电动机启动频率定义为滑差频率的 50%（具体数值根据负载特性而定）
15	p0730	52.12	—	将继电器输出 DO0 功能定义为抱闸控制信号输出

注："—"表示没有单位。

13.3 保护功能及其电路

13.3.1 变频器的温度保护

不考虑环境温度的影响，变频器的温度主要由输出电流在电路中产生的欧姆耗损和随着功率模块的频率上升的开关耗损决定。变频器对功率模块的 I^2t、芯片的温度和散热片的温度都有监控，如果超出一定的范围，则触发报警或者产生故障，以下分别进行介绍。

（1）I^2t 监控

功率模块的 I^2t 监控是根据电流参考值来检查变频器的负载率（相对于额定运行），负载率是相对于额定运行，参数是 r0036。

① 当前电流＞参考值时，当前负载率变大。

② 当前电流≤参考值时，当前负载率变小或者保持为 0。

（2）功率模块芯片温度的监控

A05006 和 F30004 能报告功率器件 IGBT 和散热片之间的温差超出了允许的限制和保护功率器件芯片临界值，监控用于温度不超过给定的阻挡层温度最大值。

（3）散热片监控

A05000 和 F30004 能报告功率模块散热片的温度。但散热片的温度过高，变频器会报告出相应的报警或故障。

变频器的过温阈值和响应由 p0290 和 p0292 决定，见表 13-13。

表 13-13　变频器的过温阈值和响应

序号	参数	描　述
1	p0290	0：降低输出电流或输出频率 1：无降低，达到过载阈值时跳闸 2：降低输出电流或输出频率或脉冲频率（不通过 I^2t） 3：降低脉冲频率（不通过 I^2t）
2	p0292	功率单元的过热报警阈值。该值是和跳闸温度的差值 驱动：在超出阈值时会输出一条过载报警，并执行 p0290 设置的反应 整流单元：在超出阈值时只输出一条过载报警
3	p0294	功率单元的 I^2t 过载报警阈值 在超出阈值时，会输出一条过载报警，并执行 p0290 设置的反应

13.3.2　电动机的温度保护

电动机热保护功能用于监控电动机的温度，在电动机过热时发出报警或者故障信息。电动机的温度可以利用电动机内的传感器检测，也可以不用传感器，而借助于温度模型从电动机运行数据中计算得出。当检测或者计算出临界电动机温度，便立即触发电动机保护措施。

13.3.2.1　通过温度传感器进行保护

为了防止电动机过热损坏电动机，将电动机的温度传感器连接到 G120 变频器的 14 号和 15 号端子上，如图 13-12 所示。G120 变频器可以连接 PTC 传感器、KTY84 传感器和温度开关来保护电动机。以下分别介绍。

（1）PTC 传感器

当电阻大于 1650Ω 时，变频器判定电动机过热，并根据参数 p0610 的设置不同输出相应的报警代码，例如 p0610 设置为 0 时，变频器输出报警 A07910，无故障信息。当电阻小于 20Ω 时，变频器判定电动机温度传感器回路短路，并发出报警信息 A07015。报警持续超过 100ms 时，变频器发出故障信息 F07016 并停车。与传感器相关的报警和故障参数含义见表 13-14。

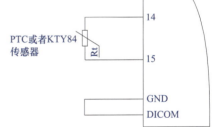

图 13-12　G120 变频器与温度传感器的连接

表 13-14　与传感器相关的报警和故障参数含义

序号	参数	描　述
1	r0035	电动机的当前温度
2	p0601	监控电动机温度的传感器类型 0：无传感器 1：PTC 传感器 2：KTY84 传感器 4：温度开关（接双金属常闭触点）
3	p0604	电动机温度模型 2 或 KTY 中用于监控电动机温度的报警阈值，出厂设置值 130℃ 在超出此报警阈值后会输出报警 A07910，并启动限时元件（p0606） 如果在延迟时间到达后仍未低于报警阈值，就会输出故障 F07011

续表

序号	参数	描述
4	p0605	电动机温度模型 1/2 或 KTY 中用于监控电动机温度的阈值,出厂设置值 145℃ 电动机温度模型 1 (p0612.0 = 1):报警阈值,超出此报警阈值后会输出报警 A07012 电动机温度模型 2 (p0612.1 = 1) 或 KTY:故障阈值,超出此故障阈值后会输出故障 F07011
5	p0610	达到电动机温度报警阈值时的反应,出厂设置值 12 0:无反应,仅报警,不降低最大电流 1:输出报警 A07910,降低最大电流 2:输出报警 A07910,不降低最大电流 12:输出报警 A07910,不降低最大电流,保存温度
6	p0611	I^2t 电动机热模型时间常数 时间常量设定了冷态定子绕组以电动机停机电流(没有设置电动机停机电流时为电动机额定电流)负载加热到持续允许绕组温度的 63% 的时间
7	p0612	激活电动机温度模型 位 00 为 1,激活电动机温度模型 1 (I^2t) 位 01 为 1,激活电动机温度模型 2 位 02 为 1,激活电动机温度模型 3
8	p0615	电动机温度模型 1 (I^2t) 故障阈值 用于监控电动机温度的故障阈值,超出此故障阈值后会输出故障 F07011
9	p0621	重新启动后检测定子电阻 0:无 R_s(定子电阻)检测(出厂设置) 1:在第一次启动后检测 R_s 2:每次启动后检测 R_s
10	p0622	第一次启动后检测 R_s 的电动机励磁时间
11	p0625	电动机环境温度(出厂设置为 20℃)
12	p0640	电动机电流极限值(A)

(2) KTY84 传感器

PTC 传感器是非线性传感器,可以作为开关使用,而 KTY84 传感器是线性传感器,适合长期测量和监视。

变频器连接 KTY84 传感器时,变频器可以检测 -48 ~ 248℃的电动机温度,通过参数 p0604 和 p0605 设定报警阈值和故障阈值温度。

过热报警。当参数 p0610 设置为 0,KTY84 传感器检测到温度高于参数 p0604 设定的温度时,变频器发出过热报警 A07910。

过热故障。当参数 p0610 设置不为 0,KTY84 传感器检测到温度高于参数 p0605 设定的温度时,变频器发出过热故障 F07016。

(3) 温度开关

G120 可以连接双金属片的温度开关,温度开关通常有一对常开触点和常闭触点,当温度上升到一定数值时温度开关动作,即常开触点闭合,常闭触点断开。当电阻大于或等于 100Ω 时,变频器判定温度开关断开,并根据变频器设定的参数 p0610 不同输出相应的报警代码,例如 p0610 设置为 0 时,变频器输出报警 A07910,无故障信息。

13.3.2.2 通过温度模型计算进行保护

变频器根据电动机的热模型计算电动机温度,通过一系列参数计算出电动机的温度,部分参数见表 13-14。

13.3.2.3 电动机的维护报警

在新一代 G120 的控制单元中,增加了电动机的维护报警。在电动机运行一段时间后,提示用户对电动机进行维护,电动机的维护报警相关参数见表 13-15。

表 13-15 电动机的维护报警参数含义

序号	参数	描述
1	p0650	当前电动机运行小时数
2	p0651	电动机维修间隔(h)

13.3.3 电动机的过流保护

在矢量控制中,可以通过转矩限幅的方法将电动机的电流始终限制到转矩限定的范围内。但使用 V/f 控制,无法设置转矩限值。V/f 控制可以通过限值输出频率和电动机的输出电压防止电动机过载,即使用 I_{max} 控制器。

I_{max} 控制器的工作原理为:当变频器检测到电动机的电流过大时,会激活 I_{max} 控制器用于抑制输出频率和电动机电压。

如果在加速时电动机的电流达到极限值,I_{max} 控制器会延长加速时间。

如果稳定运行时电动机的负载过大,即电动机的电流达到极限值,I_{max} 控制器会降低转速,并降低电动机电压,直到电动机电流降至允许的范围内。

如果在减速时电动机的电流达到极限值,I_{max} 控制器会延长减速时间。

I_{max} 控制器的参数含义见表 13-16。

表 13-16 I_{max} 控制器的参数含义

序号	参数	描述
1	p0305	电动机的额定电流(A)
2	p0640	电动机电流极限值(A)
3	p1340	I_{max} 控制器比例增益,用于降低转速
4	p1341	I_{max} 控制器设置积分时间参数,用于降低转速
5	r0056.13	I_{max} 控制器的激活状态
6	r1343	I_{max} 控制器频率输出

13.3.4 报警及保护控制电路

(1) 报警及保护控制电路的作用

① 当变频器出现故障时,变频器输出报警信号。

② 出现过载等问题时,变频器应停止输出。

(2) 工作原理

报警及保护控制电路如图 13-13 所示。

工作过程分析如下。

① 变频器的 19、20 端子是总报警输出,当出现报警时,其常开触头闭合,外电路接有电铃 HA、指示灯 HL1,发出声光报警。

② 23 和 25 是变频器的故障输出端子,设定为"运行中,常闭接点控制",当变频器运行时,该端子呈导通状态,KA 得电,常开触头闭合,HL2 发光指示,说明变频器处于运行

G120 变频器报警
及保护控制电路

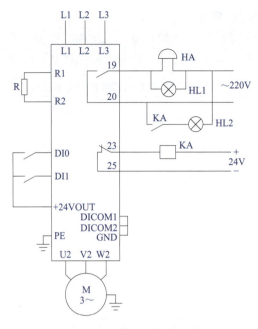

图 13-13　报警及保护控制电路

状态；当变频器停止输出时，23 和 25 的常闭触点断开，KA 失电，KA 常开触头断开，HL2 熄灭，说明变频器处于停止工作状态。

G120 变频器参数设置见表 13-17。

表 13-17　变频器参数

序号	变频器参数	设定值	单位	功 能 说 明
1	p0003	3	—	权限级别
2	p0010	1/0	—	驱动调试参数筛选。先设置为 1，当把 p0015 和电动机相关参数修改完成后，设置为 0
3	p0015	2	—	驱动设备宏指令
4	p0304	380	V	电动机的额定电压
5	p0305	2.05	A	电动机的额定电流
6	p0307	0.75	kW	电动机的额定功率
7	p0310	50.00	Hz	电动机的额定频率
8	p0311	1440	r/min	电动机的额定转速
9	p1001	180	r/min	固定转速 1
10	p1002	180	r/min	固定转速 2
11	p1070	1024	—	固定设定值作为主设定值
12	p0730	52.7	—	变频器报警，从 DO0 输出
13	p0732	52.3	—	变频器故障，从 DO2 输出

13.4　工频 - 变频切换控制电路

工频 - 变频切换是指将工频下运行的电动机（电动机接 50Hz 电

G120 变频器的工频 - 变频切换控制电路

源），通过旋转开关切换到变频器控制运行，或相反的切换。本节的内容包含继电器控制的变频/工频自动切换和 PLC 控制的变频/工频自动切换。

工频 - 变频切换的应用场合主要有：

① 投入运行后就不允许停机的设备。变频器一旦出现跳闸停机，应马上将电动机切换到工频电源；

② 应用变频器拖动是为了节能的负载。如果变频器达到满载输出时，也应将变频器切换到工频运行。

继电器控制的切换电路如图 13-14 所示。

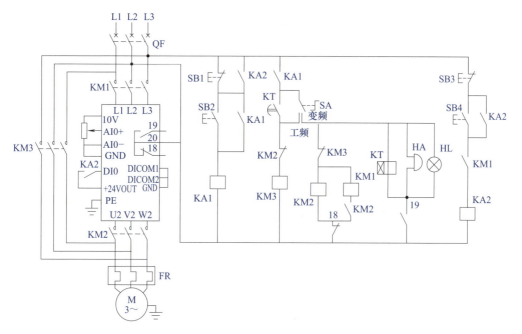

图 13-14　继电器控制的切换电路

切换控制电路的工作过程分析如下。

（1）工频运行

SB1 为断电按钮，SB2 为通电按钮，KA1 为上电控制继电器，当压下 SB2 按钮时，KA1 线圈得电自锁，KA1 常开触头闭合。SA 为变频、工频切换旋转开关，KM3 为工频运行接触器。当 KA1 常开触头闭合时，SA 切到工频位置，KM3 线圈得电，KM3 吸合，电动机由工频供电。

（2）变频运行

SB3 为变频器停止按钮，SB4 为变频器启动按钮，KM1、KM2 为变频运行接触器。当 KA1 常开触头闭合时，SA 切到变频位置，KM3 线圈断电，KM3 的主触头断开，KM1、KM2 得电吸合，电动机由变频器控制。按下 SB4，KA2 得电吸合，变频器控制电动机启动。

（3）故障保护及切换

① 当变频器正常工作时，变频器的 18、20 常闭触头闭合，19、20 常开触头断开，报警电路不工作。

② 变频器出现故障时，18、20 常闭触头断开，KM1、KM2 失电断开，变频器与电源

及电动机断开。同时，19、20 常开触头闭合，电铃 HA、电灯 HL 通电，产生声光报警。时间继电器 KT 线圈通电，经过延时后使 KM3 得电吸合，电动机切换为由工频供电。操作人员发现报警后将 SA 开关旋转到工频运行位置，声光报警停止，时间继电器断电。

G120 变频器参数设置见表 13-18。

表 13-18 变频器参数

序号	变频器参数	设定值	单位	功能说明
1	p0003	3	—	权限级别
2	p0010	1/0	—	驱动调试参数筛选。先设置为 1，当把 p0015 和电动机相关参数修改完成后，再设置为 0
3	p0015	12	—	驱动设备宏指令
4	p0304	380	V	电动机的额定电压
5	p0305	2.05	A	电动机的额定电流
6	p0307	0.75	kW	电动机的额定功率
7	p0310	50.00	Hz	电动机的额定频率
8	p0311	1440	r/min	电动机的额定转速
9	P756	0	—	模拟量输入类型，0 表示电压范围 0～10V
10	p1215	3	—	抱闸功能模式定义为：由 BICO 连接控制
11	p1216	100	ms	电动机抱闸打开时间（具体时间根据抱闸特性而定）
12	p1217	100	ms	电动机抱闸闭合时间（具体时间根据抱闸特性而定）
13	p1352	1315	—	将 p1351 作为 V/f 控制方式时电动机抱闸启动频率的信号源
14	p1351	50	—	电动机启动频率定义为滑差频率的 50%（具体数值根据负载特性而定）
15	p0730	52.3	—	将继电器输出 DO0 功能定义为变频器故障

第 14 章

G120 变频器的参数设置与调试

变频器的参数设置主要有操作面板设置和 PC（安装有专用软件）设置两大类方法。操作面板设置，方法简单，对于简单应用方便快捷。安装有专业软件（如 Starter）的 PC 设置，功能强大。对于较为复杂的应用则应优先选用后者。

14.1 G120 变频器的参数设置与调试软件简介

G120 变频器在标准供货方式时装有状态显示板（SDP），状态显示板的内部没有任何电路，因此要对变频器进行调试，通常采用基本操作面板（BOP-2）、智能操作面板（IOP）和计算机（PC）等方法进行调试。基本操作面板（BOP-2）和智能操作面板（IOP）是可选件，需要单独订货。使用计算机调试时，计算机中需要安装 Starter、Drive Monitor、StartDrive、Technology 或者 SCOUT 等软件。

Starter 软件易学易用，使用较为广泛，无须购买授权，可在西门子官网上免费下载，Starter 软件可以用于调试 G120 变频器。

StartDrive 软件可以单独安装，也可以作为组件安装在 TIA Portal 软件中，其功能仍然在完善中。StartDrive 软件无须购买授权，可在西门子官网上免费下载。

Technology 软件是一个插件包，此插件安装在经典 STEP 7 中，其运行界面与使用方法与 Starter 软件非常相似，此插件包需要购买授权。如果 TIA Portal 软件中安装了 StartDrive 软件，则 TIA Portal 软件具备 Technology 软件的功能。

SCOUT 软件功能强大，包含 Starter 软件，需要购买授权。

14.2 用 TIA Portal 软件对 G120 变频器设置参数和调试

用 TIA Portal 软件设置 G120 变频器的参数

TIA Portal 软件是西门子推出的，面向工业自动化领域的新一代工程软件平台，主要包括三个部分。

① SIMATIC STEP 7：用于组态 SIMATIC S7-1200、S7-1500、S7-300/400 和 WinAC 控

制器系列的工程组态软件。

② SIMATIC WinCC：使用 WinCC Runtime Advanced 或 SCADA 系统 WinCC Runtime Professional 可视化软件，组态 SIMATIC 面板、SIMATIC 工业 PC 以及标准 PC 的工程组态软件。

③ SINAMICS StartDrive：可以独立安装，也可以集成安装到 TIA Portal 中，TIA Portal 中必须安装 SINAMICS StartDrive 软件才能设置变频器的参数。

当控制系统使用的变频器数量较大，且很多参数相同时，使用 PC 进行变频器调试，可以大大地节省调试时间，提高工作效率。以下用一个例子，介绍用 TIA Portal 设置参数并调试 G120 变频器。

【例 14-1】 某设备上有一台 G120 变频器，要求：对变频器进行参数设置，并使用 TIA Portal 上的调试面板对电动机进行启停控制。

【解】

（1）软硬件配置

① 1 套 TIA Portal V15.1（含 SINAMICS StartDrive）。

② 1 台 G120C 变频器。

③ 1 根 USB 线。

④ 1 台电动机。

在调试 G120 变频器之前，先把计算机和 G120 变频器连接。

（2）具体调试过程

① 打开 TIA Portal 软件的参数视图　打开 TIA Portal 软件，双击项目树中的"更新可访问的设备"（标记"①"处），再单击项目树中的"参数"（标记"②"处），单击"所有参数"（标记"③"处），选中"参数视图"（标记"④"处）。参数 p15 栏目中有锁形标记，表示此参数不能修改已经被锁定，如图 14-1 所示。

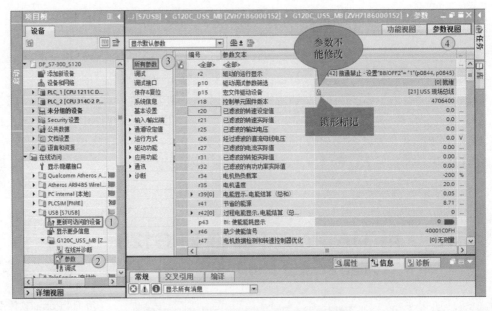

图 14-1　打开 TIA Portal 软件的参数视图

② 设置参数 p15　本例需要将 p15=21 设置成 18，由于 p15 已经锁定，所以必须先将

p10 设置为 1，再将 p15 设置为 18，如图 14-2 所示，最后将 p10 设置为 0，要变频器处于运行状态，p10 设置为 0。

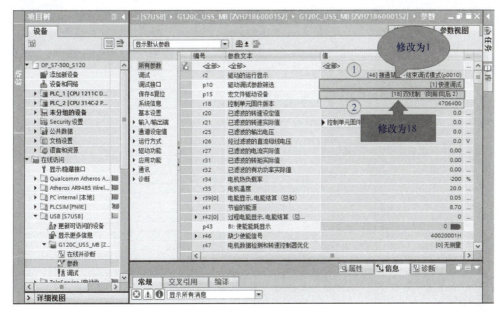

图 14-2 设置参数 p15

③ 保存设置的参数 已经设置的参数如不保存，断电后修改值会丢失，必须要保存设置。保存设置的参数方法如下：

单击项目树中的"调试"（标记"①"处），再单击"保存/复位"（标记"②"处）选项，最后单击"保存"按钮，如图 14-3 所示。

用 Starter 软件设置 G120 变频器的参数

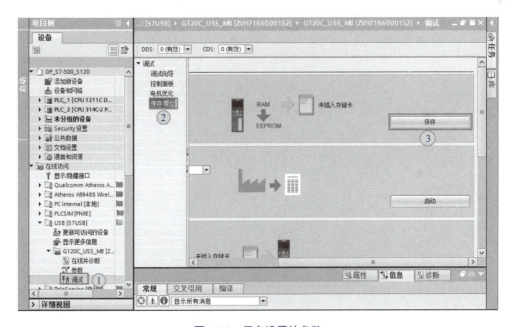

图 14-3 保存设置的参数

311

④ 虚拟控制面板调试　TIA Portal 中有调试功能，且有虚拟调试面板，可以很方便地对电动机进行调试。

单击项目树中的"调试"（标记"①"处），再单击"控制面板"（标记"②"处）选项，最后单击"激活"（标记"③"处）按钮，如图 14-4 所示，如变频器已经激活，则此按钮变为"取消激活"按钮。之后弹出如图 14-5 所示的界面，单击"应用"按钮即可。

用 TIA Portal 软件调试 G120 变频器

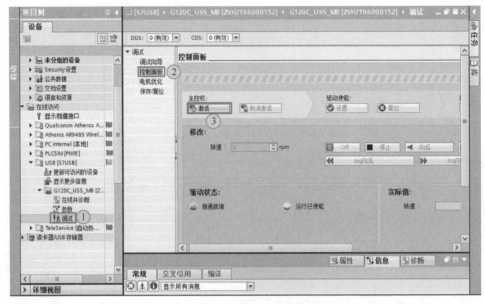

图 14-4　打开控制面板

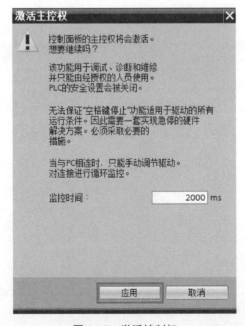

图 14-5　激活控制权

在图 14-6 所示的界面中，输入转速"100"（标记"①"处），单击"向后"（标记"②"

处）按钮变频器启动，电动机反向运行。单击"停止"按钮，电动机停止运行。

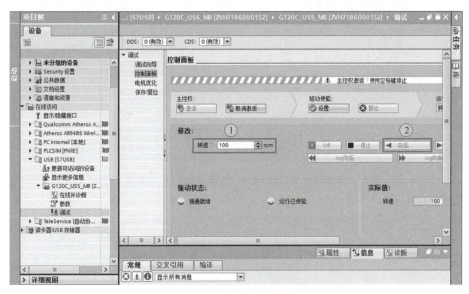

图 14-6　调试变频器器

14.3　用软件设置 G120 变频器的 IP 地址

（1）常见的设置 G120 变频器的 IP 地址的软件有 4 种。
① TIA Portal，含 SIMATIC STEP 7、SIMATIC WinCC 和 SIMATIC StartDrive。
② 经典 SIMATIC STEP 7，主要用于组态 S7-300/400，但要安装插件 Technology。
③ Starter，SINAMICS 传动系统的调试工具。
④ Proneta，用于配置 Profinet 网络参数。
（2）用 TIA Portal 设置 G120 的 IP 地址

打开 TIA Portal 软件，在项目树中双击"更新可访问的设备"（标记"①"处），单击"在线并诊断"（标记"②"处）→"分配 IP 地址"（标记"③"处），在标记"④"处，输入 IP 地址和子网掩码，然后单击"分配 IP 地址"（标记"⑤"处）按钮，即可分配成功 IP 地址，如图 14-7 所示。

用 TIA Portal 软件设置 G120 变频器的 IP 地址

如果项目中的"可访问的设备"的右侧是 IP 地址，则有可能分配新的 IP 不成功，只需要恢复出厂值后，再重新分配 IP 地址即可。

（3）用 Starter 设置 G120 的 IP 地址

打开 Starter 软件，在工具栏中，单击"可访问节点"（标记"①"处）按钮 ，当 Starter 软件与 G120 连接上时弹出标记"②"处的设备，选中需要修改 IP 地址的设备，单击鼠标右键，弹出快捷菜单，单击"编辑以太网节点"（标记"③"处）选项，如图 14-8 所示，弹出如 14-9 所示的界面。在"IP address"（IP 地址）的右侧输

用 Starter 软件设置 G120 变频器的 IP 地址

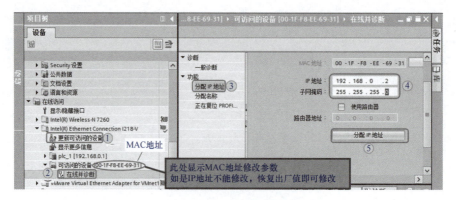

图 14-7 用 TIA Portal 设置 G120 的 IP 地址

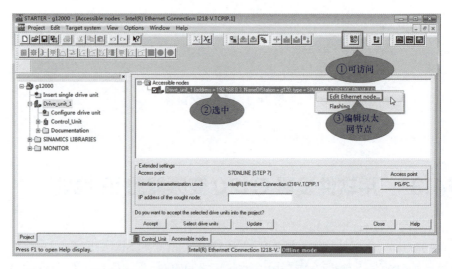

图 14-8 用 Starter 设置 G120 的 IP 地址（1）

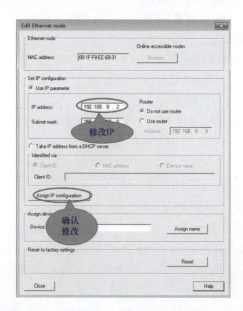

图 14-9 用 Starter 设置 G120 的 IP 地址（2）

入所需的 IP 地址，再单击"Assign IP configuration"（分配 IP 地址），完成分配 IP 地址。在此界面中，也可以分配变频器的名称。

（4）用 Pronata 设置 G120 的 IP 地址

打开 Pronata 软件，如图 14-10 所示，选中"Online"（在线）（标记"①"处）选项卡，再双击"CU240"（标记"②"处）（IP 地址为 192.168.0.18），弹出如图 14-11 的界面，选中"IP configuration"（IP 地址）选项，输入新的 IP 地址，然后单击"Set"（设置）按钮，完成分配 IP 地址。

用 Pronata 软件设置 G120 变频器的 IP 地址

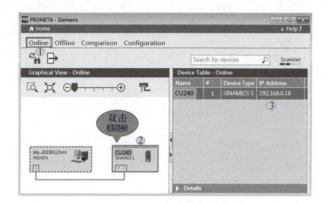

图 14-10　用 Pronata 设置 G120 的 IP 地址（1）

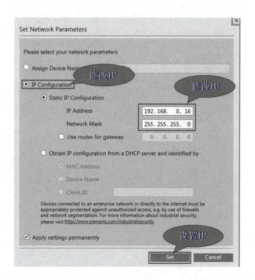

图 14-11　用 Pronata 设置 G120 的 IP 地址（2）

第4篇

步进驱动与伺服驱动系统

第15章

步进驱动系统原理及工程应用

步进驱动系统包含步进电动机和步进驱动器（步进驱动电源）。步进电动机（stepping motor）是把电脉冲信号变换成角位移以控制转子转动的微特电动机。在自动控制装置中作为执行元件。每输入一个脉冲信号，步进电动机前进一步，故又称脉冲电动机。

步进电动机的驱动电源由变频脉冲信号源、脉冲分配器及脉冲放大器组成，由此驱动电源向电动机绕组提供脉冲电流。步进电动机的运行取决于电动机与驱动电源间的良好配合。

步进驱动系统多用于数字式计算机的外部设备，以及打印机、绘图机和磁盘等装置。

15.1 步进驱动系统的结构和工作原理

15.1.1 步进电动机简介

步进电动机是一种将电脉冲转化为角位移的执行机构，是一种专门用于速度和位置精确控制的特种电动机，它旋转是以固定的角度（称为步距角）一步一步运行的，故称步进电动机。一般电动机是连续旋转的，而步进电动机的转动是一步一步进行的。每输入一个脉冲电信号，步进电动机就转动一个角度。通过改变脉冲频率和数量，即可实现调速和控制转动的角位移大小，具有较高的定位精度，其最小步距角可达 0.75°，转动、停止、反转反应灵敏、可靠。在开环数控系统中得到了广泛的应用。步进电动机的外形如图 15-1 所示。

图 15-1 步进电动机外形

（1）步进电动机的分类

步进电动机可分为永磁式步进电动机、反应式步进电动机和混合式步进电动机。

(2) 步进电动机的重要参数

① 步距角 它表示控制系统每发一个步进脉冲信号,步进电动机所转动的角度。步进电动机出厂时给出了一个步距角的值,这个步距角可以称之为"步进电动机固有步距角",它不一定是步进电动机实际工作时的真正步距角,真正的步距角和驱动器有关。步距角满足如下公式:

$$\beta = 360°/(ZKm)$$

式中,Z 为转子齿数;m 为定子绕组相数;K 为通电系数,当前后通电相数一致时 $K=1$,否则 $K=2$。

由此可见,步进电动机的转子齿数 Z 和定子绕组相数(或运行拍数)愈多,则步距角愈小,控制越精确。

② 相数 步进电动机的相数是指电动机内部的线圈组数,或者说产生不同对极 N、S 磁场的励磁线圈对数。常用 m 表示。目前常用的有二相、三相、四相、五相、六相和八相等步进电动机。电动机相数不同,其步距角也不同,一般二相电动机的步距角为 0.9°/1.8°,三相的为 0.75°/1.5°,五相的为 0.36°/0.72°。在没有细分驱动器时,用户主要靠选择不同相数的步进电动机来满足自己对步距角的要求。如果使用细分驱动器,则"相数"将变得没有意义,用户只需在驱动器上改变细分数,就可以改变步距角。

③ 拍数 完成一个磁场周期性变化所需脉冲数或导电状态用 n 表示,或指电动机转过一个齿距角所需脉冲数,以四相电动机为例,有四相四拍运行方式即 AB-BC-CD-DA-AB,四相八拍运行方式即 A-AB-B-BC-C-CD-D-DA-A。步距角对应一个脉冲信号,电动机转子转过的角位移用 θ 表示。$\theta=360°$(转子齿数 × 运行拍数),以常规二、四相,转子齿数为 50 齿电动机为例。四拍运行时步距角 $\theta=360°/(50\times4)=1.8°$(俗称整步),八拍运行时步距角 $\theta=360°/(50\times8)=0.9°$(俗称半步)。

④ 保持转矩(holding torque) 保持转矩是指步进电动机通电但没有转动时,定子锁住转子的力矩。它是步进电动机最重要的参数之一,通常步进电动机在低速时的力矩接近保持转矩。由于步进电动机的输出力矩随速度的增大而不断衰减,输出功率也随速度的增大而变化,所以保持转矩就成为了衡量步进电动机的最重要的参数之一。比如,当人们说 2N·m 的步进电动机,在没有特殊说明的情况下是指保持转矩为 2N·m 的步进电动机。

⑤ 钳制转矩(detent torque) 钳制转矩是指步进电动机在没有通电的情况下,定子锁住转子的力矩。由于反应式步进电动机的转子不是永磁材料,所以它没有钳制转矩。

⑥ 失步 电动机运转时运转的步数,不等于理论上的步数。

⑦ 失调角 转子齿轴线偏移定子齿轴线的角度,电动机运转必存在失调角。由失调角产生的误差,采用细分驱动是不能解决的。

⑧ 运行矩频特性 电动机在某种测试条件下测得运行中输出力矩与频率关系的曲线。

(3) 步进电动机主要特点

步进电动机主要有以下特点。

① 一般步进电动机的精度为步进角的 3%~5%,且不累积。

② 步进电动机外表允许的最高温度取决于不同电动机磁性材料的退磁点。步进电动机温度过高时,会使电动机的磁性材料退磁,从而导致力矩下降乃至失步,因此电动机外表允许的最高温度应取决于不同电动机磁性材料的退磁点。一般来讲,磁性材料的退磁点都在 130℃以上,有的甚至达到 200℃以上,所以步进电动机外表温度在 80~90℃完全正常。

③ 步进电动机的力矩会随转速的升高而下降。当步进电动机转动时，电动机各相绕组的电感将形成一个反向电动势，频率越高，反向电动势越大。在它的作用下，电动机随频率（或速度）的增大而相电流减小，从而导致力矩下降。步进电动机的矩频特性曲线如图15-2所示。

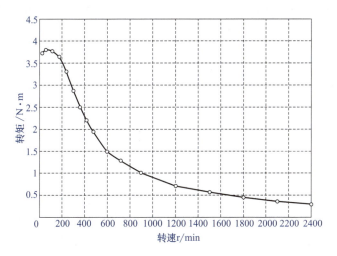

图 15-2　步进电动机的矩频特性曲线

④ 步进电动机低速时可以正常运转，但若高于一定速度就无法启动，并伴有啸叫声。步进电动机有一个技术参数空载启动频率，即步进电动机在空载情况下能够正常启动的脉冲频率，如果脉冲频率高于该值，电动机不能正常启动，可能发生丢步或堵转。步进电动机的起步速度一般在 10～100r/min，伺服电动机的起步速度一般在 100～300r/min。根据电动机大小和负载情况而定，大电动机一般对应较低的起步速度。

在有负载的情况下，启动频率应更低。如果要使电动机达到高速转动，脉冲频率应该有加速过程，即启动频率较低，然后按一定加速度升到所希望的高频（电动机转速从低速升到高速）。

⑤ 低频振动特性　步进电动机以连续的步距状态边移动边重复运转。其步距状态的移动会产生 1 步距响应。电动机驱动电压越高，电动机电流越大，负载越轻，电动机体积越小，则共振区向上偏移，反之亦然。步进电动机低速转动时振动和噪声大是其固有的缺点，克服两相混合式步进电动机在低速运转时的振动和噪声，可采取如下方法：

a. 通过改变减速比等机械传动避开共振区；
b. 采用带有细分功能的驱动器；
c. 换成步距角更小的步进电动机；
d. 选用电感较大的电动机；
e. 换成交流伺服电动机，几乎可以完全克服振动和噪声，但成本高；
f. 采用小电流、低电压来驱动；
g. 在电动机轴上加磁性阻尼器。

⑥ 中高频稳定性　电动机的固有频率估算值：

$$f_0 = \frac{1}{2\pi}\sqrt{\frac{Z_r T_k}{J}}$$

式中，Z_r 为转子齿数；T_k 为电动机负载转矩；J 为转子转动惯量。

(4) 步进电动机的细分

步进电动机的细分控制，从本质上讲是通过对步进电动机的励磁绕组中电流的控制，使步进电动机内部的合成磁场为均匀的圆形旋转磁场，从而实现步进电动机步距角的细分。

一般步进电动机的细分为 1、2、4、5、8、10、16、20、32、40、64、128 和 256 等，通常细分数不超过 256。例如当步进电动机的步距角为 1.8°，那么当细分为 2 时，步进电动机收到一个脉冲，只转动 1.8°/2=0.9°，可见控制精度提高了 1 倍。细分数选择要合理，并非细分越大越好，要根据实际情况而定。细分数一般在步进驱动器上通过拨钮设定。

采用细分驱动技术可以大大提高步进电动机的步矩分辨率，减小转矩波动，避免低频共振及降低运行噪声。

(5) 步进电动机在工业控制领域的主要应用情况介绍

步进电动机作为执行元件，是机电一体化的关键产品之一，广泛应用在各种家电产品中，例如打印机、磁盘驱动器、玩具、雨刷、振动寻呼机、机械手臂和录像机等。另外步进电动机也广泛应用于各种工业自动化系统中。由于通过控制脉冲个数可以很方便地控制步进电动机转过的角位移，且步进电动机的误差不积累，可以达到准确定位的目的。还可以通过控制频率很方便地改变步进电动机的转速和加速度，达到任意调速的目的，因此步进电动机可以广泛应用于各种开环控制系统中。

(6) 步进电动机的历史

德国百格拉公司于 1973 年发明了五相混合式步进电动机及其驱动器，1993 年又推出了性能更加优越的三相混合式步进电动机。我国在 20 世纪 80 年代以前，一直是反应式步进电动机占统治地位，混合式步进电动机是在 20 世纪 80 年代后期才开始发展的。

15.1.2 步进电动机的结构和工作原理

(1) 步进电动机的构造

步进电动机由转子（转子铁芯、永磁体、转轴、滚珠轴承）、定子（绕组、定子铁芯）、前后端盖等组成。最典型两相混合式步进电动机的定子有 8 个大齿，40 个小齿，转子有 50 个小齿；三相步进电动机的定子有 9 个大齿，45 个小齿，转子有 50 个小齿。步进电动机的结构如图 15-3 所示。步进电动机的定子如图 15-4 所示，步进电动机的转子如图 15-5 所示。

步进电动机的机座号主要有 35、39、42、57、86 和 110 等。

(2) 步进电动机的工作原理

图 15-6 是步进电动机的原理图，假设转子只有 2 个齿，而定子只有 4 个齿。当给 A 相通电时，定子上产生一个磁场，磁场的 S 极在上方，而转子是永久磁铁，转子磁场的 N 极在上方，如图所示，由于定子

步进电动机的
工作原理

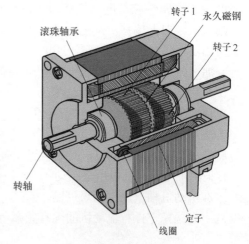

图 15-3 步进电动机的结构

图 15-4　步进电动机的定子　　　　　图 15-5　步进电动机的转子

A 齿和转子的 1 齿对齐，所以定子 S 极和转子的 N 极相吸引（同理定子 N 极和转子的 S 极也相吸引），因此转子没有切向力，转子静止。接着 A 相绕组断电，定子的 A 相磁场消失，给 B 相绕组通电时，B 相绕组产生的磁场将转子的位置吸引到 B 相的位置，因此转子齿偏离定子齿一个角度，也就是带动转子转动。

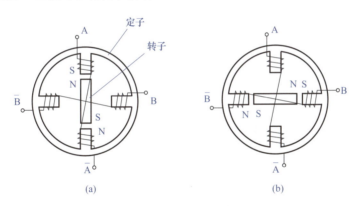

图 15-6　步进电动机的原理图

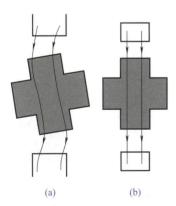

图 15-7　步进电动机的原理图

而实际使用的步进电动机，定子的齿数在 40 个以上，而转子的齿数在 50 个以上，定子的齿数和转子的齿数不相等，这就产生了错齿现象。错齿直接造成磁力线扭曲，如图 15-7（a）所示，由于定子的励磁磁通力图沿磁阻最小路径通过，因此对转子产生电磁吸力，迫使转子齿转动，当转子转到与定子齿对齐位置时［如图 15-7（b）所示］，因转子只受径向力而无切线力作用，故转矩为零，转子被锁定在这个位置上。

由此可见错齿是促使步进电动机旋转的根本原因。

（3）步进电动机的通电方式

步进电动机的正反转控制，实际上是通过改变通电顺序实现的，下面以三相步进电动机为例说明正反转的实现原理。

① 单相通电方式。"单"指每次切换前后只有一相绕组

通电。

正转：A→B→C→A 时，转子按顺时针方向一步一步转动，参考图 15-6。

反转：A→C→B→A 时，转子按逆时针方向一步一步转动。

② 双拍工作方式。"双"是指每次有两相绕组通电。

正转：AB→BC→CA→AB。

反转：AC→CB→BA→AC。

③ 单、双拍工作方式。即两种通电方式的组合应用

正转：A→AB→B→BC→C→CA→A。

反转：A→AC→C→CB→B→BA→A。

当定子控制绕组按着一定顺序不断地轮流通电时，步进电动机就持续不断地旋转。如果电脉冲的频率为 f(Hz)，步距角用弧度表示，则步进电动机的转速为：

$$n = 60\frac{\beta f}{2\pi} = 60\frac{\frac{2\pi}{KmZ}f}{2\pi} = \frac{60}{KmZ}f$$

式中，Z 为转子齿数；m 为定子绕组相数；K 为通电系数，当前后通电相数一致时 $K=1$，否则 $K=2$；f 是电脉冲的频率。

【关键点】 步进电动机的转速计算很重要，请读者务必注意。

【例 15-1】 若二相步进电动机的转子齿数是 100，则其单拍运行时、双拍运行时的步距角是多少？

【解】

单拍运行时：$\beta = \frac{360°}{ZKm} = \frac{360°}{100 \times 1 \times 2} = 1.8°$

双拍运行时：$\beta = \frac{360°}{ZKm} = \frac{360°}{100 \times 2 \times 2} = 0.9°$

【例 15-2】 若五相步进电动机的转子齿数是 100，则双拍运行，脉冲频率是 5000Hz 时，电动机运转速度是多少？

【解】

$$n = \frac{60}{KmZ}f = \frac{60}{2 \times 5 \times 100} \times 5000 = 300(\text{r}/\text{min})$$

15.1.3 步进驱动器工作原理

15.1.3.1 步进驱动器简介

步进驱动器的外形如图 15-8 所示。步进驱动器是一种能使步进电动机运转的功率放大器，能把控制器发来的脉冲信号转化为步进电动机的角位移，电动机的转速与脉冲频率成正比，所以控制脉冲频率可以精确调速，控制脉冲数就可以精确定位。一个完整的步进驱动系统如图 15-9 所示。控制器（通

步进驱动器的工作原理

常是 PLC）发出脉冲信号和方向信号，步进驱动器接收这些信号，先进行环形分配和细分，然后进行功率放大，变成安培级的脉冲信号发送到步进电动机，从而控制步进电动机的速度和位移。可见步进驱动器最重要的功能是环形分配和功率放大。

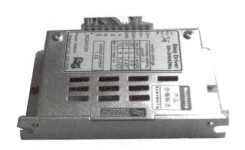

图 15-8　步进驱动器外形

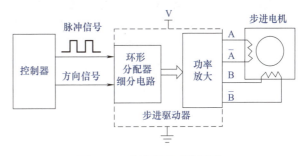

图 15-9　步进驱动系统框图

15.1.3.2　步进驱动器电路

（1）步进驱动器电路的组成

步进驱动器的电路由五部分组成，分别是脉冲混合电路、加减脉冲分配电路、加减速电路、环形分配器和功率放大器，电路组成如图 15-10 所示。

图 15-10　步进驱动器的电路组成

① 脉冲混合电路　将脉冲进给、手动进给、手动回原点、误差补偿等混合为正向或负向脉冲进给信号。

② 加减脉冲分配电路　将同时存在的正向或负向脉冲合成为单一方向的进给脉冲。

③ 加减速电路　将单一方向的进给脉冲调整为符合步进电动机加减速特性的脉冲，频率的变化要平稳，加减速具有一定的时间常数。

④ 环形分配器　将来自加减速电路的一系列进给脉冲转换成控制步进电动机定子绕组通、断电的电平信号，电平信号状态的改变次数及顺序与进给脉冲的个数及方向对应。

⑤ 功率放大器　将环形分配器输出的毫安级电流进行功率放大，一般由前置放大器和功率放大器组成。

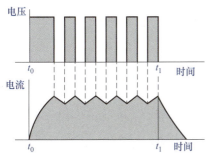

图 15-11　恒流斩波驱动的电压与电流的对应关系

（2）步进电动机的驱动

步进电动机的驱动分为以下几种形式。

① 恒流驱动　恒流驱动的基本思想是通过控制主电路中 MOSFET 的导通时间，即调节 MOSFET 触发信号的脉冲宽度，来达到控制输出驱动电压进而控制电动机绕组电流的目的。恒流斩波驱动的电压与电流的对应关系如图 15-11 所示。

② 微步驱动　微步驱动技术是一种电流波形控制技术。其基本思想是控制每相绕组电流的波形，

使其阶梯上升或下降，即在 0 和最大值之间给出多个稳定的中间状态，定子磁场的旋转过程中也就有了多个稳定的中间状态，对应于电动机转子旋转的步数增多、步距角减小。

此外，还有单极性驱动和双极性驱动。

15.1.3.3 电压和电流与转速、转矩的关系

步进电动机一定时，供给驱动器的电压值对电动机性能影响大，电压越高，步进电动机能产生的力矩越大，越有利于需要高速应用的场合，但电动机的发热随着电压、电流的增加而加大，所以要注意电动机的温度不能超过最大限值。

一个可供参考的经验值：步进电动机驱动器的输入电压一般设定在步进电动机额定电压的 3～25 倍。通常，57 机座电动机采用直流 24～48V，86 机座电动机采用直流 36～70V，110 机座电动机采用高于直流 80V。

对变压器降压，然后整流、滤波得到的直流电源，其滤波电容的容量可按以下工程经验公式选取：

$$C=(8000 \times I)/U$$

式中，I 为绕组电流，A；U 为直流电源电压，V。

15.2 步进驱动系统的应用

15.2.1 PLC 对步进驱动系统的速度控制

步进驱动系统常用于速度控制和位置控制。速度控制比较简单，改变步进驱动系统的转速，与 PLC 发出脉冲频率成正比，这是步进驱动系统的调速原理，以下用一个例子介绍 PLC 对步进驱动系统的速度控制。

【例 15-3】 某设备上有一套步进驱动系统，步进电动机的步距角为 1.8°，丝杠螺距为 5mm。控制要求为：当压下 SB1 按钮，以 100mm/s 速度正向移动；当压下 SB2 按钮，以 100mm/s 速度反向移动；当压下停止按钮 SB3，停止运行。请设计原理图和控制程序。

【解】

（1）主要软硬件配置

① 1 套 TIA Portal V15.1。

② 1 台步进电动机，型号为 17HS111。

③ 1 台步进驱动器，型号为 SH-2H042Ma。

④ 1 台 CPU 1211C。

原理图如图 15-12 所示。

（2）硬件组态

① 新建项目，添加 CPU。打开 TIA 博途软件，新建项目"MotionControl"，单击项目树中的"添加新设备"选项，添加"CPU 1211C"，如图 15-13 所示。

② 启用脉冲发生器。在设备视图中，选中"属性"→"常规"→"脉冲发生器（PTO/PWM）"→"PTO1/PWM1"，勾选"启用该脉冲发生器"选项，如图 15-14 所示，表示启用了"PTO1/PWM1"脉冲发生器。

第 15 章 步进驱动系统原理及工程应用

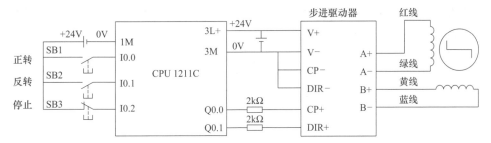

图 15-12 原理图

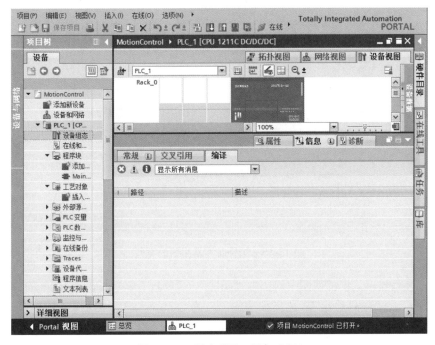

图 15-13 新建项目，添加 CPU

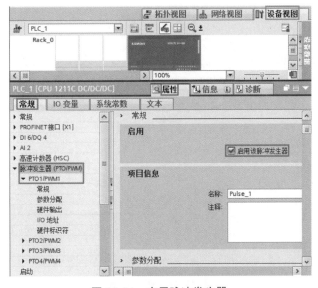

图 15-14 启用脉冲发生器

③选择脉冲发生器的类型。设备视图中，选中"属性"→"常规"→"脉冲发生器（PTO/PWM）"→"PTO1/PWM1"→"参数分配"，选择信号类型为"PTO（脉冲 A 和方向 B）"，如图 15-15 所示。

信号类型有 5 个选项，分别是：PWM、PTO（脉冲 A 和方向 B）、PTO（正数 A 和倒数 B）、PTO（A/B 移相）和 PTO（A/B 移相 - 四倍频）。

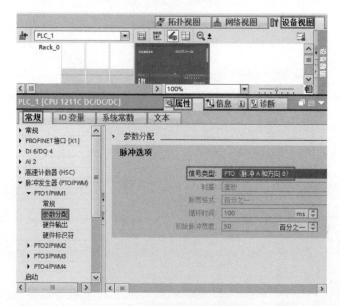

图 15-15　选择脉冲发生器的类型

④ 组态硬件输出。设备视图中，选中"属性"→"常规"→"脉冲发生器（PTO/PWM）"→"PTO1/PWM1"→"硬件输出"，选择脉冲输出点为 Q0.0，勾选"启用方向输出"，选择方向输出为 Q0.1，如图 15-16 所示。

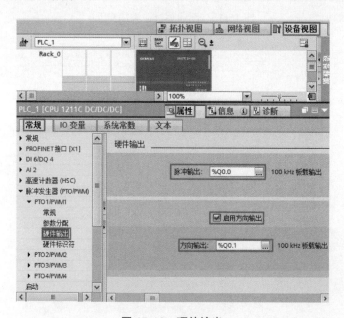

图 15-16　硬件输出

⑤ 查看硬件标识符。设备视图中，选中"属性"→"常规"→"脉冲发生器（PTO/PWM）"→"PTO1/PWM1"→"硬件标识符"，可以查看到硬件标识符为 265，如图 15-17 所示，此标识符在编写程序时需要用到。

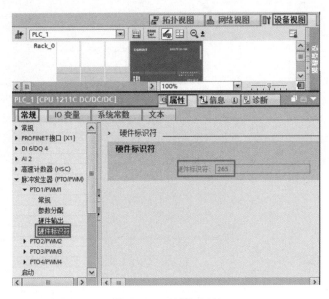

图 15-17　硬件标识符

（3）工艺对象"轴"组态

工艺对象"轴"组态是硬件组态的一部分，由于这部分内容非常重要，因此单独进行讲解。

"轴"表示驱动的工艺对象，"轴"工艺对象是用户程序与驱动的接口。工艺对象从用户程序收到运动控制命令，在运行时执行并监视执行状态。"驱动"表示步进电动机加电源部分或者伺服驱动加脉冲接口的机电单元。运动控制中必须要对工艺对象进行组态才能应用控制指令块。工艺组态包括三个部分：工艺参数组态、轴控制面板和诊断面板。以下仅介绍工艺参数组态。

参数组态主要定义了轴的工程单位（如脉冲数 /min、r/min）、软硬件限位、启动 / 停止速度和参考点的定义等。工艺参数的组态步骤如下。

① 插入新对象。在 TIA Portal 软件项目视图的项目树中，选择"MotionControl"→"PLC_1"→"工艺对象"→"插入新对象"，双击"插入新对象"，如图 15-18 所示，弹出如图 15-19 所示的界面，选择"运动控制"→"TO_PositioningAxis"，单击"确定"按钮，弹出如图 15-20 所示的界面。

② 组态常规参数。在"功能图"选项卡中，选择"基本参数"→"常规"，"驱动器"项目中有三个选项：PTO（表示运动控制由脉冲控制）、模拟驱动装置接口（表示运动控制由模拟量控制）和 PROFIdrive（表示运动控制由通信控制），本例选择"PTO"选项，测量单位可根据实际情况选择，本例选用默认设置，如图 15-20 所示。

③ 组态驱动器参数。在"功能图"选项卡中，选择"基本参数"→"驱动器"，选择脉冲发生器为"Pulse_1"，其对应的脉冲输出点和信号类型以及方向输出，都已经在硬件组态时定义了，在此不做修改，如图 15-21 所示。

图 15-18 插入新对象

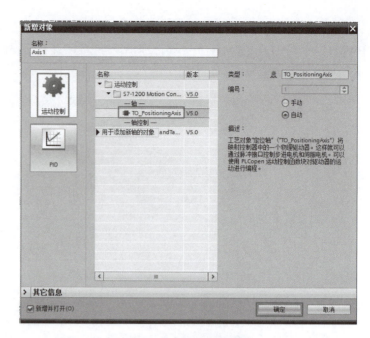

图 15-19 定义工艺对象数据块

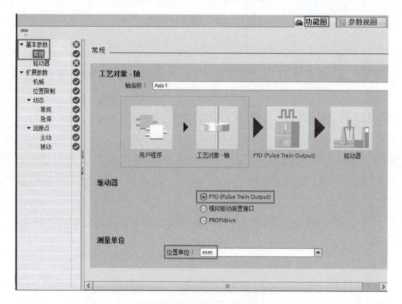

图 15-20 组态常规参数

"驱动装置的使能和反馈"在工程中经常用到,当 PLC 准备就绪,输出一个信号到伺服驱动器的使能端子上,通知伺服驱动器 PLC 已经准备就绪。当伺服驱动器准备就绪后发出一个信号到 PLC 的输入端,通知 PLC 伺服驱动器已经准备就绪。本例中没有使用此功能。

④ 组态机械参数。在"功能图"选项卡中,选择"扩展参数"→"机械",设置电机每转的脉冲数为"200"(因为步进电动机的步距角为 1.8°,所以 200 个脉冲转一圈),此参数取决于伺服电动机自带光电编码器的参数。电机每转的负载位移取决于机械结构,如伺服电动机与丝杠直接相连接,则此参数就是丝杠的螺距,本例为"10.0",如图 15-22 所示。

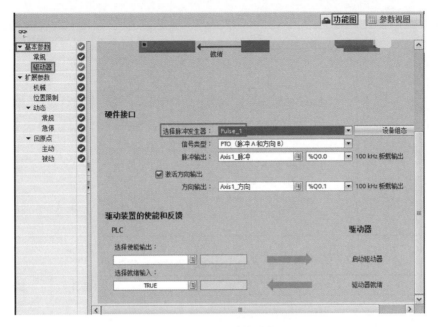

图 15-21　组态驱动器参数

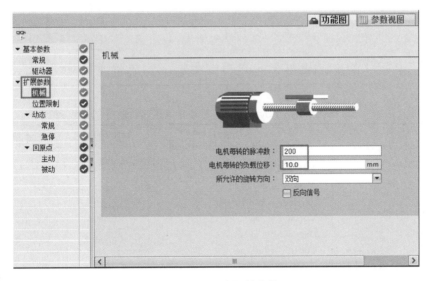

图 15-22　组态机械参数

（4）指令介绍

① MC_Power 系统使能指令块　轴在运动之前，必须使能指令块，其具体参数说明见表 15-1。

② MC_Halt 停止轴指令块　MC_Halt 停止轴指令块用于停止轴的运动，当上升沿使能 Execute 后，轴会按照组态好的减速曲线停止。停止轴指令块具体参数说明见表 15-2。

③ MC_MoveVelocity 以设定速度移动轴指令块　运动控制指令"MC_MoveVelocity"，是根据指定的速度连续移动轴。其运行的前提是定位轴工艺对象已正确组态和轴已启用。以设定速度移动轴指令块具体参数说明见表 15-3。

表 15-1　MC_Power 系统使能指令块的参数

LAD	SCL	输入/输出	参数的含义
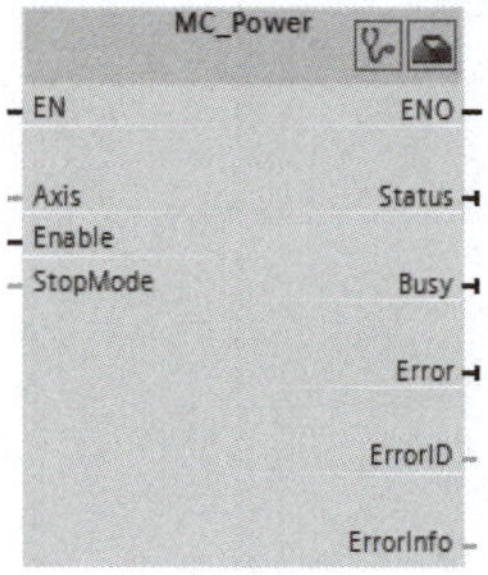 MC_Power —EN　　　ENO— —Axis　　Status— —Enable　　Busy— —StopMode　Error— 　　　　ErrorID— 　　　　ErrorInfo—	"MC_Power_DB"（Axis:=_multi_fb_in_, Enable:=_bool_in_, StopMode:=_int_in_, Status=>_bool_out_, Busy=>_bool_out_, Error=>_bool_out_, ErrorID=>_word_out_, ErrorInfo=>_word_out_);	EN	使能
		Axis	已组态好的工艺对象名称
		StopMode	模式0时，按照组态好的急停曲线停止。模式1时，立即停止，输出脉冲立即封死
		Enable	为1时，轴使能；为0时，轴停止
		ErrorID	错误ID码
		ErrorInfo	错误信息

表 15-2　MC_Halt 停止轴指令块的参数

LAD	SCL	输入/输出	参数的含义
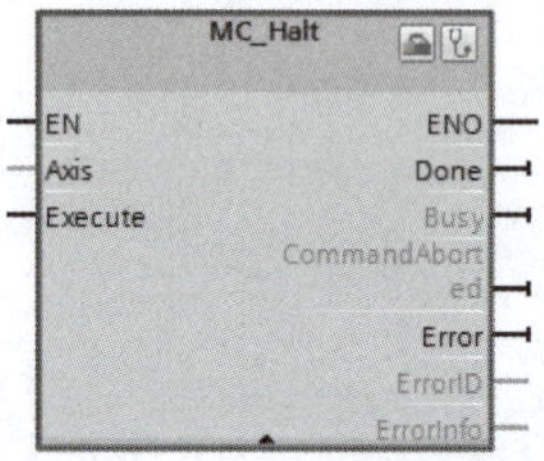 MC_Halt —EN　　　ENO— —Axis　　Done— —Execute　Busy— 　　　CommandAborted— 　　　　Error— 　　　　ErrorID— 　　　　ErrorInfo—	"MC_Halt_DB"（Axis:=_multi_fb_in_, Execute:=_bool_in_, Done=>_bool_out_, Busy=>_bool_out_, CommandAborted=>_bool_out_, Error=>_bool_out_, ErrorID=>_word_out_, ErrorInfo=>_word_out_);	EN	使能
		Axis	已组态好的工艺对象名称
		Execute	上升沿使能
		Done	1：速度达到零
		Busy	1：正在执行任务
		CommandAborted	1：任务在执行期间被另一任务中止

表 15-3　MC_MoveVelocity 以设定速度移动轴指令块的参数

LAD	SCL	输入/输出	参数的含义
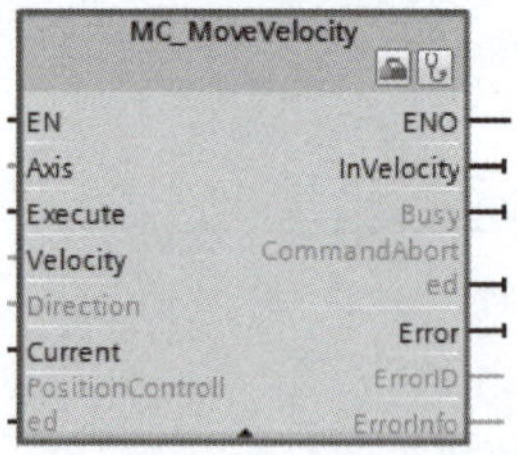 MC_MoveVelocity —EN　　　ENO— —Axis　　InVelocity— —Execute　Busy— —Velocity　CommandAborted— —Direction　Error— —Current　ErrorID— —PositionControlled　ErrorInfo—	"MC_MoveVelocity_DB"（ Axis:=_multi_fb_in_, Execute:=_bool_in_, Velocity:=_real_in_, Direction:=_int_in_, Current:=_bool_in_, PositionControlled:=_bool_in_, InVelocity=>_bool_out_, Busy=>_bool_out_, CommandAborted=>_bool_out_, Error=>_bool_out_, ErrorID=>_word_out_, ErrorInfo=>_word_out_);	EN	使能
		Axis	已组态好的工艺对象名称
		Execute	上升沿使能
		Current	保持当前速度
		Velocity	轴的速度
		Error	FALSE：无错误 TRUE：有错误
		Busy	1：正在执行任务
		Direction	0：Velocity定方向 1：正方向 2：负方向

（5）编写程序

程序如图 15-23 所示。图 15-12 所示原理图中，SB3 接常闭触点，对应图 15-23 所示梯形图中的 I0.2 为常开触点。MD100 中的数值为速度的大小，MD100 数值的符号代表运行方向。

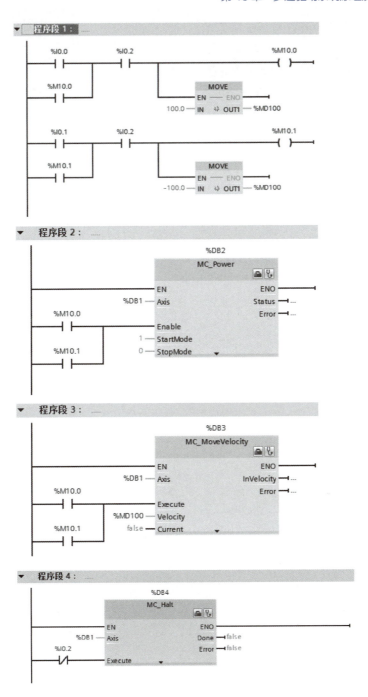

图 15-23 梯形图程序

15.2.2 PLC 对步进驱动系统的位置控制

步进驱动系统常用于速度控制和位置控制。位置控制更加常用，改变步进驱动系统的位置，与 PLC 发出脉冲个数成正比，这是步进驱动系统的位置控制的原理，以下用一个例子介绍 PLC 对步进驱动系统的位置控制。

【例15-4】 某设备上有一套步进驱动系统,步进驱动器的型号为 SH-2H042Ma,步进电动机的型号为 17HS111,控制要求如下。

① 压下复位按钮 SB1,步进驱动系统回原点。

② 压下启动按钮 SB2,步进电动机带动滑块向前运行 50mm,停 2s,然后返回原点完成一个循环过程。

③ 压下急停按钮 SB3 时,系统立即停止。

④ 运行时,灯闪烁。

设计原理图,并编写程序。

【解】

(1) 主要软硬件配置

① 1 套 TIA Portal V15.1。

② 1 台步进电动机,型号为 17HS111。

③ 1 台步进驱动器,型号为 SH-2H042Ma。

④ 1 台 CPU 1211C。

原理图如图 15-24 所示。

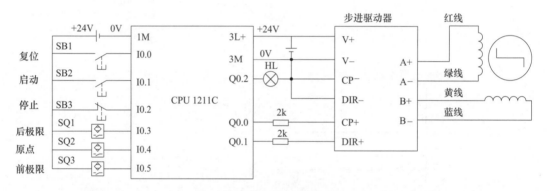

图 15-24 原理图

(2) 硬件组态

① 新建项目,添加 CPU。打开 TIA 博途软件,新建项目"MotionControl",单击项目树中的"添加新设备"选项,添加"CPU 1211C",如图 15-25 所示。

② 启用脉冲发生器。在设备视图中,选中"属性"→"常规"→"脉冲发生器(PTO/PWM)"→"PTO1/PWM1",勾选"启用该脉冲发生器"选项,如图 15-26 所示,表示启用了"PTO1/PWM1"脉冲发生器。

③ 选择脉冲发生器的类型。在设备视图中,选中"属性"→"常规"→"脉冲发生器(PTO/PWM)"→"PTO1/PWM1"→"参数分配",选择信号类型为"PTO(脉冲 A 和方向 B)",如图 15-27 所示。

信号类型有五个选项,分别是:PWM、PTO(脉冲 A 和方向 B)、PTO(正数 A 和倒数 B)、PTO(A/B 移相)和 PTO(A/B 移相-四倍频)。

④ 配置硬件输出。在设备视图中,选中"属性"→"常规"→"脉冲发生器(PTO/PWM)"→"PTO1/PWM1"→"硬件输出",选择脉冲输出点为 Q0.0,勾选"启用方向输出",选择方向输出为 Q0.1,如图 15-28 所示。

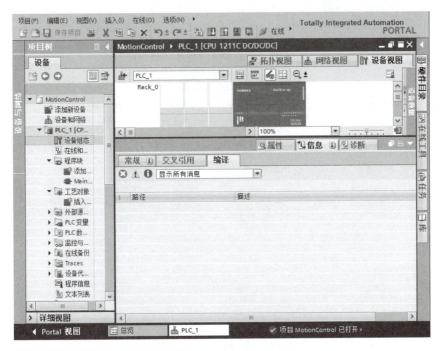

图 15-25　新建项目，添加 CPU

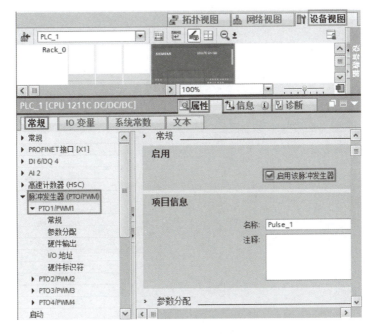

图 15-26　启用脉冲发生器

⑤ 查看硬件标识符。在设备视图中，选中"属性"→"常规"→"脉冲发生器（PTO/PWM）"→"PTO1/PWM1"→"硬件标识符"，可以查看到硬件标识符为 265，如图 15-29 所示，此标识符在编写程序时要用到。

（3）工艺对象"轴"组态

工艺对象"轴"组态是硬件组态的一部分，由于这部分内容非常重要，因此单独进行讲解。

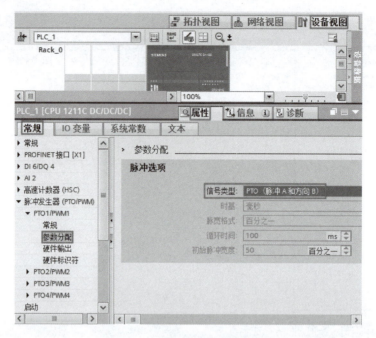

图 15-27 选择脉冲发生器的类型

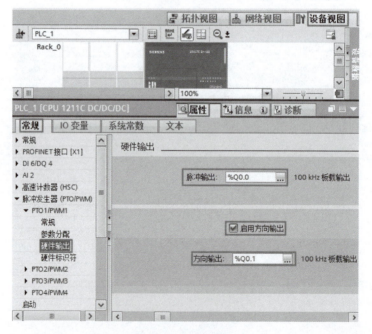

图 15-28 硬件输出

"轴"表示驱动的工艺对象,"轴"工艺对象是用户程序与驱动的接口。工艺对象从用户程序收到运动控制命令,在运行时执行并监视执行状态。"驱动"表示步进电动机加电源部分或者伺服驱动加脉冲接口的机电单元。运动控制中,必须要对工艺对象进行组态才能应用控制指令块。工艺组态包括三个部分:工艺参数组态、轴控制面板和诊断面板。以下仅介绍工艺参数组态。

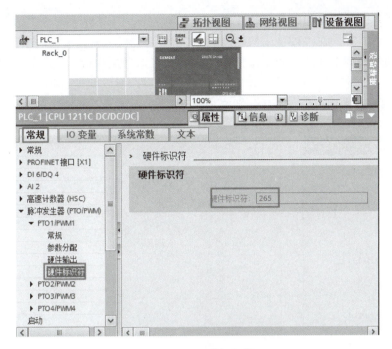

图 15-29　硬件标识符

参数组态主要定义了轴的工程单位（如脉冲数/min、r/min）、软硬件限位、启动/停止速度和参考点的定义等。工艺参数的组态步骤如下。

① 插入新对象。在 TIA Portal 软件项目视图的项目树中，选择"MotionControl"→"PLC_1"→"工艺对象"→"插入新对象"，双击"插入新对象"，如图 15-30 所示，弹出如图 15-31 所示的界面，选择"运动控制"→"TO_PositioningAxis"，单击"确定"按钮，弹出如图 15-32 所示的界面。

② 组态常规参数。在"功能图"选项卡中，选择"基本参数"→"常规"，"驱动器"项目中有三个选项：PTO（表示运动控制由脉冲控制）、模拟驱动装置接口（表示运动控制由模拟量控制）和 PROFIdrive（表示运动控制由通信控制），本例选择"PTO"选项，测量单位可根据实际情况选择，本例选用默认设置，如图 15-32 所示。

③ 组态驱动器参数。在"功能图"选项卡中，选择"基本参数"→"驱动器"，选择脉冲发生器为"Pulse_1"，其对应的脉冲输出点和信号类型以及方向输出，都已经在硬件配置时定义了，在此不做修改，如图 15-33 所示。

"驱动装置的使能和反馈"在工程中经常用到，当 PLC 准备就绪，输出一个信号到伺服驱动器的使能端子上，通知伺服驱动器 PLC 已经准备就绪。当伺服驱动器准备就绪后发出一个信号到 PLC 的输入端，通知 PLC 伺服驱动器已经准备就绪。本例中没有使用此功能。

④ 组态机械参数。在"功能图"选项卡中，选择"扩展参数"→"机械"，设置电机每转的脉冲数为"200"，此参数取决于伺服电动机自带编码器的参数。"电机每转的负载位移"取决于机械结构，如伺服电动机与丝杠直接相连接，则此参数就是丝杠的螺距，本例为"10.0"，如图 15-34 所示。

⑤ 组态位置限制参数。在"功能图"选项卡中，选择"扩展参数"→"位置限制"，勾

选"启用硬件限位开关"和"启用软件限位开关",如图 15-35 所示。在"硬件下限位开关输入"中选择"I0.3",在"硬件上限位开关输入"中选择"I0.5",选择电平为"低电平",这些设置必须与原理图匹配。由于本例的限位开关在原理图中接入的是常开触点,而且是 PNP 输入接法,因此当限位开关起作用时为"高电平",所以此处选择"高电平",如果输入端是 NPN 接法,那么此处也应选择"高电平",这一点请读者特别注意。

图 15-30 插入新对象

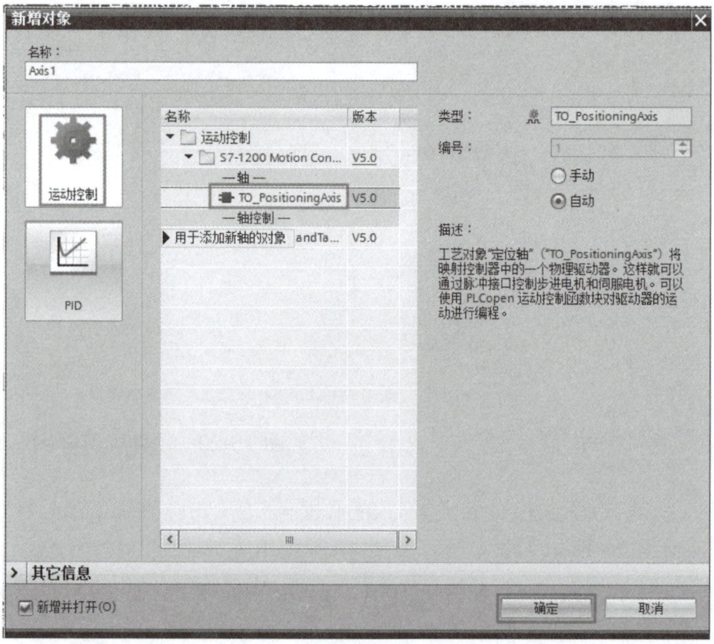

图 15-31 定义工艺对象数据块

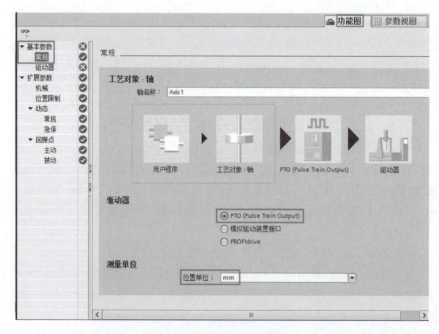

图 15-32 组态常规参数

软件限位开关的设置根据实际情况确定，本例设置为"–1000.0"和"1000.0"。

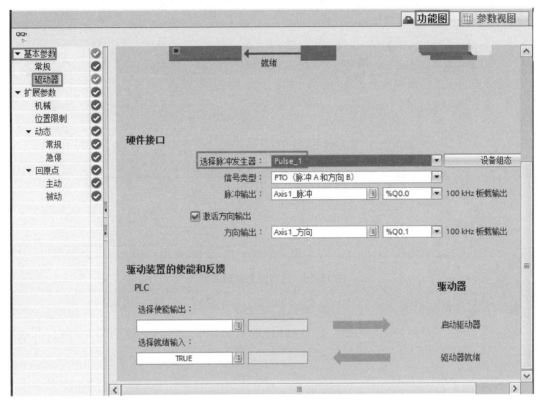

图 15-33　组态驱动器参数

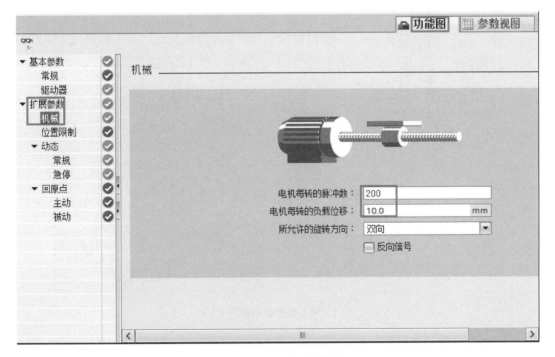

图 15-34　组态机械参数

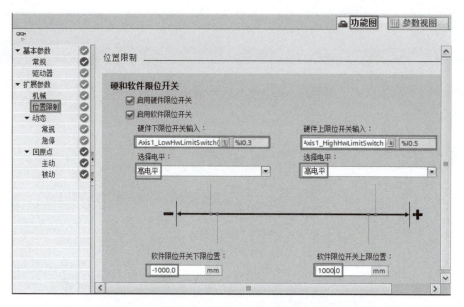

图 15-35 组态位置限制参数

⑥ 组态位置限制参数。在"功能图"选项卡中,选择"扩展参数"→"动态"→"常规",根据实际情况修改最大转速、启动/停止速度和加速时间/减速时间等参数(此处的加速时间和减速时间是正常停机时的数值),本例设置如图 15-36 所示。

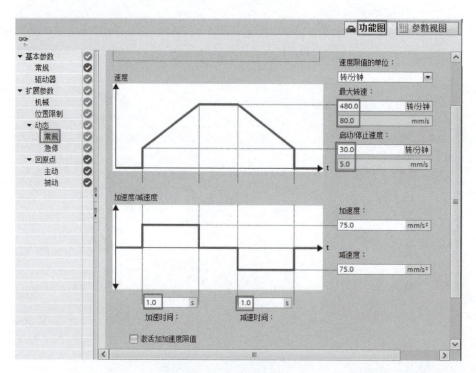

图 15-36 组态动态参数(1)

在"功能图"选项卡中,选择"扩展参数"→"动态"→"急停",根据实际情况修改加速时间/减速时间等参数(此处的加速时间和减速时间是急停时的数值),本例设置如图

15-37所示。

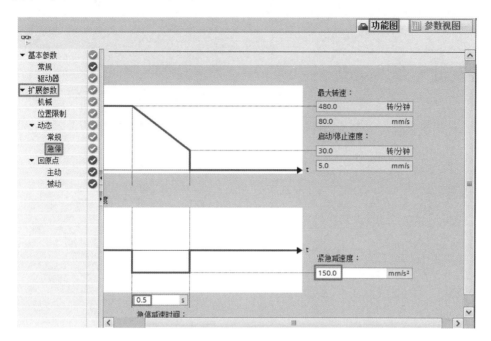

图15-37　组态动态参数（2）

⑦ 组态回原点参数。在"功能图"选项卡中，选择"扩展参数"→"回原点"→"主动"，根据原理图选择"输入原点开关"是"I0.4"。由于输入是PNP电平，所以"选择电平"选项是"高电平"。

"起始位置偏移量"为"0.0"，表明原点就在I0.4的硬件物理位置上。本例设置如图15-38所示。

回参考点（原点）的过程有三种常见的情况。

情况一：滑块的起始位置在参考点的左侧，在到达参考点的右边沿时，从接近速度减速至到达速度已完成，如图15-39所示。当检测到参考点的左边沿时，电动机减速到到达速度，轴按照此速度移动到参考点的右边并停止，此时的位置计数器会将参数Position中的值设置为当前参考点。

情况二：滑块的起始位置在参考点的左侧，在到达参考点的右边沿时，从接近速度减速至到达速度已完成，如图15-40所示。由于在右边沿位置，轴未能减速到到达速度，轴会停止当前运动并以到达速度反向运行，直到检测到参考点右边沿上升沿，轴再次停止，然后轴按照此速度移动到参考点的右边下降沿并停止，此时的位置计数器会将参数Position中的值设置为当前参考点。

情况三：滑块的起始位置在参考点的右侧，轴在正向运动中没有检测到参考点，直到碰到右限位点，此时轴减速到停止，并以接近速度反向运行，当检测到左边沿后，轴减速停止，并以到达速度正向运行，直到检测到右边沿，回参考点过程完成，如图15-41所示。

（4）常用运动控制指令介绍

MC_Power和MC_Halt指令已经在前面章节介绍了，以下只介绍MC_Home和MC_MoveAbsolute指令。

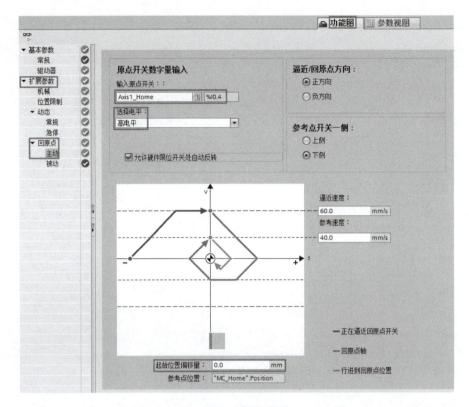

图 15-38 组态回原点

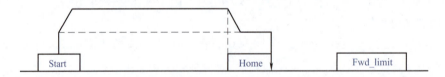

图 15-39 回原点情形之一

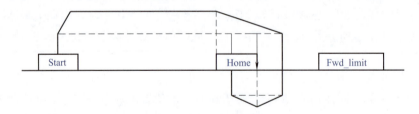

图 15-40 回原点情形之二

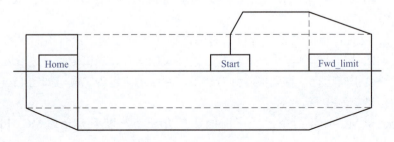

图 15-41 回原点情形之三

① MC_Home 回参考点指令块 参考点在系统中有时作为坐标原点，对于运动控制系统是非常重要的。回参考点指令块具体参数说明见表 15-4。

表 15-4 MC_Home 回参考点指令块的参数

LAD	SCL	输入/输出	参数的含义
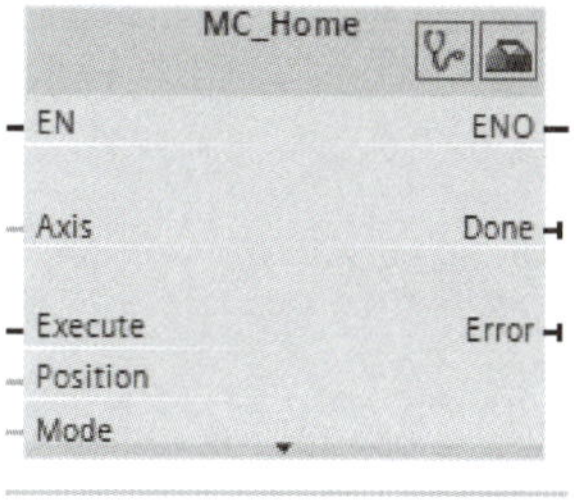 MC_Home EN ENO Axis Done Execute Error Position Mode	"MC_Home_DB"（ Axis:=_multi_fb_in_, Execute:=_bool_in_, Position:=_real_in_, Mode:=_int_in_, Done=>_bool_out_, Busy=>_bool_out_, CommandAborted=>_bool_out_, Error=>_bool_out_, ErrorID=>_word_out_, ErrorInfo=>_word_out_);	EN	使能
		Axis	已配置好的工艺对象名称
		Execute	上升沿使能
		Position	当轴达到参考输入点的绝对位置（模式 2、3）；位置值（模式 1）；修正值（模式 2）
		Mode	为 0、1 时直接绝对回零；为 2 时被动回零；为 3 时主动回零
		Done	1：任务完成
		Busy	1：正在执行任务

② MC_MoveAbsolute 绝对定位轴指令块 MC_MoveAbsolute 绝对定位轴指令块的执行需要建立参考点，通过定义距离、速度和方向即可。当上升沿使能 Execute 后，轴按照设定的速度和绝对位置运行。绝对定位轴指令块具体参数说明见表 15-5。

表 15-5 MC_MoveAbsolute 绝对定位轴指令块的参数

LAD	SCL	输入/输出	参数的含义
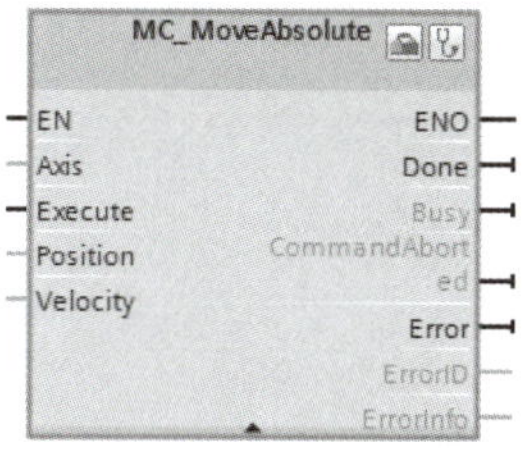 MC_MoveAbsolute EN ENO Axis Done Execute Busy Position CommandAborted Velocity Error ErrorID ErrorInfo	"MC_MoveAbsolute_DB"（Axis:=_multi_fb_in_, Execute:=_bool_in_, Position:=_real_in_, Velocity:=_real_in_, Done=>_bool_out_, Busy=>_bool_out_, CommandAborted=>_bool_out_, Error=>_bool_out_, ErrorID=>_word_out_, ErrorInfo=>_word_out_);	EN	使能
		Axis	已配置好的工艺对象名称
		Execute	上升沿使能
		Position	绝对目标位置
		Velocity	定义的速度 限制：启动/停止速度 ≤ Velocity ≤ 最大速度
		Done	1：已达到目标位置
		Busy	1：正在执行任务
		CommandAborted	1：任务在执行期间被另一任务中止

（5）编写控制程序

创建数据块，如图 15-42 所示，编写程序，如图 15-43 所示。这个题目的解题思路是：MB103 作为步标志，每次移动时，X_DB.X_MAB_EX 置位，运行到指定位置后，X_DB.X_MAB_done 为 1，从而使 X_DB.X_MAB_EX 复位，步标志 MB103 进入下一步。

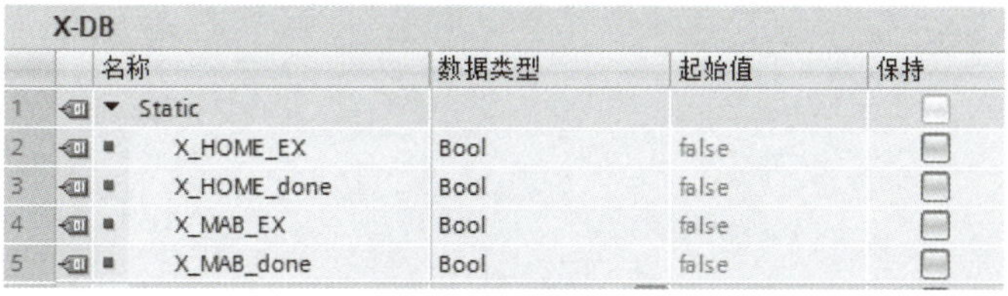

	X-DB			
	名称	数据类型	起始值	保持
1	▼ Static			
2	X_HOME_EX	Bool	false	
3	X_HOME_done	Bool	false	
4	X_MAB_EX	Bool	false	
5	X_MAB_done	Bool	false	

图 15-42 数据块

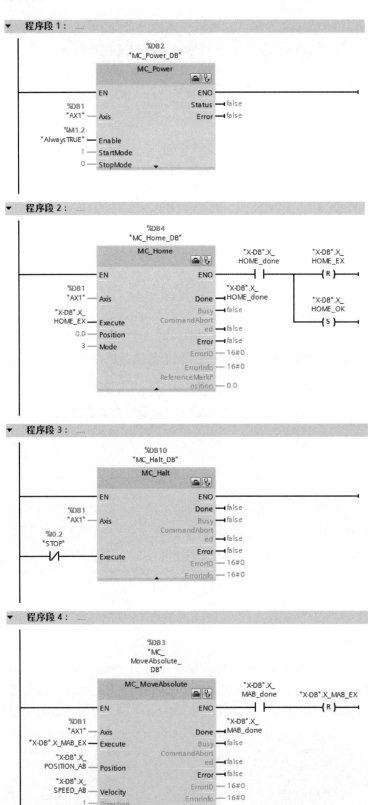

图 15-43 程序

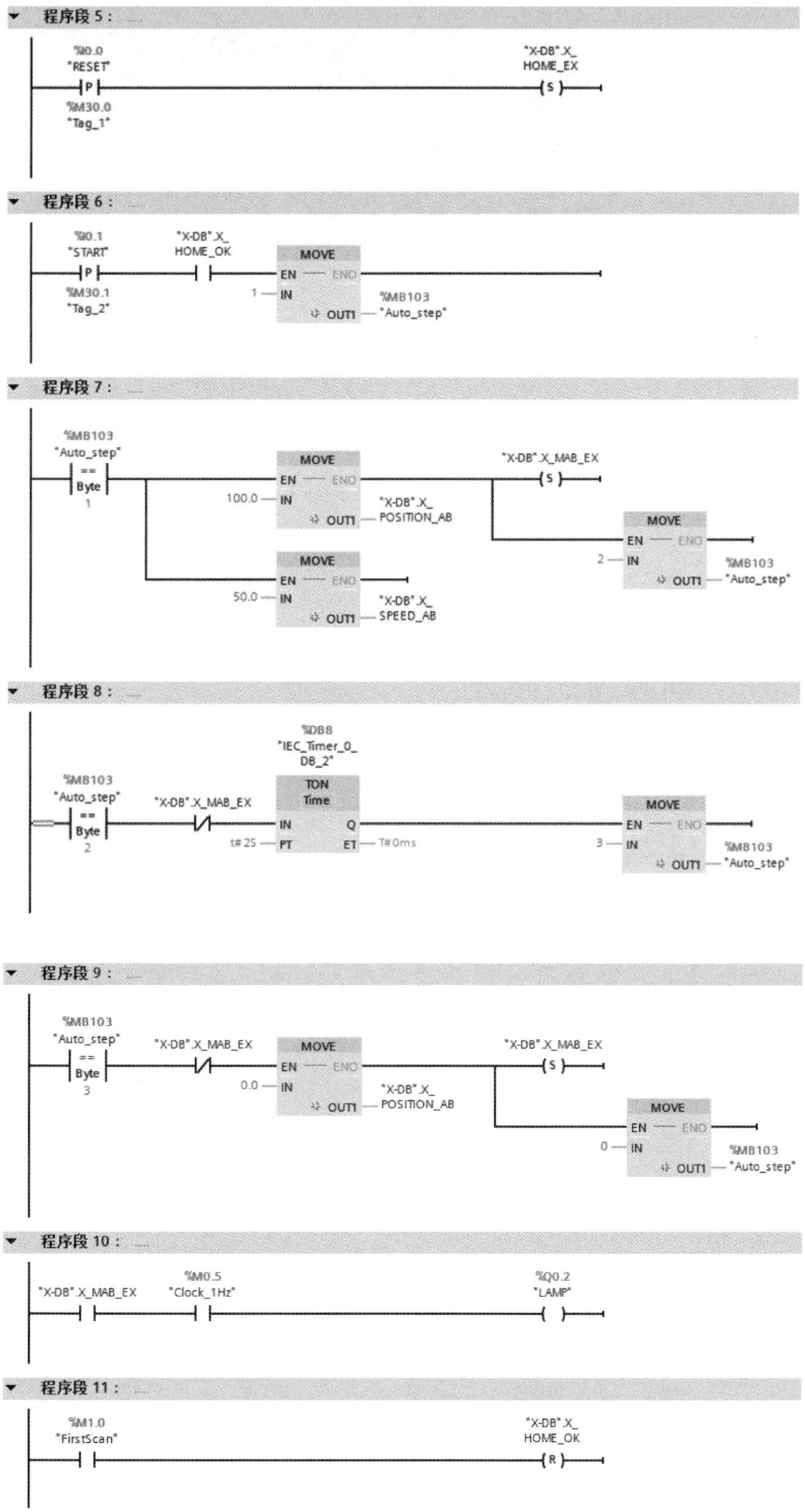

第 15 章 步进驱动系统原理及工程应用 ▶▶▶

程序段 5：

```
%I0.0                                               "X-DB".X_
"RESET"                                             HOME_EX
──┤P├──────────────────────────────────────────────────( S )──
%M30.0
"Tag_1"
```

程序段 6：

```
%I0.1        "X-DB".X_
"START"      HOME_OK        MOVE
──┤P├───────────┤ ├───────EN ── ENO
%M30.1                  1 ─IN              %MB103
"Tag_2"                     ⇒ OUT1 ── "Auto_step"
```

程序段 7：

```
%MB103                        MOVE                "X-DB".X_MAB_EX
"Auto_step"                EN ── ENO                   ( S )
──┤ == ├──────┬──────100.0 ─IN           "X-DB".X_
   Byte      │              ⇒ OUT1 ── POSITION_AB        MOVE
    1        │                                        EN ── ENO
             │                MOVE                  2 ─IN           %MB103
             └───────────EN ── ENO                      ⇒ OUT1 ── "Auto_step"
                       50.0 ─IN           "X-DB".X_
                              ⇒ OUT1 ── SPEED_AB
```

程序段 8：

```
                                %DB8
                            "IEC_Timer_0_
                                DB_2"
%MB103                          TON
"Auto_step"   "X-DB".X_MAB_EX   Time                        MOVE
──┤ == ├───────┤ / ├────────IN         Q ──────────────EN ── ENO
   Byte                    t#2S ─PT  ET ── T#0ms       3 ─IN         %MB103
    2                                                     ⇒ OUT1 ── "Auto_step"
```

程序段 9：

```
%MB103                         MOVE                "X-DB".X_MAB_EX
"Auto_step"   "X-DB".X_MAB_EX                              ( S )
──┤ == ├────────┤ / ├──────EN ── ENO
   Byte                 0.0 ─IN           "X-DB".X_          MOVE
    3                        ⇒ OUT1 ── POSITION_AB        EN ── ENO
                                                        0 ─IN         %MB103
                                                          ⇒ OUT1 ── "Auto_step"
```

程序段 10：

```
"X-DB".X_MAB_EX    %M0.5                      %Q0.2
──────┤ ├──────────┤ ├──────────────────────( )──
                 "Clock_1Hz"                 "LAMP"
```

程序段 11：

```
%M1.0                                      "X-DB".X_
"FirstScan"                                HOME_OK
────┤ ├──────────────────────────────────────( R )──
```

图 15-43（续）

第16章

伺服原理与系统

伺服系统的产品主要包含伺服驱动器、伺服电动机和相关检测传感器（如光电编码器、旋转编码器、光栅等）。伺服产品是高科技产品，有广泛的应用，其主要应用领域有：机床、包装、纺织和电子设备，其使用量超过了整个市场的一半，特别在机床行业，伺服产品应用量在所有行业中最多。

16.1 伺服系统概述

16.1.1 伺服系统的概念

伺服系统（servomechanism）指经由闭环控制方式到达一个机械系统的位置、速度和加速度的控制。伺服的概念可以从控制层面去理解，伺服的任务就是要求执行机构快速平滑、精确地执行上位控制装置的指令要求。

一个伺服系统的构成通常包括被控对象（plant）、执行器（actuator）和控制器（controller）等几部分，机械手臂、机械平台通常作为被控对象。执行器的功能主要在于提供被控对象的动力，执行器主要包括电动机和功率放大器，特别设计应用于伺服系统的电动机称为伺服电动机（servo motor）。伺服电动机通常包括反馈装置，如光电编码器（optical encoder）、旋转变压器（revolver）。目前，伺服电动机主要包括直流伺服电动机、永磁交流伺服电动机、感应交流伺服电动机，其中永磁交流伺服电动机是市场主流。控制器的功能在于提供整个伺服系统的闭路控制，如扭矩控制、速度控制、位置控制等。目前一般工业用伺服驱动器（servo driver）通常包括控制器和功率放大器。如图16-1所示是一般工业用伺服系统的组成框图。

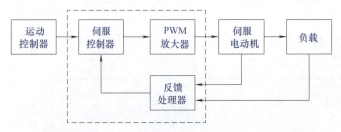

图16-1 一般工业用伺服系统的组成框图

16.1.2 主流伺服系统品牌

目前，高性能的电伺服系统大多数采用永磁同步交流伺服电动机，控制驱动器多采用定位准确的全数字位置伺服系统。在我国伺服技术发展迅速，市场潜力巨大，应用十分广泛。在市场上，伺服系统以日系品牌为主，原因在于日系品牌较早进入中国，性价比相对较高，而且日系伺服系统比较符合中国人的一些使用习惯。欧美伺服产品占有量居第二位，且其占有率不断升高，特别是在一些高端应用场合更为常见，欧美伺服产品的性能最好，价格最高，因此在一定程度上使其应用范围小。国产的伺服系统与欧美和日本的伺服系统相比，性能差距较大，其风格大多与日系品牌类似，价格比较低，在一些低端应用场合较常见，但应看到国产伺服产品的进步不小。

国内一些常用的伺服产品品牌如下。

日系：安川、三菱、发那科、松下、三洋、富士和日立。

欧系：西门子、Lenze、AMK、KEB 和 Rexroth。

美系：Danaher、Baldor、Parker 和 Rockwell。

国产：台达、东元、和利时、埃斯顿、时光、步进科技、星辰伺服、华中数控、广州数控、大森数控和凯奇数控。

16.2 伺服系统行业应用

伺服控制在工业的很多行业都有应用，如机械制造、汽车制造、家电生产线、电子和橡胶行业等。但应用最为广泛的是机床行业、纺织行业、包装行业、印刷行业和机器人行业，以下对这五个行业伺服系统的应用情况进行简介。

16.2.1 伺服控制在机床行业的应用

伺服控制应用最多的场合就是机床行业。在数控机床中，伺服驱动接收数控系统发来的位移或者速度指令，由伺服电动机和机械传动机构驱动机床的坐标轴和主轴等，从而带动刀具或者工作台运动，进而加工出各种工件。可以说数控机床的稳定性和精度在很大程度上取决于伺服系统的可靠性和精度。

16.2.2 伺服控制在纺织行业的应用

纺织是典型的物理加工生产工艺，整个生产过程是纤维之间的整理与再组织的过程。传动是纺织行业控制的重点。纺织行业使用伺服控制产品主要用于张力控制，在纺机中的精梳机、粗纱机、并条机、捻线机，在织机中的无梭机和印染设备上的应用量非常大。例如，细纱机上的集体落纱和电子凸轮就用到伺服系统，无梭机的电子选纬、电子送经、电子卷曲也要用到伺服系统。此外，在一些印染设备上也用到伺服系统。

伺服系统在纺织行业应用越来越多，原因如下。

① 市场竞争的加剧，要求统一设备来生产更多的产品，并能迅速更改生产工艺。

② 市场全球化需要更多高质量的设备来生产高质量的产品。

③ 伺服产品的价格在降低。

16.2.3 伺服控制在包装行业的应用

日常生活中用到的大量的日常用品、食品，如方便面、肥皂、大米、各种零食等，这些食品和日常用品有一个共同点，就是都有一个漂亮的热性塑料包装袋，给人以赏心悦目的感觉。所有的这些产品的包装都是由包装机进行自动包装的。随着自动化行业的发展，包装机的应用范围越来越广泛，需求量也越来越大。伺服系统在包装机上的应用，对提高包装机的包装精度和生产效率，减小设备调整和维护时间，都有很大的优势。

16.2.4 伺服控制在印刷行业的应用

伺服系统很早就应用于印刷机械了，包括卷筒纸印刷中的张力控制，彩色印刷中的自动套色，墨刀控制和给水控制，其中伺服系统在自动套色的位置控制中应用最为广泛。在印刷行业中，应用较多的伺服产品品牌是三菱、三洋、和利时和松下等。

由于广告、包装和新闻出版等印刷市场逐步成熟，中国对印刷机械的需求量保持持续增长，特别是对中高端印刷设备需求增长较快，因此在印刷行业对伺服系统的需求将持续增长。

16.2.5 伺服控制在机器人行业的应用

在机器人领域无刷永磁伺服系统得到了广泛的应用。一般工业机器人有多个自由度，通常每个工业机器人的伺服电动机的个数在 10 个以上。机器人的伺服系统通常是专用的，其特点是多轴合一、模块化、特殊的控制方式、特殊的散热装置，并且对可靠性要求极高。国际上的机器人巨头都有专用配套的伺服系统，如 ABB、安川和松下等。

16.3 伺服技术的发展趋势

伺服技术特别是电气伺服技术应用越来越广泛，主要原因在于其控制方便、灵活，特别是随着电力电子技术和计算机软件技术的发展，为伺服技术的发展提供了广阔的发展前景，目前伺服技术呈现如下发展趋势。

（1）交流代替直流

伺服技术正在迅速从直流伺服转向交流伺服。从目前国际市场的情况看，几乎所有的新产品都是交流伺服系统。在工业发达的国家，交流伺服系统的市场占有率早就超过 80%。但在一些微型电动机领域，交流伺服系统还不能取代直流伺服系统。

（2）数字代替模拟

模拟控制器常用运算放大器及相应的电气元件实现，具有物理概念清晰、控制信号流向直观等优点。但其控制规律体现在硬件电路和所用到器件上，因而线路复杂，通用性差，控制效果受到器件性能、温度、环境等因素影响。

采用新型的高速微处理器和专用全数字信号处理器（DSP）的伺服控制单元将全面取代模拟电子器件为主的伺服控制单元，从而实现全数字化的伺服系统。全数字化的实现，将原有的硬件伺服控制变成软件伺服控制。数字化伺服系统避免了模拟伺服系统由于温度产生的零漂、饱和积分等不良现象。

（3）新型电力电子半导体器件的应用

目前，伺服控制系统的输出器件越来越多地采用开关频率很高的新型功率半导体器件，主要有大功率晶体管（GTR）、功率场效应管（MOSFET）和绝缘栅双极型晶体管（IGBT）等。这些先进器件的使用显著降低了伺服系统的功耗，提高了伺服系统的响应速度，降低了运行噪声。

（4）高度集成

新的伺服系统将原来的伺服系统划分成速度伺服单元和位置伺服单元两个模块的做法，改成单一的高度集成化、多功能的控制单元。统一控制单元，只要通过软件设置系统参数，就可以改变其性能，既可以使用电动机配置的传感器构成半闭环调节系统，也可以通过接口与外部的位置、速度或者力矩传感器构成高精度的全闭环调节系统。高度集成化显著缩小了整个系统的体积，使得整个伺服系统的安装和调试工作得到简化。高度集成主要包括：电路集成、功能集成和通信集成等。典型的产品是西门子的 S120 伺服系统。

（5）智能化、简易化

智能化和简易化是所有工业控制设备的流行趋势，伺服驱动系统作为一种高级的工业控制装置也不例外。新型的数字化的伺服控制单元通常都设计成智能型产品，它们智能化的特点主要表现在如下方面。

① 系统参数既可以通过软件进行设置，也可以通过人机界面进行实时修改，使用十分方便。

② 都有自诊断和分析功能，无论什么时候，只要系统出现故障，伺服系统会将系统故障的类型和产生故障的原因，以代码的形式进行显示。这简化了调试工作。

③ 系统具有参数的自整定功能。自整定有时可以节省很多调试时间。这也大大减小了调试的工作量，特别对于初学者。

（6）模块化、网络化

以工业局域网技术为基础的工厂自动化工程技术在近些年得到了长足的发展，并显示出良好的发展势头。为适应这一发展趋势，新型的伺服系统都配备了标准的串行通信接口（如 RS-232C 或者 RS-485），有的伺服系统还配备了工业以太网接口，这些接口显著地增强了伺服单元与其他设备的互连能力。例如三菱公司在新型的伺服驱动上配置了 RS-485 接口，PLC 可以通过这个接口与伺服驱动系统进行 CC-LINK 现场总线通信。西门子公司在新型的伺服系统上配置了 RS-485 接口或者 RJ-45 接口，PLC 可以通过这个接口与伺服驱动系统进行 PROFIBUS-DP 现场总线通信和 PROFINET 工业以太网通信。而且西门子以后将 S120 伺服系统的标准接口定为 RJ-45 接口，目的就是为了进行 PROFINET 工业以太网通信。

16.4 伺服电动机及其控制技术

16.4.1 伺服电动机的特点

伺服电动机与普通电动机的区别在如下几点。

① 伺服电动机及驱动器是一个伺服控制系统（servo control system），即可以精确地跟随输入信号的闭环反馈控制系统。控制量是电动机的转角、速度和力矩。

② 低转动惯量，保证高动态性。

③ 转子阻抗高，保证启动转矩大、调速范围宽。

④ 结构紧凑，保证较小的体积与重量。

⑤ 定子散热也很方便。

伺服电动机与步进电动机相比，伺服电动机具有如下特点。

① 控制精度高，定位准确。

② 低频信号，步进电动机在低频时可能会失步。

③ 过载能力大，步进电动机一般没有过载能力。

④ 调速范围大，步进电动机的调速范围一般为 300～600r/min，而伺服电动机转速小到每分钟几转，高可以达到 6000r/min 以上。

⑤ 运行性能不同。步进电动机多运行于开环控制，伺服电动机运行于闭环控制。

⑥ 响应速度不同。步进电动机的响应速度需要几百毫秒。

⑦ 接收的信号不同，步进电动机只能接收脉冲信号，而伺服电动机可以接收模拟信号、脉冲信号和总线通信信号。

⑧ 功率范围不同。步进电动机功率一般不大于 1kW，而伺服电动机的功率可达 30kW 以上。

16.4.2 直流伺服电动机

伺服电动机有直流伺服电动机、交流伺服电动机。此外，直线电动机和混合式伺服电动机也都是运行于闭环控制系统，属于伺服电动机。

直流伺服电动机（direct current servomotor）以其调速性能好、启动力矩大、运转平稳、转速高等特点，在相当长的时间内，在电动机的调速领域占据着重要地位。随着电力电子技术的发展，特别是大功率电子器件问世以后，直流伺服电动机开始逐步被交流伺服电动机取代。但在小功率场合，直流伺服电动机仍然有一席之地。

（1）有刷直流电动机的工作原理

有刷直流电动机的工作原理如图 16-2 所示，图中 N 和 S 是一对固定的永久磁铁，在两个磁极之间安装有电动机的转子，上面固定有线圈 abcd，线圈段有两个换向片（也称整流子）和两个电刷。

当电流从电源的正极流出，从电刷 A，换向片 1，线圈，换向片 2，电刷 B，回到电源负极时，电流在线圈中的流向是 a→b→c→d。由左手定则知，此时线圈产生逆时针方向的电磁力矩。当电磁力矩大于电动机的负载力矩时，转子就逆时针转动。如图 16-2 所示。

当转子转过 180°后，线圈 ab 边由磁铁 N 极转到靠近 S 极，cd 边转到靠近 N 极。由于电刷与换向片接触的相对位置发生了变化，线圈中

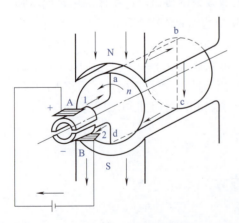

图 16-2 有刷直流电动机的工作原理（1）

的电流方向变为 d→c→b→a。再由左手定则知，此时线圈仍然产生逆时针方向的电磁力矩，转子继续保持逆时针方向转动。如图 16-3 所示。

电动机在旋转过程中，由于电刷和换向片的作用，直流电流交替在线圈中正向、反向流动，始终产生同一方向的电磁力矩，使得电动机连续旋转。同理，当外接电源反向连接，电动机就会顺时针旋转。

（2）无刷直流电动机的工作原理

无刷直流电动机（brushless DC motor）的结构如图 16-4 所示，为了实现无刷换向，无刷直流电动机将电枢绕组安装在定子上，而把永久磁铁安装在转子上，该结构与传统的直流电动机相反。由于去掉了电刷和整流子的滑动接触换向机构，消除了直流电动故障的主要根源。

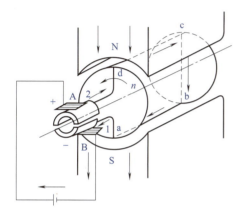

图 16-3 有刷直流电动机的工作原理（2）

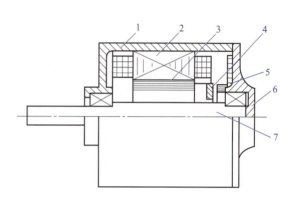

图 16-4 无刷直流电动机的结构
1—机壳；2—定子线圈；3—转子磁钢；4—传感器；
5—霍尔元件；6—端盖；7—轴

常见的无刷直流电动机为三相永磁同步电动机，其原理如图 16-5 所示。无刷直流电动机的换向原理是：采用三个霍尔元件，用作转子的位置传感器，安装在圆周上相隔 120°的位置上，转子上的磁铁触发霍尔元件产生相应的控制信号，该信号控制晶体管 VT_1、VT_2、VT_3 有序地通断，使得电动机上的定子绕组 U、V、W 随着转子的位置变化而顺序通电、换向，形成旋转磁场，驱动转子连续不断地运动。无刷直流伺服电动机采用的控制技术和交流伺服电动机是相同的。

（3）直流电动机的控制原理

直流电动机的转速控制通常采用脉宽调制（pulse width modulation，PWM）方式，如图 16-6 所示，方波控制信号 V_b 控制晶体管 VT 的通断，也就是控制电源电压的通断。V_b 为高电平时，晶体管 VT 导通，电源电压施加在电动机上，产生电流 i_m。由于电动机的绕组是感性负载，电流 i_m 有一个上升过程。V_b 为低电平时，晶体管 VT 断开，电源电压断开，但是电动机绕组中存储的电能释放出来，产生电流 i_m，电流 i_m 有一个下降的过程。

占空比就是在一段连续工作时间内脉冲（高电平）占用的时间与总时间的比值。直流电动机就是靠控制脉冲信号的占空比来调速的。当控制脉冲信号的占空比是 60% 时，也就是高电平占总时间的 60% 时，施加在电动机定子绕组上的平均电压是 $0.6U$。当系统稳定运行时，电动机绕组中的电流平均值也是峰值的 0.4。显然控制信号的占空比决定了施加在电动机上平均电流和平均电压，也就控制了电动机的转速。无刷直流电动机的电流曲线如图 16-7 所示。

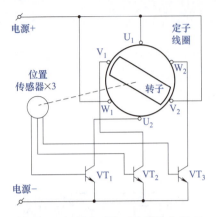

图 16-5　无刷直流电动机的换向原理

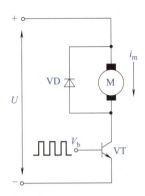

图 16-6　无刷直流电动机的速度控制原理图

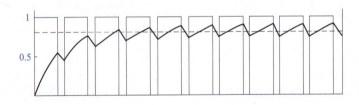

图 16-7　无刷直流电动机的电流曲线

16.4.3　交流伺服电动机

随着大功率电力电子器件技术、新型变频器技术、交流伺服技术、计算机控制技术的发展，到 20 世纪 80 年代，交流伺服技术得到迅速发展，在欧美已经形成交流伺服电动机的新兴产业。20 世纪中后期德国和日本的数控机床产品的精密进给驱动系统已大部分使用交流伺服系统了，而且这个趋势一直延续到今天。

交流伺服电动机与直流电动机相比有如下优点。

① 结构简单、无电刷和换向器，工作寿命长。

② 线圈安装在定子上，转子的转动惯量小，动态性能好。

③ 结构合理，功率密度高。比同体积直流电动机功率高。

(1) 交流同步伺服电动机

常用的交流同步伺服电动机是永磁同步电动机，其结构如图 16-8 所示。永磁材料对伺服电动机的外形尺寸、磁路尺寸和性能指标影响很大。现在交流伺服电动机的永磁材料都采用稀土材料钕铁硼，它具有磁能积高、矫顽力高、价格低等优点，为生产体积小、性能优、价格低的交流伺服电动机提供了基本保障。典型的交流同步伺服电动机如西门子的 1FK、1FT 和 1FW 等。

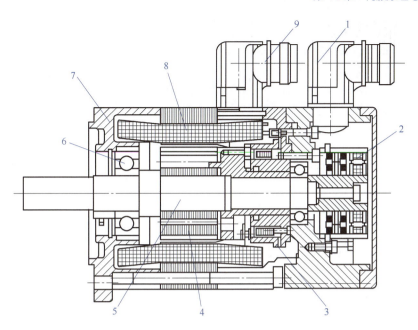

图 16-8 交流伺服电动机的结构

1—编码器电缆接头；2—编码器；3—刹车；4—永久磁铁转子；5—轴；6—轴承；7—端盖；8—定子线圈；9—电源接口

永磁同步伺服电动机的工作原理与直流电动机非常类似，永磁同步伺服电动机的永磁体在转子上，而绕组在定子上，这正好和传统的直流电动机相反。伺服驱动器给伺服电动机提供三相交流电，同时检测电动机转子的位置以及电动机的速度和位置信息，使得电动机在运行过程中，转子永磁体和定子绕组产生的磁场在空间上始终垂直，从而获得最大的转矩。永磁同步电动机的定子绕组通入的是正弦电，因此产生的磁通也是正弦型的。而转矩与磁通是成正比的关系。在转子的旋转磁场中，三相绕组在正弦磁场中，正弦电输入电动机定子的三相绕组，每相电产生相应的转矩，每相转矩叠加后形成恒定的电动机转矩输出。

（2）交流异步伺服电动机

交流伺服电动机除了有交流同步伺服电动机外，还有交流异步伺服电动机，交流异步伺服电动机一般有位置和速度反馈测量系统，典型的交流异步伺服电动机有 1PH7、1PH4 和 1PL6 等。与同步电动机相比，交流异步电动机的功率范围更大，从几千瓦到几百千瓦不等。

异步电动机的定子气隙侧的槽里嵌入了三相绕组，当电动机通入三相对称交流电时，产生旋转磁场。这个旋转磁场在转子绕组或者导条中感应出电动势。由于感应电动势产生的电流和旋转磁场之间的作用，产生转矩而使得电动机的转子旋转。如图 16-9 所示为交流异步伺服电动机的运行原理，在 t_1、t_2 和 t_3 三个时刻的磁场，可见，磁场随着时间推移在不断旋转。

16.4.4 直接驱动电动机

与借助于齿轮、皮带间接驱动负载相反，直接驱动负载的电动机为直接驱动电动机。直接驱动电动机有力矩电动机和直线电动机。由于直接驱动电动机消除了丝杠、齿轮箱和皮带等传动带来的机械误差。直接驱动的优点如下。

① 节约安装空间。
② 消除机械间隙。

③ 系统维护量减小。
④ 动态性能和精度得到了很大提高。

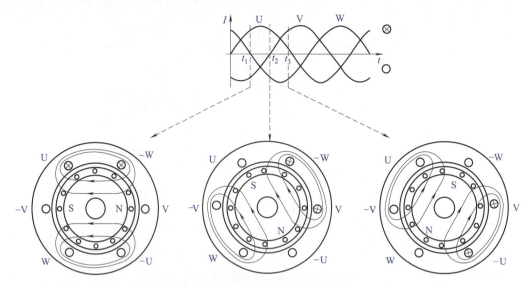

图 16-9　交流异步伺服电动机的运行原理

(1) 力矩电动机

力矩电动机也称为扭矩电动机或者直接驱动电动机,它能满足高精度和高力矩的要求。力矩电动机包括直流力矩电动机、交流力矩电动机和无刷直流力矩电动机。

在工作原理上,交流力矩电动机实际上是交流伺服电动机,直流力矩电动机实际上是直流伺服电动机。力矩电动机的主要特点是极数多、转矩大、速度低,可以对负载进行直接驱动。它主要用于机械制造、纺织、造纸、橡胶、塑料、金属线材和电线电缆等工业中。

(2) 直线电动机

直线电动机也叫线性电动机。直线电动机经常简单描述为旋转电动机被展平,而工作原理相同。动子是用环氧材料把线圈压缩在一起制成的,磁轨是把磁铁(通常是高能量的稀土磁铁)固定在钢上。电动机的动子包括线圈绕组、霍尔元件电路板、电热调节器(温度传感器监控温度)和电子接口。在旋转电动机中,动子和定子需要旋转轴承支撑动子以保证相对运动部分的气隙。同样直线电动机需要直线导轨来保持动子在磁轨产生的磁场中的位置。和旋转伺服电动机的编码器安装在轴上反馈位置一样,直线电动机需要反馈直线位置的反馈装置——直线编码器,它可以直接测量负载的位置从而提高负载的位置精度。直线电动机典型结构如图 16-10 所示。

16.4.5　伺服电动机的选型

伺服电动机在选型时一般要考虑如下因素。
① 系统要求的精度。这需要考虑转子转动惯量、电动机的类型和转矩抖动等。
② 根据负载方式及大小计算输出力矩,确定电动机功率。
③ 根据工件运行方式等计算出转速范围,确定电动机转速。
④ 确定需不需要刹车,因为有的伺服电动机不带刹车,有的带刹车。

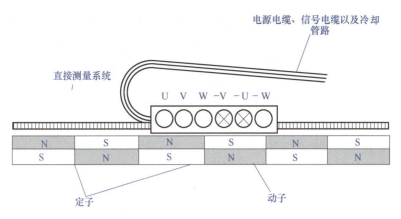

图 16-10　直线电动机典型结构

⑤ 确定输出轴需不需要键槽。

⑥ 冷却方式。小功率的伺服电动机空气冷却即可，直线电动机和力矩电动机则可能需要水冷。

⑦ 过载能力。

⑧ 轴高和连接方式等。

⑨ 使用环境。

16.5　伺服系统的检测元件

伺服系统常用的检测元件有光电编码器、光栅和磁栅等，而光电编码器最为常见。以下将详细介绍光电编码器。

编码器是将信号（如比特流）或数据进行编制、转换为可用于通信、传输和存储的信号形式的设备，编码器主要用于测量电动机的旋转角位移和速度。编码器把角位移或直线位移转换成电信号，前者称为码盘，后者称为码尺。光电编码器的外形如图 16-11 所示。

图 16-11　光电编码器的外形

16.5.1　编码器的分类

（1）按码盘的刻孔方式不同分类

① 增量型。就是每转过单位角度就发出一个脉冲信号（也有发正余弦信号，然后对其

进行细分，斩波出频率更高的脉冲），通常为 A 相、B 相、Z 相输出。A 相、B 相为相互延迟 1/4 周期的脉冲输出，根据延迟关系可以区别正反转，而且通过取 A 相、B 相的上升和下降沿可以进行 2 倍频或 4 倍频，Z 相为单圈脉冲，即每圈发出一个脉冲。

② 绝对值型。就是对应一圈，每个基准的角度发出一个唯一与该角度对应的二进制的数值，通过外部记圈器件可以进行多个位置的记录和测量。

（2）按信号的输出类型分类

可以分为电压输出、集电极开路输出、推拉互补输出和长线驱动输出。

（3）以编码器机械安装形式分类

① 有轴型。有轴型又可分为夹紧法兰型、同步法兰型和伺服安装型等。

② 轴套型。轴套型又可分为半空型、全空型和大口径型等。

（4）以编码器工作原理分类

可以分为光电式、磁电式和触点电刷式。

16.5.2 光电编码器的结构和工作原理

如图 16-12 所示，可用于说明透射式旋转光电编码器的原理。在与被测轴同心的码盘上刻制了按一定编码规则形成的遮光和透光部分的组合。在码盘的一边是发光二极管或白炽灯光源，另一边则是接收光线的光电器件。码盘随着被测轴的转动使得透过码盘的光束产生间断，通过光电器件的接收和电子线路的处理，产生特定电信号的输出，再经过数字处理可计算出位置和速度信息。

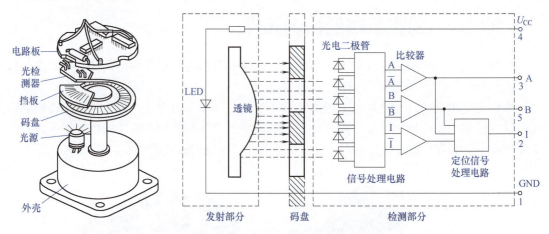

图 16-12 透射式旋转光电编码器的原理

图 16-12 中设计了六组这样的挡板和光电器件组合，其中两组用于产生定位脉冲信号 I（有的文献中为 Z）。其他四组由于位置的安排，产生 4 个在相位上依次相差 90°的准正弦波信号，分别称为 $\overline{A}$、$\overline{B}$、A 和 B。将相位相差 180°的 A 和 $\overline{A}$ 送到一个比较器的两个输入端，则在比较器的输出端得到占空比为 50% 的方波信号 A。同理，由 B 和 $\overline{B}$ 也可得到方波信号 B。这样通过光电检测器件位置的特殊安排，得到了双通道的光电脉冲输出信号 A 和 B，如图 16-13 所示。这两个信号有如下特点。

① 两者的占空比均为 50%；

② 如果朝一个方向旋转时 A 信号在相位上领先于 B 信号 90°的话，那么旋转方向反过

来的时候，B 信号在相位上领先于 A 信号 90°。

16.5.3 编码器的主要应用场合

① 数控机床及机械附件。
② 机器人、自动装配机、自动生产线。
③ 电梯、纺织机械、缝制机械、包装机械（定长）、印刷机械（同步）、木工机械、塑料机械（定数）、橡塑机械。
④ 制图仪、测角仪、疗养器雷达等。
⑤ 起重行业。

16.5.4 编码器的选型

（1）械安装尺寸

包括定位止口，轴径，安装孔位；电缆出线方式；安装空间体积；工作环境防护等级是否满足要求。

（2）分辨率

即编码器工作时每圈输出的脉冲数是否满足设计使用精度要求。

（3）电气接口

编码器输出方式常见的有推拉输出（F 型 HTL 格式）、电压输出（E）、集电极开路（C，常见 C 为 NPN 型输出，C2 为 PNP 型输出）、长线驱动器输出。其输出方式应和其控制系统的接口电路相匹配。

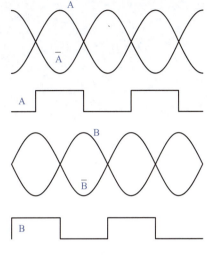

图 16-13　双通道信号的形成

第 17 章

三菱 MR-J4 伺服系统工程应用

伺服系统在工程中十分常用，在我国日系和欧系的伺服系统都得到了广泛的应用。特别是日系的三菱伺服系统，因其性价比高，功能强大，所以深受用户青睐，本章将介绍三菱 MR-J4 伺服系统。

17.1 三菱伺服系统

17.1.1 三菱伺服系统简介

三菱电动机是较早研究和生产交流伺服电动机的企业之一，三菱公司早在 20 世纪 70 年代就开始研发和生产变频器，积累了较为丰富的经验，是目前世界上少数能生产稳定可靠 15kW 以上伺服系统的厂家。

三菱公司的伺服系统是日系产品的典型代表，它具有可靠性好、转速高、容量大、相对容易使用，而且还是生产 PLC 的著名厂家，因此其伺服系统与 PLC 产品能较好地兼容，因此在专用加工设备、自动生产线、印刷机械、纺织机械和包装机械等行业得到了广泛的应用。

目前三菱公司生产的常用的通用伺服系统有本世纪初开发的 MR-J2S 系列、MR-3J 系列、MR-4J 系列、MR-JE 系列和小功率经济性的 MR-ES 系列等。

MR-3J 系列伺服驱动系统是替代 MR-J2S 系列的产品，可以用于三菱的直线电动机的速度、位置和转矩控制，其最大功率目前已达到 55kW。

MR-ES 系列伺服驱动器是用于 2kW 以下的经济型的产品系列，其性价比较高，可以替代 MR-E 系列，用于速度、位置和转矩控制。

MR-JE 系列是以 MR-J4 系列的伺服系统为基础，保留 MR-J4 系列的高性能，限值了其部分功能的 AC 伺服系统，用于速度、位置和转矩控制。其性价比高。

17.1.2 三菱 MR-J4 伺服系统接线

三菱 MR-J4 伺服系统，功能强大，可用于高精度定位、线控制和张力控制，因此本章以此型号为例进行介绍。

三菱 MR-J4
伺服系统接线

17.1.2.1 MR-J4 伺服系统的硬件功能图

三菱 MR-J4 伺服系统的硬件功能图如图 17-1 所示,图中断路器和接触器是通用器件,只要是符合要求的产品即可,电抗器和制动电阻可以根据需要选用。

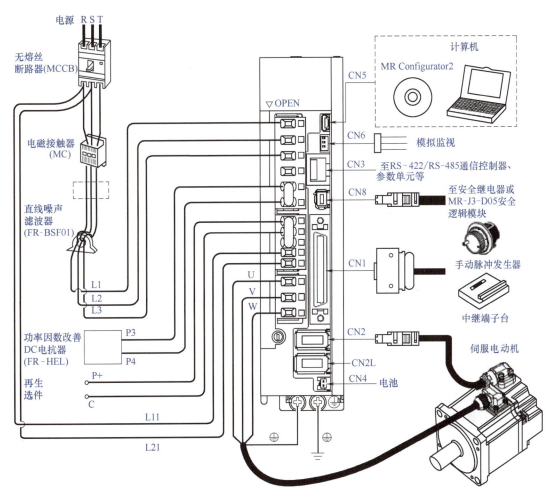

图 17-1 三菱 MR-J4 伺服系统的硬件功能图

17.1.2.2 MR-J4 伺服驱动器的接口

MR-J4 伺服驱动器的接口如图 17-2 所示。其各部分接口的作用见表 17-1。

(1) CN1 接口

MR-J4 伺服驱动器的 CN1 连接器定义了 50 个引脚。以下仅对几个重要引脚的含义作详细说明,其余的引脚读者可以查看三菱的手册。CN1 连接器引脚的详细说明见表 17-2。

(2) CN6 接口

连接器 CN6 的引脚含义见表 17-3。

17.1.2.3 伺服驱动器的主电路接线

三菱伺服系统主电路接线原理图如图 17-3 所示。

① 在主电路侧(三相 220V,L1、L2、L3)需要使用接触器,并能在报警发生时从外部断开接触器。

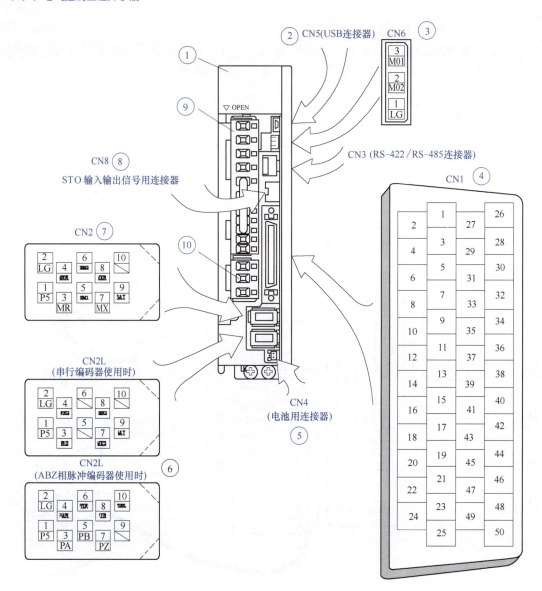

图 17-2　MR-J4 伺服驱动器接口

表 17-1　MR-J4 伺服驱动器外部各部分接口的作用

序号	名称	功能 / 作用
1	显示器	5 位 7 段 LED，显示伺服状态和报警代码
	操作部分	用于执行状态显示、诊断、报警和参数设置等操作 MODE　UP　DOWN　SET SET：用于设置数据 UP/DOWN：用于改变每种模式的显示或数据 MODE：用于改变模式

续表

序号	名称	功能/作用
2	CN5	迷你USB接口，用于修改参数，监控伺服
3	CN6	输出模拟监视数据
4	CN1	用于连接数字I/O信号
5	CN4	电池用连接器
6	CN2L	外部串行编码器或者ABZ脉冲编码器用接头
7	CN2	用于连接伺服电动机编码器的接头
8	CN8	STO输入输出信号连接器
9	CNP1	用于连接输入电源的接头
10	CNP3	用于连接伺服电动机的电源接头

表17-2　CN1连接器引脚的详细说明

引脚针号	代号	说　明
1、2、28	P15R、VC、LG	共同组成模拟量速度给定
1、27、28	P15R、TC、LG	共同组成模拟量转矩给定
10	PP	在位置控制方式下，其代号都是PP，其作用表示高速脉冲输入信号，是输入信号
12	OPC	在位置以及位置和速度控制方式下，其代号都是OPC，其作用是外接+24V电源的输入端，必须接入，是输入信号
15	SON	在位置、速度以及位置和速度控制方式下，其代号都是SON，其作用表示开启伺服驱动器信号，是输入信号
16	SP2	速度模式时，转速2
17	ST1	速度模式时，正转信号
18	ST2	速度模式时，反转信号
19	RES	在位置、速度以及位置和速度控制方式下，代号为RES，表示复位，是输入信号
20、21	DICOM	在位置、速度以及位置和速度控制方式下，其代号都是DICOM，数字量输入公共端子
35	NP	在位置控制方式下，其代号都是NP，其作用表脉冲方向信号，是输入信号
41	SP1	速度模式时，转速1
42	EM2	在位置、速度以及位置和速度控制方式下，其代号都是EM2，其作用表示开启伺服驱动器急停信号，断开时急停，是输入信号
43	LSP	在位置、速度和转矩控制方式下，其代号都是LSP，其作用表示正向限位信号，是输入信号
44	LSN	在位置、速度和转矩控制方式下，其代号都是LSN，其作用表示反向限位信号，是输入信号
46、47	DOCOM	在位置、速度以及位置和速度控制方式下，其代号都是DOCOM，数字量输出公共端子
48	ALM	在位置、速度以及位置和速度控制方式下，其代号都是ALM，其作用表示有报警时输出低电平信号，是输出信号
49	RD	在位置、速度以及位置和速度控制方式下，其代号都是RD，其作用表示伺服驱动器已经准备好，可以接受控制器的控制信号，是输出信号

② 控制电路电源（L11、L21）应和主电路电源同时投入使用或比主电路电源先投入使用。如果主电路电源不投入使用，显示器会显示报警信息。当主电路电源接通后，报警即消除，可以正常工作。

表 17-3　CN6 连接器的定义和功能

连接端子	代号	输出/输入信号	备注
1	LG	公共端子	—
2	MO2	MO2 与 LG 间的电压输出	模拟量输出
3	MO1	MO1 与 LG 间的电压输出	模拟量输出

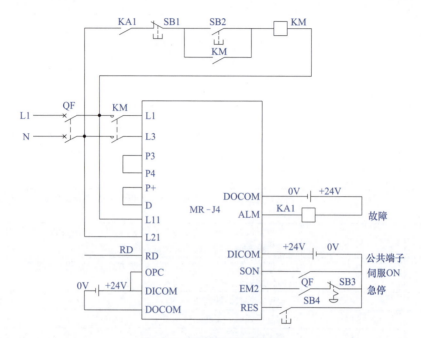

图 17-3　主电路接线原理图

③ 伺服放大器在主电路电源接通约 1s 后便可接收伺服开启信号（SON）。所以，如果在三相电源接通的同时将 SON 设定为 ON，那么约 1s 后主电路设为 ON，进而约 20ms 后，准备完毕信号（RD）将置为 ON，伺服驱动器处于可运行状态。

④ 复位信号（RES）为 ON 时主电路断开，伺服电动机处于自由停车状态。

17.1.2.4　伺服驱动器和伺服电动机的连接

伺服驱动器和伺服电动机的连接，如图 17-4 所示。

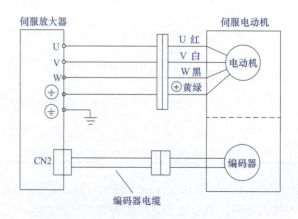

图 17-4　伺服驱动器和伺服电动机的连接

17.1.2.5 伺服驱动器控制电路接线

（1）数字量输入电路的接线

MR-J4 伺服系统支持漏型（NPN）和源型（PNP）两种数字量输入方式。漏型数字量输入实例如图 17-5 所示，可以看到有效信号是低电平有效。源型数字量输入实例如图 17-6 所示，可以看到有效信号是高电平有效。

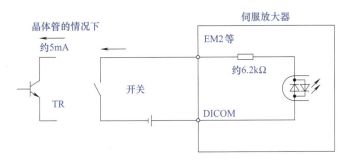

图 17-5 伺服驱动器漏型输入实例

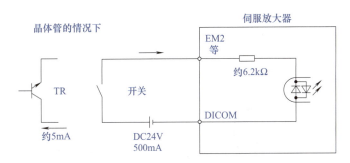

图 17-6 伺服驱动器源型输入实例

（2）数字量输出电路的接线

MR-J4 伺服系统支持漏型（NPN）和源型（PNP）两种数字量输出方式。漏型数字量输出实例如图 17-7 所示，可以看到有效信号是低电平。源型数字量输出实例如图 17-8 所示，可以看到有效信号是高电平。

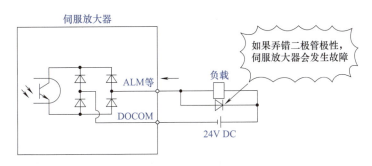

图 17-7 伺服驱动器漏型输出实例

（3）位置控制模式脉冲输入方法

① 集电极开路输入方式，如图 17-9 所示。集电极开路输入方式最高输入脉冲频率为 200kHz。

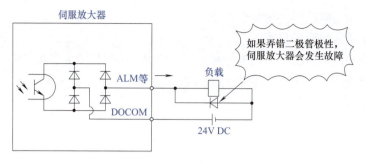

图 17-8　伺服驱动器源型输出实例

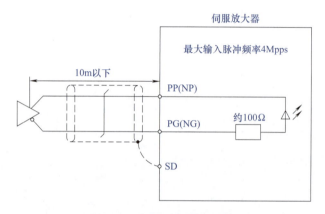

图 17-9　集电极开路输入方式

② 差动输入方式，如图 17-10 所示。差动输入方式最高输入脉冲频率为 500kHz。

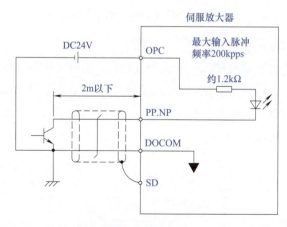

图 17-10　差动输入方式

（4）外部模拟量输入

外部模拟量输入的主要功能是进行速度调节和转矩调节或速度限制和转矩限制，一般输入阻抗 10～12kΩ。如图 17-11 所示。

（5）模拟量输出

模拟量输出的电压信号可以反映伺服驱动器的运行状态，如电动机的旋转速度、输入脉冲频率、输出转矩等，如图 17-12 所示。输出电压是 ±10V，电流最大为 1mA。

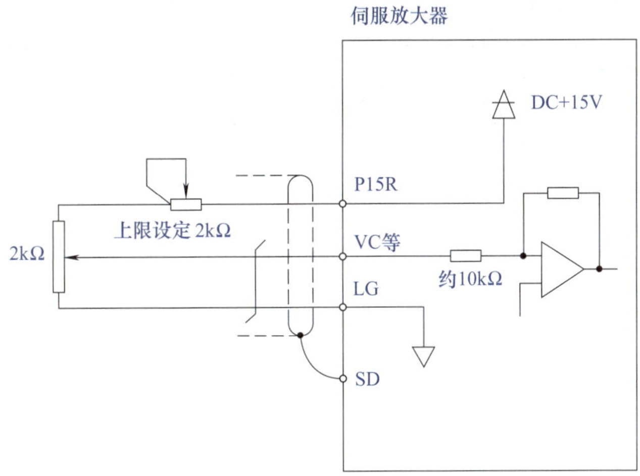

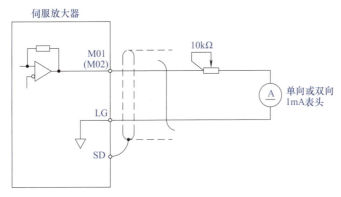

图 17-11　外部模拟量输入

图 17-12　模拟量输出

17.1.3　三菱伺服系统常用参数介绍

要准确高效地使用伺服系统，必须准确设置伺服驱动器的参数。MR-J4 伺服系统包含基本设定参数（Pr.PA＿＿）、增益/滤波器设定参数（Pr.PB＿＿）、扩展设定参数（Pr.PC＿＿）、输入输出设定参数（Pr.PD＿＿）、扩展设定参数2（Pr.PE＿＿）和扩展设定参数3（Pr.PF＿＿）等。参数简称前带有*号的在设定后一定要关闭电源，接通电源后才生效，例如参数 PA01 的简称为 *STY（运行模式），重新设定后需要断电重启生效。以下将对 MR-J4 伺服系统常用参数进行介绍。

（1）常用基本设定参数介绍

基本设定参数以"PA"开头，常用基本设定参数说明见表 17-4。

表 17-4　常用基本设定参数说明

编号	符号/名称	设定位	功　能	初始值	控制模式
PA01	*STY	＿＿＿x	选择控制模式 0：位置控制模式 1：位置控制模式/速度控制模式 2：速度控制模式 3：速度控制模式/转矩控制模式 4：转矩控制模式 5：转矩控制模式/速度控制模式	1000H	P.S.T

续表

编号	符号/名称	设定位	功　能	初始值	控制模式
PA06	CMX		电子齿轮比的分子	1	P
PA07	CDV		电子齿轮比的分母，通常：$\frac{1}{50} \leqslant \frac{CMX}{CDV} \leqslant 4000$	1	P
PA13	*PLSS	＿＿＿x	指令输入脉冲串形式选择 0：正转，反转脉冲串 1：脉冲串＋符号 2：A 相，B 相脉冲串	0H	P
		＿＿x＿	脉冲串逻辑选择 0：正逻辑 1：负逻辑	0H	P
		＿x＿＿	指令输入脉冲串滤波器选择 通过选择和指令脉冲频率匹配的滤波器，能够提高抗干扰能力。 0：指令输入脉冲串在 4Mpps 以下的情况 1：指令输入脉冲串在 1Mpps 以下的情况 2：指令输入脉冲串在 500kpps 以下的情况 "1"对应到 1Mpps 位置的指令。输入 1～4Mpps 的指令时，请设定"0"。	1H	P
		x＿＿＿	厂商设定用	0H	P

举例

指令输入脉冲形态选择

设置值	脉冲串形态		正转指令时	反转指令时
0010h	负逻辑	正转脉冲串 反转脉冲串	PP ⎍⎍⎍⎍ NP ――――	PP ―――― NP ⎍⎍⎍⎍
0011h		脉冲串＋符号	PP ⎍⎍⎍⎍ NP ――― L	PP ⎍⎍⎍⎍⎍ NP ――― H
0012h		A 相脉冲串 B 相脉冲串	PP ⎍⎍⎍⎍ NP ⎍⎍⎍⎍	PP ⎍⎍⎍⎍ NP ⎍⎍⎍⎍
0000h	正逻辑	正转脉冲串 反转脉冲串	PP ⎍⎍⎍⎍ NP	PP NP ⎍⎍⎍⎍
0001h		脉冲串＋符号	PP ⎍⎍⎍⎍ NP ― H	PP ⎍⎍⎍⎍⎍ NP ― L
0002h		A 相脉冲串 B 相脉冲串	PP ⎍⎍⎍⎍ NP ⎍⎍⎍⎍	PP ⎍⎍⎍⎍ NP ⎍⎍⎍⎍

编号	符号/名称	设定位	功　能	初始值	控制模式
PA19	*BLK		参数写入禁止	00AAh	P.S.T

注：表中 P 表示位置模式，S 表示速度模式，T 表示转矩模式。

在进行位置控制模式时，需要设置电子齿轮，电子齿轮的设置和系统的机械结构、控制精度有关。电子齿轮的设定范围为：$\frac{1}{50} \leqslant \frac{CMX}{CDV} \leqslant 4000$。

假设上位机（PLC）向驱动器发出1000个脉冲（假设电子齿轮比为1∶1），则偏差计数器就能产生1000个脉冲，从而驱动伺服电动机转动。伺服电动机转动后，编码器则会产生脉冲输出，反馈给偏差计数器，编码器产生一个脉冲，偏差计数器则减1，产生两个脉冲则减2，因此编码器旋转后一直产生反馈脉冲，偏差计数器一直作减法运算，当编码器反馈1000个脉冲后，偏差计数器内脉冲就减为0，此时，伺服电动机就会停止。因此，实际上当上位机发出脉冲，伺服电动机就旋转，当编码器反馈的脉冲数等于上位机发出的脉冲数后，伺服电动机停止。

因此得出：上位机所发出的脉冲数＝编码器反馈的脉冲数。

电子齿轮实际上是一个脉冲放大倍率。实际上，上位机所发的脉冲经电子齿轮放大后再送入偏差计数器，因此上位机所发的脉冲不一定就是偏差计数器所接收到的脉冲。

计算公式：上位机发出的脉冲数 × 电子齿轮 = 偏差计数器接收的脉冲。而偏差计数器接收的脉冲数 = 编码器反馈的脉冲数。

计算电子齿轮有关的概念如下。

① 编码器分辨率　编码器分辨率即为伺服电动机编码器的分辨率，也就是伺服电动机旋转一圈，编码器所能产生的反馈脉冲数。编码器分辨率是一个固定的常数，伺服电动机选好后，编码器分辨率也就固定了。

② 丝杠螺距　丝杠即为螺纹式的螺杆，电动机旋转时，带动丝杠旋转，丝杠旋转后，可带动滑块作前进或后退的动作。如图17-13所示。

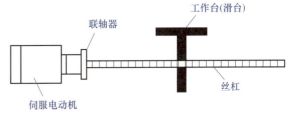

图17-13　伺服电动机带动丝杠示意图

丝杠的螺距即为相邻的螺纹之间的距离。实际上丝杠的螺距即丝杠旋转一周工作台所能移动的距离。螺距是丝杠的固有参数，是一个常量。

③ 脉冲当量　脉冲当量即为上位机（PLC）发出一个脉冲，实际工作台所能移动的距离。因此脉冲当量也就是伺服系统的精度。

比如说脉冲当量规定为1μm，则表示上位机（PLC）发出一个脉冲，实际工作台可以移动1μm。因为PLC最少只能发一个脉冲，因此伺服系统的精度就是脉冲当量的精度，也就是1μm。

【例17-1】　如图17-13所示，伺服编码器分辨率为131072，丝杠螺距是10mm，脉冲当量为10μm，计算电子齿轮是多少？

计算齿轮比的方法

【解】　脉冲当量为10μm，表示PLC发一个脉冲工作台可以移动10μm，那么要让工作台移动一个螺距（10mm），则PLC需要发出1000个脉冲，相当于PLC发出1000个脉冲，工作台可以移动一个螺距。那工作台移动一个螺距，丝杠需要转一圈，伺服电动机也需要转一圈，伺服电动机转一圈，编码器能产生131072个脉冲。

根据：

PLC发的脉冲数 × 电子齿轮 = 编码器反馈的脉冲数

1000 × 电子齿轮 =131072

电子齿轮 =131072/1000

（2）常用扩展设定参数介绍

扩展设定参数以"PC"开头，常用扩展设定参数说明见表17-5。

表 17-5 常用扩展设定参数说明

编号	符号/名称	设定位	功能	初始值	控制模式
PC01	STA		加速时间 设定的速度指令比额度转速低的时候，加减速时间会变短。 [Pr.Pc01]的设定值　[Pr.Pc02]的设定值	0ms	S.T
PC02	STB		减速时间	0ms	S.T
PC05	SC1		内部速度 1	100r/min	S.T
PC06	SC2		内部速度 2	500r/min	S.T
PC07	SC3		内部速度 3	1000r/min	S.T

注：表中 S 表示速度模式，T 表示转矩模式。

（3）常用输入输出设定参数介绍

输入输出设定参数以"PD"开头，常用输入输出设定参数说明见表 17-6。

表 17-6 常用输入输出设定参数说明

编号	符号/名称	设定位	功能	初始值	控制模式
PD01	*DIA1		输入信号自动选择		
		＿＿＿x （HEX）	＿＿＿x（BIN）：厂商设定用	0H	—
			＿＿x＿（BIN）：厂商设定用		
			＿x＿＿（BIN）：SON（伺服开启） 0：无效（用于外部输入信号） 1：有效（自动 ON）		P.S.T
			x＿＿＿（BIN）：厂商设定用		—
		＿＿x＿ （HEX）	＿＿＿x（BIN）：PC（比例控制） 0：无效（用于外部输入信号） 1：有效（自动 ON）	0H	P.S
			＿＿x＿（BIN）：TL（外部转矩限制控制） 0：无效（用于外部输入信号） 1：有效（自动 ON）		P.S
			＿x＿＿（BIN）：厂商设定用		
			x＿＿＿（BIN）：厂商设定用		—
		＿x＿＿ （HEX）	＿＿＿x（BIN）：厂商设定用	0H	—
			＿＿x＿（BIN）：厂商设定用		
			＿x＿＿（BIN）：LSP（正转行程末端） 0：无效（用于外部输入信号） 1：有效（自动 ON）		P.S
			x＿＿＿（BIN）：LSN（反转行程末端） 0：无效（用于外部输入信号） 1：有效（自动 ON）		P.S
		x＿＿＿ （HEX）	厂商设定用	0H	—

注：表中 P 表示位置模式，S 表示速度模式，T 表示转矩模式。

输入信号自动选择PD01是比较有用的参数，如果不设置此参数，要运行伺服系统，必须将SON、LSP、LSN与输入公共端DICOM进行接线短接。如果合理设置此参数（如将PD01设置为0C04）可以不需要将SON、LSP、LSN与输入公共端DICOM进行接线短接。

17.1.4 用操作单元设置三菱伺服系统参数

（1）操作单元简介

通用伺服驱动器是一种可以独立使用的控制装置，为了对驱动器进行设置、调试和监控，伺服驱动器一般都配有简单的操作单元，如图17-14所示。利用伺服放大器正面的显示部分（5位7段LED），可以进行状态显示和参数设置等。可在运行前设定参数、诊断异常时的故障、确认外部程序、确认运行期间状态。操作单元上4个按键，其作用如下：

MODE：每次按下此按键，在操作/显示之间转换。

UP：数字增加/显示转换键。

DOWN：数字减少/显示转换键。

SET：数据设置键。

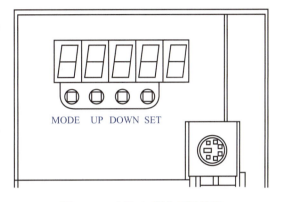

图17-14 MR-J4操作显示单元

（2）状态显示

MR-J4的驱动器可选择状态显示、诊断显示、报警显示和参数显示，共4种显示模式，显示模式由"MODE"按键切换。MR-J4的驱动器的状态显示举例，见表17-7。

表17-7 MR-J4的驱动器的状态显示举例

显示类别	显示状态	显示内容	其他说明
状态显示	C	反馈累积脉冲	
诊断显示	rd-oF	准备未完成	
	rd-on	准备完成	
报警显示	AL---	没有报警	
	AL33.1	发生AL33.1号报警	主电路电压异常
参数显示	P A01	基本参数	
	P b01	输入输出设定参数	
	P C01	扩展参数	
	P d01	输入输出设定参数	
	P E01	扩展参数1	

（3）参数的设定

参数的设定流程如图 17-15 所示。

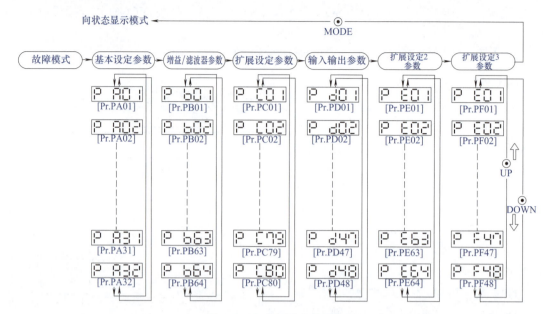

图 17-15　参数的设定流程

【例 17-2】　请设置电子齿轮的分子为 2。

【解】　电子齿轮的分子是 PA06，也就是要 PA06=2。方法如下。

① 首先给伺服驱动器通电，再按模式选择键"MODE"，数码管上显示"0"，此时，第 1 次按"MODE"按键，显示"AUTO"，第 2 次按"MODE"按键，显示"rd-on"，第 3 次按"MODE"按键，显示"AL---"，第 4 次按"MODE"按键，显示"P A01"。

② 按向上加按键"UP"6 次（到数码管上显示"PA06"为止）。

③ 按设置按键"SET"，数码管显示的数字为"01"，因为电子齿轮的分子 PA06 默认数值是 1。

④ 按向上加按键"UP"1 次（到数码管上显示"02"为止），此时数码管上显示"02"是闪烁的，表明数值没有设定完成。

⑤ 按设置按键"SET"，设置完成，这一步的作用实际就是起到"确定"（回车）的作用。

⑥ 断电后，重新上电，参数设置起作用。

【关键点】　带"*"的参数断电后，重新上电，参数设置起作用。这一点容易被初学者忽略。

17.1.5　用 MR Configurator2 软件设置三菱伺服系统参数

MR Configurator2 是三菱公司为伺服驱动系统开发的专用软件，可以设置参数以及调试伺服驱动系统。以下简要介绍设置参数的过程。

用 MR Configurator2 软件设置三菱伺服系统参数

① 首先打开 MR Configurator2 软件，单击工具栏中的"新建"按钮，弹出如图 17-16 所示的界面，选择伺服驱动器机种，本例为"MR-J4-A（-RJ）"，单击"确定"按钮。

② 单击工具栏中的"连接"按钮，将 MR Configurator2 软件与伺服驱动器连接在一起。

如图 17-17 所示，选中"参数"（图中① 处）→"参数设置"（图中② 处）→"列表显示"（图中③ 处），在表格中（图中④ 处）输入需要修改的参数，单击"轴写入"（图中⑤ 处）按钮。之后断电重启伺服驱动器。

图 17-16　新建

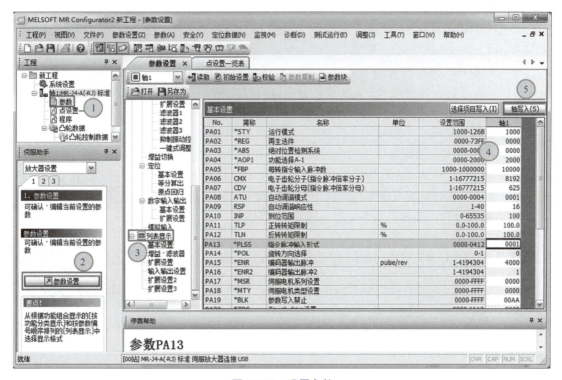

图 17-17　设置参数

17.2 ▶ 三菱 MR-J4 伺服系统工程应用

17.2.1　伺服系统的工作模式

伺服系统的工作模式分为位置控制模式、速度控制模式、转矩控制模式。在这三种控制模式中，根据控制要求选择其中的一种或者两种模式，当选择两种控制模式时，需要通过外部开关进行选择。

（1）位置控制模式

位置控制模式是利用上位机产生的脉冲来控制伺服电动机转动，脉冲的个数决定伺服电动机转动的角度（或者是工作台移动的距离），脉冲频率决定电动机的转速。数控机床的工作台控制就属于位置控制模式。控制原理与步进电动机类似。上位机若采用 PLC，则 PLC 将脉冲送入伺服放大器，伺服放大器再来控制伺服电动机旋转。即 PLC 输出脉冲，伺服放大器接受脉冲。PLC 发脉冲时，需选择晶体管输出型。

对伺服驱动器来说，最高可以接收 500kHz 的脉冲（差动输入），集电极输入是 200kHz。电动机输出的力矩由负载决定，负载越大，电动机输出的力矩越大，当然不能超出电动机的额定负载。

急剧的加减速或者过载而造成主电路过流会影响功率器件，因此伺服放大器嵌位电路以限制输出转矩，转矩的限制可以通过模拟量或者参数设置来进行调整。

（2）速度控制模式

速度控制模式是维持电动机的转速保持不变。当负载增大时，电动机输出的力矩增大；负载减小时，电动机输出的力矩减小。

速度控制模式速度的设定可以通过模拟量（0～±10V DC）或通过参数来进行调整，最多可以设置 7 速。其控制的方式和变频器相似，但是速度控制可以通过内部编码器反馈脉冲作反馈，构成闭环。

（3）转矩控制模式

转矩控制模式是维持电动机输出的转矩而进行控制，如恒张力控制，收卷系统的控制，需要采用转矩控制模式。在转矩控制模式中，由于电动机输出的转矩是一定的，所以当负载变化时，电动机的转速也发生变化。转矩控制模式中的转矩调整可以通过模拟量（0～±8V DC）或者参数设置内部转矩指令控制伺服输出的转矩。

17.2.2 PLC 对 MR-J4 伺服系统的位置控制

伺服系统的位置控制在工程实践中最为常见，以下用一个实例介绍 PLC 对 MR-J4 伺服系统的位置控制。

PLC 对 MR-J4 伺服系统的位置控制

【例 17-3】 已知伺服系统的编码器的分辨率为 4194304，脉冲当量定义为 0.001mm，工作台螺距是 10mm。要求压下启动按钮，正向行走 50mm，停 2s，再正向行走 50mm，停 2s，返回原点，停 2s，如此往复运行，停机后，压下启动按钮可以继续按逻辑运行。设计此方案，并编写控制程序。

【解】

（1）设计原理图

设计原理图，如图 17-18 所示。

（2）计算电子齿轮比

因脉冲当量为 0.001mm，则 PLC 发出 1000 个脉冲，工作杆可以移动 1mm。丝杠螺距为 10mm，则要使工作台移动一个螺距，PLC 需要发出 10000 个脉冲。

$$10000 \times \frac{CMX}{CDV} = 4194304$$

则电子齿轮比为：

$$\frac{CMX}{CDV} = 4194304/10000 = 262144/625$$

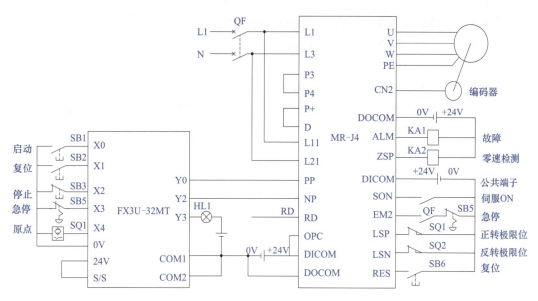

图 17-18 原理图

(3) 计算脉冲距离

① 从原点到第 1 位置距离为 50mm，而一个脉冲能移动 0.001mm，则 50mm 需要发出 50000 个脉冲。

② 从原点到第 2 位置距离为 100mm，而一个脉冲能移动 0.001mm，则 100mm 需要发出 100000 个脉冲。

(4) 计算脉冲频率（转速）

脉冲频率计算即伺服电动机转速计算。

① 原点回归高速：定义为 0.75r/s，低速（爬行速度）为 0.25r/s，则原点回归高速频率为 7500Hz，回归低速为 2500Hz。

② 自动运行速度：按照要求，可定义转速为 4r/s，自动运行频率为 40000Hz，即 1 秒钟 4 转，也就是 1 秒能走 40mm。

(5) 伺服驱动器的参数设置

设置伺服驱动器的参数见表 17-8。

表 17-8 设置伺服驱动器的参数

参数	名称	出厂值	设定值	说明
PA01	控制模式选择	1000	1000	设置成位置控制模式
PA06	电子齿轮分子	1	262144	设置成上位机发出 10000 个脉冲电动机转一周
PA07	电子齿轮分母	1	625	
PA13	指令脉冲选择	0000	0011	选择脉冲串输入信号波形，负逻辑，设定脉冲加方向控制
PD01	用于设定 SON、LSP、LSN 的自动置 ON	0000	0C04	SON、LSP、LSN 内部自动置 ON

(6) 指令介绍

① 绝对位置控制指令 DRVA

绝对驱动方式是指由原点（0点）开始计量距离的方式。

梯形图如图17-19所示。当X001接通，DRVA指令开始通过Y000输出脉冲。D0为脉冲输出数量（PLS），D2为脉冲输出频率（Hz），Y000为脉冲输出地址，Y004为脉冲方向信号。如果D0为正数，则Y004变为ON，如果D0为负数，则Y004变为OFF。若在指令执行过程中，指令驱动的接点X001变为OFF，将减速直至停止。此时执行完成标志M8029不动作。

图 17-19　梯形图（1）

② 原点回归指令 ZRN

梯形图如图17-20所示。

图 17-20　梯形图（2）

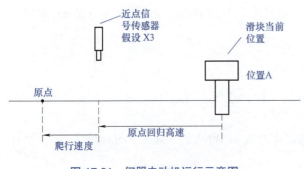

图 17-21　伺服电动机运行示意图

如图7-21所示，在当前位置A处，驱动条件X001接通，则开始执行原点回归。在原点回归过程中，还未感应到近点信号X003时，滑块以D4的速度高速回归。在感应到近点信号X003后，滑块减速到D7（爬行速度），开始低速运行。当滑块脱离近点信号X003后，滑块停止运行，原点确定，原点回归结束。

（7）编写程序

程序如图17-22所示。

17.2.3　PLC对MR-J4伺服系统的速度控制

伺服系统的速度控制类似于变频器的速度控制，以下用一个实例介绍PLC对MR-J4伺服系统的速度控制。

【例17-4】已知伺服系统为MR-J4，要求压下启动按钮，正向转速为50r/min行走10s；再正向转速为100r/min行走10s，停2s；再反向转速为200r/min行走10s。设计此方案，并编写程序。

PLC对MR-J4伺服系统的速度控制

【解】

（1）设计原理图

原理图如图17-23所示。

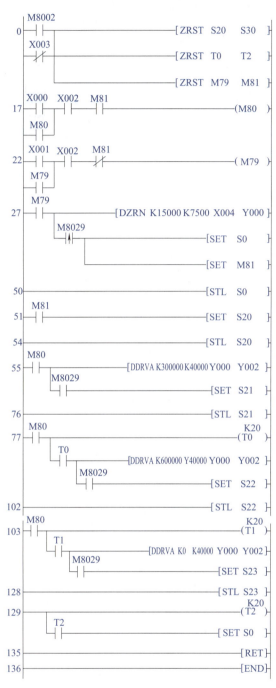

图 17-22 梯形图

（2）外部输入信号

外部输入信号与速度的对应关系见表 17-9。

（3）伺服驱动器的参数设置

伺服驱动器的参数设置见表 17-10。

（4）编写程序

程序如图 17-24 所示。

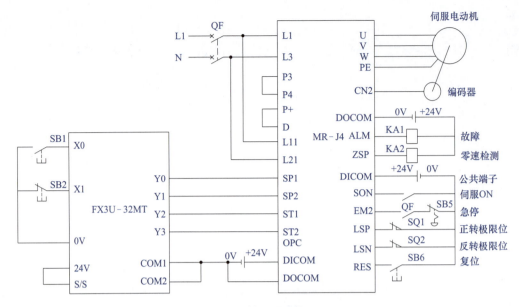

图 17-23 原理图

表 17-9 外部输入信号与速度的对应关系

外部输入信号					速度指令
ST1（Y2）	ST2（Y3）	SP1（Y0）	SP2（Y1）	SP3（Y4）	
0	0	0	0	0	电动机停止
1	0	1	0	0	速度1（PC05=50）
1	0	0	1	0	速度2（PC06=100）
0	1	1	1	0	速度3（PC07=200）

表 17-10 伺服驱动器的参数

参数	名称	出厂值	设定值	说明
PA01	控制模式选择	0000	1002	设置成速度控制模式
PC01	加速时间常数	0	1000	100ms
PC02	减速时间常数	0	1000	100ms
PC05	内部速度1	100	50	50r/min
PC06	内部速度2	500	100	100r/min
PC07	内部速度3	1000	200	200r/min
PD01	用于设定 SON、LSP、LSN 的自动置 ON	0000	0C04	SON、LSP、LSN 内部自动置 ON

17.2.4　PLC 对 MR-J4 伺服系统的转矩控制

伺服系统的转矩控制在工程中也是很常用的，常用于张力控制，以下用一个实例介绍 PLC 对 MR-J4 伺服系统的转矩控制。

【例 17-5】 有一收卷系统，要求在收卷时纸张所受到的张力保持不变，当收卷到 100m 时，电动机停止。切刀工作，把纸切断，示意图如图 17-25 所示。设计此方案，并编写程序。

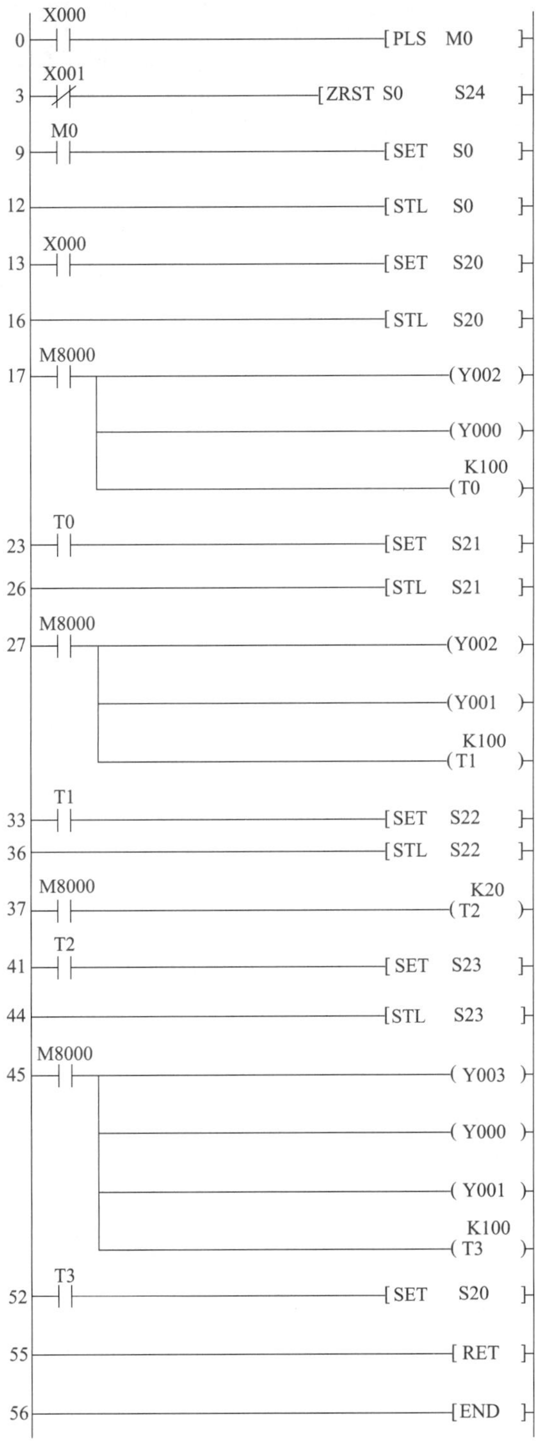

```
         X000
    0    ─┤├──────────────────────[PLS  M0 ]
         X001
    3    ─┤/├─────────────────────[ZRST S0  S24]
         M0
    9    ─┤├──────────────────────[SET  S0 ]
   12    ─────────────────────────[STL  S0 ]
         X000
   13    ─┤├──────────────────────[SET  S20]
   16    ─────────────────────────[STL  S20]
         M8000
   17    ─┤├──────────────────────( Y002 )
              ├──────────────────( Y000 )
              │                    K100
              └──────────────────( T0 )
         T0
   23    ─┤├──────────────────────[SET  S21]
   26    ─────────────────────────[STL  S21]
         M8000
   27    ─┤├──────────────────────( Y002 )
              ├──────────────────( Y001 )
              │                    K100
              └──────────────────( T1 )
         T1
   33    ─┤├──────────────────────[SET  S22]
   36    ─────────────────────────[STL  S22]
         M8000                     K20
   37    ─┤├──────────────────────( T2 )
         T2
   41    ─┤├──────────────────────[SET  S23]
   44    ─────────────────────────[STL  S23]
         M8000
   45    ─┤├──────────────────────( Y003 )
              ├──────────────────( Y000 )
              ├──────────────────( Y001 )
              │                    K100
              └──────────────────( T3 )
         T3
   52    ─┤├──────────────────────[SET  S20]
   55    ─────────────────────────[RET ]
   56    ─────────────────────────[END ]
```

图 17-24　梯形图

【解】
（1）分析与计算
① 收卷系统要求在收卷的过程中纸张所受到的张力不变，开始收卷时半径小，要求

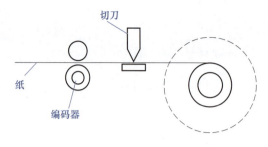

图 17-25 示意图

电动机转的快，当收卷半径变大时，电动机转速变慢。因此采用转矩控制模式。

② 因要测量纸张的长度，故需编码器，假设编码器的分辨率是 1000 脉冲 /r，安装编码器的辊子周长是 50mm。故纸张的长度和编码器输出脉冲的关系式是：

$$编码器输出的脉冲数 = \frac{纸张的长度（m）}{50} \times 1000 \times 1000$$

（2）设计原理图

原理图如图 17-26 所示。

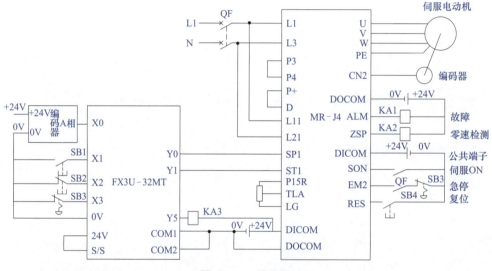

图 17-26 原理图

（3）伺服驱动器的参数设置

伺服驱动器的参数设置见表 17-11。

表 17-11 伺服驱动器的参数

参数	名称	出厂值	设定值	说明
PA01	控制模式选择	1000	1004	设置成转矩控制模式
PA019	读写模式		000C	读写全开放
PC01	加速时间常数	0	500	500ms
PC02	减速时间常数	0	500	500ms
PC05	内部速度 1	100	1000	1000r/min
PD01	用于设定 SON、LSP、LSN 是否内部自动设置 ON	0000	0C04	SON 内部置 ON，LSP、LSN 外部置 ON
PD03	输入信号选择	0002	2202	速度 1 模式

（4）编写程序

程序如图 17-27 所示。

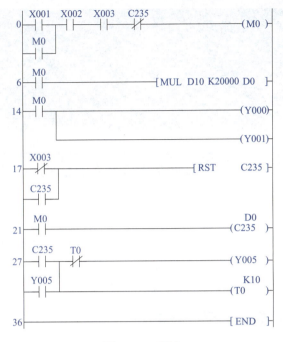

图 17-27 程序

第18章

西门子 SINAMICS V90 伺服系统工程应用

伺服系统在工程中得到了广泛的应用，日系的三菱伺服系统和欧系的西门子伺服系统在我国都有不小的市场份额，本章讲解西门子 SINAMICS V90 伺服系统工程应用。

18.1 西门子伺服系统

18.1.1 西门子伺服系统简介

西门子公司把交流伺服驱动器称为变频器。以下将介绍常用西门子的伺服系统。

（1）SINAMICS V

此系列变频器只涵盖关键硬件以及功能，因而实现了高耐用性。同时投入成本很低，操作可直接在变频器上完成。

① SINAMICS V60 和 V80：是针对步进电动机而推出的两款产品，当然也可以驱动伺服电动机。只能接收脉冲信号。有人称其为简易型的伺服驱动器。

② SINAMICS V90：有两大类产品，第一类主要针对步进电动机而推出的产品，同时也可以驱动伺服电动机。能接收脉冲信号，也支持 USS 和 Modbus 总线。第二类支持 PROFINET 总线，不能接收脉冲信号，也不支持 USS 和 Modbus 总线。运动控制时配合西门子的 S7-200 SMART PLC 使用，性价比较高。

（2）SINAMICS S

SINAMICS S 系列变频器是高性能变频器，功能强大，价格较高。

① SINAMICS S110：主要用于机床设备中的基本定位。

② SINAMICS S120：6SE70 系列变频器的升级版，控制面板是 CU320（早期 CU310），功能强大。可以驱动交流异步电动机、交流同步电动机和交流伺服电动机。主要用于包装机、纺织机械、印刷机械和机床设备中的定位。

③ SINAMICS S150：主要用于试验台、横切机和离心机等大功率设备。

18.1.2 V90 伺服系统的接线

SINAMICS V90 伺服驱动系统包括伺服驱动器和伺服电动机两部分，伺服驱动器和其对应的同功率的伺服电动机配套使用。SINAMICS V90（后续

西门子 V90 伺服系统接线

章节简称 V90）伺服驱动器有两大类。

一类是通过脉冲输入接口直接接收上位控制器发来的脉冲系列（PTI），进行速度和位置控制，通过数字量接口信号来完成驱动器运行和实时状态输出。这类 V90 伺服系统还集成了 USS 和 Modbus 现场总线。

另一类是通过现场总线 PROFINET，进行速度和位置控制。这类 V90 伺服系统没有集成 USS 和 Modbus 现场总线。西门子的主流伺服驱动系统一般为现场总线控制。

（1）V90 伺服系统的硬件功能图

西门子 V90 伺服系统的硬件功能图如图 18-1 所示，图中断路器和接触器是通用器件，只要符合要求的产品即可，电抗器和制动电阻可以根据需要选用。

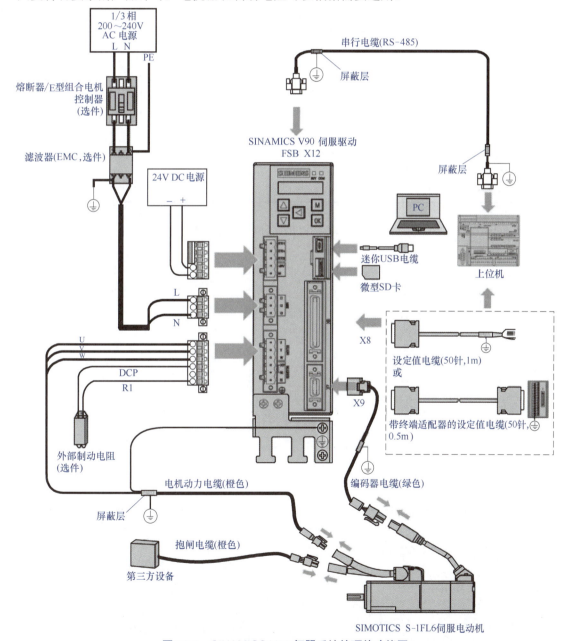

图 18-1　SINAMICS V90 伺服系统的硬件功能图

(2) V90 伺服系统的主电路的接线

V90 伺服驱动器与伺服电动机的连线如图 18-2 所示，只要将伺服驱动器和电机动力线 U、V、W 连接在一起即可。

(3) 24 V 电源 /STO 端子的接线

24 V 电源 /STO 端子的定义见表 18-1。

24 V 电源 /STO 端子的接线如图 18-3 所示，+24 V 和 M 端子是外部向伺服提供 +24V 的电源的端子。

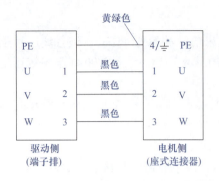

图 18-2 伺服驱动器和伺服电动机的连接

表 18-1 24 V 电源 /STO 端子的定义

接口	信号名称	描述
	STO 1	安全扭矩停止通道 1
	STO +	安全扭矩停止的电源
	STO 2	安全扭矩停止通道 2
	+24V	电源，DC 24 V
	M	电源，DC 0 V

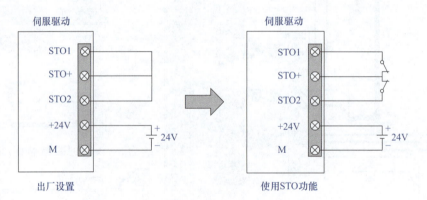

图 18-3 24 V 电源 /STO 端子的接线

(4) 控制 / 状态接口 X8 的接线

控制 / 状态接口 X8 的定义见表 18-2。

表 18-2 控制 / 状态接口 X8 的定义

针脚号	信号	描述	针脚号	信号	描述
脉冲输入（PTI）/ 编码器脉冲输出（PTO）					
1、2、26、27		通过脉冲输入实现位置设定值 5V 高速差分脉冲输入（RS-485） 最大频率：1MHz 此通道的信号传输具有更好的抗扰性	36、37、38、39		通过脉冲输入实现位置设定值 24V 单端脉冲输入 最大频率：200kHz
15、16、40、41		带 5V 高速差分信号的编码器仿真脉冲输出（A+/A−、B+/B−）	42、43		带 5V 高速差分信号的编码器零相脉冲输出

续表

针脚号	信号	描述	针脚号	信号	描述
17		带集电极开路的编码器零相脉冲输出			
1	PTIA_D+	A 相 5V 高速差分脉冲输入（+）	15	PTOA+	A 相 5V 高速差分编码器脉冲输出（+）
2	PTIA_D-	A 相 5V 高速差分脉冲输入（-）	16	PTOA-	A 相 5V 高速差分编码器脉冲输出（-）
26	PTIB_D+	B 相 5V 高速差分脉冲输入（+）	17	PTOZ(OC)	Z 相编码器脉冲输出信号（集电极开路输出）
27	PTIB_D-	B 相 5V 高速差分脉冲输入（-）	24	M	PTI 和 PTI_D 参考地
36	PTIA_24P	A 相 24V 脉冲输入，正向	25	PTOZ(OC)	Z 相脉冲输出信号参考地（集电极开路输出）
37	PTIA_24M	A 相 24V 脉冲输入，接地	40	PTOB+	B 相 5V 高速差分编码器脉冲输出（+）
38	PTIB_24P	B 相 24V 脉冲输入，正向	41	PTOB-	B 相 5V 高速差分编码器脉冲输出（-）
39	PTIB_24M	B 相 24V 脉冲输入，接地	42	PTOZ+	Z 相 5V 高速差分编码器脉冲输出（+）
			43	PTOZ-	Z 相 5V 高速差分编码器脉冲输出（-）
数字量输入/输出					
3	DI_COM	数字量输入信号公共端	23	Brake	电机抱闸控制信号（仅用于 SINAMICS V90 200V 系列）
4	DI_COM	数字量输入信号公共端	28	P24V_DO	用于数字量输出的外部 24V 电源
5	DI1	数字量输入 1	29	DO4+	数字量输出 4+
6	DI2	数字量输入 2	30	DO1	数字量输出 1
7	DI3	数字量输入 3	31	DO2	数字量输出 2
8	DI4	数字量输入 4	32	DO3	数字量输出 3
9	DI5	数字量输入 5	33	DO4-	数字量输出 4-
10	DI6	数字量输入 6	34	DO5+	数字量输出 5+
11	DI7	数字量输入 7	35	DO6+	数字量输出 6+
12	DI8	数字量输入 8	44	DO5-	数字量输出 5-
13	DI9	数字量输入 9	49	DO6-	数字量输出 6-
14	DI10	数字量输入 10	50	MEXT_DO	用于数字量输出的外部 24V 接地
模拟量输入/输出					
18	P12AI	模拟量输入的 12V 电源输出	45	AO_M	模拟量输出接地
19	AI1+	模拟量输入通道 1，正向	46	AO1	模拟量输出通道 1
20	AI1-	模拟量输入通道 1，负向	47	AO_M	模拟量输出接地
21	AI2+	模拟量输入通道 2，正向	48	AO2	模拟量输出通道 2
22	AI2-	模拟量输入通道 2，负向			
24	—	保留			
25	—	保留			
29	P24V_DO	用于数字量输出的外部 24V 电源			
33	DO4	数字量输出 4			
34	DO5	数字量输出 5			
35	DO6	数字量输出 6			
44	—	保留			
49	MEXT_DO	用于数字量输出的外部 24V 接地			

① 数字量输入/输出（DI/DO） 数字量输入端子是 DI0~DI8（5～8 号管脚），输出端子是 DO0~DO6，每一个端子对应一个参数，每个参数都有一个默认值，对应一个特殊的功

能，此功能可以通过修改参数而改变。比如 5 号管脚即 DI0，对应的参数是 P29301，参数的默认值是 1，对应的功能是 SON，如果将此参数修改为 3，对应的功能是 CCW（顺时针超行程限位）。

数字量输入 / 输出（DI/DO）端子的详细定义见表 18-3。

表 18-3　数字量输入 / 输出（DI/DO）端子的详细定义

针脚号	数字量输入 / 输出	参数	默认信号 / 值			
			下标 0（PTI）	下标 1（IPos）	下标 2（S）	下标 3（T）
5	DI1	p29301	1（SON）	1（SON）	1（SON）	1（SON）
6	DI2	p29302	2（RESET）	2（RESET）	2（RESET）	2（RESET）
7	DI3	p29303	3（CWL）	3（CWL）	3（CWL）	3（CWL）
8	DI4	p29304	4（CCWL）	4（CCWL）	4（CCWL）	4（CCWL）
9	DI5	p29305	5（G-CHANGE）	5（G-CHANGE）	12（CWE）	12（CWE）
10	DI6	p29306	6（P-TRG）	6（P-TRG）	13（CCWE）	13（CCWE）
11	DI7	p29307	7（CLR）	21（POS1）	15（SPD1）	18（TSET）
12	DI8	p29308	10（TLIM1）	22（POS2）	16（SPD2）	19（SLIM1）
30	DO1	p29330	1（RDY）			
31	DO2	p29331	2（FAULT）			
32	DO3	p29332	3（INP）			
29/33	DO4	p29333	5（SPDR）			
34/44	DO5	p29334	6（TLR）			
35/49	DO6	p29335	8（MBR）			

常用数字量输入功能的含义见表 18-4。

表 18-4　常用数字量输入功能的含义

编号	名称	描述	控制模式			
			PTI	IPos	S	T
1	SON	伺服开启，0 → 1：接通电源电路，使伺服驱动准备就绪	√	√	√	√
2	RESET	0 → 1：复位报警	√	√	√	√
3	CCL	1 → 0：顺时针超行程限制（正限位）	√	√	√	√
4	CCWL	1 → 0：逆时针超行程限制（负限位）	√	√	√	√
6	P-TRG	在 PTI 模式下：脉冲允许 / 禁止 0：允许通过脉冲设定值运行 1：禁止脉冲设定值 在 IPos 模式下：位置触发器 0 → 1：根据已选的内部位置设定值开始定位	√	√	×	×
7	CLR	清除位置控制剩余脉冲 0：不清除 1：按 P29242 选中的模式清除脉冲	√	×	×	×
8	EGEAR1	电子齿轮 EGEAR2：EGEAR1 0：0：电子齿轮比 1 0：1：电子齿轮比 2 1：0：电子齿轮比 3 1：1：电子齿轮比 4	√	×	×	×
9	EGEAR2		√	×	×	×
12	CWE	使能顺时针旋转	×	×	√	√
13	CCWE	使能逆时针旋转	×	×	√	√

续表

编号	名称	描述	控制模式			
			PTI	IPos	S	T
15	SPD1	旋转速度模式：内部速度设定值 SPD3：SPD2：SPD1 0：0：0：外部模拟量速度设定值	×	×	√	×
16	SPD2	0：0：1：内部速度设定值1 0：1：0：内部速度设定值2 0：1：1：内部速度设定值3	×	×	√	×
17	SPD3	1：0：0：内部速度设定值4 1：0：1：内部速度设定值5 1：1：0：内部速度设定值6 1：1：1：内部速度设定值7	×	×	√	×
21	POS1	选择位置设定值 POS3：POS2：POS1 0：0：0：内部位置设定值1	×	√	×	×
22	POS2	0：0：1：内部位置设定值2 0：1：0：内部位置设定值3 0：1：1：内部位置设定值4	×	√	×	×
23	POS3	1：0：0：内部位置设定值5 1：0：1：内部位置设定值6 1：1：0：内部位置设定值7 1：1：1：内部位置设定值8	×	√	×	×

数字量输入支持 PNP 和 NPN 两种接线方式，如图 18-4 所示。

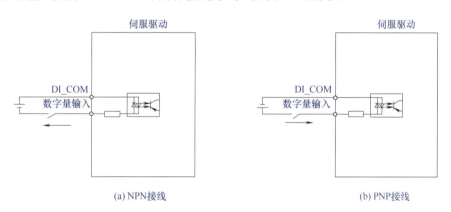

(a) NPN接线　　　　　　　　(b) PNP接线

图 18-4　数字量输入的接线方式

常用数字量输出功能的含义见表 18-5。

数字量输出 1~3 支持 NPN 一种接线方式，如图 18-5 所示。数字量输出 4~6 支持 PNP 和 NPN 两种接线方式，如图 18-6 所示。

表 18-5　常用数字量输出功能的含义

编号	名称	描述	控制模式			
			PTI	IPos	S	T
1	RDY	伺服准备就绪 1：驱动已就绪 0：驱动未就绪（存在故障或使能信号丢失）	√	√	√	√

续表

编号	名称	描述	控制模式			
			PTI	IPos	S	T
2	FAULT	故障 1：处于故障状态 0：无故障	√	√	√	√
3	INP	位置到达信号 1：剩余脉冲数在预设的就位取值范围内（参数 P2544） 0：剩余脉冲数超出预设的位置到达范围	√	√	×	×
4	ZSP	零速检测	√	√	√	√
5	SPDR	速度达到	×	×	√	×
14	RDY_ON	准备伺服开启就绪 1：驱动准备伺服开启就绪 0：驱动准备伺服开启未就绪	√	√	√	√
15	STO_EP	STO 激活	√	√	√	√

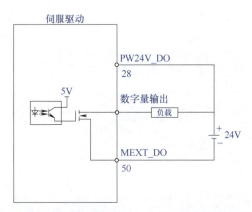

图 18-5　数字量输出（1~3）的 NPN 接线方式

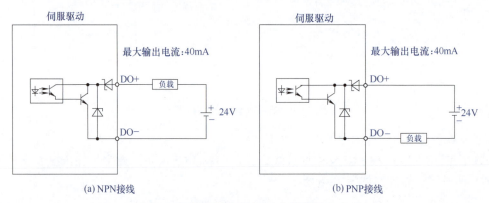

图 18-6　数字量输出（4~6）的接线方式

② 脉冲输入（PTI）　V90 伺服驱动支持两个脉冲输入通道，即 24V 单端脉冲输入和 5V 高速差分脉冲输入（RS-485）。脉冲输入接线如图 18-7 所示。

③ 模拟量输入（AI）　V90 支持两个模拟量输入。其输入电压在不同的控制模式下会有所不同，见表 18-6。

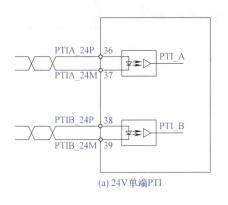
(a) 24V单端PTI

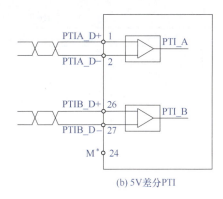
(b) 5V差分PTI

图 18-7　脉冲输入接线

表 18-6　常用模拟量输出功能的含义

针脚号	模拟量输入	输入电压 /V	控制模式	功能
19，20	模拟量输入 1	0～10	PTI	未使用
		0～10	IPos	未使用
		-10～10	S	转速设定值（参考值 P29060）
		0～10	T	转速极限值（参考值 P29060）
21，22	模拟量输入 2	0～10	PTI	扭矩极限值（参考值 r0333）
		0～10	IPos	扭矩极限值（参考值 r0333）
		0～10	S	扭矩极限值（参考值 r0333）
		-10～10	T	扭矩设定值（参考值 r0333）

④ 模拟量输出（AO）　V90 支持两个模拟量输出。这两个模拟量输出的详细信息见表 18-7。

表 18-7　常用模拟量输出功能的含义

针脚号	模拟量输出	输出电压 /V	功能
46	模拟量输出 1	-10~10	模拟量输出 1 用作监控
48	模拟量输出 2	-10~10	模拟量输出 2 用作监控

18.1.3　V90 伺服系统的参数介绍

理解 V90 伺服系统的参数至关重要，表 18-8 中介绍了部分常用的参数。

西门子 V90 伺服系统的参数介绍

18.1.4　V90 伺服系统的参数设置与调试

设置 V90 伺服系统参数的方法有两种：一是用基本操作面板（BOP）设置，二是用 V-ASSISTANT 软件设置。表 18-9 分别介绍这两种方法。

18.1.4.1　用基本操作面板（BOP）设置 V90 伺服系统的参数

基本操作面板（BOP）外观如图 18-8 所示。

用基本操作面板（BOP）设置 V90 伺服系统的参数

表 18-8　V90 伺服系统部分常用参数

参数	范围	默认值	单位	描述
p29003	0～8	0	—	基本控制模式： 0：外部脉冲位置控制模式 1：内部设定值位置控制模式 2：速度控制模式 3：扭矩控制模式 复合控制模式： 4：控制切换模式 PTI/S 5：控制切换模式 IPos/S 6：控制切换模式 PTI/T 7：控制切换模式 IPos/T 8：控制切换模式 S/T
p29301	0～28	1	—	信号 SON（编号：1）分配至数字量输入 1（DI1）
p29001	0～1	0	—	0：CW（顺时针）为正向 1：CCW（逆时针）为正向
p29303		3	—	信号 CWL（编号：3）分配至 DI3
p29304		4	—	信号 CCWL（编号：4）分配至 DI4
p29014	0～1	1	—	0：5V 高速差分脉冲输入（RS-485） 1：24V 单端脉冲输入
p29010	0～3	0	—	0：脉冲＋方向，正逻辑 1：AB 相，正逻辑 2：脉冲＋方向，负逻辑 3：AB 相，负逻辑
p29332	0～13	3	—	分配数字量输出 3
p29012	1～10000	1	—	电子齿轮比的分子
p29013	1～10000	1	—	电子齿轮比的分母
p29242	0～2	0	—	0：不清除脉冲 1：利用高电平清除脉冲 2：利用上升沿清除脉冲
p29060	6～210000	6	r/min	10V 对应的最大模拟量速度设定值
p1001	−210000～210000	0	r/min	内部速度设定值 1
p1002	−210000～210000	0	r/min	内部速度设定值 2
p1003	−210000～210000	0	r/min	内部速度设定值 3
p1120	0～999999	1	s	斜坡函数发生器斜坡上升时间
p1121	0～999999	1	s	斜坡函数发生器斜坡下升时间
p29300	0～127	0	—	位 0：SON 位 1：CWL 位 2：CCWL 位 3：TLIM1 位 4：SPD1 位 5：TSET 位 6：EMGS 当一位或多位设高时，相应输入信号强制设高

基本操作面板的右上角有两盏指示灯"RDY"和"COM"，根据指示灯的颜色可以显示 V90 伺服系统的状态，"RDY"和"COM"的状态描述见表 18-9。

基本操作面板的中间是 7 段码显示屏，可以显示参数、实时数据、故障代码和报警信息等，主要的数据显示条目见表 18-10。

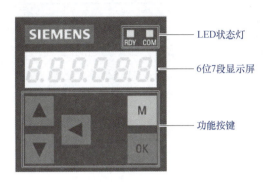

图 18-8　基本操作面板（BOP）外观

表 18-9　"RDY"和"COM"的状态描述

状态指示灯	颜色	状态	描　述
RDY	—	Off	控制板无 24 V 直流输入
	绿色	常亮	驱动处于"S ON"状态
	红色	常亮	驱动处于"S OFF"状态或启动状态
		以 1Hz 频率闪烁	存在报警或故障
COM	—	Off	未启动与 PC 的通信
	绿色	以 0.5Hz 频率闪烁	启动与 PC 的通信
		以 2 Hz 频率闪烁	微型 SD 卡 /SD 卡正在工作（读取或写入）
	红色	常亮	与 PC 通信发生错误

表 18-10　数据显示条目

数据显示	示例	描　述
8.8.8.8.8.8	8.8.8.8.8.8.	驱动正在启动
-----	------	驱动繁忙
Fxxxxx	F 7985	故障代码
F.xxxxx.	F. 7985.	第一个故障的故障代码
Axxxxx	A300 16	报警代码
A.xxxxx.	A.300 16.	第一个报警的报警代码
Rxxxxx	r 0031	参数号（只读）
Pxxxxx	P 0840	参数号（可编辑）
S Off	S oFF	运行状态：伺服关闭
Para	PArA	可编辑参数组
Data	dAtA	只读参数组

续表

数据显示	示例	描述
Func	FUnC	功能组
Jog	Jog	JOG 功能
r xxx	r 40	实际速度（正向）
r -xxx	r -40	实际速度（负向）
T x.x	t 0.4	实际扭矩（正向）
T -x.x	t -0.4	实际扭矩（负向）
xxxxxx	134279	实际位置（正向）
xxxxxx.	134279.	实际位置（负向）
Con	Con	伺服驱动和 SINAMICS V-ASSISTANT 之间的通讯已建立

基本操作面板的下侧是 5 个功能键，主要用于设置和查询参数、查询故障代码和报警信息等，功能键的作用见表 18-11。

表 18-11 功能键的作用

按键	描述	功　能
M	M 键	退出当前菜单 在主菜单中进行操作模式的切换
OK	OK 键	短按： 确认选择或输入 进入子菜单 清除报警 长按（激活辅助功能）： JOG 保存驱动中的参数集（RAM 至 ROM） 恢复参数集的出厂设置 传输数据（驱动至微型 SD 卡 /SD 卡） 传输数据（微型 SD 卡 /SD 卡至驱动） 更新固件
▲	向上键	翻至下一菜单项 增加参数值 顺时针方向 JOG
▼	向下键	翻至上一菜单项 减小参数值 逆时针方向 JOG
◀	移位键	将光标从位移动到位进行独立的位编辑，包括正向 / 负向标记的位 说明：当编辑该位时，"_" 表示正，"–" 表示负
OK + M		长按组合键 4s 重启驱动

续表

按键	描述	功　能
▲ + ◀	当右上角显示 ⌐ 时，向左移动当前显示页，如 `0Q.000⌐`	
▼ + ◀	当右下角显示 ⌐ 时，向右移动当前显示页，如 `0010⌐`	

以下用一个例子讲解设置斜坡上升时间参数 p1121=2.000 的过程。具体过程见表 18-12。

表 18-12　参数 p1121=2.000 的设置过程

序号	操作步骤	BOP-2 显示
1	伺服驱动器上电	`S oFF`
2	按 M 按钮，显示可编辑的参数	`PArA`
3	按 OK 按钮，显示参数组，共六个参数组	`P 0A`
4	按 ▲ 按钮，显示所有参数	`P ALL`
5	按 OK 按钮，显示参数 P0847	`P 0847`
6	按 ▲ 按钮，直到显示参数 P1121	`P 1121`
7	按 OK 按钮，显示所有参数 P1121 数值 1.000	`1.000`
8	按 ▲ 按钮，直到显示参数 P1121 数值 2.000	`2.000`
9	按 OK 按钮，设置完成	

18.1.4.2　用 V-ASSISTANT 软件设置 V90 伺服系统的参数与调试

V-ASSISTANT 工具可在装有 Windows 操作系统的个人电脑上运行，利用图形用户界面与用户互动，并能通过 USB 电缆与 SINAMICSV90 通信。还可用于修改 SINAMICS V90 驱动的参数并监控其状态。适用于调试和诊断 V90 PN 和 V90 PTI 伺服驱动系统。

用 V-ASSISTANT 软件设置 V90 伺服系统的参数与调试

（1）设置 V90 伺服系统的 IP 地址

以下介绍设置 V90 PN 伺服驱动器的 IP 地址的方法。

① 用 USB 电缆将 PC 与伺服驱动器连接在一起。打开 PC 中的 V-ASSISTANT 软件，选中图 18-9 中标记"①"处，单击"确定"（图 18-9 中"②"处）按钮，PC 开始与 V90 PN 伺服驱动器联机。

② 在图 18-10 中，选中标记"①"处，再选择控制模式为"速度模式"（标记"②"处）。

③ 在图 18-11 中，选中标记"①"处，再选择当前报文为"1：标准报文 1，PZD-2/2"（标记"②"处）。这个报文要与 PLC 组态时选择的报文对应。

④ 在图 18-12 中，选中标记"①"处，再在标记"②"处输入 PN 站名，这个 PN 站名要与 PLC 组态时选择的 PN 站名对应。在标记"③"处输入 V90 伺服驱动器的 IP 地址，这个 IP 地址要与 PLC 组态时设置 IP 地址对应。最后单击"保存并激活"（图中"④"处）按钮。

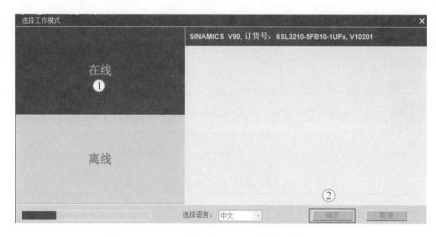

图 18-9　PC 开始于 V90 PN 伺服驱动器联机

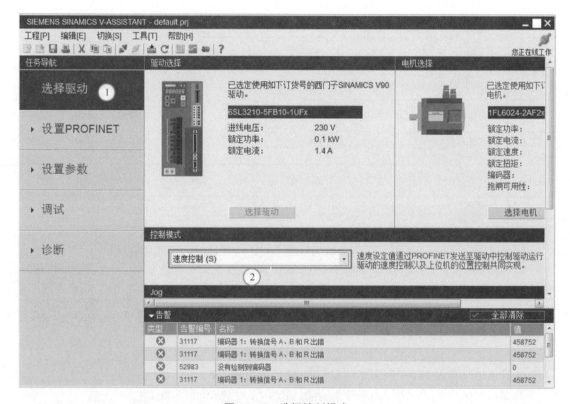

图 18-10　选择控制模式

（2）设置 V90 伺服系统的参数

在图 18-13 中，选中标记"①"处，再在标记"②"处输入斜坡时间参数为"2.000"，此时参数已经修改到 V90 的 RAM 中，但若此时断电参数会丢失。最后单击"保存参数到 ROM"按钮，弹出如图 18-14 所示的界面，执行完此操作，修改的参数就不会丢失了。

（3）V90 的调试

在图 18-15 中，选中标记"①"→ 标记"②"处，在转速框中输入转速"60"（图中标记"③"处）。压下标记"④"处的正转按钮，标记"⑤"处显示当前实时速度。

第 18 章 西门子 SINAMICS V90 伺服系统工程应用 ▶▶▶

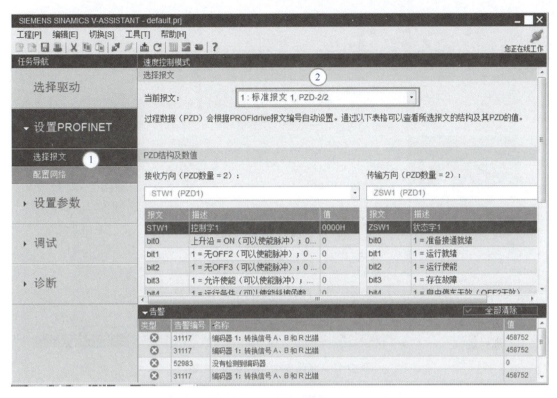

图 18-11 选择通信报文

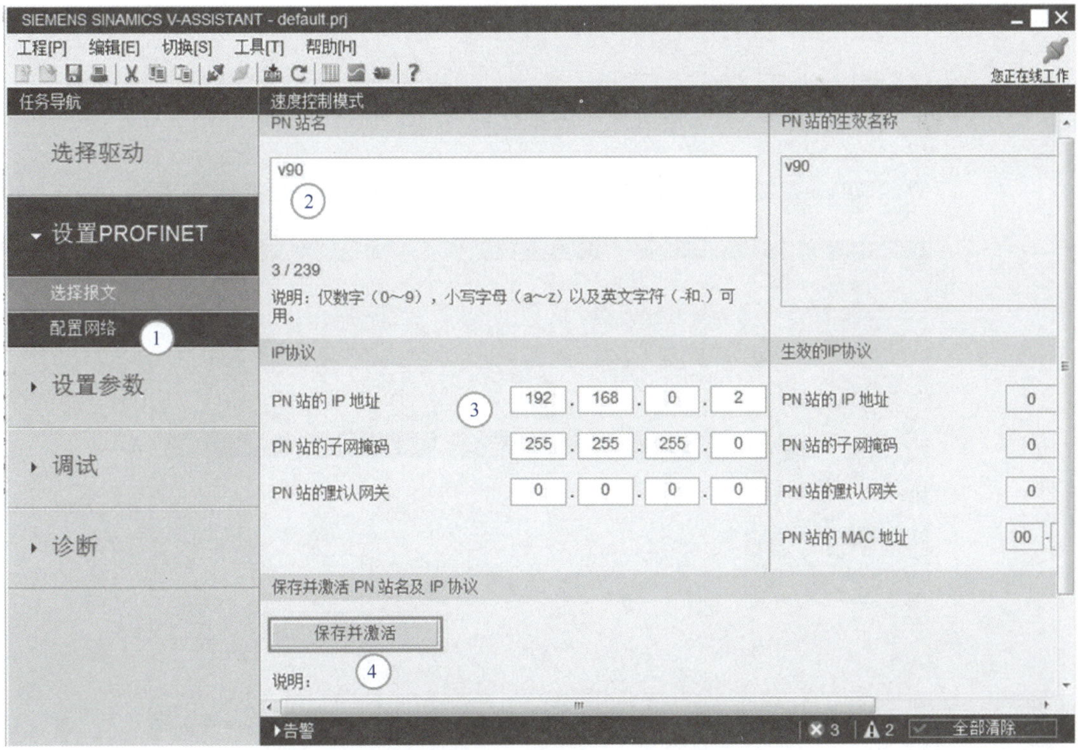

图 18-12 修改 IP 地址和 PN 的站名

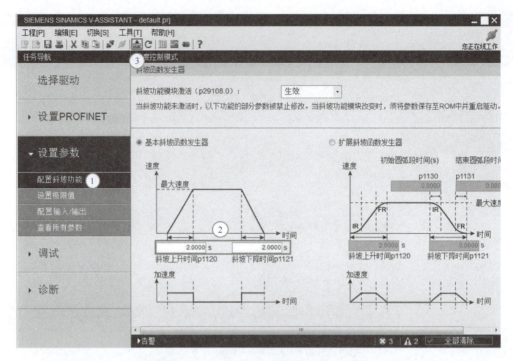

图 18-13　修改参数 P1120 和 P1121

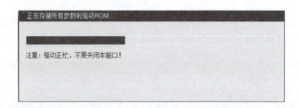

图 18-14　保存参数到 ROM

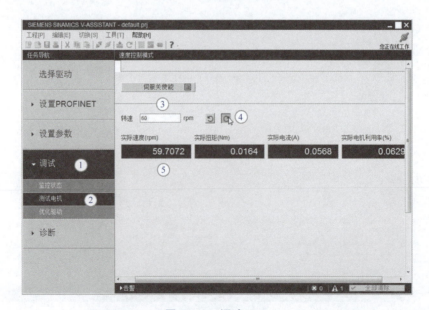

图 18-15　调试 V90

18.2 V90 伺服系统工程应用

西门子 V90 伺服系统主要有速度模式、位置模式和转矩模式等。以下将介绍 PLC 对 V90 伺服系统的速度控制和位置控制。

18.2.1 PLC 对 V90 伺服系统的速度控制（基于 PROFINET）

18.2.1.1 PROFINET 通信介绍

PLC 对 V90 伺服系统的速度控制

PROFINET 是由 PROFIBUS & PROFINET International（PI）推出的开放式工业以太网标准。PROFINET 是基于工业以太网，遵循 TCP/IP 和 IT 标准，可以无缝集成现场总线系统，是实时以太网。

PROFINET 目前是西门子主推的现场总线，已经取代 PROFIBUS 成为西门子公司的标准配置。

（1）Ethernet 存在的问题

Ethernet 采用随机争用型介质访问方法，即载波监听多路访问及冲突检测技术（CSMA/CD），如果网络负载过高，无法预测网络延迟时间，即不确定性。如图 18-16 所示，只要有通信需求，各以太网节点（A-F）均可向网络发送数据，因此报文可能在主干网中被缓冲，实时性不佳。而 PROFINET 则解决了此问题。

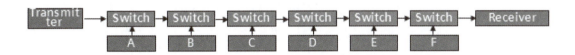

图 18-16　Ethernet 模型

（2）PROFINET 的分类

PROFINET 根据响应时间不同有以下三种通信方式。

① TCP/IP 标准。PROFINET 是基于工业以太网，采用 TCP/IP 标准通信，响应时间为 100ms，用于工厂级通信。

组态和诊断信息、装载、网络连接和上位机通信等可采用此通信方式。

② 实时（RT）通信。对于现场传感器和执行设备的数据交换，响应时间为 5～10ms（DP 满足）。PROFINET 提供了一个优化的、基于第二层的实时通道，解决了实时性问题。

用于实时数据优先级传递高性能、循环用户数据传输和事件触发的消息 / 报警。网络中配备标准的交换机可保证实时性。

③ 等时同步实时（IRT）通信。在通信中，对实时性要求最高的是运动控制。100 个节点以下要求响应时间是 1ms，抖动误差不大于 1μs。

根据应用场合的不同，对 PROFINET 现场总线的实时性要求不同，PROFINET 的实时性示意图如图 18-17 所示，运动控制对实时性要求最高，而控制器间的通信对实时性要求较低。

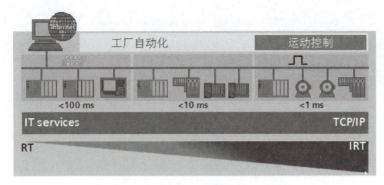

图 18-17　PROFINET 的实时性示意图

两种应用方式如下。

① 集成分布式 I/O 的 PROFINET IO。主要用于分布式应用场合，自动化控制中应用较多。

② 用于创建模块化的 PROFINET CBA。主要用于智能站点之间的通信应用场合。PROFINET CBA 应用较少，新推出的 S7-1500 PLC 不再支持 PROFINET CBA。

18.2.1.2　SINAMICS 通信报文解析

（1）报文的结构

常用的标准报文的结构见表 18-13。

表 18-13　常用的标准报文结构

	报文	PZD1	PZD2	PZD3	PZD4	PZD5	PZD6	PZD7	PZD8	PZD9
1	16 位转速设定值	STW1	NSOLL			→ 把报文发送到总线上				
		ZSW1	NIST			← 接收来自总线上的报文				
2	32 位转速设定值	STW1	NSOLL		STW2					
		ZSW1	NIST		ZSW2					
3	32 位转速设定值，一个位置编码器	STW1	NSOLL		STW2	G1_STW				
		ZSW1	NIST		ZSW2	G1_ZSW	G1_XIST1		G1_XIST2	
5	32 位转速设定值，一个位置编码器和 DSC	STW1	NSOLL		STW2	G1_STW	XERR		KPC	
		ZSW1	NIST		ZSW2	G1_ZSW	G1_XIST1		G1_XIST2	

关键字的含义：
STW1：控制字 1　　　　STW2：控制字 2　　　　G1_STW：编码器控制字
NSOLL：速度设定值　　ZSW2：状态字 2　　　　G1_ZSW：编码器状态字
ZSW1：状态字 1　　　　XERR：位置差　　　　　G1_XIST1：编码器实际值 1
NIST：实际速度　　　　KPC：位置闭环增益　　　G1_XIST2：编码器实际值 2

（2）标准报文 1 的解析

标准报文适用于 SINAMICS、MICROMASTER 和 SIMODRIVE 611 变频器的速度控制。标准报文 1 只有 2 个字，写报文时，第一个字是控制字（STW1），第二个字是主设定值；读报文时，第一个字是状态字（ZSW1），第二个字是主监控值。

① 控制字　当 p2038 等于 0 时，STW1 的内容符合 SINAMICS 和 MICROMASTER 系列变频器的标准，当 p2038 等于 1 时，STW1 的内容符合 SIMODRIVE 611 系列变频器的标准。

当 p2038 等于 0 时，标准报文 1 的控制字（STW1）的各位含义见表 18-14。

读懂表 18-5 是非常重要的，控制字的第 0 位 STW1.0 与启停参数 p840 关联，且为上升沿有效，这点要特别注意。当控制字 STW1 由 16#47E 变成 16#47F（上升沿信号）时，向变频器发出正转启动信号；当控制字 STW1 由 16#47E 变成 16#C7F 时，向变频器发出反转启动信号；当控制字 STW1 为 16#47E 时，向变频器发出停止信号。以上几个特殊的数据读者应该记住。

表 18-14 标准报文 1 的控制字（STW1）的各位含义

信号	含义	关联参数	说明
STW1.0	上升沿：ON（使能） 0：OFF1（停机）	p840[0]=r2090.0	设置指令"ON/OFF（OFF1）"的信号
STW1.1	0：OFF2 1：NO OFF2	p844[0]=r2090.1	缓慢停转 / 无缓慢停转
STW1.2	0：OFF3（快速停止） 1：NO OFF3（无快速停止）	p848[0]=r2090.2	快速停止 / 无快速停止
STW1.3	0：禁止运行 1：使能运行	p852[0]=r2090.3	使能运行 / 禁止运行
STW1.4	0：禁止斜坡函数发生器 1：使能斜坡函数发生器	p1140[0]=r2090.4	使能斜坡函数发生器 / 禁止斜坡函数发生器
STW1.5	0：禁止继续斜坡函数发生器 1：使能继续斜坡函数发生器	p1141[0]=r2090.5	继续斜坡函数发生器 / 冻结斜坡函数发生器
STW1.6	0：使能设定值 1：禁止设定值	p1142[0]=r2090.6	使能设定值 / 禁止设定值
STW1.7	上升沿确认故障	p2103[0]=r2090.7	应答故障
STW1.8	保留	—	—
STW1.9	保留	—	—
STW1.10	1：通过 PLC 控制	p854[0]=r2090.10	通过 PLC 控制 / 不通 PLC 控制
STW1.11	1：设定值取反	p1113[0]=r2090.11	设置设定值取反的信号源
STW1.12	保留	—	—
STW1.13	1：设置使能零脉冲	p1035[0]=r2090.13	设置使能零脉冲的信号源
STW1.14	1：设置持续降低电动电位器设定值	p1036[0]=r2090.14	设置持续降低电动电位器设定值的信号源
STW1.15	保留	—	—

② 主设定值　主设定值是一个字，用十六进制格式表示，最大数值是 16#4000，对应变频器的额定频率或者转速。例如 V90 伺服系统的同步转速一般是 3000r/min。以下用一个例题介绍主设定值的计算。

【例 18-1】 使用 V90 伺服系统通信时，需要对转速进行标准化，请计算 1000r/min 对应的标准化数值。

【解】 因为 3000r/min 对应的 16 进制是 16#4000，而 16#4000 对应的十进制是 16384，所以 1000r/min 对应的十进制是：

$$n = \frac{1000}{3000} \times 16384 \approx 5461$$

而 5461 对应的 16 进制是 16#1555。

18.2.1.3 实例

【例 18-2】 用一台 HMI 和 CPU 1211C 对 V90 伺服系统通过 PROFINET 进行无级调速和正反转控制。要求设计解决方案，并编写控制程序。

【解】

（1）软硬件配置

① 1 套 TIA Portal V15.1。

② 1台 V90 伺服驱动器。

③ 1台 CPU 1211C。

④ 1根屏蔽双绞线。

原理图如图 18-18 所示，CPU 1211C 的 PN 接口与 V90 伺服驱动器 PN 接口之间用专用的以太网屏蔽电缆连接。

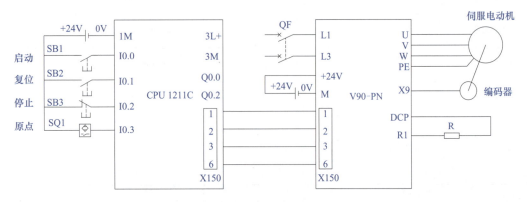

图 18-18　原理图

(2) 硬件组态

① 新建项目"PN-1211C"，如图 18-19 所示，选中"设备和网络"→"设备视图"，在"硬件目录"中，选中 6ES7211-1BE40-0XB0，并将其拖拽到图中标记"③"的位置。

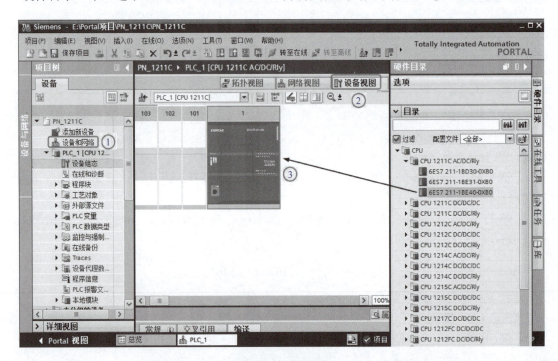

图 18-19　新建项目

② 配置 PROFINET 接口。在"设备视图"（标记"①"处）中选中"CPU 1211C"的图标→"属性"（标记"②"处）→"以太网地址"（标记"③"处），单击"添加新子网"（标

记"④"处)按钮,新建 PROFINET 网络,如图 18-20 所示。

图 18-20　配置 PROFINET 接口

③ 安装 GSD 文件。一般 TIA Portal 软件中没有安装 GSD 文件时,无法组态 V90 伺服驱动器,因此在组态伺服驱动器之前,需要安装 GSD 文件(之前安装了 GSD 文件,则忽略此步骤)。在图 18-21 中,单击菜单栏的"选项"→"管理通用站描述文件(GSD)",弹出安装 GSD 文件的界面如图 18-22 所示,选择 V90 伺服驱动器的 GSD 文件"GSDML-V2.32…",单击"安装"按钮即可,安装完成后,软件自动更新硬件目录。

图 18-21　安装 GSD 文件(1)

④ 配置 V90 伺服驱动器。展开右侧的硬件目录,选中"其它现场设备"→"PROFIBUS IO"→"Drives"→"SIEMENS AG"→"SINAMICS"→"SINAMICS V90",拖拽"SINAMICS V90"到如图 18-23 所示的界面。在图 18-24 中,用鼠标左键选中标记"①"处的绿色标记(即 PROFINET 接口)按住鼠标不放,拖拽到标记"②"处的绿色标记(V90 的 PROFINET 接口)处,然后松开鼠标。

397

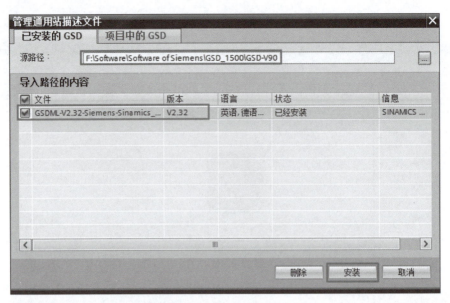

图 18-22 安装 GSD 文件（2）

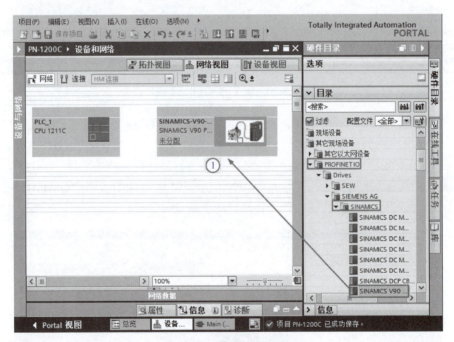

图 18-23 配置 V90（1）

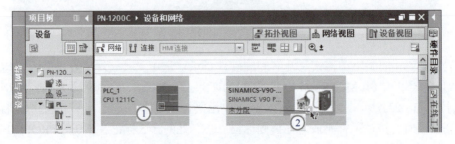

图 18-24 配置 V90（2）

⑤ 配置通信报文。选中并双击"V90",切换到 V90 的"设备视图"中,选中"标准报文 1,PZD-2/2",并拖拽到如图 18-25 所示的位置(图中标记"①"处)。

注意:PLC 侧选择报文 1,那么变频器侧也要选择报文 1,这一点要特别注意。报文的控制字是 QW78,主设定值是 QW80,详见图 18-25 中标记"②"处。

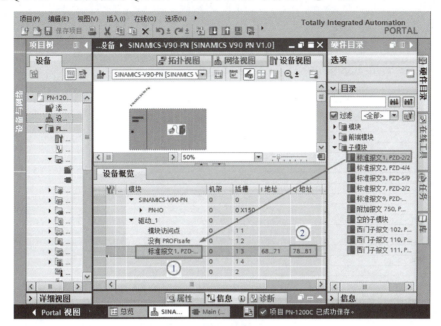

图 18-25　配置通信报文

(3) 分配 V90 的名称和 IP 地址

如果使用 V-ASSISTANT 软件调试,分配 V90 的名称和 IP 地址也可以在 V-ASSISTANT 软件中进行,请参考上节内容。当然还可以在 TIA Portal 软件、PRONETA 和 BOP-2 等中分配。

分配伺服驱动器的名称和 IP 地址对于成功通信是至关重要的,初学者往往会忽略这一步从而造成通信不成功。

(4) 设置伺服驱动器的参数

设置伺服驱动器的参数十分关键,否则通信是不能正确建立的。伺服驱动器参数见表 18-15。

表 18-15　伺服驱动器参数

序号	参数	参数值	说明
1	p922	1	西门子报文 1
2	p8921(0)	192	IP 地址 192.168.0.2
	p8921(1)	168	
	p8921(2)	0	
	p8921(3)	2	
3	p8923(0)	255	子网掩码:255.255.255.0
	p8923(1)	255	
	p8923(2)	255	
	p8923(3)	0	
4	p1120	1	斜坡上升时间 1s
5	p1121	1	斜坡下降时间 1s

注意：本例的伺服驱动器设置的是报文 1，与 S7-1200 PLC 组态时选用的报文是一致的（必须一致）。

（5）编写程序

编写的控制程序如图 18-26 所示。控制字 QW78 中先写入 16#47E，在写入 16#47F 后正转，这样处理的目的是确保控制字的最低位产生上升沿（即末位 0→1），西门子变频器（含伺服驱动）通信时，都是采用上升沿触发启动运行。QW80 中写入的是主设定值（本例为速度），16384 代表的是 3000r/min。

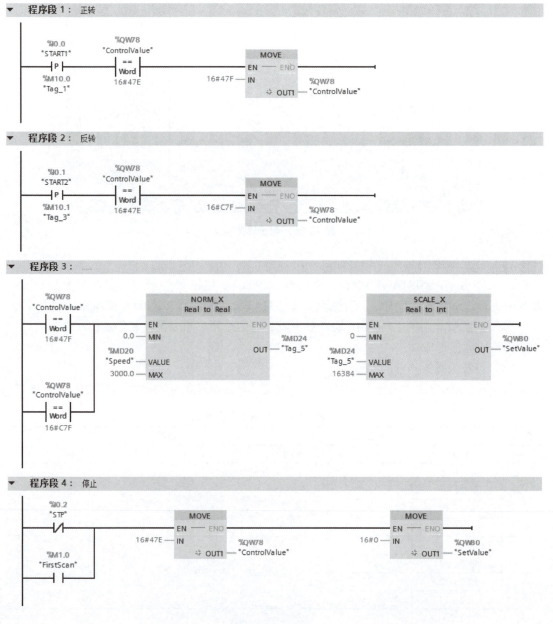

图 18-26　程序

18.2.2　PLC 对 V90 伺服系统的位置控制（基于高速脉冲）

PLC 对 V90 伺服系统的位置控制

【例 18-3】　已知伺服系统的编码器的分辨率是 2500，工作台螺距是 10mm。要求压下启动按钮，正向行走 100mm，停 2s，再正向行走 200mm，停 2s，返回原点，设计此方案，并编写控制程序。

【解】

（1）设计原理图

设计原理如图 18-27 所示。

（2）硬件组态

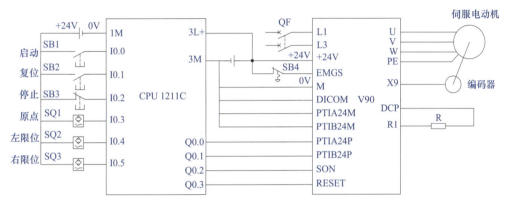

图 18-27　原理图

① 新建项目，添加 CPU。打开 TIA 博途软件，新建项目"MotionControl"，单击项目树中的"添加新设备"选项，添加"CPU 1211C"，如图 18-28 所示。

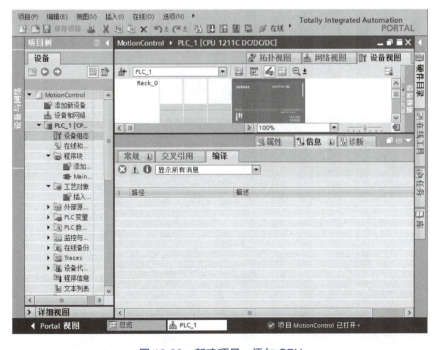

图 18-28　新建项目，添加 CPU

② 启用脉冲发生器。在设备视图中，选中"属性"→"常规"→"脉冲发生器（PTO/PWM）"→"PTO1/PWM1"，勾选"启用该脉冲发生器"选项，如图 18-29 所示，表示启用了"PTO1/PWM1"脉冲发生器。

③ 选择脉冲发生器的类型。在设备视图中，选中"属性"→"常规"→"脉冲发生器（PTO/PWM）"→"PTO1/PWM1"→"参数分配"，选择信号类型为"PTO（脉冲 A 和方向 B）"，如图 18-30 所示。

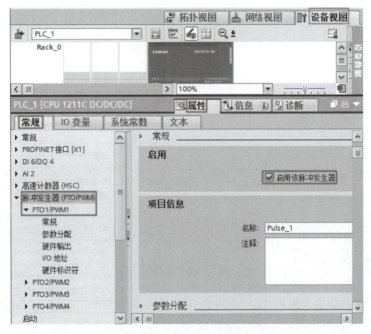

图 18-29　启用脉冲发生器

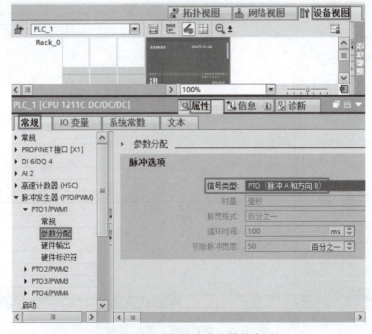

图 18-30　选择脉冲发生器的类型

信号类型有五个选项，分别是：PWM、PTO（脉冲 A 和方向 B）、PTO（正数 A 和倒数 B）、PTO（A/B 移相）和 PTO（A/B 移相 - 四倍频）。

④ 配置硬件输出。在设备视图中，选中"属性"→"常规"→"脉冲发生器（PTO/PWM）"→"PTO1/PWM1"→"硬件输出"，选择脉冲输出点为 Q0.0，勾选"启用方向输出"，选择方向输出为 Q0.1，如图 18-31 所示。

图 18-31　硬件输出

⑤ 查看硬件标识符。在设备视图中，选中"属性"→"常规"→"脉冲发生器（PTO/PWM）"→"PTO1/PWM1"→"硬件标识符"，可以查看到硬件标识符为 265，如图 18-32 所示，此标识符在编写程序时要用到。

（3）工艺对象"轴"组态

工艺对象"轴"组态是硬件组态的一部分，由于这部分内容非常重要，因此单独进行讲解。

"轴"表示驱动的工艺对象，"轴"工艺对象是用户程序与驱动的接口。工艺对象从用户程序收到运动控制命令，在运行时执行并监视执行状态。"驱动"表示步进电动机加电源部分或者伺服驱动加脉冲接口的机电单元。运动控制中，必须要对工艺对象进行组态才能应用控制指令块。工艺组态包括三个部分：工艺参数组态、轴控制面板和诊断面板。

参数组态主要定义了轴的工程单位（如脉冲数 /min、r/min）、软硬件限位、启动 / 停止速度和参考点的定义等。工艺参数的组态步骤如下：

① 插入新对象。在 TIA Portal 软件项目视图的项目树中，选择"MotionControl"→"PLC_1"→"工艺对象"→"插入新对象"，双击"插入新对象"，如图 18-33 所示，弹出如图 18-34 所示的界面，选择"运动控制"→"TO_PositioningAxis"，单击"确定"按钮，弹出如图 18-35 所示的界面。

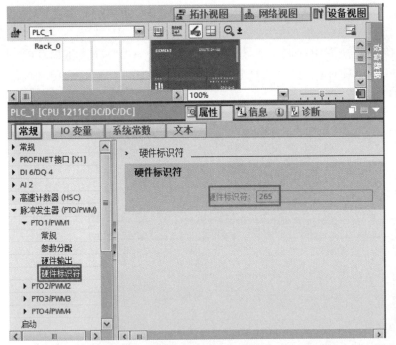

图 18-32 硬件标识符　　　　图 18-33 插入新对象

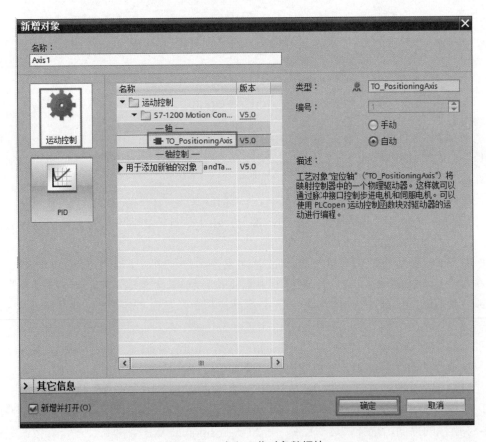

图 18-34 定义工艺对象数据块

② 组态常规参数。在"功能图"选项卡中，选择"基本参数"→"常规"，"驱动器"项目中有三个选项：PTO（表示运动控制由脉冲控制）、模拟量驱动装置接口（表示运动控制由模拟量控制）和 PROFIdrive（表示运动控制由通信控制），本例选择"PTO"选项，测量单位可根据实际情况选择，本例选用默认设置，如图 18-35 所示。

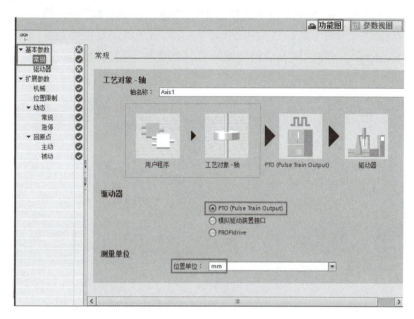

图 18-35　组态常规参数

③ 组态驱动器参数。在"功能图"选项卡中，选择"基本参数"→"驱动器"，选择脉冲发生器为"Pulse_1"，其对应的脉冲输出点和信号类型以及方向输出，都已经在硬件配置时定义了，在此不做修改，如图 18-36 所示。

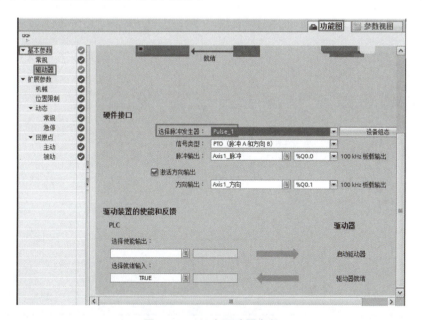

图 18-36　组态驱动器参数

"驱动装置的使能和反馈"在工程中经常用到,当 PLC 准备就绪,输出一个信号到伺服驱动器的使能端子上,通知伺服驱动器,PLC 已经准备就绪。当伺服驱动器准备就绪后发出一个信号到 PLC 的输入端,通知 PLC,伺服驱动器已经准备就绪。本例中没有使用此功能。

④ 组态机械参数。在"功能图"选项卡中,选择"扩展参数"→"机械",设置"电机每转的脉冲数"为"2500",此参数取决于伺服电动机自带编码器的参数。"电机每转的负载位移"取决于机械结构,如伺服电动机与丝杠直接相连接,则此参数就是丝杠的螺距,本例为"10.0",如图 18-37 所示。

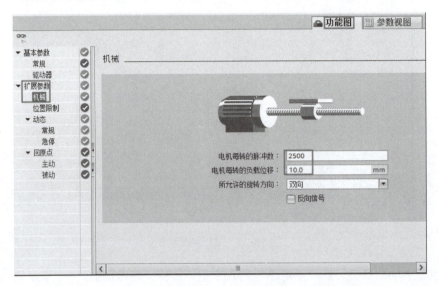

图 18-37　组态机械参数

⑤ 组态位置限制参数。在"功能图"选项卡中,选择"扩展参数"→"位置限制",勾选"启用硬件限位开关"和"启用软件限位开关",如图 18-38 所示。在"硬件下限位

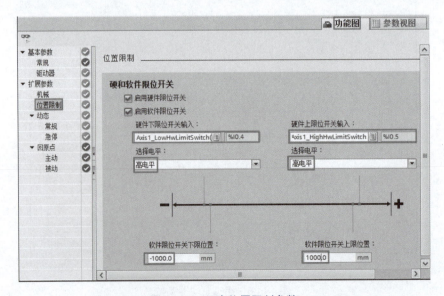

图 18-38　组态位置限制参数

开关输入"中选择"I0.4",在"硬件上限位开关输入"中选择"I0.5",选择电平为"高电平",这些设置必须与原理图匹配。由于本例的限位开关在原理图中接入的是常开触点,而且是 PNP 输入接法,因此当限位开关起作用时为"高电平",所以此处选择"高电平",如果输入端是 NPN 接法,那么此处也应选择"高电平",这一点请读者特别注意。

软件限位开关的设置根据实际情况确定,本例设置为"-1000.0"和"1000.0"。

⑥ 组态位置限制参数。在"功能图"选项卡中,选择"扩展参数"→"动态"→"常规",根据实际情况修改最大转速、启动/停止速度和加速时间/减速时间等参数(此处的加速时间和减速时间是正常停机时的数值),本例设置如图 18-39 所示。

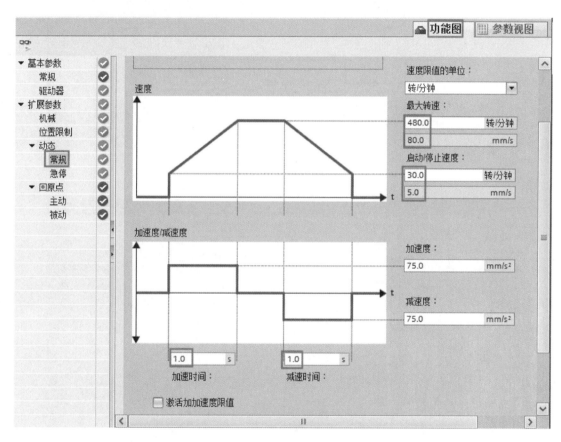

图 18-39 组态动态参数(1)

在"功能图"选项卡中,选择"扩展参数"→"动态"→"急停",根据实际情况修改加速时间/减速时间等参数(此处的加速时间和减速时间是急停时的数值),本例设置如图 18-40 所示。

⑦ 组态回原点参数。在"功能图"选项卡中,选择"扩展参数"→"回原点"→"主动",根据原理图选择"输入原点开关"是 I0.3。由于输入是 PNP 电平,所以"选择电平"选项是"高电平"。

"起始位置偏移量"为 0,表明原点就在 I0.3 的硬件物理位置上。本例设置如图 18-41 所示。

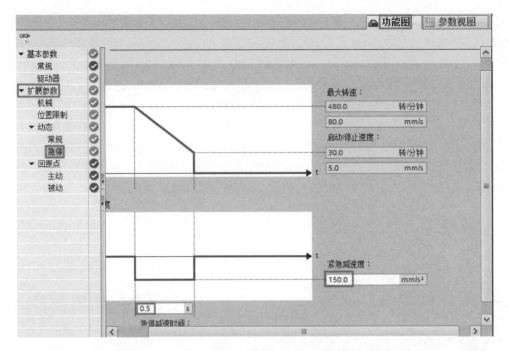

图 18-40　组态动态参数（2）

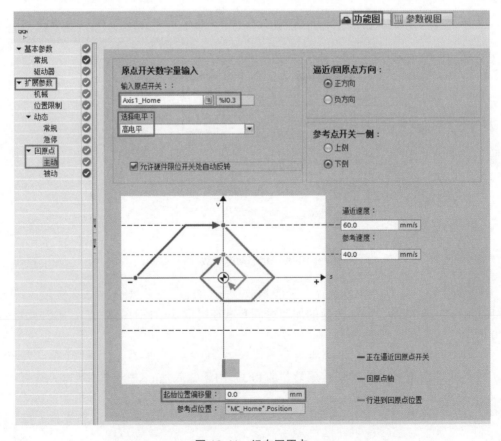

图 18-41　组态回原点

（4）设置伺服参数

V90 伺服驱动参数设置见表 18-16。

$$电机每转脉冲数 = \frac{100000 \text{ 脉冲}/s}{\frac{4000 \text{r/min}}{60 \text{s}}} = 1500 \text{ 脉冲}/r$$

表 18-16　V90 伺服驱动参数

步骤	参数	参数值	说明
1	p29003	0	控制模式：外部脉冲位置控制 PTI
2	p29014	1	脉冲输入通道：24V 单端脉冲输入通道
3	p29010	0	脉冲输入形式：脉冲 + 方向，正逻辑
4	p29011	0	齿轮比
	p29012	1	
	p29013	1	
5	p2544	40	定位完成窗口：40LU
	p2546	1000	动态跟随误差监控公差：1000LU
6	p29300	6	将正限位和反限位禁止
	p29301	1	DI1 为伺服使能
	p29302	2	DI2 为复位故障

（5）编写程序

编写程序如图 18-42 所示。这个题目的解题思路是：MB103 作为步标志，每次移动时，X_DB.X_MAB_EX 置位，运行到指定的位置后，X_DB.X_MAB_done 为 1，从而使 X_DB.X_MAB_EX 复位，步标志 MB103 进入下一步。

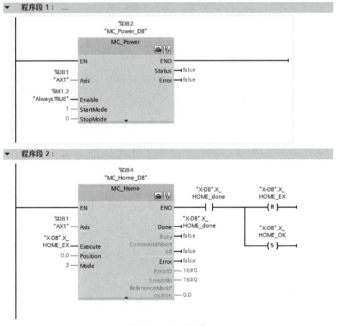

图 18-42　程序

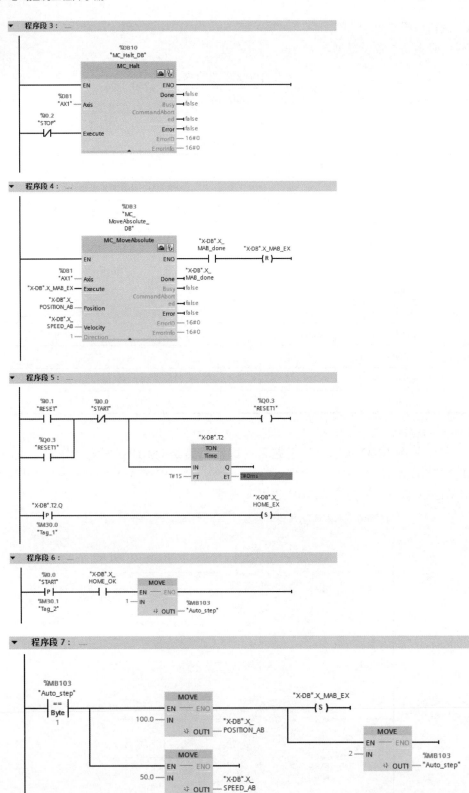

图 18-42（续）

程序段 8：……

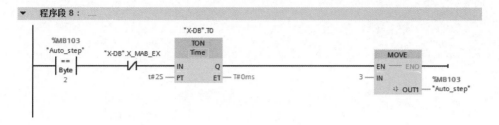

程序段 9：……

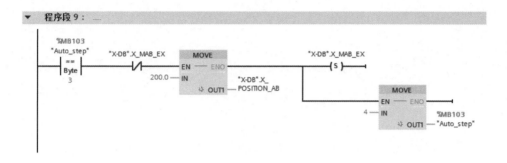

程序段 10：……

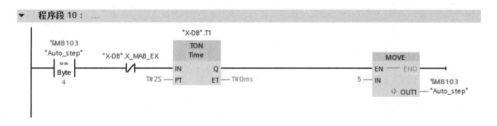

程序段 11：……

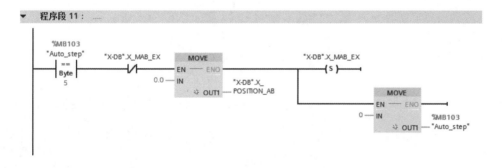

程序段 12：……

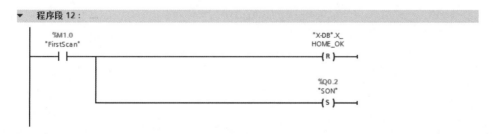

图 18-42（续）

第 5 篇

电气控制系统的通信

第19章

电气控制系统的通信及其应用

本章介绍电气控制系统的通信的基础知识,并用实例介绍 S7-1200 PLC 之间的 PROFIBUS 通信;S7-1500 PLC 与 S7-1200 PLC、S7-1200 PLC 之间的 OUC 和 S7 以太网通信;S7-1200 PLC 与 S7-1200 PLC、ET200MP 之间的 PROFINET IO 通信;S7-1500 PLC 与 S7-1200 PLC 的 Modbus TCP 以太网通信;S7-1200 PLC 与 G120 的 USS 通信;S7-1200 PLC 之间的 Modbus RTU 串行通信;S7-1200 PLC 之间的自由口串行通信。

19.1 通信基础知识

PLC 的通信包括 PLC 与 PLC 之间的通信、PLC 与上位计算机之间的通信以及 PLC 和其他智能设备之间的通信。PLC 与 PLC 之间通信的实质是计算机的通信,使得众多独立的控制任务构成一个控制工程整体,形成模块控制体系。PLC 与计算机连接组成网络,将 PLC 用于控制工业现场,计算机用于编程、显示和管理等任务,构成"集中管理、分散控制"的分布式控制系统(DCS)。

19.1.1 通信的基本概念

(1)串行通信与并行通信

串行通信和并行通信是两种不同的数据传输方式。

串行通信就是通过一对导线将发送方与接收方进行连接,传输数据的每个二进制位,按照规定顺序在同一导线上依次发送与接收,如图 19-1 所示。例如,常用的优盘 USB 接口就是串行通信接口。串行通信的特点是通信控制复杂、通信电缆少,因此与并行通信相比,成本低。

并行通信就是将一个 8 位数据(或 16 位、32 位)的每一个二进制位采用单独的导线进行传输,并将传送方和接收方进行并行连接,一个数据的各二进制位可以在同一时间内一次传送,如图 19-2 所示。例如,老式打印机的打印口和计算机的通信就是并行通信。并行通信的特点是一个周期里可以一次传输多位数据,其连线的电缆多,因此长距离传送时成本高。

(2)异步通信与同步通信

异步通信与同步通信也称为异步传送与同步传送,这是串行通信的两种基本信息传送方式。从用户的角度上说，两者最主要的区别在于通信方式的"帧"不同。

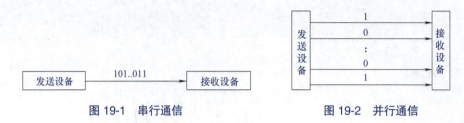

图 19-1　串行通信　　　　　图 19-2　并行通信

异步通信方式又称起止方式。它在发送字符时，要先发送起始位，然后是字符本身，最后是停止位，字符之后还可以加入奇偶校验位。异步通信方式具有硬件简单、成本低的特点。

同步通信方式在传递数据的同时，也传输时钟同步信号，并始终按照给定的时刻采集数据。其传输数据的效率高，硬件复杂，成本高。

（3）单工、全双工与半双工

单工、全双工和半双工是通信中描述数据传送方向的专用术语。

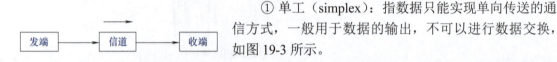

图 19-3　单工通信

① 单工（simplex）：指数据只能实现单向传送的通信方式，一般用于数据的输出，不可以进行数据交换，如图 19-3 所示。

② 全双工（full duplex）：也称双工，指数据可以进行双向数据传送，同一时刻既能发送数据，也能接收数据，如图 19-4 所示。通常需要两对双绞线连接，通信线路成本高。例如，RS-422 和 RS-232C 就是"全双工"通信方式。

③ 半双工（half duplex）：指数据可以进行双向数据传送，同一时刻，只能发送数据或者接收数据，如图 19-5 所示。通常需要一对双绞线连接，与全双工相比，通信线路成本低。例如，RS-485 只用一对双绞线时就是"半双工"通信方式。

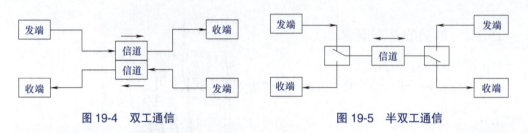

图 19-4　双工通信　　　　　图 19-5　半双工通信

19.1.2　PLC 网络的术语解释

PLC 网络中的名词、术语很多，现将常用的予以介绍。

① 站（station）：在 PLC 网络系统中，将可以进行数据通信、连接外部输入/输出的物理设备称为"站"。例如，由 PLC 组成的网络系统中，每台 PLC 可以是一个"站"。

② 主站（master station）：PLC 网络系统中进行数据连接的系统控制站，主站上设置了控制整个网络的参数，通常每个网络系统只有一个主站，站号实际就是 PLC 在网络中的地址。

③ 从站（slave station）：PLC 网络系统中，除主站外，其他的站称为"从站"。

④ 远程设备站（remote device station）：PLC 网络系统中，能同时处理二进制位、字的从站。

⑤ 本地站（local station）：PLC 网络系统中，带有 CPU 模块并可以与主站以及其他本地站进行循环传输的站。

⑥ 站数（number of station）：PLC 网络系统中，所有物理设备（站）所占用的"内存站数"的总和。

⑦ 网关（gateway）：又称网间连接器、协议转换器。网关在传输层上以实现网络互联，是最复杂的网络互联设备，仅用于两个高层协议不同的网络互联。如图 19-6 所示，CPU 1511-1PN 通过工业以太网，把信息传送到 IE/PB LINK 模块，再传送到 PROFIBUS 网络上的 IM155-5 DP 模块，IE/PB LINK 通信模块用于不同协议的互联，它实际上就是网关。

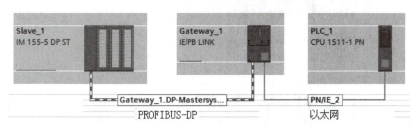

图 19-6　网关应用实例

⑧ 中继器（repeater）：用于网络信号放大、调整的网络互联设备，能有效延长网络的连接长度。例如，PPI 的正常传送距离是不大于 50m，经过中继器放大后，传输可超过 1km，应用实例如图 19-7 所示，PLC 通过 MPI 或者 PPI 通信时，传送距离可达 1100m。

图 19-7　中继器应用实例

⑨ 路由器（router，转发者）：所谓路由就是指通过相互连接的网络把信息从源地点移动到目标地点的活动。一般来说，在路由过程中，信息至少会经过一个或多个中间节点。路由器是互联网的主要节点设备。如图 19-8 所示，如果要把 PG/PC 的程序从 CPU 1211C 下载到 CPU 313C-2 DP 中，必然要经过 CPU 1516-3 PN/DP 这个节点，这实际就用到了 CPU 1516-3 PN/DP 的路由功能。

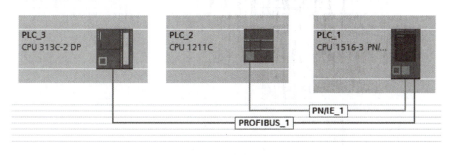

图 19-8　路由功能应用实例

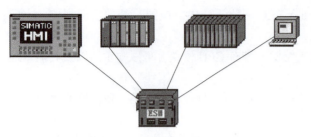

图 19-9 交换机应用实例

⑩交换机（switch）：交换机是为了解决通信阻塞而设计的，它是一种基于 MAC 地址识别，能完成封装转发数据包功能的网络设备。如图 19-9 所示，交换机（ESM）将 HMI（触摸屏）、PLC 和 PC（个人计算机）连接在工业以太网的一个网段中。

⑪网桥（bridge）：也叫桥接器，是连接两个局域网的一种存储/转发设备，它能将一个大的 LAN 分割为多个网段，或将两个以上的 LAN 互联为一个逻辑 LAN，使 LAN 上的所有用户都可访问服务器。网桥将网络的多个网段在数据链路层连接起来，网桥的应用如图 19-10 所示。

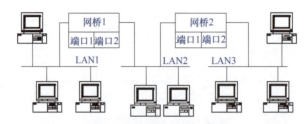

图 19-10 网桥应用实例

19.1.3 RS-485 标准串行接口

（1）RS-485 接口

RS-485 接口是在 RS-422 基础上发展起来的一种 EIA 标准串行接口，采用"平衡差分驱动"方式。RS-485 接口满足 RS-422 的全部技术规范，可以用于 RS-422 通信。RS-485 接口通常采用 9 针连接器，其外观与管脚定义如图 19-11 所示。RS-485 接口的引脚功能参见表 19-1。

图 19-11 网络接头的外观与管脚定义

表 19-1 RS-485 接口的引脚功能

PLC 侧引脚	信号代号	信号功能
1	SG 或 GND	机壳接地
2	+24V 返回	逻辑地
3	RXD+ 或 TXD+	RS-485 的 B，数据发送/接收 + 端
4	请求-发送	RTS（TTL）
5	+5V 返回	逻辑地
6	+5V	+5V
7	+24V	+24V
8	RXD- 或 TXD-	RS-485 的 A，数据发送/接收 - 端
9	不适用	10 位协议选择（输入）

（2）西门子的 PLC 连线

西门子 PLC 的 PPI 通信、MPI 通信和 PROFIBUS-DP 现场总线通信的物理层都是 RS-

485，而且采用的都是相同的通信线缆和专用网络接头。图 19-12 显示了电缆接头的终端状况，右端的电阻设置为"on"，而左端的设置为"off"，图中只显示了一个，若有多个也是这样设置。要将终端电阻设置为"on"或者"off"，只要拨动网络接头上的拨钮即可。图 19-12 中拨钮在"on"一侧，因此终端电阻已经接入电路。

图 19-12　网络接头的终端电阻设置图

【关键点】西门子的专用 PROFIBUS 电缆中有两根线，一根为红色，上面标有"B"，一根为绿色，上面标有"A"，这两根线只要与网络接头上相对应的"A"和"B"接线端子相连即可（如"A"线与"A"接线端相连）。网络接头直接插在 PLC 的通信口上即可，不需要其他设备。

19.1.4　OSI 参考模型

通信网络的核心是 OSI（Open System Interconnection，开放系统互联）参考模型。1984 年，国际标准化组织（ISO）提出了开放系统互联的 7 层模型，即 OSI 模型。该模型自下而上分为物理层、数据链路层、网络层、传输层、会话层、表示层和应用层。

OSI 的上 3 层通常称为应用层，用来处理用户接口、数据格式和应用程序的访问。下 4 层负责定义数据的物理传输介质和网络设备。OSI 参考模型定义了大多数协议栈共有的基本框架，信息在 OSI 模型中的流动形式如图 19-13 所示。

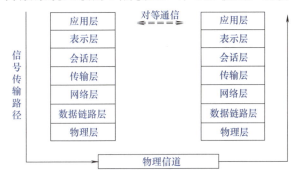

图 19-13　信息在 OSI 模型中的流动形式

19.2　现场总线概述

19.2.1　现场总线的概念

（1）现场总线的诞生

现场总线是 20 世纪 80 年代中后期在工业控制中逐步发展起来的。计算机技术的发展为现场总线的诞生奠定了技术基础。另一方面，智能仪表也出现在工业控制中。智能仪表的出现为现场总线的诞生奠定了应用基础。

(2) 现场总线的概念

国际电工委员会（IEC）对现场总线（fieldbus）的定义为：一种应用于生产现场，在现场设备之间、现场设备和控制装置之间实行双向、串行、多节点的数字通信网络。

现场总线的概念有广义与狭义之分。狭义的现场总线就是指基于 RS-485 的串行通信网络。广义的现场总线泛指用于工业现场的所有控制网络。广义的现场总线包括狭义的现场总线和工业以太网。

19.2.2 主流现场总线的简介

1984 年国际电工委员会／工业标准结构总线（IEC/ISA）就开始制定现场总线的标准，然而统一的标准至今仍未完成。很多公司推出其各自的现场总线技术，但彼此的开放性和互操作性难以统一。

经过十几年的讨论，终于在 1999 年年底通过了 IEC 61158 现场总线标准，这个标准容纳了 8 种互不兼容的总线协议。后来又经过不断讨论和协商，在 2003 年 4 月，IEC 61158 Ed.3 现场总线标准第 3 版正式成为国际标准，确定了 10 种不同类型的现场总线为 IEC 61158 现场总线。2007 年 7 月，第四版现场总线增加到 20 种，具体见表 19-2。

表 19-2　IEC 61158 的现场总线

类型编号	名　称	发起的公司
Type 1	TS61158 现场总线	原来的技术报告
Type 2	ControlNet 和 Ethernet/IP 现场总线	美国罗克韦尔（Rockwell）
Type 3	PROFIBUS 现场总线	德国西门子（Siemens）
Type 4	P-NET 现场总线	丹麦 Process Data
Type 5	FF HSE 现场总线	美国罗斯蒙特（Rosemount）
Type 6	SwiftNet 现场总线	美国波音（Boeing）
Type 7	World FIP 现场总线	法国阿尔斯通 (Alstom)
Type 8	INTERBUS 现场总线	德国菲尼克斯（Phoenix Contact）
Type 9	FF H1 现场总线	现场总线基金会 (FF)
Type 10	PROFINET 现场总线	德国西门子（Siemens）
Type 11	TC net 实时以太网	
Type 12	Ether CAT 实时以太网	德国倍福（Beckhoff）
Type 13	Ethernet Powerlink 实时以太网	ABB
Type 14	EPA 实时以太网	中国浙江大学等
Type 15	Modbus RTPS 实时以太网	法国施耐德（Schneider）
Type 16	SERCOS I、II 现场总线	德国力士乐（Rexroth）
Type 17	VNET/IP 实时以太网	法国阿尔斯通 (Alstom)
Type 18	CC-Link 现场总线	日本三菱电机（Mitsubishi）
Type 19	SERCOS III 现场总线	德国力士乐（Rexroth）
Type 20	HART 现场总线	美国罗斯蒙特（Rosemount）

19.2.3 现场总线的发展

现场总线技术是控制、计算机和通信技术的交叉与集成，几乎涵盖了连续和离散工业领域，如过程自动化、制造加工自动化、楼宇自动化和家庭自动化等。它的出现和快速发展体现了控制领域对降低成本、提高可靠性、增强可维护性和提高数据采集智能化的要求。现场总线技术的发展趋势体现在以下四个方面。

① 统一的技术规范与组态技术是现场总线技术发展的一个长远目标。
② 现场总线系统的技术水平将不断提高。
③ 现场总线的应用将越来越广泛。
④ 工业以太网技术将逐步成为现场总线技术的主流。

19.3 PROFIBUS 通信及其应用

19.3.1 PROFIBUS 通信概述

PROFIBUS 是西门子的现场总线通信协议，也是 IEC 61158 国际标准中的现场总线标准之一。现场总线 PROFIBUS 满足了生产过程现场级数据可存取性的重要要求，一方面它覆盖了传感器/执行器领域的通信要求，另一方面又具有单元级领域所有网络级通信功能。特别在"分散 I/O"领域，由于有大量的、种类齐全、可连接的现场总线可供选用，因此 PROFIBUS 已成为国际公认的标准。

（1）PROFIBUS 的结构和类型

从用户的角度看，PROFIBUS 提供三种通信协议类型：PROFIBUS-FMS、PROFIBUS-DP 和 PROFIBUS-PA。

① PROFIBUS-FMS（Fieldbus Message Specification，现场总线报文规范），使用了第一层、第二层和第七层。第七层（应用层）包含 FMS 和 LLI（底层接口），主要用于系统级和车间级的不同供应商的自动化系统之间传输数据，处理单元级（PLC 和 PC）的多主站数据通信。目前 PROFIBUS-FMS 已经很少使用。

② PROFIBUS-DP（Decentralized Periphery，分布式外部设备），使用第一层和第二层，这种精简的结构特别适合数据的高速传送，PROFIBUS-DP 用于自动化系统中单元级控制设备与分布式 I/O（例如 ET 200）的通信。主站之间的通信为令牌方式（多主站时，确保只有一个起作用），主站与从站之间为主从方式（MS），以及这两种方式的混合。三种方式中，PROFIBUS-DP 应用最为广泛，全球有超过 3000 万的 PROFIBUS-DP 节点。

③ PROFIBUS-PA（Process Automation，过程自动化）用于过程自动化的现场传感器和执行器的低速数据传输，使用扩展的 PROFIBUS-DP 协议。

此外，对于西门子系统，PROFIBUS 提供了两种更为优化的通信方式，即 PROFIBUS-S7 通信。

PROFIBUS-S7（PG/OP 通信）使用了第一层、第二层和第七层。特别适合 S7 PLC 与 HMI 和编程器通信，也可以用于 S7-1200 PLC 之间的通信。

（2）最大电缆长度和传输速率的关系

PROFIBUS 总线符合 EIA RS-485 标准，PROFIBUS 总线的 RS-485 的传输以半双工、异步和无间隙同步为基础。传输介质可以是光缆或者屏蔽双绞线，电气传输每个 RS-485 网段最多 32 个站点。

PROFIBUS-DP 通信的最大电缆长度和传输速率有关，传输的速率越大，则传输的距离越近，对应关系如图 19-14 所示。一般设置通信波

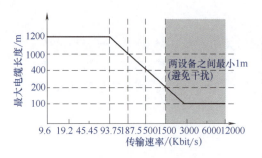

图 19-14 传输距离与波特率的对应关系

特率不大于 500Kbit/s，电气传输距离不大于 400m（不加中继器）。

（3）PROFIBUS-DP 电缆

PROFIBUS-DP 电缆是专用的屏蔽双绞线，外层为紫色。PROFIBUS-DP 电缆的结构和功能如图 19-15 所示。外层是紫色绝缘层，编制网防护层主要防止低频干扰，金属箔片层为防止高频干扰，最里面是 2 根信号线，红色为信号正，接总线连接器的第 8 引脚，绿色为信号负，接总线连接器的第 3 引脚。PROFIBUS-DP 电缆的屏蔽层"双端接地"。

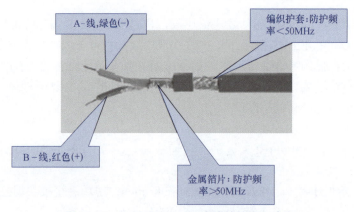

图 19-15 PROFIBUS-DP 电缆的结构和功能

19.3.2　S7-1200 PLC 与西门子 S7-1200 PLC 间的 PROFIBUS-DP 通信

到目前为止，西门子公司没有推出自带 DP 通信口的 S7-1200 CPU，因此要把 S7-1200 CPU 接入 PROFIBUS 网络，必须借助通信模块 CM1242-5 或者 CM1243-5 扩展通信口。主站使用 CM1243-5 模块，从站使用 CM1242-5 模块。

主站和从站可以在同一个项目进行配置，也可以不在同一个项目中进行配置，以下的实例采用不在同一个项目进行配置的方案。

【例 19-1】 有两台设备，均由 CPU 1211C 控制，要求实时从设备 1 上的 CPU 1211C 的 MB10 发出 1 个字节到设备 2 的 CPU 1211C 的 MB10，从设备 2 上的 CPU 1211C 的 MB20 发出 1 个字节到设备 1 的 CPU 1211C 的 MB20，用 PROFIBUS 通信实现此任务。

【解】

(1) 主要软硬件配置

① 1 套 TIA Portal V15.1。

② 2 台 CPU 1211C。

③ 1 台 CM1242-5 和 1 台 CM1243-5。

④ 1 根 PROFIBUS 网络电缆（含两个网络总线连接器）。

⑤ 1 根以太网网线。

PROFIBUS 现场总线硬件配置图如图 19-16 所示。

图 19-16　PROFIBUS 现场总线硬件配置图

(2) 硬件配置

① 新建项目。打开 TIA Portal V15.1，再新建项目，本例命名为"DP_SLAVE"，接着单击"项目视图"按钮，切换到项目视图，如图 19-17 所示。

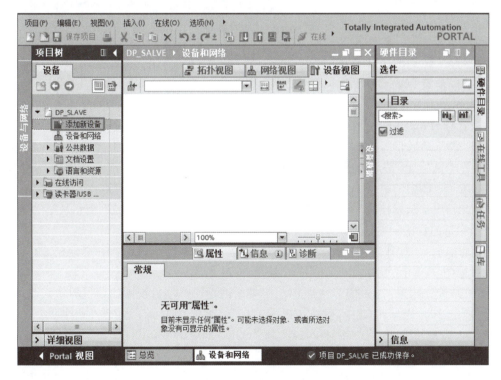

图 19-17　新建项目（1）

② 从站硬件配置。如图 19-17 所示，在 TIA 博途软件项目视图的项目树中，双击"添

加新设备"按钮,添加 CPU 模块"CPU 1211C",配置 CPU 后,再把"硬件目录"→"通信模块"→"PROFIBUS"→"CM1242-5"→"6GK7 242-5DX30-0XE0"模块拖拽到 CPU 模块左侧的 101 号槽位中,如图 19-18 所示。

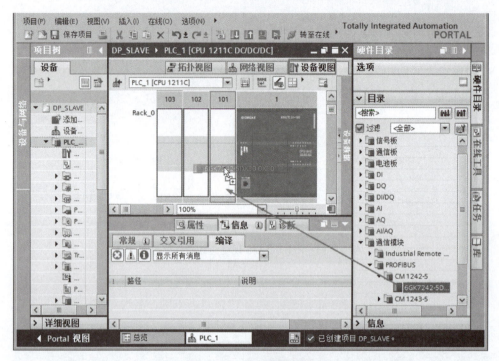

图 19-18 从站硬件配置

③ 配置从站 PROFIBUS-DP 参数。先选中"设备视图"(标号 1 处)选项卡,再选中 CM1542-5 模块紫色的 DP 接口(标号 2 处),选中"属性"(标号 3 处)选项卡,再选中"PROFIBUS 地址"(标号 4 处)选项,再单击"添加新子网"(标号 5 处),弹出 PROFIBUS 地址参数(标号 6 处),将从站的站地址修改为 3,如图 19-19 所示。

④ 配置从站通信数据接口。选中"设备视图"选项卡,再选中"属性"→"操作模式"→"智能从站通信",单击"新增"按钮 2 次,产生"传输区_1"和"传输区_2",如图 19-20 所示。图中的箭头"→"表示数据的传送方向,双击箭头可以改变数据传输方向。图中的"I2"表示从站接收一个字节的数据到"IB2"中,图中的"Q2"表示从站的"QB2"发送一个字节的数据到主站。编译保存从站的配置信息。

⑤ 新建项目。打开 TIA Portal V15.1,再新建项目,本例命名为"DP_MASTER",再单击"项目视图"按钮,切换到项目视图,如图 19-21 所示。

⑥ 主站硬件配置。如图 19-21 所示,在 TIA 博途软件项目视图的项目树中,双击"添加新设备"按钮,先添加 CPU 模块"CPU 1211C",配置 CPU 后,再把"硬件目录"→"通信模块"→"PROFIBUS"→"CM1243-5"→"6GK7 243-5DX30-0XE0"模块拖拽到 CPU 模块左侧的 101 号槽位中,如图 19-22 所示。

⑦ 添加主站 PROFIBUS-DP 网络。先选中"设备视图"选项卡,再选中"PROFIBUS 接口"→"属性"→"常规"→"DP 接口"→"PROFIBUS 地址",单击"添加新子网",如图 19-23 所示。

第 19 章 电气控制系统的通信及其应用

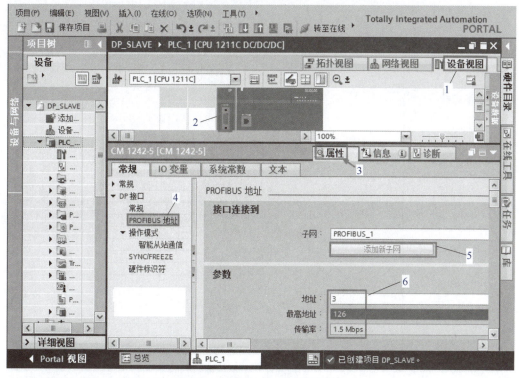

图 19-19 配置 PROFIBUS 参数

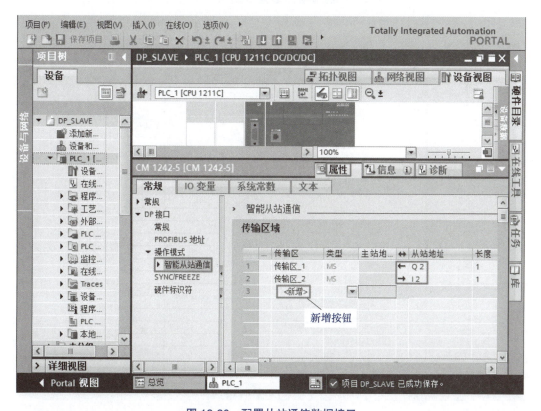

图 19-20 配置从站通信数据接口

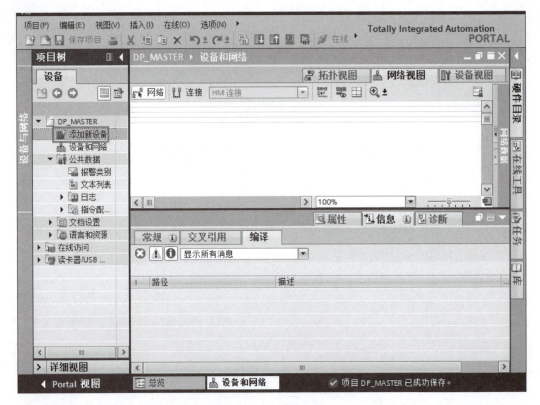

图 19-21 新建项目（2）

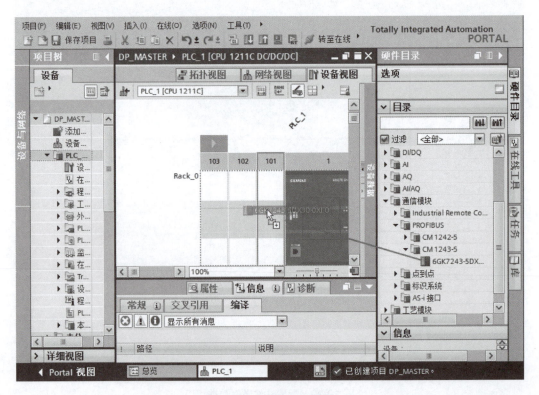

图 19-22 配置主站硬件

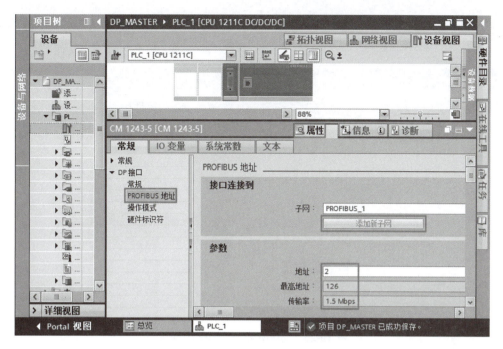

图 19-23 添加主站 PROFIBUS-DP 网络

⑧ 配置主站 PROFIBUS-DP 参数。先选中"网络视图"选项卡，再把"硬件目录"→"其它现场设备"→"PROFIBUSDP"→"I/O"→"SIEMENS AG"→"S71200"→"CM1242-5"→"6GK7 242-5DX30-0XE0"模块拖拽到空白处，如图 19-24 所示。

如图 19-25 所示，选中主站的 DP 接口（紫色），用鼠标按住不放，拖拽到从站的 DP 接口（紫色）松开鼠标，注意从站上要显示"PLC_1"标记，否则需要重新分配主站。

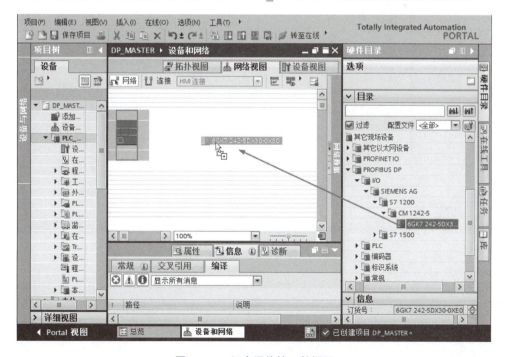

图 19-24 组态通信接口数据区

【关键点】在进行此操作步骤之前，必须保证博途软件中已经安装了 CM1242-5 的 gsd 文件"si01818E.gsd"，此文件可以在西门子公司的官网上免费下载。

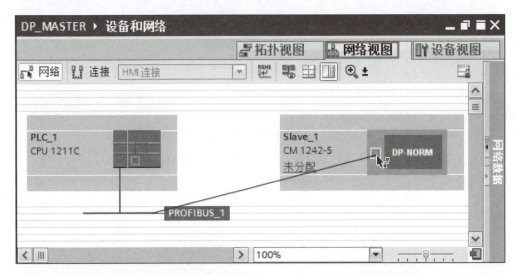

图 19-25　配置主站 PROFIBUS 网络

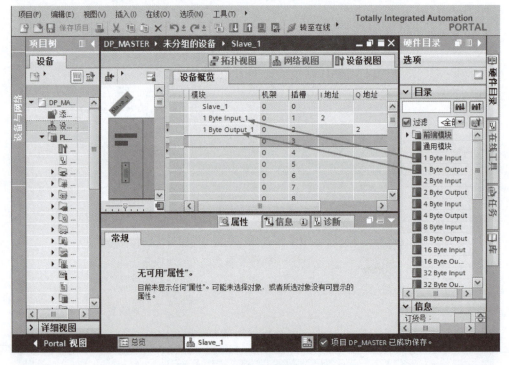

图 19-26　配置主站数据通信接口（1）

⑨ 配置主站数据通信接口。双击从站，进入"设备视图"，在"设备概览"中插入数据通信区，本例插入一个字节输入和一个字节输出，如图 19-26 所示，只要将应将目录中的"1Byte Output"和"1Byte Input"拖拽到指定的位置即可，如图 19-27 所示，主站数据通信区配置完成。

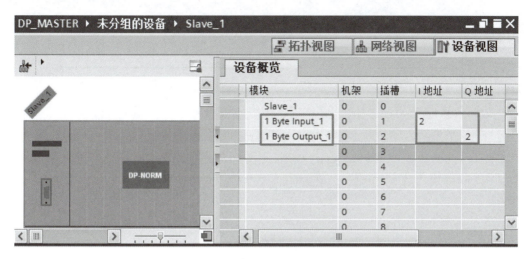

图 19-27　配置主站数据通信接口（2）

【关键点】在进行硬件组态时，主站和从站的波特率要相等，主站和从站的地址不能相同，本例的主站地址为 2，从站的地址为 3。一般是先对从站组态，再对主站进行组态。

（3）编写主站程序

S7-1200 PLC 与 S7-1200 PLC 间的现场总线通信的程序编写有很多种方法，本例是最为简单的一种方法。从前述的配置，很容易看出主站 2 和从站 3 的数据交换的对应关系，也可参见表 19-3。

表 19-3　主站和从站的发送接收数据区对应关系

序　号	主站 S7-1200 PLC	对应关系	从站 S7-1200 PLC
1	QB2	→	IB2
2	IB2	←	QB2

主站的程序如图 19-28 所示。

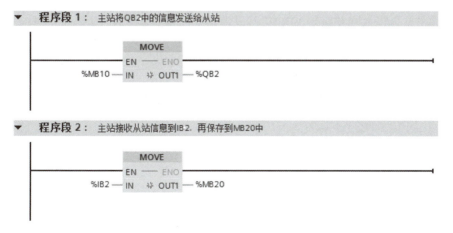

图 19-28　主站程序

（4）编写从站程序

从站程序如图 19-29 所示。

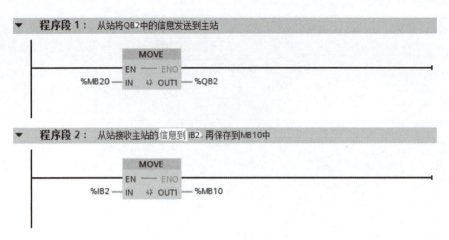

图 19-29 从站程序

19.4 以太网通信及其应用

以太网（Ethernet）指的是由 Xerox 公司创建，并由 Xerox、Intel 和 DEC 公司联合开发的基带局域网规范。以太网使用 CSMA/CD 技术（载波监听多路访问及冲突检测技术），并以 10Mbit/s 的速率运行在多种类型的电缆上。以太网与 IEEE 802.3 系列标准相类似。以太网不是一种具体的网络，而是一种技术规范。

19.4.1 以太网通信基础

19.4.1.1 以太网的历史

以太网的核心思想是使用公共传输信道。这个思想产生于 1968 年美国的夏威尔大学。

以太网技术的最初进展源自于施乐帕洛阿尔托研究中心的许多先锋技术项目中的一个。人们通常认为以太网发明于 1973 年，以当年罗伯特·梅特卡夫（Robert Metcalfe）给他 PARC 的老板写了一篇有关以太网潜力的备忘录为标志。

1979 年，梅特卡夫成立了 3Com 公司。3Com 联合迪吉多（DEC）、英特尔（Intel）和施乐（Xerox）共同将网络进行标准化、规范化。这个通用的以太网标准于 1980 年 9 月 30 日出台。

19.4.1.2 以太网的分类

以太网分为标准以太网、快速以太网、千兆以太网和万兆以太网。

19.4.1.3 以太网的拓扑结构

（1）星型

星型管理方便、容易扩展、需要专用的网络设备作为网络的核心节点、需要更多的网线和对核心设备的可靠性要求高。采用专用的网络设备（如集线器或交换机）作为核心节点，通过双绞线将局域网中的各台主机连接到核心节点上，这就形成了星型结构。星型网络虽然需要的线缆比总线型多，但布线和连接器比总线型的要便宜。此外，星型拓扑可以通过级联的方式很方便地将网络扩展到很大的规模，因此得到了广泛的应用，被绝大部分的以太网所采用。如图 19-30 所示，一台 ESM（Electrical Switch Module，交换机）与两台 PLC 和两台计算机组成星型网络，这种拓扑结构，在工控中很常见。

（2）总线型

如图 19-31 所示，所需的电缆较少、价格便宜、管理成本高、不易隔离故障点、采用共享的访问机制，易造成网络拥塞。早期以太网多使用总线型的拓扑结构，

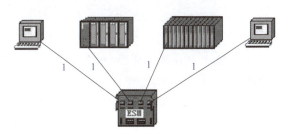

图 19-30　拓扑图
1—TP 电缆，RJ45 接口

采用同轴缆作为传输介质，连接简单，通常在小规模的网络中不需要专用的网络设备，但由于它存在的固有缺陷，已经逐渐被以集线器和交换机为核心的星型网络所代替。如图 19-31 所示，三台交换机组成总线网络，交换机再与 PLC、计算机和远程 IO 模块组成网络。

（3）环型

西门子的网络中，用 OLM（Optical Link Module）模块将网络首位相连，形成环网，也可用 OSM（Optical Switch Module）交换机组成环网。与总线型相比冗余环网增加了交换数据的可靠性。如图 19-32 所示，四台交换机组成环网，交换机再与 PLC、计算机和远程 IO 模块组成网络，这种拓扑结构，在工控中很常见。

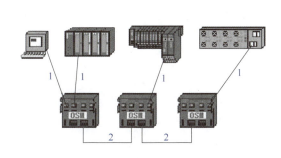

图 19-31　总线拓扑应用
1—TP 电缆，RJ45 接口；2—光缆

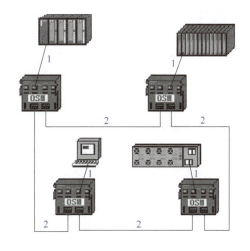

图 19-32　环型拓扑应用
1—TP 电缆，RJ45 接口；2—光缆

此外，还有网状和蜂窝状等拓扑结构。

19.4.1.4　接口的工作模式

以太网卡可以工作在两种模式下：半双工和全双工。

19.4.1.5　传输介质

以太网可以采用多种连接介质，包括同轴缆、双绞线、光纤和无线传输等。其中双绞线多用于从主机到集线器或交换机的连接，而光纤则主要用于交换机间的级联和交换机到路由器间的点到点链路上。同轴缆作为早期的主要连接介质已经逐渐趋于淘汰。

(1) 网络电缆（双绞线）接法

用于 Ethernet 的双绞线有 8 芯和 4 芯两种，双绞线的电缆连线方式也有两种，即正线（标准 568B）和反线（标准 568A），其中正线也称为直通线，反线也称为交叉线。正线接线如图 19-33 所示，两端线序一样，从上至下线序是：白绿，绿，白橙，蓝，白蓝，橙，白棕，棕。反线接线如图 19-34 所示，一端为正线的线序，另一端为反线线序，从上至下线序是：白橙，橙，白绿，蓝，白蓝，绿，白棕，棕。也就是 568B 标准。对于千兆以太网，用 8 芯双绞线，但接法不同于以上所述的接法，请参考有关文献。

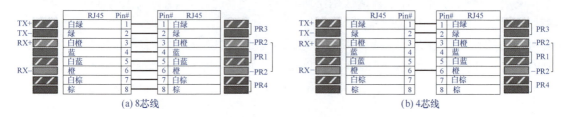

图 19-33　双绞线正线接线图

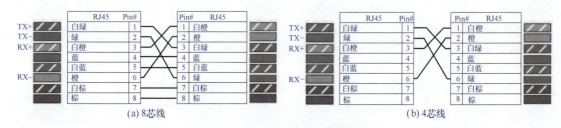

图 19-34　双绞线反线接线图

对于 4 芯的双绞线，只用 RJ45 连接头上的（常称为水晶接头）1、2、3 和 6 四个引脚。西门子的 PROFINET 工业以太网采用 4 芯的双绞线。

双绞线的传输距离一般不大于 100m。

(2) 光纤简介

光纤在通信介质中占有重要地位，特别在远距离传输中比较常用。光纤是光导纤维的简写，是一种由玻璃或塑料制成的纤维，可作为光传导工具。

① 按照光纤的材料分类　可以将光纤的种类分为石英光纤和全塑光纤。

② 按照光纤的传输模式分类　按照光纤传输的模式数量，可以将光纤的种类分为多模光纤和单模光纤。塑料光纤的传输距离一般为几十米。

单模适合长途通信（一般小于 100km），多模适合组建局域网（一般不大于 2km）。

只计算光纤的成本，单模的价格便宜，而多模的价格贵。单模光纤和多模光纤所用的设备不同，不可以混用，因此选型时要注意这点。

③ 规格　多模光纤常用规格为：62.5/125，50/125。62.5/125 是北美的标准，而 50/125 是日本和德国的标准。

④ 光纤的几个要注意的问题。

a. 光纤尾纤：只有一端有活动接头，另一端没有活动接头，需要用专用设备与另一根光纤熔焊在一起。

b. 光纤跳线：两端都有活动接头，直接可以连接两台设备，跳线如图 19-35 所示。跳线一分为二还可以作为尾纤用。

c. 光纤接口有很多种，不同接口需要不同的耦合器，在工程中一旦设备的接口（如 FC 接口）选定了，尾纤和跳线的接口也就确定下来了。常见的光纤接口如图 19-36 所示，日本公司在制定这些接口标准中发挥了重要作用。

图 19-35　跳线

APC　　SC　　LC　　FC　　ST

图 19-36　光纤接口

19.4.1.6　工业以太网通信简介

所谓工业以太网，通俗地讲就是应用于工业的以太网，是指其在技术上与商用以太网（IEEE 802.3 标准）兼容，但材质的选用、产品的强度、可互操作性、可靠性和抗干扰性等方面应能满足工业现场的需要。工业以太网技术的优点表现在：以太网技术应用广泛，为所有的编程语言所支持；软硬件资源丰富；易于与 Internet 连接，实现办公自动化网络与工业控制网络的无缝连接；通信速度快；可持续发展的空间大；等等。

工业以太网是面向工业生产控制的，对数据的实时性、确定性和可靠性等有极高的要求。

19.4.2　S7-1200 PLC 的以太网通信方式

（1）西门子 S7-1200 PLC 系统以太网接口

西门子 S7-1200 PLC 的 CPU 仅集成一个 X1 接口，西门子 S7-1200 PLC 以太网接口支持的通信方式按照实时性和非实时性进行划分，X1 接口支持的通信服务见表 19-4。

表 19-4　S7-1200 PLC 以太网 X1 接口支持的通信服务

接口类型	实时通信		非实时通信		
	PROFINET IO 控制器	I-Device	OUC 通信	S7 通信	Web 服务器
CPU 集成接口 X1	√	√	√	√	√

注：√表示有此功能。

（2）西门子工业以太网通信方式简介

工业以太网的通信主要利用第 2 层（ISO）和第 4 层（TCP）的协议。西门子 S7-1200 PLC 系统以太网接口支持的非实时性分为两种 Open User Comunication（OUC）通信和 S7 通信，而实时通信只有 PROFINET IO 通信。

19.4.3　西门子 S7-1200 PLC 之间的 OUC 通信及其应用

19.4.3.1　OUC 通信

OUC（开放式用户通信）适用于 SIMATIC S7-1200/1500/300/400 PLC 之间的通信、

S7-PLC 与 S5-PLC 之间的通信、PLC 与个人计算机或第三方设备之间的通信，OUC 通信包含以下通信连接。

(1) ISO Transport（ISO 传输协议）

ISO 传输协议支持基于 ISO 的发送和接收，使得设备（例如 SIMATIC S5 或 PC）在工业以太网上的通信非常容易，该服务支持大数据量的数据传输（最大 64KB）。ISO 数据接收由通信方确认，通过功能块可以看到确认信息。用于 SIMATIC S5 和 SIMATIC S7 的工业以太网连接。

(2) ISO-on-TCP

ISO-on-TCP 支持第 4 层 TCP/IP 协议的开放数据通信。用于支持 SIMATIC S7 和 PC 以及非西门子支持的 TCP/IP 以太网系统。ISO-on-TCP 符合 TCP/IP，但相对于标准的 TCP/IP，还附加了 RFC 1006 协议，RFC 1006 是一个标准协议，该协议描述了如何将 ISO 映射到 TCP 上去。

(3) UDP

UDP（User Datagram Protocol，用户数据报协议），属于第 4 层协议，提供了 S5 兼容通信协议，适用于简单的交叉网络数据传输，没有数据确认报文，不检测数据传输的正确性。UDP 支持基于 UDP 的发送和接收，使得设备（例如 PC 或非西门子公司设备）在工业以太网上的通信非常容易。该协议支持较大数据量的数据传输（最大 1472 字节），数据可以通过工业以太网或 TCP/IP 网络（拨号网络或因特网）传输。通过 UDP，SIMATIC S7 通过建立 UDP 连接，提供了发送/接收通信功能，与 TCP 不同，UDP 实际上并没有在通信双方建立一个固定的连接。

(4) TCP/IP

TCP/IP 中传输控制协议，支持第 4 层 TCP/IP 协议的开放数据通信。提供了数据流通信，但并不将数据封装成消息块，因而用户并不接收到每一个任务的确认信号。TCP 支持面向 TCP/IP 的 Socket。

TCP 支持给予 TCP/IP 的发送和接收，使得设备（例如 PC 或非西门子设备）在工业以太网上的通信非常容易。该协议支持大数据量的数据传输（最大 64KB），数据可以通过工业以太网或 TCP/IP 网络（拨号网络或因特网）传输。通过 TCP，SIMATIC S7 可以通过建立 TCP 连接来发送/接收数据。

S7-1200 PLC 系统以太网接口支持的通信连接类型见表 19-5。

表 19-5　S7-1200 PLC 系统以太网接口支持的通信连接类型

接口类型	连接类型			
	ISO	ISO-on-TCP	TCP/IP	UDP
CPU 集成接口 X1	×	√	√	√

注：√表示有此功能，×表示没有此功能。

19.4.3.2　OUC 通信实例

【例 19-2】有两台设备，由 S7-1200 PLC 控制，要求从设备 1 上的 CPU 1214C 的 MB10 发出 1 个字节到设备 2 的 CPU 1211C 的 MB10。

【解】

S7-1200 PLC 之间的 OUC 通信，可以采用很多连接方式，如 TCP、ISO-on-TCP 和 UDP 等，以下仅介绍 ISO-on-TCP 连接方式。

S7-1200 PLC 间的以太网通信硬件配置如图 19-37 所示，本例用到的软硬件如下：

S7-1200 PLC 与 S7-1200 PLC 间的 ISO-on-TCP 通信

① 1 台 CPU 1211C 和 1 台 CPU 1214C。
② 1 台 4 口交换机。
③ 2 根带 RJ45 接头的屏蔽双绞线（正线）。
④ 1 台个人计算机（含网卡）。
⑤ 1 套 TIA Portal V15.1。

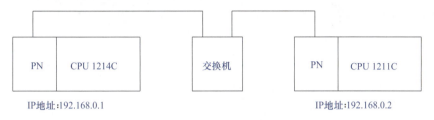

图 19-37　S7-1200 PLC 间的以太网通信硬件配置图

（1）新建项目

打开 TIA Portal V15.1，再新建项目，本例命名为"ISO_on_TCP"，再单击"项目视图"按钮，切换到项目视图，如图 19-38 所示。

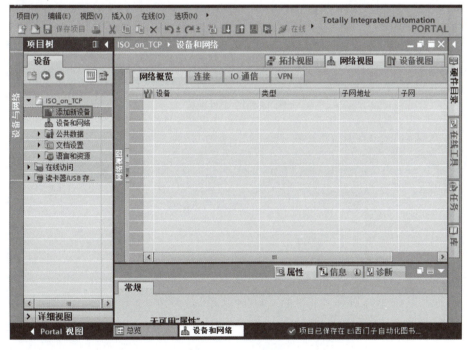

图 19-38　新建项目

（2）硬件配置

如图 19-38 所示，在 TIA 博途软件项目视图的项目树中，双击"添加新设备"按钮，先后添加 CPU 模块"CPU 1214C"和"CPU 1211C"模块，并启用时钟存储器字节，如图 19-39 所示。

（3）IP 地址设置

选中 PLC_1 的"设备视图"选项卡（标号 1 处），再选中 CPU 1214C 模块绿色的 PN 接口（标号2处），选中"属性"（标号3处）选项卡，再选中"以太网地址"（标号4处）选项，再设置IP地址（标号5处），如图19-40所示。

用同样的方法设置PLC_2的IP地址为192.168.0.2。

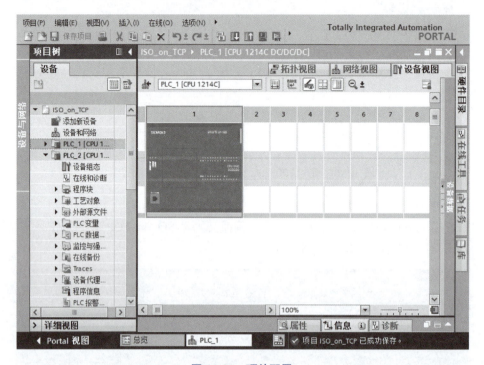

图19-39　硬件配置

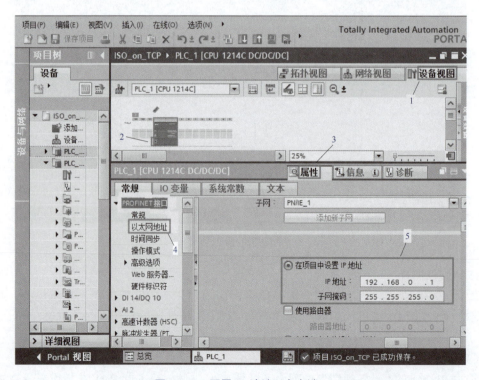

图19-40　配置IP地址（客户端）

(4)调用函数块 TSEND_C

在 TIA 博途软件项目视图的项目树中,打开"PLC_1"的主程序块,再选中"指令"→"通信"→"开放式用户通信",再将"TSEND_C"拖拽到主程序块,如图 19-41 所示。

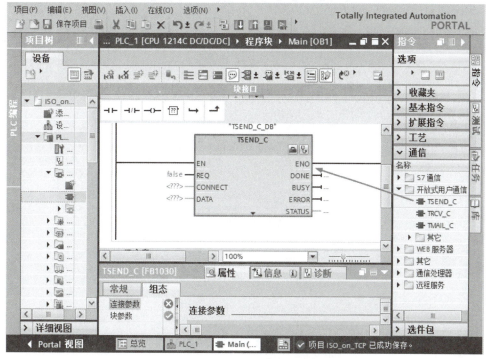

图 19-41　调用函数块 TSEND_C

(5)配置客户端连接参数

选中"属性"→"连接参数",如图 19-42 所示。先选择连接类型为"ISO-on-TCP",组态模式选择"使用组态的连接",在连接数据中,单击"新建",伙伴选择为"未指定"。

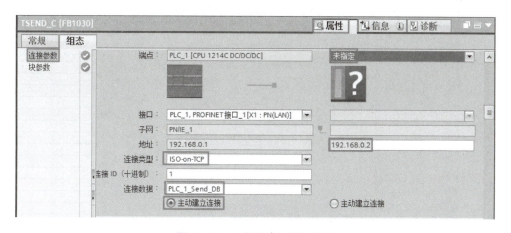

图 19-42　配置客户端连接参数

(6)配置客户端块参数

按照如图 19-43 所示配置参数。每秒激活一次发送请求,每次将 MB10 中的信息发送出去。

435

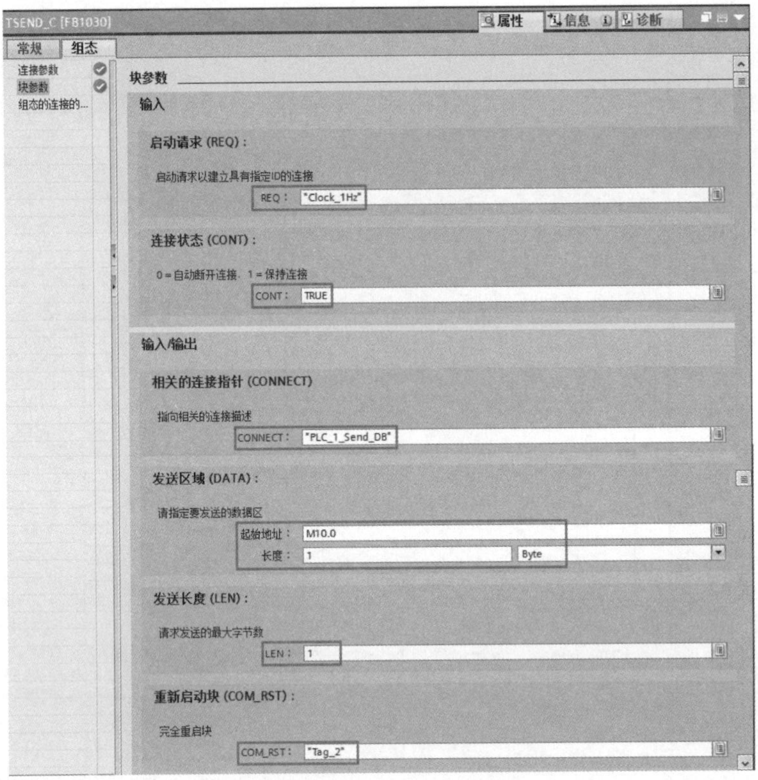

图19-43 配置客户端块参数

(7) 调用函数块 TRCV_C

在 TIA 博途软件项目视图的项目树中,打开"PLC_2"主程序块,再选中"指令"→"通信"→"开放式用户通信",再将"TRCV_C"拖拽到主程序块,如图19-44所示。

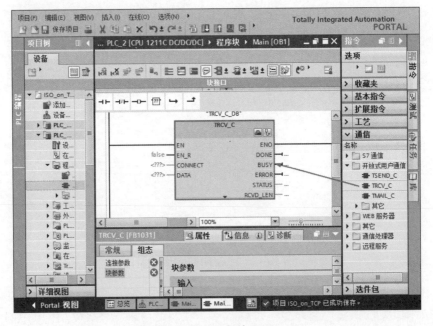

图19-44 调用函数块 TRCV_C

(8) 配置服务器连接参数

选中"属性"→"连接参数",如图 19-45 所示。先选择连接类型为"ISO-on-TCP",组态模式选择"使用组态的连接",连接数据选择"PLC_2_Receive_DB",伙伴选择为"未指定",且"未指定"为主动建立连接,也就是主控端,即客户端。

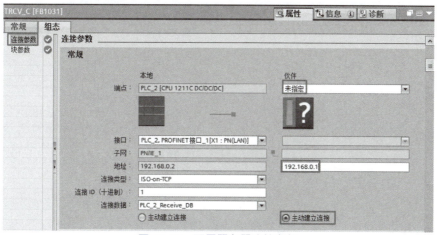

图 19-45　配置服务器连接参数

(9) 配置服务器块参数

按照如图 19-46 所示配置参数。每秒激活一次接收操作,每次将伙伴站发送来的数据存储在 MB10 中。

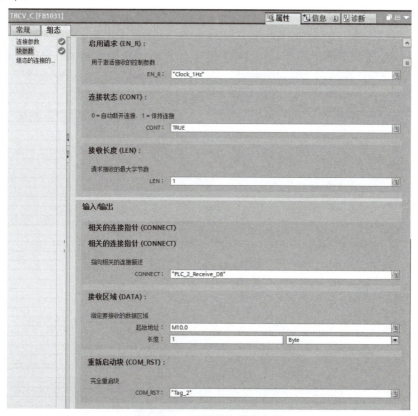

图 19-46　配置服务器块参数

（10）指令说明

① TSEND_C 指令　TCP 和 ISO-on-TCP 通信均可调用此指令，TSEND_C 可与伙伴站建立 TCP 或 ISO-on-TCP 通信连接、发送数据，并且可以终止该连接。设置并建立连接后，CPU 会自动保持和监视该连接。TSEND_C 指令输入/输出参数见表 19-6。

表 19-6　TSEND_C 指令输入/输出参数表

LAD	SCL	输入/输出	说　明
TSEND_C 指令块 EN　ENO REQ　DONE CONT　BUSY LEN　ERROR CONNECT　STATUS DATA ADDR COM_RST	"TSEND_C_DB" (　req: =_bool_in_, 　cont: =_bool_in_, 　len: =_uint_in_, 　done=>_bool_out_, 　busy=>_bool_out_, 　error=>_bool_out_, 　status=>_word_out_, 　connect: =_struct_inout_, 　data: =_variant_inout_, 　om_rst: =_bool_inout_);	EN	使能
		REQ	在上升沿时，启动相应作业以建立 ID 所指定的连接
		CONT	控制通信连接： 0：数据发送完成后断开通信连接 1：建立并保持通信连接
		LEN	通过作业发送的最大字节数
		CONNECT	指向与待描述连接结构对应的连接描述的指针
		DATA	指向包含以下内容的发送区的指针
		BUSY	状态参数，可具有以下值： 0：发送作业尚未开始或已完成 1：发送作业尚未完成，无法启动新的发送作业
		DONE	上一请求已完成且没有出错后，DONE 位将保持为 TRUE 一个扫描周期时间
		STATUS	故障代码
		ERROR	是否出错：0 表示无错误，1 表示有错误

② TRCV_C 指令　TCP 和 ISO-on-TCP 通信均可调用此指令，TRCV_C 可与伙伴 CPU 建立 TCP 或 ISO-on-TCP 通信连接，可接收数据，并且可以终止该连接。设置并建立连接后，CPU 会自动保持和监视该连接。TRCV_C 指令输入/输出参数见表 19-7。

表 19-7　TRCV_C 指令输入/输出参数表

LAD	SCL	输入/输出	说　明
TRCV_C 指令块 EN　ENO EN_R　DONE CONT　BUSY LEN　ERROR ADHOC　STATUS CONNECT　RCVD_LEN DATA ADDR COM_RST	"TRCV_C_DB" (　en_r: =_bool_in_, 　cont: =_bool_in_, 　len: =_uint_in_, 　adhoc: =_bool_in_, 　done=>_bool_out_, 　busy=>_bool_out_, 　error=>_bool_out_, 　status=>_word_out_, 　rcvd_len=>_uint_out_, 　connect: =_struct_inout_, 　data: =_variant_inout_, 　com_rst: =_bool_inout_);	EN	使能
		EN_R	启用接收
		CONT	控制通信连接： 0：数据发送完成后断开通信连接 1：建立并保持通信连接
		LEN	通过作业接收的最大字节数
		CONNECT	指向与待描述连接结构对应的连接描述的指针
		DATA	指向包含以下内容的发送区的指针
		BUSY	状态参数，可具有以下值： 0：发送作业尚未开始或已完成 1：发送作业尚未完成，无法启动新的发送作业
		DONE	上一请求已完成且没有出错后，DONE 位将保持为 TRUE 一个扫描周期时间
		STATUS	故障代码
		RCVD_LEN	实际接收到的数据量（字节）
		ERROR	是否出错：0 表示无错误，1 表示有错误

（11）编写程序

客户端的 LAD 程序如图 19-47 所示，每一秒种（上升沿激发）地址 P#M10.0BYTE 1（即 MB10）向服务器发送一个字节的数据。服务器的 LAD 程序如图 19-48 所示，服务器从客户端接收数据，保存到地址 P#M10.0 BYTE 1（即 MB10）。

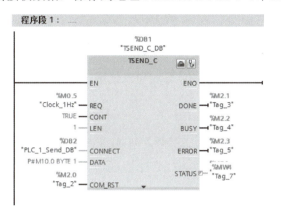

图 19-47　客户端的 LAD 程序

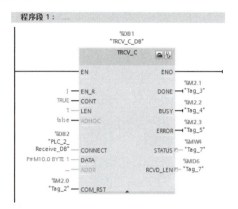

图 19-48　服务器的 LAD 程序

19.4.4　西门子 S7-1500 PLC 与西门子 S7-1200 PLC 之间的 Modbus TCP 通信及其应用

19.4.4.1　Modbus 通信协议简介

Modbus 是 MODICON 公司于 1979 年开发的一种通信协议，是一种工业现场总线协议标准。1996 年施耐德公司推出了基于以太网 TCP/IP 的 Modbus 协议——ModbusTCP。

Modbus 协议是一项应用层报文传输协议，包括 ASCII、RTU 和 TCP 三种报文类型，协议本身并没有定义物理层，只是定义了控制器能够认识和使用的消息结构，而不管它们是经过何种网络进行通信的。

标准的 Modbus 协议物理层接口有 RS-232、RS-422、RS-485 和以太网口。串行通信（ASCII、RTU）采用 Master/Slave（主/从）方式通信，而 Modbus-TCP 采用客户端/服务器端通信方式。

Modbus 在 2004 年成为我国国家标准。

19.4.4.2　Modbus TCP 介绍

Modbus TCP 是简单的、中立厂商的用于管理和控制自动化设备的 Modbus 系列通信协议的派生产品，它覆盖了使用 TCP/IP 协议的"Intranet"和"Internet"环境中 Modbus 报文的用途。协议的最常用用途是为诸如 PLC、I/O 模块以及连接其他简单域总线或 I/O 模块的网关服务。

（1）Modbus TCP 的以太网参考模型

Modbus TCP 传输过程中使用了 TCP/IP 以太网参考模型的 5 层。

第一层：物理层，提供设备物理接口，与市售介质/网络适配器相兼容。

第二层：数据链路层，格式化信号到源/目的硬件地址数据帧。

第三层：网络层，实现带有 32 位 IP 地址报文包。

第四层：传输层，实现可靠性连接、传输、查错、重发、端口服务和传输调度。

第五层：应用层，Modbus 协议报文。

（2）Modbus TCP 数据帧

Modbus 数据在 TCP/IP 以太网上传输，支持 Ethernet II 和 802.3 两种帧格式，Modbus TCP 数据帧包含报文头、功能代码和数据三部分。MBAP 报文头（MBAP、Modbus Application Protocol 和 Modbus 应用协议）分 4 个域，共 7 个字节。

（3）Modbus TCP 使用的通信资源端口号

在 Moodbus 服务器中按缺省协议使用 Port 502 通信端口，在 Modbus 客户器程序中设置任意通信端口，为避免与其他通信协议的冲突一般建议 2000 开始可以使用。

（4）Modbus TCP 使用的功能代码

按照使用的通途区分，共有三种类型。

① 公共功能代码：已定义的功能码，保证其唯一性，由 Modbus.org 认可。

② 用户自定义功能代码有两组，分别为 65 ~ 72 和 100 ~ 110，无需认可，但不保证代码使用唯一性，如变为公共代码，需交 RFC 认可。

③ 保留功能代码，由某些公司使用某些传统设备代码，不可作为公共用途。

按照应用深浅，可分为三个类别。

① 类别 0，客户机/服务器最小许用子集：读多个保持寄存器（fc.3）；写多个保持寄存器（fc.16）。

② 类别 1，可实现基本互易操作常用代码：读线圈（fc.1）；读开关量输入（fc.2）；读输入寄存器（fc.4）；写线圈（fc.5）；写单一寄存器（fc.6）。

③ 类别 2，用于人机界面、监控系统例行操作和数据传送功能：强制多个线圈（fc.15）；读通用寄存器（fc.20）；写通用寄存器（fc.21）；屏蔽写寄存器（fc.22）；读写寄存器（fc.23）。

（5）S7-1500 PLC Modbus TCP 通信简介

S7-1500 PLC 需要通过 TIA Portal 软件进行配置，从 TIA Portal V12 SP1 开始，软件中增加了 S7-1500 PLC 的 Modbus TCP 块库，用于 S7-1500 PLC 与支持 Modbus TCP 的通信伙伴进行通信。

S7-1200 PLC 与 S7-1200 PLC 之间的 MODBUS TCP 通信

19.4.4.3 Modbus TCP 通信实例

【例 19-3】 有两台设备，分别由一台 CPU 1511-1PN 和一台 CPU 1211C 控制，要求从设备 1 上的 CPU 1511-1PN 的 DB1 发出 20 个字节到设备 2 的 CPU 1211C 的 DB1 中，要求使用 Modbus TCP 通信。

【解】

本例用到的软硬件如下。

① 1 台 CPU 1511-1PN。

② 1 台 CPU 1211C。

③ 2 根带 RJ45 接头的屏蔽双绞线（正线）。

④ 1 台个人计算机（含网卡）。

⑤ 1 台 4 口交换机。

⑥ 1 套 TIA Portal V15.1。

（1）新建项目

打开 TIA Portal V15.1 软件，再新建项目，本例命名为"MODBUS_TCP_1500to1200"，接着单击"项目视图"按钮，切换到项目视图，如图 19-49 所示。

(2)硬件配置

如图 19-50 所示,在 TIA 博途软件项目视图的项目树中,双击"添加新设备"按钮,先添加 CPU 模块"CPU 1511-1PN",再添加 CPU 模块"CPU 1211C",如图 19-50 所示。

图 19-49　新建项目

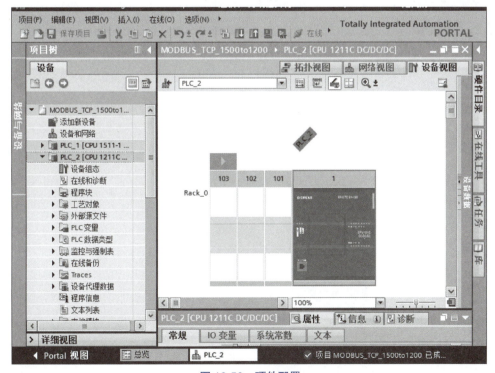

图 19-50　硬件配置

(3) IP 地址设置

先选中 PLC_1 的"设备视图"选项卡（标号 1 处），再选中 CPU 1511-1PN 模块绿色的 PN 接口（标号 2 处），选中"属性"（标号 3 处）选项卡，再选中"以太网地址"（标号 4 处）选项，再设置 IP 地址（标号 5 处），如图 19-51 所示。

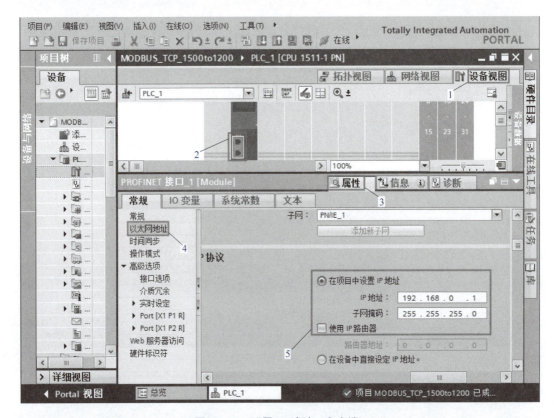

图 19-51　配置 IP 地址（客户端）

用同样的方法设置 PLC_2 的 IP 地址为 192.168.0.2。

(4) 新建数据块

在 PLC_1 的项目树中，单击"添加新块"按钮，弹出如图 19-52 所示的界面，块名称为"SEND"，再单击"确定"按钮，"SEND"数据块新建完成。再新添加数据块"DB2"，并创建 10 个字的数组。

用同样的方法，在 PLC_2 的项目树中，新建数据块"RECEIVE"。

(5) 更改数据块属性

选中新建数据块"SEND"，右击鼠标，弹出快捷菜单，再单击"属性"命令，弹出如图 19-53 所示的界面，选中"属性"选项卡，去掉"优化的块访问"前面的"√"，单击"确定"按钮。

用同样的方法，更改数据块"RECEIVE"的属性，去掉"优化的块访问"前面的"√"。

(6) 创建数据块 DB2

在 PLC_1 中，新添加数据块"DB2"，打开"DB2"，新建变量名称"SEND"，再将变量的数据类型选为"TCON_IP_v4"，如图 19-54 所示，点击"SEND"前面的三角符号，展开如图 19-55 所示，并按照图修改启动值。

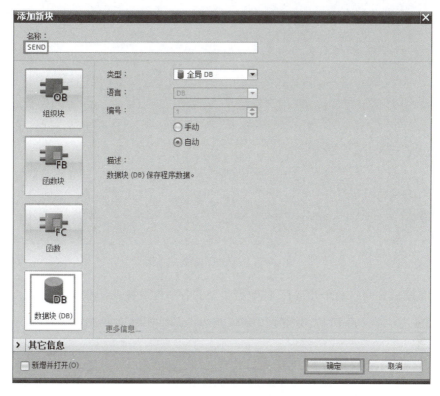

图 19-52　新建数据块

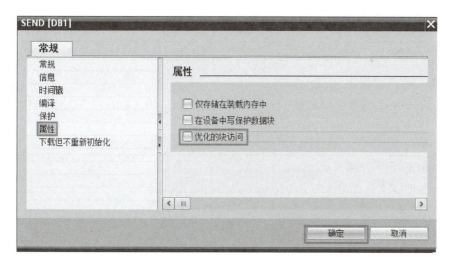

图 19-53　更改数据块的属性

图 19-54　创建 DB2

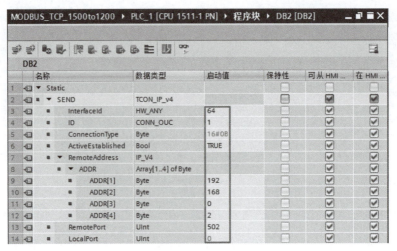

图 19-55　修改 DB2 的启动值

展开 DB2 后其"TCON_IP_v4"的数据类型的各参数设置见表 19-8。

表 19-8　客户端"TCON_IP_v4"的数据类型的各参数设置

序号	TCON_IP_v4 数据类型管脚定义	含义	本例中的情况
1	Interfaced	接口，固定为 64	64
2	ID	连接 ID，每个连接必须独立	1
3	ConnectionType	连接类型，TCP/IP=16#0B；UDP=16#13	6#0B
4	ActiveEstablished	是否主动建立连接，True= 主动	True
5	RemoteAddress	通信伙伴 IP 地址	192.168.0.2
6	RemotePort	通信伙伴端口号	502
7	LocalPort	本地端口号，设置为 0，将由软件自己创建	0

（7）编写客户端程序

① 在编写客户端的程序之前，先要掌握功能块"MB_CLIENT"，其管脚参数含义见表 19-9。

表 19-9　功能块"MB_CLIENT"的管脚参数含义

序号	"MB_CLIENT"的管脚参数	管脚类型	数据类型	含义
1	REQ	输入	BOOL	与 Modbus TCP 服务器之间的通信请求，为 1 有效
2	DISCONNECT	输入	BOOL	0：与通过 CONNECT 参数组态的连接伙伴建立通信连接 1：断开通信连接
3	MB_MODE	输入	USINT	选择 Modbus 请求模式（0—读取、1—写入或诊断）
4	MB_DATA_ADDR	输入	UDINT	由"MB_CLIENT"指令所访问数据的起始地址
5	MB_DATA_LEN	输入	UINT	数据长度：数据访问的位数或字数
6	DONE	输出	BOOL	只要最后一个作业成功完成，立即将输出参数 DONE 的位置位为"1"
7	BUSY	输出	BOOL	0：无 Modbus 请求在进行中；1：正在处理 Modbus 请求
8	ERROR	输出	BOOL	0：无错误；1：出错。出错原因由参数 STATUS 指示
9	STATUS	输出	WORD	指令的详细状态信息

功能块"MB_CLIENT"中 MB_MODE、MB_DATA_ADDR 的组合可以定义 Modbus 消息中所使用的功能码及操作地址，见表 19-10。

表 19-10　Modbus 通信对应的功能码及地址

MB_MODE	MB_DATA_ADDR	Modbus 功能	功能和数据类型
0	起始地址：1~9999	01	读取输出位
0	起始地址：10001~19999	02	读取输入位
0	起始地址： 40001~49999 400001~465535	03	读取保持存储器
0	起始地址：30001~39999	04	读取输入字
1	起始地址：1~9999	05	写入输出位
1	起始地址： 40001~49999 400001~46553	06	写入保持存储器
1	起始地址：1~9999	15	写入多个输出位
1	起始地址： 40001~49999 400001~46553	16	写入多个保持存储器
2	起始地址：1~9999	15	写入一个或多个输出位
2	起始地址： 40001~49999 400001~46553	16	写入一个或多个保持存储器

② 插入功能块"MB_CLIENT"。选中"指令"→"通信"→"其他"→"MODBUS_TCP"，再把功能块"MB_CLIENT"拖拽到程序编辑器窗口，如图 19-56 所示。

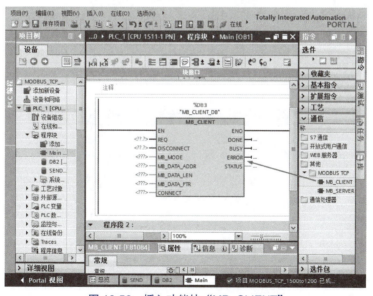

图 19-56　插入功能块"MB_CLIENT"

③ 编写完整梯形图程序如图 19-57 所示。

当 REQ 为 1（即 M10.0=1），MB_MODE=0 和 MB_DATA_ADDR=40001 时，客户端读取服务器的数据到 DB1.DBW0 开始的 10 个字中存储。

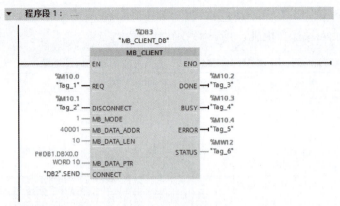

图 19-57　客户端的程序

（8）创建数据块 DB1 和 DB2

在 PLC_2 中，新添加数据块"DB1"，并创建 10 个字的数组。新添加数据块"DB2"，打开"DB2"，新建变量名称"RECEIVE"，再将变量的数据类型选为"TCON_IP_v4"，点击"RECEIVE"前面的三角符号，展开如图 19-58 所示，并按照图修改启动值。

展开 DB 块后其"TCON_IP_v4"的数据类型的各参数设置见表 19-11。

表 19-11　服务器"TCON_IP_v4"的数据类型的各参数设置

序号	TCON_IP_v4 数据类型管脚定义	含义	本例中的情况
1	Interfaced	接口，固定为 64	64
2	ID	连接 ID，每个连接必须独立	1
3	ConnectionType	连接类型，TCP/IP=16#0B；UDP=16#13	6#0B
4	ActiveEstablished	是否主动建立连接，True= 主动	0
5	RemoteAddress	通信伙伴 IP 地址，设置为 0 允许远程任意的 IP 建立连接	0
6	RemotePort	通信伙伴端口号，设置为 0 允许远程任意的端口建立连接	0
7	LocalPort	本地端口号，缺省的 Modbus TCP Server 为 502	502

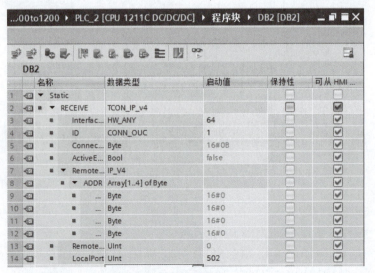

图 19-58　创建数据块 DB2

(9) 编写服务器程序

① 在编写服务器的程序之前，先要掌握功能块"MB_SERVER"，其参数含义见表 19-12。

表 19-12 功能块"MB_SERVER"的参数含义

序号	"MB_SERVER"的引脚参数	引脚类型	数据类型	含义
1	DISCONNECT	输入	BOOL	0：在无通信连接时建立被动连接 1：终止连接初始化
2	MB_HOLD_REG	输入	VARIANT	指向"MB_SERVER"指令中 Modbus 保持寄存器的指针，存储保持寄存器的通信数据
3	CONNECT	输入	VARIANT	指向连接描述结构的指针，参考表 19-16
4	NDR	输出	BOOL	0：无新数据 1：从 Modbus 客户端写入的新数据
5	DR	输出	BOOL	0：未读取数据 1：从 Modbus 客户端读取的数据
6	ERROR	输出	BOOL	0：无错误；1：出错。出错原因由参数 STATUS 指示
7	STATUS	输出	WORD	指令的详细状态信息

② 编写服务器的程序，如图 19-59 所示。服务器端接收客户端发送来的数据存储在 DB1.DBW0 开始的 10 个字中。

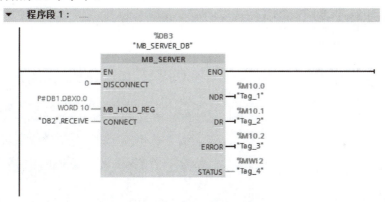

图 19-59 服务器的程序

图 19-59 中，MB_HOLD_REG 参数对应的 Modbus 保持寄存器地址区见表 19-13。

表 19-13 MB_HOLD_REG 参数对应的 Modbus 保持寄存器地址区

Modbus 地址		MB_HOLD_REG 参数对应的地址区
40001	MW100	DB1DW0（DB1.A（0））
40002	MW102	DB1DW2（DB1.A（1））
40003	MW104	DB1DW4（DB1.A（2））
40004	MW106	DB1DW6（DB1.A（3））
…	…	…

19.4.5 S7-1200 PLC 之间的 S7 通信及其应用

19.4.5.1 S7 通信简介

S7 通信（S7 Communication）集成在每一个 SIMATIC S7/M7 和 C7 的系统中，属于 OSI 参考模型第 7 层应用层的协议，它独立于各个网络，可以应用于多种网络（MPI、PROFIBUS、工业以太网）。S7 通信通过不断地重复接

S7-1200 PLC 与 S7-1200 PLC 之间的 S7 通信

收数据来保证网络报文的正确。在 SIMATIC S7 中，通过组态建立 S7 连接来实现 S7 通信。在 PC 上，S7 通信需要通过 SAPI-S7 接口函数或 OPC（过程控制用对象链接与嵌入）来实现。

19.4.5.2　S7 通信应用

【例 19-4】 有两台设备，分别由一台 CPU 1211C 控制，要求从设备 1 上的 CPU 1211C 的 MB10 发出 1 个字节到设备 2 的 CPU 1211C 的 MB10，从设备 2 上的 CPU 1211C 的 MB20 发出 1 个字节到设备 1 的 CPU 1211C 的 MB20。

【解】

S7-1200 PLC 与 S7-1200 PLC 间的以太网通信硬件配置如图 19-37 所示，本例用到的软硬件如下。

① 2 台 CPU 1211C。
② 1 台 4 口交换机。
③ 2 根带 RJ45 接头的屏蔽双绞线（正线）。
④ 1 台个人计算机（含网卡）。
⑤ 1 套 TIA Portal V15.1。

(1) 新建项目

打开 TIA Portal V15.1，再新建项目，本例命名为"S7_1200"，再单击"项目视图"按钮，切换到项目视图，如图 19-60 所示。

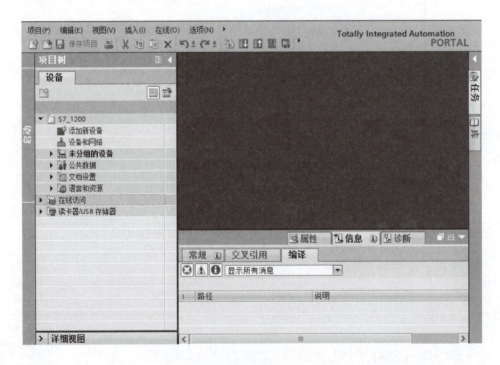

图 19-60　新建项目

(2) 硬件配置

如图 19-60 所示，在 TIA 博途软件项目视图的项目树中，双击"添加新设备"按钮，添加 CPU 模块"CPU 1211C"两次，并启用时钟存储器字节，如图 19-61 所示。

第 19 章 电气控制系统的通信及其应用 ▶▶▶

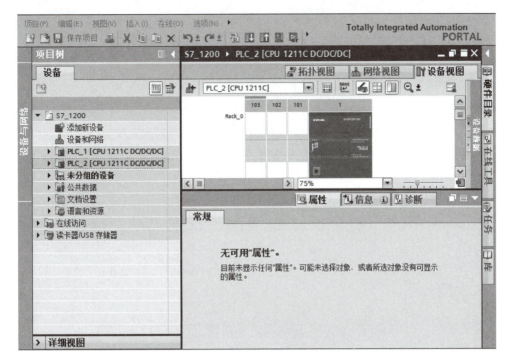

图 19-61 硬件配置

（3）IP 地址设置

先选中 PLC_1 的"设备视图"选项卡（标号 1 处），再选中 CPU 1211C 模块绿色的 PN 接口（标号 2 处），选中"属性"（标号 3 处）选项卡，再选中"以太网地址"（标号 4 处）选项，再设置 IP 地址（标号 5 处），如图 19-62 所示。

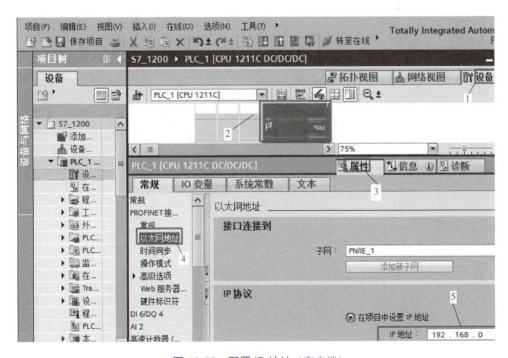

图 19-62 配置 IP 地址（客户端）

449

用同样的方法设置 PLC_2 的 IP 地址为 192.168.0.2。

（4）调用函数块 PUT 和 GET

在 TIA 博途软件项目视图的项目树中，打开"PLC_1"的主程序块，再选中"指令"→"S7 通信"，再将"PUT"和"GET"拖拽到主程序块，如图 19-63 所示。

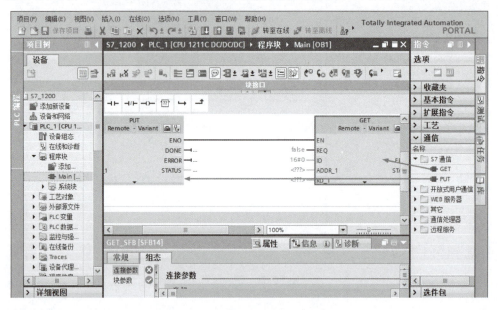

图 19-63　调用函数块 PUT 和 GET

（5）配置客户端连接参数

选中"属性"→"连接参数"，如图 19-64 所示。先选择伙伴为"未指定"（之后变为"未知"），其余参数选择默认生成的参数。

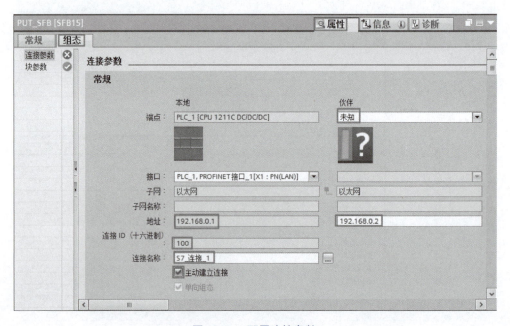

图 19-64　配置连接参数

(6) 配置客户端块参数

发送函数块 PUT 按照如图 19-65 所示配置参数。每一秒激活一次发送操作，每次将客户端 MB10 数据发送到伙伴站 MB10 中。接收函数块 GET 按照如图 19-66 所示配置参数。每一秒激活一次接收操作，每次将伙伴站 MB20 发送来的数据存储在客户端 MB20 中。

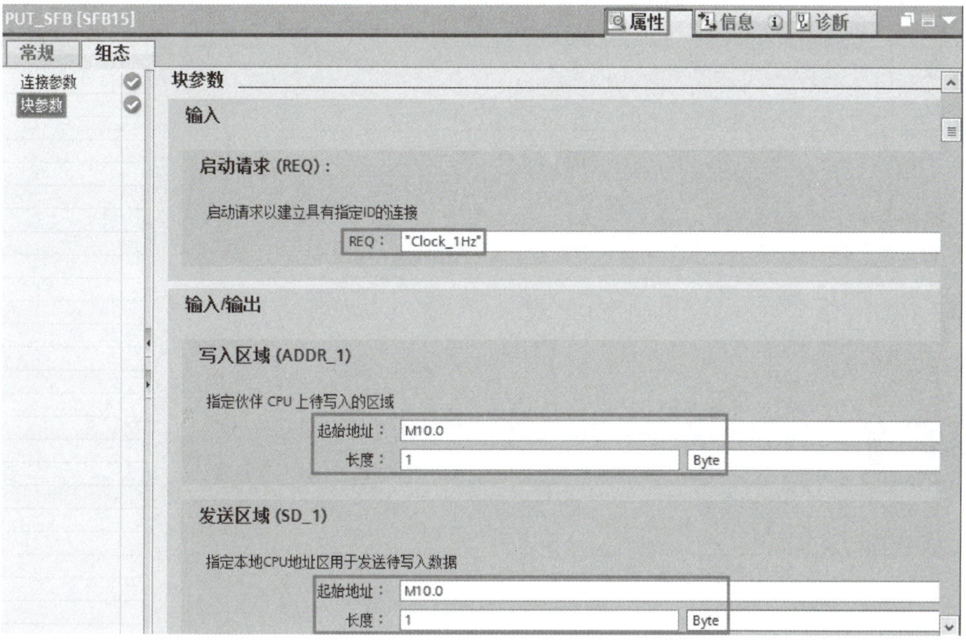

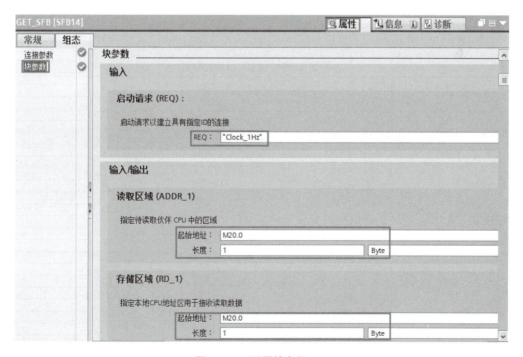

图 19-65　配置块参数（1）

图 19-66　配置块参数（2）

(7) 更改连接机制

选中"属性"→"常规"→"防护与安全"→"连接机制",如图 19-67 所示,勾选"允许来自远程对象的 PUT/GET 通信访问"选项,服务器和客户端都要进行这样的更改。

注意:这一步很容易遗漏,如遗漏则不能建立有效的通信。

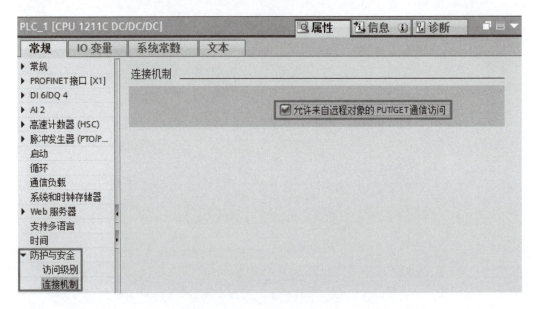

图 19-67 更改连接机制

(8) 指令说明

使用 GET 和 PUT 指令,通过 PROFINET 和 PROFIBUS 连接,创建 S7 CPU 通信。

① TUSEND 指令 PUT 指令可从远程 S7 CPU 中读取数据。读取数据时,远程 CPU 可处于 RUN 或 STOP 模式下。PUT 指令输入/输出参数见表 19-14。

表 19-14 PUT 指令的参数

LAD	SCL	输入/输出	说 明
		EN	使能
		REQ	在上升沿启动发送作业
		ID	S7 连接号
	"PUT_DB"(req: =_bool_in_, ID: =_word_in_, ndr=>_bool_out_, error=>_bool_out_, status=>_word_out_, addr_1: =_remote_inout_, [...addr_4: =_remote_inout_,] rd_1: =_variant_inout_, [, ...rd_4: =_variant_inout_]);	ADDR_1	指向接收方的地址的指针。该指针可指向任何存储区。需要 8 字节的结构
PUT Remote - Variant EN ENO REQ DONE ID ERROR ADDR_1 STATUS SD_1		SD_1	指向远程 CPU 中待发送数据的存储区
		DONE	上一请求已完成且没有出错后,DONE 位将保持为 TRUE 一个扫描周期时间
		STATUS	故障代码
		ERROR	是否出错:0 表示无错误,1 表示有错误

② GET 指令 使用 GET 指令从远程 S7 CPU 中读取数据。读取数据时，远程 CPU 可处于 RUN 或 STOP 模式下。GET 指令输入/输出参数见表 19-15。

表 19-15 GET 指令的参数

LAD	SCL	输入/输出	说 明
		EN	使能
		REQ	通过由低到高的（上升沿）信号启动操作
		ID	S7 连接号
	"GET_DB"(req: =_bool_in_, ID: =_word_in_, ndr=>_bool_out_, error=>_bool_out_, status=>_word_out_, addr_1: =_remote_inout_, [...addr_4: =_remote_inout_,] rd_1: =_variant_inout_ [, ...rd_4: =_variant_inout_]);	ADDR_1	指向远程 CPU 中存储待读取数据的存储区
		RD_1	指向本地 CPU 中存储待读取数据的存储区
		BUSY	状态参数，可具有以下值： 0：发送作业尚未开始或已完成 1：发送作业尚未完成，无法启动新的发送作业
		DONE	上一请求已完成且没有出错后，DONE 位将保持为 TRUE 一个扫描周期时间
		STATUS	故障代码
		NDR	新数据就绪： 0：请求尚未启动或仍在运行 1：已成功完成任务
		ERROR	是否出错：0 表示无错误，1 表示有错误

（9）编写程序

客户端的 LAD 程序如图 19-68 所示，每一秒钟（上升沿激发），客户端的地址 P#M10.0 BYTE 1（即 MB10）向服务器的 P#M10.0 BYTE 1 发送到一个字节的数据。服务器虽然无需编写程序，但必须激活"连接机制"，且组态必须下载到 PLC 中。这种通信方式称为单边通信，而前述章节的以太网通信为双边通信。

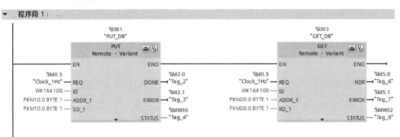

图 19-68 客户端的 LAD 程序

19.5 PROFINET IO 通信及其应用

19.5.1 PROFINET IO 通信基础

（1）PROFINET IO 简介

PROFINET IO 通信主要用于模块化、分布式控制，通过以太网直接连接现场设备（IO-

Device)。PROFINET IO 通信是全双工点到点方式通信。一个 IO 控制器（IO-Controller）最多可以和 512 个 IO 设备进行点到点通信，按照设定的更新时间双方对等发送数据。一个 IO 设备的被控对象只能被一个控制器控制。在共享 IO 控制设备模式下，一个 IO 站点上不同的 IO 模块、同一个 IO 模块中的通道都可以最多被 4 个 IO 控制器共享，但输出模块只能被一个 IO 控制器控制，其他控制器可以共享信号状态信息。

由于访问机制是点到点的方式，S7-1200 PLC 的以太网接口可以作为 IO 控制器连接 IO 设备，又可以作为 IO 设备连接到上一级控制器。

(2) PROFINET IO 的特点

① 现场设备（IO-Devices）通过 GSD 文件的方式集成在 TIA 博途软件中，其 GSD 文件以 XML 格式保存。

② PROFINET IO 控制器可以通过 IE/PB LINK（网关）连接到 PROFIBUS-DP 从站。

(3) PROFINET IO 三种执行水平

① 非实时数据通信（NRT） PROFINET 是工业以太网，采用 TCP/IP 标准通信，响应时间为 100ms，用于工厂级通信。组态和诊断信息、上位机通信时可以采用。

② 实时（RT）通信　对于现场传感器和执行设备的数据交换，响应时间约为 5～10ms 的时间（DP 满足）。PROFINET 提供了一个优化的、基于第二层的实时通道，解决了实时性问题。

PROFINET 的实时数据优先级传递，标准的交换机可保证实时性。

③ 等时同步实时（IRT）通信　在通信中，对实时性要求最高的是运动控制。100 个节点以下要求响应时间是 1ms，抖动误差不大于 1μs。等时数据传输需要特殊交换机（如 SCALANCE X-200 IRT）。

19.5.2　S7-1200 PLC 与分布式 IO 模块的 PROFINET IO 通信及其应用

以下用一个实例介绍西门子 S7-1200 PLC 与分布式 IO 模块的 PROFINET IO 通信。

S7-1200 PLC 与 ET200SP 之间的 PROFINET IO 通信

【例 19-5】　某系统的控制器有 CPU 1211C、IM155-5PN 和 SM522 组成，要用 CPU 1211C 上的 2 个按钮控制远程站上的一台电动机的启停，要求组态并编写相关程序实现此功能。

【解】　西门子 S7-1200 PLC 与远程通信模块 IM155-5PN 间的以太网通信硬件配置如图 19-69 所示，本例用到的软硬件如下。

① 1 台 CPU 1211C。

② 1 台 IM155-5PN。

③ 1 台 SM522。

④ 1 台个人计算机（含网卡）。

⑤ 1 套 TIA Portal V15.1。

⑥ 2 根带 RJ45 接头的屏蔽双绞线（正线）。

西门子 S7-1200 PLC 和远程模块原理图见图 19-70。

图 19-69　S7-1200 PLC 与远程通信模块 IM155-5PN 间的以太网通信硬件配置图

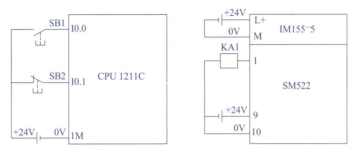

图 19-70　PROFINET 现场总线通信——S7-1200 和远程模块原理图

（1）新建项目

打开 TIA Portal V15.1，再新建项目，本例命名为"IM155_5PN"，单击"项目视图"按钮，切换到项目视图，如图 19-71 所示。

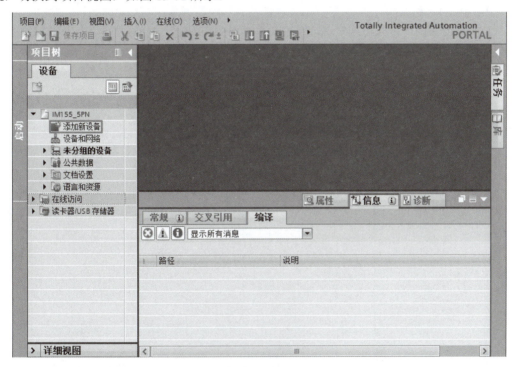

图 19-71　新建项目

（2）硬件配置

如图 19-71 所示，在 TIA 博途软件项目视图的项目树中，双击"添加新设备"按钮，添加 CPU 模块"CPU 1211C"，如图 19-72 所示。

455

图 19-72 硬件配置

（3）IP 地址设置

选中 PLC_1 的"设备视图"选项卡（标号 1 处），再选中 CPU 1211C 模块绿色的 PN 接口（标号 2 处），选中"属性"（标号 3 处）选项卡，再选中"以太网地址"（标号 4 处）选项，最后设置 IP 地址（标号 5 处），如图 19-73 所示。

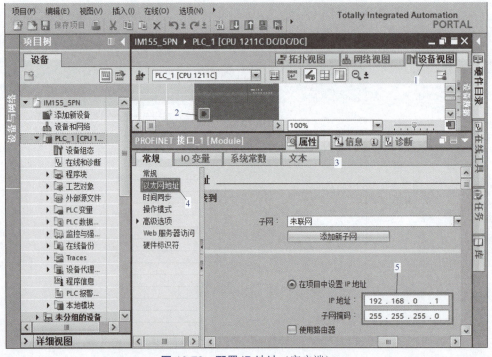

图 19-73 配置 IP 地址（客户端）

(4) 插入 IM155-5 PN 模块

在 TIA 博途软件项目视图的项目树中，选中"网络视图"选项卡，再把"硬件目录"→"分布式 IO"→"ET200MP"→"接口模块"→"PROFINET"→"IM155-5 PN ST"→"6ES7 155-5AA00-0AB0"模块拖拽到如图 19-74 所示的空白处。

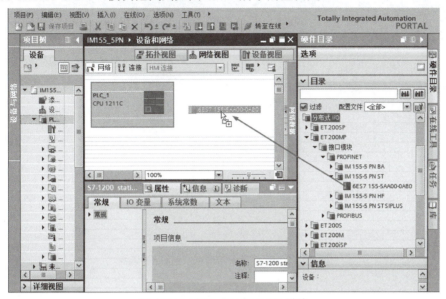

图 19-74　插入 IM155-5 PN 模块

(5) 插入数字量输出模块

选中 IM155-5 PN 模块，再选中"设备视图"选项卡，再把"硬件目录"→"DQ"→"DQ16x24VDC/0.5A ST"→"6ES7 522-1BH00-0AB0"模块拖拽到 IM155-5 PN 模块右侧的 2 号槽位中，如图 19-75 所示。

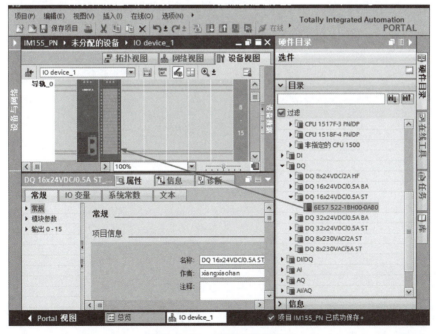

图 19-75　配置连接参数

（6）建立客户端与 IO 设备的连接

选中"网络视图"（标号 1 处）选项卡，再用鼠标把 PLC_1 的 PN 口（标号 2 处）选中并按住不放，拖拽到 IO device_1 的 PN 口（标号 3 处）释放鼠标，如图 19-76 所示。

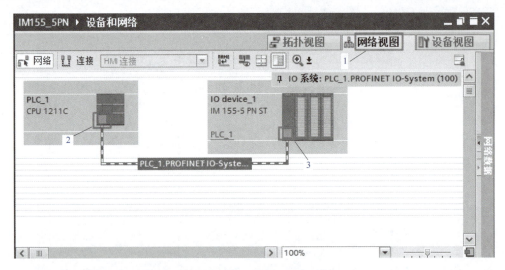

图 19-76　建立客户端与 IO 设备站的连接

（7）分配 IO 设备名称

本例的 IO 设备（IO device_1）在硬件组态，系统自动分配一个 IP 地址 192.168.0.2，这个 IP 地址仅在初始化时起作用，一旦分配完设备名称后，这个 IP 地址失效。

选中"网络视图"选项卡，再用鼠标选中 PROFINET 网络（标号 1 处），右击鼠标，弹出快捷菜单，如图 19-77 所示，单击"分配设备名称"命令。

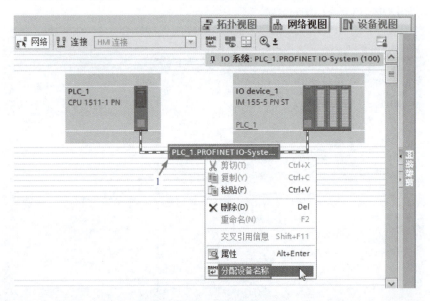

图 19-77　分配 IO 设备名称（1）

选择 PROFINET 名称为"IO device_1"，选择 PG/PC 接口的类型为"PN/IE"，选择 PG/PC 接口为"Intel（R）Ethernet Connection 1218-V"，此处实际就是安装博途软件计算机的网

卡型号，根据读者使用的计算机不同而不同，如图 19-78 所示。单击"更新列表"按钮，系统自动搜索 IO 设备，当搜索到 IO 设备后，再单击"分配名称按钮"，弹出如图 19-79 所示的界面，此界面显示状态为"确定"，表明名称分配完成。

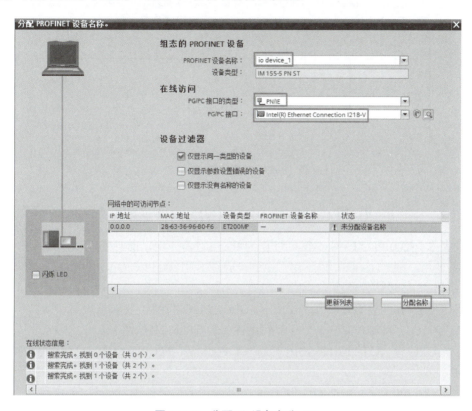

图 19-78　分配 IO 设备名称（2）

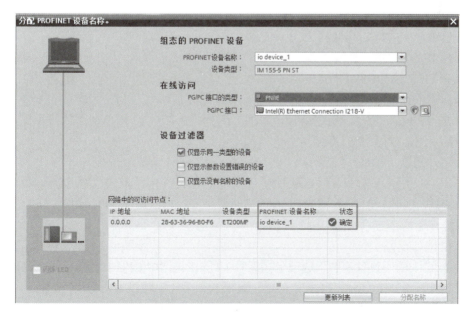

图 19-79　完成分配 IO 设备名称

(8) 编写程序

只需要在 IO 控制中编写程序，如图 19-80 所示，而 IO 设备中并不需要编写程序。

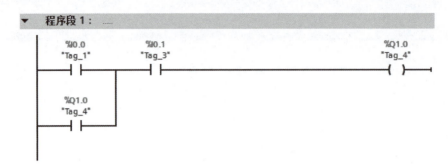

图 19-80　IO 控制中的程序

19.5.3　S7-1200 PLC 之间的 PROFINET IO 通信及其应用

西门子 S7-1200 PLC CPU 不仅可以作为 IO 控制器使用，而且还可以作为 IO 设备使用，即 I-Device，以下用一个例子介绍 S7-1200 PLC CPU 分别作为 IO 控制器和 IO 设备的通信。

S7-1200 PLC 之间的 PROFINET IO 通信

【例 19-6】 有两台设备，分别由一台 CPU 1211C 控制，要求从设备 1 上的 CPU 1211C 的 MB10 发出 1 个字节到设备 2 的 CPU 1211C 的 MB10，从设备 2 上的 CPU 1211C 的 MB20 发出 1 个字节到设备 1 的 CPU 1211C 的 MB20，要求设备 2 作为 I-Device。

【解】 S7-1200 PLC 与 S7-1200 PLC 间的以太网通信硬件配置如图 19-37 所示，本例用到的软硬件如下。

① 2 台 CPU 1211C。
② 1 台 4 口交换机。
③ 2 根带 RJ45 接头的屏蔽双绞线（正线）。
④ 1 台个人计算机（含网卡）。
⑤ 1 套 TIA Portal V15.1。

（1）新建项目

打开 TIA Portal V15.1，新建项目，本例命名为"PN_IO"，再单击"项目视图"按钮，切换到项目视图，如图 19-81 所示。

（2）硬件配置

如图 19-81 所示，在 TIA 博途软件项目视图的项目树中，双击"添加新设备"按钮，添加 CPU 模块"CPU 1211C"，并启用时钟存储器字节；再次添加 CPU 模块"CPU 1211C"，并启用时钟存储器字节，如图 19-82 所示。

（3）IP 地址设置

选中 PLC_1 的"设备视图"选项卡（标号 1 处），再选中 CPU 1211C 模块绿色的 PN 接口（标号 2 处），选中"属性"（标号 3 处）选项卡，再选中"以太网地址"（标号 4 处）选项，最后设置 IP 地址（标号 5 处），如图 19-83 所示。

用同样的方法设置 PLC_2 的 IP 地址为 192.168.0.2。

第 19 章 电气控制系统的通信及其应用

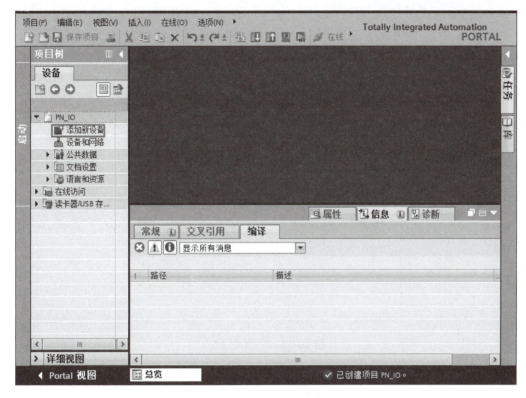

图 19-81 新建项目

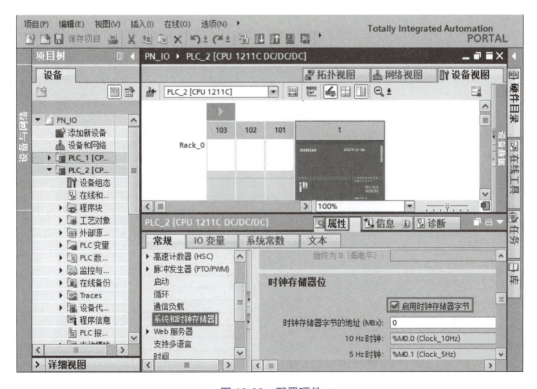

图 19-82 配置硬件

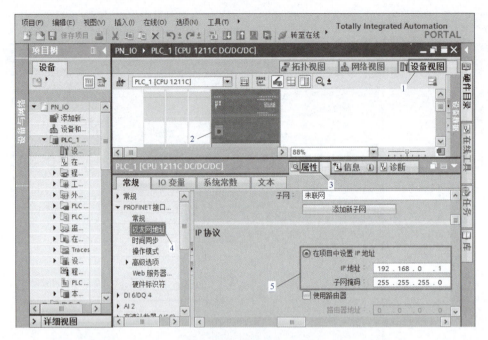

图 19-83　IP 地址设置

（4）配置 S7-1200 PLC 以太网口的操作模式

如图 19-84 所示，先选中 PLC_2 的"设备视图"选项卡，再选中 CPU 1211C 模块绿色的 PN 接口，选中"属性"选项卡，再选中"操作模式"→"智能设备通信"选项，勾选"IO 设备"，在已分配的 IO 控制器选项中选择"PLC_1.PROFINET 接口_1"。

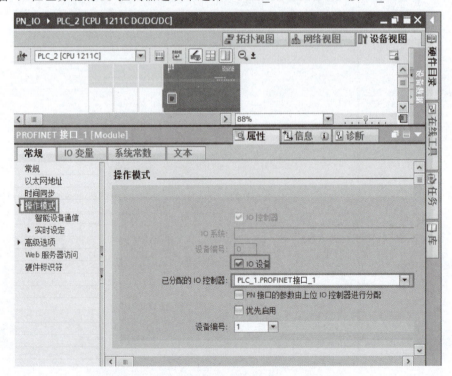

图 19-84　配置 S7-1200 PLC 以太网口的操作模式

(5)配置 I-Device 通信接口数据

如图 19-85 所示,选中 PLC_2 的"网络视图"选项卡,再选中 CPU 1211C 模块绿色的 PN 接口,选中"属性"选项卡,再选中"操作模式"→"智能设备通信"选项,单击"新增"按钮两次,配置 I-Device 通信接口数据。

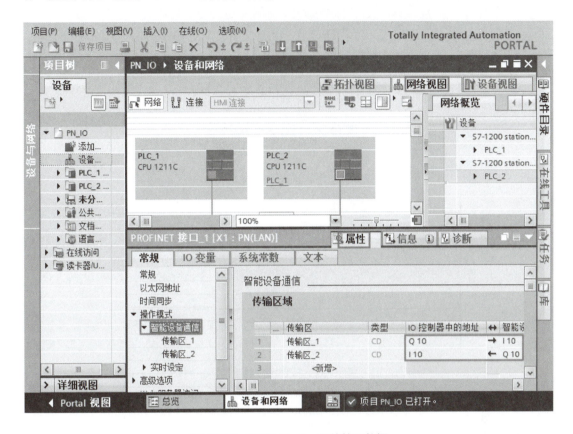

图 19-85　配置 I-Device 通信接口数据

进行了以上配置后,分别把配置下载到对应的 PLC_1 和 PLC_2 中,PLC_1 中的 QB10 自动将数据发送到 PLC_2 的 IB10,PLC_2 中的 QB10 自动将数据发送到 PLC_1 的 IB10,并不需要编写程序。

图中的"→"表示数据传输方向,从图 19-85 中很容易看出的数据流向,PLC_1 和 PLC_2 的发送接收数据区对应关系见表 19-16。

表 19-16　PLC_1 和 PLC_2 的发送接收数据区对应关系

序号	PLC_1	对应关系	PLC_2
1	QB10	→	IB10
2	IB10	←	QB10

(6)编写程序

PLC_1 中的程序如图 19-86 所示,PLC_2 的程序如图 19-87 所示。

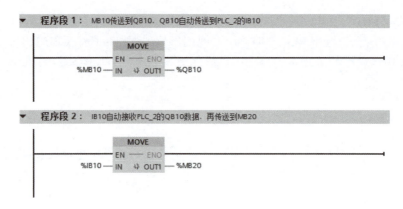

图 19-86　PLC_1 中的程序

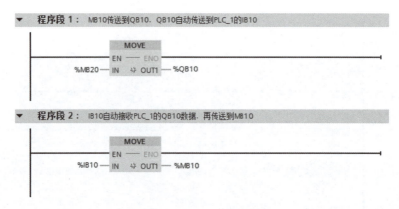

图 19-87　PLC_2 中的程序

19.6　串行通信及其应用

19.6.1　S7-1200 PLC 与 S7-1200 PLC 之间的 Modbus RTU 通信

S7-1200 PLC 与 S7-1200 PLC 之间的 Modbus RTU 通信

Modbus 通信协议在 19.4.4 中已经进行了介绍，在此不重复说明。以下用一个例子介绍 S7-1200 PLC 之间 Modbus RTU 通信实施方法。

【例 19-7】　有两台设备，分别由一台 CPU 1214C 和一台 CPU 1211C 控制，要求把设备 1 上的 CPU 1214C 的数据块中 6 个字发送到设备 2 的 CPU 1211C 的数据块中。要求采用 Modbus RTU 通信。

【解】　S7-1200 PLC 与 S7-1200 PLC 间的 Modbus RTU 硬件配置如图 19-88 所示，本例用到的软硬件如下。

① 1 台 CPU 1214C。

② 1 台 CPU 1211C。

③ 1 根带 DP 接头的屏蔽双绞线。
④ 1 台个人计算机（含网卡）。
⑤ 2 台 CM1241 RS-485 模块。
⑥ 1 套 TIA Portal V15.1。

图 19-88　S7-1200 PLC 与 S7-1200 PLC 间的 Modbus RTU 通信硬件配置图

（1）新建项目

打开 TIA 博途软件，新建项目，本例命名为"Modbus_RTU"，再单击"项目视图"按钮，切换到项目视图，如图 19-89 所示。

图 19-89　新建项目

（2）硬件配置

如图 19-89 所示，在 TIA 博途软件项目视图的项目树中，双击"添加新设备"按钮，添加 CPU 模块"CPU 1214C"，并启用时钟存储器字节和系统存储器字节；再添加 CPU 模块"CPU 1211C"，并启用时钟存储器字节和系统存储器字节，如图 19-90 所示。

（3）IP 地址设置

先选中 Master 的"设备视图"选项卡（标号 1 处），再选中 CPU 1214C 模块绿色的 PN 接口（标号 2 处），选中"属性"（标号 3 处）选项卡，再选中"以太网地址"（标号 4 处）选项，再设置 IP 地址（标号 5 处）为 192.168.0.1，如图 19-91 所示。

用同样的方法设置 Slave 的 IP 地址为 192.168.0.2。

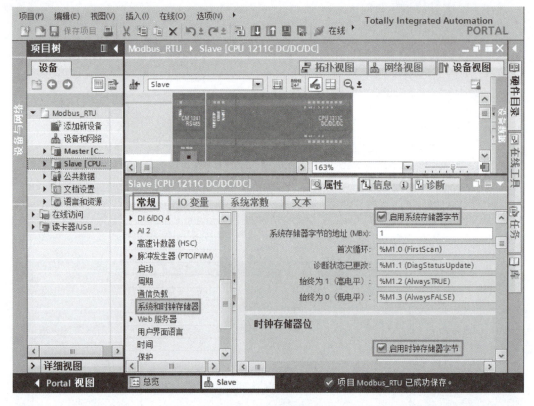

图 19-90　硬件配置

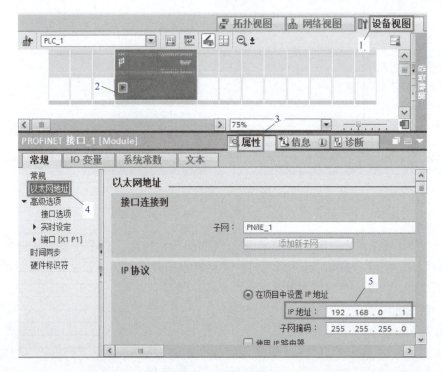

图 19-91　设置 IP 地址

(4) 在主站 Master 中，创建数据块 DB1

在项目树中，选择"Master"→"程序块"→"添加新块"，选中"DB"，单击"确定"按钮，新建连接数据块 DB1，如图 19-92 所示，再在 DB1 中创建数组 A 和数组 B。

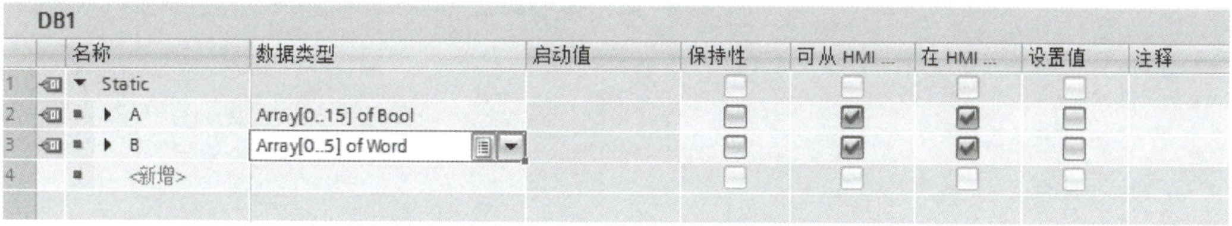

	名称	数据类型	启动值	保持性	可从 HMI…	在 HMI…	设置值	注释
1	▼ Static							
2	▶ A	Array[0..15] of Bool			☑	☑		
3	▶ B	Array[0..5] of Word			☑	☑		
4	<新增>							

图 19-92　在主站 Master 中，创建数据块 DB1

在项目树中，如图 19-93 所示，选择"Master"→"程序块"→"DB1"，单击鼠标右键，弹出快捷菜单，单击"属性"选项，打开"属性"界面，如图 19-94 所示，选择"属性"选项，去掉"优化的块访问"前面的对号"√"，也就是把块变成非优化访问。

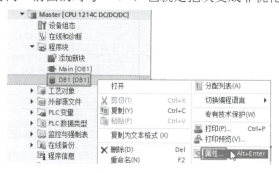

图 19-93　打开 DB1 的属性

图 19-94　修改 DB1 的属性

(5) 在从站 Slave 中，创建数据块 DB1

在项目树中，选择"Slave"→"程序块"→"添加新块"，选中"DB"，单击"确定"按钮，新建连接数据块 DB1，如图 19-95 所示，再在 DB1 中创建数组 A。

用前述的方法，把 DB1 块的属性改为非优化访问。

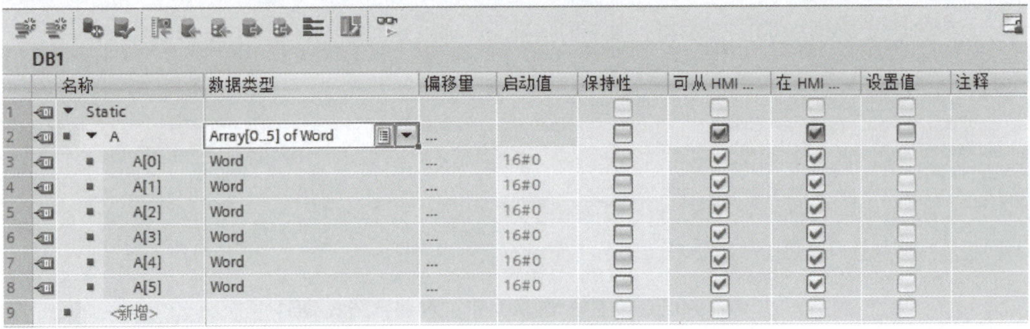

		名称	数据类型	偏移量	启动值	保持性	可从 HMI...	在 HMI...	设置值	注释
1	▼	Static				□				
2	■ ▼	A	Array[0..5] of Word	...		□	☑	☑	□	
3	■	A[0]	Word	...	16#0	□	☑	☑	□	
4	■	A[1]	Word	...	16#0	□	☑	☑	□	
5	■	A[2]	Word	...	16#0	□	☑	☑	□	
6	■	A[3]	Word	...	16#0	□	☑	☑	□	
7	■	A[4]	Word	...	16#0	□	☑	☑	□	
8	■	A[5]	Word	...	16#0	□	☑	☑	□	
9	■	<新增>				□				

图 19-95　在从站 Slave 中，创建数据块 DB1

（6）Modbus RTU 指令介绍

① Modbus_Comm_Load 指令　Modbus_Comm_Load 指令用于 Modbus RTU 协议通信的 SIPLUS I/O 或 PtP 端口。Modbus RTU 端口硬件选项：最多安装三个 CM（RS-485 或 RS-232）及一个 CB（RS-485）。主站和从站都要调用此指令，Modbus_Comm_Load 指令输入/输出参数见表 19-17。

表 19-17　Modbus_Comm_Load 指令的参数表

LAD	SCL	输入/输出	说　明
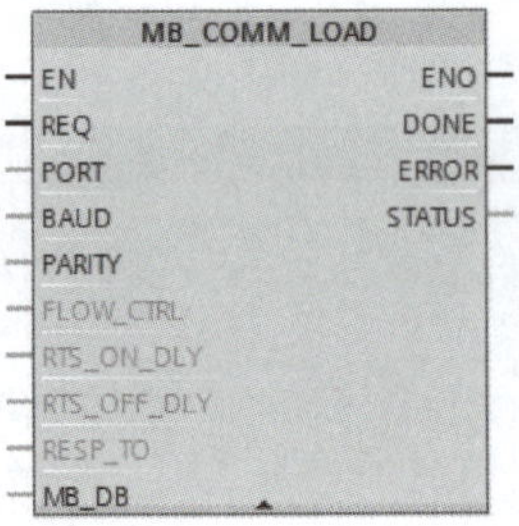 MB_COMM_LOAD — EN　　ENO — — REQ　　DONE — — PORT　ERROR — — BAUD　STATUS — — PARITY — FLOW_CTRL — RTS_ON_DLY — RTS_OFF_DLY — RESP_TO — MB_DB	"Modbus_Comm_Load_DB"（ REQ: =_bool_in_, PORT: =_uint_in_, BAUD: =_udint_in_, PARITY: =_uint_in_, FLOW_CTRL: =_uint_in_, RTS_ON_DLY: =_uint_in_, RTS_OFF_DLY: =_uint_in_, RESP_TO: =_uint_in_, DONE=>_bool_out_, ERROR=>_bool_out_, STATUS=>_word_out_, MB_DB: =_fbtref_inout_);	EN	使能
		REQ	上升沿时信号启动操作
		PORT	硬件标识符
		PARITY	奇偶校验选择： 0—无 1—奇校验 2—偶校验
		MB_DB	对 Modbus_Master 或 Modbus_Slave 指令所使用的背景数据块的引用
		DONE	上一请求已完成且没有出错后，DONE 位将保持为 TRUE 一个扫描周期时间
		STATUS	故障代码
		ERROR	是否出错：0 表示无错误，1 表示有错误

② Modbus_Master 指令　Modbus_Master 指令是 Modbus 主站指令，在执行此指令之前，要执行 Modbus_Comm_Load 指令组态端口。将 Modbus_Master 指令放入程序时，自动分配背景数据块。指定 Modbus_Comm_Load 指令的 MB_DB 参数时将使用该 Modbus_Master 背景数据块。Modbus_Master 指令输入/输出参数见表 19-18。

③ MB_SLAVE 指令　MB_SLAVE 指令的功能是将串口作为 Modbus 从站，响应 Modbus 主站的请求。使用 MB_SLAVE 指令，要求每个端口独占一个背景数据块，背景数据块不能与其他的端口共用。在执行此指令之前，要执行 Modbus_Comm_Load 指令组态端口。MB_SLAVE 指令的输入/输出参数见表 19-19。

表 19-18 Modbus_Master 指令的参数表

LAD	SCL	输入/输出	说明
MB_MASTER EN ENO REQ DONE MB_ADDR BUSY MODE ERROR DATA_ADDR STATUS DATA_LEN DATA_PTR	"Modbus_Master_DB"（ REQ:=_bool_in_, MB_ADDR:=_uint_in_, MODE:=_usint_in_, DATA_ADDR:=_udint_in_, DATA_LEN:=_uint_in_, DONE=>_bool_out_, BUSY=>_bool_out_, ERROR=>_bool_out_, STATUS=>_word_out_, DATA_PTR:=variant_inout）;	EN	使能
		MB_ADDR	从站站地址，有效值为 0～247
		MODE	模式选择：0－读，1－写
		DATA_ADDR	从站中的起始地址，详见表 19-10
		DATA_LEN	数据长度
		DATA_PTR	数据指针：指向要写入或读取的数据的 M 或 DB 地址（未经优化的 DB 类型），详见表 19-10
		DONE	上一请求已完成且没有出错后，DONE 位将保持为 TRUE 一个扫描周期时间
		BUSY	0：无 Modbus_Master 操作正在进行 1：Modbus_Master 操作正在进行
		STATUS	故障代码
		ERROR	是否出错：0 表示无错误，1 表示有错误

表 19-19 MB_SLAVE 指令的参数表

LAD	SCL	输入/输出	说明
MB_SLAVE EN ENO MB_ADDR NDR MB_HOLD_REG DR ERROR STATUS	"Modbus_Slave_DB"（ "Modbus_Comm_Load_DB"（ MB_ADDR:=_uint_in_, NDR=>_bool_out_, DR=>_bool_out_, ERROR=>_bool_out_, STATUS=>_word_out_, MB_HOLD_REG:=_inout）;	EN	使能
		MB_ADDR	从站站地址，有效值为 0～247
		MB_HOLD_REG	保持存储器数据块的地址
		NDR	新数据是否准备好，0－无数据，1－主站有新数据写入
		DR	读数据标志，0－未读数据，1－主站读取数据完成
		STATUS	故障代码
		ERROR	是否出错：0 表示无错误，1 表示有错误

前述的 Modbus_Master 指令和 MB_SLAVE 指令用到了参数 MODE 与 DATA_ADDR，这两个参数在 Modbus 通信中，对应的功能码及地址见表 19-20。

表 19-20 Modbus 通信对应的功能码及地址

MODE	DATA_ADDR	Modbus 功能	功能和数据类型
0	起始地址：1~9999	01	读取输出位
0	起始地址：10001~19999	02	读取输入位
0	起始地址： 40001~49999 400001~465536	03	读取保持存储器
0	起始地址：30001~39999	04	读取输入字
1	起始地址：1~9999	05	写入输出位
1	起始地址： 40001~49999 400001~465536	06	写入保持存储器

续表

MODE	DATA_ADDR	Modbus 功能	功能和数据类型
1	起始地址：1~9999	15	写入多个输出位
1	起始地址： 40001~49999 400001~465536	16	写入多个保持存储器
2	起始地址：1~9999	15	写入一个或多个输出位
2	起始地址： 40001~49999 400001~465536	16	写入一个或多个保持存储器

（7）编写主站的程序

编写主站的 LAD 程序如图 19-96 所示。每一秒钟（上升沿激发），主站的地址 DB1. DBW2 开始的 6 个字的数据，向从站发送。注意主站和从站的波特率、奇偶校验要一致。

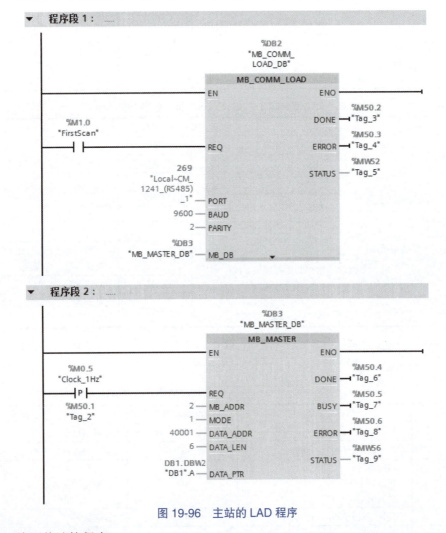

图 19-96 主站的 LAD 程序

（8）编写从站的程序

编写从站的 LAD 程序如图 19-97 所示。从站接收到主站的数据存储在 DB1 中，注意主站和从站的波特率、奇偶校验要一致。

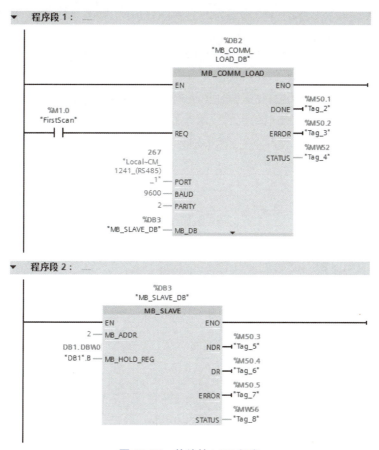

图 19-97 从站的 LAD 程序

19.6.2 S7-1200 PLC 与 SINAMICS G120 变频器之间的 USS 通信

19.6.2.1 USS 协议简介

USS 协议（Universal Serial Interface Protocol，通用串行接口协议）是 SIEMENS 公司所有传动产品的通用通信协议，它是一种基于串行总线进行数据通信的协议。USS 协议是主从结构的协议，规定了在 USS 总线上可以有一个主站和最多 31 个从站。总线上的每个从站都有一个站地址（在从站参数中设定），主站依靠它识别每个从站，每个从站也只对主站发来的报文做出响应并回送报文，从站之间不能直接进行数据通信。另外，还有一种广播通信方式，主站可以同时给所有从站发送报文，从站在接收到报文并做出相应响应后，可不回送报文。

19.6.2.2 S7-1200 PLC 与 SINAMICS G120 变频器的 USS 通信实例

S7-1200 PLC 利用 USS 通信协议对 SINAMICS G120 变频器进行调速时，要用到 TIA 博途软件中自带 USS 指令库，不像 STEP7-Micro/WIN V4.0 软件，需要另外安装指令库。

USS 协议通信每个 S7-1200 PLC CPU 最多可带 3 个通信模块，而每个 CM1241（RS-485）通信模块最多支持 16 个变频器。因此用户在一个 S7-1200 PLC CPU 中最多可建立 3 个 USS 网络，而每个 USS 网络最多支持 16 个变频器，总共最多支持 48 个 USS 变频器。

USS 通信协议可以支持的变频器系列产品有：G110、G120、MM44（不包含 MM430）、6SE70、6RA70 和 S110 等。

USS 通信协议不支持的变频器系列产品有：非西门子变频器、S120、S150、G120D、G130 和 G150。

【例 19-8】 用一台 CPU 1211C 对 G120 变频器进行 USS 无级调速，将 p1120 的参数改为 1，并读取 p1121 参数。已知电动机的技术参数，功率为 0.75kW，额定转速为 1440r/min，额定电压为 400V，额定电流为 3.25A，额定频率为 50Hz。请提出解决方案。

【解】

（1）软硬件配置

① 1 套 TIA PORTAL V15.1。

② 1 台 G120 变频器。

③ 1 台 CPU 1211C。

④ 1 台 CM1241（RS-485）。

⑤ 1 台电动机。

⑥ 1 根屏蔽双绞线。

原理图如图 19-98 所示。

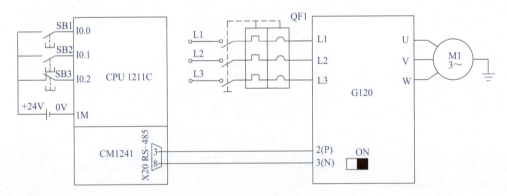

图 19-98　原理图

【关键点】 由于网络的物理层是基于 RS-485，PLC 和变频器都在端点，因此在要求较为严格时，端点设备要接入终端电阻，S7-1200 PLC 端要使用 DP 接头（西门子订货号为 6ES7 972-0BA40-0XA0），使用连接器的端子 A1 和 B1（而非 A2 和 B2），因为这样可以接通终端电阻，方法是将 DP 接头上的拨钮拨到"ON"，即是接入了终端电阻。G120 变频器侧，按照如图 19-98 所示接线，并将终端电阻设置在"ON"上。

（2）变频器的设置

按照表 19-21 设置变频器的参数，正确设置变频器的参数，对于 USS 通信是非常重要的。

表 19-21　变频器参数表

序号	变频器参数	出厂值	设定值	功能说明
1	p0304	400	380	电动机的额定电压（380V）
2	p0305	3.05	3.25	电动机的额定电流（3.25A）
3	p0307	0.75	0.75	电动机的额定功率（0.75kW）

续表

序号	变频器参数	出厂值	设定值	功能说明
4	p0310	50.00	50.00	电动机的额定频率（50Hz）
5	p0311	0	1440	电动机的额定转速（1440 r/min）
6	p0015	7	21	启用变频器宏程序
7	p2030	2	1	USS 通信
8	p2020	6	6	USS 波特率（6—9600）
9	p2009	0	0	0：百分比设定 1：频率设定
10	p2021	0	3	站点的地址
11	p2040	100	0	过程数据监控时间

【关键点】①在设置电动机参数和 p0015 时，必须让 p0010=1，之后设变频器参数和运行时，p0010=1；②变频器的 p0304 默认为 400V，这个数值可以不修改；③ p2021 为站地址，上表为 3，CM1241 的站地址为 2；④默认的 p2040 的监控时间为 100ms，多台设备通信时，可能太小，需要根据需要调大。也可以让 p2040=0，含义是取消过程数据监控。

（3）硬件组态

打开 TIA 博途软件，新建项目"USS"，添加新设备 CPU 1211C 和 CM1241（RS-485），如图 19-99 所示，选中 CM1241（RS-485）的串口，不修改串口的参数（也可根据实际情况修改）。

图 19-99　硬件组态

(4) 编写程序

① 相关指令简介　USS_Port_Scan 功能块用来处理 USS 网络上的通信，它是 S7-1200 PLC CPU 与变频器的通信接口。每个 CM1241（RS-485）模块有且必须有一个 USS_PORT 功能块。USS_Port_Scan 指令可以在 OB1 或者时间中断块中调用。USS_Port_Scan 指令的格式见表 19-22。

表 19-22　USS_Port_Scan 指令格式

LAD	SCL	输入/输出	说　明
USS_Port_Scan EN　　ENO PORT　ERROR BAUD　STATUS USS_DB	USS_Port_Scan（ PORT: =_uint_in_, BAUD: =_dint_in_, ERROR=>_bool_out_, STATUS=>_word_out_, USS_DB: =_fbtref_inout_);	EN	使能
		PORT	端口，通过哪个通信模块进行 USS 通信
		BAUD	通信波特率
		USS_DB	和变频器通信时的 USS 数据块
		ERROR	输出是否错误：0—无错误，1—有错误
		STATUS	扫描或初始化的状态

S7-1200 PLC 与变频器的通信是与它本身的扫描周期不同步的，在完成一次与变频器的通信事件之前，S7-1200 通常完成了多个扫描。

USS_Port_Scan 通信的时间间隔是 S7-1200 PLC 与变频器通信所需要的时间，不同的通信波特率对应不同的 USS_Port_Scan 通信间隔时间。不同的波特率对应的 USS_Port_Scan 最小通信间隔时间见表 19-23。

表 19-23　波特率对应的 USS_Port_Scan 最小通信间隔时间

波特率	最小时间间隔/ms	最大时间间隔/ms
4800	212.5	638
9600	116.3	349
19200	68.2	205
38400	44.1	133
57600	36.1	109
15200	28.1	85

USS_Drive_Control 功能块用来与变频器进行交换数据，从而读取变频器的状态以及控制变频器的运行。每个变频器使用唯一的一个 USS_DRV_Scan 功能块，但是同一个 CM1241（RS-485）模块的 USS 网络的所有变频器（最多 16 个）都使用同一个 USS_DRV_Control_DB。USS_Drive_Control 指令必须在主 OB 中调用，不能在循环中断 OB 中调用。USS_Drive_Control 指令的格式见表 19-24。

USS_RPM_Param 功能块用于通过 USS 通信从变频器读取参数。USS_WPM_Param 功能块用于通过 USS 通信设置变频器的参数。USS_RPM_Param 功能块和 USS_WPM_Param 功能块与变频器的通信与 USS_DRV_Control 功能块的通信方式是相同的。

USS_RPM_Param 指令的格式见表 19-25，USS_WPM_Param 指令的格式见表 19-26。

表 19-24 USS_Drive_Control 指令格式

LAD	SCL	输入／输出	说明
USS_Drive_Control EN　ENO RUN　NDR OFF2　ERROR OFF3　STATUS F_ACK　RUN_EN DIR　D_DIR DRIVE　INHIBIT PZD_LEN　FAULT SPEED_SP　SPEED CTRL3　STATUS1 CTRL4　STATUS3 CTRL5　STATUS4 CTRL6　STATUS5 CTRL7　STATUS6 CTRL8　STATUS7 　　　　STATUS8	"USS_Drive_Control_DB"（ RUN: =_bool_in_, OFF2: =_bool_in_, OFF3: =_bool_in_, F_ACK: =_bool_in_, DIR: =_bool_in_, DRIVE: =_usint_in_, PZD_LEN: =_usint_in_, SPEED_SP: =_real_in_, CTRL3: =_word_in_, CTRL4: =_word_in_, CTRL5: =_word_in_, CTRL6: =_word_in_, CTRL7: =_word_in_, CTRL8: =_word_in_, NDR=>_bool_out_, ERROR=>_bool_out_, STATUS=>_word_out_, RUN_EN=>_bool_out_, D_DIR=>_bool_out_, INHIBIT=>_bool_out_, FAULT=>_bool_out_, SPEED=>_real_out_, STATUS1=>_word_out_, STATUS3=>_word_out_, STATUS4=>_word_out_, STATUS5=>_word_out_, STATUS6=>_word_out_, STATUS7=>_word_out_, STATUS8=>_word_out_);	EN	使能
		RUN	驱动器起始位：该输入为真时，将使驱动器以预设速度运行
		OFF2	紧急停止，自由停车
		OFF3	快速停车，带制动停车
		F_ACK	变频器故障确认
		DIR	变频器控制电机的转向
		DRIVE	变频器的 USS 站地址
		PZD_LEN	PDZ 字长
		SPEED_SP	变频器的速度设定值，用百分比表示
		CTRL3	控制字 3：写入驱动器上用户可组态参数的值，必须在驱动器上组态该参数
		CTRL8	控制字 8：写入驱动器上用户可组态参数的值，必须在驱动器上组态该参数
		NDR	新数据到达
		ERROR	出现故障
		STATUS	扫描或初始化的状态
		INHIBIT	变频器禁止位标志
		FAULT	变频器故障
		SPEED	变频器当前速度，用百分比表示
		STATUS1	驱动器状态字 1：该值包含驱动器的固定状态位
		STATUS8	驱动器状态字 8：该值包含驱动器上用户可组态的状态字

表 19-25 USS_RPM_Param 指令格式

LAD	SCL	输入／输出	说明
USS_Read_Param EN　ENO REQ　DONE DRIVE　ERROR PARAM　STATUS INDEX　VALUE USS_DB	USS_Read_Param（REQ: =_bool_in_, DRIVE: =_usint_in_, PARAM: =_uint_in_, INDEX: =_uint_in_, DONE=>_bool_out_, ERROR=>_bool_out_, STATUS=>_word_out_, VALUE=>_variant_out_, USS_DB: =_fbtref_inout_);	EN	使能
		REQ	读取请求
		DRIVE	变频器的 USS 站地址
		PARAM	读取参数号（0～2047）
		INDEX	参数下标（0～255）
		USS_DB	和变频器通信时的 USS 数据块
		DONE	1 表示已经读入
		ERROR	出现故障
		STATUS	扫描或初始化的状态
		VALUE	读到的参数值

表 19-26　USS_WPM_Param 指令格式

LAD	SCL	输入／输出	说明
USS_Write_Param —EN　　ENO— —REQ　　DONE— —DRIVE　ERROR— —PARAM　STATUS— —INDEX —EEPROM —VALUE —USS_DB	USS_Write_Param（ 　REQ: =_bool_in_, 　DRIVE: =_usint_in_, 　PARAM: =_uint_in_, 　INDEX: =_uint_in_, 　EEPROM: =_bool_in_, 　VALUE: =_variant_in_, 　DONE=>_bool_out_, 　ERROR=>_bool_out_, 　STATUS=>_word_out_, 　USS_DB: =_fbtref_inout_);	EN	使能
		REQ	发送请求
		DRIVE	变频器的 USS 站地址
		PARAM	写入参数编号（0～2047）
		INDEX	参数索引（0～255）
		EEPROM	是否写入 EEPROM：1—写入，0—不写入
		USS_DB	和变频器通信时的 USS 数据块
		DONE	1 表示已经写入
		ERROR	出现故障
		STATUS	扫描或初始化的状态
		VALUE	要写入的参数值

②编写程序　循环中断块 OB30 中的程序如图 19-100 所示，每次执行 USS_PORT_Scan 仅与一台变频器通信，主程序块 OB1 中的程序如图 19-101 所示，变频器的读写指令只能在 OB1 中。

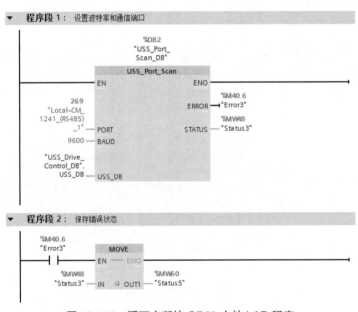

图 19-100　循环中断块 OB30 中的 LAD 程序

19.6.3　S7-1200 PLC 之间的自由口通信

19.6.3.1　自由口通信口简介

西门子 S7-1200 PLC 的自由口通信是基于 RS-485/RS-232C 通信基础的通信，西门子 S7-1200 PLC 拥有自由口通信功能，顾名思义，就是没有标准的通信协议，用户可以自己规定协议。第三方设备大多支持 RS-485 串口通信，西门子 S7-1200 PLC 可以通过自由口通信模式控制串口通信。

S7-1200 PLC 与 S7-1200 PLC 间的 PTP 通信

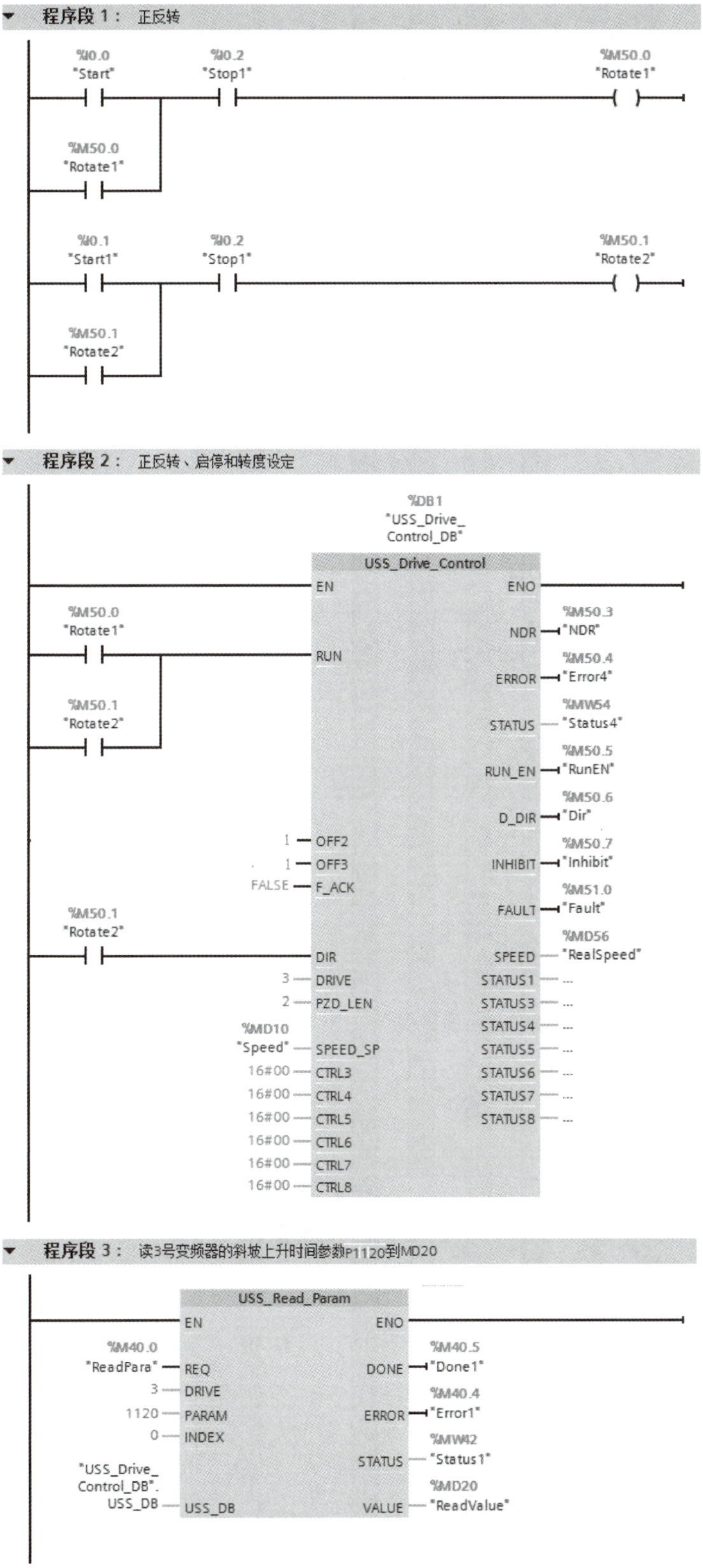

第 19 章 电气控制系统的通信及其应用

程序段 1： 正反转

```
    %I0.0      %I0.2                                          %M50.0
   "Start"    "Stop1"                                        "Rotate1"
   ──┤ ├──────┤ ├──────────────────────────────────────────────( )──
    %M50.0
   "Rotate1"
   ──┤ ├──

    %I0.1      %I0.2                                          %M50.1
   "Start1"   "Stop1"                                        "Rotate2"
   ──┤ ├──────┤ ├──────────────────────────────────────────────( )──
    %M50.1
   "Rotate2"
   ──┤ ├──
```

程序段 2： 正反转、启停和转速设定

```
                                    %DB1
                              "USS_Drive_
                               Control_DB"
                              USS_Drive_Control
                          ┌──────────────────────┐
                       ───┤ EN              ENO ├───
    %M50.0                │                      │      %M50.3
   "Rotate1"              │                  NDR ├───── "NDR"
   ──┤ ├──────────────────┤ RUN                  │      %M50.4
                          │                ERROR ├───── "Error4"
    %M50.1                │                      │      %MW54
   "Rotate2"              │               STATUS ├───── "Status4"
   ──┤ ├──                │                      │      %M50.5
                          │               RUN_EN ├───── "RunEN"
                          │                      │      %M50.6
                          │                D_DIR ├───── "Dir"
                      1 ──┤ OFF2                 │      %M50.7
                      1 ──┤ OFF3         INHIBIT ├───── "Inhibit"
                  FALSE ──┤ F_ACK                │      %M51.0
    %M50.1                │                FAULT ├───── "Fault"
   "Rotate2"              │                      │      %MD56
   ──┤ ├──────────────────┤ DIR            SPEED ├───── "RealSpeed"
                      3 ──┤ DRIVE        STATUS1 ├── …
                      2 ──┤ PZD_LEN      STATUS3 ├── …
                    %MD10 │              STATUS4 ├── …
                   "Speed"┤ SPEED_SP     STATUS5 ├── …
                  16#00 ──┤ CTRL3        STATUS6 ├── …
                  16#00 ──┤ CTRL4        STATUS7 ├── …
                  16#00 ──┤ CTRL5        STATUS8 ├── …
                  16#00 ──┤ CTRL6                │
                  16#00 ──┤ CTRL7                │
                  16#00 ──┤ CTRL8                │
                          └──────────────────────┘
```

程序段 3： 读3号变频器的斜坡上升时间参数P1120到MD20

```
                           USS_Read_Param
                          ┌──────────────────┐
                       ───┤ EN          ENO ├───
    %M40.0                │                  │      %M40.5
   "ReadPara" ────────────┤ REQ        DONE ├───── "Done1"
             3 ───────────┤ DRIVE            │      %M40.4
          1120 ───────────┤ PARAM     ERROR ├───── "Error1"
             0 ───────────┤ INDEX            │      %MW42
   "USS_Drive_            │           STATUS ├───── "Status1"
    Control_DB".          │                  │      %MD20
        USS_DB ───────────┤ USS_DB    VALUE ├───── "ReadValue"
                          └──────────────────┘
```

图 19-101 主程序块 OB1 中的 LAD 程序

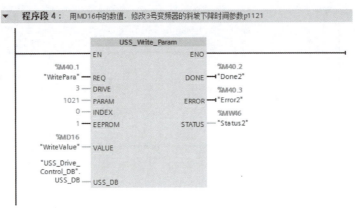

图 19-101 （续）

利用 S7-1200 PLC 进行自由口通信，需要配置 CM1241（RS-485）或者 CM1241（RS-232）通信模块。

19.6.3.2 自由口通信应用

【例 19-9】 有两台设备，设备 1 的控制器是 CPU 1214C，设备 2 的控制器是 CPU 1211C，两者之间进行自由口通信，实现从设备 1 上周期性发送字符到设备 2 上，每次发送两个字符，设计解决方案。

【解】

（1）主要软硬件配置

① 1 套 TIA PORTAL V15.1。

② 1 根网线。

③ 2 台 CM1241（RS-485）。

④ 1 台 CPU 1214C。

⑤ 1 台 CPU 1211C。

硬件配置如图 19-102 所示。

图 19-102 硬件配置

（2）硬件组态

① 新建项目。新建项目"PtP"，如图 19-103 所示，添加一台 CPU 1211C、一台 CPU 1214C 和两台 CM1241（RS-485）通信模块。

② 启用系统时钟。选中 PLC_1 中的 CPU 1214C，再选中"系统和时钟存储器"，勾选"启用系统存储器字节"和"启用时钟存储器字节"，如图 19-104 所示。用同样的方法启用 PLC_2 中的系统时间，将 M0.5 设置成 1Hz 的周期脉冲。

③ 添加数据块。在 PLC_1 的项目树中，展开程序块，单击"添加新块"按钮，弹出界面如图 19-105 所示。选中数据块，命名为"DB1"，再单击"确定"按钮。用同样的方法在 PLC_2 中添加数据块"DB2"。

第 19 章 电气控制系统的通信及其应用

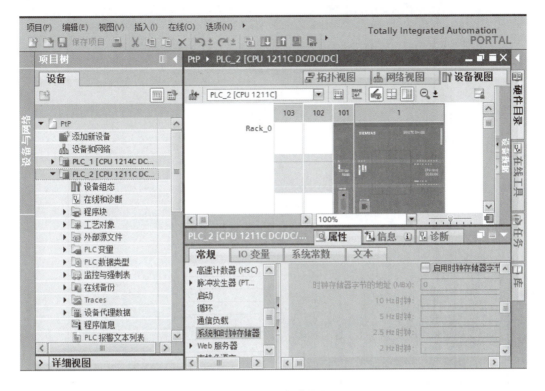

图 19-103 新建项目

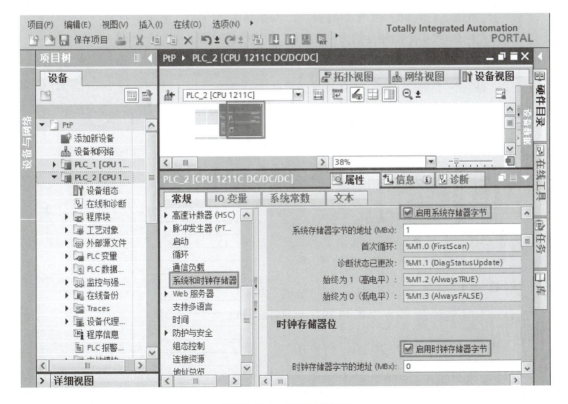

图 19-104 启用系统时钟

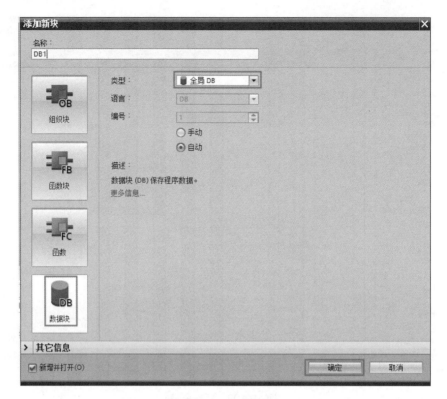

图 19-105 添加数据块

④ 创建数组。打开 PLC_1 中的数据块，创建数组 A[0..1]，数组中有两个字节 A[0] 和 A[1]，如图 19-106 所示。用同样的方法在 PLC_2 中创建数组 A[0..1]，如图 19-107 所示。

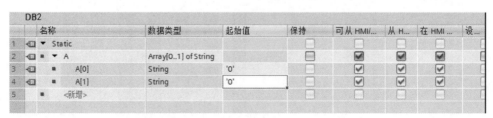

DB1

	名称	数据类型	起始值	保持	可从 HMI/...	从 H...	在 HMI ...	设定值
1	▼ Static			☐	☐	☐	☐	☐
2	▼ A	Array[0..1] of String		☐	☑	☑	☑	☐
3	A[0]	String	'88'	☐	☑	☑	☑	☐
4	A[1]	String	'99'	☐	☑	☑	☑	☐
5	<新增>			☐	☐	☐	☐	☐

图 19-106 创建数组（PLC_1）

DB2

	名称	数据类型	起始值	保持	可从 HMI/...	从 H...	在 HMI ...	设...
1	▼ Static			☐	☐	☐	☐	
2	▼ A	Array[0..1] of String		☐	☑	☑	☑	
3	A[0]	String	'0'	☐	☑	☑	☑	
4	A[1]	String	'0'	☐	☑	☑	☑	
5	<新增>			☐	☐	☐	☐	

图 19-107 创建数组（PLC_2）

（3）编写 S7-1200 PLC 的程序

① 指令简介 SEND_PTP 是自由口通信的发送指令，当 REQ 端为上升沿时，通信模块发送消息，数据传送到数据存储区 BUFFER 中，PORT 中规定使用的是 RS-232 还是 RS-485 模块。SEND _PTP 指令的参数含义见表 19-27。

表 19-27 SEND_PTP 指令的参数含义

LAD	输入／输出	说 明	数据类型
SEND_PTP EN ENO REQ DONE PORT ERROR BUFFER STATUS LENGTH PTRCL	EN	使能	BOOL
	REQ	发送请求信号，每次上升沿发送一个消息帧	BOOL
	PORT	通信模块的标识符，有 RS232_1[CM] 和 RS485_1[CM]	PORT
	BUFFER	指向发送缓冲区的起始地址	VARIANT
	PTRCL	FALSE 表示用户定义协议	BOOL
	ERROR	是否有错	BOOL
	STATUS	错误代码	WORD
	LENGTH	发送的消息中包含字节数	UINT

RCV_PTP 指令用于自由口通信，可启用已发送消息的接收。RCV_PTP 指令的参数含义见表 19-28。

表 19-28 RCV_PTP 指令的参数含义

LAD	输入／输出	说 明	数据类型
RCV_PTP EN ENO EN_R NDR PORT ERROR BUFFER STATUS LENGTH	EN	使能	BOOL
	EN_R	在上升沿启用接收	BOOL
	PORT	通信模块的标识符，有 RS232_1[CM] 和 RS485_1[CM]	PORT
	BUFFER	指向接收缓冲区的起始地址	VARIANT
	ERROR	是否有错	BOOL
	STATUS	错误代码	WORD
	LENGTH	接收的消息中包含字节数	UINT

② 编写程序　发送端的程序如图 19-108 所示，接收端的程序如图 19-109 所示。

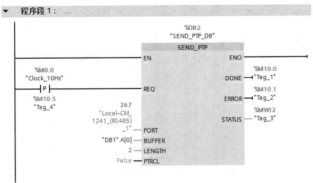

图 19-108　发送端的程序（PLC_1）

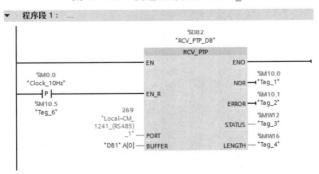

图 19-109　接收端的程序（PLC_2）

第6篇

人机界面及其应用

第20章

西门子人机界面（HMI）应用

本章主要介绍人机界面的基础知识与应用，并介绍如何用 WinCC Comfort（TIA 博途软件）完成一个简单人机界面项目的过程。

20.1 人机界面简介

20.1.1 初识人机界面

人机界面（Human-Machine Interface）又称人机接口，简称 HMI，在控制领域，HMI 一般特指用于操作员与控制系统之间进行对话和相互作用的专用设备，中文名称触摸屏。触摸屏技术是 20 世纪 70 年代出现的一项新的人机交互作用技术。利用触摸屏技术，用户只需轻轻触碰计算机显示屏上的文字或图符就能实现对主机的操作，部分取代或完全取代键盘和鼠标。它作为一种新的计算机输入设备，是目前最简单、自然和方便的一种人机交互方式。目前，触摸屏已经在消费电子（如手机、平板电脑）、银行、税务、电力、电信和工业控制等部门得到了广泛的应用。

（1）触摸屏的工作原理

触摸屏工作时，用手或其他物体触摸触摸屏，然后系统根据手指触摸的图标或文字的位置来定位选择信息输入。触摸屏由触摸检测器件和触摸屏控制器组成。触摸检测部件安装在显示器的屏幕上，用于检测用户触摸的位置，接收后送至触摸屏控制器，触摸屏控制器将接收到的信息转换成触点坐标，再送给 PLC，它同时接收 PLC 发来的命令，并加以执行。

（2）触摸屏的分类

触摸屏主要有电阻式触摸屏、电容式触摸屏、红外线式触摸屏和表面声波触摸屏等。

20.1.2 西门子常用触摸屏的产品简介

西门子触摸屏的产品比较丰富，从低端到高端，品种齐全。目前在售的产品有：精彩系列面板（SMART Line）、按键面板、微型面板、移动面板、精简面板（Basic Line）、精智面板（Comfort Line）、面板、多功能面板和瘦客户端。以下仅对其中几款主流使用的产品系列进行介绍。

(1) 精彩系列面板（SMART Line）

西门子顺应市场需求推出的 SIMATIC 精彩系列面板（SMART Line），准确地提供了人机界面的标准功能，经济适用，具备高性价比。现在，全新一代精彩系列面板——SMART Line V3 的功能得到了大幅度提升，与 S7-200 SMART PLC 组成完美的自动化控制与人机交互平台，为便捷操控提供了理想的解决方案。其特点如下。

① 宽屏 7in、10in（1in=25.4mm，下同）两种尺寸，支持横向和竖向安装。

② 高分辨率：800×480（7in）、1024×600（10in）、64K 色和 LED 背光。

③ 集成以太网口，可与 S7-200 PLC、S7-200 SMART PLC 以及 LOGO! 进行通信（最多可连接 4 台）。

④ 隔离串口（RS-422/485 自适应切换），可连接西门子、三菱、施耐德、欧姆龙以及台达部分系列 PLC。

⑤ 支持 Modbus RTU 协议。

⑥ 支持硬件实时时钟功能。

⑦ 集成 USB 2.0 host 接口，可连接鼠标、键盘、Hub 以及 USB 存储。

这个系列的触摸屏，价格较低，部分功能进行了删减，不能直接与 SIMATIC S7-300/400/1200/1500PLC 进行通信。

(2) 精简面板（Basic Line）

该系列面板有 4in、6in、10in 或者 15in 显示屏，可用键盘或触摸控制。每个 SIMATIC Basic Panel 都采用了 IP65 防护等级，可以应用在简单的可视化任务中和恶劣的环境中。其他优点包括集成了软件功能，如报告系统、配方管理以及图形功能。

精简面板是适用于中等性能范围的任务的 HMI，根据所选的版本可用于 PROFIBUS 或 PROFINET 网络；可以与 SIMATIC S7-1200 控制器或其他控制器组合使用。

这个系列的触摸屏，价格适中，部分功能进行了删减，但功能比精彩系列面板完善，读者在选型时，要特别注意。

(3) 精智面板（Comfort Line）

SIMATIC HMI Comfort Panel 是高端 HMI 设备，用于 PROFIBUS 中高端的 HMI 任务以及 PROFINET 环境。精智面板包括触摸面板和按键面板，可以从 4in、7in、9in 到 12in 中自由选择显示屏尺寸，可以横向和竖向安装触摸面板，用户几乎可以将它们安装到任何机器上。其优点如下。

① 具有开孔完全相同框架的宽屏，最多可为客户增加 40% 的显示尺寸。空间增加后，增加了可在显示屏中可视化的应用部分。可实现其他新的操作概念，例如：在显示屏侧面上，增加了符合人体工程学的菜单栏。

② 显示屏可调光，具有节能潜力、拓展了新应用，例如在造船业的应用。

③ 在空闲时间，规范化的 PROFIenergy 外形，允许对设备进行协调而集中关闭。

④ 在一个框架中映射具有 TIA 门户的 HMI 和控制器，减少了工程量。

20.1.3 触摸屏的通信连接

触摸屏的图形界面是在计算机的专用软件 [如 SIMATIC WinCC（TIA 博途）] 上设计和编译的，需要通过通信电缆下载到触摸屏；触摸屏要与 PLC 交换数据，它们之间也需要通信电缆。西门子不同产品系列人机界面的使用

触摸屏的通信连接

方法类似，以下将以精智面板（Comfort Line）为例介绍。

（1）计算机与西门子触摸屏之间的通信连接

计算机上通常至少有一个 USB 接口，西门子触摸屏有一个 RS-422/485 接口，个人计算机与触摸屏就通过这两个接口进行通信，通常采用 PROFIBUS-DP 通信（也可以采用 PPI、MPI 和以太网通信等，具体根据型号不同而不同），市场上有专门的 PC/Adapter 电缆（此电缆也用于计算机与 SIMATIC S7-200/300/400 PLC 的通信）出售。计算机与触摸屏通信连接如图 20-1 所示。

如果触摸屏有以太网接口，PC 和触摸屏采用以太网通信是最为便捷的方式。

图 20-1　计算机与触摸屏通信连接

计算机与西门子触摸屏之间的联机还有其他方式，例如在计算中安装一块通信卡，通信卡自带一根通信电缆，将两者连接即可。如西门子的 CP5621 通信卡是 PCI 卡，安装在计算机主板的 PCI 插槽中，可以提供 PPI、MPI 和 PROFIBUS 等通信方式。

（2）触摸屏与 PLC 的通信连接

西门子触摸屏有一个 RS-422/485 接口，西门子 SIMATIC S7-200/300/400 可编程控制器有一个编程口（PPI/MPI 口），两者互联实现通信采用的通信电缆，接线如图 20-2 所示。

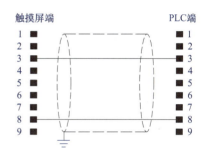

图 20-2　触摸屏与 SIMATIC S7-200/300/400 的通信连接

如果触摸屏和 PLC 上有以太网接口，PLC 和触摸屏采用以太网通信是最为便捷的方式。

20.2　使用变量与系统函数

20.2.1　变量分类与创建

触摸屏中使用的变量类型和选用的控制器的变量是一致的，例如读者若选用西门子的 S7-1200/1500 PLC，那么触摸屏中使用的变量类型就和 S7-1200/1500 PLC 的变量类型基本一致。

（1）HMI 变量的分类

变量（Tag）分为外部变量和内部变量，每个变量都有一个符号名称和数据类型，外部变量是人机界面和 PLC 进行数据交换的桥梁，是 PLC 中定义的存储单元的映像，其值随着 PLC 程序的执行而改变。可以在 HMI 设备和 PLC 中访问外部变量。

内部变量存储在 HMI 设备的存储器中，与 PLC 没有连接关系，只有 HMI 设备能访问内部变量。内部变量用于 HMI 设备内部的计算或者执行其他任务。内部变量用名称区分。

（2）创建变量

① 创建内部变量。在 TIA 博途软件项目视图的项目树中，选中"HMI 变量"→"显示所有变量"，创建内部变量，名称"X"，如图 20-3 所示，注意："连接"列中，选择内部变量。

图 20-3　创建 HMI 内部变量

② 创建外部变量。在 TIA 博途软件项目视图项目树中，选中"HMI 变量"→"显示所有变量"，创建外部变量，名称"M01"，如图 20-4 所示，点击"连接"栏目下面的▣按钮，选择与 HMI 通信的 PLC 设备，本例的连接为"HMI_连接_1"；再单击"PLC 变量"栏目下的▣按钮，弹出"HMI 变量"窗口，选择"PLC_1"→"PLC 变量"→"默认变量表"→"M01"，单击"√"按钮，"PLC_1"的变量 M01（即地址 M0.1）与 HMI 的 M01 关联在一起了。

20.2.2　系统函数

西门子精智面板（Comfort Line）有丰富的系统函数，可分为报警函数、编辑位函数、打印函数、画面函数、画面对对象的键盘操作函数、计算脚本函数、键盘函数、历史数据函数、配方函数、用户管理函数、设置函数、系统函数和其他函数。一般而言越高档的人机界面函数越丰富，使用越方便。以下介绍几个常用的函数。

（1）编辑位函数

① InvertBit（对位取反）　其作用是对给定的"Bool"型变量的值取反。如果变量现有值为 1（真），它将被设置为 0（假）；如果变量现有值为 0（假），它将被设置为 1（真）。

在函数列表中使用：对位取反（变量）。

在用户自定义函数中使用：InvertBit（Tag）。

② ResetBit（复位）　将"Bool"型变量的值设置为 0（假）。

在函数列表中使用：复位（变量）。

在用户自定义函数中使用：ResetBit（Tag）。

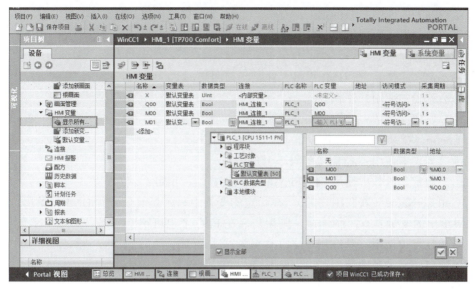

图 20-4　创建 HMI 外部变量

③ SetBit（置位）　将"Bool"型变量的值设置为 1（真）。

在函数列表中使用：置位（变量）。

在用户自定义函数中使用：SetBit（Tag）。

④ SetBitWhileKeyPressed（按下键时置位）　只要用户按下已配置的键，给定变量中的位即设置为 1（真）。在改变了给定位之后，系统函数将整个变量传送回 PLC。但是并不检查变量中的其他位是否同时改变。在变量被传送回 PLC 之前，操作员和 PLC 只能读该变量。

（2）计算脚本函数

① Increase Tag（增加变量）　将给定值添加到变量值上，用方程表示为：$X=X+a$。

系统函数使用同一变量作为输入和输出值。当该系统函数用于转换数值时，必须使用辅助变量。可以使用"SetTag"系统函数为辅助变量指定变量值。

如果在报警事件中配置了该系统函数但变量未在当前画面中使用，则无法确保在 PLC 中使用实际的变量值。通过设置"连续循环"采集模式可以改善这种情况。

在函数列表中使用：增加变量（变量，值）。

在用户自定义函数中使用：IncreaseTag（Tag，Value）。

② SetTag（设置变量）　将新值赋给给定的变量。该系统函数可用于根据变量类型分配字符串和数字。

在函数列表中使用：设置变量（变量，值）。

在用户自定义函数中使用：SetTag（Tag，Value）。

（3）画面函数

① ActivateScreen（激活画面）　使用"激活画面"系统函数可以将画面切换到指定的画面。

在函数列表中使用：激活画面（画面名称，对象编号）。

在用户自定义函数中使用：ActivateScreen（Screen_name，Object_number）。

② ActivatePreviousScreen（激活前一画面）　将画面切换到在当前画面之前激活的画面。如果先前没有激活任何画面，则画面切换不执行。最近调用的 10 个画面被保存。当切换到不再保存的画面时，会输出系统报警。

在函数列表中使用：激活前一画面。

在用户自定义函数中使用：ActivatePreviousScreen。

（4）用户管理函数

① Logoff（注销）　在 HMI 设备上注销当前用户。

在函数列表中使用：注销。

在用户自定义函数中使用：Logoff。

② Logon（登录）　在 HMI 设备上登录当前用户。

在函数列表中使用：登录（密码，用户名）。

在用户自定义函数中使用：Logon（Password，User_name）。

③ GetUserName（获取用户名）　在给定的变量中写入当前登录到 HMI 设备用户的用户名。如果给出的变量具有控制连接，则用户名在 PLC 上也可用。

在函数列表中使用：获取用户名（变量）。

在用户自定义函数中使用：GetUserName（Tag）。

④ GetPassword（获取密码）　在给定的变量中写入当前登录到 HMI 设备的用户的密码。确保给定变量的值未显示在项目中的其他位置。

在函数列表中使用：获取密码（变量）。

在用户自定义函数中使用：GetPassword（Tag）。

（5）报警函数

① EditAlarm（编辑报警）　为选择的所有报警触发"编辑"事件。如果要编辑的报警尚未被确认，则在调用该系统函数时自动确认。

在函数列表中使用：编辑报警。

在用户自定义函数中使用：EditAlarm。

② ShowAlarmWindow（显示报警窗口）　隐藏或显示 HMI 设备上的报警窗口。

在用户自定义函数中使用：显示报警窗口（对象名称，布局）。

在用户自定义函数中使用：ShowAlarmWindow（Object_name，Display_mode）。

③ ClearAlarmBuffer（清除报警缓冲区）　删除 HMI 设备报警缓冲区中的报警。尚未确认的报警也被删除。

在函数列表中使用：清除报警缓冲区（报警类别编号）。

在用户自定义函数中使用：ClearAlarmBuffer（Alarm_class_number）。

④ ShowSystemAlarm(显示系统报警)　显示作为系统事件传递到 HMI 设备的参数的值。

在函数列表中使用：显示系统报警（文本/值）。

在用户自定义函数中使用：ShowSystemAlarm（Text/value）。

20.3　画面组态

20.3.1　按钮组态

按钮的主要功能是：在点击它的时候执行事先配置好的系统函数，使用

HMI 的按钮组态

按钮可以完成很多的任务。以下介绍按钮的几个应用。

(1) 用按钮增减变量值

新建一个项目,打开画面,选中"工具箱"中的"元素",将其中的"按钮"拖拽到画面的工作区,选中按钮。在按钮属性视图的"常规"对话中,设置按钮模式为"文本"。设置"未按下"状态为"+10",如图20-5所示。如果未选中"按下"复选框,按钮在按下时和弹起时的文本相同。如果选中它,按钮在按下时和弹起时,文本的设置可以不相同。

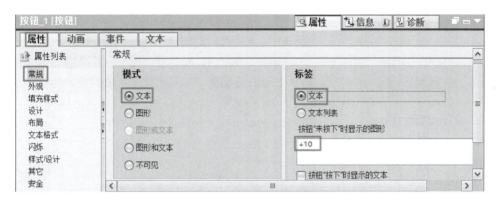

图 20-5　按钮的属性组态

打开按钮属性视图的"事件"内的"单击"对话框,如图20-6所示,单击按钮时,执行系统函数列表"计算脚本"文件夹中的系统函数"增加变量",被增加的整型变量是"X",增加值是10。

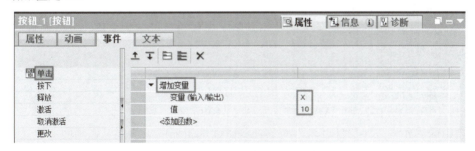

图 20-6　按钮触发事件配置

在按钮的下方拖入一个5位整数的输出I/O域,如图20-7所示,将变量"X"与此I/O域关联。当按下工具栏的仿真按钮"", 仿真器开始模拟运行。每单击一次按钮,I/O域中的数值增加10。

(2) 用按钮设定变量的值

新建一个项目,打开画面,选中"工具箱"中的"元素",将其中的"按钮"拖拽到画面的工作区,选中按钮。在按钮属性视图的"常规"对话中,设置按钮模式为"文本"。设置"未按下"状态为"1",方法与上面例子相同。

图 20-7　按钮和 I/O 域的画面

打开按钮属性视图"事件"内的"单击"对话框,如图20-8所示,单击按钮时执行系统函数列表"计算脚本"文件夹中的系统函数"设置变量",被设置的整型变量是"Y",Y数值变成1。

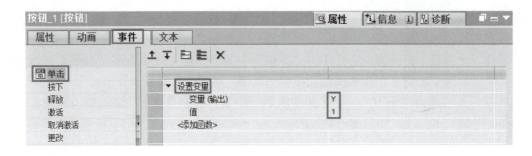

图 20-8 按钮触发事件组态

图 20-9 按钮和 I/O 域的画面

在按钮的下方拖入一个 5 位整数的输出 I/O 域,如图 20-9 所示,将变量"Y"与此 I/O 域关联。当按下工具栏的仿真按钮" ",开始模拟运行。每次单击按钮,I/O 域中的数值均为 1。

20.3.2 I/O 域组态

HMI 的 I/O 域组态

I 是输入(Input)的简称,O 是输出(Output)的简称,输入域和输出域统称 I/O 域。I/O 域在触摸屏中的应用比较常见。

(1) I/O 域的分类

① 输入域:用于操作员输入要传送到 PLC 的数字、字母或符号,将输入的数值保存到变量中。

② 输出域:只显示变量数据。

③ 输入输出域:同时具有输入和输出功能,操作员可以用它来修改变量的数值,并将修改后的数值显示出来。

(2) I/O 域的组态

建立连接"HMI_连接_1",就是 PLC 与 HMI 的连接,再在变量表中建立整型(Int)变量"MW10""MW12"和"MW14",如图 20-10 所示。添加和打开"I/O 域"画面,选中工具箱中的"元素",将"I/O 域"对象拖到画面编辑器的工作区。在画面上建立三个 I/O 域对象,如图 20-11 所示。分别在三个 I/O 域的属性视图的"常规"对话框中,设置模式为"输入""输出"和"输入/输出",如图 20-12 所示。

HMI 变量								
名称 ▲	变量表	数据类型	连接	PLC 名称	PLC 变量	地址	访问模式	采集周期
MW10	默认变量表	Int	HMI_连接_1	PLC_1	MW10		<符号访问>	1 s
MW12	默认变量表	Int	HMI_连接_1	PLC_1	MW12		<符号访问>	1 s
MW14	默认变量表	Int	HMI_连接_1	PLC_1	MW14		<符号访问>	1 s

图 20-10 新建变量

图 20-11 I/O 域组态

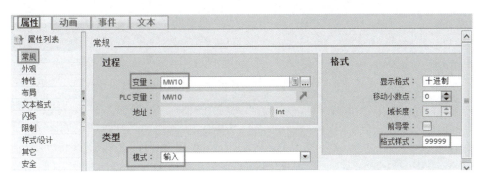

图 20-12　输入域的常规属性组态

输入域显示 5 位整数，为此配置"移动小数点"（小数部分的位数）为 0，"格式样式"为"99999"，表示整数为 5 位。

20.3.3　开关组态

开关是一种用于布尔（Bool）变量输入、输出的对象，它有两项基本功能。一是用图形或者文本显示布尔变量的值（0 或者 1）。二是点击开关时，切换连接的布尔变量的状态，如果原来是 1 则变为 0，如果原来是 0 则变为 1，这一功能集成在对象中，不需要用户配置，发生"单击"事件时执行函数。

（1）切换模式的开关组态

将"工具箱"的"元素"中的"开关"拖拽到画面的编辑器中。切换模式开关如图 20-13 所示，方框的上部是文字标签，下部是带滑块的推拉式开关，中间是打开和关闭对应的文本。

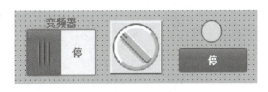

图 20-13　开关画面

在开关属性视图的"常规"对话框中，选择开关模式为"开关"，如图 20-14 所示，开关与变量"启停"连接，将标签"Switch"改为"变频器"，ON 和 OFF 状态的文本由"ON"和"OFF"改为"启"和"停"。

当按下工具栏的仿真按钮"　"，仿真器开始模拟运行。

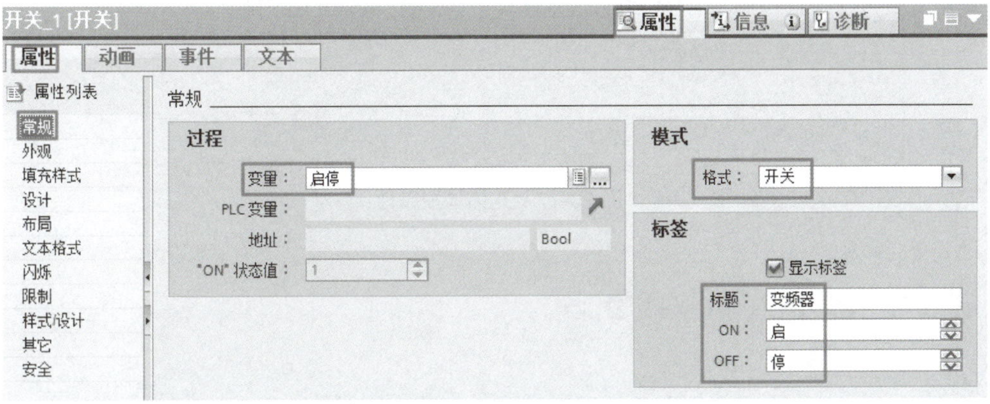

图 20-14　开关常规属性

图 20-15　图形库路径

（2）通过图形切换模式的开关组态

TIA 博途软件的图形库中有大量的控件可供用户使用。在库的"全局库"组中，选中"Buttons-and-Switches"→"主模板"→"RotarySwitches"→"Rotary_N"，如图 20-15 所示。再将 Rotary_N 旋钮拖拽到画面，如图 20-13 所示。

如图 20-16 所示，在常规视图的对话框中，将配置开关的类型设置成"通过图形切换"，内部变量与"启停"连接。这样两个开关就组态完成。

（3）通过文本切换模式的开关组态

将工具箱的"元素"中的"开关"拖放到画面编辑器中，如图 20-13 所示。在常规视图的对话框中，将组态开关的类型设置成"通过文本切换"，过程变量与"启停"连接，将 ON 状态设置为"启"，将 OFF 状态设置为"停"，如图 20-17 所示。当按下工具栏的"🖥"按钮，仿真器开始模拟运行。文本在启动和停止之间切换时，灯随之亮或灭。

图 20-16　图形切换开关组态

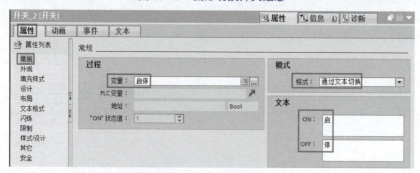

图 20-17　开关常规属性

20.3.4　图形输入输出对象组态

（1）棒图的组态

棒图以带刻度的棒图形式表示控制器的值。通过 HMI 设备，操作员可以立即看到当前值与组态的限制值相差多少或者是否已经达到参考值。棒图可以显示诸如填充量（水池的水量、温度数值)或批处理数量等值。

在变量表中创建整型(INT)变量"温度",只要单击工具栏中"元素"中的"棒图",用鼠标拖动即可得到如图 20-18 所示的棒图,图的左侧是拖动过程中,图的右侧是拖动完成的棒图。

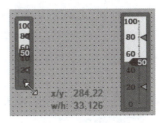

图 20-18　棒图画面

在属性的"常规"对话框中,设置棒图连接的整型变量为"温度",如图 20-19 所示,温度的最大值和最小值分别是 100 和 0,这两个数值是可以修改的。当温度变化时,棒图画面中的填充色随之变化,就像温度一样。

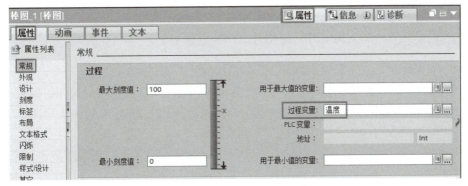

图 20-19　棒图常规属性组态

(2)量表的组态

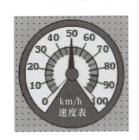

图 20-20　量表画面组态

量表是一种动态显示对象。量表通过指针显示模拟量数值。例如,通过 HMI 设备,操作员一眼就能看出锅炉压力是否处于正常范围之内。以下是量表的组态方法。

添加和打开"量表"画面,如图 20-20 所示,将工具箱"元素"中的"量表"图标,拖拽到画面中,在量表属性视图的"常规"对话框中,可以设置显示物理量的单位,本例为"km/h","标签"在量表圆形表盘的下部显示,可以选择是否显示峰值(一条沿半径方向的红线,本例在刻度 0 处),如图 20-21 所示。还可以自定义背景图形和表盘图形。

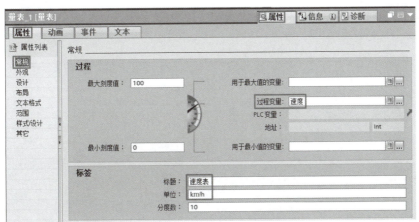

图 20-21　量表常规属性组态

量表除了有"常规"属性和"刻度"属性外,还有"外观"属性(主要设置背景颜色、钟表颜色和表盘样式等)、"文本格式"属性(主要设置字体大小和颜色等)、"布局"属性(主要是表盘画面的位置和尺寸),这些属性都比较简单,在此不再赘述。

20.3.5 时钟和日期的组态

添加和打开"日期时间"的画面,如图20-22所示,将工具箱中"元素"组中的"时钟"图标拖拽至画面中。

运行HMI,则此控件显示HMI中的系统时间。

20.3.6 符号I/O域组态

图20-22 "日期时间"的画面组态

符号I/O域的组态相对前述对象的组态要复杂一些,以下用一个例子说明其组态过程。此例子用符号I/O域控制一盏灯的亮灭。

选中工具箱"元素"中的"符号I/O域",用鼠标拖拽到HMI的画面。用同样的方法,将工具箱"基本对象"中的"圆"也拖拽到画面。

在TIA博途软件项目视图项目树中,选中"文本和图形列表"选项,单击"添加"按钮,在文本列表中,添加一个"Text_list_1"文本,如图20-23所示。再在文本列表中添加两个项目,其中"0"对应"停止","1"对应"启动"。

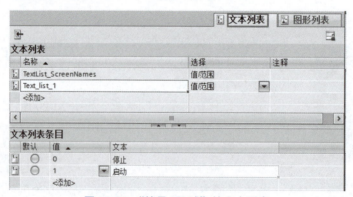

图20-23 "符号I/O域"的文本列表

如图20-24所示,将符号I/O域过程变量与位变量"QT"关联,文本列表与前述创建的"Text_list_1"文本关联。

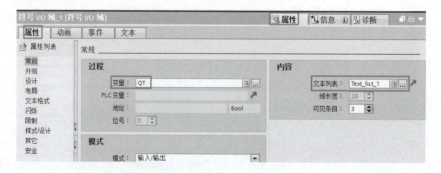

图20-24 "符号I/O域"的常规组态

选中“圆”→“属性”→“动画”，双击“添加新动画”选项，在弹出的选项中，选择“外观”，将变量与“QT”关联，最后将“0”与红色背景颜色关联，将“1”与白色背景颜色关联，如图 20-25 所示。

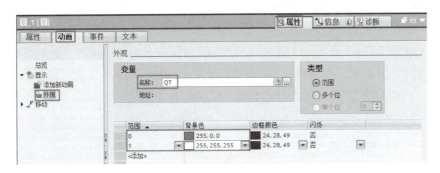

图 20-25　“圆”的动画组态

当按下工具栏的仿真按钮“ ”，仿真器开始模拟运行，如图 20-26 所示。操作员从文本列表中选择文本“启动”或“停止”。根据选择，随后将启动或关闭灯。符号 I/O 域显示灯的相应状态。

20.3.7　图形 I/O 域组态

前述的文本 I/O 域，可以用位变量实现文本的切换，而图形 I/O 域和图形列表的功能是切换多幅图形，从而实现丰富多彩的动画效果。图形 I/O 域有输入、输出、输入 / 输出和双状态四种。以下用一个例子来讲解图形 I/O 域的使用方法。其步骤如下。

（1）新建项目和画面

新建一个 HMI 项目，并将工具箱“元素”中的“图形 I/O 域”和“按钮”拖拽到画面，并将按钮的文本改名为“+1”，如图 20-27 所示。再在“变量”表中创建变量“NB”，数据类型为“UInt”，如图 20-28 所示。

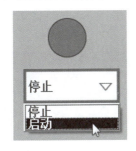

图 20-26　运行

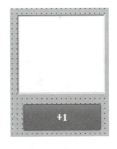

图 20-27　图形画面

HMI 变量

名称 ▲	变量表	数据类型	连接	PLC 名称
NB	默认变量表	UInt	<内部变量>	

图 20-28　新建变量

（2）绘制用于动画叶片图

在其他的绘图工具（如 Visio 或者 AutoCAD 等）中，绘制叶片转动时的六个状态，并将其保存为"1.gpg""2.gpg""3.gpg""4.gpg""5.gpg"和"6.gpg",存放到计算机的某个空间上。这六个图形外观如图 20-29 所示,当在图形域中不断按顺序装载这六幅图片时,就产生动画效果,类似电影的原理。

(3)编辑图形列表

在图形列表中创建"Graphic_list_1",如图 20-29 所示的"1"处,再单击"2"处(单击之前,并没有"1"字样),将图形"1"装载到位,装载图形时,读者要明确事先将"1.gpg""2.gpg""3.gpg""4.gpg""5.gpg"和"6.gpg"存放在计算机中的确切位置。

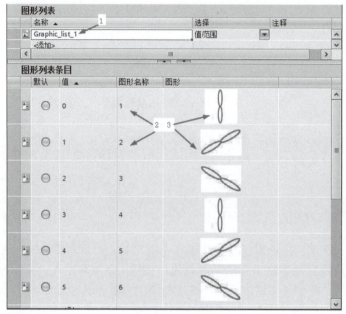

图 20-29　图形列表

(4)组态图形 I/O 域

在画面中选中"图形 I/O 域",单击"属性"→"属性"→"常规",将"变量"与"NB"关联,模式改为"输出",再将"图形列表"与"Graphic_list_1"关联,设置如图 20-30 所示。

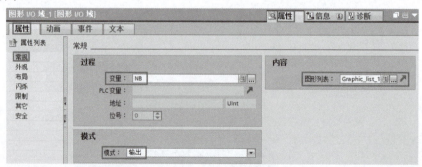

图 20-30　图形 I/O 域常规属性组态

(5)组态按钮

在画面中选中按钮,单击"属性"→"事件"→"单击",选择函数为"增加变量",将"变量"与"NB"关联,值为"1",画面如图 20-31 所示。这样当单击"加 1"按钮时,换一幅画面，产生动画效果。

值"0"与"1.gpg"关联，值"1"与"2.gpg"关联，依次类推，值"5"与"6.gpg"关联，当值（NB）大等于6时，没有图片加载。函数 VBFunction_1 是脚本函数，其功能是当 NB 大于等于6时，NB 复位为0。

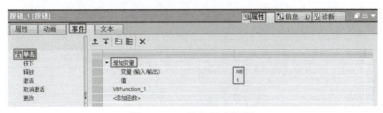

图 20-31　按钮组态画面

（6）仿真运行

当按下工具栏的仿真按钮""，仿真器开始模拟运行，如图 20-32 所示。当单击"加1"按钮一次，换一幅画面，产生动画效果是逆时针旋转。

20.3.8　画面的切换

画面的切换在工程中十分常用，但并不复杂，以下用一个例子介绍三个画面的相互切换。其实施步骤如下。

图 20-32　图形 I/O 域运行画面

（1）添加新画面

在 TIA 博途软件项目树中，双击"画面"下的"添加新画面"，新建"画面_1"和"画面_2"，如图 20-33 所示。选中"根画面"，拖入三个按钮，分别命名为"跳转到画面1"、"跳转到画面2"和"停止实时运行"。

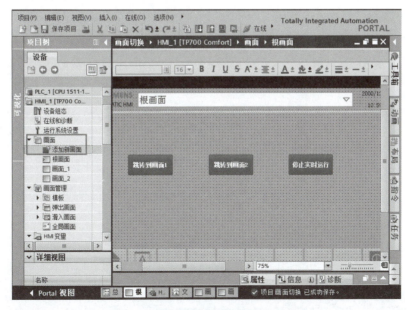

图 20-33　新建画面

(2) 画面中的按钮组态

在根画面中，选中按钮"跳转到画面_1"，再选中事件中的"单击"，选中函数中的"激活屏幕"，选择激活画面函数的参数为"画面_1"，如图 20-34 所示。此步骤的目的是：当单击按钮"跳转到画面 1"时，从当前画面（根画面）转到画面_1。如图 20-35 所示，其含义是退出运行在 HMI 设备上的项目。

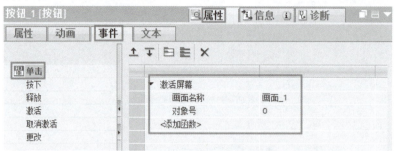

图 20-34　按钮"单击"事件组态（1）

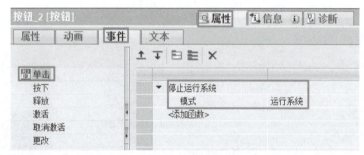

图 20-35　按钮"单击"事件组态（2）

(3) 画面_2 中的按钮组态

画面_1 和画面_2 的组态类似，因此只介绍画面_2 的组态。选中"画面_2"，拖入三个按钮，分别命名为"跳转到画面1""跳转到前一画面"和"返回根画面"，如图 20-36 所示。

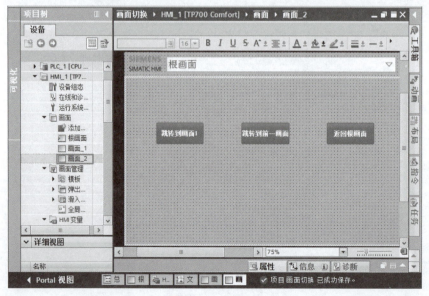

图 20-36　画面_2

在如图 20-36 中，选中按钮"跳转到前一画面"，再选中事件中的"单击"，选中函数中的"激活前一屏幕"，无参数，如图 20-37 所示。此步骤的目的是当单击按钮"跳转到前一画面"时，从当前画面（画面_2）转到前一个画面。

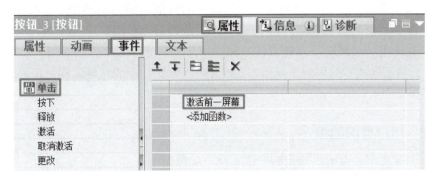

图 20-37　按钮"单击"事件组态（3）

在如图 20-36 中，选中按钮"返回根画面"，再选中事件中的"单击"，选中函数中的"根据编号激活屏幕"，画面号为"NB"，如图 20-38 所示。此步骤的目的是当单击按钮"返回根画面"时，从当前画面（画面_2）转到返回根画面。当 NB 为 1 时，跳转到根画面。当 NB 为 2 时，跳转到画面_2。

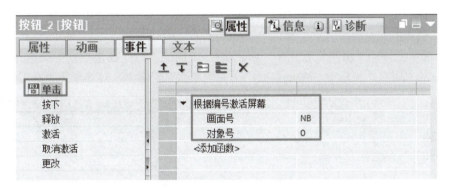

图 20-38　按钮"单击"事件组态（4）

20.4　用户管理

20.4.1　用户管理的基本概念

（1）应用领域

控制系统在运行时，有时需要修改某些重要的参数，例如修改温度、压力和时间等参数，修改 PID 控制器的参数值等。很显然这些重要的参数只允许某些指定的人员才能操作，必须防止某些未授权的人员对这些重要的数据的访问和修改，而造成某些不必要的损失。通常操作工只能访问指定输入域和功能键，权限最低，而调试工程师则可以不受限制地访问所有的变量，其权限较高。

（2）用户组和用户

用户管理主要涉及两类对象：用户组和用户。

用户组主要设置某一类用户的组具有的特定的权限。用户属于某一个特定的用户组，一个用户只能分配给一个用户组。

在用户管理中，访问权限不能直接分配给用户，而是分配给特定的用户组，某一特定用户被分配到特定的用户组以获得权限。这样，对待特定用户的管理就和对权限的组态分离开来了，方便编程人员组态。

20.4.2 用户管理的组态

以下用一个例子介绍用户管理组态的步骤，实现用户登录、用户注销等功能。

HMI 的用户管理

（1）新建项目，创建用户和用户组

新建 HMI 项目，本例为"用户管理"。在 TIA 博途软件项目视图项目树中，双击"用户管理"选项，弹出如图 20-39 所示的界面，在上面的"用户"表格中，单击"添加"按钮，新建三个用户，分别是："Admin""Liu"和"Wang"，密码按照读者的习惯设定，本例的三个密码均为"123"。

在下面的"组"表格中，单击"添加"按钮，新建三个组，分别是"管理员""用户"和"操作员"。当选中上方的"用户"表格中"Admin"时，下面的"组"表格中，对应选择"管理员"；当选中上方的"用户"表格中"Liu"时，下面的"组"表格中，对应选择"用户"；当选中上方的"用户"表格中"Wang"时，下面的"组"表格中，对应选择"操作员"。

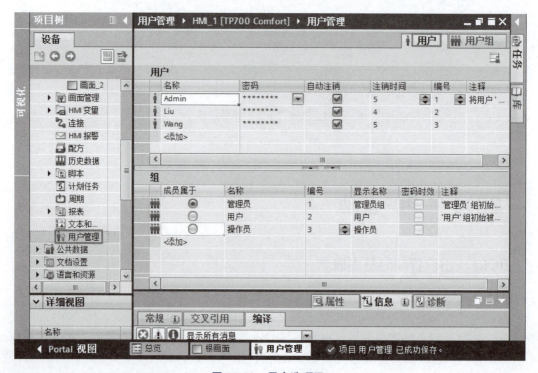

图 20-39　用户选项区

如图 20-40 所示，当选中上方的"组"表格中"管理员"时，下面的"权限"表格中，对应选择三项权限；当选中上方的"组"表格中"用户"时，下面的"权限"表格中，对应选择"监视"和"操作"两项权限；当选中上方的"组"表格中"操作员"时，下面的"权限"表格中，对应选择"操作"一项权限。权限在配置时，根据实际情况决定。

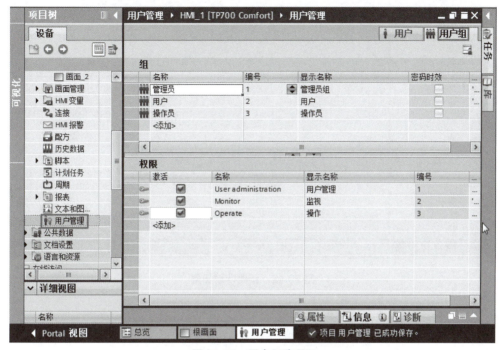

图 20-40　用户组选项区

（2）新建变量

新建内部变量 Tag1，数据类型是 WString，如图 20-41 所示。

图 20-41　新建变量

（3）新建计划任务

在 TIA 博途软件项目视图项目树中，双击"计划任务"选项，弹出如图 20-42 所示的界面，单击"添加"按钮，新建计划任务"Task_1"，触发器选为"用户更改"。

再选择"属性"→"事件"→"更新"选项，选择用户函数"获取用户名"，函数的变量为 Tag1。

（4）新建画面

在 TIA 博途软件项目视图项目树中，双击"添加新画面"选项，添加"画面_1"，在根画面中拖入三个按钮、一个文本框和一个 I/O 域，并修改其属性中的文本，如图 20-43 所示。

501

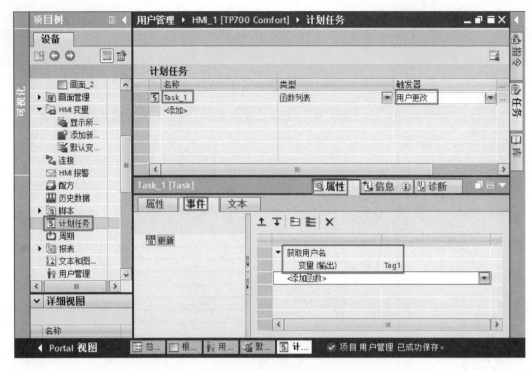

图 20-42 新建计划任务

图 20-43 根画面

(5) 画面中对象元素组态

选中"跳转到画面 1"按钮，再选择"属性"→"事件"→"单击"选项，选择"激活屏幕"函数，画面对象选择为"画面 1"，如图 20-44 所示。此操作步骤可实现画面的跳转功能。

图 20-44 "跳转到画面 1"按钮组态（1）

选中"跳转到画面 1"按钮，再选择"属性"→"属性"→"安全"选项，如图 20-45 所示，单击"权限"右侧的 按钮，弹出如图 20-46 所示界面，选择"操作"选项，最后单击"√"按钮，以确认。此操作步骤可实现"跳转到画面 1"按钮的安全授权功能。

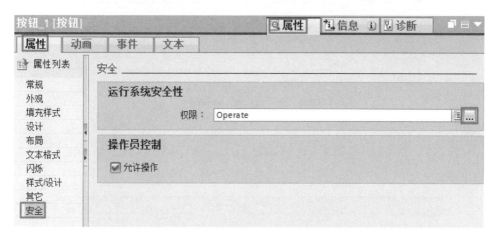

图 20-45 "跳转到画面 1"按钮组态（2）

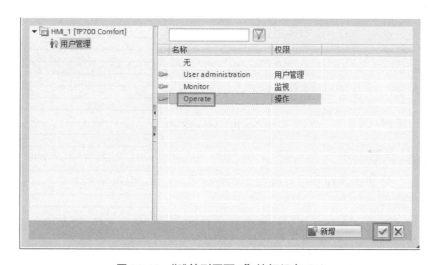

图 20-46 "跳转到画面 1"按钮组态（3）

选中"登录"按钮，再选择"属性"→"事件"→"单击"选项，选择"显示登录对话框"函数，如图 20-47 所示。

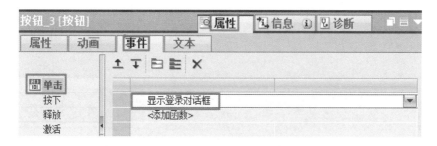

图 20-47 "登录"按钮组态

选中"注销"按钮,再选择"属性"→"事件"→"单击"选项,选择"注销"函数,如图20-48所示。

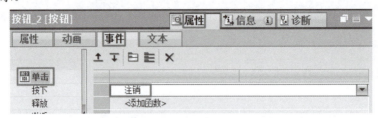

图20-48 "注销"按钮组态

(6) I/O域组态

选中I/O域,再选择"属性"→"属性"→"常规"选项,将过程变量与"Tag1"关联,如图20-49所示。

图20-49 I/O域组态

(7) 画面_1组态

打开画面_1,拖拽按钮和用户视图控件到画面,如图20-50所示。

(8) 运行项目

当按下工具栏的"▥"按钮,仿真器开始模拟运行。单击"登录"按钮,弹出"登录"对话框如图20-51所示,输入用户名和对应的密码,单击"确定"按钮,登录对话框消失,I/O域中显示的是已经登录的用户名,本例为"Liu",如图20-52所示。

图20-50 画面_1

图20-51 登录对话框界面

图 20-52　登录界面

单击"跳转到画面 1"按钮，弹出用户管理视图界面，如图 20-53 所示，在此视图中可以修改已经登录用户的密码。

图 20-53　用户管理视图界面

20.5 ▶ 报警组态

20.5.1　报警组态简介

通过报警可以快速检测自动化系统中的过程控制错误，并准确定位和清除这些错误，从而使得工厂停机时间大幅降低。在输出报警前，需要进行配置。

报警分为：用户定义的报警和系统定义的报警。具体介绍如下。

（1）用户定义的报警

用户定义的报警：用户配置的报警，用来在 HMI 上显示过程状态，或者测量和报告从 PLC 接收的过程数据。用户定义的报警分三种。

① 离散量报警：离散量有两种相反的状态，即 1 和 0，1 代表触发离散量报警，0 代表离散量报警的消失。

② 模拟量报警：模拟量的值（如压力）超出上限或者下限时，触发模拟量报警。

③ PLC 报警：自定义控制器报警是由控制系统工程师在 STEP 7 中创建的。状态值（如时间戳）和过程值被映射到控制器报警中。如果在 STEP 7 中配置了控制器报警，则系统在与 PLC 建立连接后，立即将其加入集成的 WinCC 操作中。

在 STEP 7 中，将控制器报警分配给一个报警类别。可以将包含上述控制器报警的报警类别作为公共报警类别导入。

（2）系统定义的报警

系统定义的报警：系统报警用来显示 HMI 设备或者 PLC 中特定的系统状态，系统报警是在这些设备中预定义的。用户定义的报警和系统定义的报警都可以由 HMI 设备或者 PLC 触发，在 HMI 设备上显示。系统定义的报警有两种类型。

① HMI 设备触发的系统定义的报警：如果出现某种内部状态，或者与 PLC 通信时出现错误，由 HMI 设备触发 HMI 系统报警。

② PLC 设备触发的系统定义的报警：这类报警由 PLC 触发，不需要在 WinCC 中配置。

20.5.2 离散量报警组态

HMI 的离散量报警

以下用一个例子介绍离散量报警的组态过程。

（1）新建项目

新建项目，命名为"报警"，并进行硬件组态，如图 20-54 所示。

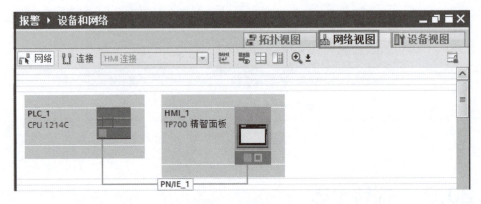

图 20-54　网络视图

（2）新建变量

在 TIA 博途软件项目视图项目树的"PLC 变量"中，选中并打开"显示所有变量"，新建变量，如图 20-55 所示。

图 20-55　新建 PLC 变量

（3）离散量报警组态

在 TIA 博途软件项目视图项目树中，选中并打开"HMI 报警"，在"离散量报警"选项卡中，设置报警文本为"温度过高"，触发变量为"MW10"，触发位为第 0 位，即地址 M11.0，如图 20-56 所示。注意：触发位为第 8 位，地址是 M10.0。

（4）组态根画面

打开根画面，将"工具箱"→"控件"中的报警控件视图拖拽到根画面，如图 20-57 所示。

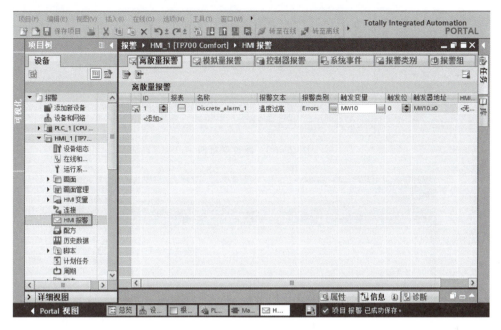

图 20-56 离散量报警组态

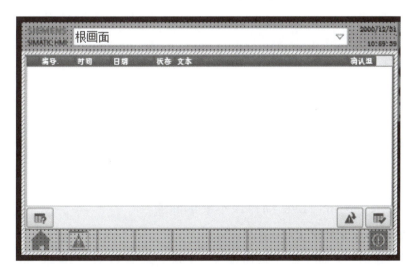

图 20-57 组态根画面

（5）运行仿真

① 保存和编译项目，选中 PLC 项目，单击工具栏的仿真器"▇"按钮，启动 PLC 仿真器，将 PLC 程序下载到仿真器中，然后运行仿真器。

② 选中 HMI 项目，单击工具栏的仿真器"▇"按钮，HMI 处于模拟运行状态，开始模拟运行。

③ 在 PLC 仿真器中，先选中"SIM 表 1"，再在表格中，输入要监控的变量"MW10"，单击工具栏中"启用/禁用非输入修改"按钮 ▇，将 MW10 的数值改为"16#0001"，最后单击"修改所有选定值"按钮 ▇，如图 20-58 所示。此步骤的操作结果实际就是使得 M11.0=1，也就是激活离散量报警。HMI 中弹出如图 20-59 所示的报警。

图 20-58 修改变量值

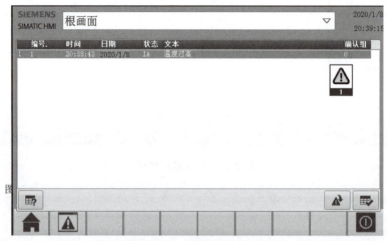

图 20-59 报警画面

20.6 ▶ 创建一个简单的 HMI 项目

创建第一个
HMI 项目

20.6.1 一个简单的 HMI 项目技术要求描述

一个简单的 HMI 项目的技术要求描述如下。

利用一台西门子 TP700 精智面板监控西门子 PLC 系统（CPU 1214C、SM1231），要求实现如下功能。

① 控制和显示电动机的启动和停止，显示测量温度。
② 当采样的温度值高于设定数值时，报警。
③ 当模块 SM1231 断线时，显示其断线的通道。
④ 创建 3 个画面，能自由切换。
⑤ 显示系统时间，并能实现 PLC 与 HMI 时间同步。

20.6.2 一个简单的 HMI 项目创建步骤

以下将详细介绍此简单 HMI 项目的创建步骤。
（1）新建项目，并组态硬件

① 启动计算机中的 TIA 博途软件，新建项目，命名为"MyFirstProject"。

② 在 TIA 博途软件项目视图项目树中，选中并双击"添加新设备"选项，选中"控制器"→"SIMATIC S7-1200"→"CPU"→"CPU 1214C"→"6ES7 214-1AG40-0XB0"，最后单击"确定"按钮，CPU 模块添加完成。

在 TIA 博途软件项目视图项目树中，选中并双击"设备组态"选项，选中"硬件目录"→"AI"→"AI 4x13 BIT"→"6ES7 231-4HD32-0XB0"，将其拖拽到第 2 槽位，如图 20-60 所示。

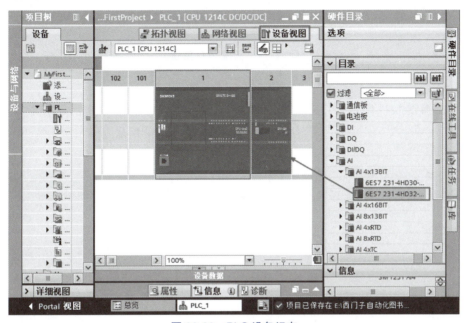

图 20-60　PLC 设备组态

选中"6ES7 231-4HD32-0XB0"模块，再选中"属性"→"常规"→"模拟量输入"→"通道 0"，勾选"启用断路诊断"，如图 20-61 所示。这样设置的目的是当该通道的接线断路时，发出信息到 HMI，HMI 上显示诊断故障信息。

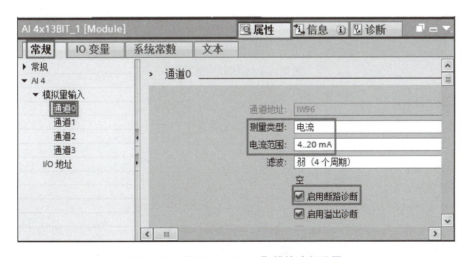

图 20-61　"AI4×13BIT-1"模块诊断设置

(2) 新建变量

在 TIA 博途软件项目视图项目树的"PLC 变量"中，选中并打开"显示所有变量"，新建变量，如图 20-62 所示。

图 20-62　新建 PLC 变量

(3) 编写程序

在 TIA 博途软件项目视图项目树的"程序块"中，双击"添加新块"，新建数据块"DB1"和 循环组织块"OB30"。"DB1"如图 20-63 所示。OB30 中的程序如图 20-64 所示，其功能是读取 PLC 的当前时间。

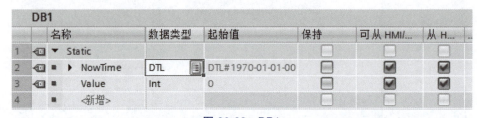

图 20-63　DB1

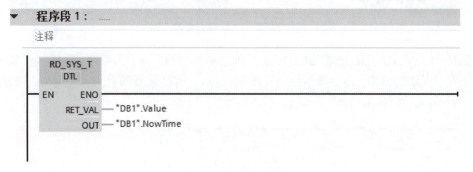

图 20-64　OB30 中的程序

(4) 新建画面

① 在 TIA 博途软件项目视图项目树的"画面"中，选中并双击"添加新画面"，新建"画面 1"和"画面 2"。

② 将四个按钮、一个文本框、两个矩形框和一个 I/O 域拖拽到根画面，并修改其文本属性，如图 20-65 所示。

(5) 画面中控件组态

① 选中"启动"按钮，再选中"属性"→"事件"→"按下"，系统函数为"置位位"，变量为"Start"和"Motor"，如图 20-66 所示，也就是按下启动按钮，变量"Start"和"Motor"置位。

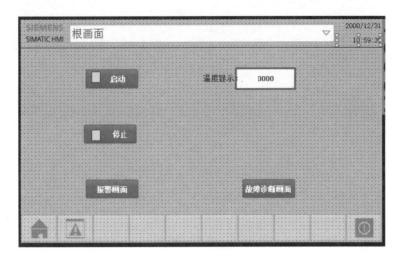

图 20-65 根画面组态

图 20-66 启动按钮组态——按下

选中"启动"按钮,再选中"属性"→"事件"→"释放",系统函数为"复位位",变量为"Start",如图 20-67 所示,也就是释放启动按钮,变量"Start"复位。

图 20-67 启动按钮组态——释放

选中"启动"按钮上的矩形框,再选中"属性"→"动画",双击"添加新动画"选项,选择"外观",如图 20-68 所示,将变量与"Motor"关联。当"Motor"值为 0 时,其背景颜色为红色,代表没有启动,当"Motor"值为 1 时,其背景颜色为绿色,代表启动。

② 选中"停止"按钮,再选中"属性"→"事件"→"按下",系统函数为"置位位",变量为"Stop1";系统函数为"复位位",变量为"Motor",如图 20-69 所示,也就是按下停止按钮,变量"Stop1"置位,"Motor"复位。

图 20-68　启动按钮上矩形框组态

图 20-69　停止按钮组态——按下

选中"停止"按钮，再选中"属性"→"事件"→"释放"，系统函数为"复位位"，变量为"Stop1"，如图 20-70 所示，也就是释放停止按钮，变量"Stop1"复位。

选中"停止"按钮上的矩形框，再选中"属性"→"动画"，双击"添加新动画"选项，选择"外观"，如图 20-71 所示，将变量与"Motor"关联。当"Motor"值为 1 时，其背景颜色为红色，代表停止，当"Motor"值为 0 时，其背景颜色为绿色，代表启动。

图 20-70　停止按钮组态——释放

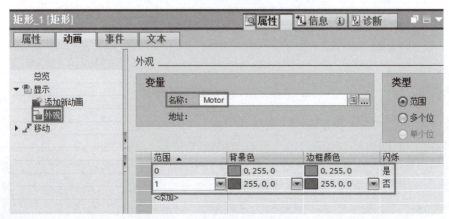

图 20-71　停止按钮上矩形框组态

③ 选中"报警画面"按钮，再选中"属性"→"事件"→"单击"，系统函数为"激活屏幕"，画面名称为"画面1"，如图20-72所示，也就是按下此按钮，画面从根画面切换到画面1。其余的切换按钮组态方法相同，因此不再赘述。

图20-72　画面切换按钮组态

④ 选中"I/O域"，再选中"属性"→"属性"→"常规"，将变量与"Temperature"关联，如图20-73所示。

图20-73　I/O域组态

⑤ 打开画面1，将"报警视图"控件拖拽到画面中；再打开画面2，将"系统诊断视图"控件拖拽到画面中。

（6）离散量报警组态

在TIA博途软件项目视图项目树中，选中并打开"HMI报警"，在"离散量报警"选项卡中，设置报警文本为"温度过高"，触发变量为"Alarm"，触发位为第0位，即地址M5.0，如图20-74所示。

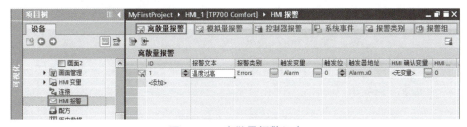

图20-74　离散量报警组态

（7）设置区域指针

在TIA博途软件项目视图项目树的"HMI变量"中，选中并打开"连接"，选择"区域指针"选项卡，按照如图 20-75 所示设置。这样设置的目的是把从 PLC 中读出的系统时间用于同步 HMI。

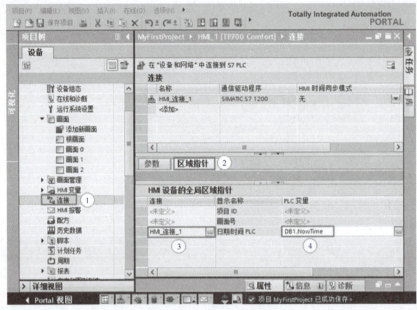

图 20-75　设置区域指针

（8）仿真运行

① 先保存和编译项目，选中 PLC 项目，按下工具栏的"▧"按钮，启动 PLC 仿真器，再将 PLC 程序下载到仿真器中，然后运行仿真器。

② 选中 HMI 项目，按下工具栏的"▧"按钮，HMI 处于模拟运行状态，仿真器模拟运行，如图 20-76 所示。

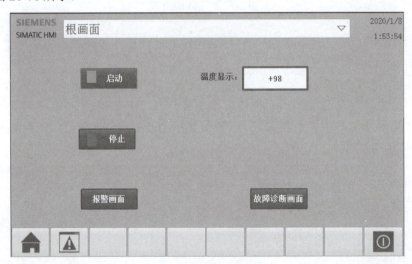

图 20-76　HMI 根画面

③ 在 PLC 仿真器中，先选中"SIM 表 1"，再在表格中，输入要监控的变量"Temperature"，单击工具栏中"启用 / 禁用非输入修改"▧按钮，将 MW4 的数值改为

"16#0001",最后单击"修改所有选定值" 按钮,如图 20-77 所示。此步骤的操作结果实际就是使得 M5.0=1,也就是激活离散量报警。HMI 中弹出如图 20-78 所示的报警。

图 20-77　PLC 仿真器

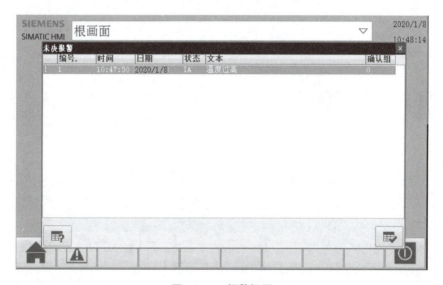

图 20-78　报警视图

④ 故障诊断视图如图 20-79 所示。

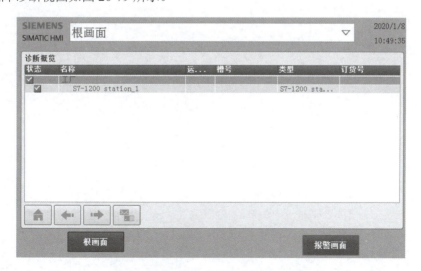

图 20-79　故障诊断视图

第 7 篇

电气控制综合应用

第21章

PLC、触摸屏、变频器和伺服系统工程应用

本章是前面章节内容的综合应用,将介绍四个典型的 PLC 工程应用的案例,供读者模仿学习。

21.1 送料小车自动往复运动的 PLC 控制

【例 21-1】 现有一套送料小车系统,分别在工位一、工位二、工位三这三个地方来回自动送料,小车的运动由一台交流电动机进行控制。在三个工位处,分别装置了三个传感器 SQ1、SQ2、SQ3 用于检测小车的位置。在小车运行的左端和右端分别安装了两个行程开关 SQ4、SQ5,用于定位小车的原点和右极限位点。

其结构示意图如图 21-1 所示。控制要求如下。

① 当系统上电时,无论小车处于何种状态,首先回到原点准备装料,等待系统的启动。

② 当系统的手/自动转换开关打开自动运行档时,按下启动按钮 SB1,小车首先正向运行到工位一的位置,等待 10s 卸料完成后正向运行到工位二的位置,等待 10s 卸料完成后正向运行到工位三的位置,停止 10s 后接着反向运行到工位二的位置,停止 10s 后再反向运行到工位一的位置,停止 10s 后再反向运行到原点位置,等待下一轮的启动运行。

③ 当按下停止按钮 SB2 时系统停止运行,如果小车停止在某一工位,则小车继续停止等待。当小车正运行在去往某一工位的途中,则当小车到达目的地后再停止运行。再次按下启动按钮 SB1 后,设备按剩下的流程继续运行。

④ 当系统按下急停按钮 SB5 时,小车要求立即停止工作,直到急停按钮取消时,系统恢复到之前状态。

⑤ 当系统的手/自动转换开关 SA1 打到手动运行挡时,可以通过手动按钮 SB3、SB4 控制小车的正/反向运行。

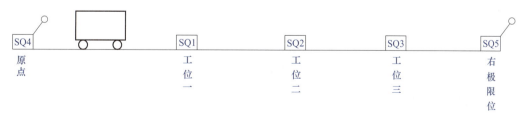

图 21-1 结构示意图

用 S7-1200 PLC 解题。

（1）系统的软硬件配置

① 1 台 CPU 1214C。

② 1 套 TIA Portal V15.1。

③ 1 根网线。

（2）PLC 的 I/O 分配

PLC 的 I/O 分配见表 21-1。

表 21-1　PLC 的 I/O 分配

名称	符号	输入点	名称	符号	输出点
启动	SB1	I0.0	电动机正转	KA1	Q0.0
停止	SB2	I0.1	电动机反转	KA2	Q0.1
左点动	SB3	I0.2			
右点动	SB4	I0.3			
工位一	SQ1	I0.4			
工位二	SQ2	I0.5			
工位三	SQ3	I0.6			
原位	SQ4	I0.7			
右限位	SQ5	I1.0			
手/自	SA1	I1.1			
急停	SB5	I1.2			

（3）控制系统的接线

设计原理图如图 21-2 所示。

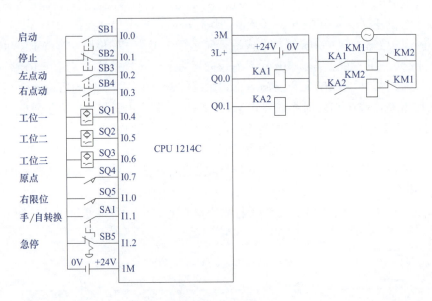

图 21-2　原理图

（4）编写控制程序

创建变量表如图 21-3 所示。编写 LAD 程序如图 21-4 所示。

PLC 变量

	名称	变量表	数据类型	地址	保持	在 H...	可从 ...
1	System_Byte	默认变量表	Byte	%MB1	☐	☑	☑
2	FirstScan	默认变量表	Bool	%M1.0	☐	☑	☑
3	DiagStatusUpdate	默认变量表	Bool	%M1.1	☐	☑	☑
4	AlwaysTRUE	默认变量表	Bool	%M1.2	☐	☑	☑
5	AlwaysFALSE	默认变量表	Bool	%M1.3	☐	☑	☑
6	启动	默认变量表	Bool	%I0.0	☐	☑	☑
7	停止	默认变量表	Bool	%I0.1	☐	☑	☑
8	左点动	默认变量表	Bool	%I0.2	☐	☑	☑
9	右点动	默认变量表	Bool	%I0.3	☐	☑	☑
10	工位一	默认变量表	Bool	%I0.4	☐	☑	☑
11	工位二	默认变量表	Bool	%I0.5	☐	☑	☑
12	工位三	默认变量表	Bool	%I0.6	☐	☑	☑
13	原点	默认变量表	Bool	%I0.7	☐	☑	☑
14	右限位	默认变量表	Bool	%I1.0	☐	☑	☑
15	手自转换	默认变量表	Bool	%I1.1	☐	☑	☑
16	急停	默认变量表	Bool	%I1.2	☐	☑	☑
17	正转	默认变量表	Bool	%Q0.0	☐	☑	☑
18	反转	默认变量表	Bool	%Q0.1	☐	☑	☑

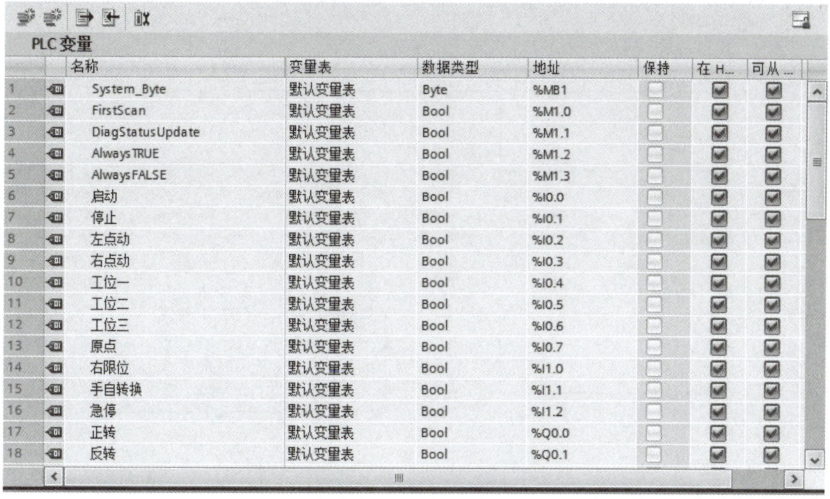

图 21-3　PLC 变量表

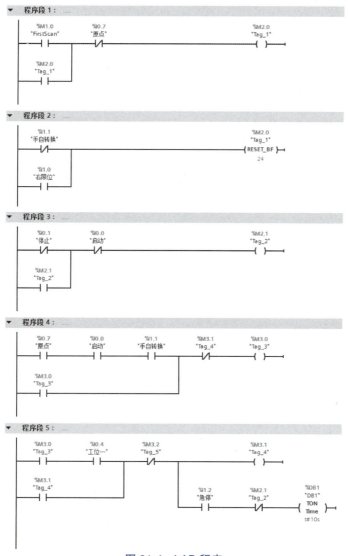

图 21-4　LAD 程序

程序段 6： ......

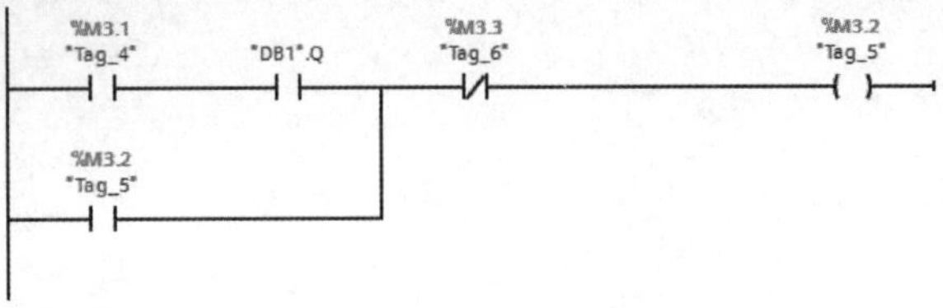

程序段 7： ......

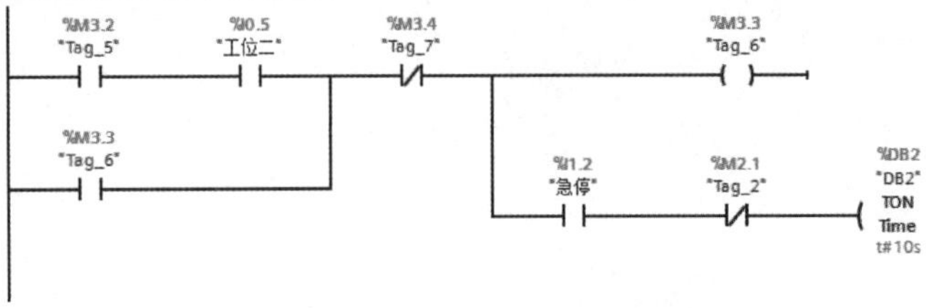

程序段 8： ......

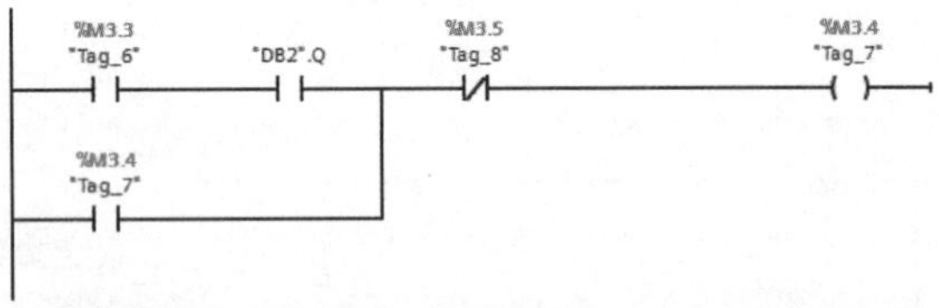

程序段 9： ......

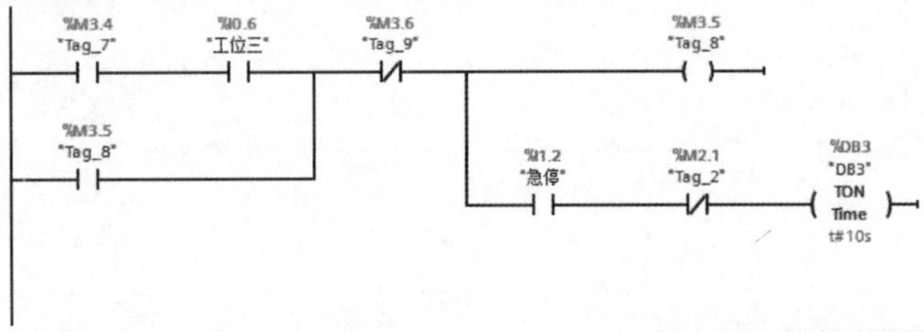

程序段 10： ......

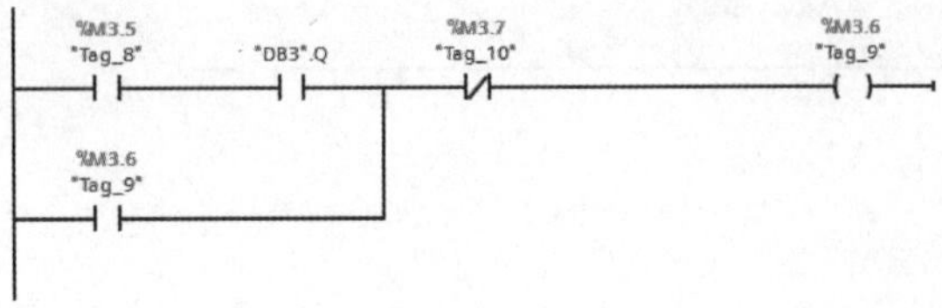

程序段 11： ......

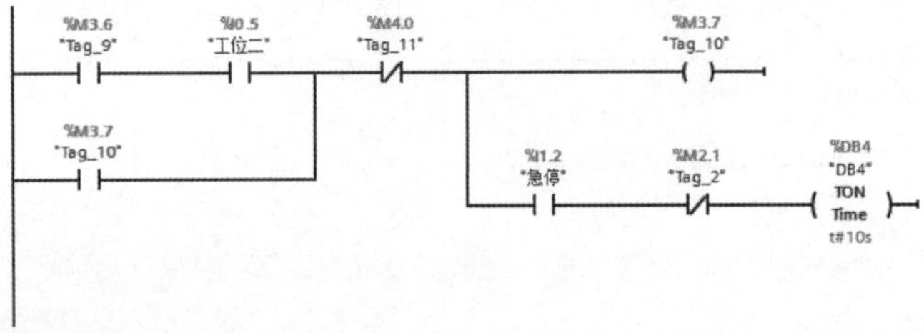

程序段 12： ......

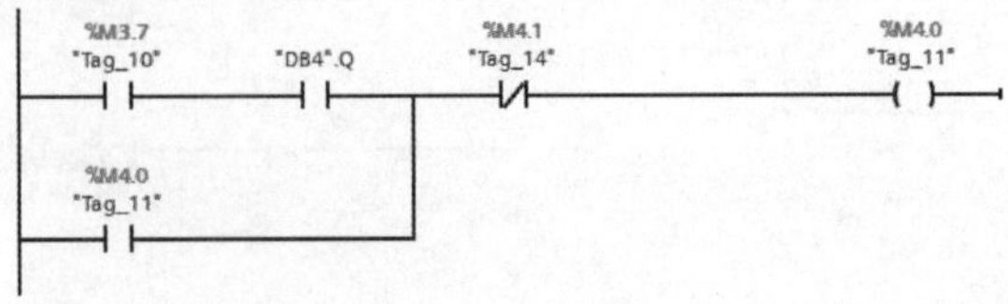

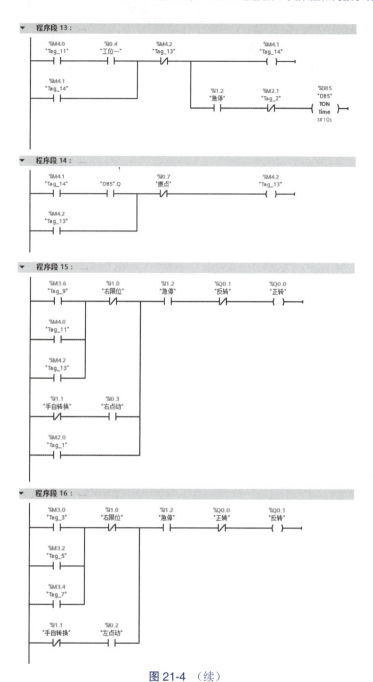

图 21-4 （续）

21.2 刨床的 PLC 控制

【例 21-2】 已知某刨床的控制系统主要由 PLC 和变频器组成，PLC 对变频器进行通信速度给定，变频器的运动曲线如图 21-5 所示，变频器以 20Hz（600r/min）、30Hz（900r/min）、50Hz（1500r/min，同步转速）、0Hz 和反向 50Hz 运行，减速和加速时间都是 2s，如此工作 2 个周期自动停止。要求如下：

① 试设计此系统，设计原理图；

② 正确设置变频器的参数；

③ 报警时，指示灯亮；

④ 编写程序。

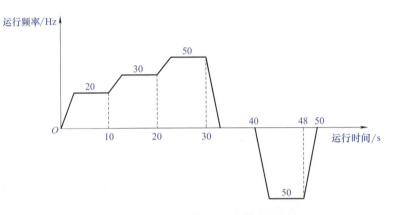

图 21-5　刨床的变频器的运行频率 - 时间曲线

图 21-6　系统硬件组态图

【解】用西门子 S7-1200 PLC 作为控制器解题。

（1）系统的软硬件

① 1 套 TIA Portal V15.1。

② 1 台 CPU 1211C。

③ 1 台 G120 变频器（含 PN 通信接口）。

系统的硬件组态如图 21-6 所示。

（2）PLC 的 I/O 分配

PLC 的 I/O 分配见表 21-2。

表 21-2　PLC 的 I/O 分配

名称	符号	输入点	名称	符号	输出点
启动按钮	SB1	I0.0	接触器	KM1	Q0.0
停止按钮	SB2	I0.1	指示灯	HL1	Q0.1
前限位	SQ1	I0.2			
后限位	SQ2	I0.3			

（3）控制系统的接线

控制系统的接线，按照图 21-7 和图 21-8 所示执行。图 21-7 是主电路原理图，图 21-8 是控制电路原理图。

（4）硬件组态

① 创建项目，组态主站。创建项目，命名为"Planer"，先组态主站。添加"CPU 1211C"模块，模块的输入地址是"IB0"，模块的输出地址是"QB0"，如图 21-9 所示。

② 设置"CPU 1211C"的 IP 地址为"192.168.0.1"，子网掩码为"255.255.255.0"，如图 21-10 所示。

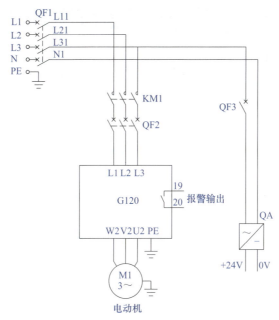

图 21-7　主电路原理图

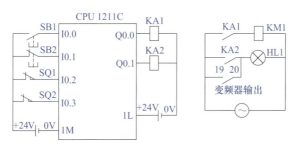

图 21-8　控制电路原理图

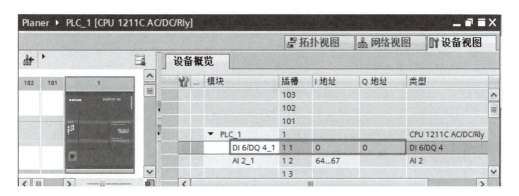

图 21-9　主站的硬件组态

③ 组态变频器。选中"其它现场设备"→"PROFINET IO"→"Drivers"→"SIEMENS AG"→"SINAMICS"→"SINAMICS G120S",并将"SINAMICS G120S"拖拽到如图 21-11 所示位置。

④ 设置"SINAMICS G120S"的 IP 地址为"192.168.0.2",子网掩码为"255.255.255.0",如图 21-12 所示。

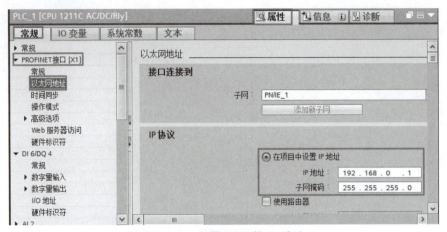

图 21-10 设置 CPU 的 IP 地址

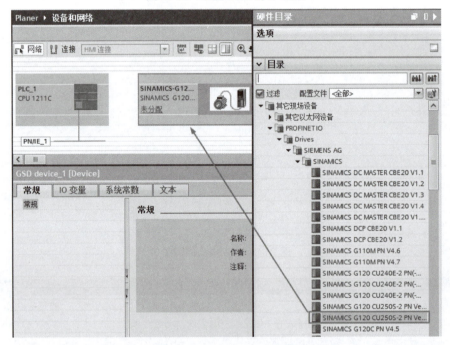

图 21-11 变频器的硬件组态

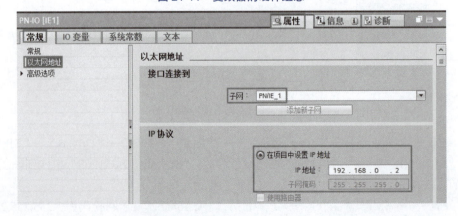

图 21-12 设置变频器的 IP 地址

⑤ 创建 CPU 和变频器连接。用鼠标左键选中如图 21-13 所示的"1"处，按住不放，拖至"2"处，这样主站 CPU 和从站变频器就创建起 PROFINET 连接。

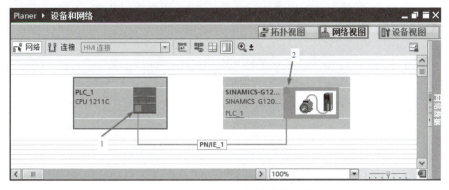

图 21-13　创建 CPU 和变频器连接

⑥ 组态 PROFINET PZD。将硬件目录中的"标准报文 1，PZD-2/2"拖拽到"设备概览"视图的插槽中，自动生成输出数据区为"QW2~QW4"，输入数据区为"IW2~IW4"，如图 21-14 所示。这些数据，在编写程序时，都会用到。

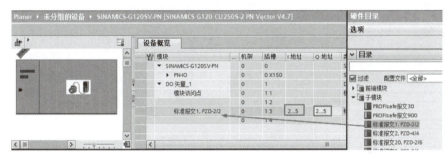

图 21-14　组态 PROFINET PZD

（5）变频器参数设定

G120 变频器自动设置的参数见表 21-3。

表 21-3　G120 变频器自动设置的参数

序号	变频器参数	设定值	单位	功 能 说 明
1	p0003	3	—	权限级别，3 是专家级
2	p0010	1/0	—	驱动调试参数筛选。先设置为 1，当把 p0015 和电动机相关参数修改完成后，再设置为 0
3	p0015	7	—	驱动设备宏 7 指令（1 号报文）
4	p0304	380	V	电动机的额定电压
5	p0305	2.05	A	电动机的额定电流
6	p0307	0.75	kW	电动机的额定功率
7	p0310	50.00	Hz	电动机的额定频率
8	p0311	1440	r/min	电动机的额定转速
9	p0730	52.3	—	将继电器输出 DO 0 功能定义为变频器故障

（6）编写程序

① 编写主程序和初始化程序　在编写程序之前，先填写变量表如图 21-15 所示。

从图 21-5 可看到，一个周期的运行时间是 50s，上升和下降时间直接设置在变频器中，也就是 P1120=P1121=2s，编写程序不用考虑上升和下降时间。编写程序时，可以将 2 个周期当作一个工作循环考虑，编写程序更加方便。OB1 的梯形图如图 21-16 所示。OB100 的程序如图 21-17 所示，其功能是初始化。

		名称	变量表	数据类型	地址	保持
1	⬛	Start	默认变量表	Bool	%I0.0	
2	⬛	Stp	默认变量表	Bool	%I0.1	
3	⬛	Limit1	默认变量表	Bool	%I0.2	
4	⬛	Limit2	默认变量表	Bool	%I0.3	
5	⬛	ControlWord	默认变量表	Word	%QW2	
6	⬛	SpeedValue	默认变量表	Word	%QW4	
7	⬛	Speed	默认变量表	Real	%MD10	
8	⬛	Flag	默认变量表	Bool	%M20.0	
9	⬛	NowTime	默认变量表	Time	%MD16	
10	⬛	Tag_2	默认变量表	DWord	%MD30	
11	⬛	VALUE	默认变量表	Real	%MD38	
12	⬛	KM	默认变量表	Bool	%Q0.0	
13	⬛	LAMP	默认变量表	Bool	%Q0.1	

图 21-15 PLC 变量表

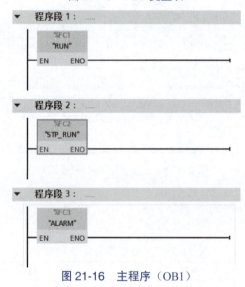

图 21-16 主程序（OB1）

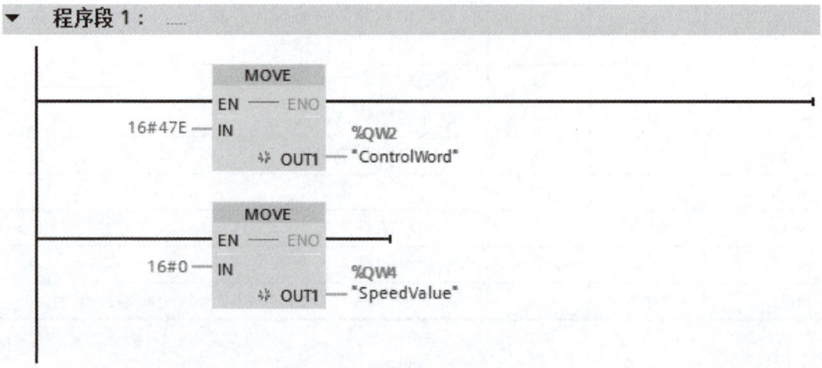

图 21-17 OB100 的程序

② 编写程序 FC1　在变频的通信中，主设定值 16#4000 是十六进制，变换成十进制就是 16384，代表的是 50Hz，因此设定变频器的时候，需要规格化。例如要将变频器设置成 40Hz，主设定值为：

$$f = \frac{40}{50} \times 16384 = 13107.2$$

而 13107 对应的 16 进制是 16#3333，所以设置时，应设置数值是 16#3333，实际就是规格化。FC1 的功能是通信频率给定的规格化。

FC1 的程序主要是自动逻辑，如图 21-18 所示。

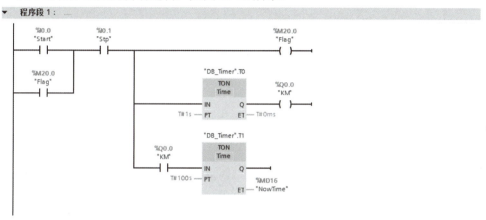

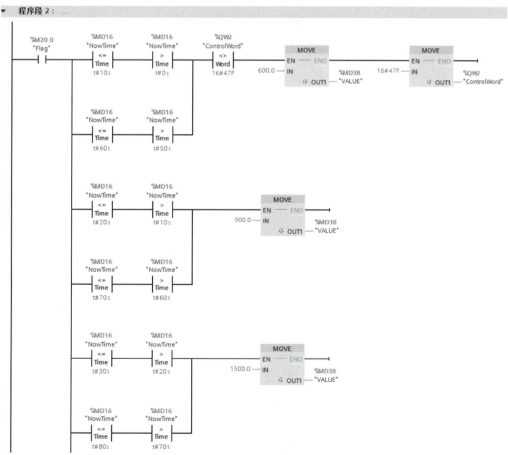

图 21-18　FC1 程序

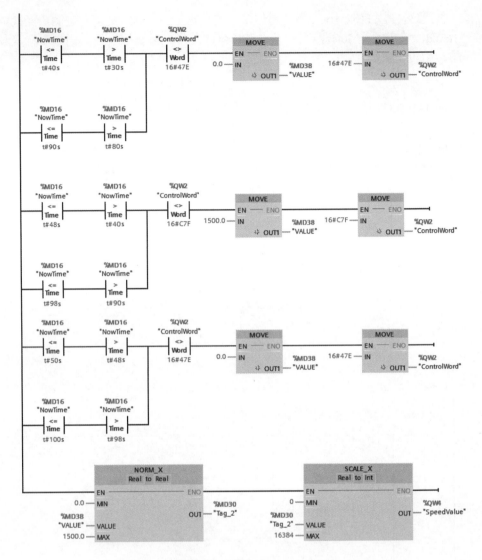

图 21-18 （续）

③ 编写运行程序 FC2　S7-1200 PLC 通过 PROFINET PZD 通信方式将控制字 1 和主设定值周期性的发送至变频器，变频器将状态字 1 和实际转速发送到 S7-1200 PLC。因此掌握控制字和状态字的含义对于编写变频器的通信程序非常重要。

a. 控制字。控制字的各位含义见表 21-4。可见：在 S7-1200 PLC 与变频器的 PROFINET 通信中，16#47E 代表停止；16#47F 代表正转；16# C7F 代表反转。

表 21-4　控制字的各位含义

控制字位	含义	参数设置
0	ON/OFF1	P840=r2090.0
1	OFF2 停车	P844=r2090.1
2	OFF3 停车	P848=r2090.2
3	脉冲使能	P852=r2090.3
4	使能斜坡函数发生器	P1140=r2090.4
5	继续斜坡函数发生器	P1141=r2090.5

续表

控制字位	含义	参数设置
6	使能转速设定值	P1142=r2090.6
7	故障应答	P2103=r2090.7
8,9	预留	
10	通过 PLC 控制	P854=r2090.10
11	反向	P1113=r2090.11
12	未使用	
13	电动电位计升速	P1035=r2090.13
14	电动电位计降速	P1036=r2090.14
15	CDS 位 0	P0810=r2090.15

b. 状态字。状态字的各位含义见表 21-5。可见当状态字的第 3 位为 1，表示变频器有故障，第 7 位为 1 表示变频器报警。

表 21-5　状态字的各位含义

状态字位	含义	参数设置
0	接通就绪	r899.0
1	运行就绪	r899.1
2	运行使能	r899.2
3	故障	r2139.3
4	OFF2 激活	r899.4
5	OFF3 激活	r899.5
6	禁止合闸	r899.6
7	报警	r2139.7
8	转速差在公差范围内	r2197.7
9	控制请求	r899.9
10	达到或超出比较速度	r2199.1
11	I、P、M 比较	r1407.7
12	打开抱闸装置	r899.12
13	报警电机过热	r2135.14
14	正反转	r2197.3
15	CDS	r836.0

停止运行程序 FC2 如图 21-19 所示。报警程序 FC3 如图 21-20 所示。

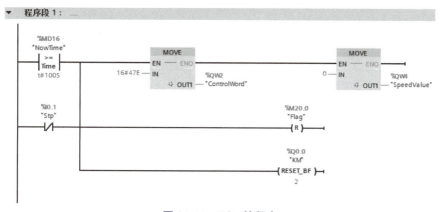

图 21-19　FC2 的程序

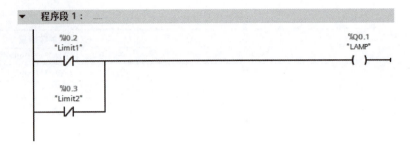

图 21-20　FC3 的程序

21.3　剪切机的 PLC 控制

【例 21-3】 剪切机上有 1 套步进驱动系统，步进驱动器的型号为 SH-2H042Ma，步进电动机的型号为 17HS111，是两相四线直流 24V 步进电动机，用于送料，送料长度是 200mm，当送料完成后，停 1s 开始剪切，剪切完成 1s 后，再自动进行第二个循环。要求：按下按钮 SB1 开始工作，按下按钮 SB2 停止工作。请设计原理图并编写程序，复位完成复位指示灯闪烁，正常运行时，运行指示灯闪烁。

【解】 用西门子 S7-1200 PLC 为控制器解题。

（1）PLC 的 I/O 分配

在 I/O 分配之前，先计算所需要的 I/O 点数，由于输入输出最好留 15% 左右的余量备用，所用初步选择的 PLC 是 CPU 1212C。又因为要使用 PLC 的高速输出点，所以 PLC 最后定为 CPU 1212C（DC/DC/DC）。剪切机的 I/O 分配见表 21-6。

表 21-6　I/O 分配

名称	符号	输入点	名称	符号	输出点
启动	SB1	I0.0	高速输出		Q0.0
停止	SB2	I0.1	电动机反转		Q0.1
回原点	SB3	I0.2	剪切	KA1	Q0.2
原点	SQ1	I0.3	后退	KA2	Q0.3
下限位	SQ2	I0.4	复位指示灯	HL1	Q0.4
上限位	SQ3	I0.5	运行指示灯	HL2	Q0.5

（2）设计电气原理图

根据 I/O 分配表和题意，设计原理图如图 21-21 所示。

（3）硬件组态

① 新建项目，添加 CPU。打开 TIA 博途软件，新建项目"MotionControl"，单击项目树中的"添加新设备"选项，添加"CPU 1212C"，如图 21-22 所示。

② 启用脉冲发生器。在设备视图中，选中"属性"→"常规"→"脉冲发生器（PTO/PWM）"→"PTO1/PWM1"，勾选"启用该脉冲发生器"选项，如图 21-23 所示，表示启用了"PTO1/PWM1"脉冲发生器。

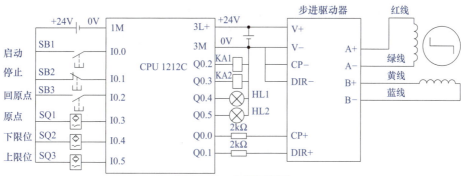

图 21-21 电气原理图

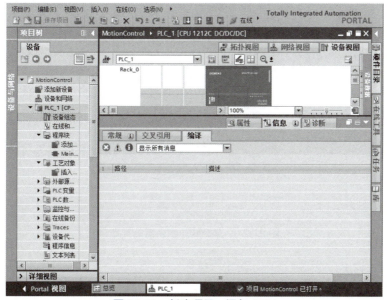

图 21-22 新建项目，添加 CPU

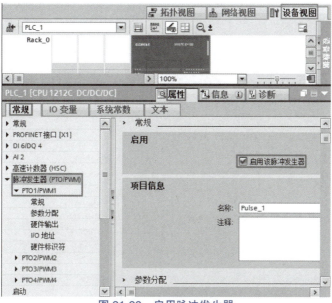

图 21-23 启用脉冲发生器

③选择脉冲发生器的类型。设备视图中，选中"属性"→"常规"→"脉冲发生器（PTO/PWM）"→"PTO1/PWM1"→"参数分配"，选择信号类型为"PTO（脉冲A和方向B）"，如图21-24所示。

信号类型有5个选项，分别是：PWM、PTO（脉冲A和方向B）、PTO（正数A和倒数B）、PTO（A/B移相）和PTO（A/B移相-四倍频）。

图21-24　选择脉冲发生器的类型

④组态硬件输出。设备视图中，选中"属性"→"常规"→"脉冲发生器（PTO/PWM）"→"PTO1/PWM1"→"硬件输出"，选择脉冲输出点为Q0.0，勾选"启用方向输出"，选择方向输出为Q0.1，如图21-25所示。

图21-25　硬件输出

⑤ 查看硬件标识符。设备视图中，选中"属性"→"常规"→"脉冲发生器（PTO/PWM）"→"PTO1/PWM1"→"硬件标识符"，可以查看到硬件标识符为 265，如图 21-26 所示，此标识符在编写程序时需要用到。

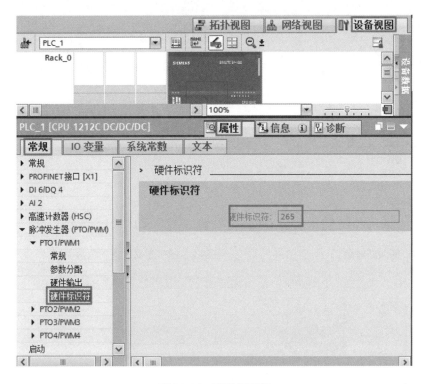

图 21-26　硬件标识符

（4）工艺参数组态

参数组态主要定义了轴的工程单位（如脉冲数 /min、r/min）、软硬件限位、启动 / 停止速度和参考点的定义等。工艺参数的组态步骤如下。

① 插入新对象。在 TIA Portal 软件项目视图的项目树中，选择"MotionControl"→"PLC_1"→"工艺对象"→"插入新对象"，双击"插入新对象"，如图 21-27 所示，弹出如图 21-28 所示的界面，选择"运动控制"→"TO_PositioningAxis"，单击"确定"按钮。

② 组态常规参数。在"功能图"选项卡中，选择"基本参数"→"常规"，"驱动器"项目中有三个选项：PTO（表示运动控制由脉冲控制）、模拟驱动装置接口（表示运动控制由模拟量控制）和 PROFIdrive（表示运动控制由通信控制），本例选择"PTO"选项，测量单位可根据实际情况选择，本例选用默认设置，如图 21-29 所示。

③ 组态驱动器参数。在"功能图"选项卡中，选择"基本参数"→"驱动器"，选择脉冲发生器为"Pulse_1"，其对应的脉冲输出点和信号类型以及方向输出，都已经在硬件组态时定义了，在此不做修改，如图 21-30 所示。

"驱动器的使能和反馈"在工程中经常用到，当 PLC 准备就绪，输出一个信号到伺服驱动器的使能端子上，通知伺服驱动器 PLC 已经准备就绪。当伺服驱动器准备就绪后发出一个信号到 PLC 的输入端，通知 PLC 伺服驱动器已经准备就绪。本例中没有使用此功能。

图 21-27 插入新对象

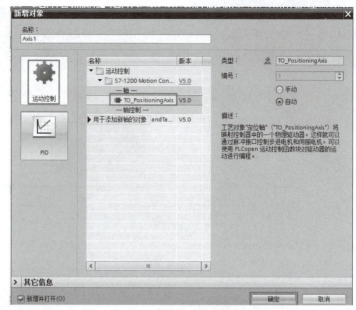

图 21-28 定义工艺对象数据块

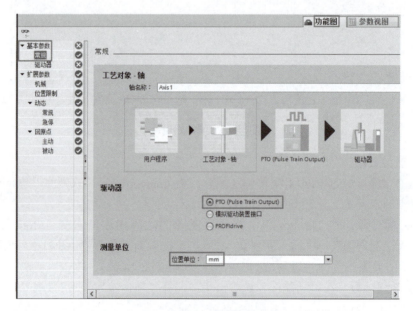

图 21-29 组态常规参数

④ 组态机械参数。在"功能图"选项卡中,选择"扩展参数"→"机械",设置"电机每转的脉冲数"为"200"(因为步进电动机的步距角为1.8°,所以200个脉冲转一圈),此参数取决于伺服电动机光电编码器的参数。"电机每转的负载位移"取决于机械结构,如伺服电动机与丝杠直接相连接,则此参数就是丝杠的螺距,本例为"10.0",如图21-31所示。

(5)编写PLC程序

① 相关计算。已知步进电动机的步距角是1.8°,所谓步距角就是步进电动机每接收到一个脉冲信号后,步进电动机转动的角度。也就是说步进电动机每转一圈,PLC需要发送200个脉冲。

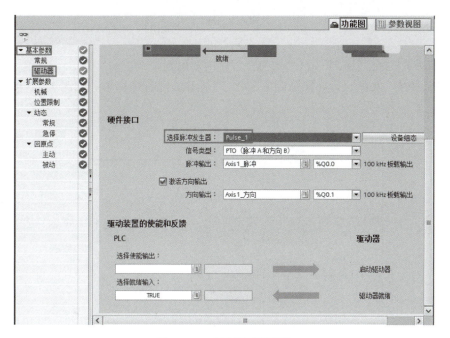

图 21-30　组态驱动器参数

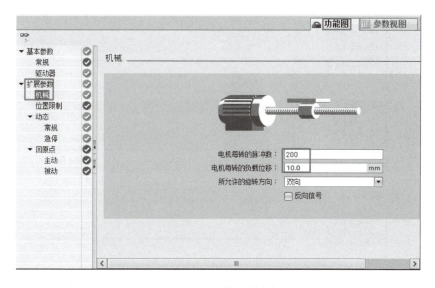

图 21-31　组态机械参数

假设程序中要求步进电动机转速是 600r/min，那么程序中需要的脉冲个数和脉冲频率如何设置显得十分重要。

a. 对于初学者而言，这个计算的确有点麻烦，先计算脉冲数 n。

由于前进的位移是 200mm，则需要步进电动机转动的圈数为 200/10=20 圈。电动机转动 20 圈，需要接收的脉冲数为：

$$n = 20 \times \frac{360°}{1.8°} = 4000 \text{（个）}$$

b. 脉冲频率和速度是成正比的，且有一一对应关系，600r/min（高速）对应的频率为：

$$f = \frac{600 \times 360°}{1.8° \times 60} = 2000 \mathrm{Hz}$$

即每秒发出 2000 个脉冲，这个数值在程序中要用到。

② 编写程序。初始化程序梯形图如图 21-32 所示。主程序梯形图如图 21-33 所示。

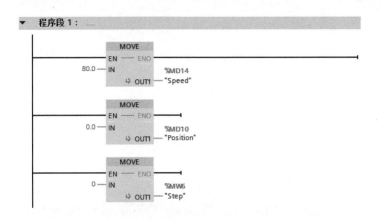

图 21-32　OB100 中的梯形图

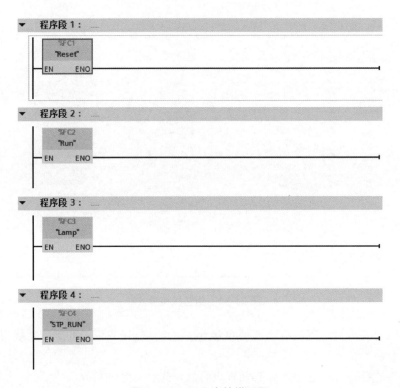

图 21-33　OB1 中的梯形图

FC1 中的梯形图如图 21-34 所示，其作用是先启用轴，实际就是使能伺服，然后确认故障（伺服处于故障状态时，不能正常运行，必须要确认故障），最后回原点。

FC2 中的梯形图如图 21-35 所示，其作用是完成剪切机的自动运行的逻辑。

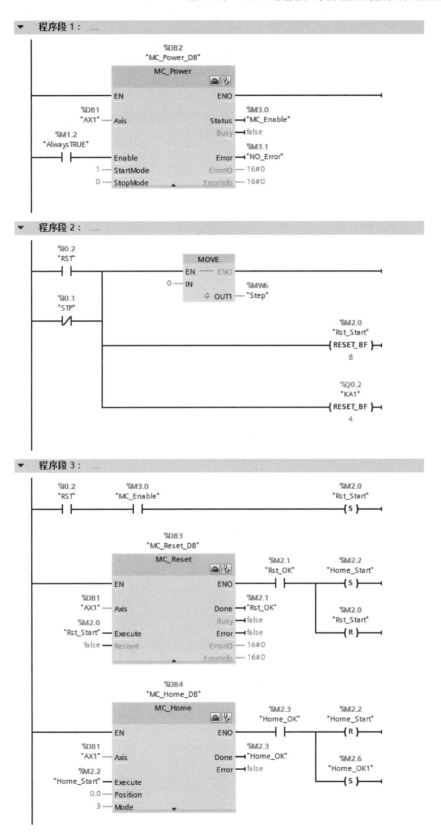

图 21-34 FC1 中的梯形图

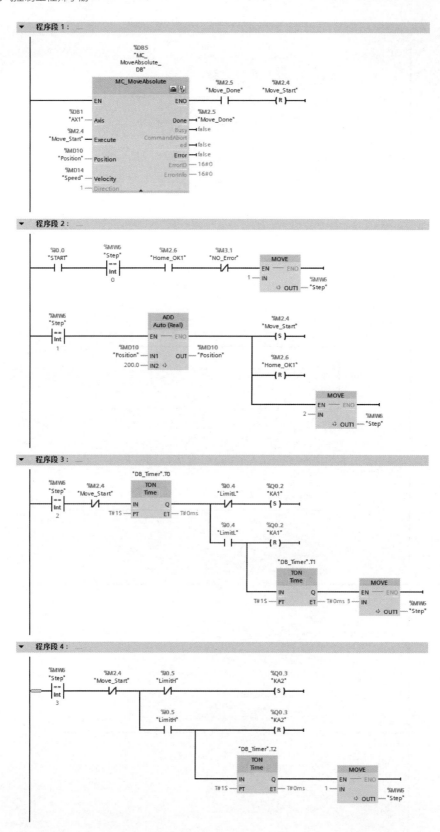

图 21-35 FC2 中的梯形图

FC3 中的梯形图如图 21-36 所示，其作用是复位完成和运行时指示灯的闪烁。

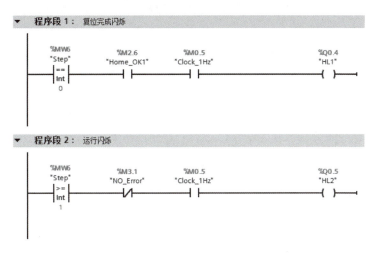

图 21-36　FC3 中的梯形图

FC4 中的梯形图如图 21-37 所示，其作用是使伺服停止运行。

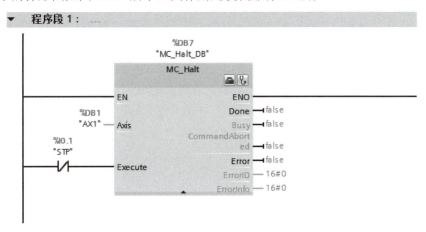

图 21-37　FC4 中的梯形图

21.4　物料搅拌机的 PLC 控制

【例 21-4】 有一个物料搅拌机，主机由 7.5kW 的电动机驱动。根据物料不同，要求速度在一定的范围内无级可调，且要求物料太多或者卡死设备时系统能及时保护；机器上配有冷却水，冷却水温度不能超过 50℃，而且冷却水管不能堵塞，也不能缺水，堵塞和缺水将造成严重后果，冷却水的动力不在本设备上，水温和压力要可以显示。当传感器断线时，触摸屏有提示信息显示。

【解】 根据已知的工艺要求，分析结论如下。

① 主电动机的速度要求可调，所以应选择变频器。

② 系统要求有卡死设备时，系统能及时保护。当载荷超过一定数值时（特别是电动机

卡死时），电流急剧上升，当电流达到一定数值时即可判定电动机是卡死的，而电动机的电流是可以测量的。因为使用了变频器，变频器可以测量电动机的瞬时电流，这个瞬时电流值可以用通信的方式获得。

③ 很显然这个系统需要一个控制器，PLC、单片机系统都是可选的，但单片机系统的开发周期长，单件开发并不合算，因此选用 PLC 控制，由于本系统并不复杂，所以小型 PLC 即可满足要求。

④ 冷却水的堵塞和缺水可以用压力判断，当水压力超过一定数值时，视为冷却水堵塞，当水压力低于一定的压力时，视为缺水，压力一般要用压力传感器测量，温度由温度传感器测量。因此，PLC 系统要配置模拟量模块。

⑤ 要求水温和压力可以显示，所以需要触摸屏或者其他显示设备。

（1）硬件系统集成

① 硬件选型。

a. 小型 PLC 都可作为备选，由于西门子 S7-1200 系列 PLC 通信功能较强，而且性价比较高，所以初步确定选择 S7-1200 系列 PLC，因为 PLC 和变频器通信使用串行通信口，和触摸屏通信占用一个以太网通信口，CPU 1212C 有一个编程口（PN），用于下载程序和与触摸屏通信，另扩展一个串口则可以作为 USS 通信用。

由于压力变送器和温度变送器的信号都是电流信号，所以要考虑使用专用的 AD 模块，两路信号使用 SM1231 是较好的选择。

由于 CPU 1212C 的 I/O 点数合适，所以选择 CPU 1212C。

b. 选择 G120 变频器。G120 是一款功能比较强大的变频器，价格适中，可以与西门子 S7-1200 PLC 很方便地进行 USS 通信。

c. 选择西门子的 KTP 700 触摸屏。

② 系统的软硬件配置。

a. 1 台 CPU 1212C。

b. 1 台 SM1231。

c. 1 台 KTP 700 触摸屏。

d. 1 台 G120C 变频器。

e. 1 台压力传感器（含变送器）。

f. 1 台温度传感器（含变送器）。

g. 1 套 TIA Portal V15.1。

h. 1 台 CM1241 RS-485/422。

③ 原理图　系统的原理图如图 21-38 所示。

（2）变频器参数设定

变频器的参数设定见表 21-7。

（3）硬件和网络组态

① 添加模块，组态 CM1241 模块。先进行硬件组态，添加 3 个模块，如图 21-39 所示。在设备视图中，选中"CM1241 模块"（标记①处）→ 选择"半双工"（标记②处）→ 设置"波特率"和"奇偶校验"（标记③处）。

② 组态 SM1231 模块。在图 21-40 中，选中"SM1231 模块"（标记②处）→ 选择"测量类型"和"电流范围"（标记④处）→ 勾选"启用断路诊断"（标记⑤处）。

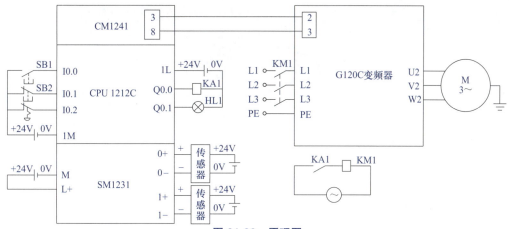

图 21-38 原理图

表 21-7 变频器的参数

序号	变频器参数	设定值	单位	功能说明
1	p0003	3	—	权限级别，3 是专家级
2	p0010	1/0	—	驱动调试参数筛选。先设置为 1，当把 P15 和电动机相关参数修改完成后，再设置为 0
3	p0015	21	—	驱动设备宏指令
4	p0304	380	V	电动机的额定电压
5	p0305	19.7	A	电动机的额定电流
6	p0307	7.5	kW	电动机的额定功率
7	p0310	50.00	Hz	电动机的额定频率
8	p0311	1400	r/min	电动机的额定转速
9	p2020	6	—	USS 通信波特率，6 代表 9600bit/s
10	p2021	2	—	USS 地址
11	p2022	2	—	USS 通信 PZD 长度
12	p2023	127	—	USS 通信 PKW 长度
13	p2040	0	ms	总线监控时间

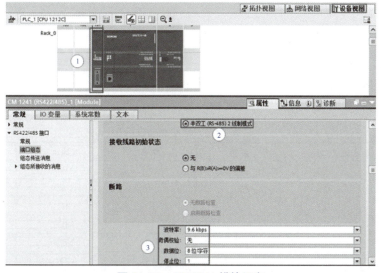

图 21-39 CM1241 模块组态

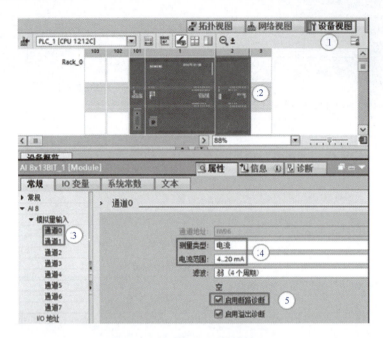

图 21-40　SM1231 模块组态

③ 组态网络。在网络视图中，将 CPU 1212C 和 HMI 的网络接口连接起来，如图 21-41 所示。

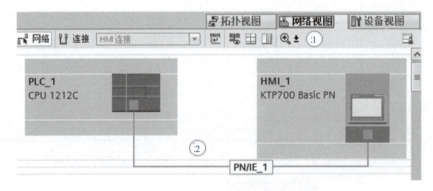

图 21-41　网络组态

（4）编写 PLC 程序

① I/O 分配　PLC 的 I/O 分配见表 21-8。

表 21-8　PLC 的 I/O 分配

序号	地址	功能	序号	地址	功能
1	I0.0	启动	8	IW96	温度
2	I0.1	停止	9	IW98	压力
3	I0.2	急停	10	MD10	满频率的百分比
4	M0.0	启/停	11	MD22	电流值
5	M0.3	缓停	12	MD50	转速设定
6	M0.4	启/停	13	MD104	温度显示
7	M0.5	快速停	14	MD204	压力显示

② 编写程序　OB1 中的程序如图 21-42 所示，OB100 中的程序如图 21-43 所示。

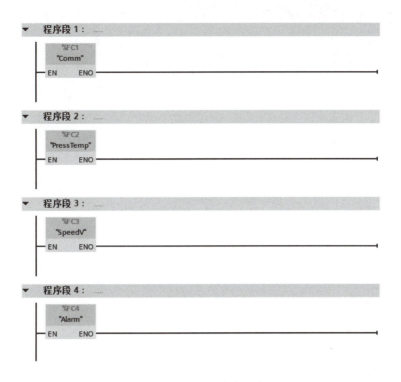

图 21-42　OB1 中的程序

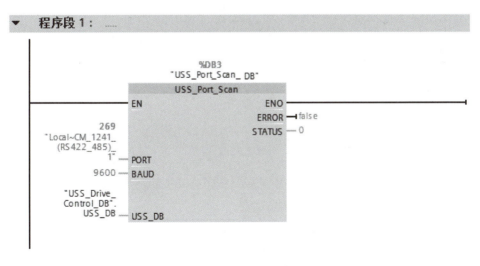

图 21-43　OB100 中的程序

FC1 中的梯形图程序如图 21-44 所示，其功能是启停控制、USS 通信的速度给定和获取实时电流数值。

FC2 中的梯形图程序如图 21-45 所示，其功能是测量实时的温度和压力数值。

FC3 中的梯形图程序如图 21-46 所示，其功能是将设定的速度转换成百分比数值。

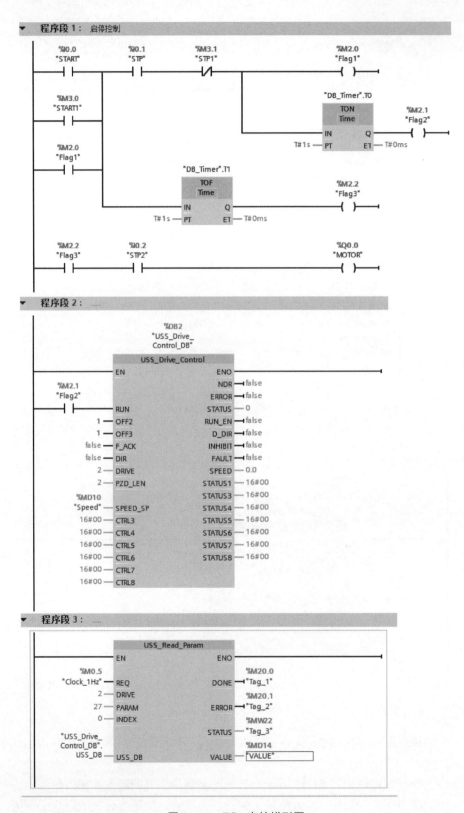

图 21-44　FC1 中的梯形图

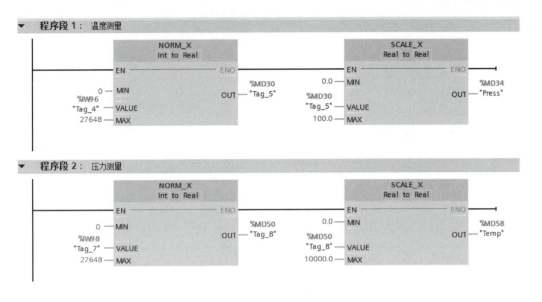

图 21-45　FC2 中的梯形图

FC4 中的梯形图程序如图 21-47 所示，其功能是报警。

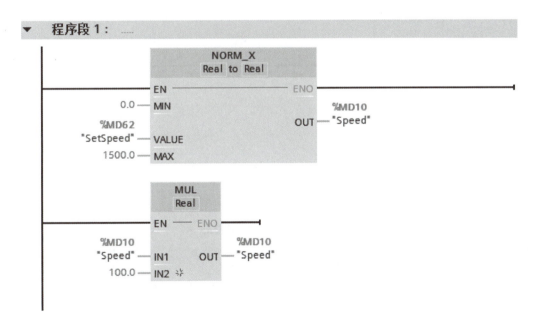

图 21-46　FC3 中的梯形图

（5）设计触摸屏项目

本例选用西门子 KTP 700 触摸屏，这个型号的触摸屏性价比很高，使用方法与西门子其他系列的触摸屏类似，以下介绍其工程的创建过程。

① 首先创建一个新项目，接着建立一个新连接，如图 21-41 所示。

② 组态画面。本例共有 3 个画面，如图 21-48～图 21-50 所示。画面的切换用功能键 F1、F2 和 F3 进行。

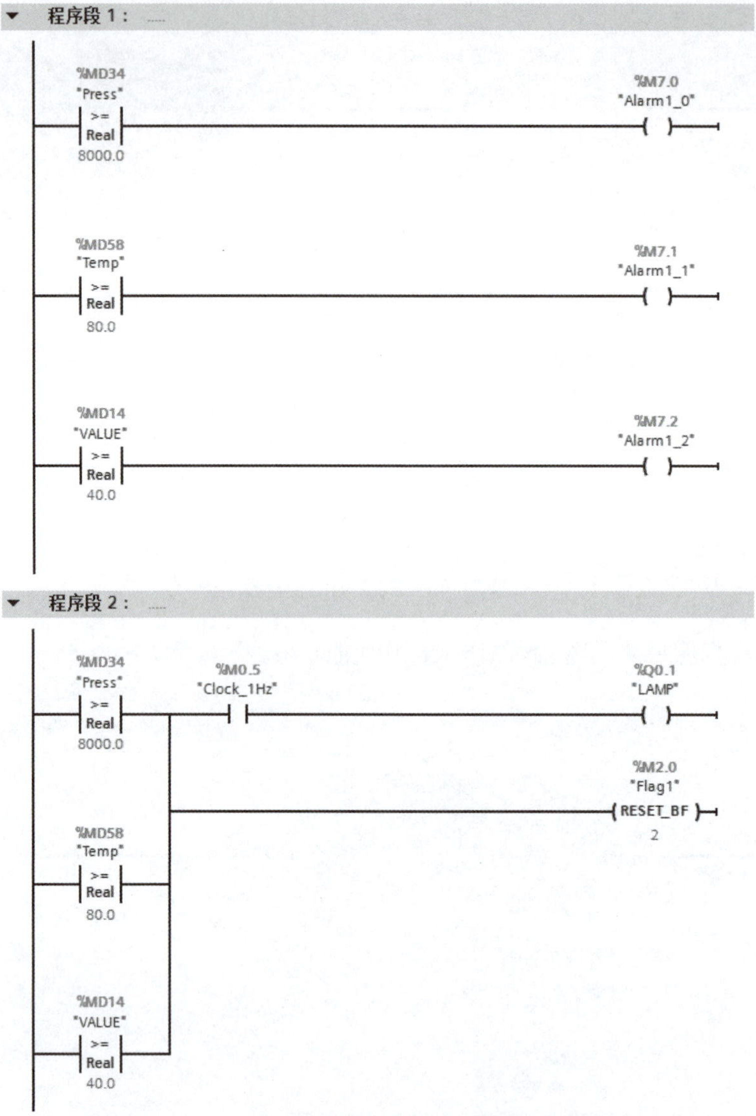

程序段 1：
%MD34
"Press"
>=
Real
8000.0
%M7.0
"Alarm1_0"
%MD58
"Temp"
>=
Real
80.0
%M7.1
"Alarm1_1"
%MD14
"VALUE"
>=
Real
40.0
%M7.2
"Alarm1_2"
程序段 2：
%MD34
"Press"
>=
Real
8000.0
%M0.5
"Clock_1Hz"
%Q0.1
"LAMP"
%M2.0
"Flag1"
RESET_BF
2
%MD58
"Temp"
>=
Real
80.0
%MD14
"VALUE"
>=
Real
40.0

图 21-47　FC4 中的梯形图

根画面
物料搅拌机的PLC控制系统
无锡向晓汉设计
运行画面
报警画面
诊断画面
退出系统

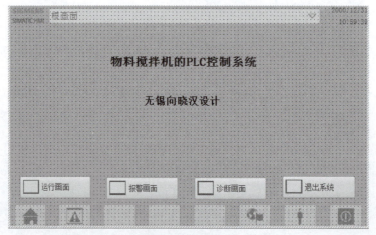

图 21-48　根画面

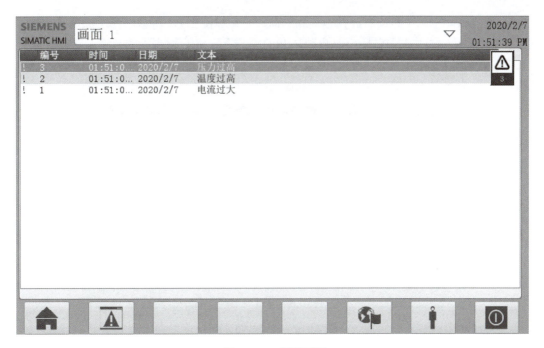

图 21-49 报警画面

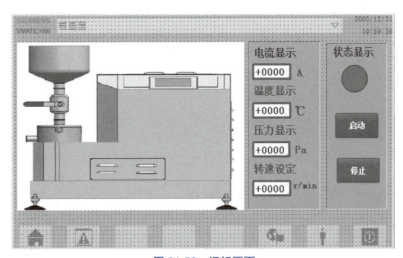

图 21-50 运行画面

③组态报警。双击"项目树"中的"HMI 报警",按照图 21-51 所示组态报警。当温度、压力和电流超标时,报警信息显示在图 21-49 中。

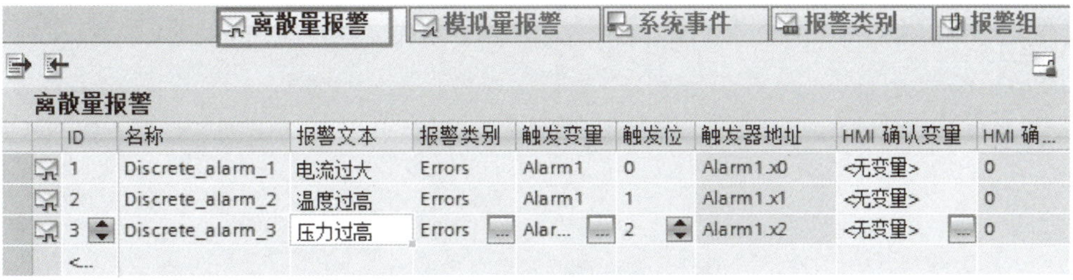

ID	名称	报警文本	报警类别	触发变量	触发位	触发器地址	HMI 确认变量	HMI 确...
1	Discrete_alarm_1	电流过大	Errors	Alarm1	0	Alarm1.x0	<无变量>	0
2	Discrete_alarm_2	温度过高	Errors	Alarm1	1	Alarm1.x1	<无变量>	0
3	Discrete_alarm_3	压力过高	Errors	Alar...	2	Alarm1.x2	<无变量>	0

图 21-51 组态报警

④ 组态故障诊断。将诊断控件拖拽到画面即可，如图 21-52 所示，当模拟量传感器断线或者其他硬件故障发生时，故障信息自动从 PLC 传送到 HMI，对现场的故障诊断极为有利。

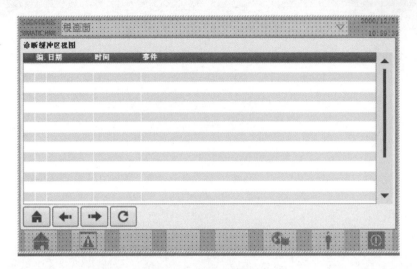

图 21-52　组态故障诊断

⑤ 动画连接。在各个画面中，将组态的变量和画面连接在一起。
⑥ 保存、下载和运行工程。

参 考 文 献

[1] 向晓汉，李润海．西门子 S7-1200/1500 PLC 学习手册 [M]．北京：化学工业出版社，2018．

[2] 向晓汉，刘摇摇．PLC 编程从入门到精通 [M]．北京：化学工业出版社，2019．

[3] 西门子有限公司自动化与驱动集团．深入浅出西门子 S7-300 PLC[M]．北京：北京航空航天大学出版社，2004．

[4] 向晓汉，黎雪芬．PLC 技术实用手册 [M]．北京：化学工业出版社，2018．

[5] 向晓汉．西门子 PLC 工业通信完全精通教程 [M]．北京：化学工业出版社，2013．

[6] 崔坚．西门子工业网络通信指南 [M]．北京：机械工业出版社，2005．